大学生电子设计丛书

DIANZI DIANLU SHEJI
JISHU JICHU

电子电路设计技术基础

主　编　钟洪声
副主编　崔红玲　皇晓辉

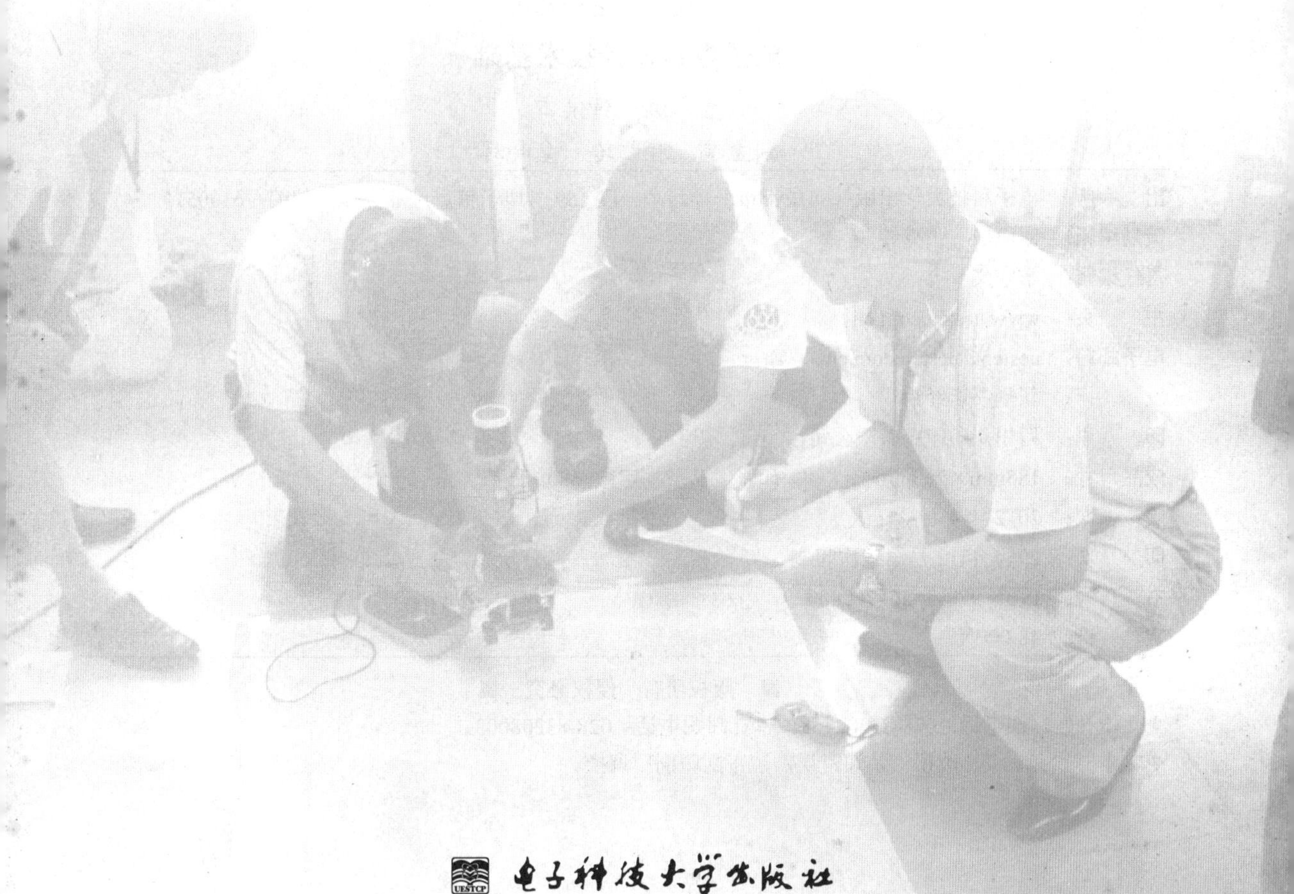

电子科技大学出版社

图书在版编目（CIP）数据

电子电路设计技术基础 / 钟洪声主编. —成都：电子科技大学出版社，2012. 4（2014.12 重印）

（大学生电子设计丛书）

ISBN 978-7-5647-0800-9

Ⅰ. ①电…　Ⅱ. ①钟…　Ⅲ. ①电子电路－电路设计　Ⅳ. ①TN702

中国版本图书馆 CIP 数据核字（2011）第 050389 号

大学生电子设计丛书

电子电路设计技术基础

主　编　钟洪声

副主编　崔红玲　皇晓辉

出　　版：电子科技大学出版社（成都市一环路东一段 159 号电子信息产业大厦　邮编：610051）
策划编辑：谢应成　张克铃
责任编辑：辜守义
主　　页：www.uestcp.com.cn
电子邮箱：uestcp@uestcp.com.cn
发　　行：新华书店经销
印　　刷：四川川印印刷有限公司
成品尺寸：185mm×260mm　　印张 24　　字数 580 千字
版　　次：2012 年 4 月第一版
印　　次：2014 年 12 月第三次印刷
书　　号：ISBN 978-7-5647-0800-9
定　　价：48.00 元

序

大学生的科技活动已经成为人才培养的重要环节。开展大学生科技竞赛的训练和比赛可以检验学生所学课程知识的掌握程度，培养学生的科研能力和工程经验，搭起书本知识与工程实践的桥梁。全国大学生电子设计竞赛坚持以促进课程建设和教学改革为目的，在电子技术工科专业的人才培养中发挥了巨大的作用。电子科技大学在组织和培训大学生参加电子设计竞赛方面成绩显著，经验丰富，并开设了全校公共选修课《电子设计与制作》实践课程，以培养学生设计与科研能力，这是教学改革的一种探索与实践。

电子科技大学在《电子设计与制作》实践课程的建设中，突出动手引导型的教学模式，教学内容实现了“单知识点学习与应用”向“系统知识学习与应用”、“被动验证、设计与制作”向“自主命题、设计与开发”、“单一知识设计”向“系统产品制作”以及“实验报告编写”向“设计报告和科技论文撰写”的转变。经过教学实践，取得了较好教学效果。

在总结课程建设和学生培训的经验基础上，学校组织相关教师编写了《大学生电子设计丛书》，共计四本。

第一本书《电子电路设计技术基础》，主要介绍电子设计的基础知识、电子元器件选取与识别、基本电路的设计与制作、电路设计工具的使用、信号完整性分析、基本电子仪器的应用、电子电路调试、测试和分析等电子设计基础知识。

第二本书《最小系统设计与应用》，主要介绍电子系统核心电路——处理器最小系统的设计。具体包括，单片微型计算机的结构、最小系统的评估和核心芯片选取、最小系统的存储结构和设备设计、最小系统开发环境和软件开发、系统应用软件优化、最小系统低功耗处理技术，以及最小系统的典型应用。

第三本书《高频电路设计与制作》，主要介绍高频电子系统的核心电路，比如 LC 选频放大器电路设计、功率放大电路设计、频率合成原理与 PLL 电路设计、信号的调制与解调电路设计、频率上下搬移电路设计、滤波器设计、阻抗匹配原理和匹配电路设计等。

第四本书《电子系统专题设计与制作》，以电子技术应用的专题方向，分类介绍专题设计制作的基础知识和设计难点，并结合电源系统设计、测量系统设计、数字电路设计、通信系统设计和控制系统设计等具体应用方向的典型系统设计，介绍系统产品开发的理论知识和设计步骤。

本套丛书覆盖从基础的电路设计知识，到最小核心系统设计；从模块电路到系统电路多方面内容，对指导大学生参加电子设计的科技活动和科技竞赛有一定的参考价值。

全国大学生电子设计竞赛四川赛区专家组

基础篇序

本书是一本介绍电子电路设计基础知识和基本技能的入门教材，不同于传统的电子电路设计教材。传统教材偏重电子技术理论学习和电路理论学习，本书却完全站在一个电子电路设计爱好者的角度，以工程技能训练为主线进行教材编写。

本书的特点有：首先，本书没有从半导体物理与电子器件开始引入电子器件原理，而是从元器件识别和电路识别开始感受电子电路；没有从理论推导进行内容展开，而是以理论应用、原理图、电路图为主进行电路设计。因此，本书是指引读者进行电子电路的具体设计，而不是停留在理论分析上。其次，本书介绍了电子电路组装、焊接等知识，帮助学生自己动手完成电子电路设计工作。再者，本书强调电路调试，包括电路调试工具、仪器的使用，提升读者解决实际电路问题的能力。最后，本书给出了具体的基本电路设计实验，帮助读者进行具体应用练习。

本书的主要内容有：绪论，基本元器件介绍，基本元器件测量方法，电路版图设计，电路焊接安装调试技术，基本电源设计与制作，运算放大器应用与电路的设计，三极管放大器设计，模拟滤波器设计与制作，信号源设计，数字逻辑电路原理与简单电路设计，常用传感器介绍，示波器原理与应用，频谱分析仪介绍和应用等。

此外，本书提供了大学生电子设计竞赛实例解析、常用晶体管型号及封装、常用运算放大器型号及封装等附件，以便读者在电子设计过程中参考。

前　言

我国高等教育高速发展，大学生人数已居世界第一。随着高等教育的发展和人才的需求，社会对大学生也提出了更高的要求。电子信息技术高速发展，对于电子信息工程领域大学生的要求也进一步提高。

近几十年，电子技术发展很快，电子元件和材料不断更新，电路设计手段和工具也不断进步。电子技术带来的产业及社会经济发展速度也很快，社会对于人才的需求与人才培养模式的矛盾还是越来越突出。比如，社会期望大学生有较强的实践能力、创新能力，能够很快适应现代生产和社会服务的需求。而我们的大学生普遍重视理论基础，对于工程实践能力的训练重视程度还显得不够。近些年来，教育部采取了一些措施，改革实践教学模式，积极推出了鼓励大学生电子设计实践的计划，并取得了很大的成绩。比如，大学生电子设计竞赛每两年举行一次，规模大，影响大，对于大学生实践能力的提高，起到了很好的作用。

本书正是在这一历史环境下推出，期望进一步鼓励大学生参加电子设计实践，提高在本专业的工程素养。本书不是单独应用于本专业的大学生教学，而是本专业大学教育的一个补充材料。通过本书的学习和实践训练，可以提高学生的工程实践认识，对于理论学习和理解起到良好的帮助作用，并有利于本专业学生的教学和教育效果。

电子信息科学和技术是一门工程实践性很强的学科。除了要求很好的数学、物理等基础之外，也要求有工程实践能力。忽略工程实践训练，会影响学生对理论的认识深度。基本理论教材中，介绍讨论的主要是数学模型，如果缺少实践，学生很难将学习的理论知识自然地与物理世界实际相联系起来，造成认识上的困惑甚至误解。比如，晶体管，电子技术重要元件，如果学生从来没有应用过，就很难理解，为什么需要加直流偏置？如何加直流偏置？为什么小信号电路等效会出现一个受控源，这个受控源与数学模型的受控源有区别吗？学生对这些问题，没有理解，可能造成认识误区，经常会认为，这个数学模型与实际电路是完全对应的，按此推理，其放大比例是固定的，当出现失真时，又会造成理解困难。

其实任何物理规律都是在一定条件下运行的。教育是接受前人总结的理论，这种理论往往是提取事物的主要因数，建立之间的关系，并利用数学语言表达出来。在接受教育时，不需要重复前人的实践过程，只通过理论推理认识事物的规律，从而提高我们认识世界的效率。但是，我们认识的水平和能力是有限的，可能经常会出现一些不正确或不全正确的理解。因此，实验和实践会有助于我们的理解。

回顾我们的学习过程也是这样，我们对事物的认识也不是一学习就认识清楚了，也是不断地误解并不断地学习，修正自己的认识。我们自己有很深刻的经验，经过自己实际动手实验的理论，认识就比较清楚且比较深入。

通过实践，补充和提高认识水平；通过实践，提高实践动手能力，有助于创新思维的触发，提高工程实践技术。

电子信息科学与技术这一学科与社会发展密切相关，科学技术推动社会发展，反之，社会需求和应用引导本学科的发展与进步。因此，本专业与社会需求和发展密切相关，对于人才的要求也不断提高适应社会发展的需求。

本书从另外一个视角，指导学生通过动手，理解电子技术的基本知识。全书共 17 章，第 1 章，导论，介绍工程实践及科技创新活动的意义；第 2 章，常用基本元器件，介绍电阻、电容、电感、变压器、二极管和晶体管等基本元器件的特性；第 3 章，基本工具，介绍电子设计中常用的基本工具及其应用；第 4 章，元器件的测量方法，介绍常用元件的检测方法；第 5 章，焊接及安装技术，介绍电路的简单焊接和安装方法和技术；第 6 章，电路版图设计，介绍简单电路板的设计方法和操作程序；第 7 章，电源设计与制作，介绍简单的线性电源的设计与制作方法，并指导完成一个最简单的电源设计任务；第 8 章，运算放大器应用，介绍运算放大器的一些典型应用实例；第 9 章，常用电子测量仪器，介绍万用表、示波器、函数发生器等简单的测量仪器；第 10 章，简单信号源的设计，介绍利用运算放大器设计一个简单信号源发生器，并指导完成该电路的制作；第 11 章，简单电路的安装和调试，介绍电路安装和调试的程序和技巧；第 12 章，常用传感器，介绍几种常用的传感器的工作原理；第 13 章，简单放大器设计，介绍晶体管和 MOS 管放大器的基本工作原理，指导学生完成一个单管放大器的设计制作；第 14 章，简单滤波器设计，介绍简单常用无源和有源滤波器的设计；第 15 章，频谱分析仪，介绍频谱分析仪的工作原理及常用频谱分析仪的应用；第 16 章，数字电路基本概念，介绍数字逻辑电路的基本原理和设计思想；第 17 章，综合设计，介绍利用单片机完成一个简易计算器的设计。

参加本书编写工作的教师共 11 人，第 1 章，导论，由李玉柏编写；第 2 章，常用基本元器件，第 3 章，基本工具，由崔红玲编写；第 4 章，元器件的测量方法，由皇晓辉编写；第 5 章，焊接及安装技术，由李晓宁编写；第 6 章，电路版图设计，由陈瑜编写；第 7 章，电源设计与制作，由钟洪声编写；第 8 章，运算放大器应用，第 9 章，常用电子测量仪器，由崔红玲编写；第 10 章，简单信号源的设计，由陈瑜编写；第 11 章，简单电路的安装和调试，由杨忠孝、张钜编写；第 12 章，常用传感器，由钟洪声、崔红玲编写；第 13 章，简单放大器设计，由李朝海编写；第 14 章，简单滤波器设计，由皇晓辉编写；第 15 章，频谱分析仪，由唐续编写；第 16 章，数字电路基本概念，由杨忠效编写；第 17 章，综合设计，由邹林编写；钟洪声负责全书的统编整理和协调；邹林负责附件资料的收集。

本书是从工程实践的角度出发，根据循序渐进的原则，指导电子技术领域大学生参加电子设计的入门教材。书中含有四五个实际训练题目，如果能够按要求完成，对于学生的实践动手能力是一个很好的训练。

电子科技大学近十年大学生科技竞赛实际培训，分为三个阶段，初级班、中级班和高级班。本书是初级班训练计划和经验的总结，凝结了教练组全体教师的辛勤工作。但是，由于本人的水平有限，对于工程训练的规律认识还不是很清楚，难免有不少的问题和不足，请广大读者批评和指正。

钟洪声

2011 年 12 月

目 录

第1章 绪 论

在高等院校工科专业的工程教育改革中，深化实践课程、完善工程实训是重要的内容。对于电子技术的工科学生，全国大学生电子设计竞赛，已经成为了提高大学生的工程素养的一个很有影响的平台，以此平台建设大学生电子设计系列实践课程和教材，有助于深化工程教育改革。

1.1 工程教育改革与大学生科技创新活动

21 世纪是知识经济高速发展的时代，是人才辈出的时代。全球一体化、经济爆炸给我国带来机遇的同时也带来挑战，各国对人才的需求达到了空前的膨胀，尤其是工程技术人才。全面推进教育改革，加强高等教育工科学生的工程素质教育，加强学生技术创新意识是当前工程教育的重要使命。这一使命的实现在于高等工程教育通过对自身体系及目标的深化改革，提高学生的工程素质，增强学生的工程实践能力，发展学生的创新思维和创新能力。

1.1.1 我国工程教育面临的问题

经过长期的历史证明，工程实践是提高工科学生综合素质的最佳课堂和手段。只有通过理论知识与工程实践、科技创新的紧密结合，积极构建具有中国特色的工程实践教学体系，才能真正发挥出中国高等工程教育的功能与作用，培养和造就出一代具有创新精神和创业能力的、年轻的社会经济建设的人才。

但是，正如清华大学校长顾秉林曾指出的：中国的工程教育目前存在很大的问题，主要是三大不足制约了其良性发展，一是人才培养结构体系不够完善，二是面向实际的工程训练不足，三是与企业联系不够紧密。

首先，人才培养结构体系不够完善问题，我国在 19 世纪末引入工程教育，已有百余年的历史，新中国成立后，为了尽快满足当时的国家建设需要，学习借鉴前苏联的模式，以对口专业需要为目的，将工程教育课程体系分为基础课、专业基础课、专业课。课程体系窄、专、深，人才的培养基本上是以应试教育、传授知识为主，严重制约了工程技术人员的在岗继续教育和素质、能力的提高，难以适应电子技术的高速发展。

随着现代工业化的系统能力要求不断增强，对过去那种专业面窄，学科、专业乃至于课程各自封闭，自成体系，重理论轻应用，重知识轻能力提出了挑战。对工科大学毕业生的基本素质和工程实际能力提出了更高的要求。

其次，面向实际的工程训练不足的问题。工程教育中存在重“学”轻“术”的倾向使得许多工程院校直接为工业企业培养人才的人数偏少，学生缺乏解决实际工程问题的能力，缺乏对现代工程所必须具备的有关经济、社会方面的知识的了解，缺乏参与现代工程的领导、决策、协调、控制的初步能力和管理素质。

三是与企业联系不够紧密。目前我国工程教育的培养模式，既不具备美国工业界对进入企业的毕业生进行必要的工程师岗位培训系统，又缺乏德国工科大学毕业生所具有的参与工程实践和实习的足够训练。因为我国的高等工程教育，不像欧美那样伴随着技术革命与大工业发展而兴起，一开始就缺乏与工程产业界的密切联系。与企业联系不密切，也使学校难于根据社会需求及时调整专业结构，发展社会急需和具有前瞻性的专业，出现与人才市场需求脱节的局面。同时，高校与社会相脱离，建立在利益互补基础上的产业与高校的横向联合少。由于经费和工程实践单位的原因，工科实践性教学环节，比如生产实习、毕业实习由于工程实践单位害怕影响其正常的生产而流于形式。

1.1.2 工程教育的改革方向

进入 21 世纪，高校扩招也给高等教育带来了一定的压力，因为在工程教育中，学生的动手能力没能及时、有效地给予训练。由于缺少工程实际训练，刚毕业的大学生单科性知识掌握不少，但不知道如何应用，视野狭窄，遇到实际问题不知所措。高等工程教育需要加大改革的力度，尤其是在工程实践能力培养和教育方面需要进行全面创新和实践。

20 世纪 90 年代，美国 MIT 大学提出“回归工程”的口号，为整个世界范围内的工程教育提出了新的要求，并树立了改革的指南针，即更加注重学生的工程实践能力。回归工程的思想促使对学生动手能力培养的研究极其丰富。目前，在美国的工程教育中普遍认为，“工程专业本身是关于科学知识和技术的开发应用，它是满足社会需要的一种创造性专业”；强调教学中“实践才是工程专业的根本”，强调开发“以问题为中心”，融合“理论教学”和“研究型教学”的实践性课程来培养学生的创造能力；强调对教师和学生的工程实践训练，尤其强调对学生工程设计能力的培养；以新的人才培养标准衡量高等工程教育，以一系列评估标准衡量现代工程师的质量。

美国高校及理论研究基地加强了对高等工程教育的研究，形成了自己的理论体系，并积极将理论与实践相结合。他们认为在工程教育中必须加入大系统的概念，充分考虑工程背景的影响，提出以系统的角度考虑工程教育问题的要求。

德国的高等工程教育在世界享有盛名，它历来强调工程中的实践性，在教学中突出对学生实践能力的培养。德国工科院校始终把科研与技术实践创新作为大学的正式职能。比如德国慕尼黑工业大学，十分重视工程实践环节，注意培养学生的动手和独立设计能力，每项实验都由学生亲自操作及撰写实验报告，以加强学生的动手能力。近几年来，德国的那些强调理论研究的学术性工科院校也加强了实用性研究，其研究课题基本围绕工程内容展开，在促进基础研究发展的同时，也推动了德国整个社会的发展。德国的工科院校以培养数量众多、技术过硬的技术人才为主要责任，注重大学研究机构与企业的结合，为德国工业的迅速发展奠定了坚实的基础。同时，高校对前沿科技的探究与发展也不断地促进其骨干产业的崛起。

法国高等工程学校的教育，在教育方式上，学校注重理论与实践相结合，以“多科性”和“多面性”为特色，既学习科学基础，也学习工程技术，同时重视学生到工业企业实习，与工业企业长期保持密切联系和合作的关系，促进了校企共同发展。

作为亚洲经济发达的国家之一——日本，自明治政府建立以来，就把学习西方，兴办教育作为“立国之本”。高等工科院校的建立和高等工程教育的发展促进了日本经济的发展，使日本成为一个新兴的资本主义工业国家。近几年，针对社会需求，日本的工科院校也设立了相应的研究所和研究中心，重视将理论知识应用到实际科学研究中，适应国际化、信息化时代的教育和研究体制。在日本，工科高校实践环节中的生产实习，一般由学生自选公司进行，按时完成实习报告，教师不参加组织，日本企业大多数具备较完善的职业培训系统，以培养大学毕业生和其他员工。通过大量的实践教学与实习活动，使学生毕业后成为一个有独立能力的，能够独立承担安全可靠性责任的职业工程师，强化了其独立自主的科研与动手操作的实践能力的养成。

国际上发达国家推行的工程教育改革为我们提供了参考，面对科学技术迅速发展带来的挑战和社会经济对工程技术人才培养所提出的要求，促使我国高等工程教育要积极面向 21 世纪改革发展的需要，积极地寻找适合于中国特色的高等工程教育改革之路。两院院士张光斗在中国工程院教育委员会 2004 年年会上提交的《高等工程教育改革与发展的咨询建议》中指出：“我国高等工程教育要改革，要发展，以满足工业建设发展的需要。”2004 年，教育部副部长吴启迪也指出：“作为高等教育中规模最大的工科教育，在整个创新教育体系中，具有举足轻重的地位。高等工程教育应围绕推进教育创新进行各种有益探索，努力培养高层次、高素质、多样化、创造性、具有国际视野、适应时代要求的工程科技人才。为此，中国高等工程教育必须加快改革，调整工程教育的学科专业结构、层次结构和人才培养模式。”

目前，不论是从政府层面还是从各高校方面，都在积极寻求适合中国特色的高等工程教育改革之路，作为中国高等工程教育必定会有适应时代与社会的大发展，中国才能成为高等工程教育的强国。

1.1.3　以科技创新活动为载体，提升大学生工程素质

工程教育的本质在于应用、实践和创新，它决定了工程技术人才的培养不能脱离工程应用技术的教育和训练，包括工程意识、工程素质和创新能力的培养。我国高等学校工科四年制本科教育的培养目标规定：“工科本科教育培养适应社会主义建设需要的、德智体全面发展的、获得工程师基本训练的高级工程技术人才。学生毕业后主要去工业生产部门，从事设计、制造、运行、施工、研究开发和管理等工作。也可以去科学研究部门、教育部门工作”。因而，现代工程师应当是有良好的现代自然科学和管理科学素养的、具有优秀个人品质、以技术科学为主要学科基础并掌握工程技术专业知识与技能的、善于解决工程实际问题、勇于不断创新的一代新人。

工科大学生科技活动是学生为了全面提升自身能力和综合素质，以学生个体学习兴趣为导向，以创新型科技课题为载体，以学生自主学习、研究、实践与老师指导相结合为特征，以解决现实困难（包括工程实际问题）为切入点的科技学术活动。

在工科院校，学生科技活动主要包括：各类科技培训，各个级别的科技比赛，如大学生电子设计竞赛、大学生机械创新设计大赛、挑战杯、数学建模竞赛、机器人大赛等；参与教师的科研项目；学校自行设立或社会机构赞助的创新基金项目；学生自行组织或设定的研究课题等。这些科技创新活动或者是一个具体工程实践的完整过程，或者是某工程实践的缩微，但对处于学历教育阶段的工科学生而言，是很好的工程锻炼的机会和途径，它已经和课堂教

学一起构成工科学生学习知识，培养能力，提升工程素质的两大有效手段。

1.1.3.1　工程教育的本质是一种工程实践活动

实践是工程的起点与核心，没有离开实践活动的工程，工程的开展也离不开实践的环境，工程本身就是实践。工程教育中，工科专业的性质也决定了它的实践特性，工科学生的从业特征更是决定了工程教育要时刻强调实践教学与实践能力。因为大多数的工科毕业生将来从事的不仅是理论研究，而是直接步入经济建设的主战场，走向产业，直接面向工程和生产第一线，主要就业于与生产密切相关的产品研发、设计、制造、营销等工程技术领域，他们要解决实际的问题，开发新的产品，为社会创造财富。

一个合格优良的工程技术人才需要具有多方面的素质与内涵，这些素质与内涵就是良好的工程素质和强烈的创新精神以及训练有素的创新思维。他们三者之间的关系是基础、动力与桥梁的关系。工程素质，就是指人们在考虑工程问题，从事某项具体工程工作时所表现出的内在品质和作风，它是工程技术人员应该而且必须具备的基本素质。其具体内涵就是工程知识、工程意识和工程实践能力。但其总体而言，还是离不开人的实践活动和实践能力。因为工程知识也不是狭义上人们理解的专业理论知识，它已被理解为扩展到专业技术以外的其他领域，如市场、管理知识等。工程知识的获得一方面可以从课堂和书本上学，另一方面则必须从实践中学习，将理论和实践相结合是学习工程知识的最佳途径。工程意识获得更是在实践活动中进行的。因为工程意识是在具有丰富工程知识背景下自然形成的自觉思维理念，它本身就是在具体地分析问题、解决问题时自觉地从工程的角度出发去分析判断，捕捉工程中的有用信息，抓住工程问题的关键点的一种敏锐度及意识。理解工程实践能力更应从一个广泛的角度来看待它的理解，它不仅包括动手能力，还包括在实践中根据工程的客体，能够提出问题、正确分析和解决问题的能力，它是在广泛工程背景下，通过大量、不断的实践而形成的实际工作能力。

1.1.3.2　科技创新活动是培养工程素质的有效手段

传统教育模式下的工科学生习惯性地偏重单一学科知识的系统性学习与总结，缺乏综合运用所学知识解决工程实际问题的锻炼，尤其缺乏从实践中发现问题和解决复杂工程问题的自觉性和能力，因而很少有原创性的发明创造。

科技创新活动的开展一般是以个人兴趣和爱好为前提，有利于激发学生的创新意识和创新能力，激发他们主动地综合运用所学专业知识去解决创新实践中遇到的问题，甚至在现有知识掌握不扎实或缺乏的情况下能主动通过复习、研讨、搜索、查阅、请教等各种方法和手段去攻克一个又一个难关，其在创新活动中养成的自学能力、研究能力、分析问题能力、综合运用能力以及实验动手能力是课堂教学很难培养和造就的。

开展科技创新活动有利于培养和增强工程实践中必备的创新意识、实践意识、时代意识、竞争意识、经济与社会意识、团队意识、职业道德意识等。科技创新活动本身就是以培养创新意识和创新能力为核心内容的，科技竞赛或创新大赛中各队组之间的激烈竞争与角逐以及团队内部之间的密切配合协作无疑是培养学生竞争意识、团队协作意识的最佳方式。现今，很多全国性的比赛大多紧密联系社会与经济发展现状。每届指定主题，学生在设计和比赛中必须围绕主题，紧扣时代要求，关注经济与社会发展需求，在无形中增强了工程意识。

很多科技创新活动都是以实验数据、电路制造、系统搭建或物理样机制作的形式展示成果，这就需要学生必须亲自动手设计、参与实验、试制样机。有时为了节约实验费用、降低成本、提高成功率，还必须综合运用虚拟样机设计仿真等多种现代设计方法和手段进行综合研究，甚至很多零部件或电路都是自己在实验室加工制作完成。对于一些加工难度大的零部件也需要学生提供图纸和工艺配合工厂的工程师一起研究实施。通过开展科技创新活动，使学生掌握了实验仪器、机床等常用设备及相关软件等的使用、维护和管理方法，切实提高了学生实践动手能力。

1.1.3.3 大学生创新活动开展与工程素质培养方案

为了增强工科学生的工程意识，提升其工程素质，学校应该发挥自身的学科优势，充分利用学校现有的教学和实验研究平台，尤其是实验中心、工程训练中心、创新设计中心及在企业建立的实习基地为学生提供更多的从事科技活动的机会，规划和建设以工程训练为主题的实验课程和综合设计课程，培养学生综合运用所学专业知识解决工程实际问题的能力，提高工程创新能力和工程实践能力。

一方面是学校要多渠道、多层次、全方位地组织学生开展科技创新活动，通过宣讲、报告、主题班会、专题研讨等形式来宣传和动员学生参与科技创新活动，扩大学生参与面。从制度、经费和考核、奖励标准等方面鼓励和支持教师开展创新教育实践，向学生开放科研课题，指导学生开展课题研究和科技制作。同时，通过树立典型扩大科技创新活动的影响，以向更多的学生推广科技创新的理念，强化工程意识，营造更好的科技创新活动氛围。

另一方面是要改革教学思路，建设新的课程体系，使之与新的人才培养机制相适应。比如本课程《电子电路设计技术基础》，以电子设计与制作为主线，结合学生科技创新活动进行电子技术的工程素质培养。此外，根据创新人才培养的需求，学校具体改革教学内容、方法和手段。教学老师和科技活动指导教师，都必须从“应试教育”的旧模式中走出来，转变那些束缚学生创新精神和创新能力发展的教育观念，全面实施创新教育，着重培养工科学生的创新能力和工程素质。在创新教育实践中始终坚持人人可成才、人人都有与生俱来的创新潜能的原则，尊重每一位学生的创新想法，激励每一位学生的创新行动。

1.2 全国大学生电子设计竞赛的启示

全国大学生电子设计竞赛是教育部和前电子工业部于 1994 年共同倡导主办的面向大学生的群众性科技活动，全国先后举办了九届竞赛。这项竞赛的目的在于推动普通高等学校的信息电子类学科面向 21 世纪的教学内容和课程体系改革，尤其突出实践教学体系与内容的改革和实验室建设。该项竞赛既重视第一课堂的教学改革，也重视课外第二课堂的教学改革；既重视学生智力的提高，也重视学生非智力素质的提高。引导高等学校教师在教学中培养大学生的创新意识、团结协作精神和理论联系实际的学风，加强学生工程实践能力的训练和培养，鼓励广大学生踊跃参加课外科技活动，推动高等学校形成良好的学习风气，从而有力地推动了高等工程教育教学改革，提高了人才培养质量，同时也为优秀人才脱颖而出创造条件。

1.2.1 全国大学生电子设计竞赛介绍

全国大学生电子设计竞赛是教育部倡导的大学生学科竞赛之一，是面向大学生的群众性科技活动。全国大学生电子设计竞赛章程规定，全国大学生电子设计竞赛的目的，在于推动高等学校促进信息与电子类学科课程体系和课程内容的改革，有助于高等学校实施素质教育，培养大学生的实践创新意识与基本能力、团队协作的人文精神和理论联系实际的学风；有助于学生工程实践素质的培养、提高学生针对实际问题进行电子设计制作的能力；有助于吸引、鼓励广大青年学生踊跃参加课外科技活动，为优秀人才的脱颖而出创造条件。

全国大学生电子设计竞赛特点：（1）与高等学校相关专业的课程体系和课程内容改革密切结合，以推动其课程教学、教学改革和实验室建设工作；（2）与理论联系实际学风建设紧密结合，竞赛内容既有理论设计，又有实际制作，以全面检验和加强参赛学生的理论基础和实践创新能力。

全国大学生电子设计竞赛由教育部高等教育司和信息产业部人事司共同主办，负责领导全国范围内的竞赛工作。各地竞赛事宜由地方教委（厅、局）统一领导。为保证竞赛顺利开展，组建全国及各赛区竞赛组织委员会和专家组。其中全国大学生电子设计竞赛组织委员会由教育部、信息产业部、部分参赛省市教育主管部门负责人或有关学校专家组成。各赛区竞赛组委会由省（自治区）、直辖市教委（厅、局）、高校代表及电子类专家、企事业代表组成，负责本赛区的竞赛组织领导工作。全国大学生电子设计竞赛的专家组，主要由来自高等学校电子及其相关专业的专家组成，全国专家组由责任专家、专家和专家库成员三个人员层面构成，全国竞赛的命题和评审工作以责任专家为主体。

全国大学生电子设计竞赛，以高等学校为基本参赛单位，参赛学校应成立电子竞赛工作领导小组，负责本校学生的参赛事宜，包括组队、报名、赛前准备、赛期管理和赛后总结等。每支参赛队由三名学生组成，具有正式学籍的全日制在校本、专科生均有资格报名参赛。

全国大学生电子设计竞赛时间，除第一、二届连续举办外，其他各届都是在单数年的8月～9月份举办，赛期四天。在双数的非竞赛年份，根据实际需要由全国竞赛组委会和有关赛区组织开展全国的专题性竞赛，同时积极鼓励各赛区和学校根据自身条件适时组织开展赛区和学校一级的大学生电子设计竞赛。竞赛方式采用全国统一命题、分赛区组织的方式，竞赛采用“半封闭、相对集中”的组织方式进行。竞赛期间学生可以查阅有关纸介或网络技术资料，队内学生可以集体商讨设计思想，确定设计方案，分工负责、团结协作，以队为基本单位独立完成竞赛任务；竞赛期间不允许任何教师或其他人员进行任何形式的指导或引导；竞赛期间参赛队员不得与队外任何人员讨论商量。参赛学校应将参赛学生相对集中在实验室内进行竞赛，便于组织人员巡查。为保证竞赛工作，竞赛所需设备、元器件等均由各参赛学校负责提供。

从2007年开始，全国竞赛采用两套题目，即本科生组题目和高职高专学生组题目，参赛的本科生只能选本科生组题目；高职高专学生原则上选择高职高专学生组题目，但也可选择本科生组题目，并按本科生组题目的标准进行评审。只要参赛队中有本科生，该队只能选择本科生组题目，并按本科生组题目的标准进行评审。

根据全国大学生电子设计竞赛评奖模式，竞赛评审分赛区和全国两级评审，按本科生组和高职高专学生组的相应标准分别开展评审工作。赛区的竞赛评审工作由赛区组委会组织、赛区专家组执行，须严格按照全国专家组制定的统一评分及测试标准执行。全国竞赛评审工作由全国大学生电子设计竞赛专家组完成。为保证全国大学生电子设计竞赛评奖工作的公正性，对全国和赛区的评奖初步结果坚持执行异议制度。

1.2.2 全国大学生电子设计竞赛基本情况

截至2009年，全国大学生电子设计竞赛经过15年，已举办了九届全国大赛以及多次专题邀请赛。这15年来，全国大学生电子设计竞赛始终在教育部高等教育司和工业与信息化部人事教育司的正确领导下，坚持了以促进教学改革为目标，以广泛参与为基础，以科学公正求生存，以组织创新谋发展。始终坚持"姓教"，坚持高举教育教学改革旗帜，不但办出了公认的品牌，也成为高校相关专业推进实践教学改革与人才培养模式改革的重要抓手之一。

首先，全国大学生电子设计竞赛规模空前。参加2009年竞赛的有31个省、市、自治区、特别行政区组成了28个独立赛区，分别为北京、上海、天津、重庆、河北、江西、山东、山西、河南、辽宁、湖北、吉林、湖南、黑龙江、海南、广东、江苏、广西、四川、浙江、贵州、安徽、福建、陕西、甘肃、新疆、云南、青海。其中，西藏、宁夏、香港的参赛学校分别加入了四川、甘肃和广东赛区的竞赛。

据统计，2009年竞赛，全国共有938所高校的8766个代表队（26298名学生）实际参赛。参赛学校规模较上届增长了18.2%，参赛学生规模较上届增长了20.9%，竞赛规模可谓空前。

2004年，在电子设计竞赛十周年庆祝来临前期，全国大学生电子设计竞赛组委会为了深入了解十年来全国大学生电子设计竞赛在全国各个高校师生中产生的实际影响，全面掌握竞赛对推动高校教学内容、课程体系、教学实践、教学手段、实验室建设等方面改革成就，以达到进一步完善竞赛的运行机制，提高竞赛的质量和水平，发挥竞赛对深化高等教育教学改革的促进作用，通过网上调查的方式对赛区组委会、参赛指导教师、参赛学生进行了一次系统的问卷调查。这次调查问卷的回收分布在19个省市赛区，基本反映了教师、学生对电子设计大赛的整体态度，以及全国大学生电子设计竞赛对电子技术课程改革的贡献。表1-1所示为历届参加全国大学生电子设计竞赛的情况。

表1-1 历届参加全国大学生电子设计竞赛的情况

届别	年度	参赛赛区	参赛学校	获奖学校	参赛队伍	参赛学生
第一届	1994	3	44	17	219	657
第二届	1995	9	122	30	602	1806
第三届	1997	16	207	64	1007	3021
第四届	1999	23	279	90	1465	4395
第五届	2001	24	346	105	2071	6213
第六届	2003	24	426	167	3039	9117
第七届	2005	25	510		4496	13 488
第八届	2007	27	767		6935（1070）	20 805
第九届	2009	28（31省市）	938		8766（1565）	26 298

（1）认同度与关注度

教师及教务人员和参赛学生对大赛的态度如图 1-1 所示。从图上可以看出，绝大多数教师及教务人员对电子竞赛持赞同态度，态度不确定的只占 2.6%，而没有教师反对这样的竞赛。由此看来，电子设计竞赛在高校教师中还是很受欢迎的。而对于参赛学生，99.3%的学生对电子竞赛持赞同态度，态度不确定的只占 0.7%，而没有学生对全国大学生电子设计竞赛不满意。由此看来，电子竞赛在大学生中受欢迎程度很高，广大学生热切希望扩大电子设计竞赛规模，以使更多的学生在电子设计竞赛中得到锻炼。

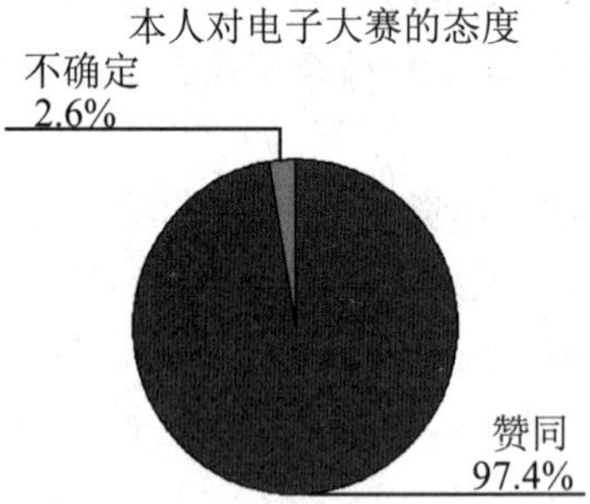

（a）

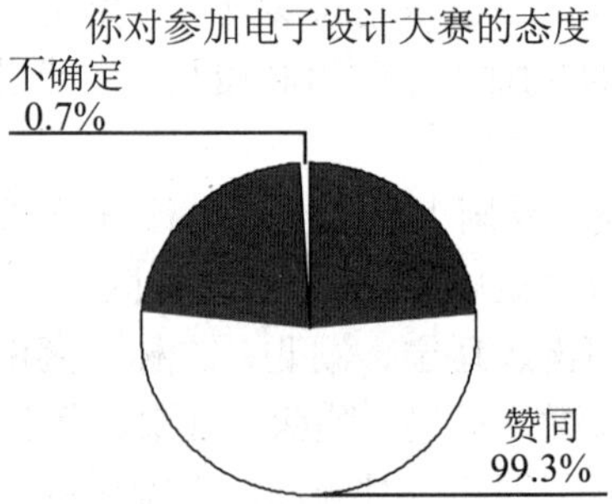

（b）

图 1-1　老师、学生对全国大学生电子设计竞赛的态度

此外，绝大部分电子信息类专业的大学生关心竞赛情况和有关信息，2001 年组委会为配合竞赛的需要，首次开通了独立运行的全国竞赛组委会网站（http：//www.nuedc.com.cn），从而为全国组委会与各赛区组委会、参赛学校之间建立一个联系平台，利用该网站广泛宣传竞赛宗旨，发动学校参赛，并希望为各高校的课程教学改革提供一种交流的渠道。调查显示经常登陆全国大学生电子设计竞赛网站的学生占到调查学生的 68.3%。竞赛充分利用了网站和电子邮件功能，使竞赛的组织工作效率大大提高。到目前为止，全国组委会网站的访问量已经超过 150 000 人次。

同时，社会各界广泛关注全国大学生电子设计竞赛。历届全国大学生电子设计竞赛不仅吸引了众多新闻媒体和专业期刊的关注，而且得到了企业界的积极参与和资助。使社会各界广泛重视，也为丰富全国大学生电子设计竞赛内容广开了渠道，同时对未参赛的学生也造成了积极的促进作用。

（2）广大师生对全国大学生电子设计竞赛的公正性基本满意

全国大学生电子设计竞赛本着公平、公正、公开的原则，在赛前制定严格的纪律制度和评审制度；竞赛期间，各赛区组委会组织巡视检查，以保证竞赛活动公正进行。各赛区教师和学生对大赛的公正性基本满意。图 1-2 显示了教师和学生对大赛公正性的满意度。

图1-2表明，有62.7%的教师对竞赛的公正性是满意的，有30.7%的教师持不确定态度，有6.7%的教师对大赛的公正性持不满意态度。从学生对电子设计大赛评奖公正性的态度上来看，选择满意的有62.6%，不确定的有20.9%，不满意的有16.5%。说明学生对电子设计大赛评奖公正性基本满意。

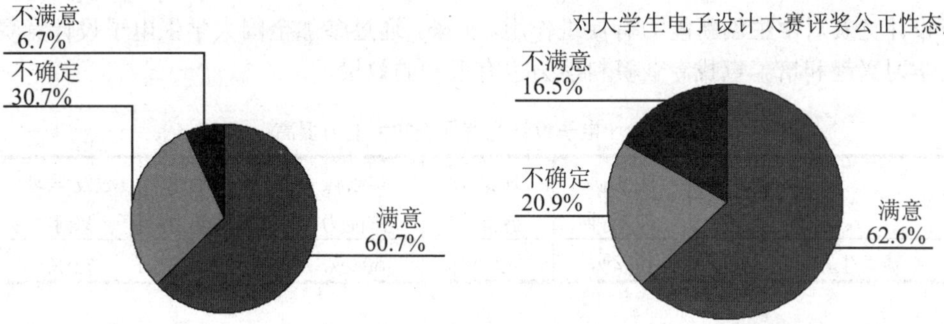

图 1-2 广大师生对竞赛公正性的满意度

（3）竞赛的题目反映了电子信息技术发展方向

全国大学生电子设计竞赛的内容与教学紧密结合，来自教学一线的专家结合本科生知识能力结构进行有针对性的命题，努力引导教学基础知识与综合能力相结合；方案设计、理论计算与实际制作、科学测试相结合；电子技术基本内容与多专业方向相结合；传统器件与新型器件应用相结合。竞赛题目注重在基本设计、实际测试、撰写报告等不同环节检验参赛者的综合能力，并给优秀学生留下充分的设计发挥空间，注重培养学生的创新能力和团结协作能力。

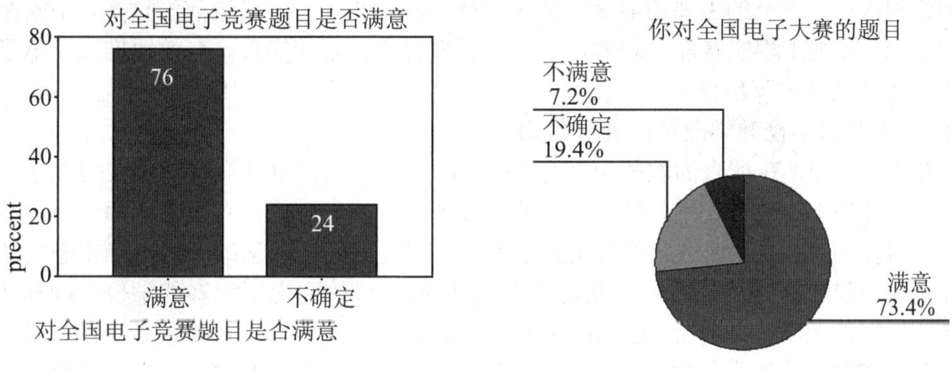

图 1-3 教师和学生对命题的满意度

图 1-3 中的柱状图反映出有 76%的教师对竞赛题目是满意的，而有 24%的教师持不确定态度，没有人对大赛题目不满意。而从学生对全国电子大赛的题目满意度调查，满意的占 73.4%，不确定的占 19.4%，不满意的占 7.2%。大部分学生都对全国大学生电子设计竞赛的题目感到满意，这和电子设计竞赛出题方向注重学生实践能力，培养学生团队精神是分不开的。

（4）学生的实践创新能力大幅度提高，一批优秀人才脱颖而出

电子设计竞赛使那些具有良好的理论基础、实践动手能力强，特别是具有创新意识和协作精神的学生有了施展自己才能的空间。这些学生通过赛前的培训以及大赛的锻炼，在综合素质上有所提高。

从调查表 1-2 中所示，参加全国大学生电子设计竞赛的同学认为对自己的团队协作能力

和实际操作能力有所提高的，分别占到 60.4%和 60.2%，有 54.7%的学生选择参加全国大学生电子设计竞赛对学生创新能力有促进作用。另外，通过参加全国大学生电子设计竞赛对激发学生学习兴趣和培养查找专业资料能力也有很好的效果。

表 1-2　电子设计竞赛促进学生能力提高

	创新能力	团队协作精神	理论掌握能力	实际操作能力	查找专业资料能力	激发学习兴趣
参赛学生	54.7%	60.4%	42.4%	60.2%	1.5%	7.0%

许多高校每年都为获奖学生推荐研究生提供政策上支持，为这批学生的进一步深造创造了良好的条件。而没有上研究生的同学在联系工作时也极受公司的欢迎，许多本科后参加工作的得奖学生，在工作中较快成长为项目的负责人，有较强的工作能力和突出的业绩，深受公司领导的青睐。还有部分得奖学生出国继续深造，在学业中也取得了较好的成绩。由此可以看出，全国大学生电子设计竞赛对优秀大学生的选拔起到了很好的作用。另外这些学生的成才，也对低年级学生学习积极性的激发、增强能力意识的培养起到了良好的辐射作用。

1.2.3　竞赛促进了电子信息类教育教学改革

随着全国大学生电子设计竞赛的不断开展，全国高校电子信息类专业课程大都经历了一系列调整和改革，改革的主要内容有：优化传统基础知识，大胆引进前沿技术，不断拓宽学生专业口径，加强工程实践能力培养，重视创新教育的探索和实践，有效地推动了电子信息类专业的教育教学改革步伐。

（1）大赛对学校教学改革的促进作用

由图 1-4 可知，在调查的教师中，有 88.2%的教师认为，电子竞赛对学校的教学改革有促进作用，另外 11.8%的教师对是否促进教学改革持不确定态度，而没有教师认为对教学改革没有任何作用。并且，通过分类分析可以看出，对是否促进教学改革持不确定态度的教师几乎都是来自没有举办过校内电子竞赛的学校。而举办过校内电子竞赛的学校教师都认为这类竞赛对学校的教学改革有促进作用。由此看来，电子竞赛的作用还是被认可的，我们应该尽可能多地在学校内部举行电子设计竞赛，使更多的学生能够参加竞赛，推动学校在教学改革、课程体系建设方面取得进展。

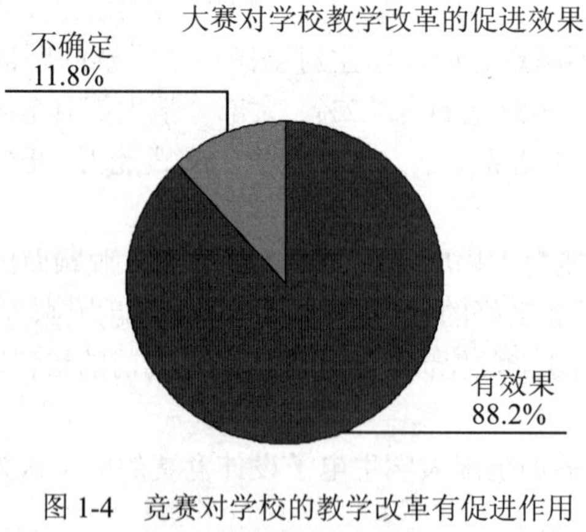

图 1-4　竞赛对学校的教学改革有促进作用

（2）学校就电子竞赛在教学改革、课程体系建设方面的情况

从图 1-5 可以了解到，有 53.9%的学校开设了与竞赛相关的课程，使得竞赛直接或间接地促进了单片机、可编程逻辑器件、EDA 技术、嵌入式技术在相当一批高校教学内容中的出现与加强，促使这类课程的开设和相应教材出版市场的形成。同时，校内设置与竞赛相关的实验室的学校占 53.9%，这说明随着竞赛的持续开展，高校实验室建设也逐步深入，越来越多的学校建设与竞赛相关的实验室，提高了学生的动手能力和工程实践能力，促进了高校教育教学改革的进一步发展。

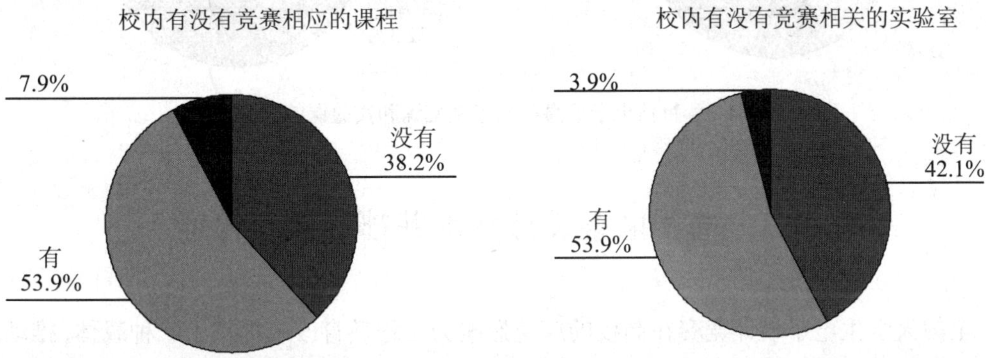

图 1-5 电子竞赛促进课程和实验室建设

许多学校在综合性实验方面，在内容编排和实验方法上进行了改革探索。在获得全国奖的同学中，多数学生在平常实验课学习中都有良好的表现，具有思想活跃、勤于动手的特点，并且积极参加第二课堂课外科技活动，完成过课外科技作品制作。

（3）电子竞赛对电子信息类技术课程建设的促进作用

首先，通过对目前电子信息类技术基础课的教学内容，以及电子信息类技术实验课的教学内容满意度进行调查，结果表明，广大学生对目前电子信息类技术基础课的教学内容感到满意的占 57.6%，不确定的占 23.7%，不满意的占 18%。而对目前电子信息类技术实验课的教学内容满意的占 53.2%，不确定的占 22.3%，不满意的占 24.5%。这说明，学生对现在电子信息类技术基础课和技术实验课的教学内容满意度较高，当然需要进一步改进，这也为我们电子信息类教育教学提出了新的思考。

最近几年，正值开展 211 工程、世行贷款项目建设，各省市学校也增加教育经费，来自各种渠道的投资将许多学校的电工电子实验中心（实验基地）建设推向高潮。实验课程体系的建设，实验内容的改革，也为开展电子竞赛创造了有利条件。我们应该抓住这个机遇，将竞赛推向更高的层次。有计划、有目的、有指导、有组织地推动高校教学改革，开放实验室，为学生开辟第二课堂。如果很多学校这样做了，将会有很多学生受益。应该说，让更多的学生在实践中受益，比多获得一、两项奖更加值得，这也是我们培养人才的根本目的。

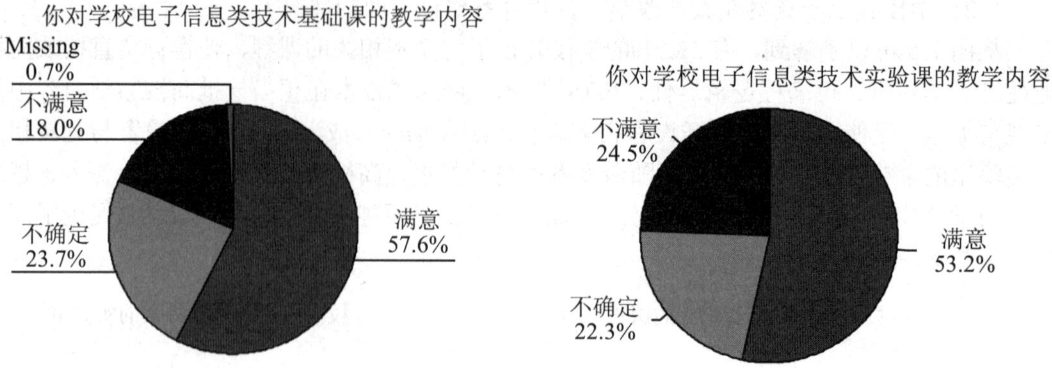

图 1-6　目前电子信息类技术基础课和实验课的满意度

1.3　电子电路设计技术基础的课程内容

全国大学生电子设计竞赛在高校的广泛影响为工程教育改革提供了一种载体，推动工程实践课程改革和建设。以电子信息技术专业的电子电路课程教学为例，往往以课堂理论教学为主，虽然各高校都有相应的实验课，但绝大部分都是按部就班验证理论的实验，与工程素养与实践技能培养的要求相差甚远。经过对学生学习情况调查，发现普遍存在着共同的问题：

1）学生认识电路图中的各种电子元器件符号，而不认识实际元器件。如打开电子设备，学生不知道哪是三极管、二极管，哪是电容、电感，甚至不认识色环电阻。

2）学生能套用公式对电路进行相关计算，套用分析基本电路的步骤对教科书上的电路进行分析，却不能分析实际应用电路，即便是很简单的电路。

3）学生能够在老师的指导下按照指定的步骤，完成设计好的实验，却不能对实际电路进行检测，很多同学不能正确使用测量仪表。如在电视机电路中测量某放大器的状态是否正常，能够完成的同学很少。

4）学生不了解教科书以外的电子技术知识，更跟不上电子技术知识的发展。

因此，针对电子信息类专业，学生工程素质培养和开展大学生电子设计竞赛，有必要开设以“作中学”为基本模式的电子设计实践性课程。本教材就是以此为目标的实验课程教材，希望本实验课程的学习能极大地调动学生的学习兴趣，变被动学习为探究性学习，适应当前课程改革的新理念。

电子电路设计技术基础课程的课程内容包括：

1）电子电路的设计的理论基础和基本方法

包括分析设计任务要求，分析设计任务的具体要求，如性能指标、内容及要求，明确设计任务。然后进行方案选择，能根据掌握的知识和资料，针对设计提出的任务、要求和条件，设计合理、可靠、经济、可行的设计框架，对其优缺点进行分析。其次，根据设计框架进行电路单元设计、参数计算和器件选择，再者，进行电路原理图的绘制。

2）电子电路的组装技术

电路组装通常采用通用印刷电路板焊接和实验箱上插接两种方式，不管哪种方式，都要学习集成电路认识与安装、元器件的旋转与装插、导线的选用与连接、在电路的输入/输出端和其测试端处理。最后分析布局的合理性和组装的正确性。掌握电子电路的组装技术，不仅能使得电路设计整齐美观，而且能提高电路工作的可靠性，便于检查和排除故障。

3）电子电路调试、分析技术

包括实验和调试常用仪器原理的学习和使用，具体包括有万用表、稳压电源、示波器、信号发生器以及频谱仪等。其次是调试前不加电源的调试和静态检测与调试技术的学习。再者是进行动态检测与调试。

4）电子电路故障检查技巧

电子电路故障检查包括观察法、静态检查法、信号寻迹法、对比法、部件替换法、旁路法、短路法、断路法、暴露法等。

5）电子电路设计专题制作，通过一系列实训题目的详细介绍，帮助学生从系统概念和工程角度掌握电子设计技能。

本书针对这些内容，以学生自主进行电路设计的实训项目为引导，穿插在整本教材中。本书将重点介绍的实训项目内容包括，第 7 章的电源设计与制作，第 10 章的简单信号源，第 13 章的简单晶体管放大器设计，以及第 17 章的综合设计。

为了便于这些实训项目的进行，本书后面会陆续介绍电路基础知识，从第 2 章开始的常用基本元器件的介绍，包括电阻、电容、电感、变压器、二极管和晶体管等基本元器件的特性，然后从模拟到数字逐步引入基本电路知识，如第 9 章对运算放大器原理的介绍，第 12 章对常用传感器的介绍，第 14 章滤波器设计原理，到第 16 章对数字电路设计基本知识介绍。

同时，穿插在本书的内容中，分别进行了电路设计、制作和调试的相关知识和方法的介绍，包括第 3 章的基本工具介绍，第 4 章的元器件测量方法，第 5 章的焊接及安装技术，第 6 章的电路版图设计，第 8 章的常用电子测量仪器使用；第 11 章的简单电路安装和调试，以及第 15 章的频谱分析技术和常用频谱分析仪的应用。

【参考文献】

[1] 2009 年全国大学生电子设计竞赛工作总结报告，www.nuedc.com.cn/news.asp

[2] 2004 年全国大学生电子设计竞赛工作总结报告，www.nuedc.com.cn/news/2004

[3] 顾秉林. 加强实践教育培养创新人才. 在清华大学第 22 次教育工作讨论会开幕式上的讲话，2004

[4] 石磊. 工程教育中实践能力的培养研究. 西安电子科技大学硕士学位论文，2007

[5] 董娜. 基于工程素质的高等工程教育课程改革的研究. 苏州大学硕士论文，2006

第 2 章 常用基本元器件

2.1 电 阻 器

电阻器是具有一定电阻值的电子元器件，简称电阻，是组成电子电路不可缺少的元件。本节仅介绍常规电阻。电阻的电路符号如图 2-1 所示。

（a）国标符号

（b）美国标准符号

图 2-1

2.1.1 电阻器的分类

电阻器按电阻体材料及用途可分成多个种类，如表 2-1 所示。

表 2-1 电阻器按用途及电阻体材料分类表

按用途不同分类	按电阻体材料分类								
	线绕型	薄膜型						合成型	
		碳膜型	金属膜型	金属氧化膜型	玻璃釉膜型	合成碳膜型	金属箔型	有机实芯型	无机实芯型
通用电阻器	√	√	√	√	√			√	√
精密电阻器	√	√	√				√		
高阻电阻器			√		√	√			
功率型电阻器	√	√	√						
高压电阻器					√	√			
高频电阻器				√			√		

表中“√”表示电阻体材料及工艺做成的电阻器所适用的类型。各种电阻的图片如图 2-2 所示。

高压大功率电阻

高防潮高压玻璃釉电阻

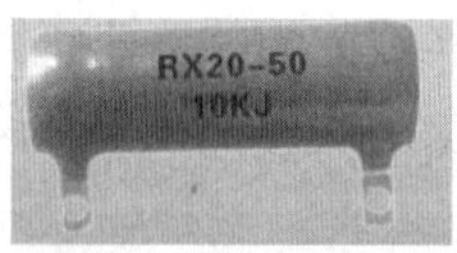

大功率被釉线绕电阻

功率型低阻值、低电感电阻

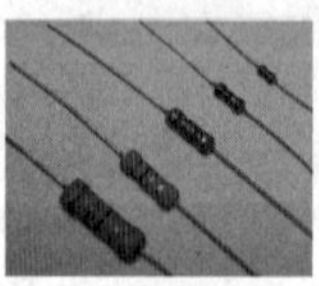

色环电阻

热敏电阻

水泥电阻

碳膜电阻

厚膜网络电阻

图 2-2 各种电阻

2.1.2　电阻器的型号命名方法

我国有关标准的规定，电阻器的型号命名方法由图 2-3 所示组成。

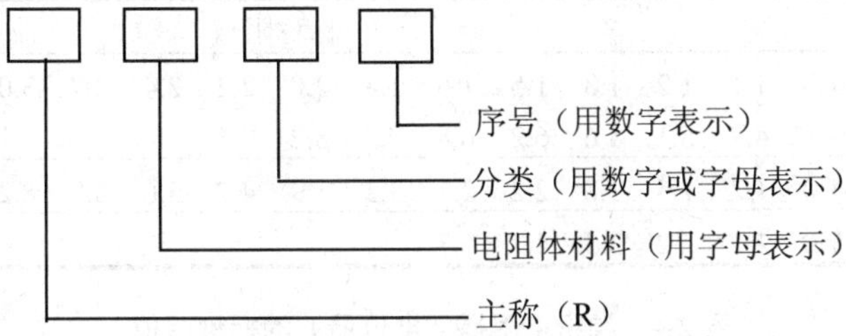

图 2-3　型号命名方法

第一部分为主称，用“R”表示；第二部分为电阻体材料，用字母表示；第三部分为分类特征，用数字或字母表示。数字或字母含义如表 2-2 所示。第四部分为序号，用数字表示，以区别外形尺寸和性能参数。对材料和分类特征相同，仅尺寸、性能指标有差异，但基本上可以互换的产品，标同一序号；对材料、分类特征相同，仅尺寸、性能指标影响产品互换的产品，仍可标同一序号，但必须在序号后加一字母作为区别代号。

表 2-2　电阻器型号中主称和电阻体材料的部分符号及意义

第二部分：电阻体材料		第三部分：分类	
符号	意义	符号	意义
H	合成碳膜	1	普通
I	玻璃釉膜	2	普通
J	金属膜	3	超高频
N	无机实芯	4	高阻
G	沉积膜	5	高温
S	有机实芯	6	高湿
T	碳膜	7	精密
X	绕线	8	高压
Y	氧化膜	9	特殊
F	复合膜	G	高功率
		I	被漆
		J	精密
		T	可调
		X	小型

2.1.3　电阻器的标称阻值和精度

为了满足使用者的需求，生产厂商生产了各种阻值的电阻器，即便如此，也无法做到想要多大阻值的就会有什么阻值的成品。为了便于使用和生产，国家统一规定了一系列阻值作为电阻器阻值的标准值，称为电阻的标称阻值。表 2-3 和表 2-4 给出了常用电阻器的阻值系列标准。

表 2-3　电阻器（电位器）的标称阻值

系列	允许偏差	标称阻值														
E24	±5%	1.0	1.1	1.2	1.3	1.5	1.6	1.8	2.0	2.2	2.4	2.7	3.0	3.3	3.6	3.9
		4.3	4.7	5.1	5.6	6.2	6.8	7.5	8.2	9.1						
E12	±10%	1.0	1.2	1.5	1.8	2.2	2.7	3.3	3.9	4.7	5.6	6.8	8.2			
E6	±20%	1.0	1.5	2.2	3.3	4.7	6.8									

表 2-4　精密电阻器（电位器）的标称阻值

系列	允许偏差	标称阻值														
E192	±0.5%	100	101	102	104	105	106	107	109	110	111	113	114	115	117	118
		120	121	123	124	126	127	129	130	132	133	135	137	138	140	142
		143	145	147	149	150	152	154	156	158	160	162	164	165	167	169
		172	174	176	178	180	182	184	187	189	191	193	196	198	200	203
		205	208	210	213	215	218	221	223	226	229	232	234	237	240	243
		246	249	252	255	258	261	264	267	271	274	277	280	284	287	291
		294	298	301	305	309	312	316	320	324	328	332	336	340	344	348
		352	357	361	365	370	374	379	383	388	392	397	402	407	412	417
		422	427	432	437	442	448	453	459	464	470	475	481	487	493	499
		505	511	517	523	530	536	542	549	556	562	569	576	583	590	597
		604	612	619	626	634	642	649	657	665	673	681	690	698	706	715
		723	732	741	750	759	768	777	787	796	806	816	825	835	845	856
		866	868	887	898	909	920	931	942	953	965	976	988			
E96	±1%	100	102	105	107	110	115	118	121	124	127	130	133	137	140	143
		147	150	154	158	162	165	169	174	178	182	187	191	196	200	205
		210	215	221	226	232	237	243	249	255	261	267	274	280	287	294
		301	309	316	324	332	340	348	357	365	374	383	392	402	412	422
		432	442	453	464	475	487	499	511	523	536	549	562	576	590	604
		619	634	649	653	681	698	715	732	750	768	787	806	825	845	866
		887	909	931	953	976										
E48	±2%	100	105	110	115	121	127	133	140	147	154	162	169	178	187	196
		205	215	226	237	249	261	274	287	301	316	332	348	365	383	402
		422	442	464	487	511	536	562	590	619	649	681	715	759	787	825
		866	909	953												

表中 E6、E12 等的含义是指电阻的标称值系列，是指从 1 到 10 之内分为多少个值，阻值的允许误差是多少，便于大量生产和选用。如 E6 指电阻分从 1 到 10 分为 1.0、1.5、2.2、3.3、4.7、6.8 这 6 个值。

2.1.4　电阻器的标志方法

电阻器的标志方法常采用色环法和文字符号直标法。对于功率为 1/8W～1/4W 间的电阻，一般采用色环法，标出阻值和精度，材料可由整体颜色识别，功率可由体积识别；对于功率较大的电阻采用直标法。

（1）直标法

直标法是指将电阻器的类别、标称阻值、允许偏差、额定功率等直接标注在电阻器的表面上，如图 2-4 所示。

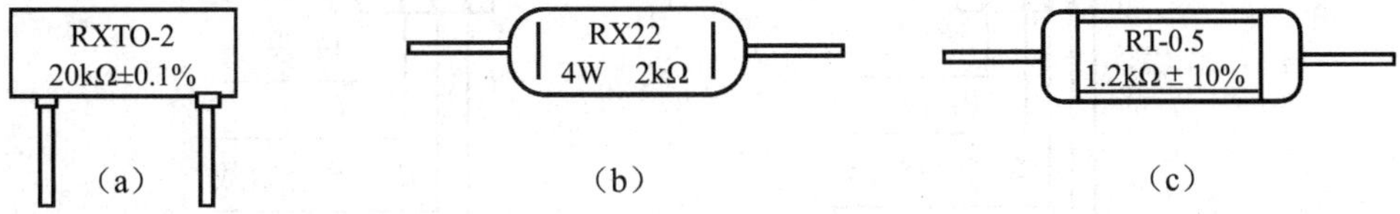

图 2-4　电阻器直标法示例

图 2-4（a）表示标称值为 20kΩ、允许偏差为±0.1%、额定功率为 2W 的线绕电阻器；图 2-4（b）表示标称值为 2kΩ、额定功率为 4W 的线绕电阻器；图 2-4（c）表示标称值为 1.2kΩ、允许偏差为±10%、额定功率为 0.5W 的碳膜电阻器。

直标法标志电阻值的单位标志符号如表 2-5 所示。

表 2-5　文字符号表示的单位

文字符号	R	k	M	G	T
表示单位	欧姆（Ω）	千欧姆（10^3Ω）	兆欧姆（10^6Ω）	吉欧姆（10^9Ω）	兆兆欧姆（10^{12}Ω）

直标法一般用数字和单位符号直接标明电阻值。还有的用数字和单位符号组合在一起表示，文字符号前面的数字表示整数阻值，文字符号后面的数字表示小数点后面的小数阻值。例如“R10”表示 0.1Ω；“3M3”表示 3.3MΩ。

（2）色环标志法

色标法是用不同的色带或色点标在电阻器表面，用来表示电阻的阻值和允许偏差。各种颜色所代表意义如表 2-6 所示。

表 2-6　色环的基本色码及意义

色别	有效数字	有效数字的倍率	精度
棕	1	10^1	±1%
红	2	10^2	±2%
橙	3	10^3	-
黄	4	10^4	-
绿	5	10^5	±0.5%
蓝	6	10^6	±0.2%
紫	7	10^7	±0.1%
灰	8	10^8	-
白	9	10^9	-
黑	0	10^0	-
金	-	10^{-1}	±5%
银	-	10^{-2}	K±10%

色环电阻的色彩标识有两种方式：一种是采用 4 色环的标注方式；另一种采用 5 色环的标注方式。两者的区别在于：4 色环用前两位表示电阻的有效数字，而 5 色环用前三位表示该电阻的有效数字，两者的倒数第 2 位表示了电阻的有效数字的倍率，最后一位表示了该电阻的误差，如图 2-5 所示。

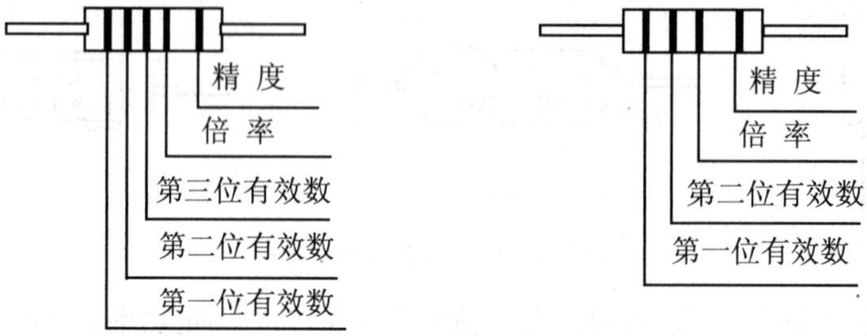

（a）　　　　（b）

图 2-5　色标法示例

对于 4 色环电阻，其阻值计算方法为：

阻值 =（第 1 色环数值×10+第 2 色环数值）×10 第 3 位色环代表之所乘数

例如，色环为棕绿橙金表示 15×10^3＝15kΩ±5%的电阻器。

对于 5 色环电阻，其阻值计算方法为：

阻值 =（第 1 色环数值×100+第 2 色环数值×10+第 3 位色环数值）×第 4 位色环代表之所乘数

例如，色环为红紫绿黄棕表示 275×10^4＝2.75MΩ±1%的电阻器。

在识别色标电阻时，不好区分色环的首尾，可以对比两个起始端的色彩，第 1 环的色彩不会是金、银、黑 3 种颜色。实在甄别不出的，应用万用表测量。

2.1.5　各种电阻器的特点

实芯碳质电阻器特点：价格低廉，但其阻值误差、噪声电压都大，稳定性差，较少用。

绕线电阻器特点：具有较低的温度系数，阻值精度高，稳定性好，耐热耐腐蚀，主要做精密大功率电阻使用；缺点是高频性能差，时间常数大。

碳膜电阻器的特点：碳膜电阻器成本低、性能稳定、阻值范围宽、温度系数和电压系数低，是目前应用最广泛的电阻器。

金属膜电阻器的特点：精度高，稳定性好，噪声，温度系数小。在仪器仪表及通信设备中大量采用。

金属氧化膜电阻器的特点：高温下稳定，耐热冲击，负载能力强。

合成膜电阻（漆膜电阻）的特点：噪声大，精度低，主要用它制造高压，高阻，小型电阻器。

金属玻璃铀电阻器的特点：耐潮湿，高温，温度系数小，主要应用于厚膜电路。

贴片电阻 SMT 的特点：片状电阻是金属玻璃铀电阻的一种形式，它的电阻体是高可靠的钌系列玻璃铀材料经过高温烧结而成，电极采用银钯合金浆料。体积小，精度高，稳定性好，高频性能好。

敏感电阻的特点：敏感电阻是指器件特性对温度、电压、湿度、光照、气体、磁场、压力等作用敏感的电阻器。

压敏电阻主要有碳化硅和氧化锌压敏电阻，氧化锌具有更多的优良特性。

湿敏电阻由感湿层、电极、绝缘体组成，湿敏电阻主要包括氯化锂湿敏电阻，碳湿敏电阻，氧化物湿敏电阻。氯化锂湿敏电阻随湿度上升而电阻减小，缺点为测试范围小，特性重复性不好，受温度影响大。碳湿敏电阻缺点为低温灵敏度低，阻值受温度影响大，由老化特性，较少使用。氧化物湿敏电阻性能较优越，可长期使用，温度影响小，阻值与湿度变化呈线性关系。有氧化锡，镍铁酸盐等材料。

光敏电阻是电导率随着光量力的变化而变化的电子元件，当某种物质受到光照时，载流子的浓度增加从而增加了电导率，这就是光电导效应。

气敏电阻是利用某些半导体吸收某种气体后发生氧化还原反应制成，主要成分是金属氧化物，主要品种有：金属氧化物气敏电阻、复合氧化物气敏电阻、陶瓷气敏电阻等。

力敏电阻是一种阻值随压力变化而变化的电阻，国外称为压电电阻器。所谓压力电阻效应即半导体材料的电阻率随机械应力的变化而变化的效应。可制成各种力矩计、半导体话筒、压力传感器等。主要品种有硅力敏电阻器、硒碲合金力敏电阻器，相对而言，合金电阻器具有更高灵敏度。

2.1.6　电阻器在选用时的注意事项

电阻器类型的选取应根据不同的用途及场合来进行。在选取时应注意以下几个方面：

（1）在高增益放大电路中，应选用噪声电动势小的电阻器，如金属膜、碳膜、线绕电阻器。

（2）针对电路的工作频率选用不同类型的电阻器。在低于 50kHz 的电路中，电阻器的分布参数对电路工作影响不大，可选用线绕电阻器。在高频电路中，可选用碳膜、金属膜、金属氧化膜电阻器。在超高频电路中，应选用超高频碳膜电阻器。

（3）对于耐热性较好和过负荷能力较强的低阻值电阻器，应选用氧化膜电阻器。

（4）对于耐高压及高阻值的电阻器，应选用合成膜电阻器或玻璃釉电阻器。

（5）同一类型的电阻器，在电阻值相同时，功率越大，则高频特性越差。

2.1.7　贴片电阻器

贴片电阻器（也称片状电阻器）是贴片元器件中应用最广的元件之一。常用的贴片电阻器有矩形贴片电阻器、圆柱形贴片电阻器、跨接线贴片电阻器、微调贴片电位器、多圈贴片电位器及热敏贴片电阻器等。贴片电阻器具有体积小、阻值误差小、精确度高、温度系数小、可靠性高等特点。图 2-6 给出了不同尺寸贴片电阻器的实物图。

图 2-6　各种尺寸的贴片电阻

一、贴片电阻的性能指标

贴片电阻的主要性能指标包括：封装尺寸、标称阻值、允许偏差、额定功率、温度系数、频率特性、最高耐压、可靠性等。这里只介绍常见的性能指标。

1．封装尺寸

按照日本的工业标准（JIS），贴片电阻尺寸分为 7 个标准，即 1005（0402）、1608（0603）、2012（0805）、3216（1206）、3225（1210）、5025（2010）和 6432（2512）。

尺寸代码由 4 个数字组成，有两种表示方法：英制和公制，目前常用的英制代码。以 0603 为例：06 表示长度为 0.06 英寸、03 表示宽度为 0.03 英寸；其对应的公制代码为 1608，即长度为 1.6mm，宽度为 0.8mm 。目前应用最广的是 0805 和 0603 两种。

2．额定功率

贴片电阻器的额定功率是指电阻器在一定的气压和温度下长期连续工作时所允许的承受的最大功率。贴片电阻器的额定功率与其封装外形及材料特性有关，而与电阻的阻值无关。不同尺寸的矩形贴片电阻的额定功率与最大工作电压及额定工作温度如表 2-7 所示。

表 2-7　矩形贴片电阻器代码、额定功率及最大工作电压对照表

尺寸代码	额定功率(W)	最大工作电压	工作温度范围（℃）
0402	1/20 或 1/16	50	
0603	1/16	50	
0805	1/10 或 1/8	150	
1206	1/8	200	-55～125
1210	1/4	200	
2010	1/2	200	
2512	1	200	

3．电阻的允许误差及代码

实际应用时，贴片电阻器的阻值允许偏差通常用代码标注在产品包装上，常见代码与阻值允许偏差的对应关系如表 2-8 所示。

表 2-8　常用代码与阻值允许偏差对应关系

代码	B	C	D	F	G	J	K	M
允许偏差	±1‰	±2.5‰	±5‰	±1%	±2%	±5%	±10%	±20%

二、标称阻值的标注方法

贴片电阻器标称阻值的标注方法主要有直标法、代码法、色标法三种。其中直标法主要应用于体积较大的贴片电阻器，代码法主要应用于体积较小的贴片电阻，而色标法主要应用圆柱形贴片电阻。

1．直标法

直标法是用数字和单位符号在电阻器上直接标出其主要参数的标注方法。该标注法的优点是直观、易与读数，主要应用体积较大的贴片电阻器。

例如：某个贴片电阻标注 24k、±5%，表示该电阻的阻值为 24k、允许偏差为±5%。

当电阻值小于 10Ω 时，用 R 表示小数点的位置，例如 2R4 表示电阻的阻值为 2.4Ω。

2．代码法

代码法是用数字或数字与字母的组合代码来表示贴片电阻器主要参数的标注方法。该标注法优点是方便，主要应用于体积较小的贴片电阻。

（1）数字代码标注

一般情况下，E24 系列的普通贴片电阻器标称阻值采用黑底白字的三位数表示：前两位表示有效数字，第三位表倍率，即×10^n次方，单位是 Ω。E48、E96 系列精密贴片电阻采用黑底黄字的四位数表示：前三位为有效数字，第四位为倍率，单位是 Ω。

例如，某贴片电阻上标有“3362”，表明该电阻的阻值为 336×10^2Ω，即 33.6kΩ。

（2）数字与字母混合标注

采用数字与字母混合代码标注贴片电阻器主要参数一般有两种情况：一种是采用日本电子工业协会（EIAJ）的标准；另一种是标注低阻值贴片电阻器。

日本电子工业协会（EIAJ）标准规定，用两位数字与一个字母的组合代码表示电阻标称阻值。识读时，用两位数字代码所表示的阻值与字母代码所代表的倍率相乘，即可得出标称阻值。

例如 34B 表示 221×10^1Ω=2.21kΩ；05C 表示 110×10^2Ω=11kΩ。

表 2-9 所示为倍率代码表，表 2-10 表示数字代码与标称阻值的对照表。

表 2-9　倍率代码含义对照表

代码	A	B	C	D	E	F	G	H	X	Y	Z
倍率	10^0	10^1	10^2	10^3	10^4	10^5	10^6	10^7	10^{-1}	10^{-2}	10^{-3}

表 2-10　EIAJ 代码与标称阻值对照表

代码	阻值	代码	阻值	代码	阻值	代码	阻值	代码	阻值
01	100	21	162	41	261	61	422	81	681
02	102	22	165	42	267	62	432	82	698
03	105	23	169	43	274	63	442	83	715
04	107	24	174	44	280	64	453	84	732
05	110	25	178	45	287	65	464	85	750
06	113	26	182	46	294	66	475	86	768
07	115	27	187	47	301	67	487	87	787
08	118	28	191	48	309	68	499	88	806
09	121	29	196	49	316	69	511	89	825
10	124	30	200	50	324	70	523	90	845
11	127	31	205	51	332	71	536	91	866
12	130	32	210	52	340	72	549	92	887
13	133	33	215	53	348	73	562	93	909
14	137	34	221	54	357	74	576	94	931
15	140	35	226	55	365	75	590	95	953
16	143	36	232	56	374	76	604	96	976
17	147	37	237	57	383	77	619		
18	150	38	243	58	392	78	634		
19	154	39	249	59	402	79	649		
20	158	40	255	60	412	80	665		

（3）色标法

贴片电阻器色标法的标注方法和普通电阻器一样，在此不再赘述，请读者参考本书 2.1.4 小节。

2.2 电 容 器

电容是一种储能元件，储存电荷的能力用电容量来标注，基本单位是法拉，常用单位是微法（μF）和皮法（pF）。电容器多用于电路的滤波、耦合、调谐、隔直、延时、交流旁路和能量转换。本节将就电容器的基本知识、主要参数、规格标志方法、选用方法进行介绍。其电路符号如图 2-7 所示。

（a）电容的电路符号　　（b）电解电容的电路符号

图 2-7

2.2.1 电容器的分类

电容器的种类繁多，人们常按电容器绝缘介质材料的不同来分类，如图 2-8 所示。

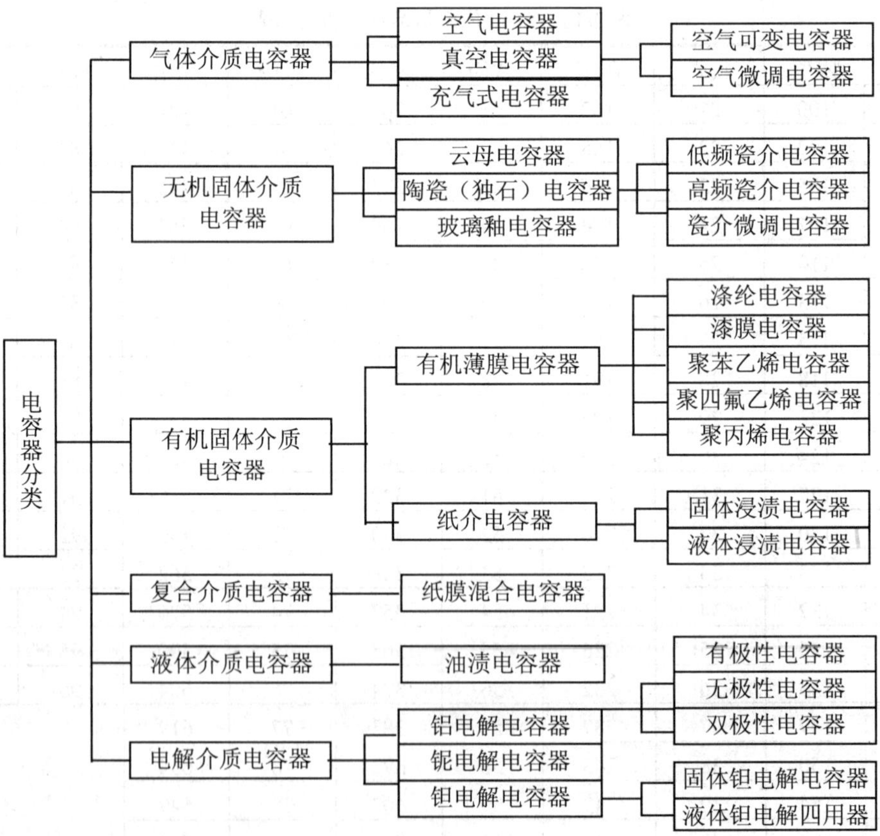

图 2-8　电容器的分类

2.2.1　电容器的型号命名方法

根据国家标准，电容器命名由四部分组成（不适用于压敏、可变、真空电容器）：

第一部分为主称字母，用 C 表示；第二部分为介质材料；第三部分为特征，一般用数字表示，个别用字母表示；第四部分为序号，每部分数字或字母的意义见表 2-11 所示。

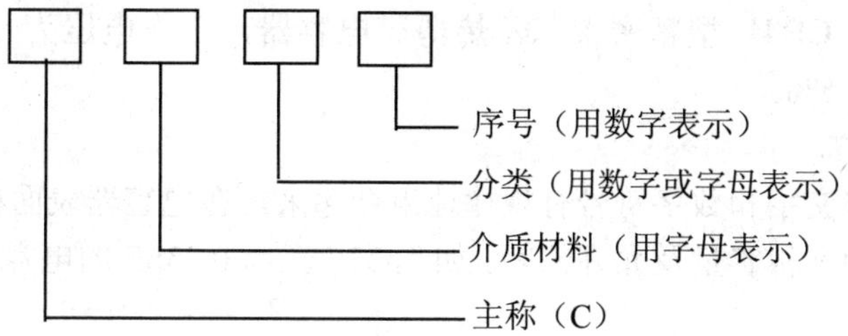

表 2-11　电容器型号命名法

第一部分：主称		第二部分：材料		第三部分：特征、分类						第四部分：序号
符号	意义	符号	意义	符号	意义					
					瓷介	云母	玻璃	电解	其他	
C	电容器	C	瓷介	1	圆片	非密封	—	箔式	非密封	对主称、材料相同，仅尺寸、性能指标略有不同，但基本不影响互使用的产品，给予同一序号；若尺寸性能指标的差别明显；影响互换使用时，则在序号后面用大写字母作为区别代号
		Y	云母	2	管形	非密封	—	箔式	非密封	
		I	玻璃釉	3	迭片	密封	—	烧结粉固体	密封	
		O	玻璃膜	4	独石	密封	—	烧结粉固体	密封	
		Z	纸介	5	穿心	—	—	—	穿心	
		J	金属化纸	6	支柱	—	—	—	—	
		B	聚苯乙烯	7	—	—	—	无极性	—	
		L	涤纶	8	高压	高压	—	—	高压	
		Q	漆膜	9	—	—	—	特殊	特殊	
		S	聚碳酸酯	J	金属膜					
		H	复合介质	W	微调					
		D	铝							
		A	钽							
		N	铌							
		G	合金							
		T	钛							
		E	其他							

2.2.3　电容器的标志方法

根据国家标准，电容器的标志方法有直标法、文字符号法和色标法三种，用来表示电容器的容量、允许偏差、工作电压等特性参数。

（1）直标法

直标法就是在电容器的表面用数字和文字直接标出其主要参数和技术指标。直标法的内容和次序一般是：商标、型号、工作温度组别、工作电压、标称电容量及允许偏差、温度系数等。但不一定全部标出。

例：CB41 250V 2000pF ±5%

标志的内容是：CB41 型精密聚苯乙烯薄膜电容器，工作电压为 250V，标称容量为 2000pF，允许偏差±5%。

（2）文字符号法

文字符号法是将文字和数字符号有规律地组合起来，在电容器表面标出主要特性参数。常用来标志电容器的标称容量及允许偏差。如“p33”表示 0.33pF 的电容；“3μ3”表示 3.3μF 的电容。

表 2-12 电容器标称容量允许偏差文字符号意义

允许偏差（%）	文字符号	允许偏差（%）	文字符号	允许偏差（%）	文字符号
±0.001	Y	±0.25	C	±30	N
±0.002	X	±0.5	D	+100～-0	H
±0.005	E	±1	F	+100～-10	R
±0.01	L	±2	G	+80～-20	Z
±0.02	P	±5	J	+50～-10	T
±0.05	W	±10	K	+50～-20	S
±0.1	B	±20	M	+30～-10	Q

表 2-12 给出了文字表示法中字母代表的允许偏差大小。如 223J 代表 22×10^3pF=22000pF = 0.022μF，允许误差为±5%。

（3）色标法

用色环或色点来表示电容量的方法。这种表示法与电阻器的色环表示法相同，颜色涂于电容器的一端或从顶端向引线排列。颜色的意义与电阻相同，不再赘述。

2.1.4 电容器的选用

对电路中电容器元件的选用应该考虑以下几个因素：

（1）耐压选择

在选用电容器时，元件的耐压一定要高于实际电路中的工作电压，尤其值得注意的是电子电路中要考虑到可能产生的高压。

（2）电容量选择

在电子电路，电容量是根据某些性能指标确定的，在确定容量时要根据标称系列选择。如果通过标称系列找不到该电容器的容量数值，可以通过串并联的方法解决或通过修改设计方案中其他参数加以解决。在更换电路中的电容器时最好选用原参数的电容器或性能指标优于原电路电容器的元件。

（3）介质选择

电容器介质不同，其特性差异较大，用途也不完全相同。在选用电容的介质时，要首先了解各介质的特性，然后确定适用何种场合。下面分别介绍几种常用的固定电容器的使用。

①电解电容器是以铝等金属为正极，在其表面形成一层氧化膜为介质，介质与电极成为不可分的整体；负极是固体或非固体电解质。由于构成电解电容器的两电极的材料不同，因此它的正负电极分别标出，使用时一定要正极端接电路的高电位，负极端接电路的低电位，否则会引起电容器的损坏。按照电极材料的不同有铝电解电容、钽电解电容和铌电解电容等几种。

②云母电容器是以云母片为介质的电容器。它绝缘性能好、损耗小、温度稳定性好、电容量精确度高，常用在高频振荡电路中。

③瓷介电容器的介质是陶瓷，根据陶瓷成分不同可分为高频瓷介电容器和低频瓷介电容器两种（高频的用 CC 表示，低频的用 CT 表示）。高频瓷介电容器容量在零点几皮法至几百皮法之间。常使用于要求损耗小、电容量稳定的场合和在高频电路中作调谐电容、振荡回路电容和温度补偿电容。电容器耐压有 160V、250V 和 500V 等几种。容量误差分为±2%、±5%、±10%和±20%几种。低频瓷介电容器容量从 300pF 到 22 000pF 之间，适用于低频电路中。

④纸介电容器生产工艺简单，成本低，电压范围较宽；缺点是电容量不易控制，损耗较大，稳定性较差，电感最大，通常不适宜在高频下使用。

⑤涤纶电容器又叫聚酯电容器。它是以涤纶薄膜做介质的电容器。它可用于各种电子仪器仪表，电视机、收录机的耦合、退耦、旁路、隔直流等电路中。

⑥聚苯乙烯电容器是以聚苯乙烯薄膜为介质制成的电容器。聚苯乙烯电容器的最大特点是绝缘电阻高。这种电容器的高频损耗小，电容量稳定，是目前应用广泛的一种电容器，由于其精度高，在滤波器及对容量要求精确的电路中（如电子琴电路）多采用。它的缺点是工作温度范围不宽，上限为+75℃。因此焊接时烙铁的接触时间不宜过长，以免因过热损坏薄膜。

各种电容的图片如图 2-9 所示。

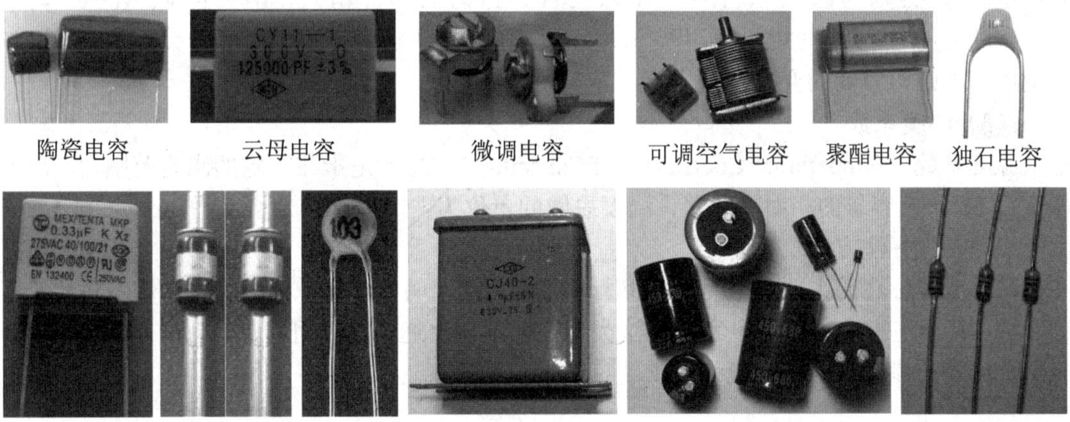

图 2-9　各种电容

2.1.5 贴片电容器

贴片电容器也称片状电容器，常用的有贴片多层陶瓷电容器、高频圆柱状电容器、涤纶电容器、电解电容器、钽电解电容器以及贴片微调电容器等。

一、贴片电容器的性能指标

贴片电容器的主要性能指标包括：封装尺寸、标称容量、允许偏差、温度系数、频率特性、额定工作电压、损耗、漏电流等。这里只介绍常见的性能指标。

（1）外形及封装尺寸

电容器通常采用的尺寸标准有 8 种，用尺寸代码表示。表 2-13 列出了尺寸代码与外形尺寸之间的关系。

表 2-13　贴片电容地尺寸代码与外形尺寸关系

尺寸代码	外形尺寸		
	L（mm）	W（mm）	H（mm）
0402	1.0	0.5	0.6
0603	1.6	0.81	0.8
0805	2.0	1.25	0.8
1206	3.2	1.6	1.0
1210	3.2	2.5	1.25
1812	4.5	3.2	2.5
2225	5.7	6.4	2.5
3035	7.9	9.0	3.0

（2）额定工作电压

额定工作电压也称耐压，是指电容器在规定的温度范围内，能够连续正常工作所能承受的最高电压。对于结构、介质、容量相同的电容，耐压越大体积越大。目前贴片电容的标称额定电压有 2.5V、4V、6.3、10V、16V、20V、25V、35V、40V、50V、63V、100V 等。

实际应用时，若所加的电压为交流电压时，则应使所加的交流电压的最大值不得超过额定电压，否则电容器的介质会被击穿。

（3）温度系数

温度系数（Temperature Coefficient of Capacitor，TCC）是指在一定的温度范围内，温度每变化 1℃，电容量的相对变化量。温度系数的单位为，10^{-6}F/℃，通常记作 ppm/℃或 ppm。

二、参数标注方法

贴片电容标注的主要参数有耐压和标称容量，常用的标注方法有直标法、代码法和色标法三种。其标注方法和普通电容的标法类似在此不再赘述。要说明的是，由于体积较小，有的贴片电容的参数只标注在包装盒上。

2.3　电 感 线 圈

电感线圈与电阻、电容一样，是电子电路中最常用的元器件之一。电感的符号如图 2-10 所示。当电感中的介质是以同一种材料制成时，电感量 L 可用下式表达：

$$L = \mu \frac{N^2}{l} s \tag{2-1}$$

式中，μ——介质磁导率；

N——线圈扎数；

l——线圈的长度（m）；

s——线圈的横截面积（m^2）；

L——电感量（H）。

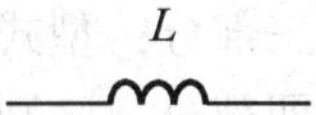

图 2-10　电感的符号

2.3.1　电感线圈的分类

电感线圈由于使用的场合广泛，因而种类繁多，根据其结构来分类，如图 2-11 所示。各种电感器的图片如图 2-12 所示。

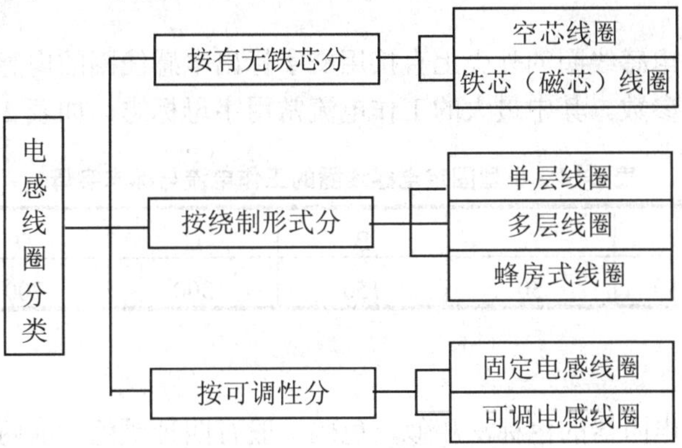

图 2-11　电感线圈的分类

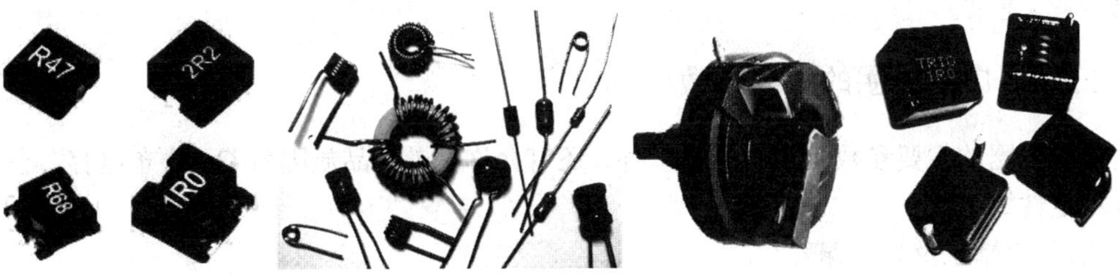

图 2-12　各种电感的图片

2.3.2　电感线圈的型号命名方法

电感线圈的型号一般由下列四部分组成：

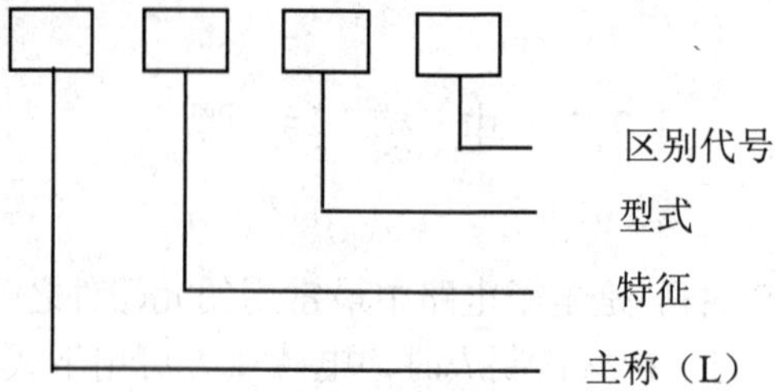

第一部分：主称，用字母表示，其中 L 代表电感线圈，ZL 代表阻流圈。

第二部分：特征，用字母表示，其中 G 代表高频。

第三部分：型式，用字母表示，其中 X 代表小型。

第四部分：区别代号，用数字或字母表示。

例如：LGX 型为小型高频电感线圈。

应当指出，目前固定电感线圈的型号命名方法个生产厂有所不同，尚无统一标准。

2.3.3 电感线圈的标志方法

为了便于生产和使用，常将小型固定电感线圈的主要参数标志在电感线圈的外壳上，标志方法有直标法和色标法两种。

（1）直标法。

直标法是在小型电感线圈的外壳上直接用文字标出电感线圈的电感量、允许偏差和最大直流工作电流等主要参数。其中最大的工作电流常用字母标志，如表 2-14 所示。

表 2-14 小型固定电感线圈的工作电流与标志字母

标志字母	A	B	C	D	E
最大工作电流（mA）	50	150	300	700	1600

（2）色标法

这种表示法也与电阻器的色标法相似，色码一般有四种颜色，前两种颜色为有效数字，第三种颜色为倍率，单位为μH，第四种颜色是误差位。色码的含义和电阻的完全相同，可参考本章 2.1 节。

2.3.4 电感线圈的主要参数

电感线圈的主要参数除了电感量以外，还有允许偏差、品质因数 Q、分布电容、额定电流及稳定性等。

（1）电感量及允许偏差

线圈电感量的大小，主要决定于线圈的直径、匝数及有无铁芯、结构、绕制方式等因素。电感线圈的用途不同，所需的电感量也不同。例如，在高频电路中，线圈的电感量一般为 0.1μH～100μH；而应用于电源滤波中，电感线圈量可高达 1～30H。

电感量的允许偏差，即实际电感量与要求电感量间的误差，对它的要求视用途而定。对振荡线圈要求较高，为 0.2%～0.5%。对耦合线圈和高频扼流圈要求较低，允许 10%～15%。

对于某些要求电感量精度很高的场合，一般只能在绕制后用仪器测试，通过调节靠近边沿的线匝间距离或线圈中的磁芯位置来实现。

固定电感线圈的标称电感量与允许偏差，可根据 E 系列生产，参见第一节中电阻器的规定。

（2）品质因数 Q

品质因数 Q 用来表示线圈损耗的大小，是线圈质量的一个重要参数。

品质因数的定义为：当线圈在某一频率的交流电压下工作时，线圈所呈现的电抗和线圈直流电阻的比：

$$Q=\frac{\omega L}{R} \tag{2-2}$$

根据使用场合的不同，品质因数的要求也不同。高频线圈通常为 50～300。对调谐回路线圈的 Q 值要求较高，用高 Q 值的线圈与电容组成的谐振电路有更好的谐振特性；用低 Q 值线圈与电容组成的谐振电路，其谐振特性不明显。对耦合线圈，要求可低一些，对高频扼流圈和低频扼流圈，则无要求。

实际上，Q 值的提高往往受到一些因素的限制，如骨架的介质损耗、铁芯和屏蔽引起的损耗以及高频时的趋肤效应等。因此，Q 值通常在几十到四五百。

（3）额定电流

对于如直流调速系统中的平波电抗器，正常工作时通过的电流为几十安培至几百安培，这种大功率电感器和高频设备功率输出部分的大功率电感器，对电流值有一定的要求，电流超过额定值时，电感器将发热，严重时会烧坏。

（4）分布电容

电感线圈扎与扎之间、层与层之间、线圈与地之间以及线圈与屏蔽盒之间所具有的电容，统称为电感线圈的分布电容，用 C_0 表示。它和线圈可以等效为一个 L、R、C_0 组成的并联谐振回路，其谐振频率为：

$$f_0=\frac{1}{2\pi\sqrt{LC_0}} \tag{2-3}$$

其中，f_0 为电感线圈的固有频率。为保证线圈电感量的稳定，使用电感线圈时，应使工作频率远低于线圈的固有频率。

2.3.5　绕制线圈的注意事项

线圈在实际使用过程中，有相当数量品种的电感线圈是非标准件，都是根据需要有针对性进行绕制。自行绕制时，要注意以下几点：

（1）根据电路需要，选定绕制方法

在绕制空心电感线圈时，要依据电路的要求，电感量的大小以及线圈骨架直径的大小，确定绕制方法。间绕式线圈适合在高频和超高频电路中使用，在圈数少于 3 圈到 5 圈时，可不用骨架，就能具有较好的特性，Q 值较高，可达 150－400，稳定性也很高。单层密绕式线圈适用于短波、中波回路中，其 Q 值可达到 150－250，并具有较高的稳定性。

（2）确保线圈载流量和机械强度，选用适当的导线线圈不宜用过细的导线绕制，以免增加线圈电阻，使 Q 值降低。同时，导线过细，其载流量和机械强度都较小，容易烧断或碰断线。所以，在确保线圈的载流量和机械强度的前提下，要选用适当的导线绕制。

（3）绕制线圈抽头应有明显标志

带有抽头的线圈应有明显的标志，这样对于安装与维修都很方便。

（4）不同频率特点的线圈，采用不同材料的磁芯

工作频率不同的线圈，有不同的特点。在音频段工作的电感线圈，通常采用硅钢片或坡莫合金为磁芯材料。低频用铁氧体作为磁芯材料，其电感量较大，可高达几亨到几十亨。在几十万赫到几兆赫之间，如中波广播段的线圈，一般采用铁氧体芯，并用多股绝缘线绕制。频率高于几兆赫时，线圈采用高频铁氧体作为磁芯，也常用空心线圈。此情况不宜用多股绝缘线，而宜采用单股粗镀银线绕制。在100MHz以上时，一般已不能用铁氧体芯，只能用空心线圈；如要作微调，可用钢芯。使用于高频电路的阻流圈，除了电感量和额定电流应满足电路的要求外，还必须注意其分布电容不宜过大。

2.3.6 贴片电感

贴片电感可分为小功率和大功率贴片电感两类。小功率贴片电感主要用于视频及通信方面，大功率电感多用于滤波或储能方面。

贴片电感的尺寸用代码表示，一般采用 4 位数字表示，也有用 6 位数字表示的，这时前两位是长度、中间两位表宽度、后两位表厚度。例如：代码为 252 018 的电感的尺寸为 2.5mm×2.0mm×1.8mm。表 2-15 给出了贴片电感常用尺寸代码及相应的外形尺寸。

表 2-15 贴片电感的尺寸代码及相应的外形尺寸

尺寸代码	外形尺寸		
	L	W	H
1608	1.6	0.8	0.8～1.0
2012	2.0	1.25	0.9～1.2
2520	2.5	2.0	1.8～2
3216	3.2	1.6	1.1～1.8
3225	3.2	2.5	2.0～2.3
4532	4.5	3.2	2.6～3.2

2.4 变 压 器

在一个铁芯上绕两组线圈就构成了变压器，接在交流电源的线圈（L_1）习惯上称之为初级线圈，与负载相连的线圈（L_2）称次级线圈。变压器在电路中主要是用来提升或降低交流电压，或者是进行阻抗变换以满足不同电路的阻抗匹配。理想变压器的电路符号如图 2-13 所示。

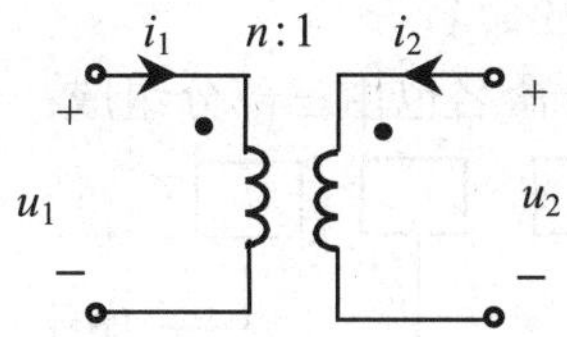

图 2-13　理想变压器符号

2.4.1　变压器的种类和型号命名

变压器的种类很多，根据其工作频率可分为低频变压器、中频变压器、高频变压器和脉冲变压器。根据线圈之间的耦合材料不同，变压器又可分为空芯变压器、磁芯变压器及铁芯变压器。各种变压器的图片如图 2-14 所示。

变压器的型号是根据变压器的用途来命名的，常见的变压器命名方法如下：

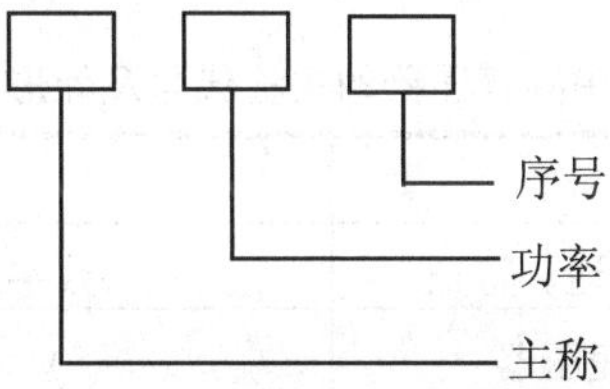

（1）低频变压器的型号命名

低频变压器的型号命名由下列三部分组成：

第一部分：主称，用字母表示。表 2-16 列出了低频变压器型号主称字母及其代表的意义。

第二部分：功率，用数字表示，单位是 W。

第三部分：序号，用数字表示，用来区别不同的产品。

图 2-14　各种变压器

表 2-16　低频变压器型号主称字母及其意义

主称字母	代表意义	主称字母	代表意义
DB	电源变压器	HB	灯丝变压器
CB	音频输出变压器	SB 或 ZB	音频（定阻式）输送变压器
RB	音频输入变压器	SB 或 EB	音频（定压式或自耦式）输送变压器
GB	高压变压器		

（2）调幅收音机中频变压器的命名

调幅收音机中频变压器的型号命名也由三部分组成：

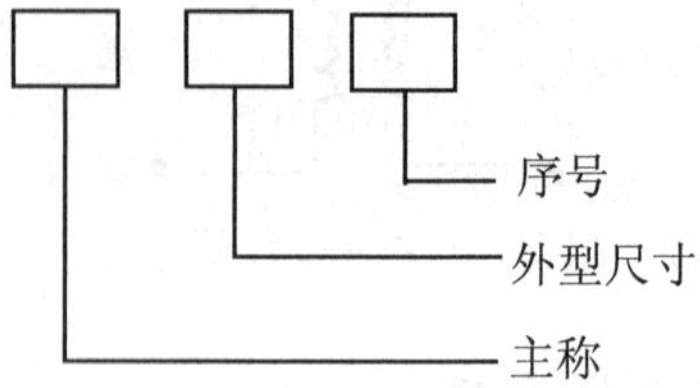

第一部分：主称，用字母的组合表示名称、用途及特征。

第二部分：外形尺寸，用数字表示。

第三部分：序号，用数字表示，代表级数。1 表示第一级中频变压器，2 表示第二级变压器。

表 2-17 列出了调幅收音机中频变压器主称代号及外形尺寸数字代号的意义。

表 2-17　调幅收音机中频变压器的主称代号及外形尺寸代号的及其意义

主称代号		外形尺寸	
字母	名称、用途、特征	数字	代表尺寸（mm）
T	中频变压器	1	7×7×12
L	线圈或振荡线圈	2	10×10×14
T	磁心式	3	12×12×16
F	调幅收音机用	4	20×25×36
S	短波用		

例如，TTF-2-2 变压器的型号，表示调幅收音机用的磁心式中频变压器，其外形尺寸为 10mm×10mm×14mm，是第二级中频放大器的中频变压器。

2.4.2　小型电源变压器

小型电源变压器主要由铁芯、骨架、绕组、绝缘物及紧固件等组成。

（1）铁芯

小型电源变压器铁芯常见的有 E 型、EI 型、C 型等。E 型和 EI 型铁芯是目前使用最多的，主要优点是绕组的初、次级可共用一个骨架，有较高的窗口占空系数，铁芯可对绕组形成保护，使绕组不易受机械创伤，铁心散热面积大，本身的磁场发散少；缺点是磁路中气隙较大，增加磁阻。C 型铁芯的气隙可以做得很小。

（2）骨架

骨架一般都由塑料压制而成，也可以用胶合板及胶木化纤维板制作。

（3）绕组

小功率电源变压器的绕组一般都采用漆包线绕制，因为它有良好的绝缘，占用体积较小，价格便宜。对于低压大电流的线圈，有时也采用纱包粗铜线绕制。

为了使变压器有足够的绝缘强度，绕组各层间均垫有薄的绝缘材料，如电容器纸、黄蜡绸、聚四氟乙烯薄膜、聚酯薄膜等。

（4）电源变压器的主要参数

① 额定电压

额定电压分初级额定电压和次级额定电压。初级额定电压是指变压器在额定工作条件下，根据变压器绝缘强度和升温所规定的初级电压有效值。对于电源变压器而言，通常指按规定加在变压器初级绕组上的电源电压。次级额定电压是指初级加额定电压而次级空载时，次级输出电压的有效值。

② 额定电流

在初级加额定电压时，保证初级绕绕组能够正常输入和次级绕组能够正常输出的电流，分别称为初、次级输出电压的有效值。

③ 额定容量

变压器的额定容量是指变压器在额定工作条件下的输出能力。对于大功率变压器，可用次级绕组的额定电压与额定电流的乘积来表示。对于小功率电源变压器，初级、次级容量应分别计算。初级额定电压与额定电流二者有效值之积为初级容量，用 P_1 表示；次级额定电压与额定电流二者有效值之积为次级容量，用 P_2 表示；则小功率电源变压器的额定容量：

$$P=\frac{P_1+P_2}{2} \tag{2-4}$$

④ 空载电流

当电源变压器次级开路时，初级绕组仍有一定的电流流过，这个电流便是变压器的空载电流。

2.5　二　极　管

二极管，是一个由 p 型半导体和 n 型半导体形成的 p-n 结，在其界面处两侧形成空间电荷层，并建有自建电场。当不存在外加电压时，由于 p-n 结两边载流子浓度差引起的扩散电流和自建电场引起的漂移电流相等而处于电平衡状态。当外界有正向电压偏置时，外界电场和自建电场的互相抑消作用使载流子的扩散电流增加引起了正向电流。当外界有反向电压偏置时，外界电场和自建电场进一步加强，形成在一定反向电压范围内与反向偏置电压值无关的反向饱和电流 I_0。当外加的反向电压高到一定程度时，p-n 结空间电荷层中的电场强度达到临界值，产生大量电子空穴对，形成了数值很大的反向击穿电流，称为二极管的击穿现象。p-n 结的反向击穿有齐纳击穿和雪崩击穿之分。

二极管的电路符号如图 2-15 所示。

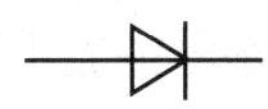

图 2-15　二极管的电路符号

2.5.1　二极管的分类

二极管种类有很多，通常可按照所用的半导体材料、用途、结构、制作工艺以及封装形式进行分类，如图 2-16 所示。

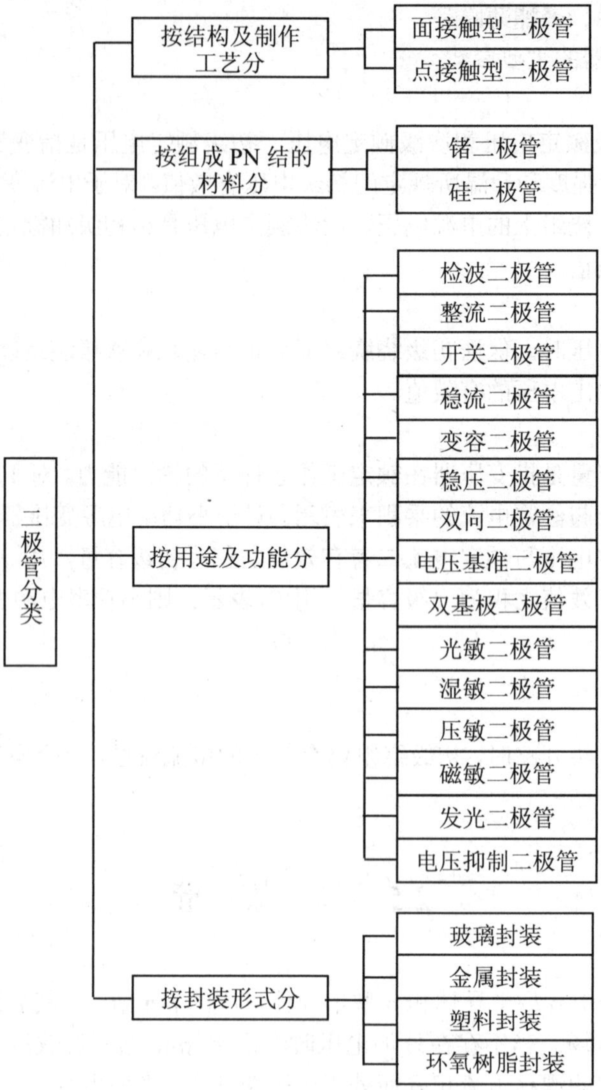

图 2-16　二极管的分类

二极管按作用可分为：

1．检波用二极管

就原理而言，从输入信号中取出调制信号是检波，以整流电流的大小（100mA）作为界线通常把输出电流小于 100mA 的叫检波。常用的国产检波二极管有 2AP 系列，其特点是：锗材料点接触型、工作频率可达 400MHz，正向压降小，结电容小，检波效率高，频率特性好。检波二极管除用于检波外，还能够用于限幅、削波、调制、混频、开关等电路。也有为调频检波专用的特性一致性好的两只二极管组合件。

2．整流用二极管

就原理而言，从输入交流中得到输出直流的是整流。以整流电流的大小（100mA）作为界线通常把输出电流大于 100mA 的叫整流。面结型，工作频率小于 kHz，最高反向电压从 25V 至 3000V 分 A～X 共 22 档。分类如下：硅半导体整流二极管 2CZ 型、硅桥式整流器

QL 型、用于电视机高压硅堆工作频率近 100kHz 的 2CLG 型。

3．限幅用二极管

大多数二极管能作为限幅使用，也有像保护仪表用和高频齐纳管那样的专用限幅二极管。为了使这些二极管具有特别强的限制尖锐振幅的作用，通常使用硅材料制造的二极管。也有这样的组件出售：依据限制电压需要，把若干个必要的整流二极管串联起来形成一个整体。

4．调制用二极管

通常指的是环形调制专用的二极管。就是正向特性一致性好的四个二极管的组合件。即使其他变容二极管也有调制用途，但它们通常是直接作为调频用。

5．混频用二极管

使用二极管混频方式时，在 500～10 000Hz 的频率范围内，多采用肖特基型和点接触型二极管。

6．放大用二极管

用二极管放大，大致有依靠隧道二极管和体效应二极管那样的负阻性器件的放大，以及用变容二极管的参量放大。因此，放大用二极管通常是指隧道二极管、体效应二极管和变容二极管。

7．开关用二极管

有在小电流下（10mA 程度）使用的逻辑运算和在数百毫安下使用的磁芯激励用开关二极管。小电流的开关二极管通常有点接触型和键型等二极管，也有在高温下还可能工作的硅扩散型、台面型和平面型二极管。开关二极管的特长是开关速度快。而肖特基型二极管的开关时间特短，因而是理想的开关二极管。2AK 型点接触为中速开关电路用；2CK 型平面接触为高速开关电路用；用于开关、限幅、钳位或检波等电路；肖特基（SBD）硅大电流开关，正向压降小，速度快、效率高。

8．变容二极管

用于自动频率控制（AFC）和调谐用的小功率二极管称变容二极管。通过施加反向电压，使其 PN 结的静电容量发生变化。因此，被使用于自动频率控制、扫描振荡、调频和调谐等用途。通常，虽然是采用硅的扩散型二极管，但是也可采用合金扩散型、外延结合型、双重扩散型等特殊制作的二极管，因为这些二极管对于电压而言，具有静电容量的变化率特别大。结电容随反向电压 VR 变化，取代可变电容，用作调谐回路、振荡电路、锁相环路，常用于电视机高频头的频道转换和调谐电路，多以硅材料制作。如图 2-17 所示。

图 2-17　变容二极管

9．频率倍增用二极管

对二极管的频率倍增作用而言，有依靠变容二极管的频率倍增和依靠阶跃（即急变）二极管的频率倍增。频率倍增用的变容二极管称为可变电抗器，可变电抗器虽然和自动频率控制用的变容二极管的工作原理相同，但电抗器的构造却能承受大功率。阶跃二极管又被称为阶跃恢复二极管，从导通切换到关闭时的反向恢复时间 trr 短，因此，其特长是急速地变成关闭的转移时间显著地短。如果对阶跃二极管施加正弦波，那么，因 tt（转移时间）短，所以输出波形急骤地被夹断，故能产生很多高频谐波。

10．稳压二极管

稳压二极管是代替稳压电子二极管的产品，被制作成为硅的扩散型或合金型，是反向击穿特性曲线急骤变化的二极管。作为控制电压和标准电压使用而制作的。二极管工作时的端电压（又称齐纳电压）从 3V 左右到 150V，按每隔 10%，能划分成许多等级。在功率方面，也有从 200mW 至 100W 以上的产品。工作在反向击穿状态，硅材料制作，动态电阻 RZ 很小，一般为 2CW 型；将两个互补二极管反向串接以减少温度系数则为 2DW 型。如图 2-18 所示。

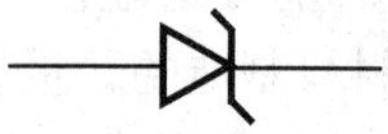

图 2-18　稳压二极管

11．PIN 型二极管

在 P 区和 N 区之间夹一层本征半导体（或低浓度杂质的半导体）构造的晶体二极管。PIN 中的 I 是“本征”意义的英文略语。当其工作频率超过 100MHz 时，由于少数载流子的存贮效应和“本征”层中的渡越时间效应，其二极管失去整流作用而变成阻抗元件，并且，其阻抗值随偏置电压而改变。在零偏置或直流反向偏置时，“本征”区的阻抗很高；在直流正向偏置时，由于载流子注入“本征”区，而使“本征”区呈现出低阻抗状态。因此，可以把 PIN 二极管作为可变阻抗元件使用。它常被应用于高频开关（即微波开关）、移相、调制、限幅等电路中。

12．雪崩二极管

它是在外加电压作用下可以产生高频振荡的晶体管。产生高频振荡的工作原理是利用雪崩击穿对晶体注入载流子，因载流子渡越晶片需要一定的时间，所以其电流滞后于电压，出现延迟时间，若适当地控制渡越时间，那么，在电流和电压关系上就会出现负阻效应，从而产生高频振荡。它常被应用于微波领域的振荡电路中。

13．隧道二极管

隧道二极管又称为江崎二极管，它是以隧道效应电流为主要电流分量的晶体二极管。其基底材料是砷化镓和锗。其 P 型区的 N 型区是高掺杂的（即高浓度杂质的）。隧道电流由这些简并态半导体的量子力学效应所产生。发生隧道效应具备如下三个条件：①费米能级位于导带和满带内；②空间电荷层宽度必须很窄（0.01μm 以下）；③简并半导体 P 型区和 N 型区中的空穴和电子在同一能级上有交叠的可能性。江崎二极管可以被应用于低噪声高频放大器及高频振荡器中（其工作频率可达毫米波段），也可以被应用于高速开关电路中。如图 2-19 所示。

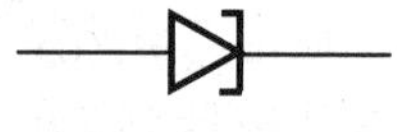

图 2-19　隧道二极管

14．快速关断（阶跃恢复）二极管

它也是一种具有 PN 结的二极管。其结构上的特点是：在 PN 结边界处具有陡峭的杂质分布区，从而形成“自助电场”。由于 PN 结在正向偏压下，以少数载流子导电，并在 PN 结附近具有电荷存贮效应，使其反向电流需要经历一个“存贮时间”后才能降至最小值（反向饱和电流值）。阶跃恢复二极管的“自助电场”缩短了存贮时间，使反向电流快速截止，并产生丰富的谐波分量。利用这些谐波分量可设计出梳状频谱发生电路。快速关断（阶跃恢复）二极管用于脉冲和高次谐波电路中。

15．肖特基二极管

它是具有肖特基特性的“金属半导体结”的二极管，其正向起始电压较低。其金属层除半导体材料外，还可以采用金、钼、镍、钛等材料。其半导体材料采用硅或砷化镓，多为

N 型半导体。这种器件是由多数载流子导电的，所以，其反向饱和电流较以少数载流子导电的 PN 结大得多。由于肖特基二极管中少数载流子的存贮效应甚微，所以其频率响仅为 RC 时间常数限制，因而，它是高频和快速开关的理想器件。其工作频率可达 100GHz。并且，MIS（金属－绝缘体－半导体）肖特基二极管可以用来制作太阳能电池或发光二极管。如图 2-20 所示。

图 2-20　肖特基二极管

16．阻尼二极管

具有较高的反向工作电压和峰值电流，正向压降小，高频高压整流二极管，用在电视机行扫描电路作阻尼和升压整流用。

图 2-21　双向型瞬态电压抑制二极管

17．瞬变电压抑制二极管

TVS 管，对电路进行快速过压保护，分双极型和单极型两种，按峰值功率（500W～5000W）和电压（8.2V～200V）分类。

18．双基极二极管（单结晶体管）

两个基极，一个发射极的三端负阻器件，用于张弛振荡电路，定时电压读出电路中，它具有频率易调、温度稳定性好等优点。

19．发光二极管

如图 2-22 所示，发光二极管用磷化镓、磷砷化镓材料制成，体积小，正向驱动发光。工作电压低，工作电流小，发光均匀，寿命长，可发红、黄、绿单色光。

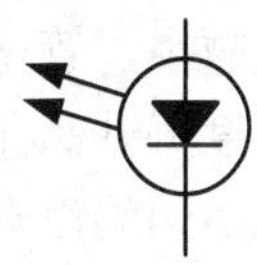

图 2-22　发光二极管

20．硅功率开关二极管

硅功率开关二极管具有高速导通与截止的能力。它主要用于大功率开关或稳压电路、直流变换器、高速电机调速及在驱动电路中作高频整流及续流箝拉，具有恢复特性软、过载能力强的优点、广泛用于计算机、雷达电源、步进电机调速等方面。

21．旋转二极管

主要用于无刷电机励磁、也可作普通整流用。

2.5.2　二极管的型号命名方法

二极管的型号命名规定由五个部分组成，如图 2-23 所示。

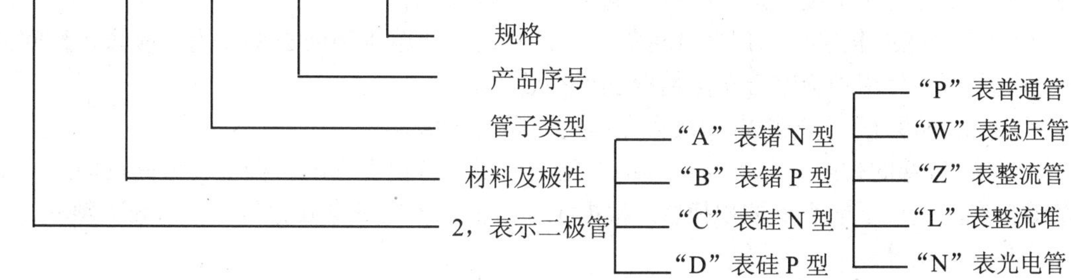

图 2-23　二极管的型号命名方法

2.5.3 二极管的主要参数

用来表示二极管的性能好坏和适用范围的技术指标，称为二极管的参数。不同类型的二极管有不同的特性参数。对初学者而言，必须了解以下几个主要参数：

1．最大整流电流

是指二极管长期连续工作时允许通过的最大正向电流值，其值与 PN 结面积及外部散热条件等有关。因为电流通过管子时会使管芯发热，温度上升，温度超过容许限度（硅管为 141℃左右，锗管为 90℃左右）时，就会使管芯过热而损坏。所以在规定散热条件下，二极管使用中不要超过二极管最大整流电流值。例如，常用的 IN4001－4007 型锗二极管的额定正向工作电流为 1A。

2．最高反向工作电压

加在二极管两端的反向电压高到一定值时，管子会击穿，失去单向导电能力。为了使用安全，规定了最高反向工作电压值。例如，IN4001 二极管反向耐压为 50V，IN4007 反向耐压为 1000V。

3．反向电流

反向电流是指二极管在规定的温度和最高反向电压作用下，流过二极管的反向电流。反向电流越小，管子的单方向导电性能越好。值得注意的是反向电流与温度有着密切的关系，大约温度每升高 10℃，反向电流增大一倍。例如 2AP1 型锗二极管，在 25℃时反向电流若为 250μA，温度升高到 35℃，反向电流将上升到 500μA，依此类推，在 75℃时，它的反向电流已达 8mA，不仅失去了单方向导电特性，还会使管子过热而损坏。

4．动态电阻 R_d

二极管特性曲线静态工作点 Q 附近电压的变化与相应电流的变化量之比。

2.5.4 二极管在使用时的注意事项

（1）在电路中应按注明的极性进行连接。

（2）应根据需要正确地选择型号。同一型号的整流二极管方可串联、并联使用。在串联或并联使用时，应视实际情况决定是否需要加入均衡（串联均压、并联均流）装置（或电阻）。

（3）应避免靠近发热元件，并保证散热良好。工作在高频或脉冲电路的二极管引线，要尽量短，不能用长引线或把引线弯成圈来达到散热目的。

（4）对整流二极管，为保证其可靠工作，建议反向电压降低 20%使用。应防止瞬间或长时间过电压，使用中应结合实际情况加保护装置。

（5）切勿超过手册中规定的最大允许电流和电压值。

（6）二极管的替换。硅管与锗管不能互相代用。替换上去的二极管其最高反向工作电压及最大整流电流不应小于被替换管。根据工作特点，还应考虑其他特性，如截止频率、结电容、开关速度等。

2.6 三 极 管

三极管的全称应为半导体三极管，也称为双极型晶体管或晶体三极管，是一种电流控制电流的半导体器件。其作用是把微弱信号放大成辐值较大的电信号，也用作无触点开关。三极管的电路符号如图 2-24 所示。

（a）NPN 三极管符号 （b）PNP 三极管符号

图 2-24

2.6.1 三极管的分类

三极管的分类种类很多，按半导体材料和导电极性来分有硅材料的 NPN 管、PNP 管和锗材料的 NPN 管、PNP 管；按半导体三极管耗散功率来分，有小功率、中功率和大功率管；按结构工艺分平面管和合金管；按安装方式分插件三极管和贴片三极管；按半导体的功能和用途可分为放大管、开关管、复合管（达林顿管）和高反压管等；按半导体三极管的工作频率可分为低频管、高频管及超过频率管等。具体分类见图 2-25。

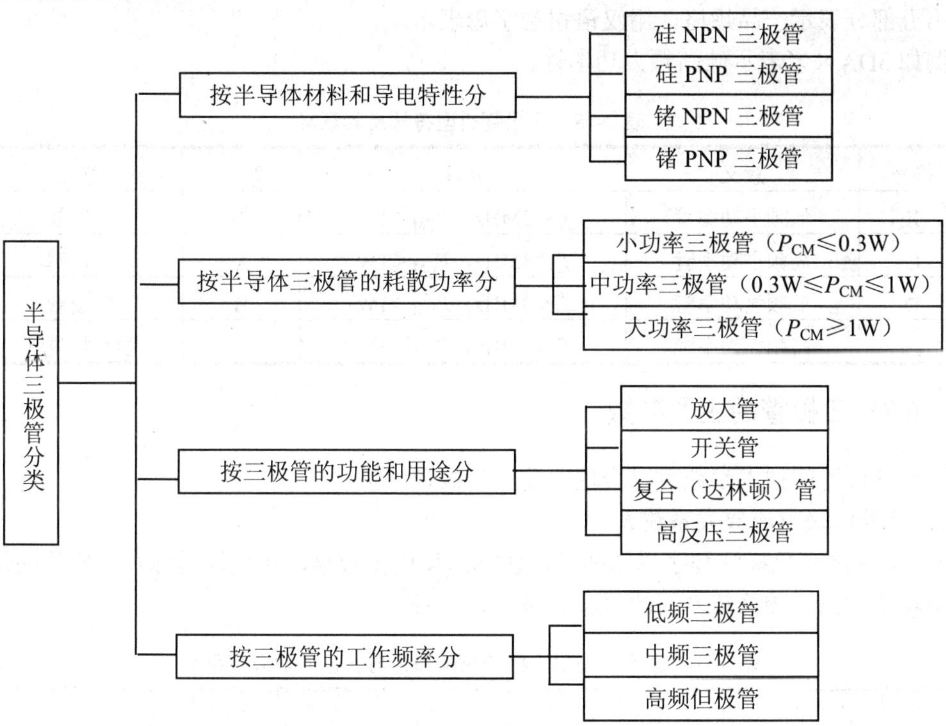

图 2-25 三极管的分类

2.6.2 三极管的型号命名方法

根据国家标准，三极管的型号由五部分组成，如图 2-26 所示。

第一部分用“3”表示为三极管。

第二部分和二极管的一致用字母 A、B、C、D 分别表示 PNP 型锗管、NPN 型锗管、PNP 型硅管和 NPN 型硅管。

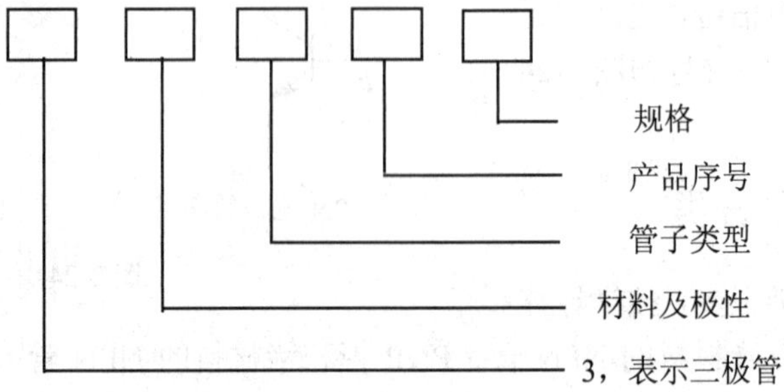

图 2-26 三极管的型号命名方法

第三部分用字母表示三极管的类型，其含义如表 2-18 所示。

第四部分表示产品序号，用阿拉伯数字表示。

第五部分表示产品规格，用汉语拼音字母表示。

例如 3DA××表示硅高频大功率管。

表 2-18 三极管类型符号及其意义

符号	意义	备注	符号	意义
X	低频小功率管	f_a<3MHz，P_{CM}<1W	T	晶闸管
G	高频小功率管	f_a≥3MHz，P_{CM}<1W	X	体效应管
D	低频大功率管	f_a<3MHz，P_{CM}≥1W	B	雪崩管
A	高频大功率管	f_a≥3MHz，P_{CM}≥1W	J	阶跃恢复管

2.6.3 三极管的主要参数

了解三极管的技术参数可以合理地选用三极管。

1．共发射极电流放大系数 β

β 值的标注有色标法和字母法两种，色标法使用得较早，颜色通常涂在三极管的顶部。国产小功率管色标颜色与 β 值的对应关系见表 2-19。

表 2-19 国产小功率三极管色标颜色与 β 值的对应关系表

颜色	棕	红	橙	黄	绿	蓝	紫	灰	白	黑	黑橙
β	5-15	15-25	25-40	40-55	55-80	80-120	120-180	180-270	270-400	400-600	600-1000

2．特征频率 f_T

特征频率是指三极管工作频率增加导致 β 值下降为 1 时，所对应的频率。此时，三极管完全失去了电流放大功能。由于 $f \cdot \beta = f_T$，所以也称为 f_T 增益带宽乘积。如：在频率为 5MHz 时，测得某三极管的 β 是 6，则该三极管的特征频率 f_T 为 30MHz。

3．集电极最大允许耗散功率 P_{CM}

集电极耗散功率是集电极电流与集电极电压的乘积。在使用三极管时，实际功耗不应超过 P_{CM}，否则会引起三极管发热，使结温过高而烧坏三极管。为了提高 P_{CM} 值，大功率三极管都要求加装散热片，三极管手册中的 P_{CM} 指的是带有散热片的数值。

4．集电极-发射极反向击穿电压 BV_{CEO}

BV_{CEO} 是指三极管基极开路时，夹在集电极和发射极之间的最大允许电压。使用时，若 $V_{CE} > BV_{CEO}$，会导致三极管击穿而损坏。

5．集电极最大允许电流 I_{CM}

三极管允许通过的最大电流即 I_{CM}。当集电极电流增大到一定程度时，β 值会明显下降，当 β 值下降到额定值的 2/3 时，所对应的集电极电流即 I_{CM}。

2.6.4　三极管的在使用时的注意事项

1．当环境温度高于 30℃时，耗散功率应降额使用 P_{CM}。

2．当三极管的耗散大于 5W 时，应加装散热片，以减少温度对三极管参数变化的影响。

3．三极管的有些参数容易受温度影响。温度每升高 6℃，硅管的 I_{CEO} 将增一倍；每升高 10℃，锗管的 I_{CEO} 将增加一倍。硅管的 U_{BEO} 随温度的变化约为 1.7mV/I_{CEO}。

4．为了减少温度对三极管 β 值的影响，应选用有电流负反馈功能的偏置电路，或选用热敏电阻补偿功能的偏置电路。

5．在甚高频或脉冲电路中使用的三极管，引出线尽可能的短。

6．在满足整体放大参数的前提下，不要选用直流放大系数 h_{FE} 过大的三极管，以防止产生自激。

7．选用开关三极管时，特征频率要高、开关速度较快、反向电流要小、发射极-基极的饱和电压 V_{BEO} 降要低。

2.6.5　三极管的置换原则

1．一般硅管和锗管不能互换。

2．置换时，要注意极性应相同，即 NPN 管换 NPN，PNP 管换 PNP。

3．在置换时，二者参数要相近一般要求用 P_{CM}、I_{CM} 大于或等于原管。击穿电压 BV_{CBO}、BV_{CEO}、BV_{EBO}（对于开关管而言）不应低于原管。

4．对于小功率管，置换时要注意给电极引脚的排列顺序，尽量做到置换管与原管一致。

5．大功率管的外形差异较大，置换时应选择外形相似、安装尺寸相同的三极管，以便于安装和保持正常的散热条件。

2.7 场 效 应 管

场效应晶体管属于电压控制型半导体器件。与三极管相比，场效应管具有输入电阻高（10^8～$10^9\Omega$）、噪声小、功耗低、热稳定性好、动态范围大、易于集成、没有二次击穿现象、安全工作区域宽等优点，易于做成大规模集成电路，在高频、中频、低频、直流、开关及阻抗变换电路中有广泛应用。

2.7.1 场效应管的分类

场效应管分结型、绝缘栅型（MOS）两大类。根据半导体材料的不同，分为 N 型沟道和 P 型沟道两种。按导电方式，可分为耗尽型与增强型；结型场效应管均为耗尽型，绝缘栅型场效应管既有耗尽型的，也有增强型的。其电路符号如图 2-27 所示。

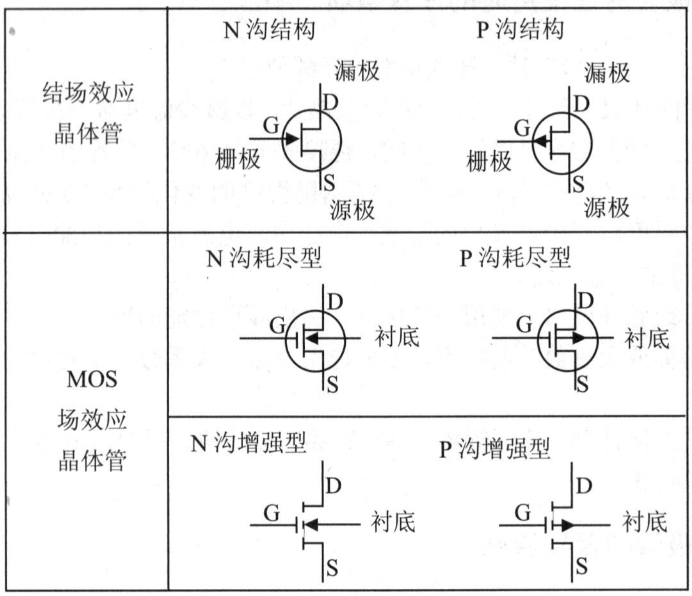

图 2-27 场效应的电路符号

2.7.2 场效应管的型号命名方法

场效应管有两种命名方法。

第一种命名方法与双极型三极管相同，第三位字母 J 代表结型场效应管，O 代表绝缘栅场效应管。第二位字母代表材料，D 是 P 型硅，反型层是 N 沟道；C 是 N 型硅 P 沟道。例如，3DJ6D 是结型 N 沟道场效应三极管，3DO6C 是绝缘栅型 N 沟道场效应三极管。

第二种命名方法是 CS××#，CS 代表场效应管，××以数字代表型号的序号，#用字母代表同一型号中的不同规格。例如 CS14A、CS45G 等。

2.7.3 场效应管的主要参数

1．夹断电压 V_P

当 V_{DS} 为某一固定数值，使 I_{DS} 等于某一微小电流（几微安）时，栅极上所加的偏压 V_{GS} 就是夹断电压 V_P。

2．饱和漏电流 I_{DSS}

在源、栅极短路条件下，漏源间所加的电压大于 V_P 时的漏极电流称为 I_{DSS}。

3．击穿电压 BV_{DS}

指漏、源极间所能承受的最大电压，即漏极饱和电流开始上升进入击穿区时对应的 V_{DS}。

4．直流输入电阻 R_{GS}

在一定的栅源电压下，栅、源之间的直流电阻，这一特性有以流过栅极的电流来表示，结型场效应管的 R_{GS} 可达 $10^8\Omega$ 而绝缘栅场效应管的 R_{GS} 可超过 $10^{12}\Omega$。

5．低频跨导 g_m

漏极电流的微变量与引起这个变化的栅源电压微数变量之比，称为跨导，即

$$g_m = \Delta I_D / \Delta V_{GS}$$

它是衡量场效应管栅源电压对漏极电流控制能力的一个参数，也是衡量放大作用的重要参数。

2.7.4 场效应管使用时的注意事项

1．为了安全使用场效应管，在线路的设计中不能超过管的耗散功率，最大漏源电压、最大栅源电压和最大电流等参数的极限值。

2．各类型场效应管在使用时，都要严格按要求的偏置接入电路中，要遵守场效应管偏置的极性。如结型场效应管栅源漏之间是 PN 结，N 沟道管栅极不能加正偏压；P 沟道管栅极不能加负偏压，等等。

3．为了防止场效应管栅极感应击穿，要求一切测试仪器、工作台、电烙铁、线路本身都必须有良好的接地；管脚在焊接时，先焊源极；在连入电路之前，管的全部引线端保持互相短接状态，焊接完后才把短接材料去掉；从元器件架上取下管时，应以适当的方式确保人体接地如采用接地环等；在未关断电源时，绝对不可以把管插入电路或从电路中拔出。

4．在安装场效应管时，注意安装的位置要尽量避免靠近发热元件；为了防管件振动，有必要将管壳体紧固起来；管脚引线在弯曲时，应当大于根部尺寸 5 毫米处进行，以防止弯断管脚等。

5．使用 VMOS 管时必须加合适的散热器。

6．多管并联后，由于极间电容和分布电容相应增加，使放大器的高频特性变坏，通过反馈容易引起放大器的高频寄生振荡。为此，并联复合管管子一般不超过 4 个，而且在每管基极或栅极上串接防寄生振荡电阻。

7．结型场效应管的栅源电压不能接反。而绝缘栅型场效应管在不使用时，由于它的输入电阻非常高，须将各电极短路，以免外电场作用而使管子损坏。

8．焊接时，电烙铁外壳必须装有外接地线，以防止由于电烙铁带电而损坏管子。特别

在焊接绝缘栅场效应管时，要按源极－漏极－栅极的先后顺序焊接，并且要断电焊接。

9. 宜用25W内的电烙铁迅速焊接，并用镊子夹住管脚根部以帮助散热。结型场效应管可用万用电阻挡定性地检查管子的质量（检查各PN结的正反向电阻及漏源之间的电阻值），而绝缘栅场效管不能用万用表检查，必须用测试仪，而且要在接入测试仪后才能去掉各电极短路线。取下时，则应先短路再取下，关键在于避免栅极悬空。

10. 对于功率型场效应管，要有良好的散热条件。因为功率型场效应管在高负荷条件下运用，必须设计足够的散热器，确保壳体温度不超过额定值，使器件长期稳定可靠地工作。

第 3 章　常用的工具

本章介绍在电子设计过程中常用的基本工具，包括面包板、多孔板、烙铁、焊锡、松香、剥线钳、斜口钳等。

3.1　面　包　板

面包板（万用线路板）由于板子上有很多小插孔，很像面包中的小孔，因此得名。可分为单面包板、组合面包板和无焊面包板。

3.1.1　面包板的结构

整板使用热固性酚醛树脂制造，板底有金属条，在板上对应位置打孔使得元件插入孔中时能够与金属条接触，从而达到导电目的。

面包板由三部分组成：上部分是电源区，中间部分为元器件区，下面部分是电源区。

元器件区：所有厂家的产品都一样，由若干个 5 孔竖立的“孤岛”组成，孤岛在内部是一个铜条，保证 5 个孔之间是相通的。每个孔内是一个有弹性的铜片，当元器件的管脚插入孔内，就和孤岛有了电连接。注意，当频繁插拔或者将较粗的管脚硬插入孔内，可能造成铜片失去弹性，此时，即便元器件管脚插入孔内，也可能没有与孤岛连接，这就造成了开路故障。

电源区的布局，有可能随不同的产品而不同，因此，对待一个没有使用过的面包板，在电源区使用前，一般都先用万用表测量一下。

以面包板 SYB-130 型为例，如图 3-1 所示。三个区，中间元件区的中央有一凹槽，集成器件的引脚就分别插在凹槽两边的小孔上。凹槽两边各由 65 列小孔，每一列的五个小孔在电气上相互连通。电源区在面包板的上、下边各一排在电气上是分段相连的 55 个小孔，分别作为电源与地线插孔用。不同型号的面包板其连同的孔数略有不同，对于 SYB-130 面包板，其 1-20 孔、21-35 孔、36-55 孔在电气上是连通的（其他型号的面包板使用时应参看使用说明）。

面包板是专为电子电路的无焊接实验设计制造的。由于各种电子元器件可根据需要随意插入或拔出，节省了电路的组装时间，而且元件可以重复使用，所以非常适合电子电路的组装、调试和训练。通过相互导通或绝缘的插孔插上元器件和导线，构成电路，可在制电路板前先行验证电路是否可靠，在试验结束后拔下板上物件还可重复使用，节约成本。

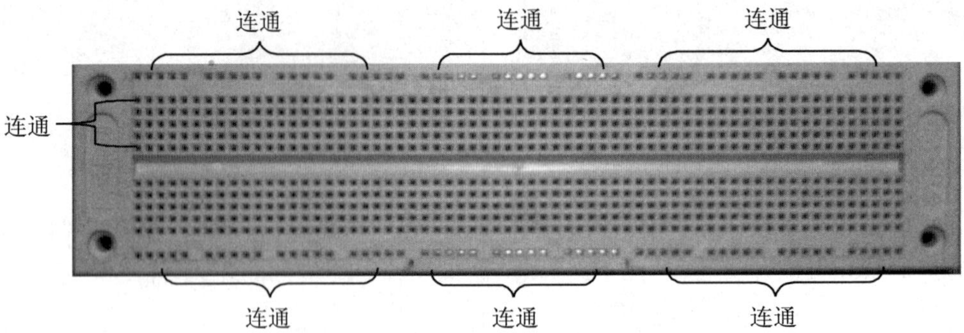

图 3-1　面包板结构

3.1.2　面包板的使用方法及注意事项

（1）面包板不可使用在高电压的情况下（如：110V、220V 的电压），这样会有跳电现象。

（2）安装分立元件时，应便于看到其极性和标志，将元件引脚理直后，在需要的地方折弯。为了防止裸露的引线短路，必须使用带套管的导线，一般不剪断元件引脚，以便于重复使用。使用时不要插入引脚直径大于 0.8mm 的元器件，以免破坏插座内部接触片的弹性。

（3）对多次使用过的集成器件引脚，必须修理整齐，引脚不能弯曲，所有的引脚应稍向外偏，这样能使引角与插孔可靠接触。要根据电路图确定元器件在面包板上的排列方式，目的是走线方便。为了能够正确布线并便于查线，所有集成电路的插入方向要保持一致，不能为了临时走线方便或缩短导线长度而把集成电路倒插。

（4）根据信号流程的顺序，采用边安装边调试的方法。元器件安装之后，先连接电源线和地线。为了查线方便，连线尽量采用不同颜色。例如：正电源一般采用红色绝缘皮导线，负电源用蓝色，地线用黑线，信号线用黄色，也可根据条件选用其他颜色。

（5）面包板宜使用直径为 0.5mm 左右的单股导线。根据导线的距离以及插孔的长度剪断导线，要求线头剪成 45° 斜口，线头剥离长度为 6mm 左右，要求全部插入底板以保证接触良好。裸线不宜露在外面，防止与其他导线断路。

（6）连线要求紧贴在面包板上，以免碰撞弹出面包板，造成接触不良。必须使连线在集成电路周围通过，不允许跨接在集成电路上，也不得使导线互相重叠在一起，尽量做到横平竖直，这样有利于查线，更换元器件及连线。

（7）最好在各电源的输入端和地之间并联一个容量为几十微法的电容，这样可以减少瞬变过程中电流的影响。为了更好地抑制电源中的高频分量，应该在该电容两端再并联一个高频去耦电容，一般取 0.01 ～ 0.047μF 的独立电容。

（8）在布线过程中，要求把各元器件在面包板上的相应位置以及所用的引脚号标在电路图上，以保证调试和查找故障的顺利进行。

（9）所有的地线必须连接在一起，形成一个公共参考点。

3.2 焊 接 工 具

3.2.1 电烙铁

电烙铁是电子制作中必不可少的工具，合理地选择、使用电烙铁是保证焊接质量的基础。典型的电烙铁的结构如图 3-2 所示。新的电烙铁不能拿来就用，需要先在烙铁头镀上一层焊锡，方法是：用锉刀把烙铁头锉干净，接上电源，在温度渐渐升高的时候，用松香涂在烙铁头上；待松香冒烟，烙铁头开始能够熔化焊锡的时候，把烙铁头放在有小量松香和焊锡的砂纸上研磨、各个面都要磨到，这样就可使烙铁头镀上一层焊锡从而加强烙铁头寿命。

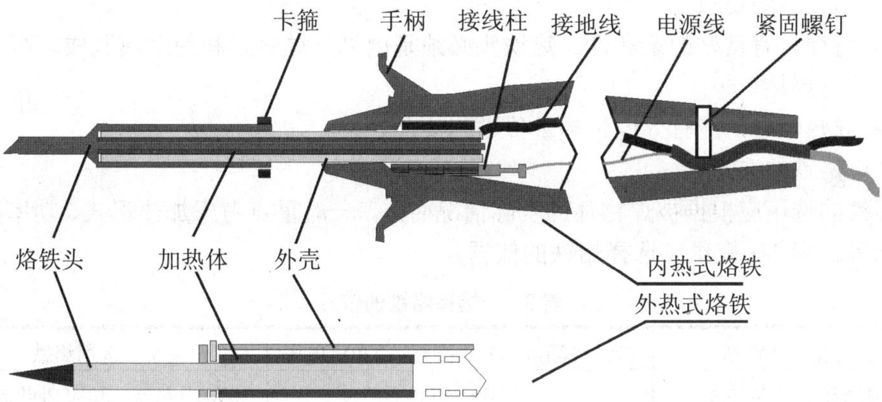

图 3-2　典型电烙铁的结构

一、电烙铁的分类

电烙铁按加热方式可分为直热式、感应式、气体燃烧式等多种。电子设计中常用的是直热式电烙铁。按功能单用式、两用式、恒温式、吸锡式电烙铁。按功率可分为：20W、30W、35W、45W、50W、75W、100W、150W、200W、300W 等多种。按加热方式可分为内热式、外热式和恒温式电烙铁，如图 3-3 所示。

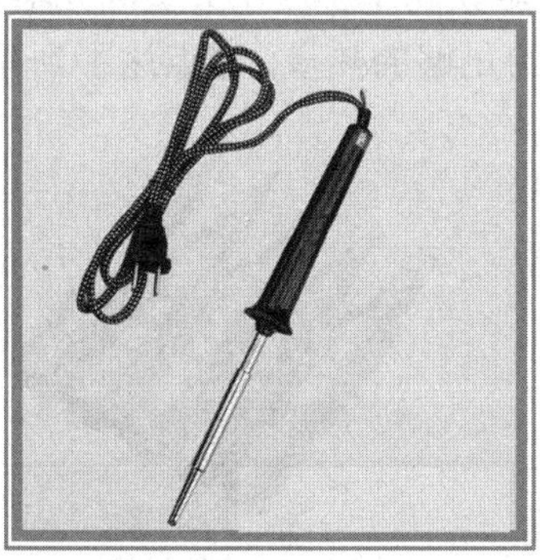

（a）内热式电烙铁

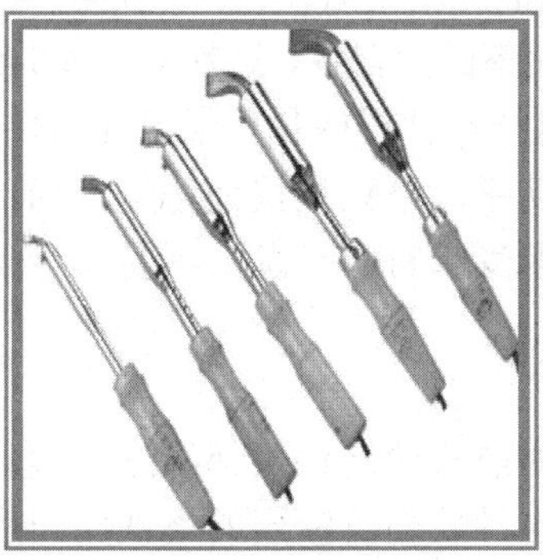

（b）外热式电烙铁

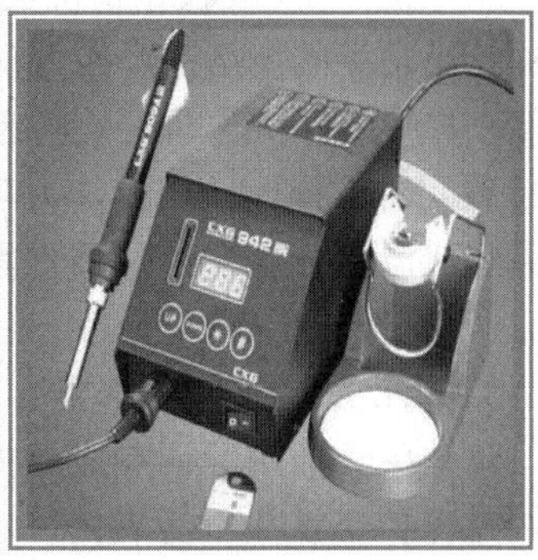

（c）恒温式电烙铁

图 3-3　电烙铁类型

恒温室电烙铁是指其内部装有温度控制器，通过控制通电时间而实现温度控制。即给电烙铁通电时，温度上升；当达到预定温度时，因强磁体传感器达到了居里点而磁性消失，使得磁芯触点断开，电烙铁不再供电；当温度低于磁体传感器的居里点时，磁体恢复磁性并吸动磁芯开关中的永久磁铁，使控制开关接通，继续向烙铁供电。如此循环，便可达到恒温的目的。恒温式电烙铁主要用于对集成电路和晶体管等元器件的焊接。

吸锡式电烙铁是将活塞和电烙铁融为一体的拆焊工具。在拆焊时可吸收焊锡，使用方便。

二、对电烙铁的要求

1．对电烙铁的要求

（1）温度稳定性好，热量充足，可连续焊接。

（2）耗电少，热效率高。

（3）重量轻，便于操作。

（4）结构坚固，寿命长，可以更换烙铁头，易修理。

2．对烙铁头的要求

（1）对焊料有良好的亲和性。烙铁头必须是由易与焊料亲和的金属制成；否则，焊料会滴落，不易焊接。

（2）导热性好，能有效地将热量传送到接合处。

三、电烙铁的选择

电烙铁的选用应根据被焊物体的实际情况而定，一般重点考虑加热形式、功率大小、烙铁头形状等。表 3-1 提供了选择烙铁的依据。

表 3-1　选择烙铁的依据

焊接对象及工作性质	烙铁头温度（℃）室温、220V 电压	选用烙铁
一般印制电路板、安装导线	300～400	20W 内热式、30W 外热式、恒温式
集成电路	300～400	20W 内热式、恒温式
焊片、大功率电位器、2～8W 电阻、大功率管、大电解电容	350～450	35～50W 内热式、恒温式 50～75W 外热式
8W 以上电阻、Φ2mm 以上导线	400～550	100W 内热式、150～200W 外热式
汇流排、金属板	500～630	300W 外热式

实际工作中，要根据情况灵活应用电烙铁。不要以为，电烙铁功率小就不会烫坏元器件。如用一小功率的电烙铁焊接大功率的元器件，烙铁头不能共给足够的热量，焊点达不到焊接温度，将导致停留时间过长，这样会使得热量传递给元器件，而导致元器件损坏；相反，大功率的烙铁很快使得焊点局部达到焊接温度，不会是元器件承受长时间高温，不易损坏器件。

3．烙铁头的形状与修整

烙铁头一般用紫铜制成，内热式的烙铁头都经过电镀，作用是保护烙铁头不易氧化，这种表面有镀层的烙铁头一般不需要修锉或打磨。

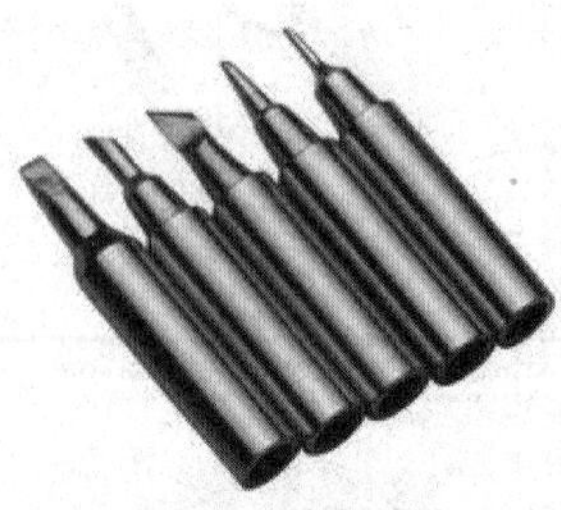

图 3-4　各种烙铁头

烙铁头的形状有斜面形、凿形、半凿形、尖锥形、椎形、斜面复合式和弯形，如图 3-4 所示。表中给出了不同烙铁头形状的应用。

表 3-2 烙铁头的形状选用

形式	斜面	凿面	半凿面	尖锥	锥形	斜面复合	弯形
应用	通用	长形焊点	较长焊点	密集焊点	密集焊点	通用	大焊件

烙铁头经过一段时间的使用后，由于高温和助焊剂的作用，往往会出现氧化层，使得表面凹凸不平，需要修整。一般是用粗锉刀修整成自己所需的形状，再用细锉刀修平，最后用细砂纸打磨光。

修整后的烙铁头应该立即镀锡。方法是在松香水中浸一下，再接通电源，待烙铁热后，在烙铁头上沾上锡，再在松香上来回摩擦，直至烙铁头表面均匀的镀上一层焊锡为止。

四、电烙铁的握法

电烙铁的握法如图 3-5 所示。

（1）反握法：动作稳定，长时间操作不易疲劳，适于大功率烙铁的操作。

（2）正握法：适于中功率烙铁或弯头电烙铁的操作。

（3）握笔法：在操作台上焊接印刷板

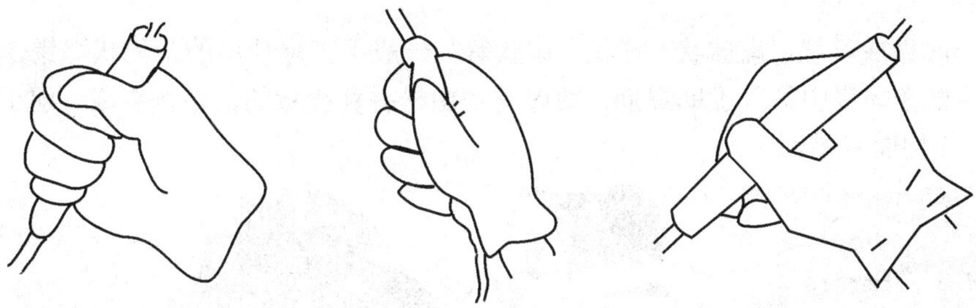

（a）反握法　　（b）正握法　　（c）握笔法

图 3-5 电烙铁拿法

3.2.2 焊料

焊料是易熔金属，熔点应低于被焊金属。焊料按成分可分为锡铅焊料、银焊料、铜焊料等。在电子设计电路焊接中主要采用的是锡铅焊料。

一、锡铅焊料

锡铅焊料中锡的含量为 61.9%、铅的含量为 38.1%时，称为共晶和金。熔点最低，为 183℃，是焊料中性能最好的一种，有以下特点：

（1）熔点低，使得焊接时加热温度低，可防止元器件损坏。

（2）熔点和凝固点一致，可使得焊点快速凝固，不会因半熔状态时间间隔而造成焊点结晶疏松，强度降低。

（3）流动性好，表明张力小，有利于提高焊点的质量。

（4）强度高，导电性好。

为了方便选择焊料，表 3-3 给出了常用锡铅焊料的性能。

表 3-3　给出了常用锡铅焊料的性能

名称（锡铅焊料）	主要成分（%）			杂志（%）	熔点（℃）	抗拉强度（kg/mm^2）	用途
	锡	锑	铅				
10 号	89～91	≤0.15		<0.1	220	43	钎焊食品器皿以及医药物品
39 号	59～61	≤0.8		<0.1	183	47	钎焊电子、电气
50 号	49～51	≤0.8		<0.1	210	3.8	钎焊散热器、计算机、黄铜制品
58-2 号	39～41	1.5～2		<0.106	235	3.8	钎焊工业及物理仪表
68-2 号	29～31	1.5～2	余量	<0.106	256	3.3	钎焊电缆护套、铅管等
80-2 号	17～19	1.5～2		<0. 6	277	2.8	钎焊油壶、容器、散热器等
90-6 号	3～4	5～6		<0. 6	265	5.9	钎焊黄铜和铜
73-2 号	24～26	1.5～2			265	2.8	钎焊铅管
45 号	53～57				200		

焊锡一般做成丝状、扁球状、球状、饼状等。一般手工焊使用的是丝状焊锡，也称为松香焊锡，这种在焊锡中加入了助焊剂，助焊剂是由松香和少量的活性剂组成，便于焊接。图 3-6 给出了各种爆裂料。

焊锡条　　焊锡丝　　焊锡膏　　松香

图 3-6　各种焊料

二、助焊剂松香

金属同空气接触后，表面会产生一层氧化膜，温度愈高氧化愈严重。氧化膜会阻止液态焊锡对金属的浸润作用，助焊剂松香可以清洁氧化膜、保证焊锡浸润。

松香的主要成分是松香酸和松香酯酸酐。在常温下呈中性，几乎没有化学活力；当被加热熔化时，呈现较弱的酸性，可与金属氧化膜发生化学反应，变成化合物悬浮在液态焊锡表面。这也起到使焊锡表面不被氧化的作用，同时还能降低液态焊锡表面的张力，增加它的流动性。焊接完恢复常温后，松香又变成稳定的固体，无腐蚀性。因此，正确的使用松香是获得合格焊点的重要条件。

松香很容易溶于酒精、丙酮等溶剂。在焊接中，常常将松香溶于酒精制成“松香水”，松香同酒精的比例为 1∶3 为宜。要注意的是，松香经过反复加热后，会因为碳化（发黑）而失效。因此发黑的松香不起作用。

为提高松香的耐氧化性能，可将松香改性得到氢化松香，也是现在也普遍使用地助焊剂，常温下性能比普通松香更稳定，加热后酸性高于松香，有更强的助焊作用，但价格昂贵。

3.3 手 工 工 具

电路的装配要借助于各种工具来完成，这儿介绍最常用的工具图形、名称、说明及简单应用。

3.3.1 钳子

钳子的种类很多，下面介绍的是电路装配调试时常用的。

长尖嘴钳的钳口长而细，钳口末端很小，如图 3-7 所示。这种钳子易损坏，用于精工处理小零件、小直径的导线和难以到达的地方。不能用于弯折导线（细导线除外）或用作扳钳。

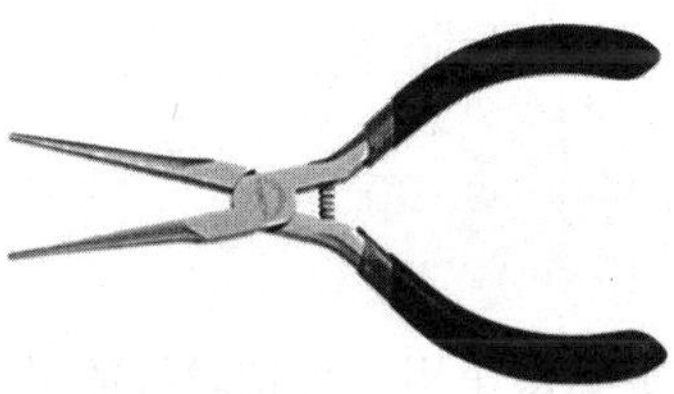

图 3-7　长尖嘴钳

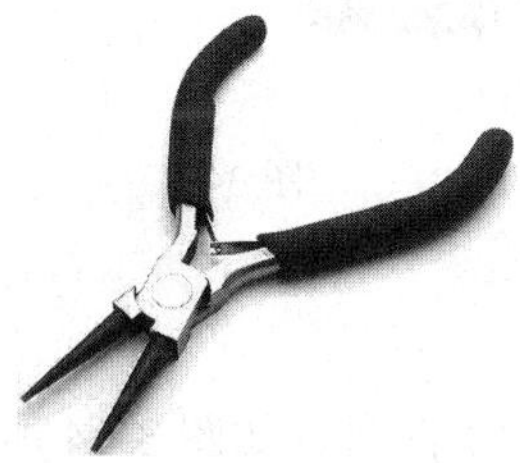

图 3-8　细尖口钳

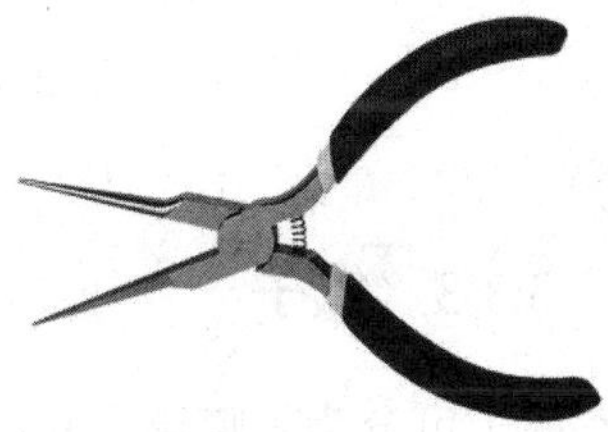

图 3-9　针嘴钳

细尖嘴钳和尖嘴钳相似，其细长的钳口的根部较粗，以增加强度，如图 3-8 所示。常用于弯折和加工细导线、夹持小零件。不能用来弯折粗导线。

针嘴钳尖端很细，钳口很薄，但薄钳口的根部固定在较粗的钳口之上增加针嘴的牢固性，如图 3-9 所示。用于处理细小的零件和导线。

斜口钳的钳嘴短，刃口平，如图 3-10 所示。斜口钳主要用于剪切导线，元器件多余的引线，还常用来代替一般剪刀剪切绝缘套管、尼龙扎线卡等。

平口钳也称为电工钳，具有厚型剪口，钳口结实带有纹路，如图 3-11 所示。剪口和钳口常用于电路安装中碰到的最重型的作业。

图 3-10　斜口钳

图 3-11　平口钳

剥线钳由刀口、压线口和钳柄组成，其外形如图 3-12 所示。剥线钳的钳柄上套有额定工作电压 500V 的绝缘套管。常用于塑料、橡胶绝缘电线、电缆芯线的剥皮。使用方法是：将待剥皮的线头置于钳头的刃口中，用手将两钳柄一捏，然后一松，绝缘皮便与芯线脱开。

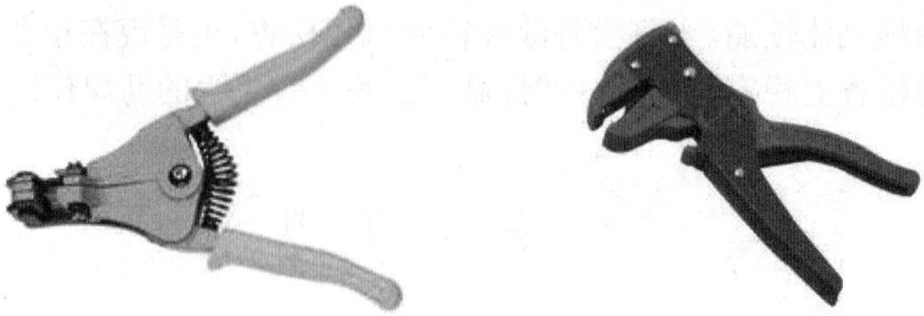

图 3-12　剥线钳

3.3.2　螺丝刀

螺丝刀又称为起子、改锥。一般由刀口和手柄组成，有“十”字形和“一”字形两种，用于拧螺丝，如图 3-13 所示。不同大小的螺丝可选用不同尺寸的螺丝刀，最合适的尺寸是刀口刚好填满螺丝。在使用时不可用力过猛，以免螺钉滑口。

十字螺丝刀　　一字螺丝刀

图 3-13

3.3.3　镊子

镊子可分为尖嘴镊子和圆嘴镊子两种，如图 3-14 所示。尖嘴镊子用于夹持较细的导线，以便于装配焊接。圆嘴镊子主要用于弯曲元器件引线合夹持元器件焊接等。用镊子夹持元器件焊接还起散热作用。

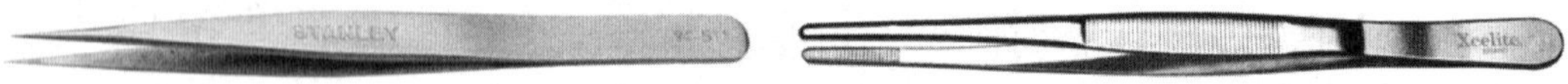

尖嘴镊子　　圆嘴镊子

图 3-14

3.3.4　常用的导线

导线一般由导体（芯线）和绝缘体组成。电子设计电路中所用的导线导体一般是铜线，绝缘体除绝缘能够耐受一定的电压外，还有增强导线机械强度保护导线不受外界环境腐蚀作用。常见的塑料导线、橡皮导线、纱包线、漆包线等就是以外皮材料区分的，如图 3-15 所示。

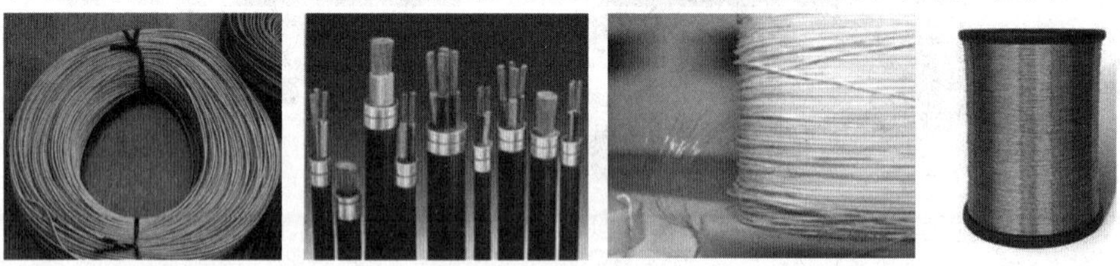

塑料导线　　橡皮导线　　纱包线　　漆包线

图 3-15　各种导线

随着所加电压的升高，导线绝缘层的绝缘电阻会下降，如果电压过高就会击穿。导线上标注的电压表示导线加电 2 分钟不放电的耐压，实际使用时，工作电压应该为此电压的 1/3～

1/5。

表 3-4 中列出了安全的载流量，是铜芯导线在环境温度为 25℃、载流芯温度为 70℃的条件下架空敷设的载流量。到导线在机壳内管套内等散热条件不利的情况下，载流量应打 1/2 的折扣。一般情况下，载流量可按 5A/mm^2 估算，在各种条件下都是安全的。

表 3-4　铜芯导线的安全载流量

截面积（mm^2）	0.2	0.3	0.4	0.5	0.6	0.7	0.8	1.0	1.5	4.0	6.0	8.0	10.0
载流量（A）	4	6	8	10	12	14	17	20	25	45	56	70	85

3.3.5　排线

排线，也叫软性电路板（FPC）。就是指将很多根电线按照所属行业规范规定排线规则、线序、线色、线号等，用于活动部件及活动区域内的数据传输，如电脑内部主板连接硬盘、光驱的数据线，手机主板连接显示屏的数据线，还有连接设备之间的数据线都统称排线。实物图如图 3-16 所示。

图 3-16　排线实物图

排线具有优良的电性能、介电性能、耐热性、体积小、重量轻、线可移动、弯曲、扭转而不会损坏等特点。在目前的接插电子器件装配板上，排线通常是满足小型化和移动要求的唯一解决方法。其主要规格见表 3-5。

表 3-5　排线的主要规格

工作温度	额定电压	导体	绝缘层	排列	间距	寿命
80℃	300V	32-16AWG(0.03-1.31mm^2) 镀锡或裸铜绞线	PVC	带状平行排列	2.0mm	8000h

3.4　万　用　表

万用表是电子测量技术领域中最早出现的一种仪表，早期以测量电压、电流、电阻三大参量为主，也称为三用表。随着测量技术的发展，万用表的功能也得到扩展，还可以对交流电压和电流、电容、电感及半导体三极管的穿透电流和直流电流放大倍数等许多电参量进行直接测量。万用表具有用途广泛、操作简单、携带方便、价格低廉等优点。

万用表种类繁多，根据其测量原理及测量结果的显示方式进行分类，一般可分为模拟式万用表和数字式万用表两大类。

模拟式万用表的测量过程是先将被测模拟电量经测量电路转换成电流信号，再由电流信号去驱动微安表头的指针偏转，在刻度盘上即指示出被测量的大小，如图 3-17（a）所示。

数字式万用表是先由模/数转换器将被测模拟量变换成数字量，然后通过电子计数器计数，最后把测量结果用数字直接显示在显示器上，如图 3-17（b）所示。

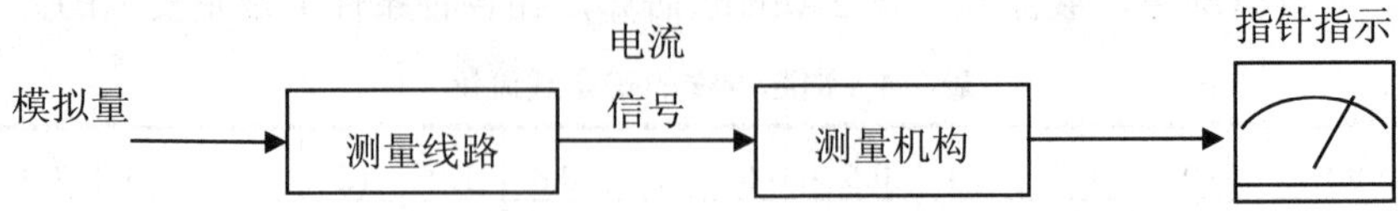

（a）模拟式万用表的测量过程

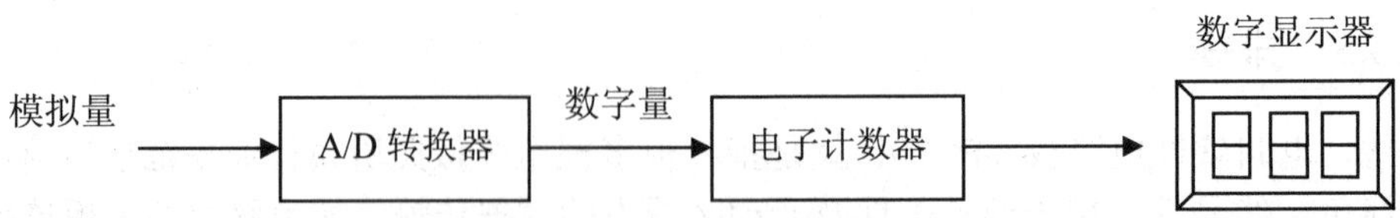

（b）数字式万用表的测量过程

图 3-17　万用表的测量过程

3.4.1　模拟式万用表的基本原理及使用

模拟式万用表由表头、测量电路及转换开关组成。

表头：一个高灵敏度的磁电式直流电流表，用以指示被测量的值，是模拟式万用表的关键部件，它的性能是决定万用表性能指标的重要因素。

测量线路：将被测信号的大小转换成表头设计直流电流表达范围之间。一般万用表的测量电路实质上就是由多量程的直流电流表、多量程的直流电压表、多量程的交流电压表以及多量程的欧姆表等几种测量电路组合而成的。

转换开关：用以选择不同的测量电路和量程挡级，以适应各种测量项目和量程的要求。

如图 3-18 所示为 MF500B 型万用表的电路原理图。

（1）万用表直流电流的测量原理

万用表的直流电流挡实际上是一个多量程的直流电流表。一般万用表采用图 3-19 所示电路。该电路叫闭路抽头转换式分流电路，电路中的各分流电阻彼此串联，然后再与表头并联，从而形成一个闭合回路。当转换开关 SW 换接到不同位置时，可以改变分路电阻阻值，达到变换量程的目的。

（2）万用表直流电压的测量原理

万用表的直流电压挡实际上是一个多量程的直流电压表。万用表的表头是一个直流电流表，由于表头有一定的内阻 R_0 电流通过表头时就会产生一定的电压降，这个电压降的大小与通过的电流成正比，故直接用表头只能测量很低的直流电压值。为了扩展表头测量直流电压的范围，需要加一个与表头串联的分压电阻。配用多个不同阻值的附加电阻就可以构成多量程的直流电压表，如图 3-20 所示。

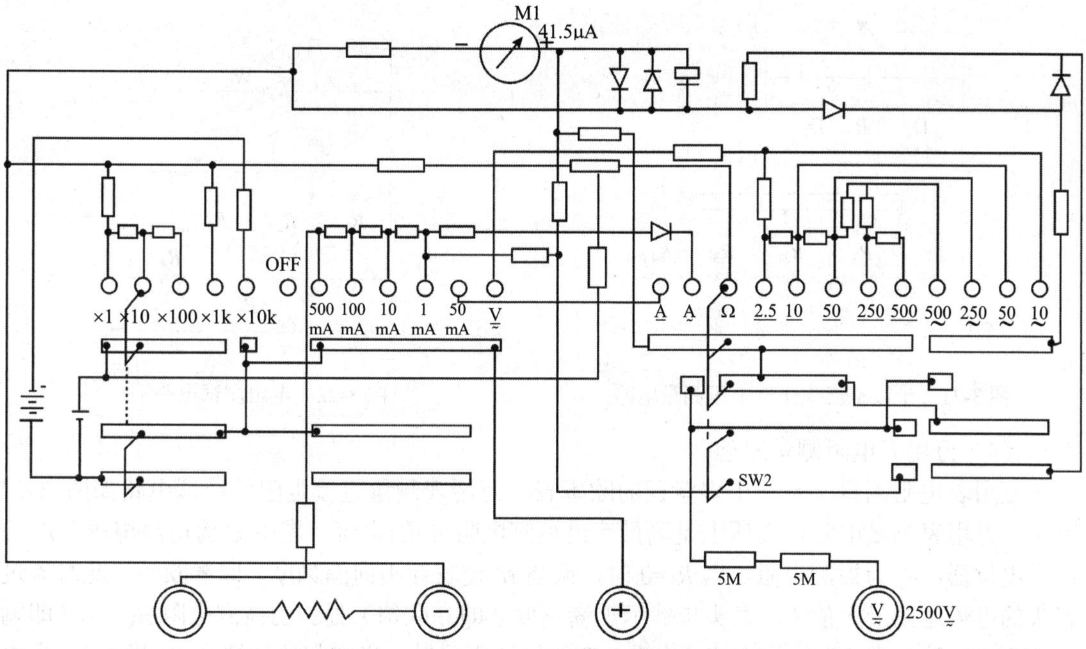

图 3-18 MF500B 型万用表原理图

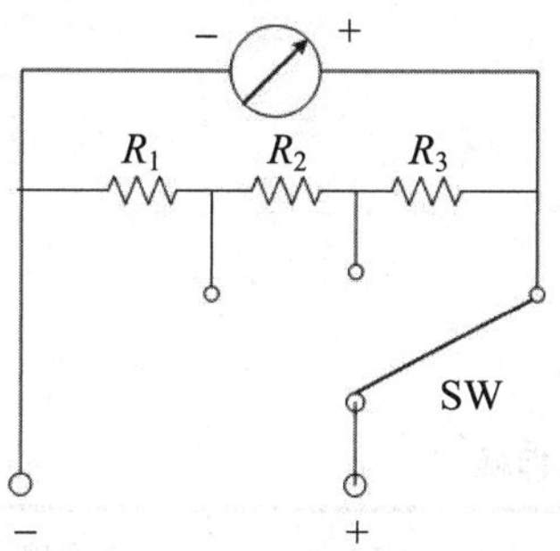

图 3-19 闭路抽头转换式分流电路

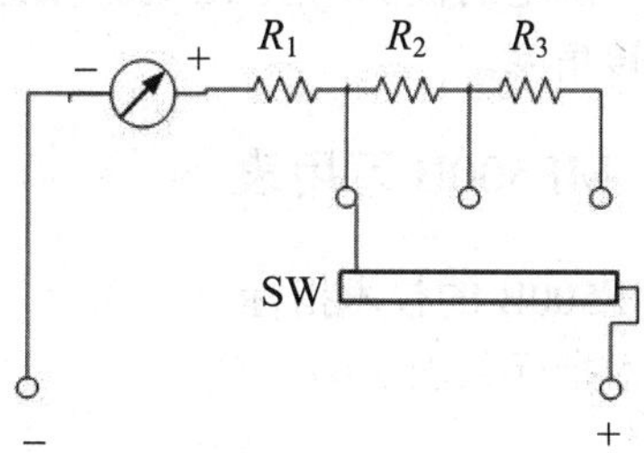

图 3-20 多量程直流电压表电路原理图

（3）万用表交流电压的测量原理

万用表的交流电压测量，是利用一个多量程的整流式交流电压表。由于万用表的测量装置为直流微安表头，故测量交流电压时，必须引入整流元件，构成整流式的交流电压表。万用表中采用的整流电路有半波整流和全波整流两种，实际万用表的交流电压测量电路多采用半波整流方式，如图 3-21 所示。

图 3-21 中二极管 D_2 作半波整流用。当交流电压正半周时，D_2 导通，于是在表头和分流电阻 R 上产生整流电流，使表针偏转。二极管 D_1 为反向保护二极管，如果没有 D_1，则当负半周时反向电压几乎全部加在 D_2 上，很可能将其击穿。接入 D_1 后，负半周输入时，D_1 导通，使其两端电压很低，不至于将 D_2 击穿。

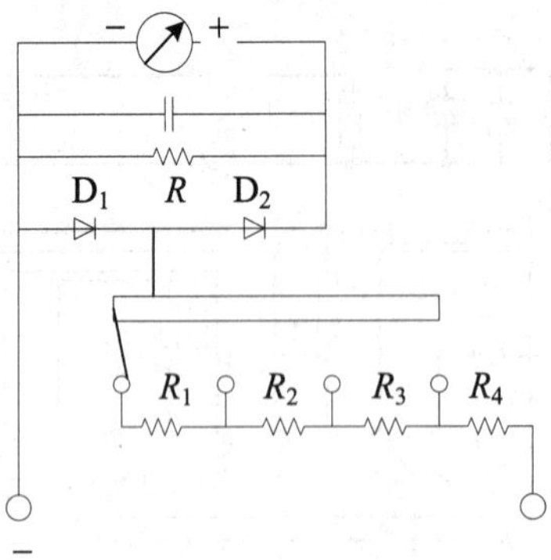

图 3-21　半波整流式交流电压测量电路

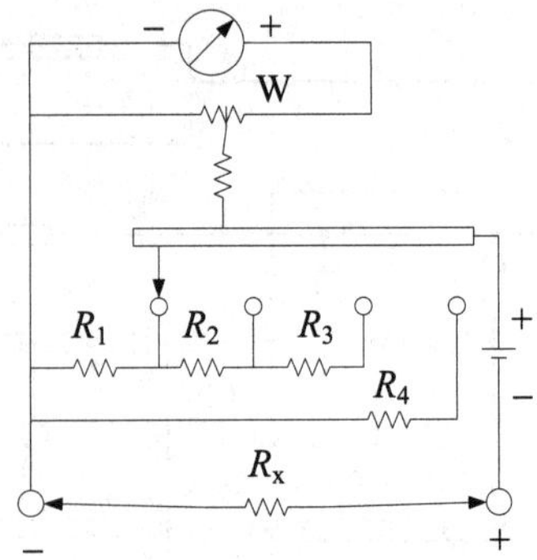

图 3-22　电阻测试电路

（4）万用表电阻测量原理

万用表电阻测量，是一个多量程的欧姆表。万用表测量直流电阻的原理电路如图 3-22 所示。万用表测量电阻，实质上是测量流过被测电阻 R_x 的电流。图中 E 为电池电压，W 为调零电位器，R_x 为被测电阻。当 R_x=0 时，调整 W 使表针指向满刻度，即零欧姆，此时流过表头的电流达到最大值 I_0，表头指针示于满刻度（即 0 欧姆）处。当被测电阻 $R_x=\infty$（即输入端两点开路）时，电路中电流 I 为零，表头指针不偏转，指在起始位置（即∞欧姆）。当电路中接入某一确定的被测电阻 R_x 时，电路中就有一个相应的直流电流，使表头的指针有一个确定的偏转角度。

3.4.2　MF500B 万用表

（1）MF500B 的技术指标

其主要技术指标见表 3-6。

表 3-6　MF500B 的技术指标

	测量范围	精度	灵敏度及电压降
直流电流	0-50μA-1mA-10mA-100mA-500mA-5A	±2.5%	0.75V
交流电流	0-1mA-10mA-100mA-500mA-5A	±5.0%	0.75V
直流电压	0-2.5V-10V-50V-250V-500V-2500V（4k/V）	±2.5%	20kΩ/V
交流电压	0-10V-50V-250V-500V-2500V	±5.0%	4kΩ/V
电阻	×1-×10-×100-×1k-×10k	±2.5%	10 中心值

（2）MF500B 万用表的使用方法

如图 3-23 所示，在使用前应检查仪表指针是否指在机械零位上，若不在则旋转表盖上的调零器，使指针指在零位上。

各种参数的测量：

直流电流测量：测量 0.05～500mA 时，将左旋钮 S2 转到 A 挡，右旋钮 S1 转动到所需电流挡位。将测试棒串接于被测电路中测量。表盘读数为第三条 V A 刻度线。测量 5A 时应将+插头（红色）插至 5A 插孔内，右旋钮 S1 置于 500mA 挡位。

图 3-23　MF500B 万用表

交流电流测量：将左旋钮 S2 转到 A，表盘读数为第四条 ACA 刻度线。

直流电压测量：将右旋钮 S1 选转到 V 挡，左旋钮 S2 旋至所需测试挡位，从表盘第三条刻度线读数。测量 2500V 时，将+插头（红色）插入 2500V 插孔内，左旋钮 S2 置于 500V 挡位即可进行测试。

交流电压测量：将右旋钮 S1 置于 V 挡，左旋钮 S2 旋至所需测试挡位，测量值从表盘第三条刻度线读出（交流电压 10V 挡从第二条红色刻度线读数），测量 2500V 时，将+插头（红色）插入 2500V 插孔内，左旋钮 S2 置于 500V 挡位即可进行测试，测试频率范围 45Hz～1000Hz，示值为正弦有效值。

电阻测量：将左旋钮 S2 旋至Ω挡，右旋钮旋至所需挡位。测量前先将正负表棒短路，调节Ω调零扭 R_1，使指针指在 0 刻度线上。测量值从表盘第一条刻度线读出，并乘以相应挡位倍数。

3.4.3　数字式万用表的使用

数字万用表测量的基本量是直流电压，由核心电路 A/D 转换器、计数器、显示电路等组成，其他量的测量则由相关电路转换成直流电压后再作测量。其基本原理结构框图如图 3-24 所示。

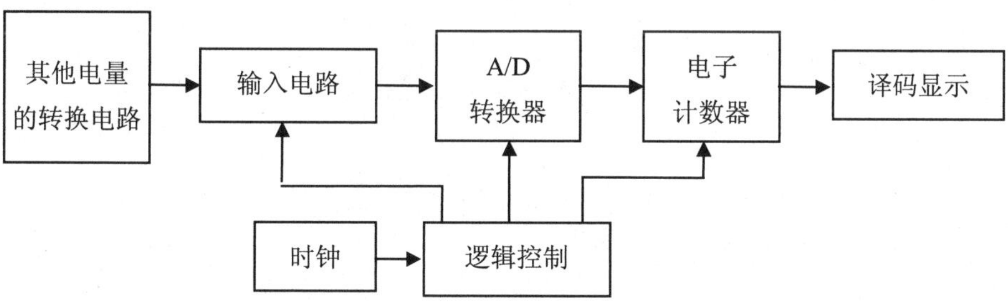

图 3-24　数字万用表原理框图

数字万用表的显示位数常见的是 3 位半、4 位半的。所谓半位，指的是最高位不能显示从 0~9 的所有数字，称为半位。

数字万用表使用时，红色测试棒插入测试所需项目对应的功能插孔，黑色测试棒始终插在“COM”插孔。

电压测试（含直流及交流电压）：红色测试棒应插入“V/Ω”插孔，两测试棒并联在被测端。若已知被测电压的大致范围，就选择合适的量程进行测试，从屏幕上的显示值直接读取即可。若不知道被测电压的值，就应该先选择最大量程进行试测，由测试结果来决定是否减小量程。

注意，在减小量程转换过程中，表笔（测试棒）应离开测试点。

电流测试：红色测试棒应插入“A”或“mA”插孔，测试棒串联进测试电路，并使电流从表的正端（红）进，负端（黑）出。交流电流测试结果以正弦波有效值显示，所以对于其他波形（非正弦信号）不是正确的有效值。

电阻测试：红色测试棒插入“V/Ω”插孔，测试棒并联与被测电阻元件两端。

注意，若是测试电路板中的元件，则应断开被测电路的供电，及被测电阻与其他支路的连接，再进行测试。

二极管测量：红色测试棒都是插入“V/Ω”插孔，接二极管正极，黑色测试棒接负极，显示器上显示的是近似正向 PN 结压降值，单位 mV。对硅二极管而言，此值一般为 500~800mV 为正常值。

通断测试：连接方式与测量二极管相同。测试通路时，若电路通路良好，则蜂鸣器发出连续声响。若不发出声音，表示断路，或者通路有较大的电阻。

测试电容、三极管：将器件插入仪表面板上或附加的测试插座上，将量程开关转到相应量程，从屏幕上直接读数。

温度测量：将附件中的转接插座插入“V”和“mA”两个插孔，量程开关置于“℃”挡位，此时 LCD 显示“1”，然后将温度探头（K 型插头）插入转接插座对应温度插孔，此时显示室温。将温度探头探测被测物体表面，数秒后从 LCD 上读取温度值。

频率测量：红色测试棒插入“Hz”插孔（就是电压测试插孔），量程开关置于频率测量挡，将表笔并联到待测信号源上。从显示屏上读取所测频率值。

数据保持（HOLD）：在任何测量情况下，当按下 HOLD 键时，仪表显示随即保持测量结果，再按一次时，保持结果被解除，显示当前的测量结果。

第 4 章　电子元器件的简单检测

万用表分为模拟指针式万用表和数字式万用表，其最基本的功能是测量电压、电流和电阻，所以也叫三用表。本章介绍利用万用表对常见电子元器件进行简单检测的方法。

4.1　电 阻 检 测

万用表用于测量电阻的挡位是欧姆挡，用“Ω”标志。使用欧姆挡可以直接对一些电子元器件进行简单检测。

4.1.1　使用万用表欧姆挡测量电阻

一、使用数字万用表测量电阻

数字万用表的欧姆挡一般分为 200、2k、20k、200k、2M 和 20M 六挡，有些万用表还有 200M 挡。注意 200 挡的单位是“Ω”，2k 到 200k 挡的单位是“kΩ”，2M 以上挡的单位是“MΩ”。使用数字万用表测量电阻时，首先要选择一个电阻量程，如 200k 挡，然后将万用表的黑表笔插入“COM”孔（实际上，黑表笔应始终插入“COM”孔），红表笔插入“V/Ω”孔（应根据不同的测量来选定测试红表笔插入的插孔），打开万用表的电源，用两表笔分别接触被测电阻的两个引脚进行测量。如图 4-1 所示，是用数字万用表电阻 200k 挡测量一个标称值为 130kΩ 的固定电阻器时的情形。

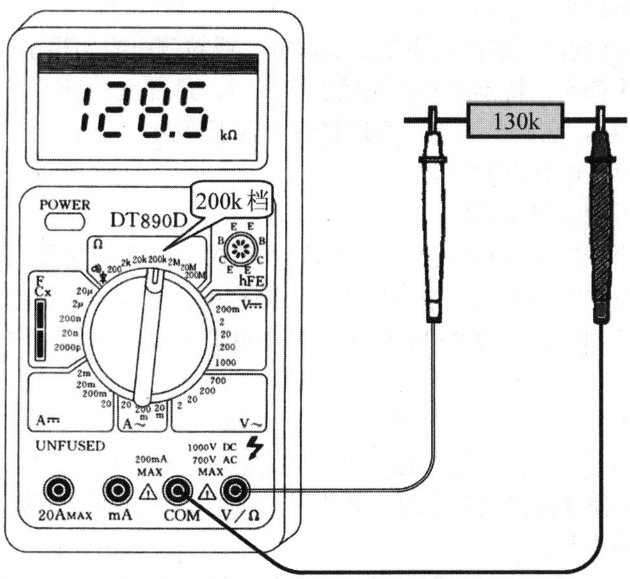

图 4-1　用数字万用表测电阻

如果万用表读数显示溢出符号 1 ，说明被测电阻超出了所选量程可以测量的最大值，如图 4-2 所示，是用 20k 挡测量标称值为 130kΩ 的固定电阻器时的情形，这时就需要把量程切换到更大的挡位。

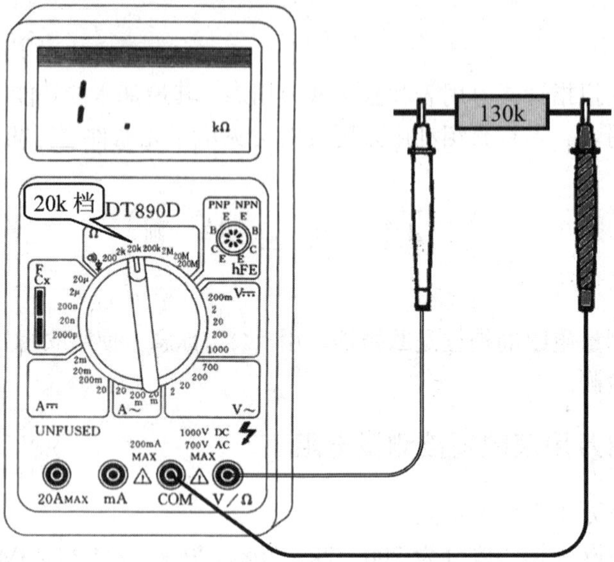

图 4-2　用数字万用表测电阻：被测电阻超出了量程

使用数字万用表测量电阻方便直接，测量结果也较准确，但需要注意以下几点：

（1）为使测量准确，测量时应选择合适的挡位。如果测量时显示的读数小于所选量程的 1/10，说明量程选择得偏大，应切换到较小的挡位重新测量。

（2）在使用 2M 以上挡位测量大电阻时，需要较长时间，需等万用表的显示基本稳定不变以后再读取测量结果。

（3）两只手不能同时接触两根表笔的金属杆、或被测电阻两根引脚，否则会因人体电阻的影响使测量结果偏小，特别是测高阻值的电阻时。最好用一只手同时持两根表笔。

（4）测量结束后，应拔出表笔，将选择开关置于“OFF”挡或交流电压最大挡位并关闭万用表的电源，然后收好万用表。

二、使用指针万用表测量电阻

模拟指针式万用表的读取精度较差，但指针摆动的过程比较直观，其摆动速度及幅度有时也能比较客观地反映被测量的大小（例如，在测量电容时电容的充电过程使表针摆动）。

指针万用表的欧姆挡，分为 R×1、R×10、R×100 和 R×1k 四挡，有些万用表还有 R×10k 挡。

使用指针万用表欧姆挡测电阻的详细步骤如下：

（1）必须首先对所选择的挡位进行调零。如图 4-3（a）所示，将两表笔短接，调整欧姆挡零位调整旋钮，使表针指向电阻刻度线右端的零位。若指针无法调到零点，说明表内电池电压不足，应更换电池。

（2）调零后，用两表笔分别接触被测电阻两引脚进行测量，如图 4-3（b）所示。正确读出指针所指电阻的数值，再根据所选择的档位对读数乘以相应的倍率（R×100 挡应乘 100，

R×1k 挡应乘 1000……），就得到了被测电阻的阻值，例如图 4-3（b）中，所选的挡位是 R×100，指针所指的数值约为 8，故被测电阻器的阻值大约为 800Ω。

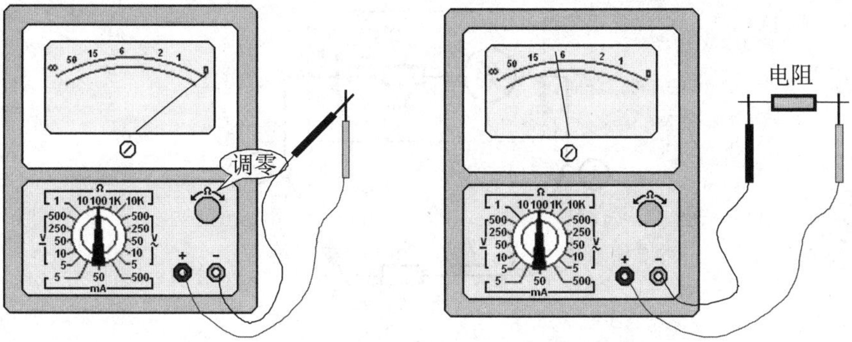

（a）调零　　　　（b）测量

图 4-3　用指针万用表测电阻

（3）为使测量较为准确，测量时应选择合适的档位。由于电阻挡刻度的非线性关系，它的中间一段分布较为精细，因此应使指针指示值尽可能落到刻度的中段位置，即整个刻度弧线的 20%～80%范围内，以使测量更准确。若指针偏角较小，应换用较大的挡位；若指针偏角较大，则应换用较小的挡位。每次换挡后，应重新调整欧姆挡的零位，然后再测量。

（4）测量结束后，应拔出表笔，将选择开关置于交流电压最大挡位，关闭万用表的电源，然后收好万用表。

测量电阻时应注意：

（1）两只表笔不要长时间碰在一起。

（2）两只手不能同时接触两根表笔的金属杆、或被测电阻两根引脚，最好用一只手同时持两根表笔。

（3）若长时间不使用指针万用表的欧姆挡，则应将表中的电池取出。

在使用指针万用表测量元件的电阻值时，根据万用表指针的偏转角度，有经验的工程师还可以估计出测试时加在被测元件上的测试电压以及流过被测元件的测试电流，这对使用指针式万用表测量元件的参数非常有用。下面简单介绍其原理及方法。

模拟指针式万用表被用做欧姆表时，其简化原理电路如图 4-4 所示。虚线框内表示欧姆表的等效电路，它由一个内阻为零的指示计、欧姆中心值电阻 R_0、电池 E 串联而成。设计万用表时要将电池的内阻以及模拟指针表头的内阻考虑到 R_0。图中的⊕、⊖分别代表万用表的正、负插孔，其中⊕接红表笔(正表笔)，⊖接黑表笔(负表笔)，因此实际上红表笔接表头的正极，处于低电位，黑表笔接电池的正极，处于高电位，这一点请务必要注意。

设被测元件的等效电阻为 R_x，由图 4-4 可知：

（1）当 R_x 为 0 时，指针处于满度偏转的位置，流过被测元件的电流 I 等于所选欧姆挡量程的表针满偏电流 I_M。此时加在被测元件上的测试电压 V 等于零。对于所选量程，表针满偏时的电流 I_M 可以由下面公式计算：

$$I_M = E/R_0 \tag{4-1}$$

式中，E 为该电阻挡所使用电池的电压；R_0 为该电阻挡的中值电阻，即表头指针刚好偏转一半时对应的电阻值。

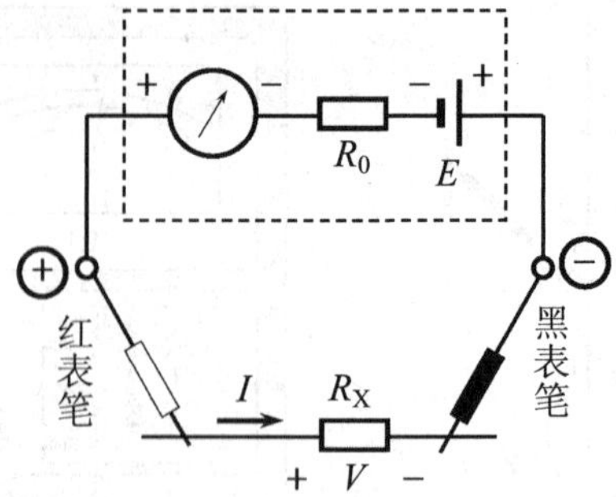

图 4-4　指针万用表的欧姆表原理

（2）当 R_x 为∞时，指针处于零度偏转的位置，I 为 0，V 等于表内电池的电动势 E。

（3）当 R_x 等于所选量程的中值电阻 R_0 时，此时指针指在刻度尺中心位置，I 为 $I_M/2$，V 为 $E/2$。

（4）当 $0 < R_x < \infty$ 时，如果指针偏转角度是满偏的 $n\%$，则加在被测元件上的电压 V 和流过被测元件的电流 I 分别为

$$V = E \times (1 - n\%) = I \cdot R_X \tag{4-2}$$

$$I = I_M \times n\% = V/R_X \tag{4-3}$$

因此，在测量元件的电阻值时，利用万用表的某个线性刻度，就可以估计出测试时加在被测元件上的测试电压 V 以及流过被测元件的测试电流 I。例如，图 4-5 所选量程为 R×1k 档，中值电阻 R_0 大约为 4.8kΩ，假设万用表内部电池电压 E 为 1.5V，所以表针的满偏电流 I_M 约为 0.31mA。由图可以看出，被测电阻的阻值大约为 3.6kΩ。通过 10V 电压挡的线性刻度可以看出，表针的偏转量是满偏量的 58%，所以，流过被测元件上的测试电流大约为:

$$I \approx I_M \times 58\% \approx 0.18(\text{mA})$$

根据表针的偏转量以及电池电压 E，可以估算出加在被测元件上的测试电压大约为:

$$V \approx E \times (1 - 58\%) \approx 0.63(\text{V})$$

而流过被测元件上的测试电流也可以根据欧姆定理估算:

$$I = \frac{V}{R_X} \approx \frac{0.63}{3.6} \approx 0.18(\text{mA})$$

测量元件电阻值时，了解估计加在被测元件上的测试电压 V 以及流过被测元件的测试电流 I 的方法，可以更好地完成元件的检测。例如，在测量二极管的正向电阻的同时，可以测量出二极管的正向压降并判断出二极管是硅管还是锗管。

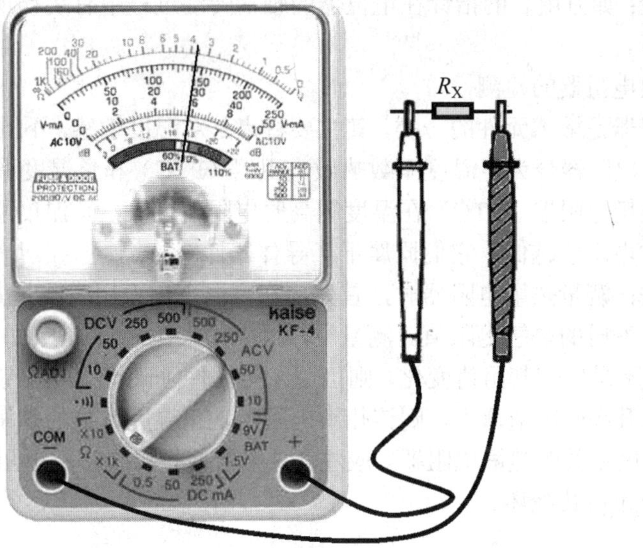

图 4-5　测电阻时估计测试电压和测试电流

4.1.2　电阻类元件的简单检测方法与经验

一、固定电阻器的检测

测试方法：将两表笔（不分正负）分别与电阻的两端引脚相接，即可测出实际电阻值。为了提高测量精度，应根据被测电阻标称值的大小来选择量程。

测试经验：（1）测较大阻值的电阻时，手不要触及表笔和电阻的导电部分；（2）被检测的电阻如果在电路中，就需要焊下来再测，至少要焊开一端，以免电路中的其他元件对测试产生影响，造成测量误差；（3）色环电阻的阻值虽然能以色环标志来确定，但在使用时最好用万用表测一下其实际阻值；（4）实际的电阻器根据误差等级不同，读数与标称阻值之间分别允许有±5%、或±10%的误差，如果测量值超出误差范围，则说明该电阻变值了。

二、电位器的检测

测试方法：假设电位器有“1”、“2”和“3”三个引脚，其中一个是中心抽头。用万用表测试时，先根据被测电位器阻值，选择好万用表的合适电阻挡位，然后可按下述步骤进行检测：

（1）先旋转电位器的转轴，使其大约处于旋转范围的中间位置。用万用表的两个表笔分别接电位器的任意两个引脚，测量出引脚“1”和“2”之间、“2”和“3”之间以及“1”和“3”之间的电阻值。三个读数中应该有一个接近电位器的标称阻值，而另两个读数的和接近电位器的标称阻值。假设测得“1”和“3”之间的电阻值接近标称阻值，则可以断定“2”为中心抽头。如果测试时万用表的指针不动或阻值相差很多，则表明该电位器已损坏。

（2）接下来检测电位器的活动臂与电阻片的接触是否良好。用万用表的电阻挡测“1”、“2”两端的电阻值，旋转电位器的转轴使电阻值减小，当轴柄旋至极端位置时，这时电阻值越小越好。再向另一个方向慢慢旋转轴柄，电阻值应逐渐增大，表头中的指针应平稳移动。当轴柄旋至另一个极端位置时，阻值应接近电位器的标称值（测“2”、“3”两端时类似）。

测试经验：如万用表的指针在电位器的轴柄转动过程中有跳动现象，说明活动触点有接触不良的故障。

三、热敏电阻器的检测

热敏电阻器是敏感元件的一类，其主要特点是对温度敏感，不同的温度下表现出不同的电阻值。热敏电阻器分为正温度系数热敏电阻器（PTC）和负温度系数热敏电阻器（NTC），正温度系数热敏电阻器（PTC）在温度越高时电阻值越大，负温度系数热敏电阻器（NTC）在温度越高时电阻值越低，它们同属于半导体器件。

测试方法：测量热敏电阻器时，首先应在室温下用万用表测量其电阻值，如阻值正常，再测量温度改变时的热敏电阻值。测量时，可以用人体对它加热(如用手拿住)，使其温度升高；如果体温不足以使其阻值变化，则可用发热元件(如灯泡，电烙铁等)进行烘烤。如图 4-6 所示。当温度升高时阻值增大，则该热敏电阻器是正温度系数的热敏电阻；反之，若阻值降低，则是负温度系数的热敏电阻器。应注意，不要使热源与热敏电阻靠得过近或直接接触热敏电阻，以防止将其烫坏。

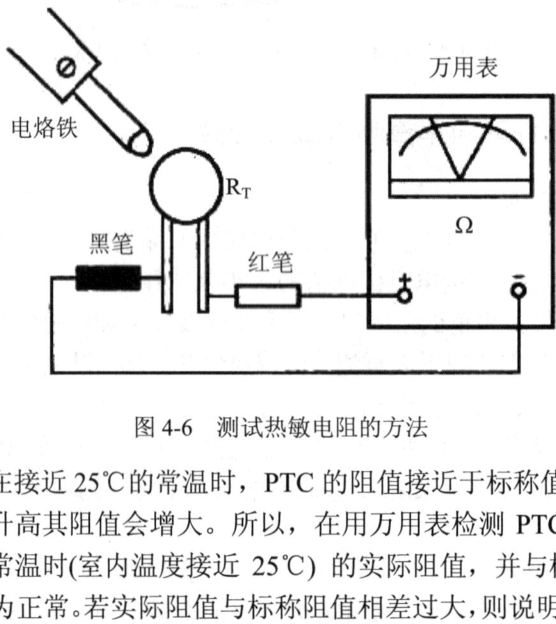

图 4-6　测试热敏电阻的方法

测试经验：(1) 在接近 25℃的常温时，PTC 的阻值接近于标称值。常温下 PTC 的阻值一般较小，随着温度升高其阻值会增大。所以，在用万用表检测 PTC 时，应选用测小电阻的档位，首先测量出常温时(室内温度接近 25℃) 的实际阻值，并与标称阻值相对比，若二者相差在±2Ω 以内即为正常。若实际阻值与标称阻值相差过大，则说明其性能不良或已损坏。在常温测试正常的基础上，再进行加温检测，观察其电阻值是否随温度的升高而增大。如果是，说明热敏电阻正常，如果阻值无变化，说明其性能变劣，不能继续使用。(2) NTC 热敏电阻对温度很敏感，其标称值在环境温度为 25℃时所测得，温度升高时其阻值按指数规律下降。检测 NTC 也是先常温测试，再加温测试。通过测量出 NTC 在接近 25℃时的阻值以及在加温后的 NTC 的阻值和温度，就能估算出 NTC 的温度系数。测量温度系数时，不要用手捏住热敏电阻体，以防止人体温度对测试产生影响；还要注意电流热效应引起测量误差。

四、光敏电阻器的检测

光敏电阻器的特性是在特定光的照射下其阻值迅速减小，可用于检测可见光。在无光照时，光敏电阻器的阻值一般很高。

测试方法：如图 4-7，先用一黑纸片将光敏电阻的透光窗口遮住，光敏电阻的阻值非常大，用万用表测量时表针基本不偏转。然后去掉挡光的纸片，将光敏电阻的透光窗口对准一光源，此时其阻值明显减小，万用表的指针应有较大幅度的偏转。如果用小黑纸片在光敏电阻的透光窗上部晃动，使其间断受光，此时万用表指针应随黑纸片的晃动而左右摆动。如果万用表指针始终停在某一位置不随纸片晃动而摆动，说明光敏电阻的光敏材料已经损坏。

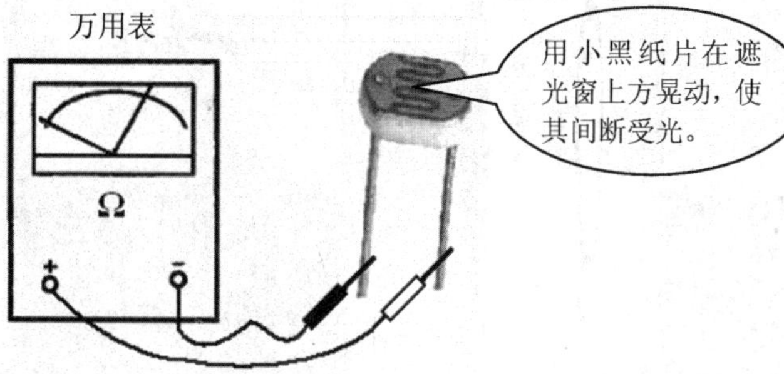

图 4-7　测试光敏电阻的方法

测试经验：挡住光时，测出的电阻值越大，说明光敏电阻性能越好，若此值很小或接近零，说明光敏电阻已烧穿损坏。在有光照时，测出的电阻值越小，说明光敏电阻性能越好，若此值很大，表明光敏电阻内部开路损坏。

五、压敏电阻器的检测

压敏电阻器具有非线性电压电流特性，当端电压低于某一阈值时，几乎没有电流流过压敏电阻器；超过此阈值时，电流值随端电压的增大而急剧增加。压敏电阻器是具有抑制瞬态过电压作用的固态电压敏感元件。

测试方法与经验：用万用表的 R×1k 挡测量压敏电阻两引脚之间的正、反向绝缘电阻，均应为无穷大。如测得的阻值不是无穷大，说明有漏电流。若所测阻值很小，说明压敏电阻已损坏。

4.2　半导体二极管和三极管的简单检测

4.2.1　二极管的简单检测

半导体二极管是由一个 PN 结构成的器件，其主要特性是单向导电性。二极管在正向偏置时导通，呈低阻；反向偏置时截止，呈高阻。利用万用表不仅能判定二极管的正、负极性，还能测量管子的正向导通压降 V_F，并判别出硅管与锗管。

一、用模拟指针式万用表检测普通二极管

1．判断二极管的正、负极

用模拟指针式万用表检查二极管的单向导电性时，一般使用 R×1k 挡。要记住，在处于欧姆挡的指针式万用表中，黑表笔连接的是电池的正极。

用指针式万用表检查二极管单向导电性的过程如图 4-8 所示。当红表笔接二极管正极、黑表笔接二极管负极时，二极管反偏截止，反向电阻应接近无穷大；而黑表笔接二极管正极、红表笔接二极管负极时，二极管正偏导通，由于使用 R×1k 挡时测试电流较小，测出的正向电阻应为几千欧至十几千欧。锗管的正向电阻要小些。

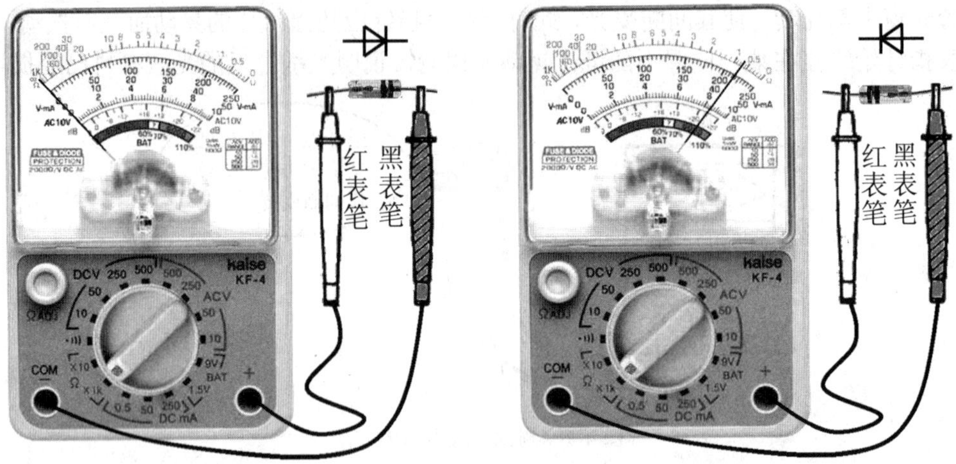

（a）反偏截止　　　　（b）正偏导通

图 4-8　用指针万用表检测普通二极管

2．二极管正向特性测量

（1）测量二极管的正向导通压降 V_F，鉴别出硅管与锗管

一般用 R×10 挡或 R×100 挡测量二极管的正向电阻，同时用前述读取测试电压的方法可以得出二极管的正向导通压降 V_F，根据 V_F 就可鉴别出是硅管还是锗管。硅管的正向导通压降一般为 0.5～0.8V，而锗管的正向导通压降一般为 0.1～0.3V。

检波二极管工作时的正向电流较小，应该用 R×100 挡或 R×1k 挡测量二极管的正向导通压降 V_F，以使测量结果更接近实际情况。在图 4-8（b）中，采用 R×1k 挡测量锗检波二极管，测得其正向电阻大约 700Ω，通过 10V 电压挡的线性刻度可以看出，表针偏转了 84%，如果万用表内电池电压为 1.5V，则二极管的正向压降为：

$$V_F \approx 1.5 \times (1-0.84) \approx 0.24(\mathrm{V})$$

对于允许通过较大正向电流的二极管（如整流二极管）应该用 R×1 挡测量二极管的正向导通压降 V_F，以使测量结果更接近实际情况。

（2）描绘二极管正向特性曲线

测量二极管正向特性时可分别选择 R×1、R×10、R×100、R×1k 挡，采用读取测试电流和测试电压的方法，可以在不同的档位分别测得二极管正向电流与正向电压的数据，然后通过描点绘图可以近似地得到二极管正向特性曲线。

对于一些小功率的二极管（如 2AP 系列的检波二极管），最大正向工作电流为几至几十毫安。因 R×1 挡的电流较大，有可能烧坏管子，故一般不宜使用 R×1 挡来测量小功率二极管的正向特性。

二、用数字万用表检测普通二极管

数字万用表的电阻挡不宜检查二极管，这一点不同于模拟式万用表。其原因是数字万用表的电阻挡所提供的测试电流太小，通常为 100nA～0.5mA（视所选的电阻挡位而定），而二极管属非线性器件，正、反向电阻值与测试电流有很大关系，因此测量出来的阻值与正常值相差很大，有时难以判定。例如，用 20MΩ 挡测二极管的正向电阻可达几兆欧，反向电阻常在 20MΩ 以上（超出仪表量程），使单向导电性并不明显。因此，推荐使用数字万用表的二极管挡来检测二极管，这不仅准确可靠，而且显示直观。

1．用数字万用表的二极管挡检测二极管

数字万用表的二极管挡用标识，在使用数字万用表的二极管挡时，红表笔为高电位，黑表笔为低电位。数字万用表二极管挡的工作原理是，当两支表笔分别接触被测元件的两个电极时，万用表通过+2.8V 基准电压源向被测元件提供大约 1mA 的测试电流，同时会以 mV 为单位显示出测试电流流过被测元件时产生的压降。

用数字万用表的二极管挡检测二极管的过程如图 4-9 所示。先用两支表笔分别接触被测二极管的两个电极，同时观察显示值；然后，为进一步确定管子的好坏，交换表笔再测一次。如果被测二极管是好的，在两次测量中，一次显示值应该在 1V 以下，这时管子处于正向导通状态，红表笔接的是正极，黑表笔接的是负极；另一次则应该显示溢出符号 1 ，这时管子处于反向截止状态，黑表笔接的是正极，红表笔接的是负极。若两次测量都显示溢出符号，则说明管子内部已开路。测试时若显示 000 ，说明管子已击穿短路。

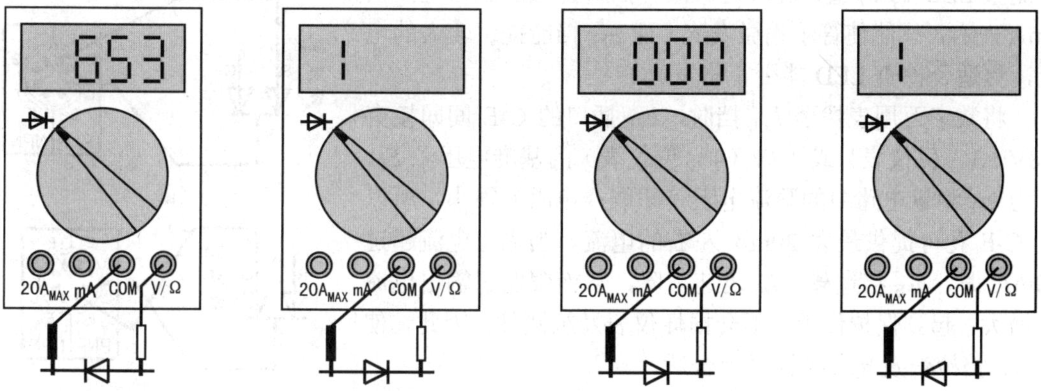

（a）正向导通　（b）反向截止　（c）管子短路　（d）管子开路

图 4-9　用数字万用表的二极管档测量普通二极管

在用数字万用表的二极管挡检测二极管的过程中，如果二极管处于正偏导通状态，万用表就直接显示出了管子的正向压降 V_F，如图 4-9（a），$V_F = 0.653$V。对于硅管，正向导通时的压降一般应显示 0.500～0.800V，而对锗管则应显示 0.150～0.300V。根据正向压降的差异，很容易区分硅二极管与锗二极管。

2．用数字万用表的 h_{FE} 挡来判定二极管的正、负极

此外，还可以用数字万用表的 h_{FE} 挡来判定二极管的正、负极。在使用数字万用表测 NPN 管的 h_{FE} 挡时，h_{FE} 插口中的 C 孔为高电位，E 孔为低电位。

检测方法如图 4-10 所示。把被测二极管的两个电极分别插入 C 孔和 E 孔，若显示溢出，说明管子正偏导通，C 孔接正极，E 孔接的是负极；若显示“000”，说明管子反偏截止，E 孔接正极，C 孔接负极。

其判定理由如下：将二极管的正、负极分别插入 C 孔、E 孔时，+2.8V 的基准电压源可使管子迅速导通。因正向电阻很小，正向电流较大。h_{FE} 挡取样电阻 R_0（10Ω）上的压降 V_{R0}，

亦即仪表的输入电压 V_{IN}>200mV，故仪表显示溢出。假如把正、负极插反，管子呈截止状态，R_0 上无电流通过，$V_{IN} = V_{R0} = 0V$，仪表就显示“000”。

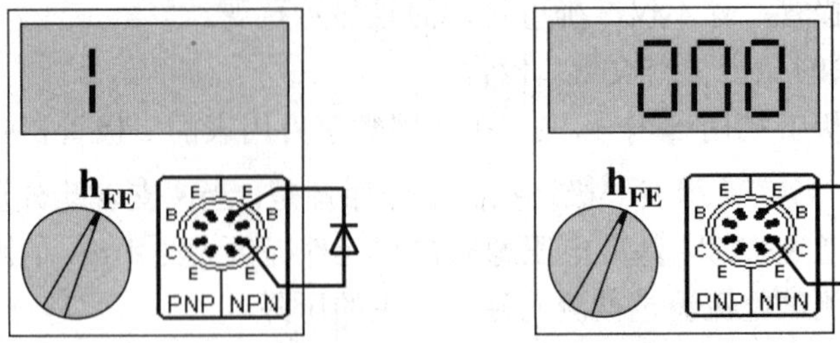

（a）二极管正偏，显示溢出　　（b）二极管反偏，显示“000”

图 4-10　用 h_{FE} 档检测二极管正负极

三、用数字万用表检测发光二极管和 LED 显示器

1．数字万用表检测发光二极管

用数字万用表检查发光二极管（LED）时，可选择二极管挡或者 h_{FE} 挡。前者的优点是可测量 LED 的 V_F 值，缺点是二极管挡所提供的工作电流仅 1mA 左右，只能使管子稍微发光。而 h_{FE} 挡能提供较大的电流，更适合检查 LED 能否正常发光。

将数字万用表拨至 h_{FE} 挡时，h_{FE} 插口的 C-E 间即接有 2.8V（$3^1/_2$ 位仪表）或 3.2V（$4^1/_2$ 位仪表）的基准电压源 E_0。因为 h_{FE} 测量电路中的限流电阻（即取样电阻）很小，所以从 C-E 孔可提供最大 20mA 左右的电流。当输出电流超过 20mA 时，h_{FE} 挡过载，E_0 迅速下降，从而限制了输出电流的增大，起到保护作用，不会损坏仪表及被测件。因此，使用 h_{FE} 挡检查发光二极管最为合适。

只要把管子的正、负极正确地分别插入 C 孔和 E 孔，管子就能发出亮度适中的光。若选 PNP 挡，则管子正极应插 E 孔，负极插 C 孔。为节省仪表电池，LED 的发光时间应尽量短。假如把正、负极插反，或管子内部开路，LED 就不能正常发光，且显示“000”；倘若仪表显示溢出而 LED 不发光，说明极间短路。由此可迅速判断管子是否存在开路或短路故障。

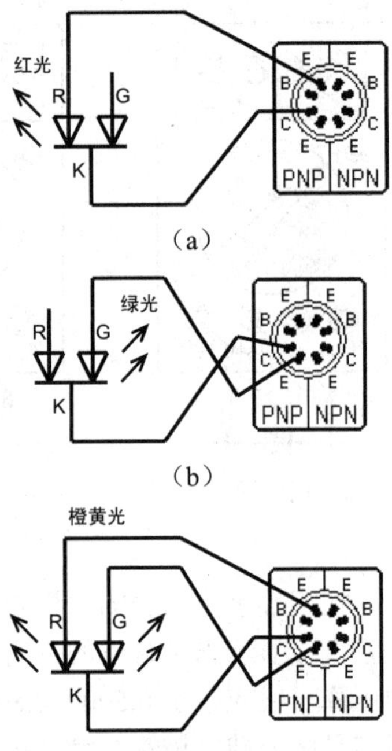

（a）

（b）

（c）

图 4-11　检查变色发光二极管

用 PNP 挡检查变色发光二极管的电路如图 4-11 所示。此时两个 E 孔均为+2.8V，C 孔为 0V。把变色发光二极管 K 极固定插入 C 孔。只将 *R* 极插入 E 孔时管子发出红光，只把 *G* 极插入 E 孔就发出绿光，若把 *R* 极与 *G* 极分别插入两个 E 孔中就发出橙色光。管子正常发光时显示溢出符号。

2．数字万用表检测 LED 显示器

利用数字万用表的 h_{FE} 插口，能检查 LED 数码管的发光情况。选择 NPN 挡，这时 C 孔为高电位+2.8V，E 孔为低电位 0V。例如在检查 LTS547R 型共阴极 LED 数码管时，如图 4-12 所示，从 E 孔插入一根单股细导线，导线引出端接数码管的公共阴极；再从 C 孔引出一根

导线依次接触各笔段电极，可分别显示所对应的笔段。若按图中所示电路，将第 5、9、1、2 脚短路后再与 C 孔引出线接通，则能显示数字“4”。把 a～g 段全部接 C 孔引线，就显示全亮笔段“8”，否则属于笔段残缺。

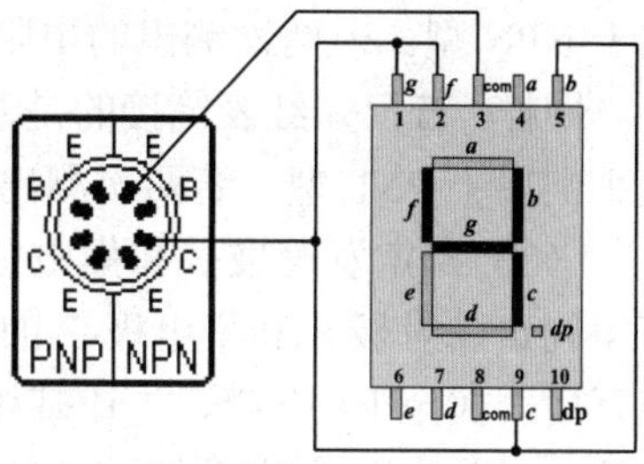

图 4-12 检查共阴极 LED 数码管

注意事项：

（1）假如被测 LED 数码管的型号不明，又无管脚排列图，那么用 h_{FE} 插口可完成下述测试任务：判定数码管结构形式（共阴或共阳）、识别管脚、检测全亮笔段。方法是：预先可假定某个电极为公共极，然后根据笔段发光或不发光情况加以验证。当笔段电极接反或公共极判断错误时，该笔段就不能发光。

（2）检查共阳极 LED 数码管时应改变电源电压的极性。

（3）h_{FE} 插口所提供的正向工作电流约 20mA，上述检查安全可靠。但是不适合检查大型 LED 数码管，这种管子由多只发光二极管串、并联后构成一个字形笔段，h_{FE} 插口不足以驱动其发光。

4.2.2 晶体管的简单检测

这里简单介绍使用万用表对普通双极型晶体管（BJT 晶体管）进行检测的方法。

一、用模拟指针式万用表检测普通 BJT 管

晶体管型号种类繁多，封装形式及管脚排列顺序差异很大，有时需要借助于万用表来准确识别 BJT 管的管脚和管型，一般使用 R×1k 挡。

（1）判定基极 B

无论 NPN 管还是 PNP 管，如果仅从判定管脚的角度，都可看成是由两只反向的二极管背靠背地串联而成的。图 4-13（a）、（b）分别代表 NPN 管和 PNP 管。利用这种结构特点，可以迅速判定 BJT 管的基极。

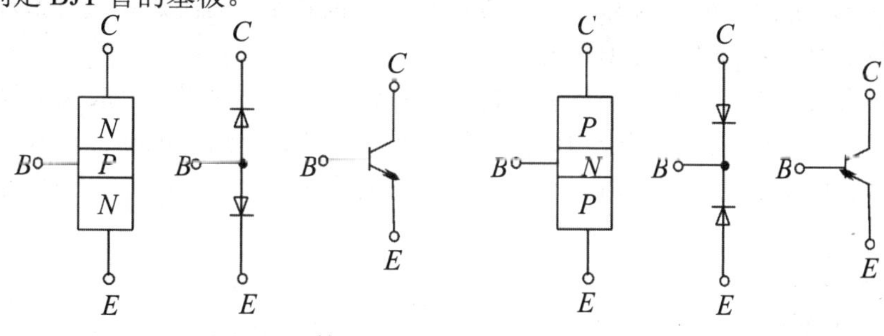

（a）NPN 管 （b）PNP 管

图 4-13 BJT 管结构示意图

判定三极管基极 B 的具体方法是，用一支表笔接触某个管脚，再拿另一支表笔依次碰触另外的两个管脚，若测出的电阻值都较小（或者都很大，但交换表笔后又都较小），即可判定第一支表笔接的是基极。若两次测出的电阻值是一大一小，相差很多，说明第一支表笔接的不是基极，应更换其他管脚重测。

（2）判定 NPN 型或 PNP 型

若已知黑表笔接的是基极，而用红表笔依次接触另外两个管脚时测出的电阻值都较小则

属于 NPN 型。若两次测出的电阻值都比较大，即为 PNP 型。

同样，若已知红表笔接的是基极，而用黑表笔依次接触另外两个管脚时测出的电阻值都较小则属于 PNP 型。若两次测出的电阻值都比较大，即为 NPN 型。

（3）判定发射极 E 和集电极 C

判定发射极 E 和集电极 C 的测试方法是：根据不同接法下管子的放大能力来作出判断。将万用表拨至 R×1k 挡，先让基极悬空，其余两脚各接一支表笔，此时表针应指向电阻无穷大处。接着，如果测试的是 NPN 管，如图 4-14（a）所示，用手指同时按住或捏住接黑表笔的管脚和基极（如果是 PNP 管，则用手指同时按住或捏住接红表笔的管脚和基极），表针如果向右偏转，就表明这个管脚为集电极 C，另一管脚是发射极 E。假若表针基本不动，说明 C、E 电源极性接反，应调换两支表笔位置后重测。倘若以上两次测量过程中表针均不动或偏转角度非常小，说明管子已损坏或放大能力较弱。

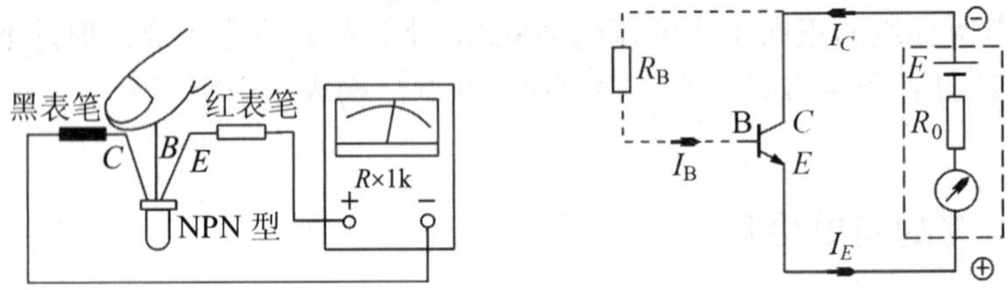

（a）测试方法　　　　（b）测试原理

图 4-14　判定晶体管的 E、C 电极

判断理由：（b）图是测量的等效电路，手指电阻就代替了基极偏置电阻 R_B，其阻值约为几百千欧至几兆欧，与人体电阻、皮肤干燥程度及接触电阻有关。由于在被测管的集电结上施以反向偏压，发射结加的是正向偏压，所以管子进入放大区正常工作，此时电流放大倍数较高，产生的集电极电流 I_C 使表针明显地偏转。如果 C、E 极接反，管子就无法正常工作，放大倍数就大为降低（例如从几十倍降成几倍），因此表针基本不动。

图 4-14 是以判定 NPN 管为例。对于 PNP 管，请读者参照以上原理进行推理判断。

二、用数字万用表检测普通 BJT 管

利用数字万用表不仅能判定晶体管电极、测量管子的共发射极电流放大系数 h_{FE}，还可鉴别硅管与锗管。与模拟式万用表相比，它具有操作简便、迅速、准确、显示直观等优点。由于数字万用表电阻挡的测试电流很小，不适于检测晶体管，建议使用二极管挡和 h_{FE} 挡进行检测。

1．确定基极 B 并判断管型

（1）判定基极 B

将数字万用表拨至二极管挡，红表笔固定接某个电极，用黑表笔依次接触另外两个电极，两次显示值基本相等（或均在 1V 以下，或都显示溢出）证明红表笔所接的就是基极。如果两次显示值中一次在 1V 以下，另一次溢出，证明红表笔接的不是基极，应改换其他电极重新测量。

（2）鉴别 NPN 管与 PNP 管

若用红表笔接触基极 B，黑表笔依次接触另外两个电极，如果两次显示均在 1V 以下，则为 NPN 管。

若用黑表笔接触基极 B，红表笔依次接触另外两个电极，如果两次显示均在 1V 以下，则为 PNP 管。

2．判定集电极和发射极，同时测量 h_{FE} 值

为进一步判定集电极与发射极，需借助于 h_{FE} 插口。假定被测管是 NPN 型，需将仪表拨至 NPN 挡。把基极插入 B 孔，剩下两个电极分别插入 C 孔和 E 孔中。测出的 h_{FE} 为几十至几百，说明管子属于正常接法，放大能力较强，此时 C 孔接的是集电极，E 孔接的是发射极。参见图 4-15（a）。倘若测出的 h_{FE} 值只有几至十几，证明管子的集电极与发射极插反了（图 4-15（b））。

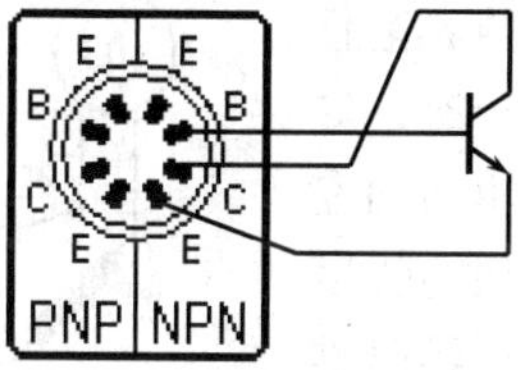

（a）正确接法

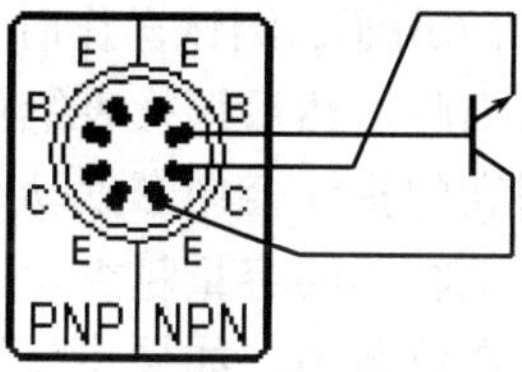

（b）错误接法

图 4-15　判定 NPN 管的 E、C 电极

检测 PNP 管的步骤同上，但须选择 PNP 管的 h_{FE} 挡。

4.3　电容器的简单检测

4.3.1　用指针式万用表检测无极性的固定电容器

一、检测 10pF 以下的小电容

因 10pF 以下电容的容量太小，用万用表测量，只能定性地检查其是否有漏电、内部短路或击穿现象。测量时可选用 R×10k 挡，用两个表笔任意接电容的两个引脚，测出的阻值应为无穷大。若测出的阻值不为无穷大，说明有漏电；若阻值很小，说明电容内部击穿。

二、检测 10pF～0.01μF 的电容

首先选用 R×10k 挡检查电容内部有无短路或漏电现象，在确认电容既无内部短路也不漏电后，采用图 4-16 所示的电路可以观察到 10pF～0.01μF 的电容是否有充电现象，从而进一步判断其好坏。万用表选用 R×1k 挡，两只三极管的 β 值都为 100 以上，且穿透电流要小。

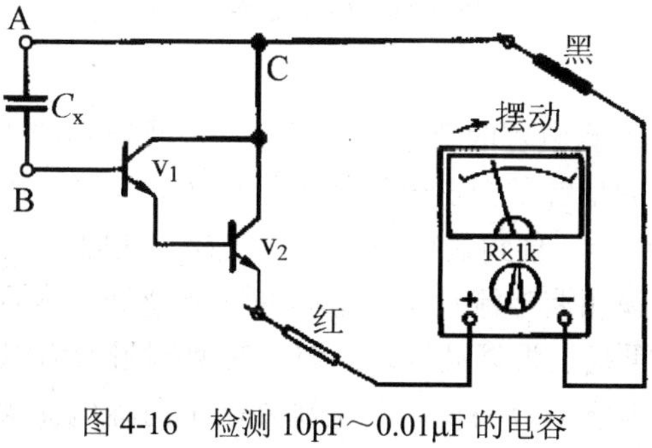

图 4-16　检测 10pF～0.01μF 的电容

当被测电容 C_X 的两个引脚接触 A、B 两点时，流过 C_X 的充电电流被三极管放大，使万用表指针的摆动幅度加大，从而便于观察。但即使是这样，在测较小电容时，还是要反复调换被测电容的两个引脚去接触 A、B 两点，才能明显观察到万用表指针的摆动。

三、检测 0.01～1μF 的电容

对于 0.01μF 以上的电容，可以用万用表的 R×10k 挡直接检查电容器有无充电过程以及电容内部有无短路或漏电现象，并可根据万用表指针摆动幅度的大小粗略地估计电容器的容量。

测试方法如图 4-17 所示。测试操作时，先用两表笔任意接触被测电容的两引脚，然后调换表笔再触碰一次，如果电容是好的，万用表的指针会向右摆动一下，随即向左返回无穷大的位置。电容器的容量越大，指针摆动的幅度就越大且返回越慢。在测量中，如果反复调换表笔触碰被测电容的两引脚，万用表指针始终不向右摆动，说明该电容的容量很小或已经消失；如果指针向右摆动后不能向左回到无穷大的位置，说明电容器漏电或已经击穿短路。

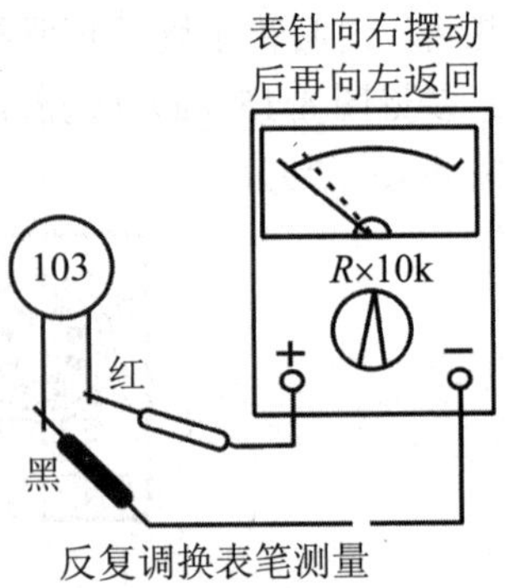

图 4-17　检测 0.01μF 以上的电容

4.3.2　用指针式万用表检测电解电容

电解电容是有极性的电容，其容量一般较大。用万用表的欧姆挡检测电解电容时，针对不同的容量应该选用不同的量程，根据经验，1～47μF 的电容可以用 R×1k 挡测量，大于 47μF 的电容可以用 R×100 挡测量。测试方法如图 4-18 所示。

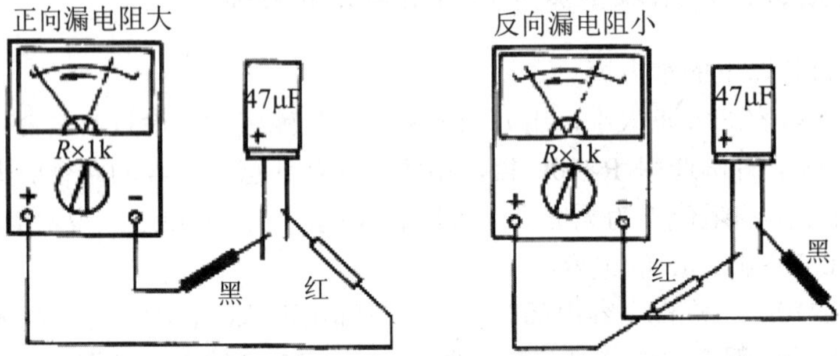

（a）测正向漏电阻　　（b）测反向漏电阻

图 4-18　检测电解电容

一、漏电阻测量

将万用表的红表笔接被测电容的负极，黑表笔接被测电容的正极，如图 4-18（a）所示。在刚接触的瞬间，万用表的指针即向右偏转较大幅度（对于同一电阻挡，电容越大，摆幅越大），接着指针逐渐向左回转，直到最终停在某一位置，此时的电阻值便是被测电解电容的正向漏电阻，此值越大，说明漏电流越小，电容的性能越好。然后将红、黑表笔对调，如图 4-18（b），万用表指针将重复上诉摆动现象，但此时所测阻值为电解电容的反向漏电阻，此值略小于正向漏电阻，即电解电容的反向漏电流要比正向漏电流大些。电解电容的漏电阻一般应该在几百千欧以上。若漏电阻太小或接近于零，说明电容器漏电大或已击穿损坏。

在测试时，若正、反向均无充电现象（即表针不动），说明电容器容量消失或内部断路。

二、极性判断

对于极性不明的电解电容，可以利用上述测量漏电阻的方法判断其极性。方法是：先任意测一次漏电阻，记住其大小，然后交换表笔再测一次，两次测量中阻值大的那一次是便是正向接法，此时黑表笔接的是电解电容的正极，红表笔接的是负极。

三、容量估计

用指针万用表欧姆挡测量电容时，电容器的容量越大，在同一电阻挡万用表指针的摆幅就越大，且返回的速度越慢。通过经验可以粗略地估计出电容器的容量。

4.3.3　用数字万用表检测电容器

一、用数字万用表的电容挡测量电容量

有些数字万用表包含电容挡，专门用于测量电容器的容量。用电容挡测量电容的方法很简单，如图 4-19，直接将被测电容的两个引脚插入万用表的 C_X 插孔中并选择合适的量程，就可以直接读出电容量的值。要注意的是，测量时显示可能会有逐渐变化到稳定值的过程，需要等显示稳定以后再读数；另外，在测量有极性的电容器时，应按正确的方向把电容的两个引脚插入万用表的 C_X 插孔中，一般 C_X 插孔中靠上面的一个孔在表内接直流高电位。

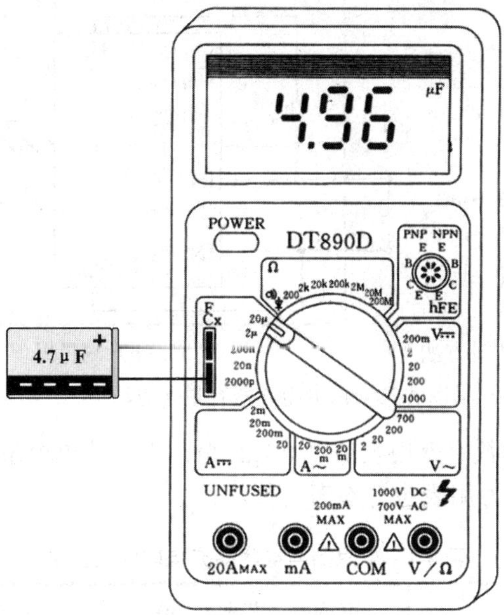

图 4-19　用数字万用表的电容档测电容

测量时若万用表显示的电容值太大甚至显示溢出，可改变极性重测一次，如果显示还是太大甚至溢出，说明被测元件漏电或内部击穿；显示的值太小或显示“000”，说明被测元件的容量消失或内部开路。

二、用数字万用表估测电容量的方法

对于未设置电容挡的数字万用表，可以利用电阻挡或电压挡，通过观察电容器的充电过程，来检查电容器的好坏、估计电容器的容量。

利用数字万用表观察电容器的充电过程时，只能以离散的数字量反映充电电压的变化情况。如果数字万用表的测量速率为 n 次/秒，每秒钟即可看到依次单调变化的 n 个读数。根据这一显示特点，可用来估测电容量。下面介绍两种估测电容量的方法，对于末设置电容挡的数字万用表均具有实用价值。第一种方法是采用电阻挡的直接测量法，适于测量 0.1μF 至数千 μF 的大容量电容器；第二种是用直流电压挡的间接测量法，可测量 200pF～1μF 的小容量电容器。

1．直接测量法

将数字万用表拨至合适的电阻挡，红表笔和黑表笔分别接触被测电容器 C_X 的两个电极，这时显示将从一个较小的值开始逐渐增加，直至显示溢出符号 1 。若始终显示较小的值或 000 ，说明电容器漏电或内部短路；若始终显示溢出，则可能是电容器内部开路，但也可能是所选择的电阻挡不合适。检查电解电容器时需要注意用红表笔（带正电）接电容器正极，黑表笔（带负电）接电容器负极。

利用图 4-20 可分析其测量原理。正电源经过标准电阻 R_0 向被测电容器 C_X 充电。开始充电的瞬间，因为电容两端的电压 U_{Cx} 很小，所以显示值也小；随着 U_{Cx} 逐渐升高，显示值也随之增大。当 $U_{Cx}=2U_{Ro}$ 时，仪表开始显示溢出符号。充电时间 t 可定义为从开始充电到显示值变化到溢出所需要的时间，通过经验可以由这段时间间隔 t 来粗略估计 C_X 的电容量。

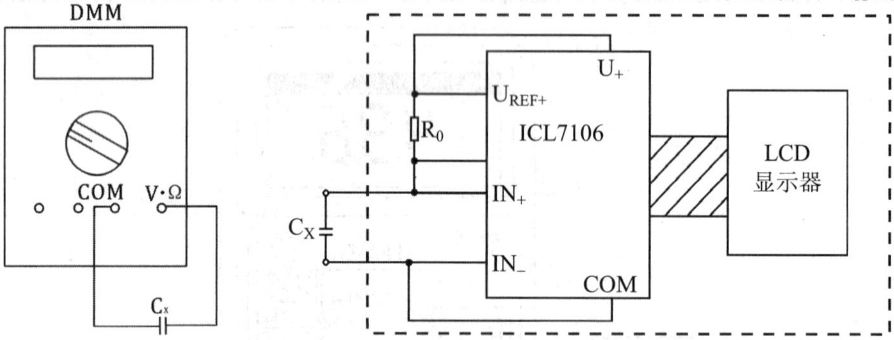

（a）测量方法　　（b）测量原理

图 4-20　估测电容器容量（方法一）

例如，使用 DT830 型数字万用表估测 0.1μF 至几千微法电容量时，可按表 4-1 选择电阻挡，这对其他型号的数字万用表也有参考价值。

表 4-1　电阻挡与电容器充电时间的关系

电阻挡	可测电容范围 C_X/μF	充电时间 S
20MΩ	0.1～1	2～12
2MΩ	1～10	2～18
200kΩ	10～100	3～20
20kΩ	100～1000	3～13
2kΩ	>1000	>3

选择电阻挡的原则是：当电容量较大时，应使用低阻挡；电容量较小时，宜选高阻挡。若用低阻挡检查小容量电容器，由于充电时间极短，仪表会一直显示溢出，看不到变化过程。若用高阻挡估测大容量电容器，由于充电过程很缓慢，测量时间将持续很久。

注意事项：

（1）每次测量之前必须将电容器的两个电极短路一下，进行放电；

（2）表 1 给出的充电时间均为近似值。

2．间接测量法

测量电路如图 4-21 所示，E 为外接 1.5V 干电池。将数字万用表拨到直流 2V 挡，这一挡的输入电阻 R_{IN} = 10MΩ。

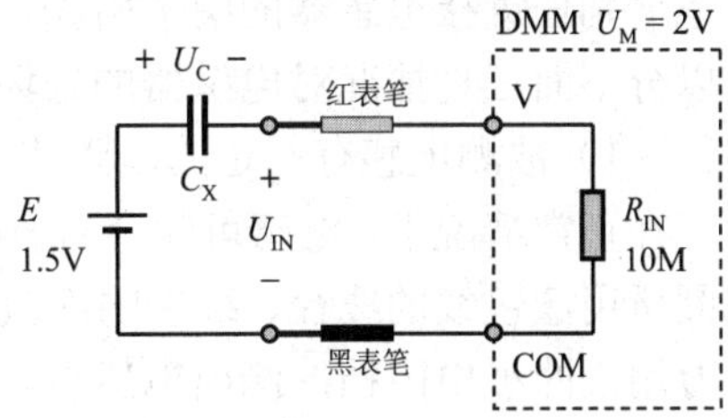

图 4-21　估测电容器容量（方法二）

接通电源后，电池 E 经过 R_{IN} 向 C_X 充电。刚接通电路时 $t = 0$，$U_C = 0$，$U_{IN} = E$，数字万用表最初显示值接近电池电压，此后随着电容的充电，U_C 逐渐增加，而 U_{IN} 逐渐下降，直至 $U_{IN} = 0$，C_X 的充电过程结束，此时 $U_C = E$。根据从电路接通开始向电容充电到万用表显示接近于 0 的过程，通过经验可以粗略地估计出 C_X 的电容量。

注意事项：

（1）测量之前应把电容器进行短路放电。

（2）在测量过程中两手不得碰触电容电极，以免仪表跳数。

（3）对于大于 1μF 的电容器，建议采用直接测量法以节省测量时间；而对小于 200pF 的电容器，很难观察到读数的变化。

（4）U_{IN}（t）的变化呈指数规律，开始时下降得很快，随着时间的延长，下降速度愈来愈慢。当 C_X 小于几千皮法时，最初显示值要比电池电压低，这是因为 U_{IN}（t）最一开始下降太快，而仪表的测量速率较低，来不及反映最初的电压值。

三、用蜂鸣挡检测电解电容

数字万用表的蜂鸣挡通常用来检测电路的通断，当被测线路的电阻小于某一数值（通常为几十欧，具体电阻值视数字万用表型号而定），蜂鸣器即发出蜂鸣声。利用数字万用表的蜂鸣挡，可以快速检查电解电容器的质量好坏。

测量方法：

被测电解电容器 C_X 的正极接红表笔，负极接黑表笔，应能听到一阵短促的蜂鸣声，随即声音停止，同时显示溢出符号 1 ，这是因为刚开始对 C_X 充电时充电电流较大，相当于通路，所以蜂鸣器发声；随着电容器两端电压不断升高，充电电流迅速减小，蜂鸣器停止发声。

经上述测量后，再拨至 20MΩ 或 200MΩ 高阻挡测电容器的漏电阻，即可判断其好坏。

注意事项：

（1）应先把电容器短路放电后再进行测量。

（2）如果蜂鸣器一直发声，说明电解电容器内部短路。

（3）电解电容器的容量愈大，蜂鸣器响的时间就愈长。试验表明，测量 100～2000μF 的电容器时，响声持续时间为零点几秒至几秒，低于 4.7μF 的电容器就听不到响声了。

4.4 电感器和电源变压器的简单检测

4.4.1 用万用表检测色码电感

色码电感器的电感量较小，在没有专用仪器的条件下，难以测量其电感量值的大小。但使用万用表的电阻挡通常可以对色码电感器的好坏做出判断。具体的测试方法是：红、黑两表笔分别任意接电感器的两个引脚，用万用表小电阻挡测出电感器的直流电阻值，通过经验可以分下面三种情况对电感器的好坏做出判断。

（1）被测电感有一定的电阻值

在正常情况下，电感可能会有一个很小的直流电阻值。该直流电阻值的大小与绕制电感线圈所用漆包线的线径、绕制的圈数有直接关系，线径越细、圈数越多，则电阻越大。一般用万用表的小电阻挡，测出电感有一个很小的直流电阻值，就说明电感是好的。

（2）被测电感的电阻值为零

对于圈数很少的电感，这可能是正常的。但在有些情况下，如果测得色码电感的直流电阻值为零，说明其内部可能有短路性故障。

（3）被测电感的电阻值为无穷大

说明电感内部发生了断路性故障。

4.4.2 电源变压器的简单检测

一、检测绝缘性

用万用表的高电阻挡分别测量电源变压器的铁心与初级、初级与各次级、铁心与各次级、静电屏蔽层与初级和次级、次级各绕组之间的电阻值，测量结果应该为无穷大；否则，说明变压器的绝缘性不佳。

二、检测线圈的通断

用万用表的低电阻挡分别测量电源变压器初、次级每个绕组的电阻值。一般初级线圈的电阻值应为几十至几百欧姆，变压器的功率越小（体积也越小），电阻就越大；次级线圈的电阻值大约为几至几十欧姆，电压高的次级线圈电阻值要大些。

测试时，如果某个绕组线圈的电阻值很大，就说明该绕组有断路性故障。

三、判断初、次级

电源变压器的初级和次级引脚一般都分别从两侧引出，并且初级绕组多标有220V字样，次级绕组则标出额定电压值，如15V、24V、35V等。可以根据这些标记进行识别。

但有的电源变压器没有任何标记和虽有标记却已模糊不清，这时便需要将初级和次级绕组区分开来。通常电源变压器的初级绕组匝数较多且所用漆包线的线径较细，而次级绕组一般匝数较少且线径要粗些。所以，初级绕组的直流铜阻要比次级绕组的直流铜阻大得多。根据这一特点，可以用万用表电阻挡测量变压器各绕组的电阻值大小来辨别初、次级线圈。

要主意的是，有些变压器（如给电子管供电的变压器）带有升压绕组，升压绕组比初级绕组的匝数更多且线径也更细，铜阻比初级还要大，测试时要注意区分。

四、检测空载电流

电源变压器的空载电流值一般应小于其满载电流值的 10%～20%，常见电子设备的电源变压器正常的空载电流都不大于 100mA。如果空载电流太大，则说明变压器有短路性故障。

测试电源变压器空载电流的电路如图 4-22 所示。将次级绕组全部开路，把万用表置于交流电流挡（500mA）并串入初级绕组中，当初级绕组的电源插头插入交流 220V 市电插座时，万用表所测的就是变压器的空载电流值。

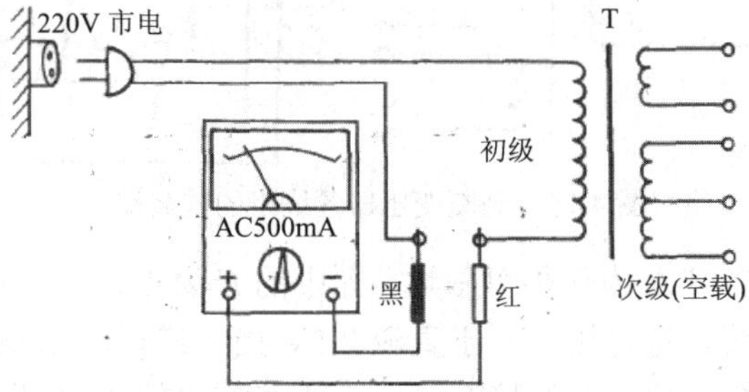

图 4-22　直接测量电源变压器的空载电流

测试时要注意，在把插头插入交流 220V 市电插座时，如果发现万用表有超量程或打表的现象，就说明变压器的空载电流过大，为防止烧坏万用表，应迅速将插头拔下，并查找变压器空载电流过大的原因。

五、检测空载电压

如图 4-23 所示，将电源变压器的初级接交流 220V 市电，用万用表的交流电压挡就可以依次测量出次级各绕组的空载电压值（U_{21}、U_{22}、U_{23}、U_{24}）。

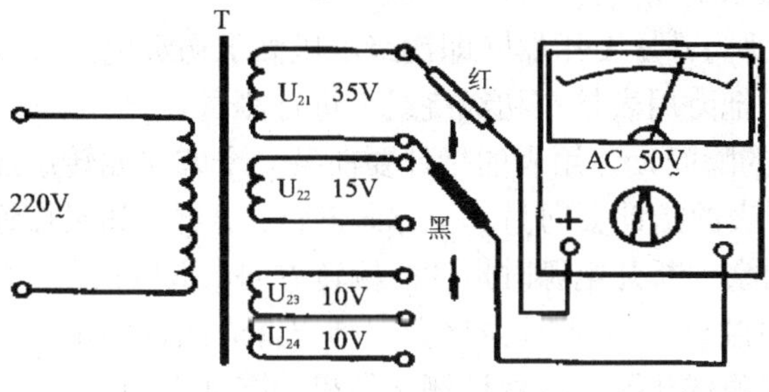

图 4-23　测量电源变压器的次级输出电压

测量出的各次级输出电压应符合要求值，其允许的误差范围一般为：高压绕组的误差不大于±10%，低压绕组的误差不大于±5%，带中心抽头的两组对称绕组之间的电压差异不大于±2%。

测量时需要注意的是，初级的输入电压应确实为 220V，不能过高或过低。否则，将会直接影响次级输出电压的测量值，容易造成误判。

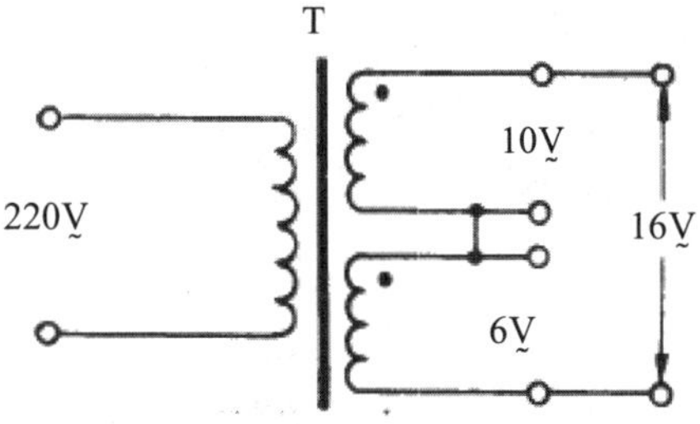

图 4-24　变压器次级绕组的串联使用

六、判断绕组同名端

使用电源变压器时，有时为了得到所需要的次级输出电压，可以将两个或者多个次级绕组按图 4-24 所示的方法串联起来使用。在采用这种方法使用电源变压器时，参与串联的各个绕组的同名端必须正确连接，不能搞错。否则变压器将不能正常工作。

下面介绍如何判断变压器各绕组的同名端。测试方法如图 4-25 所示。

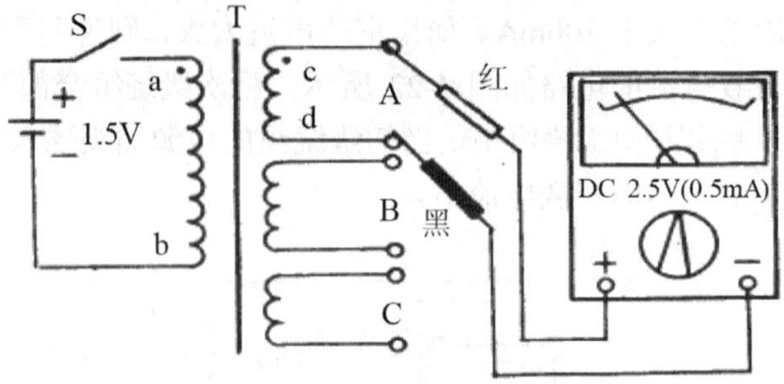

图 4-25　判断变压器各绕组的同名端

这里仅以测试次级绕组 A 为例加以叙述。图中的 E 为 1.5V 干电池，经测试开关 S 与变压器 T 的初级绕组相连接。将万用表置于直流 2.5V 挡（或直流 0.5mA 档）。假定电池 E 的正极接变压器初级线圈的 a 端，负极接 b 端，万用表红表笔接次级线圈 A 的 c 端，黑表笔接 d 端。当开关 S 接通的瞬间，变压器初级线圈中的电流变化，将引起铁芯磁通量的变化，根据电磁感应原理，在次级线圈将产生感应电压。此感应电压使接在次级线圈两端的万用表的指针迅速摆动后又返回零位。因此，通过观察万用表指针摆动的方向，就能判断出变压器各绕组的同名端：在开关 S 接通的瞬间，若指针先向右摆再返回，说明 a 与 c 是同名端，b 与 d 是同名端；反之，若万用表的指针先向左摆再返回，说明 a 与 d 是同名端，b 与 c 是同名端。用这个办法，可以依次准确地将其他各绕组的同名端也判别出来。

测试判别时要注意以下几点：

（1）若待测变压器为升压变压器（即次级电压高于初级电压），通常则把电池 E 接在次级的升压绕组上，而把万用表接在初级绕组上进行测试。

（2）在接通电源的瞬间，万用表的指针要向某一个方向偏转；而在断开电源的瞬间，由于自感的作用，万用表的指针会向另一个方向偏转。这样，如果接通和断开电源的间隔时间太短，就有可能只观察到断开电源时指针的偏转方向，造成误判。所以，在测试时，接通电源后应该等待几秒钟再断开，同时注意区分接通电源时指针的偏转方向和断开电源时指针的偏转方向，必要时多测试几次，以保证测试结果的准确无误。

第 5 章　电路焊接与安装

5.1　电子电路组装工艺基础知识

印制电路板组装通常可分为自动装配和人工装配两类 ，自动装配主要指自动插件装配（AI）贴片装配（SMT）和自动焊接；人工装配指手工整形、插件、手工焊接等，电子电路组装工艺流程如图 5-1 所示。

图 5-1　电子电路组装工艺流程图

1．归类元器件

首先熟悉电路图及相关工艺文件，然后对所用元器件进行归类。

在手工装配时，按电路图将电阻器、电容器、电感器、三极管，二极管，变压器，插排线、座，导线，紧固件等归类。自动装配应严格按工艺文件和生产数量有序地将元器件放在插件机上。

2．整形

按照印制板上的安装形式，对元器件的引线进行整形，使之符合在印制板上安装孔位，为下一步的插件做准备。

3．插件

插件即将元件插装到电路板上，手工插装时应注意要先插装那些需要机械固定的元器件，如变压器、散热器、支架等，插装时不要用手直接碰元器件引脚和印制板上铜箔。

自动装配时就应该先插装那些高度较低的元器件，后安装那些高度较高的元器件，贵重的关键元器件应该放到最后插装。

4．焊接

在电路板制作中，元器件的连接一般都采用焊接方式，焊接的质量对电路板能否正常工作影响极大。

5．剪脚

过长的管脚不仅影响美观，更重要的是容易造成电路短路故障。

6．检查

主要是检查已组装好的电路板是否有焊接以及组装方面的缺陷。

7．修正

修正即对检查出的缺陷加以修正。

以上的工艺流程主要是指成熟的电子电路产品安装程序，而在大学生电子设计过程中，由于电子电路的工作状态还处于探索阶段，因此一般情况下，并非按元器件归类进行焊接组装，而是按电路功能分块进行组装，并分块调试。比如：滤波模块，按滤波的电路功能安装完成，并测试滤波后的输出波形是否正常，如果不正常，可能设计或安装有问题，如果正常，再安装调试其他部分。

因此，初次设计的电路，往往不一定一次成功，需要进行不断的调试。在科研研究和新产品开发过程中，一般都采用这种模式。大学生电子设计竞赛，也是电子电路和系统的一种开发过程，因此也基本采用这种模式，这也是大学生电子设计竞赛的目的之一。

5.2 电子电路组装前的准备工作

5.2.1 印制板与元器件的检查

在组装之前不要急于焊接元件，而应该首先应对印制板和元器件进行检查。

印制板检查：焊盘、孔位及孔径与 PCB 版图设计是否一致，有无断线、缺孔、焊盘脱落等，表面有无划伤、污染。

元器件检查：品种，规格及外封装与 PCB 版图是否吻合，元器件引线有无氧化、锈蚀。

对于要求较高的产品，还应注意操作时的特殊条件。

5.2.2 可焊性与元器件引脚整形

在电子产品开始组装、焊接以前，除了要事先做好静电防护以外，还要进行两项准备工作：一是要检查元器件引线的可焊性，二是要按照印制板上的安装形式，对元器件的引线进行整形，使之符合在印制板上的安装孔位。

（1）可焊性检查

若可焊性不好，就必须进行镀锡处理。

（2）元器件整形的基本要求元器件引脚整形

所有元器件引脚均不得从根部弯曲，一般应留 1.5mm 以上。因为制造工艺上的原因，根部容易折断，手工组装的元器件可以弯成直角，但自动组装的元器件弯曲一般不要成直角，圆弧半径应大于引脚直径的 1～2 倍，如图 5-2 所示。

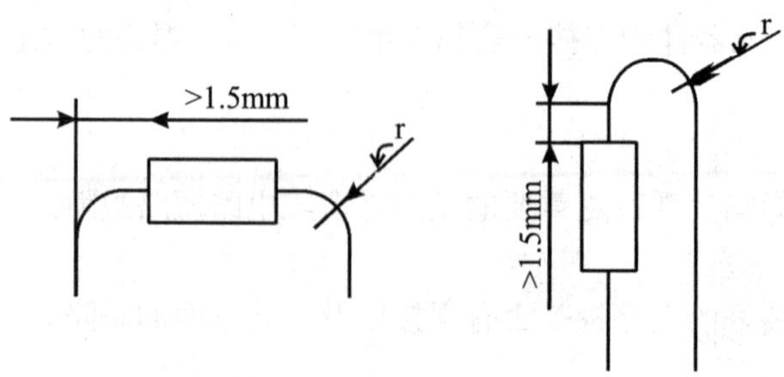

图 5-2　元件引脚弯曲

（3）元器件的引脚成形

采用手工方式对元器件整形，可以借助镊子或小螺丝刀对引脚成形。如图 5-3 所示是印制板上装配元器件的参考实例，其中大部分需在装插前弯曲成形。弯曲成形的要求取决于元器件本身的封装外形和印制板上的安装位置，有时也因整个印制板安装空间限定元件安装位置。

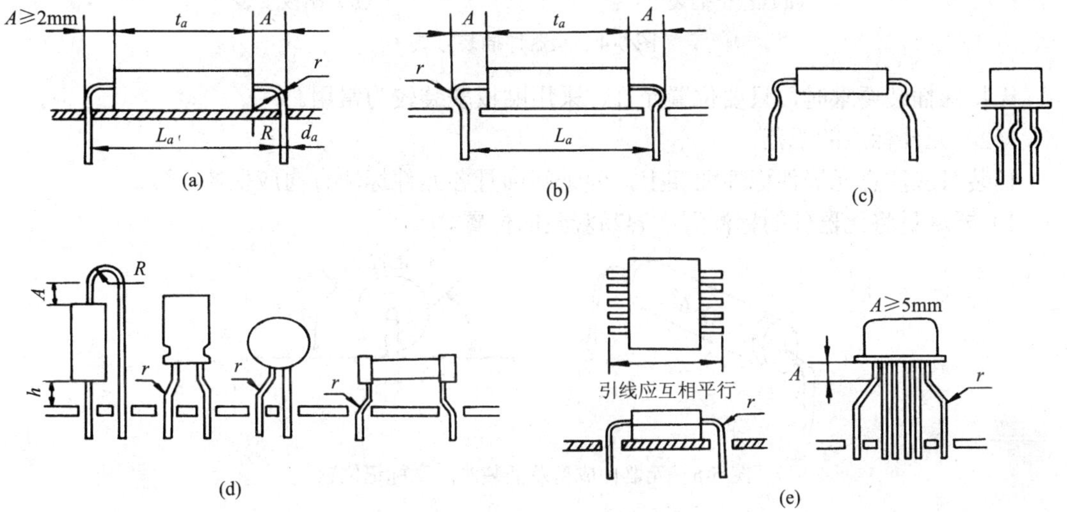

图 5-3　印刷板上元器件引线成型

5.3　电子电路插件技术

5.3.1　元器件插装顺序

（1）一般先安装低高度的元件，如：电阻、二极管等。安装每一种元件时要根据电路原理图或元器件装配顺序焊接。焊接前要先检查一遍电阻阻值、二极管极性，然后再焊接，确保正确。

（2）然后安装瓷片电容、小功率三极管、电位器、线排插座、外形较小的电解电容等中等高度的元件。

（3）最后安装尺寸较大的电解电容、继电器、三端稳压器（装散热器），特别注意电解电容极性、三端稳压器极性与印制电路板上的标注要一致。

5.3.2　元器件插装方式

（1）贴板与悬空插装

悬空插装如图 5-4（a）所示。此方式适应范围广，有利于散热，但插装较复杂，需控制一定高度以保持美观一致。悬空高度一般取 2～6mm。

贴板插装如图 5-4（b）所示。此方式稳定性好，插装简单，但不利于散热，且对某些安装位置不适应。

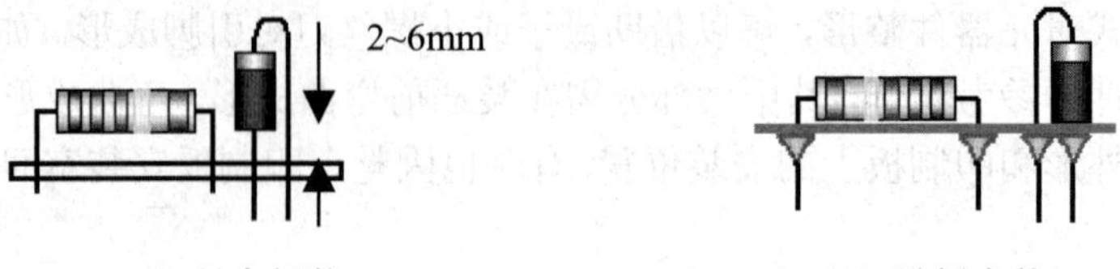

（a）悬空插装　　（b）贴板安装

图 5-4　元器件插装方式

无特殊插装要求时，只要位置允许，采用贴板安装较为常用。

（2）元件标注的规范

插装时应注意元器件标注面朝上，便于阅读且各元件标注方向应保持一致。

1）要尽量将元器件的标注置于容易观察的位置。

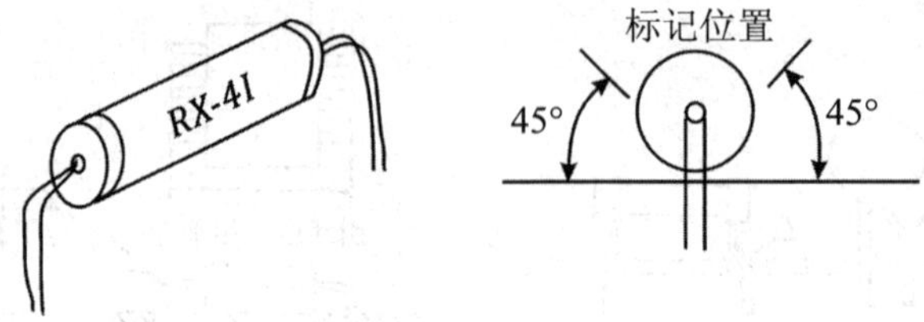

图 5-5　元器件成型及插装时注意标记位置

2）元器件的标注应符合阅读习惯。

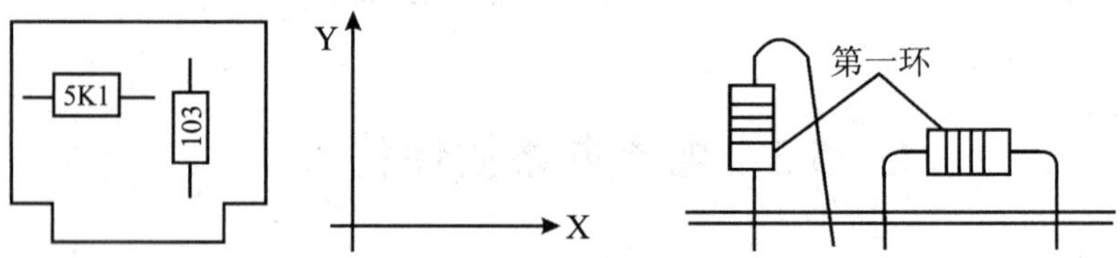

图 5-6　安装方向符合阅读习惯

5.4　电子电路焊接技术

当 PCB 板设计好后，需要将元器件接在 PCB 板上。焊接质量取决于四个条件：焊接工具、焊料、焊剂、焊接技术。

5.4.1　焊接原理

焊接是将固态焊料加热熔化，使其流入被焊金属之间，待冷却后形成牢固可靠的焊接点，其过程是通过润湿、扩散和冶金结合三个阶段完成的。

（1）润湿

它是指将已经熔化了的焊料借助毛细管张力沿着母材金属表面细微的凹凸和结晶的间隙向四周漫流，从而在被焊母材表面形成附着层，使两者的原子相互接近到原子引力起作用的距离的过程。这一过程是形成良好焊点的先决条件，可通过润湿角 θ（沿焊料附着层边缘所作的切线与母材表面的夹角）来判别。当 $0° < \theta < 90°$时，表明已润湿，当 $90° < \theta < 180°$时，表明未润湿，如图 5-7 所示。

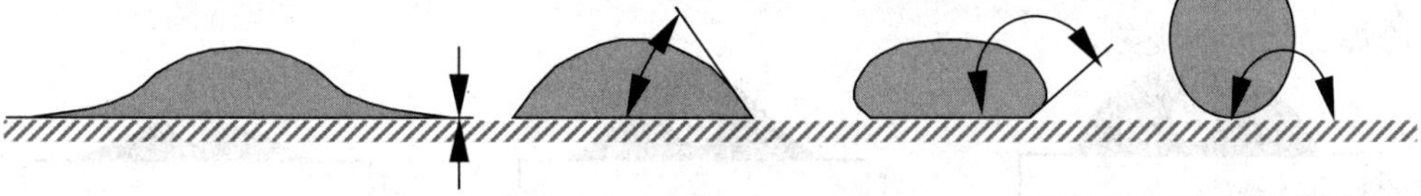

图 5-7　润湿情况

（2）扩散

随着润湿的进行，焊料与母材金属原子之间的扩散开始发生。当温度升高，两种材料内部的原子剧烈活动，从而互相越过接触面进入对方的晶格点阵。

（3）冶金结合

扩散后在两种金属之间形成一个中间层——金属间化合物，例如：当铜和锡铅焊料焊接时，生成的金属间化合物为 Cu_3Sn，Cu_6Sn_5 等，从而使焊料与母材间达到牢固的冶金结合状态。

5.4.2　焊前处理

焊接前，必须把焊点和焊件表面处理干净，轻微的可用酒精擦洗，严重的要用刀刮或砂纸磨，直到露出光亮金属后再醮上焊剂，镀上锡，将被焊的金属表面加热到焊锡熔化的温度。电路引线如果是镀金处理的，不要用刀割刮，只须用酒精擦洗或用绘图橡皮擦干净就可以了。

5.4.3　手工焊接的操作

焊接过程：把烙铁头放在焊件上，待焊件的温度达到焊锡熔化的温度时，使焊锡丝接触焊件，当适量的焊锡丝熔化后，立即移开焊锡丝，再移开电烙铁，整个过程只需几秒钟。手工焊接的操作步骤，如图 5-8 所示。

步骤 1：烙铁接触被焊件加温

步骤 2：加焊锡丝

步骤 3：焊锡丝脱离焊点

步骤 4：烙铁脱离焊点

通常的规则：在电路板上焊接所需的时间不会超过 3 秒。

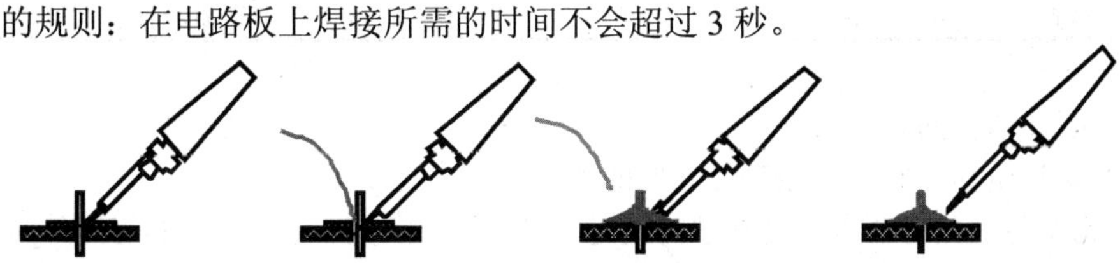

（a）烙铁加温被焊件　（b）加焊锡丝　（c）脱开锡丝　（d）脱开烙铁

图 5-8　手工焊接的操作

5.4.4 手工焊接的规则

焊接时首先要求焊接牢靠、无虚焊，其次是要注意焊点的大小、形状及表面粗糙度等。

1．焊接一般规则

（1）焊接时焊锡量应适中，如图 5-9 所示，焊点必须圆滑光亮不得有焦黑、锡面不光滑、冷焊、气泡等现象。

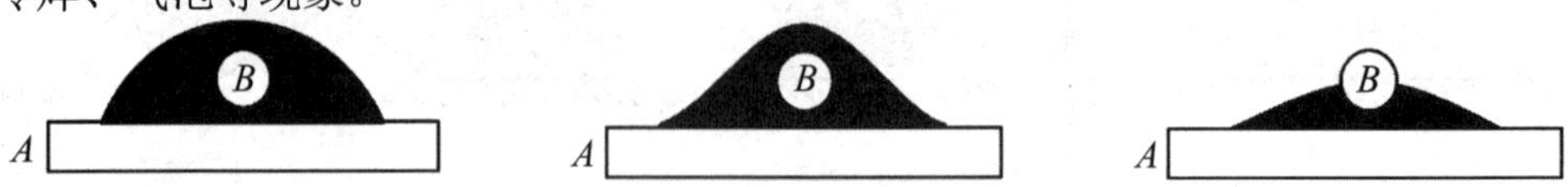

（a）焊锡量过多　（b）焊锡量适中　（c）焊锡量不足

图 5-9　焊点的焊锡用量

A 为 PC 板，B 为裸铜线

（2）焊接时不得使焊盘脱落或浮翘。

2．影响焊接质量的要素

（1）每个焊点的完成时间要尽可能的短。

（2）选择合适功率的电烙铁。

（3）选择合适形状与大小的电烙铁。

（4）设定能完成优质焊点的最低温度值（对温控型电烙铁）。

3．焊点缺陷及形成原因

表 5-1 所示中介绍了焊点缺陷及形成原因。

表 5-1　常见焊点缺陷及形成原因

缺陷	描述	原因
锡尖	在焊点上有一突出的尖锥状锡	1．在焊锡固化前移动了电烙铁 2．在焊点没有形成之前，助焊剂已经挥发掉了
气孔，针孔	在焊点上的小洞或空洞	在焊接时，通孔中有潮湿气体溢出
焊盘翘起	焊盘从板上移开	电烙铁使用不当或过热
焊球、焊锡飞溅	在焊点的周围有焊球或焊锡珠	焊接时有潮湿气体放出
润湿不良	重复熔化的锡堆积在焊点上，形成不规则的形状	焊盘或引脚上杂质没有清除干净
不润湿	熔化的锡部分黏着在焊接面上	焊盘或引脚上杂质没有清除干净

4．易损元器件的焊接与拆焊

（1）瓷片电容、发光二极管等元件的焊接

这类元器件的共同弱点就是加热时间过长就会失效。其中，瓷片电容等元件是内部接点开焊，发光二极管则管芯损坏。施焊时强调一个“快”字。

（2）拆焊

调试和维修中常须更换一些元器件，如果方法不得当，就会破坏印制电路板，也会使换下而并没失效的元器件无法重新使用。

一般电阻、电容、晶体管等管脚不多，且每个引线可相对活动的元器件可用烙铁直接拆焊，如图 5-10（a）所示。印制板竖起来夹住，一边用烙铁加热待拆元件的焊点，一边用镊子或尖嘴钳夹住元器件引线轻轻拉出。

重新焊接时须先用锥子将焊孔在加热熔化焊锡的情况下扎通。需要指出的是这种方法不宜在一个焊点上多次用，因为印制导线和焊盘经反复加热后很容易脱落，造成印制板损坏。在可能多次更换的情况下可用，如图 5-10（b）所示。

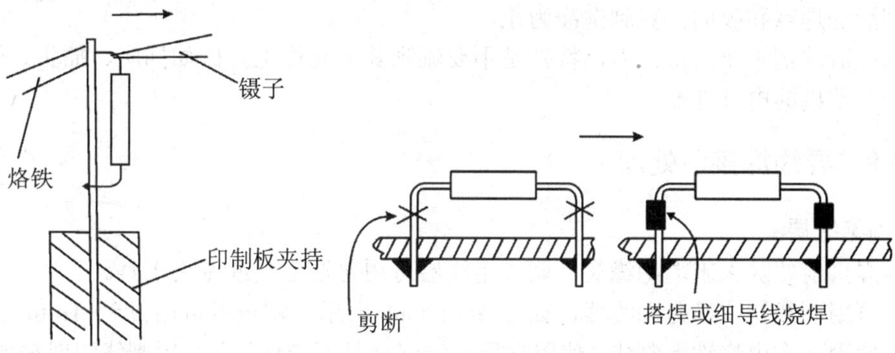

（a）一般元件拆焊方法　　（b）断线法更换元件

图 5-10　拆焊方法

5.4.5　焊后处理

1．剪脚

剪脚的标准是依据 IPC-A-610C 中的规定，具体要求如表 5-2 所示。

表 5-2　剪脚标准

	1级	2级	3级
L（max）	没有短路危险	2.3mm	1.5mm
L（min）	锡点见到零件脚		

剪脚的主要工具是斜口钳，如图5-11所示。当然，剪完管脚之后还要将剪断的残余管脚用毛刷扫出印制板。

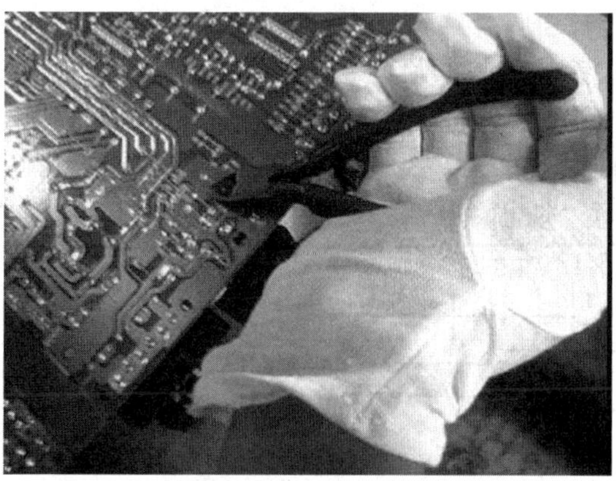

图 5-11　正确的剪脚姿势

2．清洁

一个良好的焊点是干净、光亮、平滑的。焊点表层有顺畅连续明显的边缘。管脚的轮廓清晰可辨，并没有助焊剂残留物，但电路板经过焊接后难免会留下一些松香渍、助焊剂等污染板面清洁度，随着时间的积累将会腐蚀电路板等。为了保证板面的清洁度，最好对电路板的焊接面进行清洁。

清洁方法：

先把毛刷用清洁剂（常见的如酒精）清洗干净；若有脏污，则用毛刷垫上沾有清洗剂的白布来回清洗焊点和板面，直到洗净为止。

注意：清洁剂不要用得太多，特别是不要流到其他元件上，比如插座、插头、开关等，以防影响其整机的电气性能。

5.4.8 导线焊接前处理

1．剥绝缘层

导线焊接前要除去末端绝缘层。剥离绝缘层可用普通工具或专用工具。

一般可用剥线钳或简易剥线器，如图 5-12（a）所示。剥线器可用 0.5～1mm 厚度的黄铜片经弯曲固定在电烙铁上制成。使用它最大的好处是不会伤导线。用剥线钳或普通偏口钳剥线时，要注意对单股线不应伤及导线，多股线及屏蔽线不断线；否则，将影响接头质量。

对于多股线，剥除绝缘层时注意将线芯拧成螺旋状，一般采用边拽边拧的方式，如图 5-12（b）所示。

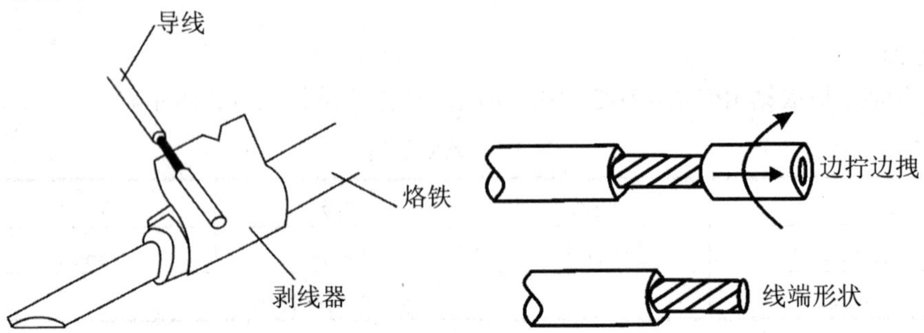

（a）简易剥线器　（b）多股导线剥线技巧

图 5-12　导线剥线

2．预焊

导线焊接，预焊是关键的步骤，尤其多股导线，如果没经预焊的处理，焊接质量很难保证。导线的预焊又称为挂锡，方法同元器件引线预焊一样，但注意导线镀锡时要边上锡边旋转，旋转方向与拧合方向一致。

多股导线镀锡要注意“烛心效应”，即焊锡浸入绝缘层内，造成软线变硬，容易导致接头故障。导线挂锡如图 5-13 所示。

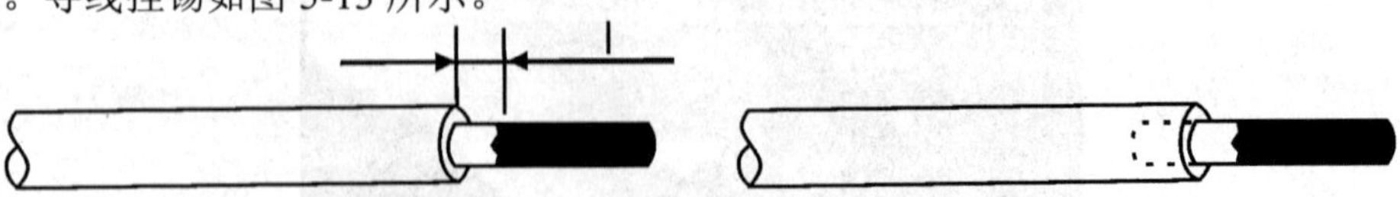

（a）良好镀层，表面光洁均匀　（b）烛心效应，不好

图 5-13　导线挂锡

5.5　电子电路组装

电子电路的组装规则如下。

1．元件装于电路板时，均须装于元件面，由低至高依次安装。

2．电路连接所需的跳线长短可自行剪裁，但应装于电路板元件面；焊接面不得使用跳线，电路板两面不得用导线绕过板外缘连接。

3．电阻器安装于电路板时，色码的读法必须由左而右，由上而下方向一致。

4．元件标识的内容必须以方便目视及阅读为原则。

5．元件装配应与电路板紧贴，除晶体管、桥式整流器、1W 以上电阻……与电路板之间必须有 3～5mm 空间，陶瓷电容器与电路板间应有 3 mm 空间。

6．元件接脚弯曲后不得延伸至铜箔圆点边缘外。

5.6　电子电路组装工程实践

1．焊接练习

采用多孔板练习焊接一个用发光二极管 LED 监视电压的应用电路，电路如图 5-14 所示。其中电压为 5V，电路中选取稳压值为 3.6V 的稳压管。

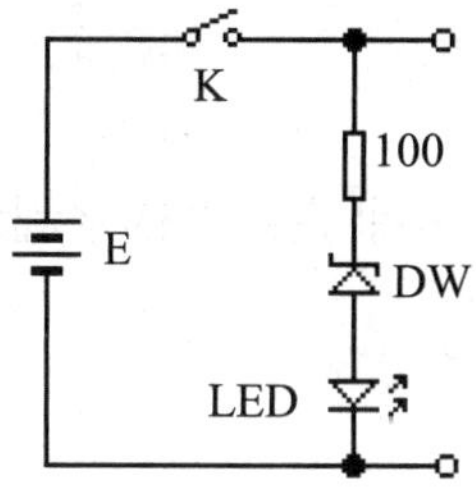

图 5-14　练习焊接应用电路

多孔板和手工焊接板的参考如图 5-15 所示。

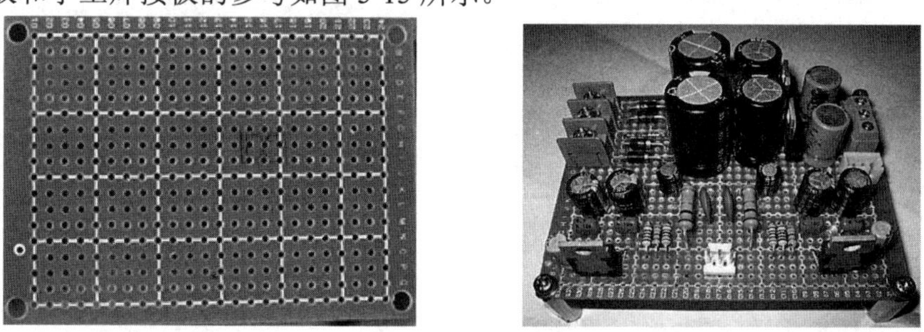

（a）多孔板　　　　（b）一个手工焊好后的图

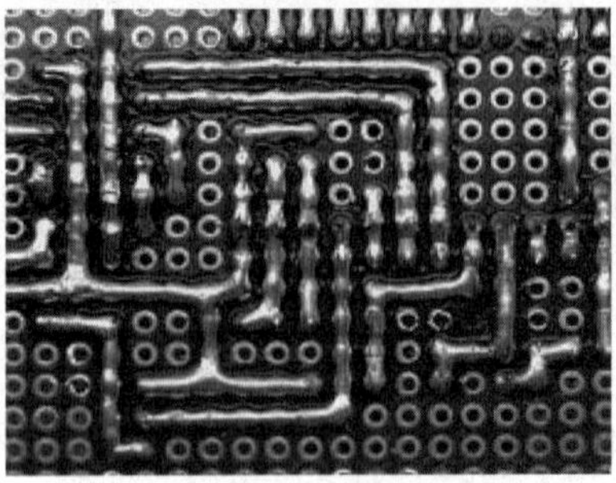

（c）采用焊锡焊接参考图

（d）采用导线焊接参考图

图 5-15　多孔板和手工焊接板参考图

2．电路组装工艺评分表

电子电路组装工程实践工艺可参见如表 5-3 所示的评分表进行。

表 5-3　组装工艺评分表

工艺项目	很好	较好	一般	差	得分	备注
元件焊接规范						焊接方式正确和元件放置合理
导线焊接规范						导线焊接正确可靠
焊点质量						焊点牢固可靠且美观
元件标识						规范
组装质量						规范

【参考文献】

[1] 陈俊安电子元器件及手工焊接北京：中国水利水电出版社，2005 年

第 6 章 电路版图设计

无论是电子设计的初学者，还是经验丰富的电路设计工程师最终都需要将自己的设计思想落实到实体，即做成 PCB 板。PCB 即 Printed Circuit Board 的简写，中文名称为印制电路板，又称为印刷电路板、印刷线路板。

EDA 是电子设计自动化的简称。随着 EDA 技术的发展，设计者的设计方法由全人工逐步过渡到了和计算机共同完成电子系统设计，最后发展到目前的电子设计自动化技术。目前有众多的软件可以进行 PCB 的版图设计，如：Protel99SE、Cadence 系列软件中的 Allgro PCB、OrCAD/Layout Plus 与 Altium Designer 等。

本章主要以 Protel 99SE 为例介绍电路版图设计的方法与设计中的注意事项。

6.1 常用 EDA 软件介绍

（1）Protel 是 Protel 公司在 20 世纪 80 年代末推出的电子行业的 CAD 软件，是目前使用率和普及率较高的电路版图设计软件。它具有完整的电路设计系统，包含了原理图绘制、模拟电路与数字信号混合电路仿真、多层印制版电路设计、可编程逻辑器件设计等功能，同时还兼容一些如 OrCAD 等设计软件的格式。

Protel 具有以下特点：① 良好的集成性；② 灵活、方便的编辑功能；③ 先进的自动布局功能；④ 功能丰富的布线规则设置；⑤ 先进的自动布线系统；⑥ 非常有用的组件；⑦ 优越的混合信号电路仿真；⑧ 完善的库管理功能；⑨ 良好的兼容性。

（2）Cadence。Cadence 软件是美国 Cadence 公司的产品，是大型的 EDA 软件，包括了专用集成电路设计、FPGA 设计和 PCB 设计等。在仿真电路图设计、自动布局布线、版图设计及验证等方面具有一定的优势。

（3）OrCAD/Layout Plus。OrCAD/Layout Plus 是一个 PCB 设计软件，可直接将 OrCAD/Capture CIS 电路原理图设计软件生成的电路图通过手工或自动布局布线的方式转为 PCB 设计。采用的层次可达 30 层，布线分辨率为 1 微米，放置元件时旋转角度可精确到 1 分。完成 PCB 设计后可直接生成 Gerber 光绘文件。

（4）Altium Designer 是业界首例将设计流程、集成化 PCB 设计、可编程器件（如 FPGA）设计和基于处理器设计的嵌入式软件开发功能整合在一起的产品，是支持软硬件并行开发，可同时进行 PCB 和 FPGA 设计以及嵌入式设计的解决方案。Altium Designer 可用于高速数字信号设计，改善了对复杂多层板卡的管理和导航，可将器件放置在 PCB 板的正反两面，处理高密度封装技术。使用 Altium Designer 中的虚拟仪器如虚拟逻辑分析仪、虚拟频率发生器、频率计数器、I/O 模块、ROM 仿真器，为嵌入式系统开发提供了很大的便利，方便连接基于 FPGA 外设和用 LiveDesign 进行调试。Altium 于 2009 年 7 月在全球范围内推出最新版本 Altium Designer Summer 09（Protel 系列软件最新版本）。Altium Designer 9.1 加强了 FPGA-PCB 协同设计能力，帮助设计者充分利用器件的扩展资源，简化逻辑和物理设计。

6.2 电路板的设计流程

与电路图着重于电路的电气连接不同，电路板的设计更注重电路的实际尺寸与空间的分配，在 Protel 系统下，常见的电路板设计分为以下几种：

（1）由电路图生成电路板

①先使用 Schematic 设计电路图，确定正确的元器件排序，定义所有的封装，再通过程序所提供的 ERC 检查。

②利用 Schematic 所提供的 Create Netlist 功能产生网表，同时也暂时结束了 Schematic 的任务。

③进入 PCB 编辑器，首先定义电路板的外框尺寸、板层数与形状。可在 KeepOut Layer 板层，以 Place/Track 命令绘制板框。

④加载网络表（利用 Design/Netlist 命令），网络表或电路图有错将可以在此被发现并根据错误所在回到 Schematic 修改电路图，再重复前面的过程。

⑤根据电路特点与特性合理地布置元件位置。

⑥定义设计规则、自动布线设定及自动布线，或手工布线修改。

⑦完成布线后存盘输出。

（2）直接设计电路板

①进入 PCB 编辑器，首先定义电路板的外框尺寸、板层数与形状。然后直接取元件并合理布置。

②利用 PCB 提供的网络编辑器，编辑各焊盘间的网络关系。

③定义设计规则、自动布线设定及自动布线或手工布线修改。

④完成布线后存盘输出。

（3）手工布线

①进入 PCB 编辑器，首先定义电路板的外框尺寸、板层数与形状。然后直接取元件并合理布置。

②以 Place/Track 命令，手工走线。

③完成布线后存盘输出。

在设计过程中，需要自定义元件时，可以进行元件编辑产生所需元件。

6.3 原理图设计概要

（1）在原理图设计文件夹中建立原理图文件。

（2）利用 Design/Options 菜单和 Tool/Preference 菜单进行设计环境的设置，包括设置图纸、栅格和标题栏。

在 Protel99 PCB 编辑器中，可以选择英制（单位为 mil）或公制（单位为 mm）两种长度计量单位，彼此之间的换算关系如下：

1 mil = 0.0254 mm

1000 mil（1 英寸）= 1 inch = 25.4 mm

1mm = 40 mil

（3）放置元件

从原理图元件库 SCH.LIB 中调入并放置元件，常用的原理图库有：Miscellaneous Devices.ddb（基本分立元件库），Protel DOS Schematic Libraries.ddb，Sim.ddb，Spice.ddb 等。

（4）元件位置的调整与元件属性的编辑

位置调整包括元件的旋转、移动与撤销。元件属性的明确便于用户阅读，包括元件属性所显示的字体等。

（5）原理图布线

包括绘制导线，放置节点，放置电源与地，放置 I/O 口，画总线极其分支，标明网络编号。

（6）图形和文字

利用“画图工具栏”绘制图形与添加文字。

（7）电气法则检查

用软件对设计的电路进行 ERC（电气法则检查）。

（8）获取网络表

从电路原理图转为网络表或从布好的电路中获取网络表。网络表是原理图设计软件 SCH 与印制电路设计软件 PVB 之间的接口。

（9）生成元件清单

利用网络表生成元件列表。

6.4　电路板设计概要

初学者在设计 PCB 图时可以依据下述步骤进行：

①打开或创建 PCB 文档；

②设置电路板参数；

③加载元件库及网络表；

④布置元件和布线；

⑤整体调整与保存文档。

6.4.1　设置电路板参数

设置电路板参数包括电路板的实际尺寸，单面、双面或是多层，连接器的形状，各元件的封装形式及安装位置等。设置工作层后可在不同层面上进行不同的操作。

主要工作层面有以下 7 种，各层含义如下：

① Signal Layers（信号层）

Top，即顶层，也称为元件面，是元器件的安装面。

Mid1～Mid14 是中间信号层，主要用于放置信号线。只有 5 层以上电路板才需要在中间信号层内布线。

Bottom，即底层，也称为焊锡面，主要用于布线。

② Internal Planes（内电源/地线层），Protel99 PCB 编辑器最多支持 4 个内电源/地线层，主要用于放置电源/地线网络。在 3 层以上电路板中，信号层内需要与电源或地线相连的印制导线可通过元件引脚焊盘或过孔与内电源/地线层相连，从而极大地减少了电源/地线的连线长度。另一方面，在多层电路板中，充分利用内地线层对电路板中容易产生辐射或受干扰部分进行屏蔽。

③ Mechanical Layers（机械层），Protel99 允许同时使用 4 个机械层，但一般只需使用 1～2 个机械层。例如，将对准孔、印制板边框等放在机械层 4（Mech 4）内（打印时，一般需要与其他层套叠打印，以便对准）；而注标尺寸、注释文字等放在机械层 1 内，打印时不一定需要套叠打印。

④ Solder Masks（阻焊层）以及 Paste Mask（防锡膏层）

⑤ Silkscreen（丝印层）

通过丝网印刷方式将元件外形、序号以及其他说明文字印制在元件面或焊锡面上，以方便电路板生产过程的插件（包括表面封装元件的贴片）以及日后产品的维修操作。丝印层一般放在顶层（Top）。

⑥其他工作层（Others）

有 Keepout Layer；Multi layer；Drill guide；Drill drawing 四个复选框。

有 Keep Out Layer，即禁止布线层，禁止布线层用于定义元件放置的区域；Multi Layer，该层代表所有的信号层，在它上面放置的元件会自动地放到所有的信号层上。Drill guide 钻孔说明；Drill drawing 钻孔视图；这两层主要用于绘制钻孔图以及孔位信息。

⑦ System（系统工作层）

Connections 用于显示元件、焊盘和过孔等对象之间的电气连线； Visible Grid，显示可视栅格线（点）；Pad Holes，显示焊盘内孔；Via Holes，显示金属化过孔的孔径；DRC Errors，设计规则检查。

6.4.2 PCB 的布局与布线

电路板的布局和布线直接关系到整个电路性能的好坏，而布线的质量和布通率又与电路板的布局紧密相连，因此电路板的布局是非常重要的环节。

Protel 提供元件的自动放置功能，但较常见的还是手工元件布局。通过对元器件的搬移、旋转、换板层、复制和群体操作将元件放置到合适的位置。电路板布局完成后就进入布线环节。

设置布线规则及参数。在 Design/Rules 中设置布线参数，包括安全距离、布线拐角模式、工作层面、布线优先级、布线原则、过孔类型、焊盘设置、走线宽度等。

最原始的是手工排列布线。这比较费事，往往要反复几次，才能最后完成。这在没有其他绘图设备时也可以，这种手工排列布图方法对刚学习印刷板图设计者来说也是很有帮助的。

印刷电路板的布局、布线注意事项如下所述：

（1）印刷电路中不允许有交叉电路，对于可能交叉的线条，可以用“钻”、“绕”两种办法解决。即，让某引线从别的电阻、电容、三极管脚下的空隙处“钻”过去，或从可能交叉的某条引线的一端“绕”过去。在特殊情况下如果电路很复杂，为简化设计也允许用导线跨接，解决交叉电路问题。

（2）电阻、二极管、管状电容器等元件有“立式”、“卧式”两种安装方式。立式指的是元件体垂直于电路板安装、焊接，其优点是节省空间；卧式指的是元件体平行并紧贴于电路板安装、焊接，其优点是元件安装的机械强度较好。这两种不同的安装元件，印刷电路板上的元件孔距是不一样的。

（3）同一级电路的接地点应尽量靠近，并且本级电路的电源滤波电容也应接在该级接地点上。特别是本级晶体管基极、发射极的接地点不能离得太远；否则，因两个接地点间的铜箔太长会引起干扰与自激，采用这样“一点接地法”的电路，工作较稳定，不易自激。

（4）总地线必须严格按高频－中频－低频一级级地按弱电到强电的顺序排列原则。特别是变频头、再生头、调频头的接地线安排要求更为严格，如有不当就会产生自激以致无法工作。调频头等高频电路常采用大面积包围式地线，以保证有良好的屏蔽效果。

（5）强电流引线（公共地线、功放电源引线等）应尽可能宽些，以降低布线电阻及其电压降，可减小寄生耦合而产生的自激。

（6）阻抗高的走线尽量短，阻抗低的走线可长一些。因为阻抗高的走线容易吸收信号，引起电路不稳定。电源线、地线、无反馈元件的基极走线、发射极引线等均属低阻抗走线，射极跟随器的基极走线、收录机两个声道的地线必须分开，各自成一路，一直到功效末端再合起来。如两路地线连来连去，极易产生串音，使分离度下降。

（7）字符标注等应尽量避免上焊盘，尤其是表面贴装元件的焊盘和在 Bottem 层上的焊盘，更不应印有字符和标注。如果实在空间太小放不了字符而须放在焊盘上的，又无特殊声明是否保留字符，在做板时将切除 Bottem 层上任何上焊盘的字符部分（不是整个字符切除）和切除 TOP 层上表贴元件焊盘上的字符部分，以保证焊接的可靠性。大铜皮上印字符的，先喷锡后印字符，字符不作切削。板外字符一律做删除处理。

（8）大面积铺铜无论是做成网格或是铺实铜，都要求距离板边大于 0.5mm。对网格的无铜格点尺寸要求大于 15mil×15mil。

（9）焊盘形状可以是圆形、长方形、椭圆、八角形等。为了增加焊盘的附着力，在中等密度布线条件下，一般采用椭圆形或长圆形焊盘。因为在环宽相同的情况下，长圆形、椭圆形焊盘面积比圆形和方形大；在高密度布线情况下，常采用圆形或方形焊盘。

（10）钻孔孔径的设置与焊盘最小值的关系：一般布线的前期放置元件时就应考虑元件脚径、焊盘直径、过孔孔径及过孔盘径，以免布完线再修改带来的不便。如果将元件的焊盘成品孔直径设定为 X mil，则焊盘直径应设定为≥X+18mil。

（11）对于 DIP 封装的集成电路芯片来说，引脚间距为 100 mil，在缺省状态下，焊盘外径为 50 mil，即 1.27 mm；引线孔径为 32 mil，即 0.81 mm。当需要在引脚间走一连线时，最小线宽可取 20 mil，即 0.508 mm，这时印制导线与焊盘之间的最小距离为 15 mil。在高密度布线情况下，当最小线宽为 10 mil，最小间距也是 10 mil 时，可以在引脚间走两条印制导线。

（12）印制导线拐弯一般应成圆形，直角或尖角在高频电路和布线密度高的情况下会影响电气性能。布线或连线前，所有引脚焊盘必须位于栅格点上，使连线与焊盘之间的夹角为 135° 或 180°，以保证连线与元件引脚焊盘连接处的电阻最小。避免连接成锐角和大面积铜箔，如必须采用大面积铜箔时应当局部开窗；否则，大面积铜箔在浸焊或长时间受热时会发生膨胀和脱落现象。

6.5 制 版 实 例

本节以电源电路的制作为例，了解印制电路板的制作过程。此电源电路具有多组输出，有正负可调电压输出各一个，模拟的+/-5V，+15V 以及数字的+5V 输出端口。电源电路的原理图如图 6-1 所示。

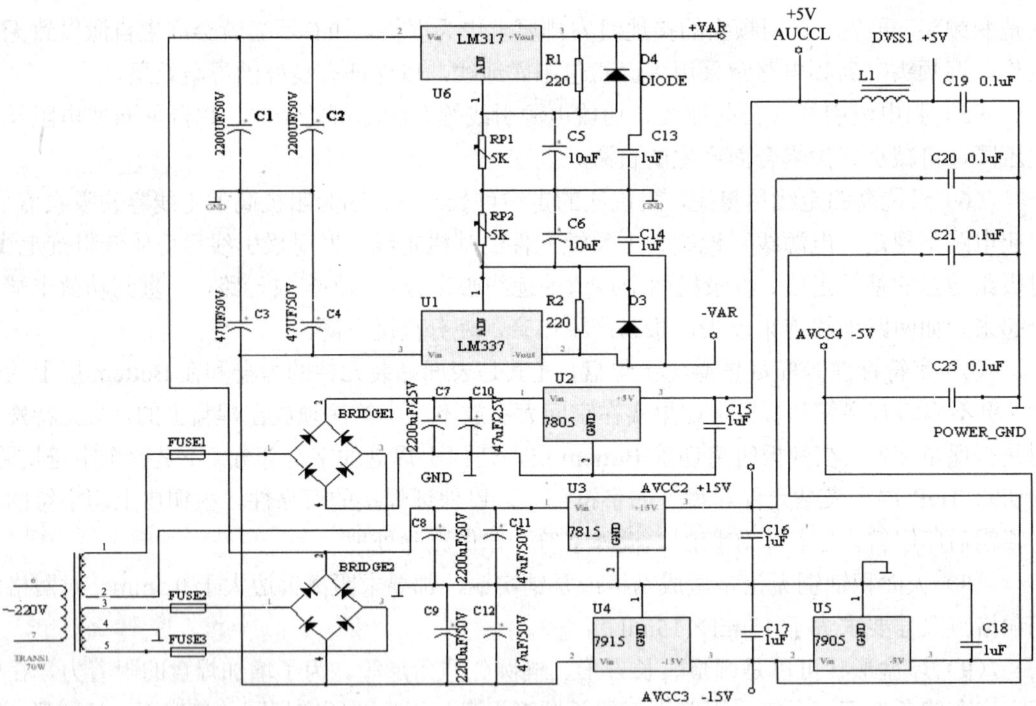

图 6-1 电源电路的原理图

6.5.1 电路原理图设计

1．新建原理图设计文件

首先选取菜单 File/New 来新建一个设计库。本例中新建设计数据库文件名为 POWER

DESIGN，数据库文件的存储路径设置为 c：\99SE STUDY\POWER DESIGN。如图 6-2 所示，在画圈处设置原理图的设计数据库文件名和文件存储路径。然后，选取 File/New…打开 New Document 对话框，选取 Schematic Document 建立一个新的原理图文档。如图 6-3，图 6-4，图 6-5 所示，将原理图文件命名为 power.sch。

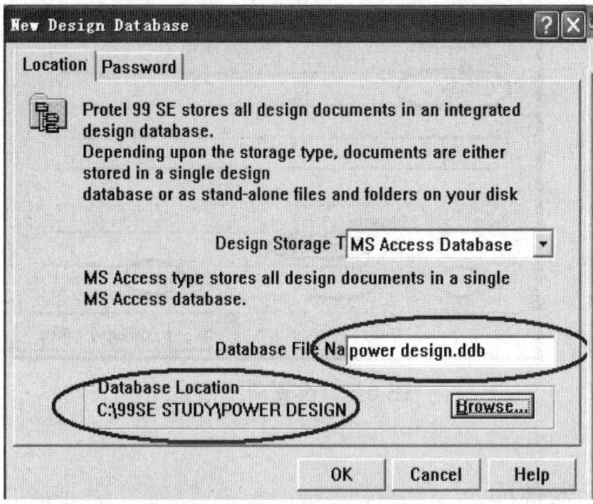

图 6-2　创建数据库文件

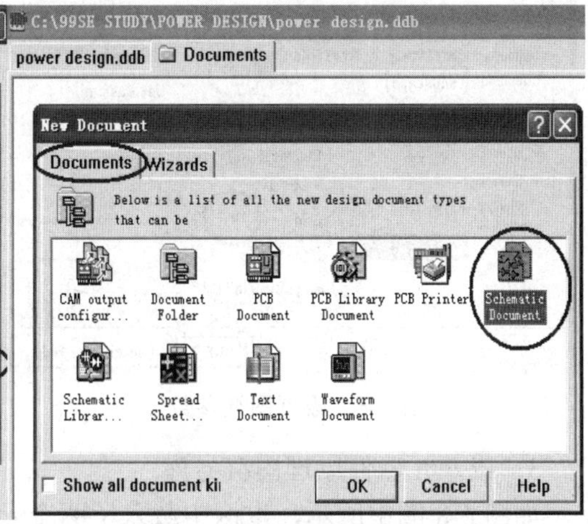

图 6-3　创建原理图文件

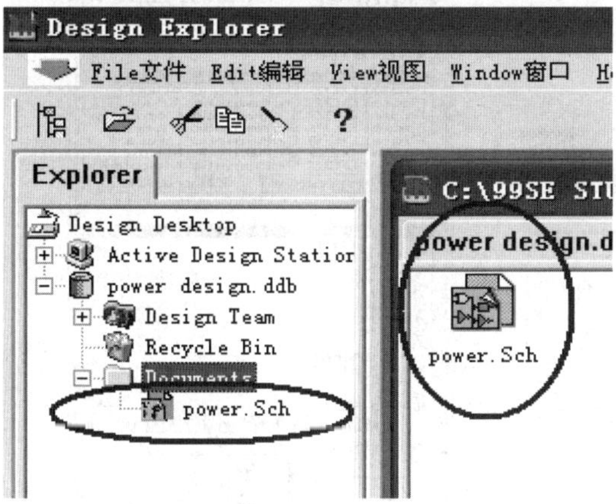

图 6-4　更改原理图文件名

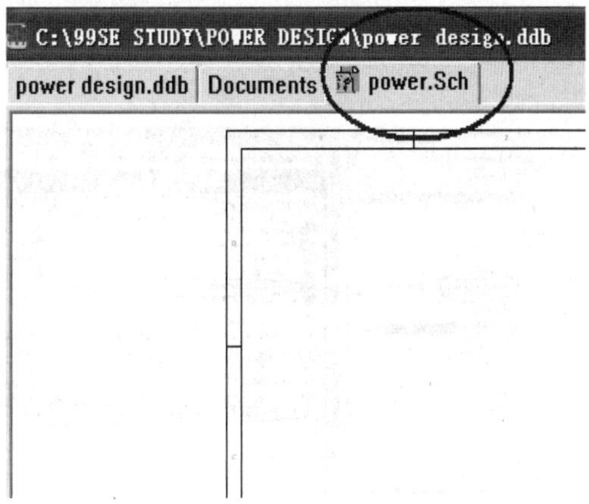

图 6-5　原理图编辑器

2．设置图纸参数和图纸信息

本例中设置图纸的幅面尺寸为 A4，图纸方向为水平放置，图纸标题栏为标准型，捕捉栅格、可视栅格与电气栅格均设置为 10mil。图纸信息为四川成都、电子科技大学，如图 6-6 所示。

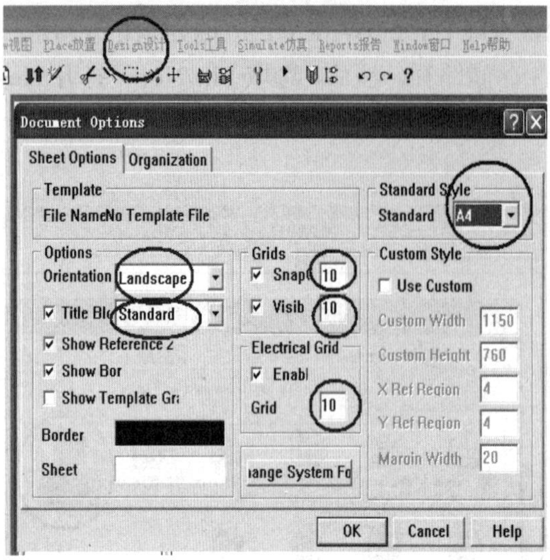

图 6-6　设置图纸参数

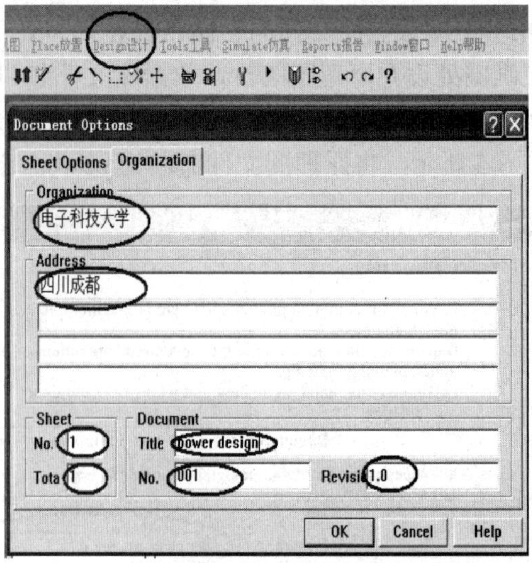

图 6-7　设置图纸信息

3．载入元器件原理图符号库

如图 6-8 圈中所示，本例中载入了两个元器件库。

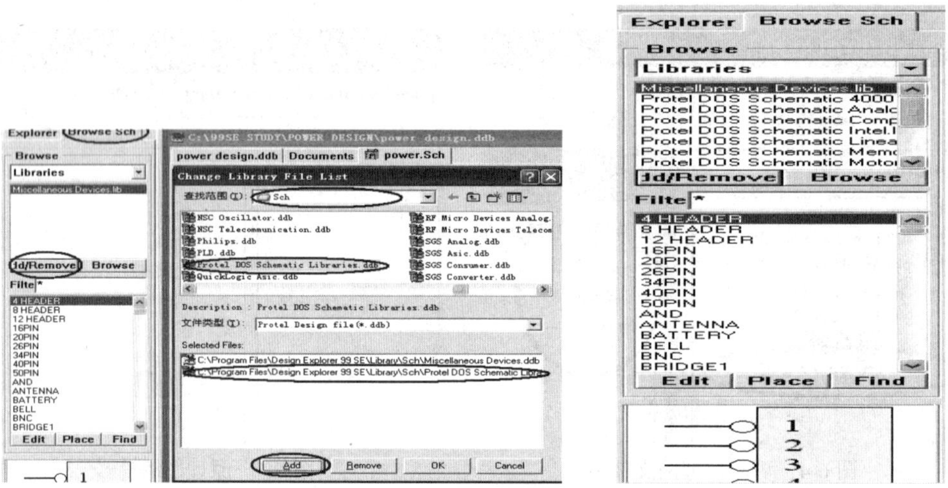

图 6-8　载入元器件原理图符号库

4．放置元器件

以放置一个电阻为例，如图 6-9 圈中所示，即可将所需器件放置在原理图编辑窗中了。

也可通过 PLACE 菜单命令放置元件，同时进行元器件属性的设置。

元件属性包括了元器件的名称序号、型号和封装，如图 6-10 所示。

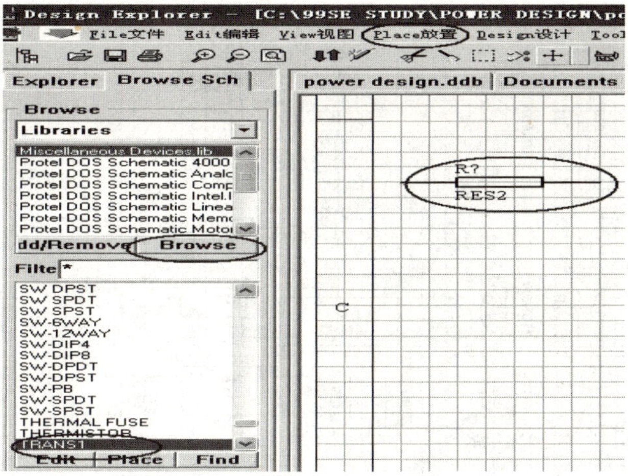

图 6-9　放置一个电阻元件

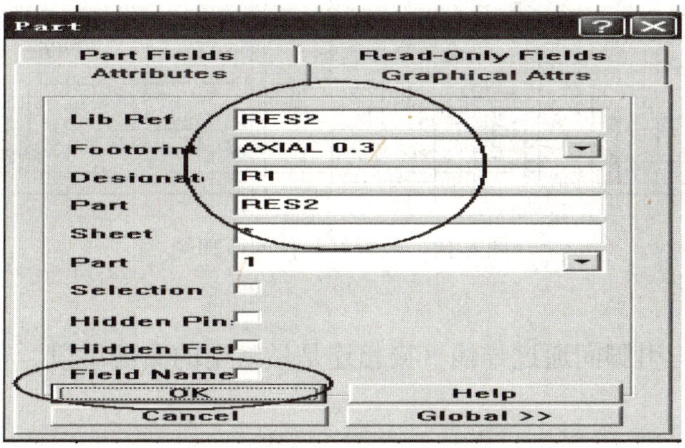

图 6-10　放置变压器元件并设置其属性

注意：在 Footprint 框中必须填元器件封装形式。电阻类及无极性双端元件 AXIAL0.3-AXIAL1.0，无极性电容 RAD0.1-RAD0.4，有极性电容 RB.2/.4-RB.5/1.0，二极管 DIODE0.4 及 DIODE0.7，可变电阻（POT1、POT2）VR1-VR5，当然，我们也可以打开 advpcb.lib 库来查找所用零件的对应封装。没有的元器件封装也可以自己画。例如原理图中的变压器，需要编辑新的原理图符号。过程如图 6-11 所示。

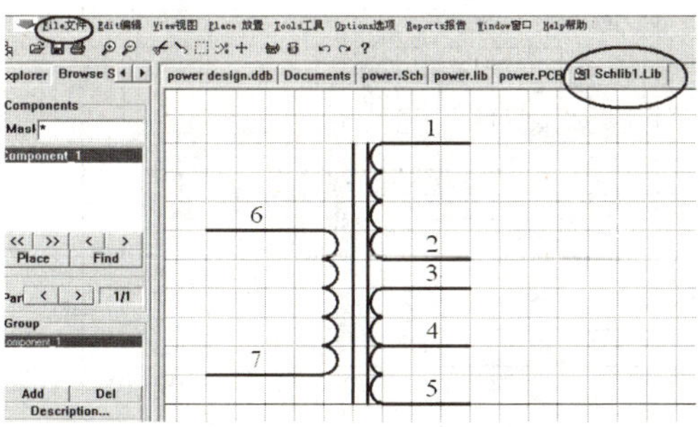

图 6-11　绘制新的原理图符号

5. 在原理图编辑界面上将所有元件放置好后，根据元件作用，调整好相互之间的位置，如图 6-12 所示。

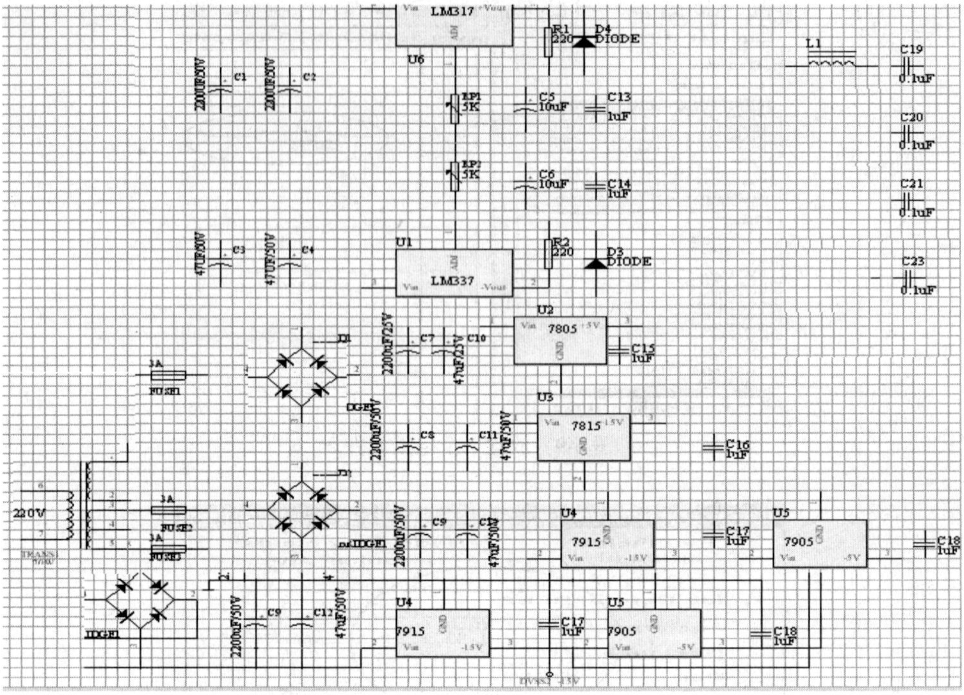

图 6-12　放置好元件的原理图

6．原理图布线

将元器件引脚与引脚间通过导线直接相连是最常用的布线手段。布好线的原理图如图 6-13 所示。

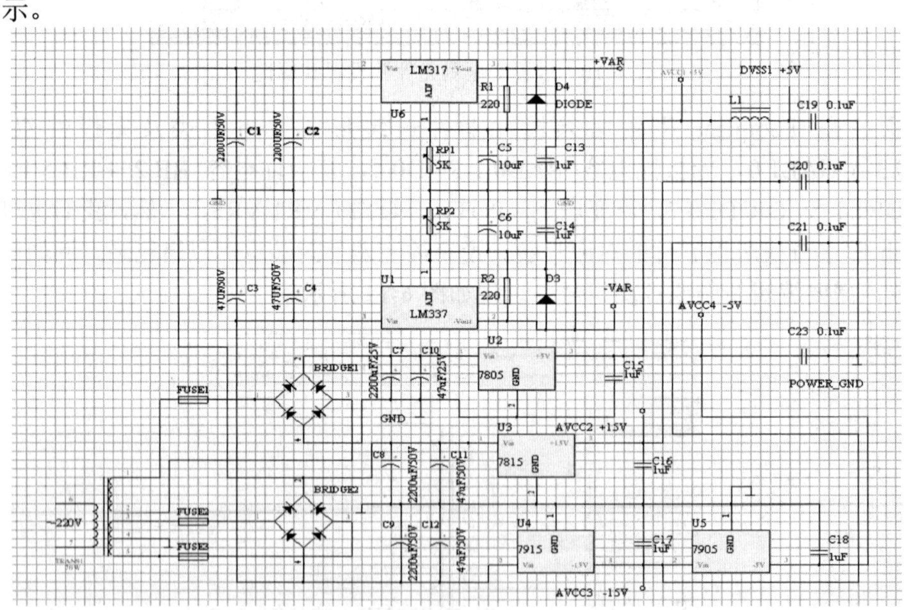

图 6-13　布好线的原理图

7．打印输出图纸，以便校正、参考和保存。

8．生成网络表文件

通过 protel 99 se/Schematic 提供的各种报表工具生成各种报表。其中，最重要的报表是网络表，通过网络表为后续的电路板设计做准备。网络表一方面可以用来进行印制电路板的自动布线及电路模拟；另一方面也可以用来和最后布好的印制电路板中导出的网络表进行比较，以核查错误。由上面原理图导出的网络表如图 6-14 所示。

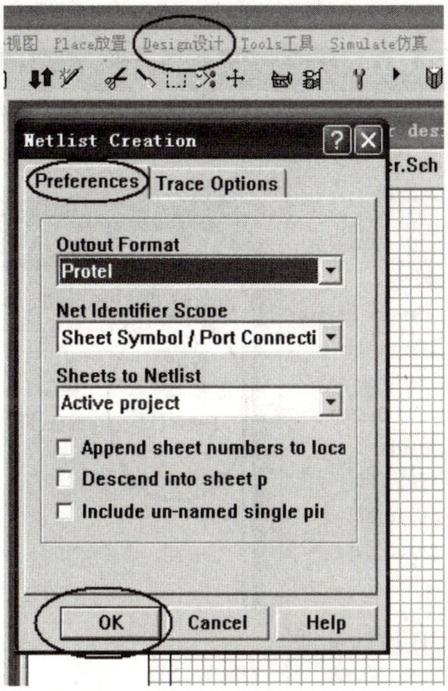

(a)

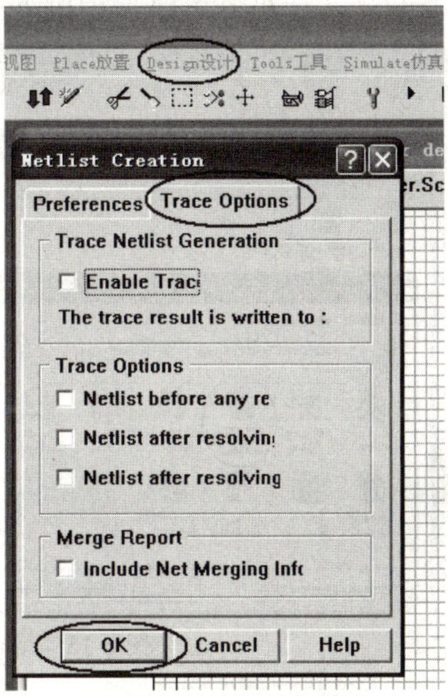

(b)

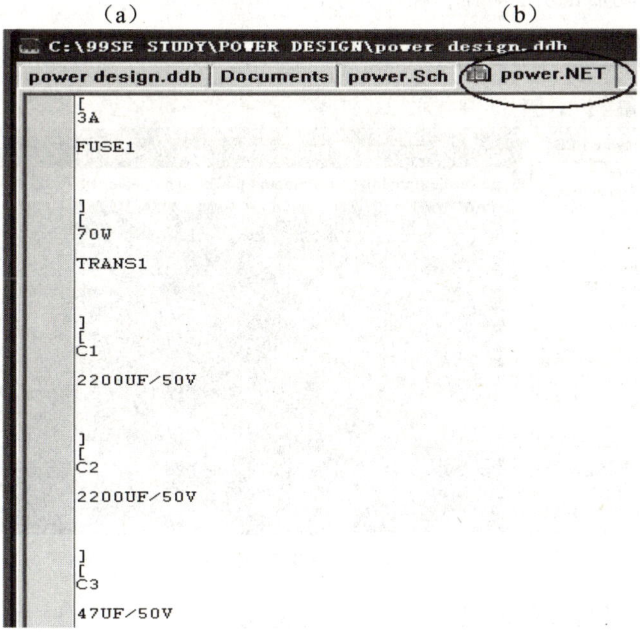

(c)

图 6-14　生成网络表

经过以上步骤后，原理图的设计就基本完成了。

6.5.2 单面印制电路板设计

单层板是指只在电路板的其中一个面（焊接面）上进行布线，而所有的元器件、元器件标号以及文字标注等都在另一个面（元器件面）上放置的电路板，适用于比较简单的电路。本例选用单面印制板进行设计。单层板的布线过程如下所述。

1．启动 PCB 编辑器

新建 PCB 设计文件如图 6-15 圈中所示。

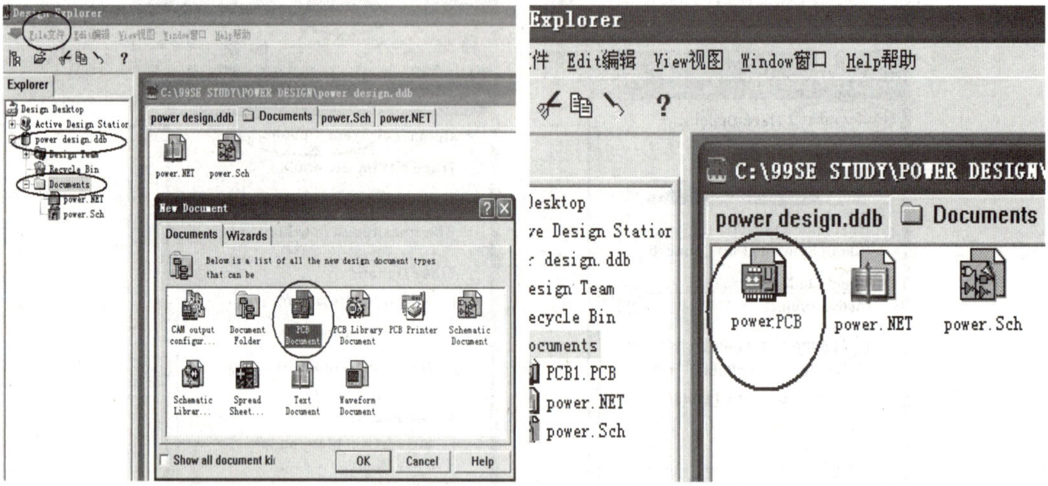

图 6-15 新建 PCB 设计文件

PCB 编辑器启动后的界面如图 6-16 所示。

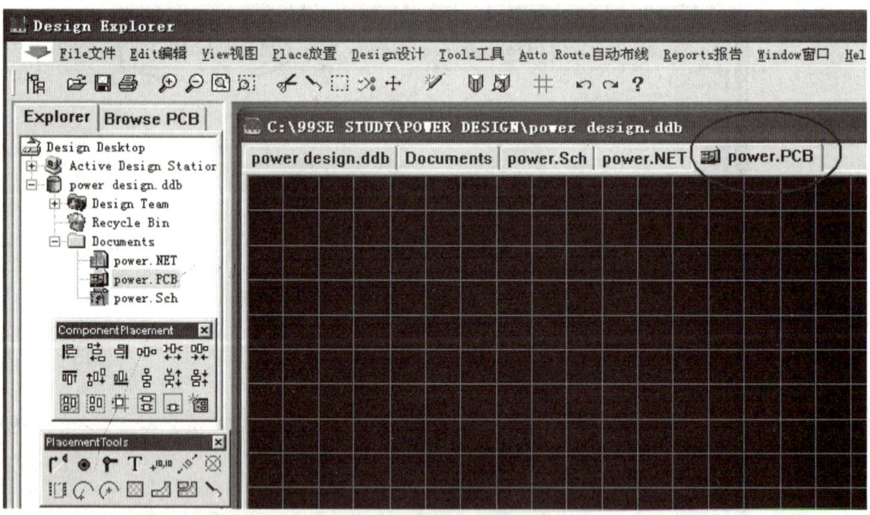

图 6-16 PCB 编辑器界面

2．PCB 编辑器环境参数设置

PCB 编辑器环境参数设置包括对系统的板层参数、显示参数、栅格参数、元器件移动的单位距离和计量单位等参数进行设置。设置文档选项对话框如图 6-17 所示。

本例中信号层选择了可打开 Top Layers（顶层），Bottom Layers（底层）和 Mechanical layers

（机械层）。计量单位选择了公制 Metric，系统参数可设置各栅格尺寸以及工作层面颜色等。

图 6-18 所示为设置好的工作层面显示颜色。可见，PCB 编辑器的背景颜色也调成了白色。

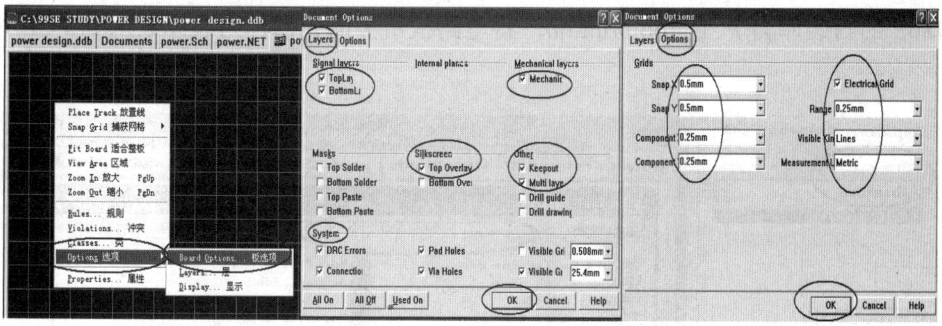

图 6-17　PCB 编辑器设置文档选项对话框

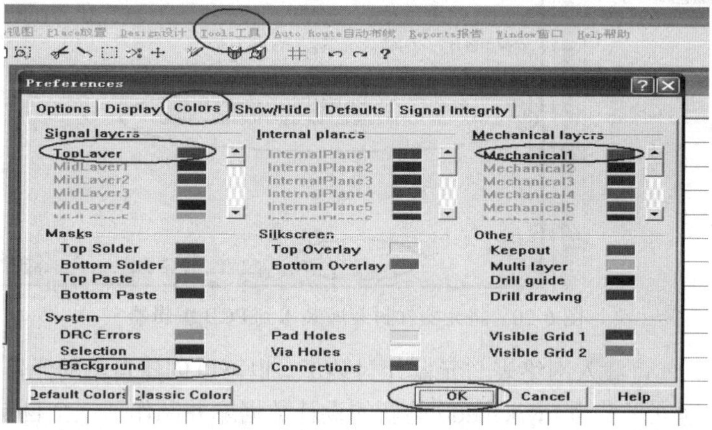

图 6-18　工作层面颜色设置

3．规划电路板

这项工作主要包括选择电路板的类型、确定电路板边界以及预放置安装孔三部分工作。

先将系统默认的双面板类型改为单面板。物理边界可在机械层中确定，电气边界则在禁止布线层（KeepOutLayer）上绘制。本例中只绘电气边界。预放置安装孔后的电器边界尺寸为 120mm×180mm，安装孔的尺寸为直径为 4mm 的圆形，如图 6-19 所示。

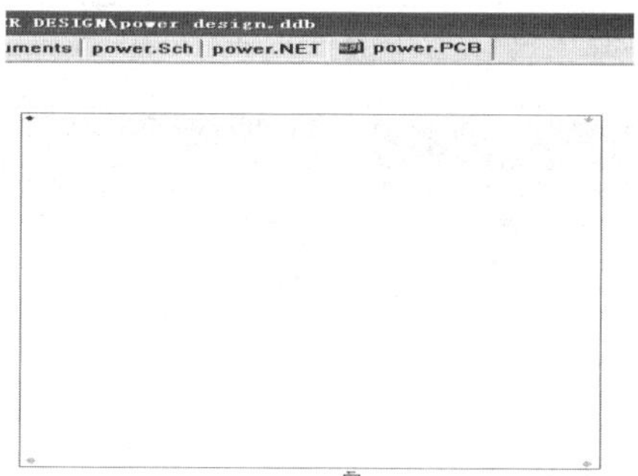

图 6-19　预设定电器边界与安装孔

4．载入网络表与元器件封装

首先将要用到的元器件封装库装入到 PCB 编辑器中，系统默认 PCB 元器件库存放路径为 c：\Program Files\Design Explorer 99 SE\Library\PCB。本例中通过图 6-20 所示的圈中操作，例如 7805 的封装库为 PCB footprint.lib，将电路板所需的元器件封装库装入到 PCB 编辑器中。

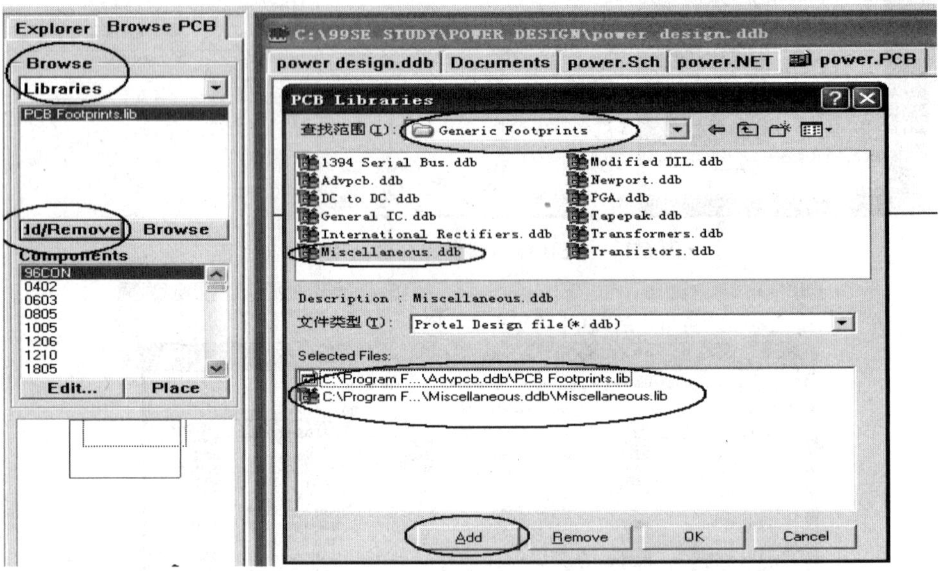

图 6-20　将元器件封装库装入到 PCB 编辑器

上述过程后，就可载入网络表与元器件封装了。也可以创建自己的元器件封装库，如图 6-21 所示。图中建立了名为 mypcb.ddb 的新的设计数据库并制作了一个自制变压器的封装。

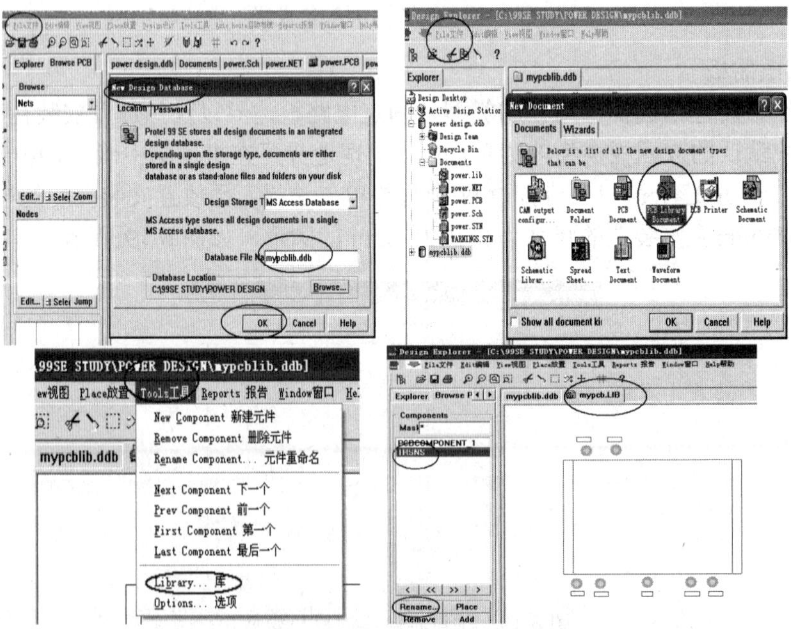

图 6-21　建新的设计数据库和新元件封装

可利用同步器载入网络表和元器件封装，如有原理图封装中的管脚名称与 PCB 封装中的名称不一致，则须在封装库中修改为一致。如图 6-22 所示为生成正确的网络宏后进行载入网络表和元器件封装的过程。

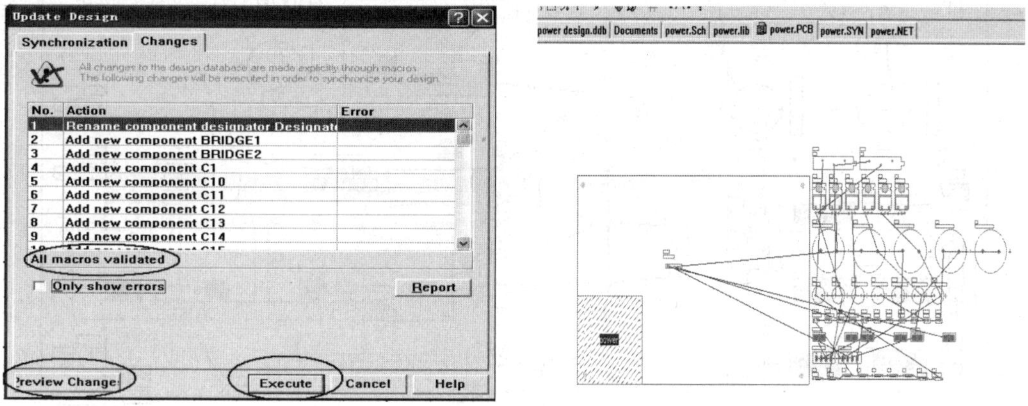

图 6-22　生成正确的网络宏并载入元器件封装

可见，载入的网络表与元件封装并不在规划好的电路板边界内。下面将其挪入电气边界并合理布局。

5．元器件布局

元器件布局的一般原则是先放置与机械尺寸紧密相关的器件；然后放置体积较大的器件和电路的核心元器件；最后放置剩余器件。自动布局后的 PCB 图如图 6-23 所示。

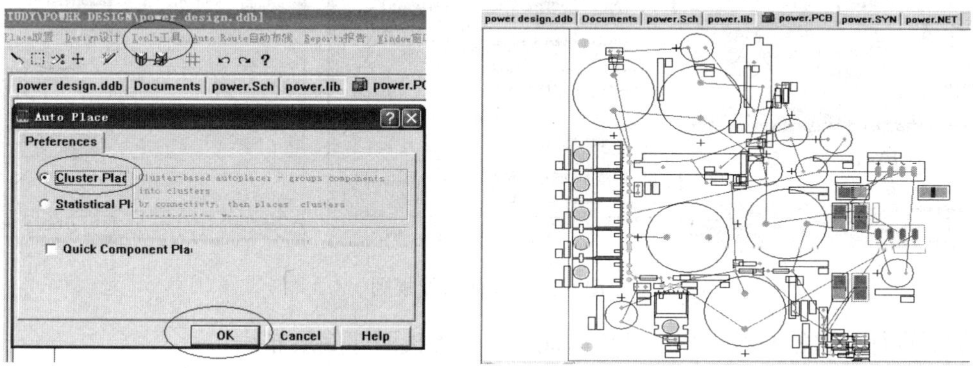

图 6-23　自动布局后的 PCB 图

可见，自动布局后，元器件之间的分布并不合理，手动调整是常常必不可少的环节。元器件少时，也可以直接用手动布局。如图 6-24 所示，注意为芯片加的散热片所占位置较大，应考虑得当。

6．电路板布线

电路板布线也有手动布线和自动布线两种方法，比较简单的电路采用手动布线，可以根据经验使布线更合理、美观。本例进行手动布线。

首先设计布线设计规则，设置安全间距，默认设置为 0.254mm；再设置拐角模式及布线宽度。本例中，线宽最大允许值设为 5mm，最小允许值设为 0.254mm，缺省线宽设为 2mm，如图 6-25 所示。

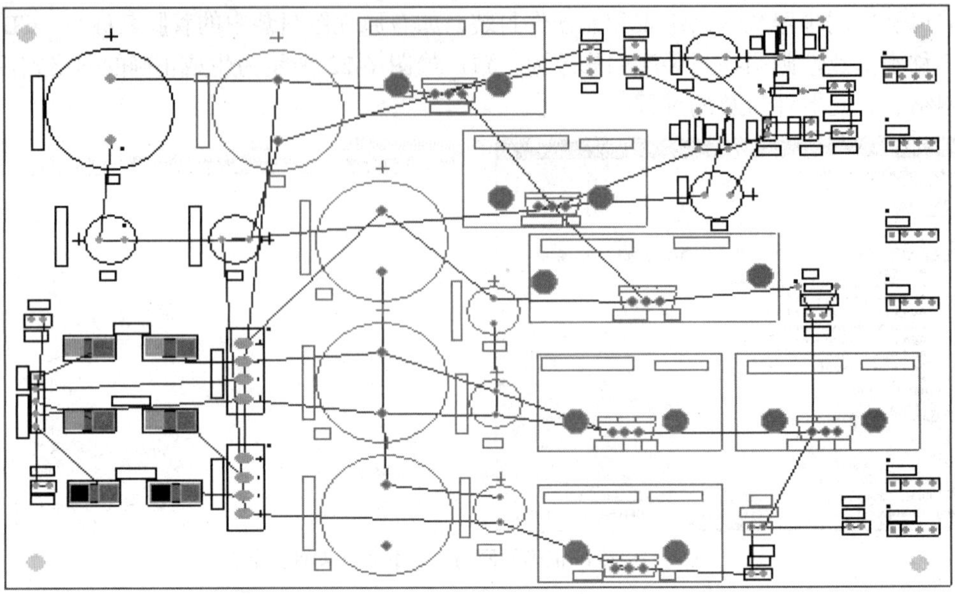

图 6-24　手动布局的 PCB 图

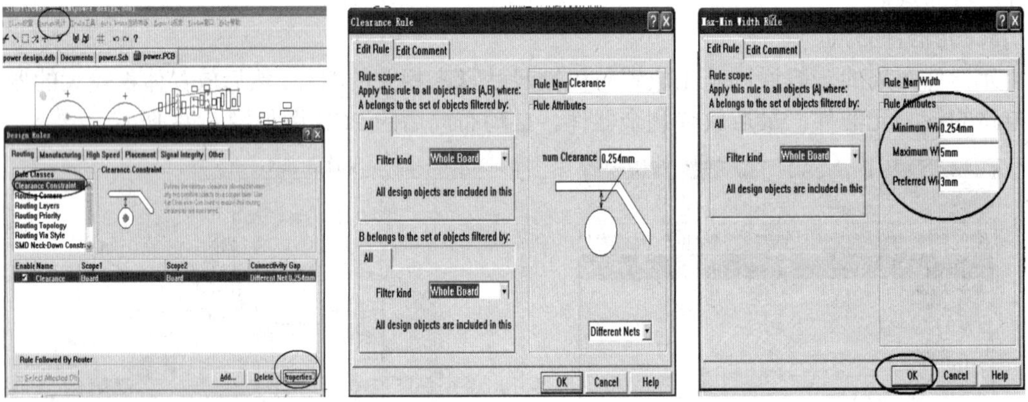

图 6-25　设计布线规则

然后进行电路板布线，由于是单面板，选择焊接面即底层布线。

绘制导线后，有些导线由于为了提高系统的抗干扰性，须设置大面积的导电区域，可以利用填充功能完成。注意焊盘大小不宜过小，应根据需要设置合适的大小。布线完成后，为了设计人员或使用人员读图方便，还适当加一些注释文字。完成后，根据已布好线的电路板大小调整电气边界和安装孔。这样，简单的单面板就设计完成了，如图 6-26 所示为设计好的单面印制板图。

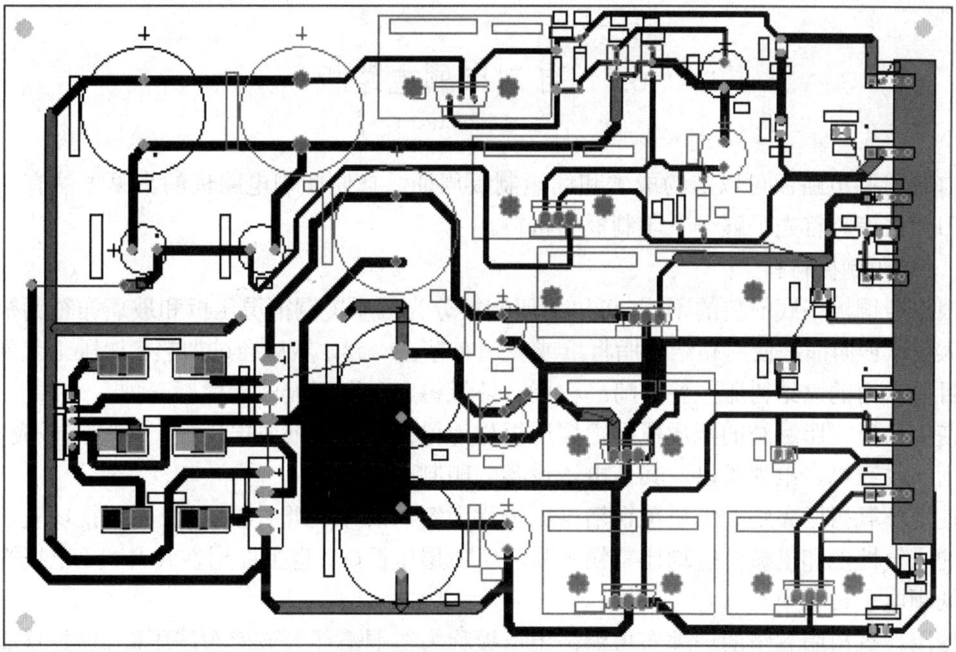

图 6-26　设计好的单面印制板图

6.6　印制电路板的外出加工

设计好的印制版须进行加工制作，其制作可分为外出机器加工和自制两种方法。

外出加工是指根据需要把 PCB 文件拿到制版厂家去做印制版。常见的外出电路板加工需要设计者提供相关印制电路板的文件，目前常见的提交文件版本有 protel3.0-5.0 版本、DXP2004 版本和光绘文件版本。

不同的加工单位对提供的版本要求不同，提交文件时应先问清楚所需文件版本。如果设计版本高于要求，一般需要进行转换，但转换后的文件一定要打开检查，尤其是在转换时出现提示框，转换后可能会出现与规格不符的情况。对于支持PROTEL99SE 格式加工的厂家，我们可以用Protel 99SE中“File\Save as”选择存储文件格式为3.0，可将文件导出为一个*.PCB文件，用DXP2004设计的电路板也可以导出为一个*.PCB 文件交给厂家。大多数工程师都习惯于将PCB文件设计好后直接送交厂商加工，当然这种做法的保密性较差。光绘文件可以防止非法改版的行为，所以也可以将PCB文件转换为光绘文件后交PCB厂；光绘文件一般以文件夹的形式提交，其中包括的层有布线层（包括顶层、底层、中间布线层）、电源层（包括VCC 层和GND层）、丝印层（包括顶层丝印、底层丝印）、阻焊层（包括顶层阻焊和底层阻焊）。另外，还要生成钻孔文件（NC Drill）。光绘文件导出后可用CAM350打开并校验。

发 E-mail 或拷盘给加工厂家，还应注明材料和厚度（做一般板子时，厚度为 1.6mm，特大型板可用 2mm，射频用微带板等一般在 0.8～1mm，并应给出板子的介电常数等指标）、数量以及加工时须特别注意之处等。由于外出加工电路板工艺复杂、加工周期相对较长，电子爱好者对于小规模的单面或双面板也常采用自己加工的方法制作印刷电路板。

6.7 自制印刷电路板

自制印刷电路板可以节约成本和缩短制版周期。自制印刷电路板的常见方法有热转印法、刀刻法等。首先了解一下印制板的材料。

（1）印制板材料

根据覆铜板基底材料的不同，可以将印制板分为纸质覆铜箔层压板和玻璃布覆铜箔层压板两大类。它们都是使用黏结树脂将纸或玻璃布粘在一起，然后经过加热、加压工艺处理而成。目前常用的黏结树脂主要有酚醛树脂、环氧树脂和聚四氟乙烯树脂三种。

使用酚醛树脂黏结的纸质覆铜箔层压板称为覆铜箔酚醛纸质层压板，其特点是成本低，主要用作收音机、电视机以及其他电子设备的印制电路板。

使用环氧树脂黏结的纸质覆铜箔层压板称为覆铜箔环氧纸质层压板。覆铜箔环氧纸质层压板的电气性能和机械性能均比覆铜箔酚醛纸质层压板好，也主要用在收音机、电视机以及其他低频电子设备中。

使用环氧树脂黏结的玻璃布覆铜箔层压板称为覆铜箔环氧玻璃布层压板。这是目前使用最广泛的印制电路板材料之一，它具有良好的电气和机械性能，耐热，尺寸稳定性好，可在较高温度下使用。因此，广泛用作各种电子设备、仪器的印制电路板。

使用聚四氟乙烯树脂黏结的玻璃布覆铜箔层压板称为覆铜箔聚四氟乙烯玻璃布层压板。由于其介电性能好（介质损耗小、介电常数低），耐高温（工作温度范围宽），耐潮湿（可以在潮湿环境下使用），耐酸、碱（即化学稳定性高），是制作高频、微波电子设备印制电路板的理想材料，只是价格较高。

（2）自制印刷电路板举例

下面介绍电子爱好者常用的快捷有效的一种自制印刷电路板的方法。

①在计算机上用 Protel 软件画出印制板图。

②将印制板图用激光打印机直接打印到揭去保护贴的热转纸的光滑面上，也可以将现成的电路板图通过复印机复印到热转印纸上，热转印纸是可以将特殊的油墨形成的图案通过温度和压力印出来的纸张，也可以使用是光滑的 A4 纸。

③用砂纸打磨敷铜板（将敷铜板表面的污垢和杂质清洗干净），以加强它对碳粉的附着性。

④将打印好的热转印纸平铺在敷铜板上，并用胶带固定两边，再将电熨斗的温度调到最高，用电熨斗在热转印纸上方加温约 3～5 分钟。此步骤用简易的压膜机也可完成，压膜机温度设为 200℃左右，将固定好热转印纸的敷铜板送入压膜机，来回进行压膜操作数次，直到敷铜板温度很高后取出。

⑤待敷铜板完全冷却后，揭去热转印纸，此时印制电路板图就完全转印到敷铜板上，即在敷铜板上形成高精度的抗腐层，如果部分转印不完全，可以再次加热转印或用记号笔进行修补。

⑥将敷铜板放入三氯化铁腐蚀液中进行腐蚀（注意不要腐蚀过度）。也可将敷铜板放入盐酸与过氧化氢混合溶液中腐蚀。

⑦用水将电路板上的黑色碳粉清洗干净。

⑧最后钻孔，一块高精度的印制电路板就制作完成了。制作过程如图 6-27 所示的热转印法。

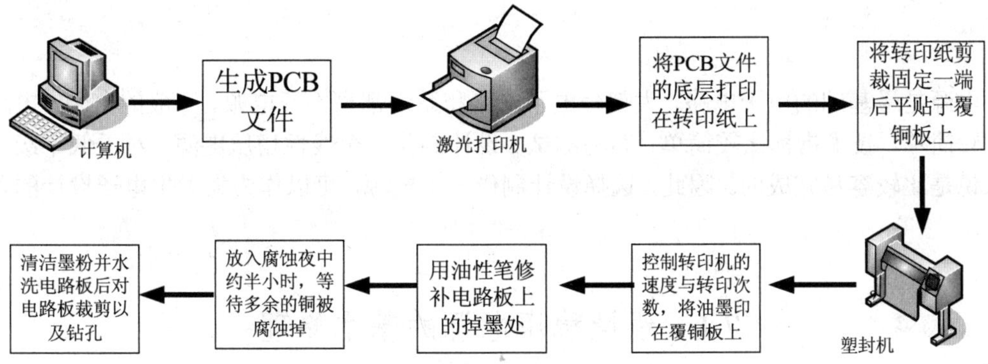

图 6-27 热转印法示意图

6.8 实训题目

1．使用 protel 99SE 或所熟悉的软件设计如图 6-28 所示直流稳压电路的原理图，要求生成网络表文件，并打印出画好的原理图。

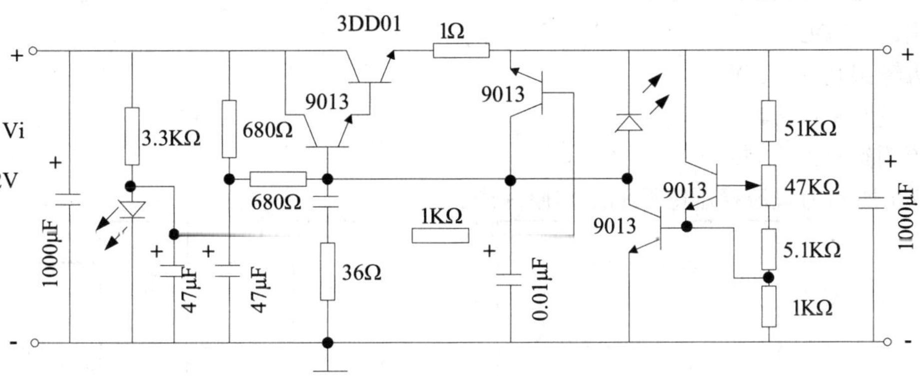

图 6-28 直流稳压电路

2．设计上述原理图文件的印制电路板文件，要求分别打印出丝印层和底层设计图。

3．采用自制方法将上述电路制作成功并钻孔及焊接。

【参考文献】

[1] 老虎工作室：张瑾，张伟，张立宝. Protel 99SE 入门与提高. 北京：人民邮电出版社，2007

第 7 章　电源设计与制作

电源是最基础的电子电路，大部分电子电路和系统都离不开电源。一般的电源，电路相对比较简单，技术指标比较简单，容易测试。设计制作一个线性稳压电源，对于低年级的学生来说是比较容易完成的。因此，选择设计制作一个电源，可以作为大学生电子设计的入门训练。

7.1　线性稳压电源的基本原理

在电子电路和系统中，维持其工作的电源一般是直流电源。尽管直流电源的方式多，比如，各种电池，将化学能转化为直流电能，直流发电机等，但是，目前我们利用的主要电源形式是市电。我国市电的标准形式是 220V/50Hz。因此，提供直流电源的主要方式是将 220V/50Hz 的电源转换为我们需要的直流电源。

我们以下面的技术指标为例来介绍直流稳压电源的设计。

主要技术要求和指标：

输入：220V/50Hz；±15%

输出：5V/DC

最大输出功率：5W

电压调整率：±2%

电流调整率：±4%

图 7-1 所示为直流稳压电源的工作原理图。

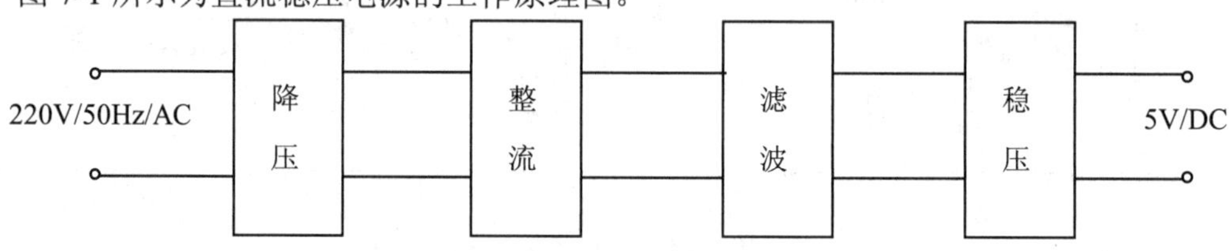

图 7-1　直流稳压电源原理图

7.1.1　设计方案的讨论

实现如图 7-1 所示的直流稳压电源工作原理的技术路线很多，但是，主要的方式有两种：一是开关电源方式，如图 7-2 所示；二是常见的线性稳压电源方式，如图 7-3 所示。在实际的电源产品中，有很多组合的形式，比如：整流部分利用桥式完成，后面再采用开关电源的模式，实现 DC/DC 变换；在低压差时（提供的电源电压与输出电压之间的电压差距不大），也选用线性三端稳压器完成电源电压的变换。当然，还有一些特殊的电源形式，比如，太阳能电池，直流输出；燃料电池，也是直流输出，可以作为在一些特殊应用领域应用的电源形式。在此不做详细讨论。

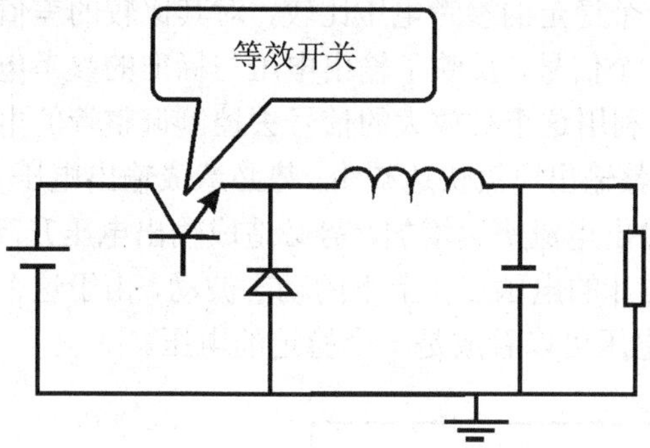

图 7-2　开关电源原理图

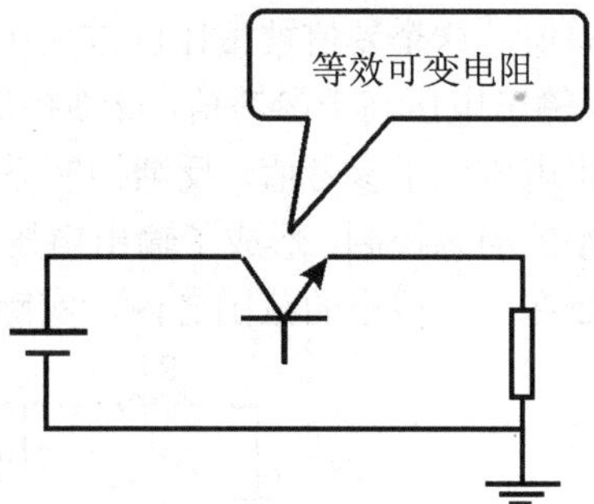

图 7-3　线性稳压电源原理图

开关稳压电源效率高，功率密度大，动态响应好，但是其技术要求高，电路相对比较复杂，对于初学者来说，完成其设计有一定难度。线性稳压电源效率低，体积大，但是纹波小，电路简单。因此，选择线性稳压电源的设计比较合适。

7.1.2　线性稳压电源各部分介绍

（1）变压器

将 220V/50Hz 交流电源转换为 5V/DC 的直流电源，首先，需要解决电源电压的问题，220V 到 5V，其压差很大，所以，需要降压。

如图 7-4 所示，采用工频（50Hz）变压器是一种有效的方法。可以十分方便地设计变压器的匝比，从而得到我们需要的输出电压。

图 7-4　工频变压器

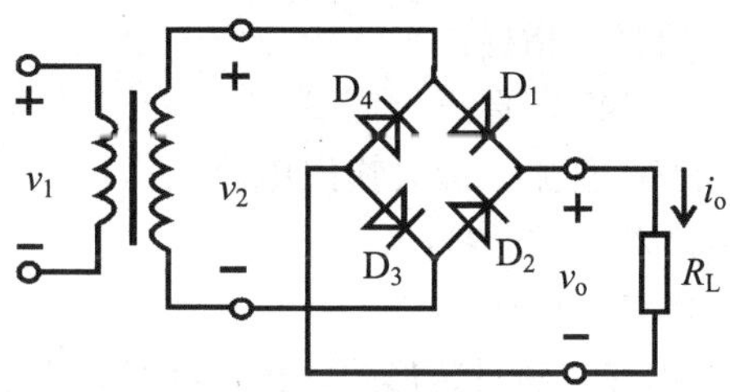

图 7-5　桥式整流电路

（2）整流器

通过变压器，可以将 220V 高压交流电变为 5V 低压交流电。然而，我们期望得到的是 5V 的直流电，并不是 5V 的交流电。因此需要整流，将交流电转换为直流电。整流电路原理如图 7-5 所示。

（3）稳压

通过前面两部分电路，我们虽然得到了直流电压，但是，这个直流电压十分不稳定，它随着 50Hz 交流电的波动而上下起伏。电源本身是电子电路和系统的一个部分，为电路提供工作能源，一般电路对于电源波动幅度的要求比较高，这种大幅度波动的直流电源无法满足电子电路和系统的设计要求。因此，必须对其稳压。

稳压电路本身是一个反馈控制系统，在此我们介绍一种串联式稳压器的基本工作原理，如图 7-6 所示。从输出端口取电压信号，与一个稳定的参考电压比较，对其比较的差值进行放大，也称为误差放大器。误差放大器输出一个信号，反映了输出电压与标准的参考电压之间的差值，这个差值被按比例放大了 N 倍。利用这个被放大的信号去控制调整管的电流流量。当输出电压高于参考值，反馈控制系统调整输出电流快速减少，势必造成输出电压下降；当输出电压低于参考值，反馈控制系统调整输出电流快速增加，势必造成输出电压升高。这样不断的动态控制，形成了输出电压围绕在设计的电压点作上下的动态波动，由于这个波动被控制在一个很小的范围之内，实际上输出电压可以看成是一个稳定的电压。

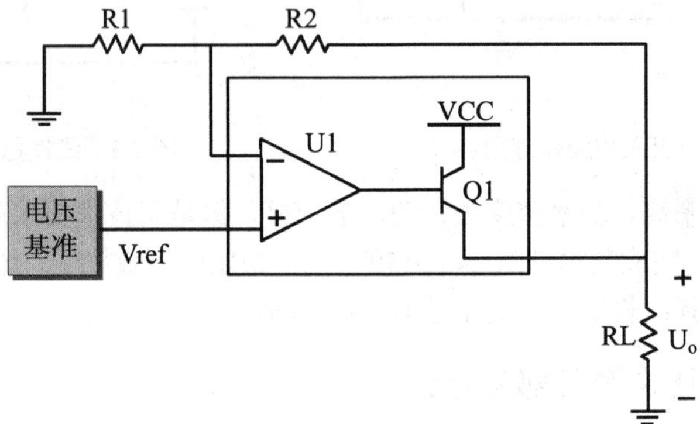

图 7-6　串联式稳压电路的基本原理图

以上介绍的是串联型线性稳压电源的基本原理，实际的电路设计也比较复杂，在此我们不展开介绍。

这种稳压电路已经广泛应用，市面上有非常成熟的产品，三端稳压电源模块，如：7805、7812、7905、7912 等。

7805 主要技术指标：

输入：7～24V，直流

输出：5V，直流，最大输出电流 1A。

电压调整率：≤±2%

电流调整率：≤±2%

7805 模块有多种封装形式，图 7-7 所示是其典型的一种封装形式。

输入　地　输出

图 7-7　集成稳压器件 7805

7.1.3　线性稳压电源电路原理

线性稳压电源主要由以上三大部分构成，将这三部分完整地连接在一起，就完成了一个线性稳压电源的设计。第一部分，通过变压器将高压变换成低压；第二部分，通过桥式二极管构成的整流电路，将交流电转换成直流电；第三部分，通过线性稳压电路，输出得到稳定的直流电。具体的电路设计如图 7-8 所示。

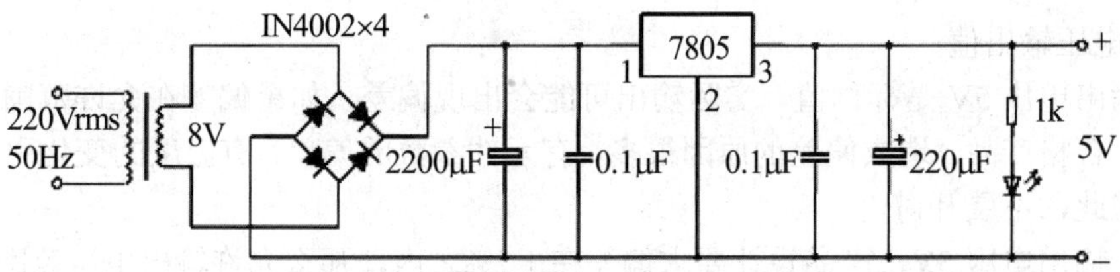

图 7-8 线性稳压电源电路原理图

以上讨论，是以输入 220V/50Hz，输出 5V/DC 为例。在实际应用中，除了 5V/DC 之外，还有各种不同的电源电压需求。比如：−5V，±12V、±15V 等。其电源设计可以参照本电源的设计方法。

对于多路不同的电压输出，可以采用从变压器输出多组次级线卷的方式来实现多路电源电压输出。如图 7-9 所示。

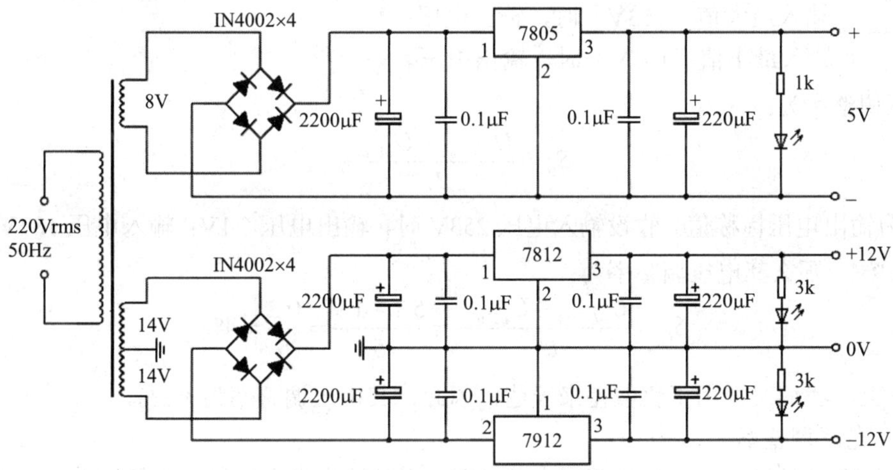

图 7-9 多路电源电压输出电路原理图

7.2 线性稳压电源设计分析

由图 7-8 所示的线性稳压电源，输入 220V/50Hz，输出 5V/DC。从其主要技术指标来看，输入电压允许波动的范围可以很大，输出电压允许波动的范围很小。负载是变化，可能从空载到最大值，本例我们设计的输出电流范围在 0～1A 之间。这样一个电源电路，实际上可以视为一个电功率系统，其功率流量是可以控制的，其控制的方式也比较简单，以输出电压作为采样点。电路系统设计其控制功率流量，在设计负载条件下，确保输出电压稳定在设计的范围之内。

7.2.1 技术指标定义

直流稳压电源的主要性能和技术指标有：输出电压值、电压调整率、电流调整率、效率、纹波等。

（1）电压输出值

设计输出电压 5V 是标称值，实际输出可能会出现偏差，如果偏差在允许范围内，产品也应该属于合格产品。造成偏差的原因很多，有元件参数的偏差，有温度的变化引起参数的变化等。在此，不展开讨论。

比如，输出电压 5V，产品设计要求偏差在±2%之内，那么允许输出电压范围是：

$$5\text{V} \pm 5\text{V} \times 2\% = 5 \pm 0.1\text{V}$$

也就是说，如果输出电压在 4.9V～5.1V 之间，均算是合格产品。

（2）电压调整率

输入电压波动区间，输出电压的稳定度量。比如，设计要求输入电压是 220V±15%，这样其输入电压允许的波动范围是：187～253V。随着输入电压的波动，输出电压也可能随之波动。定义：

$U_{oU\max}$　输入最大值（253V）时，输出电压；

$U_{oU\min}$　输入最小值（187V）时，输出电压。

电压调整率为：

$$S_U = \frac{U_{oU\max} - U_{oU\min}}{U_o} \tag{7-1}$$

U_o 为输出电压标称值。假设输入电压 253V 时，输出电压 5.1V；输入电压 187V 时，输出电压 4.9V。那么其电压调整率为：

$$S_U = \frac{U_{oU\max} - U_{oU\min}}{U_o} = \frac{5.1 - 4.9}{5} = \frac{0.2}{5} = 4\% \tag{7-2}$$

工程上，我们习惯用正负偏差来表达，因此，其电压调整率为±2%。

（3）电流调整率

电流调整率是指负载在设计范围内波动时，引起输出电压的稳定度量。比如，设计电源的输出最大电流 1A，那么，输出电流在 0～1A 之间变化时，输出电压的最大变化率。一般情况，输出电压与负载电流的关系如图 7-10 所示。

$U_{o\text{I}max}$　负载电流最小值（0A）时，输出电压；

$U_{o\text{I}min}$　负载电流最大值（1A）时，输出电压。

电流调整率为：

$$S_I = \frac{U_{o\text{I}max} - U_{o\text{I}min}}{U_o} \tag{7-3}$$

假设负载电流 1A 时，输出电压 4.8V；负载电流为 0A 时，输出电压 5.2V。那么其电压调整率为：

$$S_I = \frac{U_{o\text{I}max} - U_{o\text{I}min}}{U_o} = \frac{5.2 - 4.8}{5} = \frac{0.4}{5} = 8\% \tag{7-4}$$

工程上，我们习惯用正负偏差来表达，因此，其电压调整率为±4%。

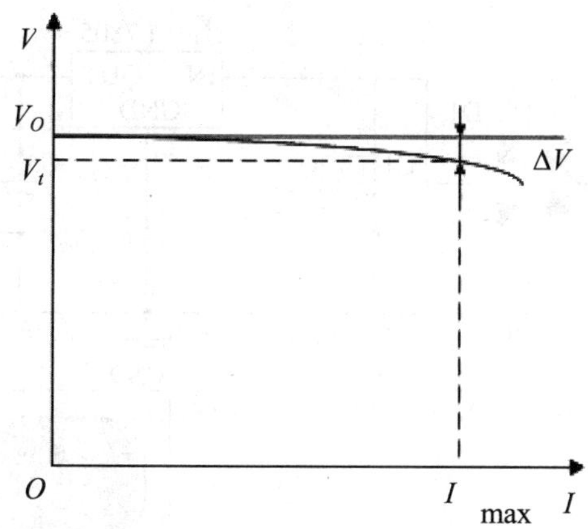

图 7-10　实际电源输出电压与输出电流关系

（4）效率

效率的定义是输出功率与输入功率之比。

$$\eta = \frac{P_{out}}{P_{in}} \tag{7-5}$$

注意：效率的测试，一般测 DC/DC 部分。可以用直流电压表和直流电流表测试，如图 7-11 所示。理论上，应该测量交流输入端的功率，考虑功率因数问题，如果用简单的交流电流表和电压表，测试是不准确的。由于全桥整流后，输入端的电流波形会产生畸变，因此，需要用谐波功率因数测试仪才能够准确测试。由于一般工频变压器和整流器的效率很高，可以达到 99%，因此，其损耗可以忽略不计。

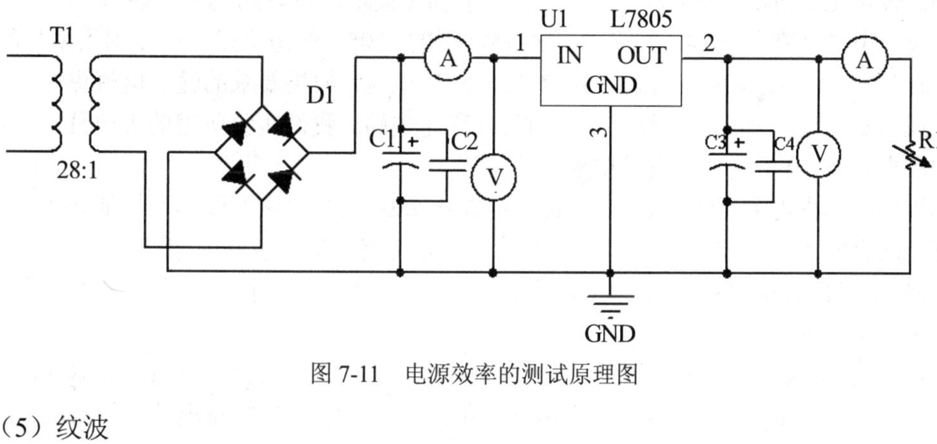

图 7-11　电源效率的测试原理图

（5）纹波

输出直流电压：理论上应该输出是直流，没有交流信号。但是实际上，不论什么类型的电源都无法完全滤出交流信号。可以观察到，输出直流电上叠加了一个交流信号，而且其交流信号是多种频率的混合。因此，一般我们定义其峰—峰值，为纹波电压。

测试方法：用 20MHz 示波器，测试设置到交流挡（直流信号被隔出），可以观察到交流信号，测量峰值到峰值之间的幅度，就是纹波电压。如图 7-12 所示，幅度是 10mV，纹波电压为：

$$U_{p-p} = 10\ \text{mV} \tag{7-6}$$

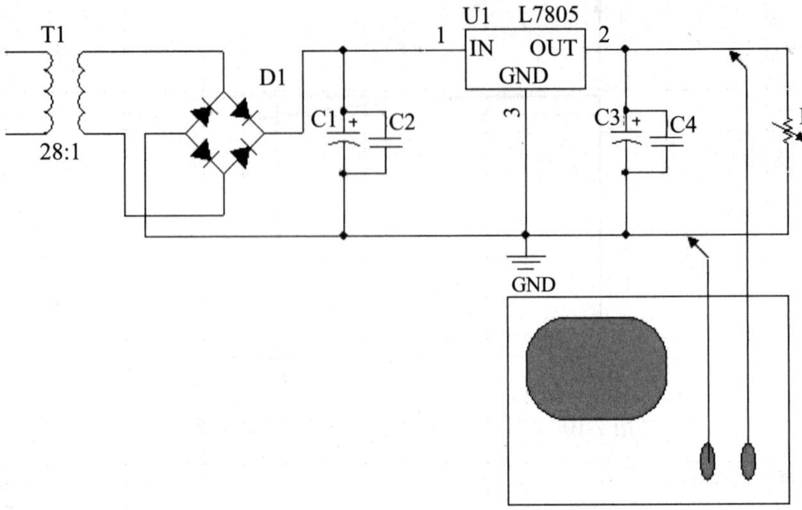

图 7-12　纹波测试

7.2.2　电路设计分析

关于电源设计，从技术指标要求考虑，我们还是主要以下列技术指标为例：

输入：220V/50Hz；输出：5V/DC；输出功率：5W；电压调整率：±2%。

我们可以从输出功率和电压开始分析计算。

（1）输出功率 5W，输出电压 5V。那么输出最大电流 1A。选择用线性三端稳压模块是一种比较常见的方法。因此，选用 7805 三端稳压模块，可以达到设计要求。

如果，输出电流大于 1A，就不能再选择常用的 7805，但是可以选择专用大型号的 7805 模块。最大的 7805 模块可以达到 2.5A 的最大输出电流。如果要求的输出电流更大，一般就没有现成的稳压模块产品，需要自己专门设计稳压电路。我们实验所用的大部分电路，对于电源的需求不高，1A 就可以满足要求。

如果电路输出电流小于 1A，一般我们也选择 7805 模块。它可以满足性能要求，除非在对电路空间有要求，只需要提供很小的电流，这才考虑其他的设计方案。

7805 是线性稳压方式，其效率不可能很高，如果电路设计提出很高的效率要求，这种选择也是不可行的。

（2）滤波器设计，电源滤波器设计比较简单，一般只用电容，电源滤波器的原则是：电阻不能用（影响效率），电感尽量不用（体积大），因此，7805 输出端口的滤波，直接并联电容就可以了，如图 7-13 所示。

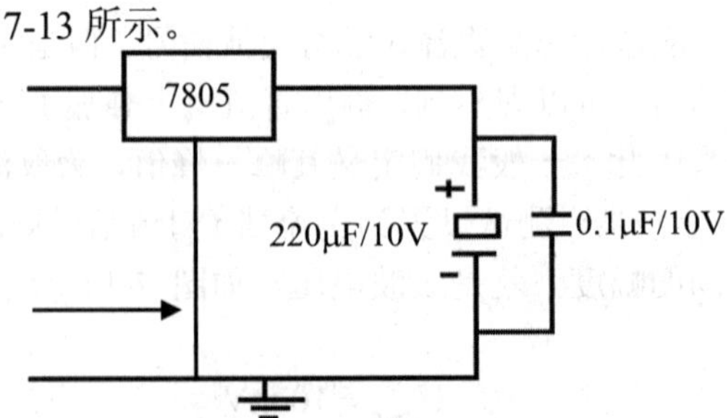

图 7-13　7805 输出端滤波器

电容选择的主要参数是耐压和容值，由于要求的电容值比较大，必须选择电解电容。电解电容有正负极性，可以设计大容值。一般选择：220μF/10V 的电解电容作为输出滤波电容。由于输出 5V，其耐压值不能低于 5V，一般适当留点裕量，太多也没有必要。电容值可以适当大一点，太大也没有必要，因为，7805 本身是线性稳压模块，有稳定电压的能力，电流的输出是连续的，并不需要太大的滤波能力。

这里需要注意：电解电容只能滤出低频信号，其自身的分布参数，可能引起高频信号的干扰，因此，常在输出时再并联一个高频电容，其作用是减小高频干扰，常选择 0.1μF/10V 的高频特性的电容。如图 7-13 所示。

（3）全波整流

利用四支二极管形成一个全校电路，实现全波整流。它将 50Hz 的交流电转换为直流电。由于转换后的波形是一个脉动电流，需要滤波。仍然选择一个电容，完成滤波工作，如图 7-14 所示。由于 7805 要求最低压差满足 2V，否则无法确保稳定电压输出。因此，输出 5V 的电压，7805 输入端口的直流电压最低需要保证在 7V 以上。由此可以推算，该处的滤波电容选择，在耐压和容值方面都更大。

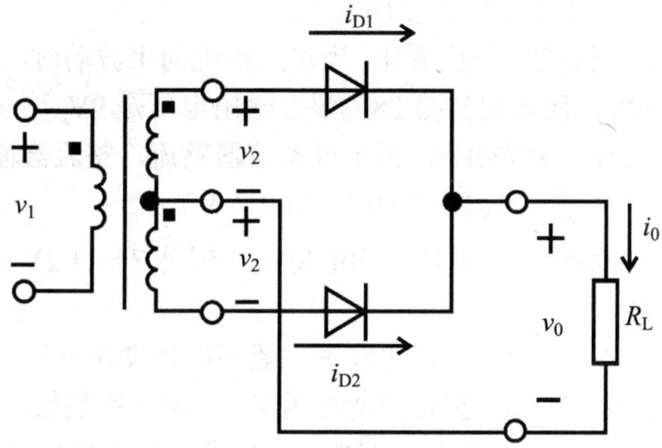

图 7-14　全波整流电路

通过分析可以知道：整流后，滤波电容上的电流频率为 100Hz，周期为 10ms，实际充电占 30%，约 3ms，因此，放电期约为 7ms。最大负载时，电流为 1A，也就是说，最大放电电流为 1A。根据电容电流电压关系：

$$u_C(t) = u_C(0) + \frac{1}{C}\int_0^t i(\tau)d\tau \tag{7-7}$$

可以简单计算，该电容放电期，电容电压下降的幅度。

$$u_C(7ms) = u_C(0) + \frac{1}{C}\int_0^{7ms} -1d\tau = u_C(0) - \frac{0.007}{C} \tag{7-8}$$

选择电容 C=1000μF/16V。最低电压令其等于 7V，代入上式可知：

$$u_C(0) - \frac{0.007}{C} = 7 \tag{7-9}$$

$$u_C(0) = 7 + \frac{0.007}{0.01} = 7.7 \text{（V）} \tag{7-10}$$

可以知道，选择 1000μF 的电解电容，整流器输出端的最低峰值电压必须大于 7.7V。要满足整流输出最低峰值电压 7.7V，可以推算出整流器输入交流电压最低是：

$$u_{AC}(t)=\frac{7.7+2\times0.7}{\sqrt{2}}=6.5\text{（V）} \tag{7-11}$$

上式中，2×0.7 是整流二极管正向导通的电压，全桥导通时，通路中有两个二极管，各有 0.7V 正向压降。$\sqrt{2}$ 是转换为交流电的有效值。因此，整流器输入要求的最低输入交流电压是 6.5V/50Hz。

（4）变压器

整流器的输入端直接连接变压器的输出端（次级），因此，变压器输出端的最低电压必须保证为 6.5V。根据技术指标要求，输入电压为 220V/50Hz±15%，也就是说，首先必须考虑最低输入电压时为 187V/50Hz，变压器输出不得低于 6.5V/50Hz。可以推算变压器的匝比：

$$n=\frac{187}{6.5}=28.77 \tag{7-12}$$

考虑到变压器有一点损耗，适当放宽一点，取整数匝比为 28。这时，当输入降低到 187V 时，就算变压器是理想的，输出为 187/28 = 6.68（V），高于最低值，符合设计要求。

以上的分析过程是从最低电压点考虑的。反过来，最高电压点是否符合要求，如果最低和最高点均符合设计要求，基本上就可以确定了。

由于变压器的匝比是固定值，不会变化，当输入市电向上波动时，会有问题吗？再分析，输入电压上限应该是 253V，匝比仍然是 28，那么输出电压是 9V。

这次从变压器开始推算，9V/50Hz，再经过整流器整流，整流器输出峰值电压应该是：

$$U_{\max}=9\sqrt{2}-2\times0.7=11.2\text{（V）} \tag{7-13}$$

由此分析得到，三端稳压器 7805 输入端的电压范围是 7～11.2V。符合设计要求。7805 的输入电压范围是 7～24V。

从以上的设计来看，7805 的上端还比较宽，能够如此设计吗？一般不这样做，因为三端稳压器是线性电源，其压差越大，损耗的能量越多，电源效率越低，不符合电源设计思想。因此，在满足要求的情况下，尽可能靠在低端。就是我们设计的 7～11.2V。

（5）效率分析

电源损耗主要在稳压器上，在安装 7805 时，必须考虑散热。效率分析方面，我们也只取两点：

输入为 7V 时，输出电流为 1A；输入功率为 7W，输出电压为 5V，输出功率 5W；显然可知效率是：5/7 = 71.4%；

输入为 11.2V 时，输出电流为 1A；输入功率为 11.2W，输出电压为 5V，输出功率 5W；显然可知效率是：5/11.2 = 45%。

满载时，整流器损耗的功率约为 1.4W，变压器损耗很小。因此，线性电源的效率是比较低的。一般就是 30%～40%。

（6）元件参数值的确认

定好了上下两点之后，设计选择器件的参数也就有了依据。7805 确定后，输出滤波电容耐压大于 5V，可以选择 220μF/10V 就可以了，也可以选择适当大一点容值的电容，耐压没有必要选更大的。

7805 输入端的滤波电容，也是整流器的输出滤波电容，其值需要选择大一点的电解电容，可以选择 1000～2200μF，其耐压也要选择高一点的，因为，最高电压可能是 11.2V，因此不能选择 10V 耐压，一般需要选择 16V 挡的电解电容。因此，可以选择 1000μF/16V 的电解电容。

整流器由四个二极管构成，市面上也有直接做成全桥的桥堆器件，电流选择大于等于 1A，反向耐压选取 50V 就可以了。经过计算，整流二极管并不需要很高的耐压，但是考虑到一定的安全裕量，再加上电子产品的值是有规定的，不是任意要求，比如其耐压有 50V，100V，200V 等挡。实际应用中常选择 100V。

变压器设计是一门专业技术，在此不讨论。但是需要向厂商提出输入输出电压和功率要求。对于上面介绍的这一电源，要求输入 220V/50Hz，输出交流电压一般取 8V，而不是 5V。

为什么？通过前面分析已经知道，输入实际波动在 220V±15%之间，变压器匝比是 28，当输入标准 220V 时，220/28 = 7.86（V）。所以一般近似取为 8V。这一点必须给厂商说清楚，有些厂商知道，你只要说输出 5V，他们可以推算出变压器的相关参数。但是有些厂商不推算，你说 5V，他们就按你说的 5V 交流输出设计，这显然不能达到设计要求。

另外，变压器的输出功率也需要适当放大一点。比如，我们输出最大功率是 5W，变压器如果严格按 5W 设计，也会出现问题。因为，线性稳压电源效率比较低，自身损耗大，如果输出 5W 时，电源电路自身损耗最低也在 2W 左右，如果变压器设计严格在 5W，这时会产生输出电压下降的问题。因此，一般变压器设计按 7W 设计比较合适。那么，高端是否也要考虑呢？也就是说，输入电压在 253V 时，输出 5W，自身损耗 6W，按此要求变压器不是应该设计到 11W 吗？这没有必要，因为当输入高端时，负载满载时，变压器功率不够，会引起变压器的输出电压降低。由于本身是高于 7805 需要的电压，因此，电压适当降低一些不影响输出 5V 电压和功率，因此，不需要设计 11W 变压器，一般 7W 就可以了。当实际电压高端时，三端稳压电源的输入电压比设计值小，其自身损耗更低一些。当然，并不是说效率提高了，而是损耗转移到变压器上了，由于此时变压器功率设计不够，其线上的损耗增加，变压器也会有一定发热。

到此为止，电源设计的实例及电路参数分析已经给出。下面我们可以在此基础上设计版图和安装电路。

7.3　电路安装与调试

由于电源电路原理图比较简单，线路不是很复杂，我们可以选择计算机布线，也可以选择手工布线。因为，电源电路中有变压器，体积比较大，又是非标准器件，每人设计的结构及输入输出引线均可能不同，所以必须考虑安装空间和安装位置。

由于加工周期比较长，学生在安装中，也可以不设计电路制版图，直接应用实验中的多孔万能板。在上面安装元器件、焊接导线连接电路。对于初学者来说，这种方法更合适，可以随时修改电路。

下面我们还是以前面讨论的电源为例，讨论其安装与调试。

（1）画原理图

设计程序第一步：根据技术要求设计电路并画出原理图。图 7-15 所示为电源的电路原理图，已经给出了所有元器件参数。

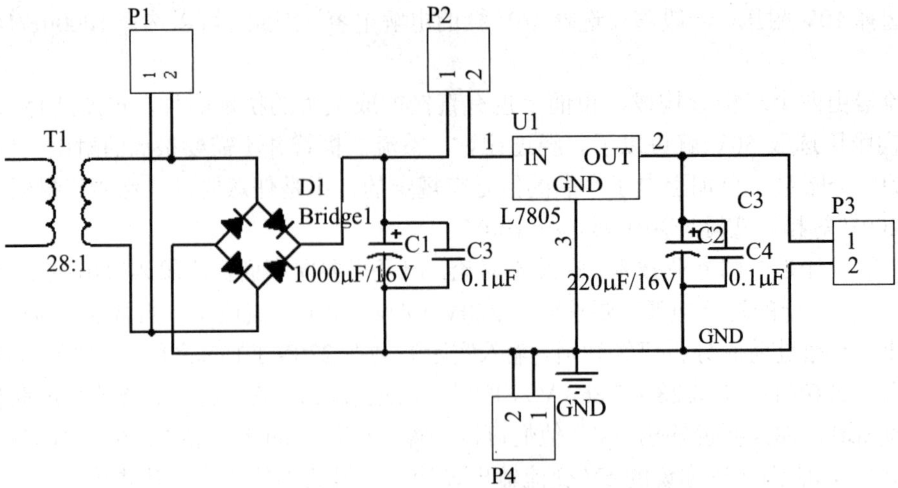

图 7-15 稳压电源 5V/DC（1A）电路原理图

（2）画制版图

第二步：画制版图。根据图 7-15 所示设计其制版图。设计制版图时，先考虑元器件的位置，电路的整体结构，输入输出端口等。还有一个重要的考虑（也是初学者容易忽略的），也是设计关键的测试点，有利于测试观察各点的电压状态，有利于判断电路的故障位置。制版图例如图 7-16 所示。

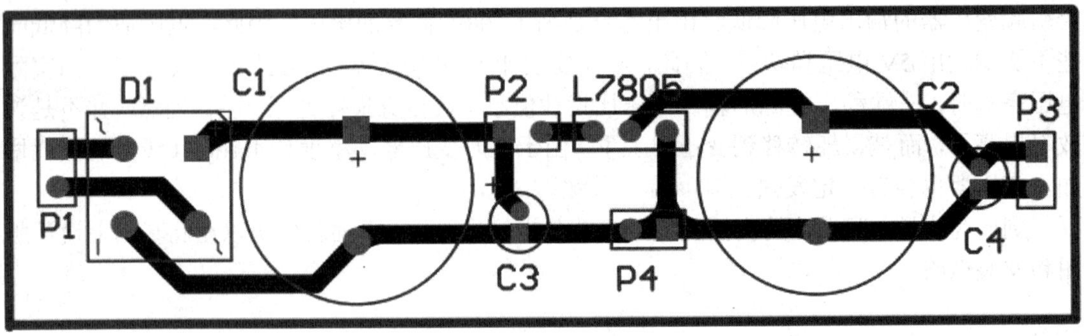

图 7-16 电源制版图实例

（3）元器件清单

第三步：总结给出元器件清单。其实在设计制版图时，就必须先了解元器件封装结构，才能完成制版图工作：完成制版图之后，再归纳总结所需元器件，并列出清单，为安装做好准备。

（4）制版加工

制版加工一般请专业公司完成，取回来的制版图，先检查是否完好。如果用多孔万能板，就省去制版加工环节。

（5）安装调试

第五步：焊接安装元器件。注意：如果是比较复杂的电路，最好按电路单元模块一部分一部分安装，并分段测试其功能。所以，安装与调试一般是同时进行。

比如，对于我们讨论的电源，先安装变压器，后面元件先不一定安装，输出先开路，输入接市电。可以在变压器的输出端，用交流电压表测电压，如果在 8V 左右，说明变压器正常，可以向后安装。注意焊接安装时，必须断电，不可带电操作。

再安装整流器电路，可以再测试。通电后，整流器输出端，用直流电压表测量。如果没有电压，说明整流器有问题，或者安装线路不正确；如果输出是直流电，且在 10V 左右，说明前面的电路及安装正确。为什么是 10V 左右的直流呢？因为后面还没有安装负载电路，是空载，8V（有效值）的交流，峰值应该是 8 乘 1.4，经过整流电路再减去 1.4（二极管正向压降），应该是 10V 左右的直流电压。

最后，安装 7805 稳压电路部分。用直流电压表测量输出端的电压，应该是 5V 电压（实际可能有少量偏差，属于正常误差）。如果没有输出电压，说明 7805 可能有问题，或者安装线路有问题。

图 7-16 所示中预留了各测试点的测量位置（P1、P2、P3），在设计制版图时候，最好保留这些点的测量位置，利于测量表测量。安装过程中，可以测量这些点，确认安装电路正确与否。

虽然电源电路的结构比较简单，但是初学者还是可能出很多问题。主要归纳有：7805 的管脚认错；电解电容的正负极没有分清；用四个整流二极管安装时，二极管的连接出错；变压器的功率不够；变压器的电压设计不正确；等等。

相对于其他复杂的电路，线性稳压电源出现问题的概率相对比较少，因此，用其作为对初学者的训练，是一个很合适的题目。

7.4 电 路 测 试

电路安装调试完成后，再对整体电源进行测试，看其整体性能如何。

（1）负载能力测试

电源的主要作用是向其他电路提供电能，维持电路系统的正常工作，因此，电源主要作用就是向负载提供稳定电压的源。也就是说，负载在设计范围内波动时，输出电压应该在设计要求的范围之内。用定量描述就是前面定义的电流调整率。电流调整率测试电路如图 7-17 所示。

电源带载能力的测试，需要一个负载，测量不同负载下的电源输出电压值。测量负载调整率时，负载的选择有：

①专业电源测试设备，电子负载，可以调整负载值。这种负载测试点多，效果好，但是这种设备比较专业，一般实验室没有。

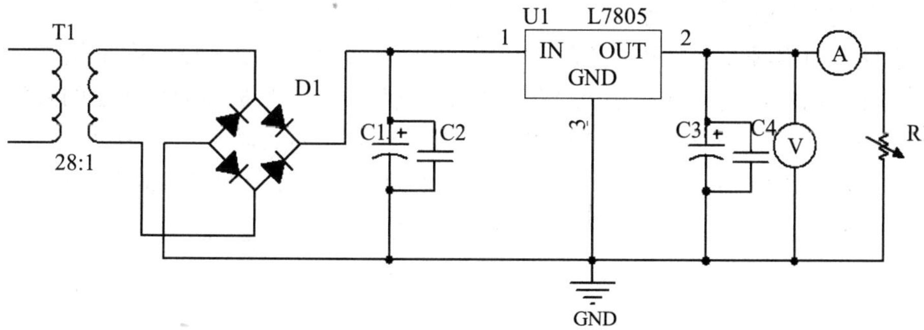

图 7-17 电流调整率测试电路

②可以选择一个可调的大电阻。可以用手动的方式，连续调整负载值，观察输出电压和电流的变化情况。

③最简单的办法是用一个固定电阻 5Ω/5W。只测两点，一是空载，二是满载。在实验室条件比较简陋的情况下，也是一种选择。也可以根据定义推算电流调整率：

$$S_I = \frac{U_{o\mathrm{I}max} - U_{o\mathrm{I}min}}{U_o} \tag{7-14}$$

一般情况下，空载时，输出电压最高；满载时，输出电压最低。假设满载输出电压 4.9V，空载电压 5.1V，可以计算电流调整率为±2%。

负载电流调整率越小，说明稳定电压的能力越强。一般来说，±2%这个指标已经可以满足大多数电路对电源的要求了。

（2）抗输入波动的能力

这也就是电压调整率，按设计要求，输入电压允许波动在 187～253V 之间，输出电压均能稳定在一定范围之内。

测试设备需要利用自耦变压器。它输入 220V/50Hz，可以得到输出为 0～260V/50Hz。手动连续调节电源的输入电压，观察输出电压的变化。负载一般选择满载条件（也有选择多点测试的方式）。

为了简化测试，可以选择两个极端点：低点 187V 时，测量输出电压值；高点 253V 时，测量输出电压值。比如，测得低点时，输出电压 4.95V；高点，输出电压 5.05V。可以计算其电压调整率为：

$$S_U = \frac{U_{oU\max} - U_{oU\min}}{U_o} = \frac{5.05 - 4.95}{5} = \frac{0.1}{5} = 2\% \tag{7-15}$$

因此，习惯上说该电源的电压调整率是±1%。这种技术指标也满足大多数电路对电源技术指标的要求。

（3）效率测试

效率的定义很简单，就是输出功率与输入功率之比。只要测得输出功率和输入功率，就测得该电源的效率。

输出是直流，其功率测量很简单，只要用电流电流表和直流电压表，测得输出端的电压和电流值，就可以得到输出功率值。

但是，由于该电源输入端是交流电，因此输入功率的测量相对比较困难，一般来说，由于电源整流电路是非线性电路，多少会带来输入电流波形的失真，造成功率因数的下降。因此，需要专门的测试仪器才能够比较准确地测量输入的真实功率。

为了能够测量电源效率，又避免测量交流电功率，常采用另外一种办法，跳过变压器和整流器（实际应用中，变压器和整流器损耗相对比较小），只测量后面稳压器的效率。如图 7-18 所示，利用直流电压表和直流电压表，测得线性稳压器的输入电压和电流，其乘积就是输入的功率。再用输出功率与之比，可以得到电源稳压器部分的准确效率。

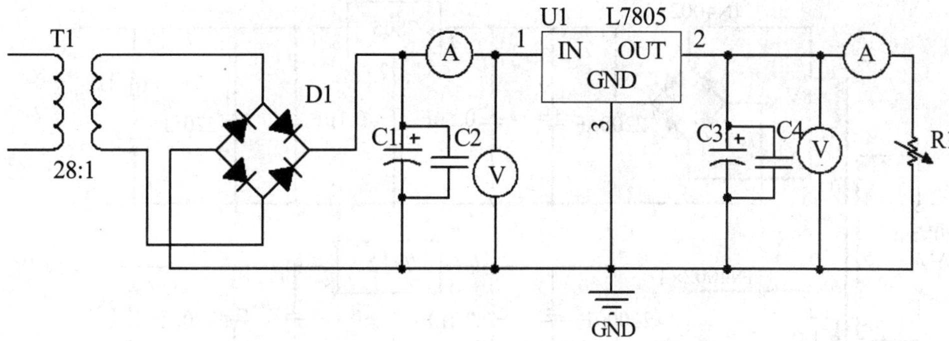

图 7-18　效率测量方法

（4）纹波测量

电源输出是直流，但是并不是绝对的直流值，总是会叠加上一个小的交流信号。这个交流信号的大小，也会直接影响电源的质量。一般用户都会提出要求，比如，纹波电压必须小于 50mV，或者小于 1%。前者是用绝对值表达，后者用相对值表达。相对值用%，对于 5V 输出电压而言，也就是 50mV。

测量一般方法是用 20MHz 的示波器，选择交流信号挡（隔离掉直流），直接从示波器上读出交流信号的峰—峰值，就是纹波电压。

注意，过去也有用有效值来表达纹波电压，现在已经很少用。纹波电压是指纹波的峰-峰值电压。

（5）保护功能测试

实际应用中，电源负载可能过载，甚至短路，电源必须设计保护功能，否则很容易损坏。

空载比较简单，一般不需要专门测试，在负载测试中，经常会处于空载情况。

一般测试是短路，需要测试，利用短路线直接短接输出端口数秒钟，再恢复，看电源是否正常。

对于线性稳压电源，7805 模块本身设计了短路保护功能。所以选择 7805 模块，实际上本身就具有过载保护能力，不需要自己专门设计保护功能。如果选择自行设计稳压电路，就一定要考虑设计保护电路。

7.5　电源多路输出

前面介绍的电源设计，主要是以 5V 单路输出为例。在实际应用中，很多时候，需要多种不同的电源电压。比如：±5V，±12V 等。

我们不需要每一路电压都单独设计一个电源，而是从变压器上分多路次级线圈，得到多路不同的输出电压，如图 7-19 所示。

其设计可以参照前面的电源设计方法，在计算变压器功率时，要考虑每一路输出功率的叠加。

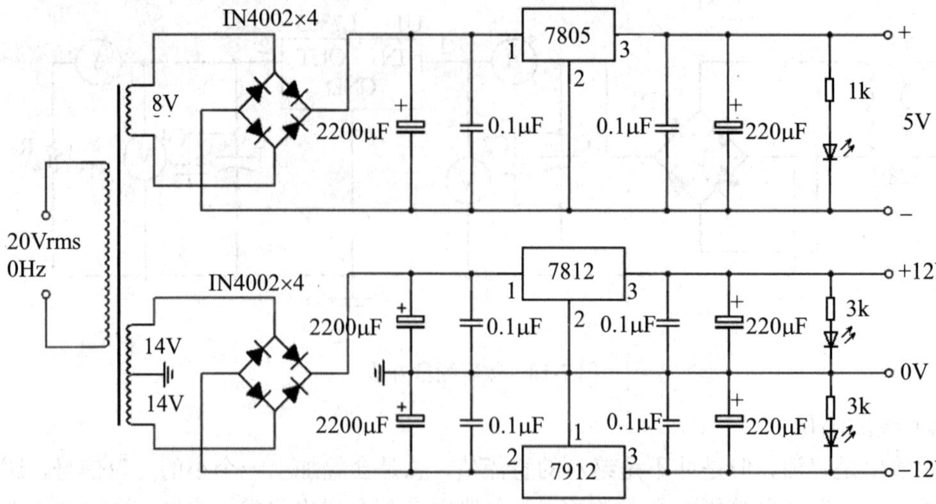

图 7-19　多路输出电源电路图

本章主要介绍的是线性稳压电源的设计与安装调试。线性稳压电源的效率低是其一个缺点，由于其设计理论本身无法进一步改进效率指标。因此，目前，开关电源的应用非常广泛，开关电源的效率可以大幅度提高。但是开关电源电路相对比较复杂，技术要求比较高。关于开关电源的理论和设计方法，在本系列丛书的专题介绍中再深入讨论。

练　习　题

一、设计并制作一个多路输出的直流电源。要求：

输入：220V/50Hz

输出：三路输出：+5V（1A）、+12V（1A）、-12V（1A）

负载调整率：≤5%

电流调整率：≤5%

效率：≥30%

纹波系数：≤5%

二、设计并制作一个输出可调的直流电源。

基本要求：

输出电压 2V～35V 可调

最大输出电流 1.5A

线性调整率 0.01%

负载调整率 0.1%

纹波系数：≤5%

具有输出短路、过流、过热保护。

第 8 章　常用电子测量仪器

利用电子技术实现测量的仪表设备，统称为电子测量仪器。本章简单介绍示波器、函数发生器、晶体管毫伏表、直流稳压电源以及万用表这几种常用的电子测量仪器的功能和主要技术指标及实验室所用仪器的面板功能。频谱分析仪在第十五章单独介绍。

8.1　示　波　器

示波器能够将人们无法直接看到的电信号转换成可直接观察的图像波形。从而可以对电信号波形进行分析，并测量其参数的大小。

示波器以短暂扫描的方式显示电量的瞬时值，它对电信号的分析是按时域法进行的，可直接显示信号的波形，还可测量信号的瞬时值，具有良好的直观性。

现代示波器还具有数字显示功能。输入阻抗高（MΩ级），对被测量电路的影响小。配用传感器或换能设备后，可以观测非电量的变化过程。同时也是一种良好的信号比较器，可显示和分析任意两个量之间的函数关系。

示波器的种类型号繁多，根据目前示波器的发展现状，可分为以下几类：

通用示波器：它们应用基本显示原理，可对电信号进行定性和定量的观测。

取样示波器：采用取样技术将高频信号转换成模拟的低频传号，再应用通用示波器的基本显示原则观测信号。取样示波器一般用于观测频率高、速度快的脉冲信号。

数字存储示波器：具有存储信息功能，能对单次瞬变过程、非周期现象、低重复频率信号进行观测。

逻辑示波器：又称逻辑分析仪，主要用于分析数字系统的逻辑关系。

数字智能化示波器：带有微处理器的示波器通称为数字化、智能化示波器。

电视专用示波器：主要用于电视和电视设备的科研生产厂家及电视台、电视转播车、卫星转播站。

示波器的种类和功能还在不断增多，今后的发展方向是扩展频带、提高灵敏度、增加使用功能，做到多用化、数字化、程序化，以实现测试的自动化。

8.1.1　模拟示波器原理简介

1．示波管基本原理

示波管（或称阴极射线管，CRT）——电子示波器的核心组件，是一种将被测电信号转换成光信号的显示器件，是示波器的一个重要组成部分。示波管主要由电子枪、偏转系统和荧光屏三大部分组成。如图 8-1 所示是示波管的基本原理图。

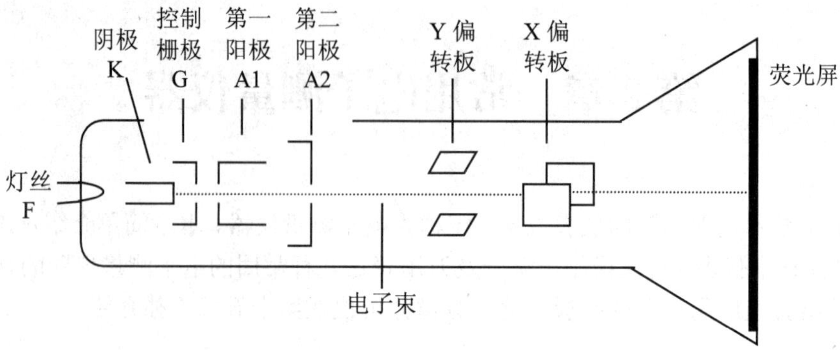

图 8-1　示波管的基本原理图

（1）电子枪

包括灯丝 F、阴极 K、控制栅极 G、第一阳极 A1、第二阳极 A2 等。阴极被灯丝加热后，可沿轴向发射电子；控制栅极是个金属圆筒，相对阴极来说是负电位，改变其电位可以改变通过控制极小孔的电子数目，也就是控制荧光屏上光点的亮度。

第一阳极 A1 对阴极而言加有约几百 V 的正电压，第二阳极 A2 上加有比第一阳极更高的正电压。穿过控制极小孔的电子束，在 A1 和 A2 高电位的作用下，得到加速，高速射向荧光屏。由于同性电荷相斥、电子束会逐渐散开。通过第一阳极、第二阴极之间的电场的聚焦作用，使电子重新聚集起来汇交于一点，适当控制第一阳极和第二阳极之间电位差的大小，即可使焦点正好落在荧光屏上，显现出一个小圆点。改变第一阳极和第二阳极之间的电位差，即可改变聚焦点的位置，达到调节聚焦的作用，这就是示波器的“聚焦”的原理。

（2）偏转系统

在第二阳极和荧光屏之间有两对互相垂直的偏转板，分别称为水平偏转板（X 偏转板）和垂直偏转板（Y 偏转板）。前者水平放置，后者垂直放置，它们分别控制电子束在水平方向和垂直方向的移动。

从电子枪射出的电子束，若不受电场的作用，则将沿直线前进并在荧光屏上显示出静止的光点。若电子束受到偏转板上所加电场的作用，则其运动方向就会偏离中心轴线，即荧光屏上的光点位置就会产生位移。

（3）荧光屏

位于示波管的终端，是示波管的显示部分。在荧光屏的内壁涂有一层或几层荧光粉，荧光屏受到高速电子冲击的地方会显现出荧光。为了观察亮点移动的轨迹，要求荧光物质发出的亮点有一定的余辉，以便于亮点的轨迹构成连续曲线。

光点的亮度决定于电子束电子的数目、密度及其速度。改变控制栅极的电压时，电子束中电子的数目将随之改变，光点亮度也将改变。在使用示波管时不宜让很亮的光点固定出现在一个位置上，否则该点的荧光物质将因长期受电子冲击而烧坏，从而失去发光能力。

2．波形显示的基本原理

若示波管的垂直偏转板和水平偏转板上所加电压为零，则荧光屏上显示一个光点。

若在示波管的 X 偏转板上加如图 8-2（a）所示的锯齿波电压，电子束就会沿水平方向偏转，荧光屏上将显示出一条水平扫描线，又称为时基线，如图 8-2（b）所示。

若 X 偏转板上不加锯齿波，Y 偏转板上加上被测电压信号，荧光屏上显示一条竖线。

若在示波管的 X 偏转板上加锯齿波电压，Y 偏转板上加上被测电压信号，电子束就会因受到两个互相垂直的电场的作用而向合力方向偏转，描绘出波形。

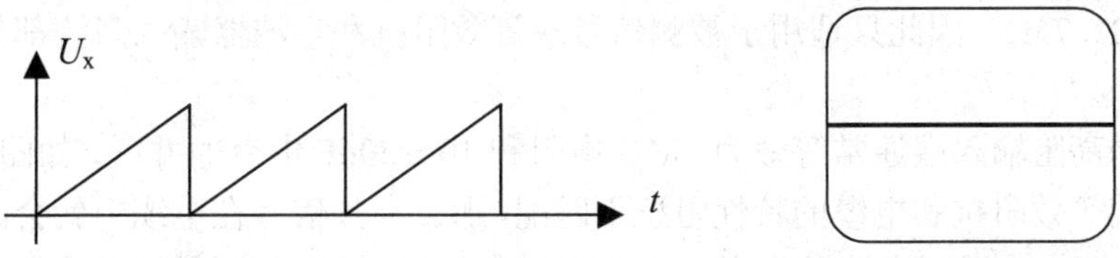

（a）锯齿波电压　　（b）只有锯齿波时的显示

图 8-2　扫描锯齿波电压信号

波形的基本显示原理如图 8-3 所示，以正弦波的显示为例，当 t=0 时，Y 偏转板上电压为零，X 偏转板上电压为负的最大值，则光点停在荧光屏的左边位置“0”点处；当 t=1 时，X 偏转板上电压减小，Y 偏转板上的正弦电压正向增加，使光点向右上方运动到位置“1”；当光点移到位置“4”时，X、Y 偏转板上电压均为零，光点定在荧光屏的中心位置“4”处……其余依次类推。由于荧光粉的残留效应，这些光点的移动在荧光屏上看起来就连成一条正弦波的图形。

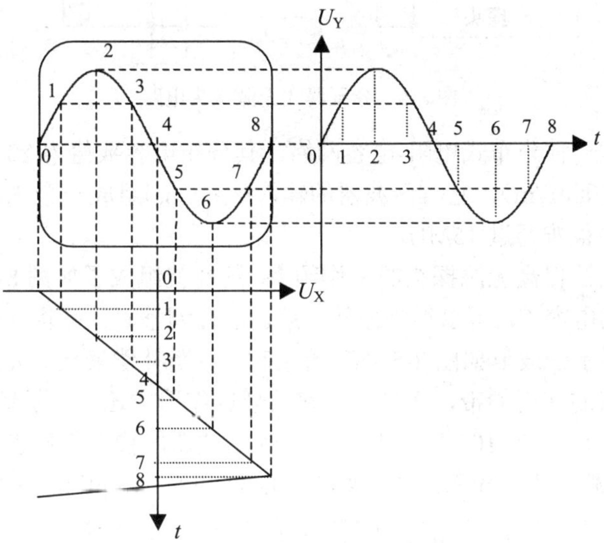

图 8-3　波形显示原理示意图

当被测信号电压的频率等于锯齿波电压频率的整数倍时，荧光屏上将显示出周期为整数的被测信号的稳定波形；而当被测信号电压的频率与锯齿波电压的频率不成整数倍时，相对于被测信号来说，每次扫描的起始点就不同，其结果是造成波形不断地水平移动而不稳定。保证被测信号频率与扫描频率成整数倍的过程称为同步。

3．探头

探头是连接在示波器外部的一个输入电路部件。它的基本作用是便于直接在被测源上探测信号和提高示波器的输入阻抗，从而展宽示波器的实际使用频带。示波器的探头按原理分为有源和无源探头。无源探头最通用，这里介绍无源探头。

在低频低灵敏度的示波器中，可以用两根普通的导线把被测信号引到示波器的输入端。

但当观测高频信号时，未加屏蔽的导线将会感应干扰信号；其次，导线自身的电感、电容可能组成谐振电路，从而限制了示波器的上限频率。

为了一支外界干扰信号的影响，可以用同轴电缆替代普通导线，同轴电缆的特性阻抗比较低，如 50Ω、75Ω，因此只适用于被测信号端等效阻抗和示波器输入阻抗都是低阻抗的情况。

示波器的高阻输入端通常等效为 1MΩ 电阻和 10～50pF 电容的并联，如图 8-4 所示。如果被测信号端等效阻抗和电缆的特性阻抗不匹配，那么高频信号在电缆中就会因多次反射而产生严重的失真。为了减少这种失真，可以给电缆串入一个电阻以达到临界阻尼。更好的办法是采用特制的大损耗电缆，这种电缆的芯线具有较高的电阻率，例如，采用镍-铬电阻线，常称这种高阻电缆为 R 电缆，R 电缆配上适当的探头和探针，就组成传输系数等于 1 的直通无源探头。R 电缆的总电阻典型数值是 400Ω 左右。

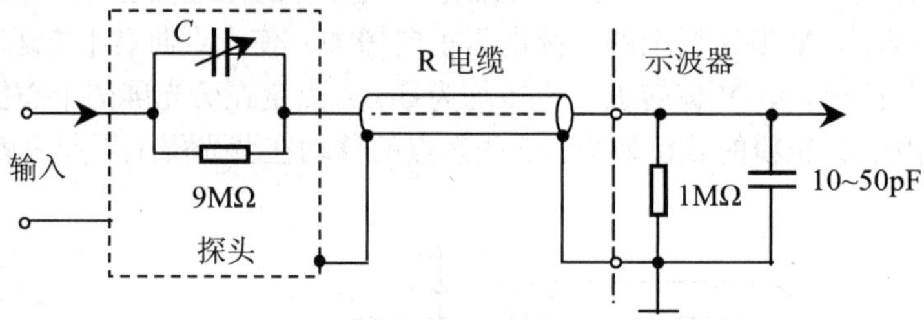

图 8-4　分压器式无源探头电路

R 电缆实际上是一种分布式电阻-电容网络，其分布电容数值为 20～30pF/m（普通同轴电缆的分布电容是 100pF/m），它与示波器的输入电容一起组成一个 RC 低通滤波器，使得直通探头的频率上限很难超过 15MHz。

可以用电容补偿法提高无源探头的工作频率，这样就组成了如图 8-4 所示的分压式无源探头电路。调整补偿电容 C，可以得到最佳补偿。进行调整时，可将一个波形良好的方波送入探头，当示波器显示的波形如图 8-5（a）所示时，表明补偿最佳。分压器式无源探头不仅可以大大扩展示波器的使用频带，而且由于它的分压作用，还可以扩镇示波器的量程上限。它的分压比一般是 10∶1 和 100∶1。另外，它使示波器的输入阻抗也大为提高，如对于图 8-4 所示的 10∶1 无源探头，输入阻抗大约是 10MΩ 和 5～15 pF 的并联。

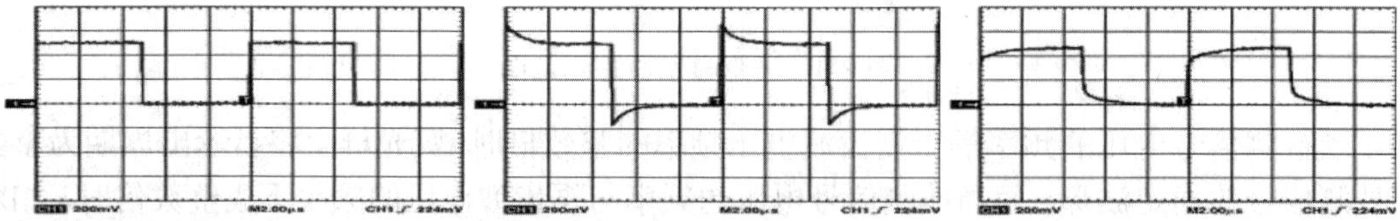

（a）最佳补偿　　（b）过补偿　　（c）欠补偿

图 8-5　示波器补偿探头补偿的情况

上述的无源探头虽较直通探头有所改善，但由于同轴电缆工作在不匹配的情况下，因此，工作频率上限要超过 50MHz 是困难。现代无源探头在电缆上附加一个 RLC 阻抗匹配网络，把工作频率上限提高到 300MHz 以上。其等效电路如图 8-6 所示。匹配网络中的 L1、L2、C2 组成半节串臂 m 导出式滤波器。当选取导出系数 m=0.6 时，该滤波器左端看进去的阻抗在通带内几乎与频率无关，从而便于和电缆相匹配。该滤波器右端看进去的阻抗在通带内随频率的升高而降低，因而便于和示波器的阻抗相匹配。R_2 的引入可以消除匹配网络中产生的振铃失真。调节 R_2 以达到临界阻尼。小电容 C3 可以改善对电缆中电抗部分的匹配。

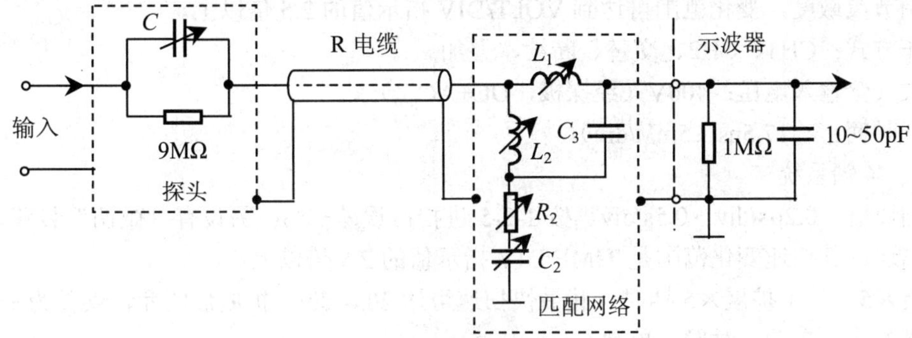

图 8-6　带有阻抗匹配网络的无源探头简化电路

Tek 公司的 P6008 型探头采用如图 8-6 所示电路，它的 R 电缆的长度是 1m，各元件参数分别为：R_1=9MΩ，C_1=7.5pF，L_1=0.15～0.25μH，L_2=0.6～1.1μH，C_2=9～35pF，R_2=1kΩ，C_3=1pF。当配用输入阻抗为 10MΩ/20pF 的示波器时，工作频率上限可达 100MHz 以上，上升时间小于 3ns。

8.1.2　通用模拟示波器 VP-5220D 介绍

通用示被器是最早发展起来的示波器，主要由三个主要部分组成：Y 轴系统（主要是垂直放大）、X 轴系统（主要是扫描和水平放大）和主机（主要是低、高压电源和显示电路）。现在的通用一般是双踪示波器，为了能同时观测两个信号波形，一般采用单束示波管组成的应用电子开关的电路组成框图如图 8-7 所示。

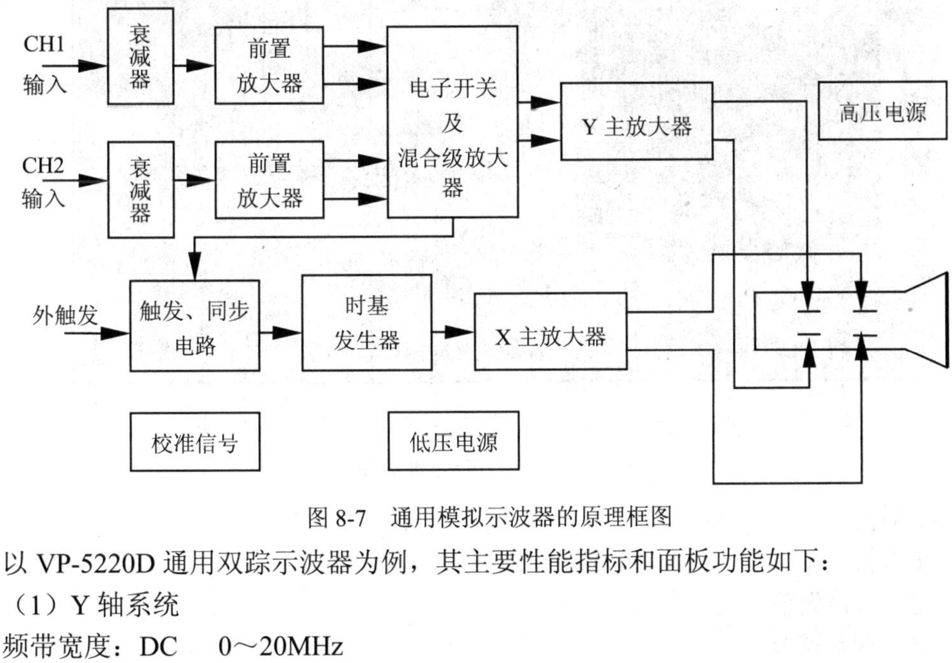

图 8-7　通用模拟示波器的原理框图

以 VP-5220D 通用双踪示波器为例，其主要性能指标和面板功能如下：

（1）Y 轴系统

频带宽度：DC　0～20MHz

×5 扩展　DC　0～10MHz

输入阻抗：1MΩ±2%//25±5pF（直接输入）。

垂直输入灵敏度：5mV/div～5V/div，按 1-2-5 进挡，误差±3%；另设有“微调”旋钮，可连续调节灵敏度，变化范围可达到 VOLT/DIV 指示值的 2.5 倍以上。

工作方式：CH1、CH2、交替、断续、叠加。

最大安全输入电压：400V（经探极，DC+AC_{p-p}）。

上升时间：≤17.5ns（5mV/div）。

（2）X 轴系统

扫描速度：0.2μs/div～0.5s/div，按 1-2-5 进挡；误差±3%；另设有“微调”装置，可连续调节扫速，其扫速变化范围是 TIME/DIV 指示值的 2.5 倍以上。

扩展×5：处于扩展×5 挡时，其最快扫速可达 20ns/div。扩展后的允许误差为±5%。

扫描方式：自动、触发、单次。

（3）触发同步性能

触发方式：NORM，AUTO，FIX

同步频率范围：自动——50Hz～20MHz；

触发——AC，30Hz～5MHz（振幅 0.6div）～20MHz（振幅 2div）

DC，DC～5MHz（振幅 0.5div）～20MHz（振幅 2div）。

同步灵敏度：AC、DC——1.5div（50Hz～5MHz）3div（～20MHz）。

触发源：INT（CH1、CH2），LINE，EXT，EXT÷10。

（4）VP-5220D 通用双踪示波器面板结构

其面板结构如图 8-8 所示。

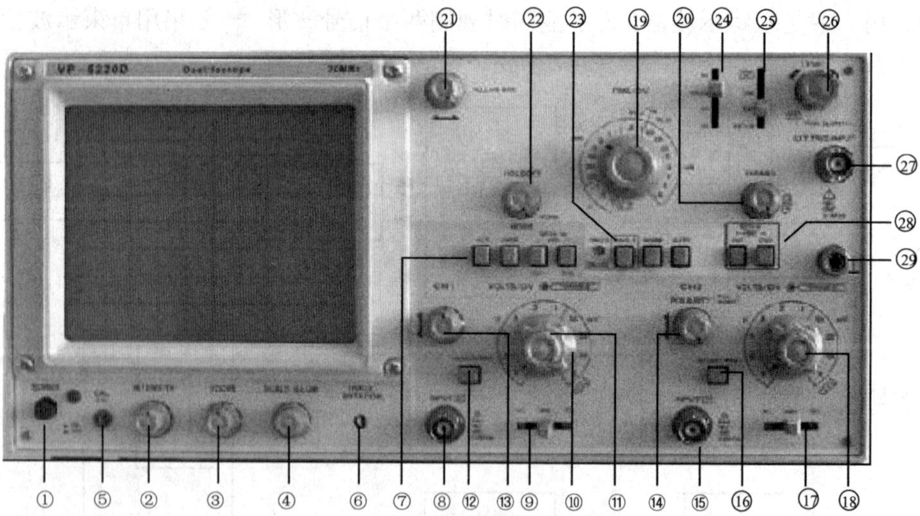

图 8-8　VP-5220D 示波器面板

显示部分：

① 电源开关。

② 光迹亮度调节。

③ 光迹聚焦调节。

④ 标尺亮度，用于屏幕的表面照明。

⑤ 本机校准信号输出，波形是方波，f=1kHz，V_{pp}=0.3V，直流电压 0.15V。

⑥ 光迹旋转，扫描线由地磁等影响发生倾斜时进行调整。

垂直通道部分：

① 垂直工作方式：选择垂直信道（CH1、CH2）的工作方式。

ALT——双踪交替显示方式，适合观测频率较高的信号（一般大于 500Hz）；

CHOP——双踪断续显示方式，适合观测频率较低的信号；

CH1——CH1 的信号显示在屏幕上；

CH2——CH2 的信号显示在屏幕上；

ADD——CH1、CH2 同时按下，可实现两个通道的信号的相加。

② CH1 信号输入端口（INPUT），当 X-Y 方式时，作为 X 轴信号输入端。

③ CH1 垂直输入方式（AC　GND　DC）：选择信号耦合进入测试通路的方式。

AC——输入信号的交流部分进入测试通道；

GND——输入端接地，输入为零，用于定位基准线零电位位置；

DC——输入信号的直流和交流部分进入测试通道。

④ CH1 垂直偏转灵敏度（VOLT/DIV）：5mV/div～5V/div，共 10 挡，调节改变波形显示的 Y 轴偏转系数（电压单位），使波形在屏幕上显示为适当的大小。在微调校准时，定量测量信号的幅度。

⑤ CH1 垂直灵敏度微调（VARIABLE）：微调旋钮和灵敏度旋钮是套轴结构，调节微调旋钮，可以使灵敏度连续变化，变化范围是当前灵敏度值的 2.5 倍以上，顺时针旋转到底为校准位置。

⑥ CH1 的 PUSH ×5 MAG，按下时，灵敏度扩展 5 倍。

⑦ CH1 垂直位移调节：调节 CH1 信号或光迹在垂直方向的位置。

⑧ CH2 垂直位移调节：调节 CH2 信号或光迹在垂直方向的位置；拉出旋钮式 CH2 的信号的显示极性反转。

⑨ CH2 信号输入端口。

⑩CH2 的 PUSH ×5 MAG。

⑪ CH2 垂直输入方式。

⑫ CH2 垂直偏转灵敏度及微调。

水平通道部分：

① 扫描速度选择开关（T/div）：调节范围为 0.2μs/div～0.5s/div，分 20 挡，扫描微调校准后，由此读取水平轴单位格的时间值。

② 扫描微调：可连续调节扫描速度，调节范围≥2.5 倍。顺时针旋到底为校准位置。

③ 水平位置调节：在水平方向上调节波形的位置，拉出旋钮，扫描速度提高 10 倍。

④ 释抑时间调节：调节内部扫描信号的释抑时间，配合 LEVEL 旋钮使不易触发的复杂波形稳定的显示。通常置于 NORM 位置。

⑤ 系统扫描方式：

单次（SINGLE）——单次扫描，还作为单扫描的复位开关来使用。

触发（NORM）——输入通道有输入波形，且耦合方式不是“GND”，触发扫描，波形显示在屏幕上，无波形时，不触发扫描，屏幕上无显示。

自动（AUTO）——无波形时，自激产生扫描，屏幕上显示扫描线；有触发波形时，显示波形。

⑥ 触发信号耦合开关：

AC —— 触发信号经电容耦合进入触发电路；

AC-LF —— 高频抑制，将触发信号中 50kHz 以上的成分衰减；

TV —— 使电视信号中的同步信号作为触发信号；

DC —— 触发信号直接接入触发电路。

⑦ 触发源选择：

INT —— 内部触发方式；

LINE —— 用主电源信号作为触发信号；

EXT —— 用外部信号触发；

EXT÷10 ——外部信号的幅度除以 10 后触发。

⑧ 触发电平旋钮（LEVEL）：调节扫描信号的触发电平，左旋到底置于“FIX”时，触发电路以固定电平自动触发扫描电路。该旋钮按下是用触发信号的上升沿触发，拉出是用下降沿触发。

⑨ 外部触发信号输入端。

⑩ 内触发信号源选择：触发源选择“INT”时，内部触发信号可有 3 个选择：

CH1：扫描电路只被 CH1 信号触发；

CH2：扫描电路只被 CH2 信号触发；

VERT：显示在屏幕上的信号去触发扫描电路。

⑪ 测试用接地端。

8.1.3 优利德 2000 系列示波器

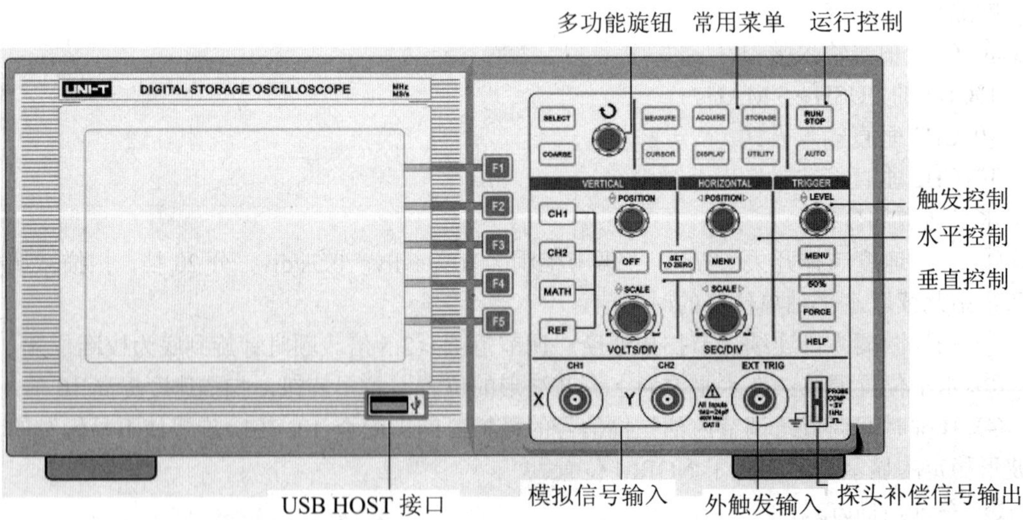

图 8-9　面板操作说明图

一、示波器外观

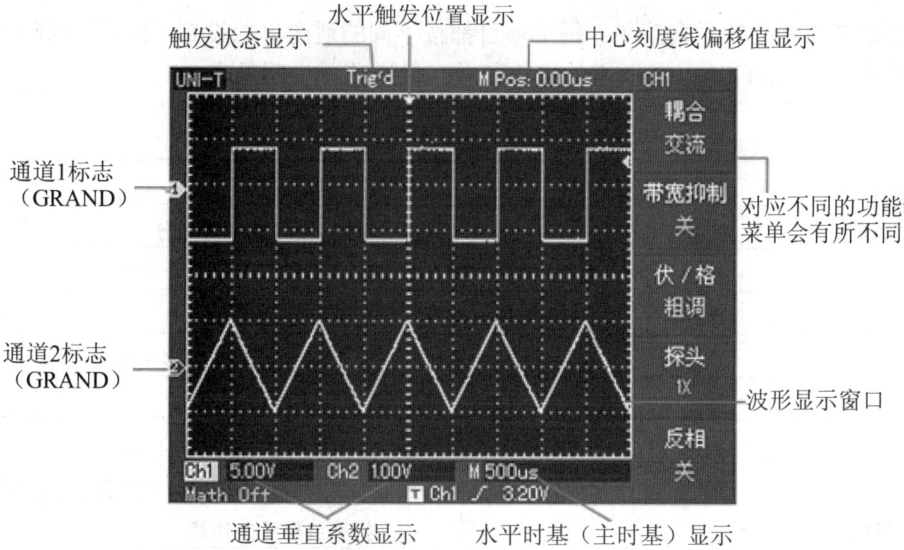

图 8-10　显示界面说明图

二、示波器操作

（一）波形显示的自动设置

优利德 2000 系列数字示波器具有自动设置的功能。将被测信号连接到信号输入通道，按下 AUTO 按钮，示波器将根据输入的信号自动设置垂直、水平和触发方式至最好形态显示。如需要，可手工调整这些控制使波形显示达到最佳。应用自动设置要求被测信号的频率大于或等于 50Hz，占空比大于 1%。

（二）设置垂直系统

如图 8-11 所示，在垂直控制区（VERTICAL）有一系列的按键、旋钮。

1．垂直通道旋钮及按键的应用

（1）垂直 POSITION 旋钮控制信号的垂直显示位置。当转动垂直旋钮时，指示通道地（GROUND）的标识跟随波形上下移动。

（2）转动垂直 SCALE 旋钮改变“Volt/div”（伏/格）垂直挡位，显示界面状态栏对应通道的垂直系数显示发生了相应的变化。

（3）按 CH1、CH2、MATH、REF 屏幕显示对应通道的操作菜单、标志、波形和挡位状态信息。按 OFF 按键关闭当前选择的通道。

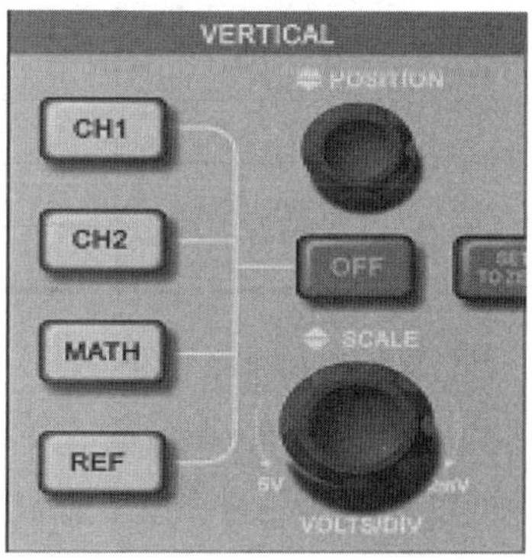

图 8-11　垂直控制系统

（4）SET TO ZERO 按键用于将垂直位移、水平位移、触发释抑的位置回到零点（中点）。

注意：需要调整的通道只有处于选中的状态，垂直 POSITION 和垂直 SCALE 旋钮才能调节此通道。通道按键灯亮说明该通道已被激活，若希望关闭某个通道，应在当前处于选中状态时，按 OFF 按键将其关闭，通道按键灯灭。

2．通道的设置

每个通道有独立的垂直菜单。每个项目都按不同的通道单独设置。按 CH1 或 CH2 功能按键，系统显示 CH1 或 CH2 通道的操作菜单，通道菜单说明见表 8-1。

表 8-1 通道菜单说明

功能菜单	设定	功能说明
耦合	交流	阻挡输入信号的直流成分
	直流	输入信号的交流和直流成分均可通过
	接地	断开输入信号
带宽限制	打开	限制带宽至 20MHz，以减少显示噪音
	关闭	满带宽
伏/格	粗调	粗调按 1-2-5 进制设定垂直偏转系数
	细调	微调则在粗调设置范围之间进一步细分，以改善垂直分辨率
反相	开	打开波形反向功能
	关	波形正常显示

3．数学运算

数学运算（MATH）功能是显示 CH1、CH2 通道波形相加、相减、相乘以及 FFT 运算的结果。数学运算的结果同样可以通过栅格或游标进行测量，如表 8-2 所示。

表 8-2 数学运算菜单

功能菜单	设定	功能说明
类 型	数学	进行+、–、×、÷运算
	FFT	FFT 频谱分析
信源 1	CH1	设定信源 1 为 CH1 通道波形
	CH2	设定信源 1 为 CH2 通道波形
算 子	+、–、×、÷	信源 1+、–、×、÷信源 2
信源 2	CH1	设定信源 2 为 CH1 通道波形
	CH2	设定信源 2 为 CH2 通道波形

4．FFT 频谱分析

使用 FFT（快速傅立叶变换）数学运算可将时域（YT）信号转换成频域信号。使用 FFT 可以方便地测量系统中谐波含量和失真、表现直流电源中的噪声特性。FFT 菜单说明如表 8-3 所示。

FFT 操作技巧：a.具有直流成分或偏差的信号会导致 FFT 波形成分的错误或偏差。为减少直流成分可以选择“交流”耦合方式。b.为减少重复或单次脉冲事件的随机噪声以及混叠频率成分，可设置示波器的获取模式为平均获取方式。c.如果在一个大的动态范围内显示 FFT 波形，建议使用 dBVrms 垂直刻度。dB 刻度应用对数方式显示垂直幅度大小。

表 8-3　FFT 菜单说明

功能菜单	设　定	功能说明
类　型	FFT	FFT 数学运算
信　源	CH1	设定 CH1 为运算波形
	CH2	设定 CH2 为运算波形
窗	Hanning	设定 Hanning 窗函数
	Hamming	设定 Hamming 窗函数
	Blackman	设定 Blackman 窗函数
	Rectangle	设定 Rectangle 窗函数
垂直单位	Vrms	垂直参数用电压有效值进行度量
	dBVrms	垂直参数用电压分贝值进行度量

如果 YT 波形的周期为非整数时，就会引起波形开始和结束处的波形幅值不同，从而使连接处产生高频瞬态中断。在频域中，这种效应称为泄漏。为避免泄漏的产生，在原波形上乘以一个窗函数，强制开始和结束处的值为 0。

（三）设置水平系统

如图 8-12 所示，在水平控制区（HORIZONTAL）有一系列的按键、旋钮。

1．水平通道旋钮的应用

使用水平控制钮可改变水平刻度（时基）、触发在内存中的水平位置（触发位移）。屏幕水平方向上的中点是波形的时间参考点。改变水平刻度会导致波形相对屏幕中心扩张或收缩。水平位置改变波形相对于触发点的位置。

（1）使用水平 POSITION 旋钮调整信号在波形窗口的水平位置，转动水平旋钮时，可以观察到波形随旋钮而水平移动。

（2）使用水平 SCALE 旋钮改变水平挡位设置，即秒/格（s/div），水平扫描速度从 5ns～50s，以 1-2-5 的形式步进。

（3）SET TO ZERO 按键用于将触发点快速恢复中点。

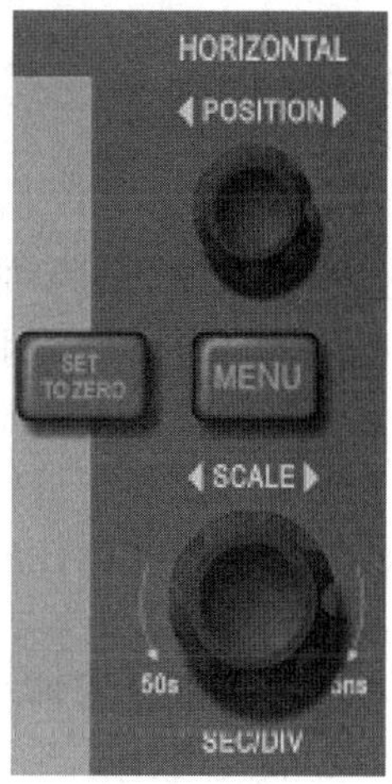

图 8-12　水平控制区

2．水平系统的设置

按 MENU 按钮，显示 TIME 菜单。在此菜单下，可以切换主时基和视窗扩展模式模式，触发释抑时间也需要在此菜单下进行调节，如表 8-4 所示。

表 8-4　水平设置菜单说明

功能菜单	设　定	说　　明
主时基	——	1．打开主时基； 2．如果在视窗扩展被打开后，按主时基则关闭视窗扩展
——		
视窗扩展	——	打开扩展时基
——		
触发释抑		调节释抑时间

视窗扩展操作说明：

视窗扩展用来放大一段波形，以便查看图像细节。视窗扩展的设定不能慢于主时基的设定。

在扩展时基下，分两个显示区域，如图 8-13 所示。

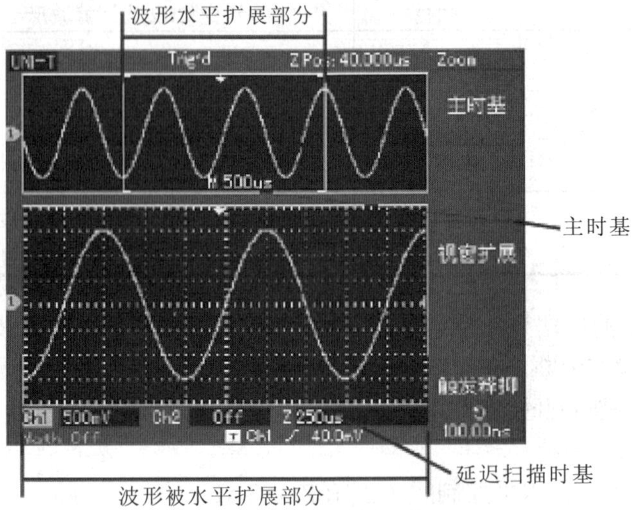

图 8-13　视窗扩展下的屏幕显示

上半部分显示的是原波形，波形水平扩展部分可以通过转动水平 POSITION 旋钮左右移动，通过转动水平 SCALE 旋钮扩大和减小选择区域。

下半部分是选定的原波形区域经过水平扩展的波形。值得注意的是，扩展时基相对于主时基提高了分辨率。由于整个下半部分显示的波形对应于上半部分选定的区域，因此转动水平 SCALE 旋钮减小选择区域可以提高扩展时基，即提高了波形的水平扩展倍数。

（四）设置触发系统

触发决定了示波器何时开始采集数据和显示波形。若触发未被正确设定，它将不能稳定的显示实时的波形。

示波器操作面板的触发控制区如图 8-14 所示，它包括触发电平调整旋钮 LEVEL；触发菜单按键 MENU；设定触发电平在信号垂直中点的 50%；强制触发按键 FORCE 及帮助键。

图 8-14　触发控制区

图 8-15　触发菜单区

LEVEL：触发电平旋钮。设定触发点对应的信号电压。

MENU：触发设置菜单键。按下 MENU 键，将出现如图 8-15 所示菜单。

50%：将触发电平设定在触发信号幅值的垂直中点。

FORCE：强制产生一触发信号，主要应用于触发方式中的“普通”和“单次”模式。

触发方式有：边沿、脉宽、斜率、视频、交替。此处只简单介绍边沿触发方式。边沿触发方式是在触发信号边沿的触发阈值上触发，即在触发信号的上升沿、下降沿或上升和下降沿触发，如表 8-5 所示。

表 8-5　边沿触发菜单说明

功能菜单	设　定	说　明
类型（触发方式）	边沿	
信源选择	CH1	设置 CH1 作为信源触发信号
	CH2	设置 CH2 作为信源触发信号
	EXT	设置外触发输入通道作为信源触发信号
	EXT/5	设置外触发源除以 5，扩展外触发电平范围
	市电	设置市电触发
	交替	CH1、CH2 分别交替地触发各自的信号
斜率	上升	设置在信号上升边沿触发
	下降	设置在信号下降边沿触发
	上升下降	设置在信号上升边沿和下降边沿触发
触发方式	自动	设置在没有检测到触发条件下也能采集波形
	正常	设置只有满足触发条件时才采集波形
	单次	设置当检测到一次触发时采样一个波形，然后停止
触发耦合	直流	阻挡输入信号的直流成分
	交流	通过输入信号的交流和直流成分
	高频抑制	抑制信号中的 80kHz 以上的高频成分
	低频抑制	抑制信号中的 80kHz 以下的高频成分

使用触发释抑控制可稳定触发复杂波形。释抑时间是指示波器重新启用触发电路所等待的时间。在释抑期间，示波器不会触发，直至释抑时间结束。例如，一组脉冲系列，要求在该脉冲系列的第一个脉冲触发，则可以将释抑时间设置为脉冲串宽度，如图 8-16 所示。

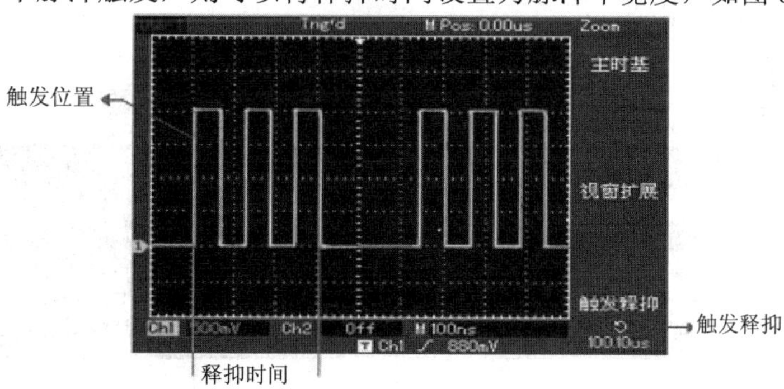

图 8-16　触发抑释示意图

操作说明：

1. 本示波器触发释抑时间调整位于水平设置菜单表 1.1.4 中，按下水平 MENU 菜单按钮，显示水平设置菜单。

2. 按“触发释抑”对应的菜单操作键。

3. 旋动多功能旋钮（↻）改变释抑时间，直至波形稳定触发。

（五）设置显示系统

如图 8-17 所示，在控制区的 DISPLAY 为显示系统的功能按键。

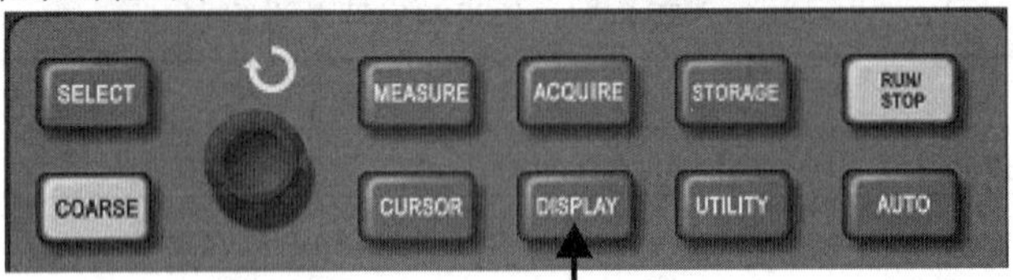

图 8-17 显示功能按钮

使用 DISPLAY 按钮弹出表 8-6 所示设置菜单，通过菜单控制按钮调整显示方式。

表 8-6 显示设置菜单说明

功能菜单	设 定	说 明
显示类型	矢量	采样点之间通过连线的方式显示
	点	直接显示采样点
格式	YT	示波器工作方式
	XY	X-Y 显示器方式，CH1 为 X 输入，CH2 为 Y 输入
持续	关闭	屏幕波形以高刷新率更新；
	1S	屏幕上的波形数据保持 1S，新的数据加入将刷新 1S 前的数据。
	5S	屏幕上的波形数据保持 5S，新的数据加入将刷新 5S 前的数据。
	无限	屏幕上原有的波形数据一直保持显示，如果有新的数据将不断加入显示，直至该功能被关闭
波形亮度	百分比值	通过调节多功能旋钮设置波形的亮度

显示类型包含矢量和点显示。在点显示模式下，若如入信号频率较高，而扫描速度较低时，会出现频率混叠显现，即此时示波器显示波形就好象未同步的低频信号。为解决频率混叠的问题应采用矢量显示模式。

（六）自动测量

如图 8-18 所示，MEASURE 为自动测量功能按键。

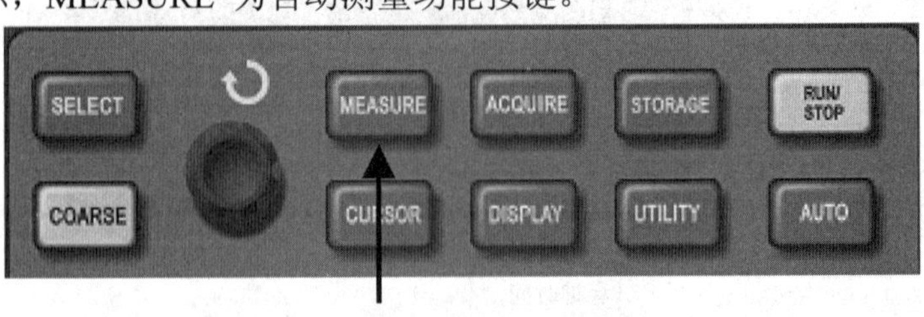

图 8-18 自动测量功能按钮

按 MEASURE 自动测量功能键，系统出现参数测量显示菜单。显示当前已经选中的测量参数及读数值，如图 8-19 所示。

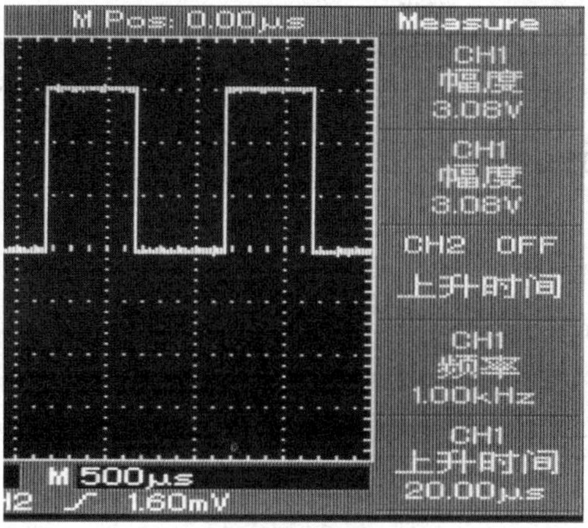

图 8-19　自动测量结果显示界面

若需选择其他参数，按 F1～F5 任意一个按键，系统显示自动测量操作菜单，如表 8-7 所示。本示波器具有 20 种自动测量功能。包括共 11 种电压测量和 9 种时间测量。

表 8-7　自动测量功能菜单

功能菜单	设定	说　　明
返回		返回到参数测量显示菜单
信源	CH1	选择测量参数的通道为 CH1
	CH2	选择测量参数的通道为 CH2
电压类		进入电压类的参数菜单
时间类		进入时间类的参数菜单
所有参数		显示/关闭所有测量参数

操作说明：

1．选择被测信号通道：根据信号输入通道不同，选择 CH1 或 CH2。

2．按钮操作顺序为：MEASURE→F1→信源选择→CH1 或 CH2。

3．选择参数测量：按菜单操作键选择测量类型，按钮操作顺序为：MEASURE→F1→电压类（或时间类）→最大值、最小值……（频率、周期……）。

4. 获得测量数值：按菜单操作键选择参数类型，并在 F1 按键对应区域内显示测试结果。若显示的数据为“*****”，表明在当前的设置下，此参数不可测。

自动测量的结果显示在屏幕右方，最多可同时显示 5 个。当显示已满时，新的测量结果会导致原结果被替换，应根据需要慎重选择 F1～F5 键中对应的哪一个参数被替换。

5．获得全部测量数值：按菜单操作键，设置“所有参数”项状态为打开。与所选被测信源相关的 18 种测量参数值，显示于屏幕上。

全部测量数值只包括本通道的参数，不包括两个通道的相对值，如延迟时间。

本示波器能自动测量的 20 种参数说明：

本示波器能自动测量的电压参数（如图 8-20 所示）

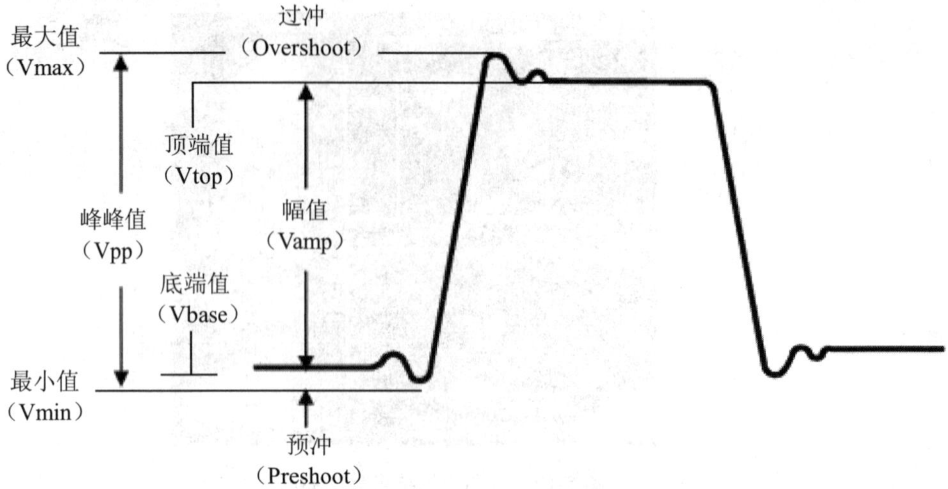

图 8-20　电压参数示意

峰峰值（Vpp）：波形最高点波峰至最低点的电压值。

最大值（Vmax）：波形最高点至 GND（地）的电压值。

最小值（Vmin）：波形最低点至 GND（地）的电压值。

幅度（Vamp）：波形顶端至底端的电压值。

顶端值（Vtop）：波形平顶至 GND（地）的电压值。

底端值（Vbase）：波形平底至 GND（地）的电压值。

过冲（Overshoot）：波形最大值与顶端值之差与幅值的比值。

预冲（Preshoot）：波形最小值与底端值之差与幅值的比值。

平均值（Average）：1 个周期内信号的平均幅值。

均方根值（Vrms）：即有效值。依据交流信号在 1 周期时所换算产生的能量，对应于产生等值能量的直流电压。

中间值（Vmiddle）：最大值和最小值之和的一半。

本示波器能自动测量的时间参数（如图 8-21 所示）

本示波可以自动测量信号的频率、周期、上升时间、下降时间、正脉宽、负脉宽、延迟、正占空比，负占空比 9 种时间参数的自动测量。

上升时间（RiseTime）：波形幅度从 10%上升至 90%所经历的时间。

下降时间（FallTime）：波形幅度从 90%下降至 10%所经历的时间。

正脉宽（+width）：正脉冲在上升沿 50%幅度与下降沿 50%幅度点间的脉冲宽度。

负脉宽（–Width）：负脉冲在下降沿 50%幅度与上升沿 50%幅度点间的脉冲宽度。

延迟（Delay）：可在延迟选项下的菜单里选择延迟 CH1-CH2 或延迟 CH2-CH1，分别对应通道 1 相对于通道 2 的延时及通道 2 相对于通道 1 的延时。

正占空比（+Duty）：正脉宽与周期的比值。

负占空比（–Duty）：负脉宽与周期的比值。

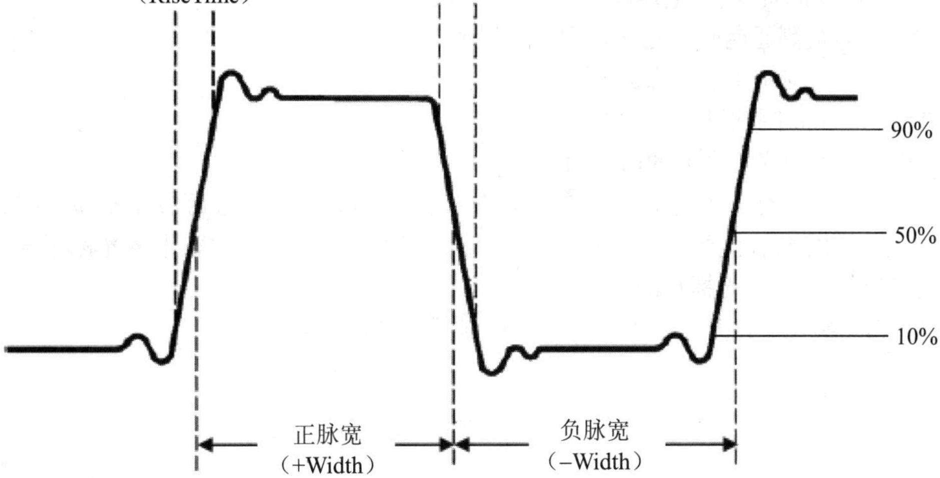

图 8-21　时间参数示意图

（七）光标测量

示波器自动测量的参数总是有限的，对自动测量功能下不能测试的参数可以通过光标手动测量完成。

如图 8-22 所示，在 MENU 控制区的 CURSOR 为光标测量功能按键。

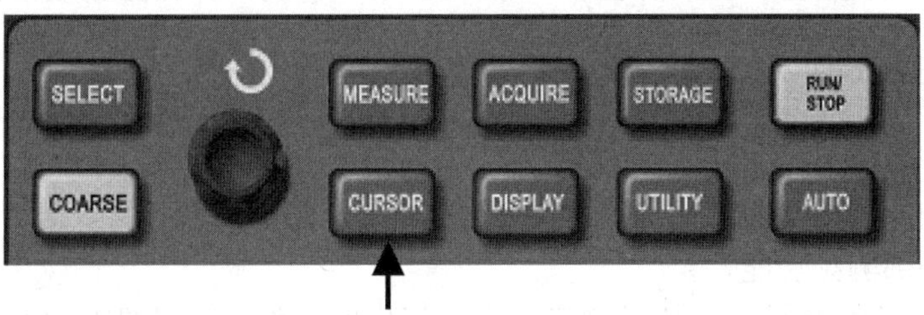

图 8-22　光标测量功能按钮

光标测量分为 3 种模式：电压、时间和跟踪，如表 8-8 所示。

表 8-8　测量功能菜单

功能菜单	设定	功能说明
类型	电压	测试对应通道两个光标间的电压差
	时间	测试对应通道两个光标间的时间差
	跟踪	示波器的光标会自动跟踪对应通道信号变化

在光标测量模式下，被测通道的选择是通过通道按键 CH1 和 CH2 进行切换。

1．电压/时间测量方式：光标 a 或光标 b 将同时出现，由 SELECT 键选择调整哪一个光标，由多功能旋钮控制器来调整光标在屏幕上的位置。选中 COARSE 键时，光标在屏幕上移动的速度更快。

显示的读数即代表的物理量。

Va：a 光标对被测通道地的电压。

Vb：b 光标对被测通道地的电压。

ΔV：为被测通道两个光标之间的电压值。

Ta：a 光标对水平参考点的时间。

Tb：b 光标对水平参考点的时间。

ΔT：为两个光标之间的时间值。

2. 跟踪方式：水平与垂直光标交叉成为十字光标（此处水平光标较短不易观察到十字）。十字光标自动定位在波形上，通过旋转多功能旋钮控制器，可以调整十字光标在波形上的位置。示波器同时显示光标点的坐标。

3．当光标功能打开时，测量数值自动显示于屏幕右上角。

8.2 函数发生器/计数器

函数信号发生器是一种多波形的信号源。它能产生正弦波、方波、三角波、锯齿波及脉冲波等多种波形的信号，同时它能产生重复频率很低的信号，目前最低频率可做到几 MHz，但频率上限不大，一般在 20MHz 以下。有的函数信号发生器还具有调制的功能，可以进行调幅、调频、调相及脉宽调制等。在实验教学中它是一种不可缺少的适用信号源。

本节分别以 EE1641（SP1641B）型和 SPF40 型为例，介绍函数发生器。

8.2.1 EE1641（SP1641B）型函数发生器/计数器

一、主要特征

该仪器是一种精密的测量仪器，具有连续信号、扫频信号、函数信号、脉冲信号等多种输出信号和外部测频功能。

（1）采用大规模单片集成精密函数发生器电路，使得该机具有很高的可靠性及优良的性能/价格比；

（2）采用单片微机电路进行整周期频率测量和智能化管理，对于输出信号的频率、幅度可以很直观、准确的了解到（特别是低频时亦是如此），非常方便；

（3）该机采用了精密电流源电路，使输出信号在整个频带内均具有相当高的精度，同时多种电流源的变换使用，使仪器不仅具有正弦波、三角波、方波等基本波形，更具有锯齿波、脉冲波等多种非对称波形的输出，同时对各种波形均可以实现扫描功能；

（4）整机采用中大规模集成电路设计，优选设计电路，元件降额使用，全功能输出保护，以保证仪器高可靠性。

二、工作原理

图 8-23 为 EE1641B 函数信号发生器的原理框图。整机电路由两片单片机进行管理，主要功能为：控制函数发生器产生的频率；控制输出信号的波形；测量输出的频率或测量外部输入的频率并显示；测量输出信号幅度并显示。

函数信号由专用的集成电路产生，该电路集成度大，线路简单、精度高并易于与微机接口，使得整机指标得到可靠保证。

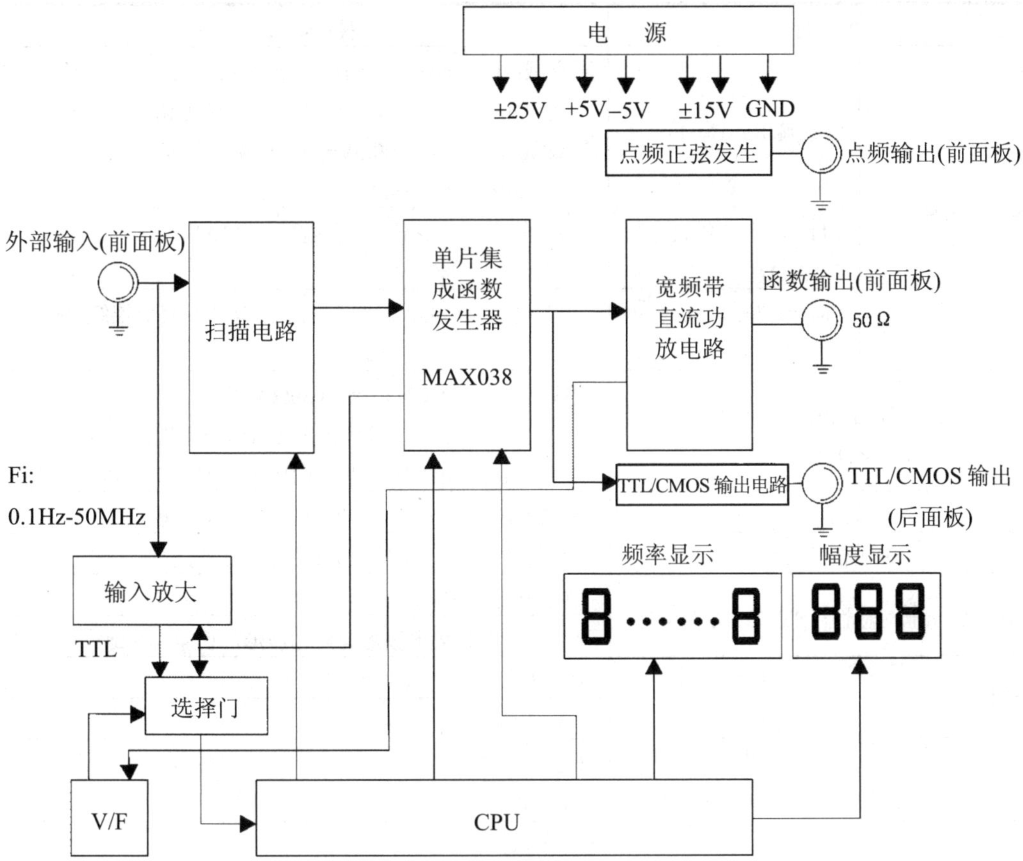

图 8-23　EE1641B 函数发生器原理框图

扫描电路由多片运算放大器组成，以满足扫描宽度、扫描速率的需要。宽带直流功放电路的选用，保证输出信号的带负载能力以及输出信号的直流电平偏移，均可受面板电位器控制。

整机的电源采用线性电路以保证输出波形的纯净性，具有过压、过流、过热保护。

三、主要技术参数

（一）函数发生器部分

函数发生器部分的主要性能指标，如表 8-9 所示。

表 8-9　函数发生器部分主要性能指标

项　目		技 术 参 数
主函数输出频率		0.1Hz～3MHz（SP1641B）0.1Hz～10MHz（SP1642B）按十进制分类共分八挡，每档均以频率微调电位器实行频率调节
输出阻抗	函数、点频输出	50Ω
	TTL/CMOS 输出	600Ω
输出信号波形	函数输出	正弦波、三角波、方波（对称或非对称输出）
	TTL/CMOS 输出	脉冲波（CMOS 输出 f≤100kHz）

（续表）

项　目		技 术 参 数
输出信号幅度	函数输出（1MΩ）	不衰减：（1～20Vpp）±10%，连续可调 衰减 20dB：（0.1～2Vpp）±10%，连续可调 衰减 40dB：（10～200mVpp）±10%，连续可调 衰减 60dB：（1～20mVpp）±10%，连续可调
	TTL 输出（负载电阻⩾600Ω）	“0”电平：⩽0.8V，“1”电平：⩾1.8V
	CMOS 输出（负载电阻⩾2kΩ）	“0”电平：⩽0.8V，“1”电平：⩾5V～15V 连续可调
函数输出信号直流电平（offset）调节范围		关或（–5V～+5V）±10%（50Ω 负载） “关”位置时输出信号所携带的直流电平为：＜（0V±0.1V） 负载电阻为 1MΩ 时，调节范围为（–10V～+10V）±10%
函数输出信号衰减		0dB/20dB/40dB/60dB（0dB 衰减即为不衰减）
输出信号类型		单频信号、扫频信号、调频信号（受外控）
函数输出非对称性（SYM）调节范围		关或 20%～80%
		“关”位置时输出波形为对称波形，误差：⩽2%
扫描方式	内扫描方式	线性/对数扫描方式
	外扫描方式	由 VCF 输入信号决定
内扫描方式	扫描时间	10ms～5s±10%
	扫描宽度	⩾1 频程
外扫描特性	输入阻抗	约 500kΩ
	输入信号幅度	0V～+3V
	输入信号周期	10ms～5s
输出信号特征	正弦波失真度	＜1%
	三角波线性度	＞99%（输出幅度的 10%～90%区域）
	脉冲波上（下）升沿时间	⩽30ns（SP1641B）25ns（SP1642B）（输出幅度的 10%～90%）
	脉冲波、上升、下降沿过冲	⩽5%V_0（50Ω 负载）
输出信号频率稳定度		±0.1%/min
幅度显示	显示位数	三位（小数点自动定位）
	显示单位	Vp-p 或 mVp-p
	显示误差	V0±20%±1 个字（V_0 输出信号的峰峰幅度值），（负载电阻 50Ω 时 V_0 读数需乘 1/2）
	分辨率	0.1Vp-p（衰减 0dB），10mVp-p（衰减 20dB），1mVp-p（衰减 40dB），0.1mVp-p（衰减 60dB）
频率显示	显示范围	0.1Hz～3000kHz/10000kHz
	显示有效位数	五位（1k 档以下四位）

输出信号特征和输出信号频率稳定度测试条件：10kHz 频率输出，输出幅度为 5Vp-p，直流电平调节为“关”位置，对称性调节为“关”位置，整机预热 10min。如表 8-10 所示。

表 8-10　点频输出部分技术指标

项　目	技 术 参 数
点频输出频率	100Hz±2Hz
点频输出波形	正弦波
点频输出幅度	≈2Vp-p

（二）频率计数器部分

频率计数器的部分技术指标，如表 8-11 所示。

表 8-11　频率计数器部分技术指标

<table>
<tr><th colspan="2">项　目</th><th>技 术 参 数</th></tr>
<tr><td colspan="2">频率测量范围</td><td>0.1Hz～50MHz</td></tr>
<tr><td colspan="2" rowspan="2">输入电压范围（衰减度为 0dB）</td><td>30mV～2V （1Hz～50MHz）</td></tr>
<tr><td>150mV～2V （0.1Hz～1Hz）</td></tr>
<tr><td colspan="2">输入阻抗</td><td>500kΩ/30pF</td></tr>
<tr><td colspan="2">波形适应性</td><td>正弦波、方波</td></tr>
<tr><td colspan="2">滤波器截止频率</td><td>大约 100kHz （带内衰减，满足最小输入电压要求）</td></tr>
<tr><td colspan="2" rowspan="2">测量时间</td><td>0.3s （fi＞3Hz）</td></tr>
<tr><td>单个被测信号周期 （fi≤3Hz）</td></tr>
<tr><td rowspan="2">显示方式</td><td>显示范围</td><td>0.100Hz～50000kHz</td></tr>
<tr><td>显示有效位数</td><td>五位</td></tr>
<tr><td colspan="2">测量误差</td><td>时基误差±触发误差（触发误差：单周期测量时）
被测信号的信噪比优于 40dB，则触发误差≤0.3%</td></tr>
<tr><td rowspan="2">时基</td><td>标称频率</td><td>10MHz</td></tr>
<tr><td>频率稳定度</td><td>$\pm 5\times 10^{-5}$/d</td></tr>
</table>

四、面板结构及基本使用方法

该函数发生器输出及输入测试均使用 50Ω的测试电缆，如图 8-24 所示。

①电源开关。

②频段选择按钮，每按一次频段变换 1 个频段，所选频段由旁边的 LED 显示，频段的变化按频段指示值 10 倍率变化。请注意，该指示值不是加权值。

③频率微调旋钮，调节输出频率，调节范围由旋钮左/右下角的范围基数×频段值来决定。

④扫描/计数按钮，可选择多种扫描方式和外测频方式。

⑤函数输出波形选择按键：按一次切换一种波形，可选择正弦波、三角波、脉冲波输出。

⑥输出波形对称性调节旋钮：旋钮逆时针旋转到底，处于“OFF”位置时，输出对称信号；当顺时针打开该旋钮，则可以调节输出信号的对称性。

⑦函数信号输出幅度衰减开关："20dB"、"40dB"均不按下时，输出信号不经衰减，直接输出到输出口；当分别按下"20dB"、"40dB"，输出幅度分别经衰减10和100倍输出，若同时按下，则衰减1000倍输出。

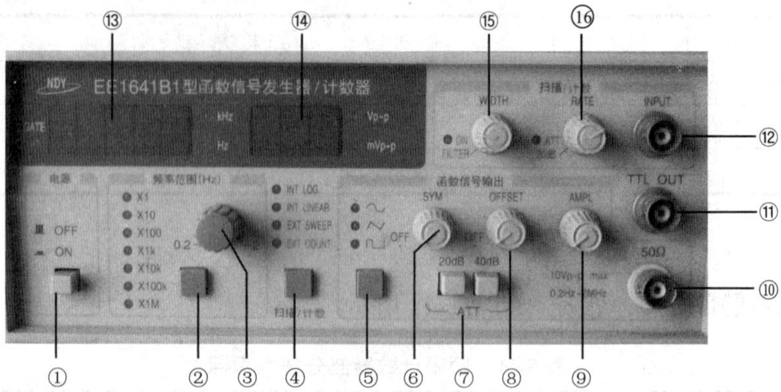

图8-24　EE1641B1函数发生器面板图

⑧函数信号直流电平偏移调节旋钮：该旋钮处于"OFF"位置时，输出直流电平为0；打开后，输出直流电平范围是–5～+5V（50Ω负载）。若按下输出幅度衰减按钮，则直流电平调节范围会减小。

⑨输出幅度调节旋钮：调节范围20dB（50Ω负载），若负载较大，则调节范围可达$20V_{p\text{-}p}$。

⑩函数信号输出端：多种波形受控的函数信号输出端，输出幅度$20V_{p\text{-}p}$（1MΩ负载），$10V_{p\text{-}p}$（50Ω负载）。外接开路电缆。

⑪TTL信号输出端：输出标准的TTL幅度的脉冲信号，输出阻抗为600Ω。

⑫扫描/计数输入插座：当扫描/计数选择在外扫描状态或外测频功能时，外扫描控制信号或外测频信号由此输入。

⑬频率显示窗口：显示输出的频率或外测频信号的频率，旁边的单位指示灯表明所显示频率的单位。

⑭幅度显示窗口：显示函数输出信号的幅度。

⑮扫描宽度调节旋钮：调节扫频输出的频率范围。在外测频时，逆时针旋转到底（绿灯亮），外输入测量信号经过低通开关进入测量系统。

⑯扫描速率调节旋钮：调节此旋钮可以改变内扫描的时间长短。在外测频时，逆时针旋转到底（绿灯亮），为外输入测量信号经过衰减"20dB"进入测量系统。

8.2.2　SPF40型函数发生器/计数器

SPF40是一台精密的测试仪器，具有输出函数信号、调频、调幅、FSK、PSK、猝发、频率扫描等信号的功能。此外，本仪器还具有测频、计数、任意波发生器的功能。

一、主要特征

SPF40采用直接数字合成技术（DDS）；主波形输出频率为1μHz～40MHz；小信号输出幅度可达0.2mV；脉冲波占空比分辨率高达千分之一；数字调频分辨率高、准确；猝发模式具有相位连续调节功能；频率扫描输出可任意设置起点、终点频率；相位调节分辨率达0.1

度；调幅调制度 1%～120% 可任意设置；输出波形达 30 余种；具有频率测量和计数的功能。

二、技术指标

（一）函数发生器

1．波形特性

主波形：正弦波，方波，TTL 波（方波，TTL 波最高输出频率≤40MHz）

波形幅度分辨率：12 bits

采样速率：200Msa/s

正弦波失真度：≤0.1%（频率：20Hz～100kHz）

方波升降时间：≤15ns

储存波形：正弦波、方波、脉冲波、三角波、锯齿波、阶梯波等 27 种波形

波形长度：4096 点

波形幅度分辨率：10 bits

脉冲波占空系数：0.1%～99.9%（频率≤10kHz）；1%～99%（10kHz～100kHz）

脉冲波升降时间：≤100ns

直流输出误差：≤±5%+10mV（输出电压值范围 10mV～10V）

2．频率特性

频率范围：主波形（1μHz～40MHz），储存波形（1μHz～100kHz）

分辨率：1μHz

频率误差：≤$\pm 5\times 10^{-6}$

频率稳定度：优于$\pm 1\times 10^{-6}$

3．幅度特性

幅度范围：2mV～20Vp-p（高阻），1mV～10Vp-p（50Ω）

最高分辨率：2μVp-p（高阻），1μVp-p（50Ω）

幅度误差：≤±1%+0.2mV (频率 1kHz 正弦波)

幅度稳定度：≤0.5 % /3 小时

平坦度：幅度≤2Vp-p：±3%（频率≤5MHz），±10%（频率≤40MHz）

幅度>2Vp-p：±5%（频率≤5MHz），±10%（频率≤20MHz），±20%（频率>20MHz）

输出阻抗：50Ω

4．偏移特性

直流偏移（高阻，频率≤40MHz）：±（10V-Vpk ac），（偏移绝对值≤2×幅度峰峰值）

最高分辨率：2μV（高阻），1μV（50Ω）

偏移误差：当信号幅度≤2Vp-p（高阻）时，≤5% +10mV）；当信号幅度>2Vp-p（高阻）时，≤±（5% +200mV）

5．调幅特性

载波信号：波形为正弦波或方波，频率范围同主波形

调制方式：内或外

调制信号：内部 5 种波形（正弦、方波、三角、升锯齿、降锯齿）或外输入信号

调制信号频率：100μHz～20kHz

失真度：≤2%

调制深度：1%～120%

相对调制误差：≤设定值的±5%+2%

外输入信号幅度：3Vp-p（-1.5V～ +1.5V）

6．调频特性

载波信号：波形为正弦波或方波，频率范围同主波形

调制方式：内或外

调制信号：内部 5 种波形（正弦、方波、三角、升锯齿、降锯齿）

调制信号频率：100μHz～10kHz

频偏：内调频，频偏，Δf ≤fc(载波频率)/2 $\Delta f+fc$ ≤ f_{MAX}+ 100kHz

外调频，频偏，Δf≤ 100kHz（载波频率≥5MHz），输入信号电压 3Vp-p（-1.5V～+1.5V）

外调频：载波频率精确度 ≤10^{-2}，频偏误差 ≤ ±20%

FSK：频率 1 和频率 2 任意设定

控制方式：内或外（外控：TTL 电平，低电平 F1；高电平 F2）

交替速率：0.1ms～800s

7．调相特性

基本信号：波形为正弦波或方波，频率范围同主波形

PSK：相位 1（P1）和相位 2（P2）范围：0～360.0°

分辨率：0.1°

交替时间间隔：0.1ms～800s

控制方式：内或外（外控 TTL 电平，低电平 P2，高电平 P1）

8．猝发

基本信号：波形为正弦波或方波，频率范围同主波形

猝发计数：1～10000 个周期，同时满足 COUNT≤800*Freq (Hz)

猝发信号交替时间间隔：0.1ms～800s

控制方式：内（自动）/外（单次手动按键触发、外输入 TTL 脉冲上升沿触发）

9．频率扫描特性

信号波形：正弦波和方波

扫描范围：扫描起始点频率和终止点频率范围同主波形

扫描时间：1ms～800s（线性）；100ms～800s（对数）

扫描方式：线性扫描和对数扫描

外触发信号频率：≤1kHz（线性）；≤10Hz（对数）

控制方式：内（自动）/ 外（单次手动按键触发、外输入 TTL 脉冲上升沿触发）

10．调制信号输出

输出频率：100μHz～20kHz

输出波形：正弦、方波、三角、升锯齿、降锯齿

输出幅度：5Vp-p±2%

输出阻抗：600Ω

11．存储特性

存储参数：信号的频率值、幅度值、波形、直流偏移值、功能状态。

存储容量：10 个信号

重现方式：全部存储信号用相应序号调出

12．计算特性

在数据输入和显示时，既可以使用频率值也可以使用周期值，既可以使用幅度有效值也可以使用幅度峰峰值和 dBm 值。

（二）计数器

1．频率测量范围：测频 1Hz～100MHz，计数重复率≤50MHz

2．输入特征：

a) 最小输入电压：

"ATT"打开：50mVrms（频率：10Hz～50MHz）；100mVrms（频率：1Hz～100MHz）

"ATT"合上：0.5Vrms（频率：10Hz～50MHz）；1Vrms（频率：1Hz～100MHz）

b) 最大允许输入电压：100Vp-p（频率≤100kHz），20Vp-p（频率≤100MHz）

c) 输入阻抗：R>500kΩ、C<30PF

d) 耦合方式：AC

e) 波形适应性：正弦波、方波

f) 低通滤波器：截止频率约为 100kHz；带内衰减：≤-3 dB；带外衰减：≥-30 dB（频率 >1MHz）

3．测量时间：10ms～10s 连续可调

4．显示位数：八位（闸门时间>5s）

5．计数容量：≤4.29×10^9

6．计数控制方式：手动或外闸门控制

7．测量误差：时基误差±触发误差（被测信号信噪比优于 40dB，则触发误差≤0.3）

8．时基：a) 类别：小型温补晶体振荡器

b) 标称频率：10MHz

三、使用说明

（一）测试前的准备工作

先仔细检查电源电压是否符合本仪器的电压工作范围，确认无误后方可将电源线插入本仪器后面板的电源插座内。仔细检查测试系统电源情况，保证系统接地良好，仪器外壳和所有的外露金属均已接地。在与其它仪器相联时，各仪器间应无电位差。

（二）、函数信号输出使用说明

SPF40 的面板共有 24 个按键，按键按下后，会用响声"嘀"来提示。大多数按键是多功能键。每个按键的基本功能用文字标在该按键上，实现某按键基本功能，只须按下该按键即可。大多数按键有第二功能，第二功能用蓝色文字标在这些按键的面膜上方，实现按键第二功能，只须先按下【shift】键再按下该按键即可。少部分按键还可作单位键，单位用黑色标在这些按键的下方。要实现按键的单位功能，只有先按下数字键，接着再按下该按键即可。其面板如图 8-25 所示。

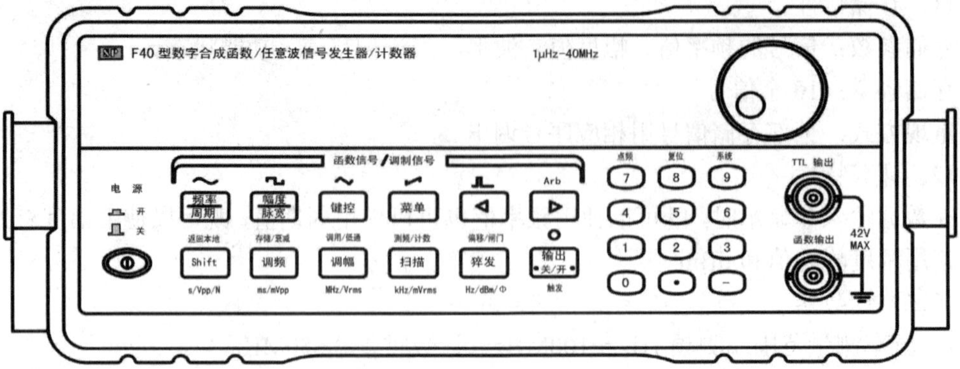

图 8-25　F40 面板示意图

1．仪器启动

按下面板上的电源按钮，电源接通。先闪烁显示“WELCOME”2 秒，再闪烁显示仪器型号例如“F120 DDS”1 秒。之后根据系统功能中开机状态设置，进入“点频”功能状态，波形显示区显示当前波形“～”，频率为 10.00000000 kHz；或者进入上次关机前的状态。

2．数据输入

数据输入有两种方式：数字键输入和调节旋钮输入。

数据键输入：十个数字键用来向显示区写入数据。写入方式为自左到右写入，已经输入当前允许输入数字位数后则不允许输入新的数字。【●】用来输入小数点，如果数据区中已经有小数点，按此键不起作用。【-】用来输入负号，如果数据区中已经有负号，再按此键则取消负号。使用数据键只是把数据写入显示区，这时数据并没有生效，所以如果写入有错，可以按当前功能键，然后重新写入。对仪器输出信号没有影响。等到确认输入数据完全正确之后，按一次单位键，这时数据开始生效，仪器将根据显示区数据输出信号。数据的输入可以使用小数点和单位键任意搭配，仪器将会按照统一的形式将数据显示出来。当输入数字出错时，可用【◄】键来删除当前最低位数字。要强调是用数字键输入数据必须输入单位，否则输入数值不起作用。

调节旋钮输入：调节旋钮可以对信号进行连续调节。按位移键【◄】【►】使当前闪烁的数字左移或右移，这时顺时针转动旋钮，可使正在闪烁的数字连续加一，并能向高位进位。逆时针转动旋钮，可使正在闪烁的数字连续减一，并能向高位借位。使用旋钮输入数据时，数字改变后立即生效，不用再按单位键。闪烁的数字向左移动，可以对数据进行粗调，向右移动则可以进行细调。当不须要使用旋钮时，可以用位移键【◄】【►】使闪烁的数字消失，旋钮的转动就不再有效。

3．功能选择

仪器开机后出厂设置为“点频”功能模式，输出单一频率的波形，按“调制”、“调幅”、“扫描”、“猝发”、“点频”、“FSK”和“PSK”可以分别实现 7 种功能模式。

4．点频功能模式

点频功能模式指的是输出一些基本波形。如正弦波、方波、三角波、升锯齿波、降锯齿波和噪声等 27 种波形。对大多数波形可以设定频率、幅度和直流偏移。在其它功能时，可先按下【shift】键再按下【点频】键来进入点频功能。

从点频转到其它功能，点频设置的参数就作为载波的参数；同样，在其它功能中设置载波的参数，转到点频后就作为点频的参数。（例如，从点频转到调频，则点频中设置的参数就作为调频中载波的参数；从调频转到点频，则调频中设置的载波参数就作为点频中的参数）。除点频功能模式外的其它功能模式中基本信号或载波的波形只能选择正弦波和方波两种。

（1）频率设定：按【频率】键，显示出当前频率值。可用数据键或调节旋钮输入频率值，这时仪器输出端口即有该频率的信号输出。

（2）周期设定：信号的频率也可以用周期值的形式进行显示和输入。如果当前显示为频率，再按【频率/周期】键，显示出当前周期值，可用数据键或调节旋钮输入周期值。

如果当前显示为周期，再按【频率/周期】键，可以显示出当前频率值；如果当前显示的既不是频率也不是周期，按【频率/周期】键，显示出当前点频频率值。

（3）幅度设定：按【幅度】键，显示出当前幅度值。可用数据键或调节旋钮输入幅度值，这时仪器输出端口即有该幅度的信号输出。

对于“正弦”、“方波”、“三角”、“升锯齿”和“降锯齿”波形，幅度值的输入和显示有三种格式：峰峰值 Vp-p、有效值 Vrms 和 dBm 值，可以用不同的单位输入。对于其它波形只能输入和显示峰峰值 Vp-p 或直流数值（直流数值也用单位 Vpp 和 mVpp 输入）。

（4）直流偏移设定：按【shift】后再按【偏移】键，显示出当前直流偏移值，如果当前输出波形直流偏移不为 0，此时状态显示区显示直流偏移标志“Offset”。可用数据键或调节旋钮输入直流偏移值，这时仪器输出端口即有该直流偏移的信号输出。

幅度和直流的输入范围满足公式：为$|V_{offset}| + V_{pp}/2 \le V_{max}$。其中 V_{pp} 为幅度的峰峰值，$|V_{offset}|$为直流偏移的绝对值，V_{max} 高阻时为 10V，50 欧姆负载时为 5V。表 8-12 是高阻时幅度峰峰值和直流偏移绝对值的取值对应关系：

表 8-12 高阻时幅度峰峰值和直流偏移绝对值的取值对应关系

交流信号峰峰值	直流偏移绝对值
1.001 V～20.00 V	0～10V-峰峰值/2
316.1 mV～1.000 V	0～2.000 V
100.1 mV～316.0 mV	0～632.9 mV
31.01 mV～100.0 mV	0～200.9 mV
2.000 mV～31.00 mV	0～62.99 mV

（5）输出波形选择，分为常用波形选择和其它波形选择。

常用波形的选择：按下【shift】键后再按下波形键，可以选择正弦波、方波、三角波、升锯齿波、脉冲波五种常用波形。同时波形显示区显示相应的波形符号。常用波形的选择也可用 4.5.2 的方法。

一般波形的选择：先按下【shift】键再按下【Arb】键，显示区显示当前波形的编号和波形名称。如“6：NOISE”表示当前波形为噪声。然后用数字键或调节旋钮输入波形编号来选择波形。如果输入 4.5.1 中所述常用波形的编号，则波形显示区显示这些常用波形的相应的波形符号。如果当前波形为存储波形，波形显示区显示存储波形的波形符号“Arb”。

除点频功能模式外的其它功能模式中基本信号或载波的波形只能选择正弦波和方波两种。表 8-13 是波形以及相应编号对应关系。

表 8-13　波形以及相应编号对应关系

波形编号	波形名称	提示符	波形编号	波形名称	提示符
1	正弦波	SINE	15	半波整流	COMMUT_HA
2	方波	SQUARE	16	正弦波横切割	SINE_TRA
3	三角波	TRIANG	17	正弦波纵切割	SINE_VER
4	升锯齿	UP_RAMP	18	正弦波调相	SINE_PM
5	降锯齿	DOWM_RAMP	19	对数函数	LOG
6	噪声	NOISE	20	指数函数	EXP
7	脉冲波	PULSE	21	半圆函数	HALF_ROUND
8	正脉冲	P_PULSE	22	SINX/X 函数	SINX/X
9	负脉冲	N_PULSE	23	平方根函数	SQUARE_ROOT
10	正直流	P_DC	24	正切函数	TANGENT
11	负直流	N_DC	25	心电图波	CARDIO
12	阶梯波	STAIR	26	地震波形	QUAKE
13	编码脉冲	C_PULSE	27	组合波形	COMBIN
14	全波整流	COMMUT_FU	28～35	任意波 1～8	ARB1～ ARB8

（6）占空比调整：当前波形为脉冲波时，如果显示区显示的是幅度值，再按一次【脉宽】后显示出脉宽值。如果显示区显示即不是幅度值也不是脉宽值，则连续按两次【脉宽】显示区显示脉宽值。如果当前波形不是脉冲波，则该键只作幅度输入键使用。显示区显示脉宽值时，用数字键或调节旋钮输入脉宽值，可以对脉冲波占空比进行调整。调整范围：频率不大于 10kHz 时为 0.1%～99.9%，此时分辨率高达 0.1%；频率在 10kHz 到 100kHz 时为 1%～99%，此时分辨率为 1%。

（7）信号输出与关闭：按【输出】键禁止信号输出，此时输出信号指示灯灭。设定好信号的波形，频率，幅度，再按一次【输出】键信号开始输出，此时输出信号指示灯亮。【输出】键可以在信号输出和关闭之间进行切换。输出信号指示灯也相应以亮（输出）和灭（关闭）进行指示。这样可以对信号输出与关闭进行控制。

5．信号的存储与调用功能

可以存储信号的频率值、幅度值、波形、直流偏移值、功能状态。

共可以存储 10 组信号，编号为 1～10。在需要的时候可以进行调用。信号的存储使用永久存储器，关断电源存储信号也不会丢失。可以把经常使用的信号存储起来，随时都可以调出来使用。调用信号可以进行参数修改，修改后还可以重新存储。

关机前状态仪器自动存储在 0 号单元，因此可以调用 11 组信号，编号为 0～10。

例如：要将当前正在输出的信号存储在第 1 个存储单元，按键顺序如下：

【shift】【存储】【1】【N】

此时显示区显示提示符和当前存储单元序号“STORE：1”。

如果原来第 1 个存储单元中已经存储了信号，则通过上述存储操作后，原来的信号被新信号取代。

例如：要将第 1 组存储单元的信号调用作为当前输出信号，按键顺序如下：

【shift】【调用】【1】【N】

此时显示区显示提示符和当前存储单元序号“RECALL：1”。在调用功能状态下，可用调节旋钮输入序号值，不需要输入单位，就可以连续调用存储信号。

6．频率扫描功能模式

按【菜单】键出现菜单：MODE → START F → STOP F → TIME → TRIG

MODE：扫描模式，分为线性扫描和对数扫描

START F：扫描起点频率

STOP F：扫描终点频率

TIME：扫描时间

TRIG：扫描触发方式

按【扫描】键，进入频率扫描功能模式，显示区显示设定的某个频率。此时状态显示区显示扫描功能模式标志“Sweep”。连续按【菜单】键，显示区依次闪烁显示下列选项：扫描模式[MODE]、起点频率[START F]、终点频率[STOP F]、扫描时间[TIME]和触发方式[TRIG]。当显示想要修改参数的选项后停止按【菜单】键，显示区闪烁显示当前选项 1 秒后自动显示当前选项的参数值。对扫描的扫描模式[MODE]、起点频率[START F]，终点频率[STOP F]，扫描时间[TIME]和触发方式[TRIG]选项的参数，可用数据键或调节旋钮输入。调节完毕，按一次【菜单】键，跳到下一选项。如果对当前选项不作修改，可以按一次【菜单】键，跳到下一选项。

举例说明：

频率扫描：在 100Hz 至 200kHz 区间内，扫描时间为 10s，进行频率线性扫描，触发方式为内部触发。按键顺序如下：

按【扫描】键，进入频率扫描功能模式。

按【菜单】键，选择扫描模式[MODE]选项，按【1】【N】，设置扫描模式为线性。

按【菜单】键，选择起点频率[START F]选项，按【1】【0】【0】【Hz】，设置起点频率。

按【菜单】键，选择终点频率[STOP F]选项，按【2】【0】【0】【kHz】，设置终点频率。

按【菜单】键，选择扫描时间[TIME]选项，按【1】【0】【s】，设置扫描时间。

按【菜单】键，选择触发方式[TRIG]选项，按【1】【N】，设置触发方式为内触发。

7．调频功能模式：调频又称为“频率调制”。

按【菜单】键出现菜单：FM DEVIA → FM FREQ → FM WAVE → FM SOURCE

FM DEVIA：调制频偏

FM FREQ：调制信号的频率

FM WAVE：调制信号的波形，共有 5 种波形可选

FM SOURCE： 调制信号是机内信号还是外输入信号

按【调频】键进入调频功能模式，显示区显示载波频率。此时状态显示区显示调频功能模式标志“FM”。连续按【菜单】键，显示区依次闪烁显示下列选项：调制频偏[FM DEVIA]、调制频率[FM FREQ]、调制波形[FM WAVE]、调制信号源[FM SOURCE]。当显示想要修改参数的选项后停止按【菜单】键，显示区闪烁显示当前选项 1 秒后自动显示当前选项的参数值。对调频的调制频偏[FM DEVIA]、调制频率[FM FREQ]、调制波形[FM WAVE]、调制信号源[FM SOURCE]选项的参数，可用数据键或调节旋钮输入。调节完毕，按一次【菜单】键，跳到下一选项。如果对当前选项不作修改，可以按一次【菜单】键，跳到下一选项。

调频举例说明：

载波信号为方波，频率为 1MHz，幅度为 2V；调制信号来自内部，调制波形为正弦波（波形编号为 1），频率为 5kHz，频偏为 200kHz。按键顺序如下：

按【调频】键，进入调频功能模式。

按【频率】键，按【1】【MHz】，设置载波频率。

按【幅度】键，按【2】【V】，设置载波幅度。

按【shift】键和【方波】，设置载波波形。

按【菜单】键，选择调制频偏[FM DEVIA]选项，按【2】【0】【0】【kHz】，设置调制频偏。

按【菜单】键，选择调制信号频率[FM FREQ]选项，按【5】【kHz】，设置调制信号频率。

按【菜单】键，选择调制信号波形[FM WAVE]选项，按【1】【N】，设置调制信号波形为正弦波。

按【菜单】键，选择调制信号源[FM SOURCE]选项，按【1】【N】，设置调制信号源为内部。

8．调幅功能模式：调幅又称为“幅度调制”。

按【菜单】键将出现菜单：AM LEVEL → AM FREQ → AM WAVE → AM SOURCE

AM LEVEL：调制深度

AM FREQ：调制信号的频率

AM WAVE：调制信号的波形，共有 5 种波形可选

AM SOURCE：调制信号是机内信号还是外输入信号

按【调幅】键进入调幅功能模式，显示区显示载波频率。此时状态显示区显示调幅功能模式标志“AM”。连续按【菜单】键，显示区依次闪烁显示下列选项：调制深度[AM LEVEL]、调制频率[AM FREQ]、调制波形[AM WAVE]、调制信号源[AM SOURCE]。当显示想要修改参数的选项后停止按【菜单】键，显示区闪烁显示当前选项 1 秒后自动显示当前选项的参数值。对调幅的调制深度[AM LEVEL]、调制频率[AM FREQ]、调制波形[AM WAVE]、调制信号源[AM SOURCE]选项的参数，可用数据键或调节旋钮输入。调节完毕，按一次【菜单】键，跳到下一选项。如果对当前选项不作修改，可以按一次【菜单】键，跳到下一选项。

进入调幅功能模式后，为了保证调制深度为 100%时信号能正确输出，仪器自动把载波的峰峰值幅度减半。

调幅举例说明：

载波信号为方波，频率为 1MHz，幅度为 2V；调制信号来自内部，调制波形为正弦波（波形编号为 1），调制信号频率为 5kHz，调制深度为 50%。按键顺序如下：

按【调幅】键，进入调幅功能模式。

按【频率】键，按【1】【MHz】，设置载波频率。

按【幅度】键，按【2】【V】，设置载波幅度。

按【shift】键和【方波】，设置载波波形。

按【菜单】键，选择调制深度[AM LEVEL]选项，按【5】【0】【N】，设置调制深度。

按【菜单】键，选择调制信号频率[AM FREQ]选项，按【5】【kHz】，设置调制信号频率。

按【菜单】键，选择调制信号波形[AM WAVE]选项，按【1】【N】，设置调制信号波形为正弦波。

按【菜单】键，选择调制信号源[AM SOURCE]选项，按【1】【N】，设置调制信号源为内部）。

9．猝发功能模式：猝发功能时可输出一定周期数的频率不变的脉冲串。

按【菜单】键将出现菜单：TRIG → COUNT → SPACE T → PHASE

TRIG：猝发的触发方式

COUNT：周期个数

SPACE T：猝发间隔时间

PHASE：正弦波为猝发起点相位，方波为高低电平

按【猝发】键，进入猝发功能模式，显示区显示设定的某个频率。此时状态显示区显示猝发功能模式标志“Burst”。连续按【菜单】键，显示区依次闪烁显示下列选项：触发方式[TRIG]、周期个数[COUNT]、猝发间隔时间[SPACE T]和猝发起始相位[PHASE]。当显示想要修改参数的选项后停止按【菜单】键，显示区闪烁显示当前选项 1 秒后自动显示当前选项的参数值。对猝发的触发方式[TRIG]、周期个数 [COUNT]、猝发间隔时间[SPACE T]和猝发起始相位[PHASE]选项的参数，可用数据键或调节旋钮输入。调节完毕，按一次【菜单】键，跳到下一选项。如果对当前选项不作修改，可以按一次【菜单】键，跳到下一选项。

猝发举例说明：

要对频率为 20kHz，幅度为 2V 的正弦波进行猝发输出，每组输出 10 个周期的波形，各组波形之间间隔时间为 10ms，每组波形起始相位为 90.0 度。按键顺序如下：

按【猝发】键,，进入猝发功能模式。

按【频率】键，按【2】【0】【kHz】，设置波形频率。

按【幅度】键，按【2】【V】，设置波形幅度。

按【shift】键和【正弦波】，设置波形。

按【菜单】键，选择触发方式[TRIG]选项，按【1】【N】，设置触发方式为内触发。

按【菜单】键，选择周期个数[COUNT]选项，按【1】【0】【N】，设置周期个数值。

按【菜单】键，选择猝发间隔时间[SPACE T]选项，按【1】【0】【ms】，设置猝发间隔时间。

按【菜单】键，选择猝发起始相位[PHASE]选项，按【9】【0】【N】，设置猝发起始相位。

注：此时 TTL 口输出的为 TTL 电平。

10. 键控功能：键控分为二种功能：频移键控（FSK），相移键控（PSK）。

频移键控（FSK）功能模式时，输出信号的以一定的时间间隔在设定频率 1 和频率 2 之间交替跳变。

相移键控（PSK）功能模式时，输出信号的起始相位以一定的时间间隔在设定相位 1 和相位 2 之间交替跳变。

按【键控】键，进入频移键控（FSK）功能模式，显示区显示设定的某个频率，此时状态显示区显示频移键控功能模式标志“FSK”。再按一次【键控】键，进入相移键控（PSK）功能模式，显示区显示设定的某个频率。此时显示区下端状态显示区显示相移键控功能模式标志“◄”“FSK”。两种功能参数设置很相似。

FSK 举例说明：

要对输出幅度为 2V，频率在 20kHz 和 600 kHz 之间交替，交替间隔时间为 10ms 的正弦信号。按键顺序如下：

按【键控】键，进入 FSK 功能模式。

按【幅度】键，按【2】【V】，设置波形幅度。

按【shift】键和【正弦波】，设置波形。

按【菜单】键，选择触发方式[TRIG]选项，按【1】【N】，设置触发方式为内触发。

按【菜单】键，选择频率 1[START F]选项，按【2】【0】【kHz】，设置频率 1。

按【菜单】键，选择频率 2 [STOP F]选项，按【6】【0】【0】【kHz】，设置频率 2。

按【菜单】键，选择间隔时间[SPACE T]选项，按【1】【0】【ms】，设置间隔时间。

11. 进入相移键控（PSK）功能模式。

按【菜单】键将出现菜单：P1 → P2 → SPACE T → TRIG

P1：信号第一相位

P2：信号第二相位

SPACE T：间隔时间

TRIG：PSK 触发方式

按【键控】键，进入相移键控（PSK）功能模式，显示区显示设定的某个频率。此时显示区下端状态显示区显示相移键控功能模式标志“◄”“FSK”。连续按【菜单】键，显示区依次闪烁显示下列选项：相位 1[P1]，相位 2[P2]，间隔时间[SPACE T]和触发方式[TRIG]。当显示想要修改参数的选项后停止按【菜单】键，显示区闪烁显示当前选项 1 秒后自动显示当前选项的参数值。对 FSK 的相位 1[P1]，相位 2[P2]，间隔时间[SPACE T]和触发方式[TRIG]选项的参数，可用数据键或调节旋钮输入。调节完毕，按一次【菜单】键，跳到下一选项。如果对当前选项参数不作修改，可以按一次【菜单】键，跳到下一选项。

PSK 举例：

要对输出频率为 600 kHz，幅度为 2V，起始相位在 90.0 度和 180.0 度之间交替，交替间隔时间为 10ms 的正弦信号。按键顺序如下：

按【键控】键，进入 PSK 功能模式。

按【频率】键，按【6】【0】【0】【kHz】，设置波形频率。

按【幅度】键，按【2】【V】，设置波形幅度。

按【shift】键和【正弦波】，设置波形。

按【菜单】键，选择触发方式[TRIG]选项，按【1】【N】，设置触发方式为内触发。

按【菜单】键，选择起始相位 1[P1]选项，按【9】【0】【N】，设置相位 1。

按【菜单】键，选择起始相位 2 [P2]选项，按【1】【8】【0】【N】，设置相位 2。

按【菜单】键，选择间隔时间[SPACE T]选项，按【1】【0】【ms】，设置间隔时间。

12．系统功能：可以对开机状态、通讯地址、输出阻抗等参数进行设置。

按【菜单】键出现菜单 STORE OPEN → ADDRESS → OUT Z → INTERFACE → BAUD → PARITY → POWER ON

STORE OPEN：　存储功能开或关

POWER ON：开机状态

ADDRESS：GP-IB 和 RS232 接口地址

OUT Z：输出阻抗

INTERFACE：接口选择

BAUD：RS232 接口通讯速率

PARITY：RS232 接口通讯数据位数和校验

按【Shift】和【系统】键，进入系统设置功能状态，显示区闪烁显示“SYSTEM”。连续按【菜单】键，显示区依次闪烁显示下列选项：存储功能开或关[STORE OPEN]、开机状态[POWER ON]、通讯地址[ADDRESS]和输出阻抗[OUT Z]等。当显示想要修改参数的选项后停止按【菜单】键，显示区闪烁显示当前选项 1 秒后自动显示当前选项的参数值。对系统功能的开机状态[POWER ON]、通讯地址[ADDRESS]、输出阻抗[OUT Z]、接口选择[INTERFACE]、RS232 接口通讯速率[BAUD]和 RS232 接口通讯数据位数和校验[PARITY]选项的参数，可用数据键或调节旋钮输入。调节完毕，按一次【菜单】键，跳到下一选项。如果对当前选项不作修改，可以按一次【菜单】键，跳到下一选项。

系统功能设置举例说明：

设置开机状态[POWER ON]为默认状态、通讯地址[ADDRESS]为 13、输出阻抗为 50 欧姆：

按【Shift】和【系统】键，进入系统设置功能状态。

按【菜单】键，选择开机状态[POWER ON]选项，按【1】【N】，设置开机状态为默认状态。

按【菜单】键，选择通讯地址[ADDRESS]选项，按【1】【3】【N】，设置通讯地址为 13。

按【菜单】键，选择输出阻抗[OUT Z]选项，按【2】【N】，设置输出阻抗为 50 欧姆。

（三）计数器使用说明

计数器可以进行测频和计数两种功能模式。

1．按【Shift】键和【测频】键，进入频率测量功能模式。此时显示区下端功能状态显示区显示频率测量功能模式标志“Ext”和“Freq”。可以对从后面板“测频/计数输入”端口外部输入信号的频率进行测量。若再按【Shift】键和【计数】键设置当前处于计数测量功能模式。此时显示区下端功能状态显示区显示计数测量功能模式标志“Ext”和“Count”。可以对从后面板“测频/计数输入”端口外部输入信号的周期个数进行计数。

测量频率范围为1Hz～100MHz。

2．闸门时间：在测频功能模式的下，按【Shift】键和【闸门】键进入闸门时间设置状态，可用数据键或调节旋钮输入闸门时间值。在闸门开启时，显示区右侧频率计数状态显示区显示闸门开启标志“GATE”。

闸门时间范围为10ms～10s。

3．低通：在频率计数器功能模式下，按【Shift】键和【低通】键设置当前输入信号经过低通进行测量。显示区右侧频率计数状态显示区显示低通状态标志“Filter”。

4．衰减：在频率计数器功能模式下，按【Shift】键和【衰减】键设置当前输入信号经过衰减进行测量。显示区右侧频率计数状态显示区显示衰减状态标志“ATT”。

在计数功能模式下，按【◀】键后计数停止，并显示当前计数值；再按一次【◀】键，计数继续进行。

在计数功能模式下，按【▶】键后把计数值清零并重新开始计数。

8.3 晶体管毫伏表

普通万用表的交流电压测量精度是有限的，一般没有低于1V的电压挡设置。因此，用普通的万用表无法实现对毫伏级或微伏级电压的测量。另外，普通万用表的工作频率很低，不适合测量无线电设备的各种频率的微弱信号。因而，在实际的测量中就需要使用毫伏表。

毫伏表的输入阻抗很高，从被测电路上取得的功率非常微弱。因此，将毫伏表并联到测试电路上时，不会影响被测电压的数值。毫伏表的输入电容很小，测量不同频率的电压时误差较小。毫伏表内部均设有放大器，所以它的测量灵敏度很高。

晶体管毫伏表测量正弦交流电压的方式主要有检波-放大式和放大-检波式两大类。前者由于具有较宽的频率响应而被广泛用于超高频毫伏表；后者虽具有较高的灵敏度和稳定度，零点稳定，但是其高频段输入阻抗低、频带窄。因此被用于低频毫伏表。

8.3.1 晶体管毫伏表的工作原理

常用低频晶体管毫伏表是放大-检波式，工作频率范围从20Hz～1MHz，可测信号的幅度从100μV～300V。表头刻度按正弦有效值刻度。内部电路由高阻分压器、射极输出器、低阻分压器、放大器、检波器和指示器组成，其框图如图8-26所示。

1．高阻分压器

毫伏表的最低量程（1mV）的信号不须经衰减器衰减，直接进入放大器，经检波输出后直接推动表头，指示相应的电压值。对于大于1mV的电压信号，先经过衰减器衰减，衰减的倍数即是量程扩大的倍数，然后送入放大器，再经检波输出。推动表头指示。

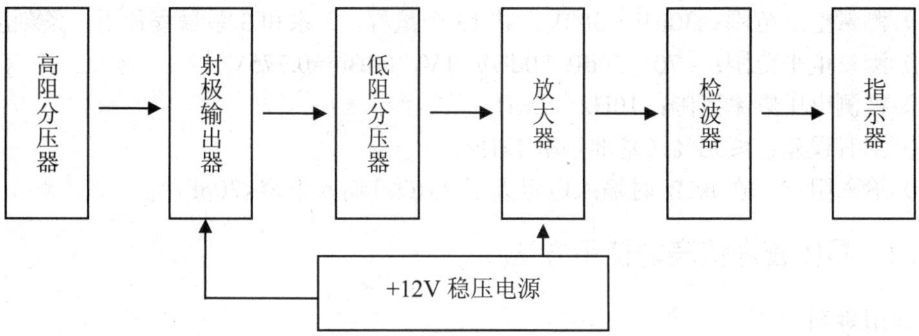

图 8-26 晶体管毫伏表原理框图

2．射极输出器

信号经分压器后送入射极输出器，具有高输入阻抗、低输出阻抗的特点，使得毫伏表的输入阻抗高，是它的主要性能之一。

3．低阻分压器

低阻分压器其工作原理同于高阻分压器。

4．放大器

放大器由两级放大器构成，要求放大器高增益、高稳定度、宽频带、大动态、线性度好、低噪声，以利于提高毫伏表的灵敏度，便于测量小电压信号。

5．检波指示器

检波电路由桥式全波整流电路、*RC* 滤波器组成，被测信号经整流滤波后的直流成分通过分流器推动表头指示。

6．稳压电源

由整流滤波电路、放大管、调整管等组成具有放大环节的串联型稳压电路，输出直流电压+12V，为射极输出器和放大器中的各晶体管提供静态偏置。

7．双通道晶体管毫伏表 CA217XA 的主要技术指标

如图 8-27 所示为实验室常用的双通道晶体管毫伏表。

图 8-27 双通道晶体管毫伏表 CA217XA

（1）测量电压范围：30μV～300V，共 13 个量程，1 系和 3 系量程各用一条刻度线。

（2）测量电平范围：–70～50dB（0dBV=1V，0dBm=0.775V）。

（3）被测电压频率范围：10Hz～2MHz。

（4）固有误差：≤±3%（基准频率 1kHz）。

（5）输入阻抗：在 lkHz 时输入电阻大于 2MΩ；输入电容<20pF。

8.3.2 晶体管毫伏表的使用方法

1．使用规则

（1）对于 DA-16 型，先将量程开关放在量程最高挡（300V 挡），然后接通电源；对于 DF2175A 型，由于是采用电子开关的量程转换方式，一开机就自动位于最大量程处。

（2）待毫伏表指针摆动数次达稳定后（此时输入线应短接），即可进行测量。

（3）测量前，应将毫伏表放置在适当的挡位，以免被测电压过高，使毫伏表过载太大，烧坏表内晶体管。

（4）毫伏表的输入阻抗是高阻抗，表头的分贝刻度是按阻抗为 600Ω 时的电压电平值直接刻度的。因此，毫伏表直接使用时，仅适合于被测点阻抗为 600Ω 时的高阻抗测量（即跨路测量）。在此情况下，注意地线端不能接反。被测点的实际分贝数为表头指示的分贝数和量程开关所标的分贝数的代数和。例如，当量程开关放在 30mV（–30dB）挡时，表头指针指在+2dB，则被测点的实际电平值为：

$$(-30\text{dB}) + (+2\text{dB}) = -28\text{dB} \tag{8-1}$$

2．注意事项

在实际使用的过程中，还应注意下面所述的注意事项，以免影响测量精度，或者因为误操作损坏毫伏表。

（1）对 CA217XA，面板上有个“同步/异步”工作方式按钮。“SYNC”灯亮为同步工作方式，CH1 和 CH2 的量程由任一通道控制开关控制，使两通道具有相同的测量量程；“ASYN”灯亮为异步工作方式，两通道各自独立控制工作，同 DA-16 等。

（2）前述性能指标中的各项测量精度均以毫伏表表面垂直放置为准，因此，使用时应当将表面垂直放置。

（3）当毫伏表用于毫伏挡级测量时，应先接地线端，后接另一输入端。测量完毕拆线时应先拆不接地端，后拆接地端，以避免人手触及输入端子时，交流市电通过毫伏表的输入阻抗和人体构成回路，使毫伏表打表，将表针打弯。

（4）毫伏表的输入线应采用设备提供的金属屏蔽线，不能任意用双导线更换。否则外来的感应会增加测量误差。

（5）20Hz 以下或 1MHz 以上频率的交流电压不适合用 DA-16 型毫伏表测量，应采用超低频毫伏表或超高频毫伏表测量，否则将引起很大误差。对于非正弦脉冲电压，该毫伏表也不能测量，因为该表的刻度是以正弦电压的有效值来刻度的。

8.4　直流稳压电源

大部分电子电路都需要直流电源提供能量，即在稳定的直流电源下工作。虽然有些情况下可以用化学电池作为直流电源，但多数情况是利用电网提供的交流电源经过转换得到的直流稳压电源。后者具有良好的性能指标，可保证电路正常工作。

直流稳压电源由电网提供的交流电源供电，经整流、滤波后将交流电变为直流电。考虑到在电网电压波动（220V±10%范围内）和输出电流变化时，仍需保持输出的直流电压恒定不变，通常在整流和滤波后设置稳压电路。

一、直流稳压电源的基本组成

实验室常用的都是单相小功率（通常在 1000W 以下）的直流稳压电源，其任务是提供幅值稳定的直流电压（通常为几 V 或几十 V），同时提供一定的直流电流（通常为几 A）。其内部的基本构成如图 8-28 所示。

（1）输入变压器，由于通常所需的直流电压数值与交流电压数值相差较大，常利用变压器降低或升高得到较为合适的交流电压。

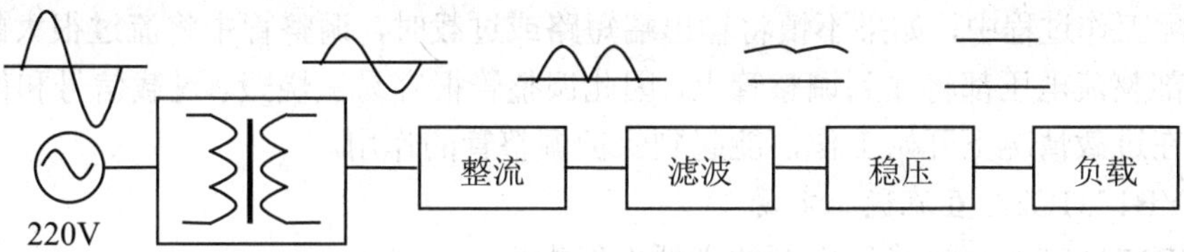

图 8-28　直流稳压电源组成框图

（2）整流部分。经过变压器变换后的交流电通过整流电路变换成单相脉动的直流电压。这种直流电幅值变化很大，若供给电子电路使用，电路的工作状态会随之变化而影响电子电路的性能，甚至使其无法正常工作。

（3）滤波部分。滤波的目的是将整流电路输出的脉动大的直流电处理成平滑的、脉动小的直流电。滤波电路通常由电容或电感等电抗元件组成，可将脉动大的直流电中的交流成分滤掉，保留其中的直流成分。

（4）稳压部分。一般来说，经整流滤波后就得到了较为平滑的直流电，已可以作为某些电子电路的电源。然而，这种直流电压值受电网电压波动和负载电流变化的影响，是不稳定的直流电。在滤波电路和负载之间接入稳压电路，可获得基本上不受外界影响的、稳定的直流电。稳压电路一般由硅稳压二极管及其他有关的晶体管电路组成。

稳压电路从电路原理上分，有串联型稳压电路、并联型稳压电路和开关型稳压电路几种。用得最为广泛的，是串联型晶体管稳压电路。

二、串联型稳压电源工作原理

串联型直流稳压电源一般由电源变压器、整流滤波电路、调整管、比较放大电路、基准电源和取样电路等 6 个部分组成，如图 8-29 所示。

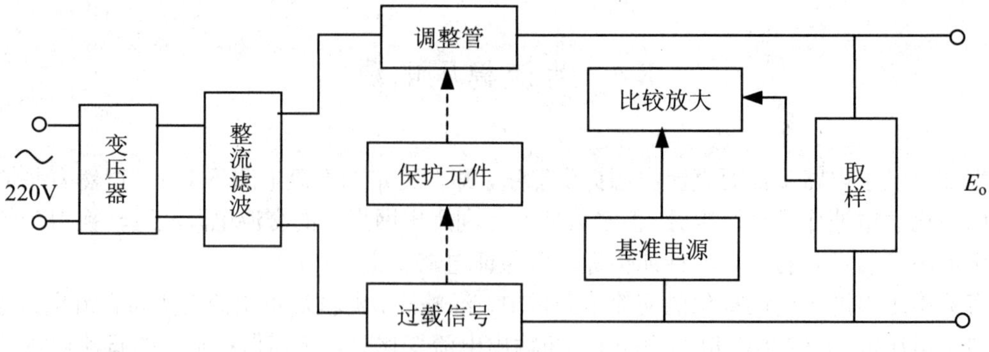

图 8-29　串联型稳压电源框图

它的基本工作过程是：当输出电压 E_o 因干扰发生变化时，取样电路就会取出变化了的电压信号，将其与基准电压相比较，得到误差电压。此误差电压经比较放大电路放大后，送入调整管的基极。调整管的压降受基极电压的控制，基极电压改变，调整管的管压降就会有相应的改变。调整管与输出电压是串联关系，它的管压降的变化使输出电压保持了稳定。

在如图 8-14 所示的方框图中还有过载信号和保护元件两个组成部分，这是为使电路具有过载保护而设置的。串联型稳压电路的调整管与负载相串联，全部负载电流都将流过调整管。在实际工作过程中，如果不慎将输出端短路或过载时，调整管中将流过很大的电流，同时几乎全部整流电压都将加到调整管上，因此调整管很容易被烧毁。过载信号和保护元件这两个部分在过载情况下开始工作，能起到保护调整管的作用。

三、YB1731C2A 直流稳压电源

1．YB1731C2A 直流稳压电源的主要性能指标

（1）输出直流电压值：0～30V 连续可调，固定输出 5V。

（2）输出电流：0～2A。

（3）纹波及噪声：1mVrms（C.V），1mArms（C.C）。

（4）输出调节分辨率：20mV（C.V），30mA（C.C）。

（5）显示精度：2.5 级（机械表头），±1%+2 个字（数字式电压表头），±2%+2 个字（数字式电流表头）。

2．YB1731C2A 直流稳压电源的面板介绍及基本使用方法（如图 8-30 所示）

①电源开关。

②CH1(主路)输出端口：“+”“–”端为电压、电流输出端，中间的接地端为机壳接地端。

③CH2(从路)输出端口：“+”“–”端为电压、电流输出端，中间的接地端为机壳接地端。

④CH1（主路）电压调节旋钮：顺时针调节，输出电压增大。恒压输出时，电流调节旋钮应顺时针调到最大，旁边的 C.V 指示灯会亮，这时输出的电压是恒压的。

⑤CH1（主路）电流调节旋钮：顺时针调节，输出电流增大。恒流输出时，电压调节旋钮顺时针调到最大，旁边的 C.C 指示灯会亮，这时输出的电流是恒流的。

⑥主路电压显示。

⑦主路电流显示。

⑧CH2（从路）电压调节旋钮：使用方法同 CH1。

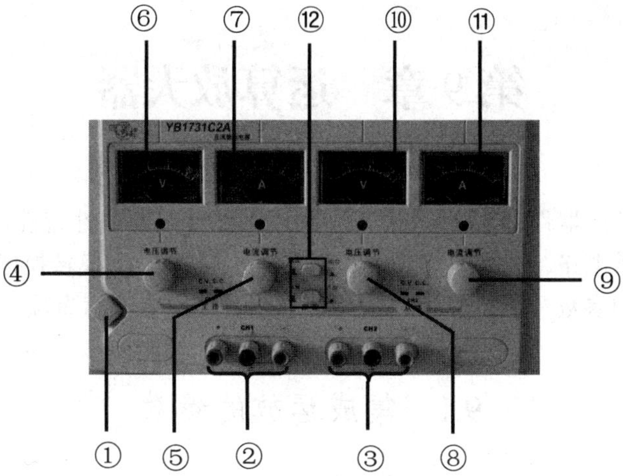

图 8-30　YB1731 型直流稳压电源面板图

⑨CH2（从路）电流调节旋钮：使用方法同 CH1。

⑩CH2（从路）电压显示。电源串联、并联选择开关。

⑪CH2（从路）电流显示。

⑫电源独立组合控制开关：弹出时，主路与从路可分别独立使用。

按下时，电源进入跟踪状态，从路的电压、电流调节旋钮不再起作用，而是严格跟踪主路输出电压。当“电源串联、并联选择开关”弹出时，是串联跟踪，输出电压最高可达两路电压的额定值之和；当“电源串联、并联选择开关”按下时，为并联跟踪，输出电压最高仍为额定值，但输出电流最高可达两路电流的额定值之和。

第 9 章　运算放大器

集成运放作为通用器件，应用十分广泛，利用其线性或非线性特性，其典型应用电路有：比例放大电路、测量电路、运算电路、有源滤波、比较器、数/模转换器、波形产生电路等。本章主要介绍运放的参数及测量方法、种类及选用、使用中注意事项。

9.1　集成运放的参数

一、运放的主要参数

运放的主要静态性能指标如下：

1．输入失调电压 U_{IO}：(input offset voltage)输入电压为零时，将输出电压除以电压增益，即为折算到输入端的失调电压。是表征运放内部电路对称性的指标。

2．输入偏置电流 I_{IB}：(input bias current)运放两个输入端偏置电流的平均值，用于衡量差分放大对管输入电流的大小。

3．输入失调电流 I_{IO}：(input offset current)在零输入时，差分输入级的差分对管基极电流之差，用于表征差分级输入电流不对称的程度。

4．输入失调电压温漂 dU_{IO}/dt 在规定工作温度范围内，输入失调电压随温度的变化量与温度变化量之比值。

5．输入失调电流温漂 dI_{IO}/dt 在规定工作温度范围内，输入失调电流随温度的变化量与温度变化量之比值。

6．最大差模输入电压 U_{Idmax}：(maximum differential mode input voltage)运放两输入端能承受的最大差模输入电压，超过此电压时，差分管将出现反向击穿现象。

7．最大共模输入电压 U_{Icmax}：(maximum common mode input voltage)在保证运放正常工作条件下，共模输入电压的允许范围。共模电压超过此值时，输入差分对管出现饱和，放大器失去共模抑制能力。

运放的主要动态性能指标如下：

1．开环差模电压放大倍数 A_{od}：(open loop voltage gain)运放在无外加反馈条件下，输出电压的变化量与输入电压的变化量之比。

2．差模输入电阻 R_{id}：(input resistance)输入差模信号时，运放的输入电阻。

3．共模抑制比 K_{CMR}：(common mode rejection ratio)与差分放大电路中的定义相同，是差模电压增益 A_{od} 与共模电压增益 A_{oc} 之比，常用分贝数来表示。

$$K_{CMR}=20\lg(A_{od}/A_{oc}) \tag{9-1}$$

4．–3dB 带宽 f_H：(-3dB band width) 运算放大器的差模电压放大倍数在高频段下降 3dB 所定义的带宽 f_H。

5．单位增益带宽 f_c (BWG)：(unit gain band width) Avd 下降到 1 时所对应的频率，定义

为单位增益带宽 f_c。

6. 转换速率 *SR* (压摆率)—(slew rate)反映运放对于快速变化的输入信号的响应能力。转换速率 *SR* 的表达式为:

$$S_R = \left|\frac{dU_o}{dt}\right|_{MAX} \tag{9-2}$$

7. 等效输入噪声电压 U_{NV}：(noise voltage)输入端短路时，输出端的噪声电压折算到输入端的数值，这一数值往往与频带相对应。

9.2 集成运放的种类及选择

一、集成运算放大器的分类

按照集成运算放大器的参数来分，集成运算放大器可分为如下几类。

1. 通用型运算放大器

通用型运算放大器就是以通用为目的而设计的。这类器件的主要特点是价格低廉、产品量大面广，其性能指标能适合于一般性使用。例 mA741（单运放）、LM358（双运放）、LM324（四运放）及以场效应管为输入级的 LF356 都属于此种。它们是目前应用最为广泛的集成运算放大器。

2. 高阻型运算放大器

这类集成运算放大器的特点是差模输入阻抗非常高，输入偏置电流非常小，一般 r_{id}＞$(10^9$～$10^{12})\Omega$，I_{IB} 为几皮安到几十皮安。实现这些指标的主要措施是利用场效应管高输入阻抗的特点，用场效应管组成运算放大器的差分输入级。用 FET 作输入级，不仅输入阻抗高，输入偏置电流低，而且具有高速、宽带和低噪声等优点，但输入失调电压较大。常见的集成器件有 LF356、LF355、LF347（四运放）及更高输入阻抗的 CA3130、CA3140 等。

3. 低温漂型运算放大器

在精密仪器、弱信号检测等自动控制仪表中，总是希望运算放人器的失调电压要小且不随温度的变化而变化。低温漂型运算放大器就是为此而设计的。目前常用的高精度、低温漂运算放大器有 OP-07、OP-27、AD508 及由 MOSFET 组成的斩波稳零型低漂移器件 ICL7650 等。

4. 高速型运算放大器

在快速 A/D 和D/A 转换器、视频放大器中，要求集成运算放大器的转换速率 *SR* 一定要高，单位增益带宽BWG 一定要足够大，像通用型集成运放是不能适合于高速应用的场合的。高速型运算放大器主要特点是具有高的转换速率和宽的频率响应。常见的运放有 LM318、mA715 等，其 *SR*=50～70V/ms，BWG＞20MHz。

5. 低功耗型运算放大器

由于电子电路集成化的最大优点是能使复杂电路小型轻便，所以随着便携式仪器应用范围的扩大，必须使用低电源电压供电、低功率消耗的运算放大器相适用。常用的运算放大器有 TL-022C、TL-060C 等，其工作电压为±2V～±18V，消耗电流为 50～250mA。目前有的产品功耗已达微瓦级，例如 ICL7600 的供电电源为 1.5V，功耗为 10mW，可采用单节电池供电。

6．高压大功率型运算放大器

运算放大器的输出电压主要受供电电源的限制。在普通的运算放大器中，输出电压的最大值一般仅几十伏，输出电流仅几十毫安。若要提高输出电压或增大输出电流，集成运放外部必须要加辅助电路。高压大电流集成运算放大器外部不需附加任何电路，即可输出高电压和大电流。例如 D41 集成运放的电源电压可达±150V，mA791 集成运放的输出电流可达 1A。

二、运放的选用原则

集成运放的选择应注意精度和速度两个方面。与精度有关的性能指标是开环增益、共模抑制比、输入电阻、失调电压、失调电流等。与速度有关的是压摆率、带宽等。这里简单介绍一般的选用原则：

（1）在没有特殊要求的场合，尽量选用通用型集成运放，这样即可降低成本，又容易保证货源。当一个系统中使用多个运放时，尽可能选用多运放集成电路，例如 LM324、LF347 等都是将四个运放封装在一起的集成电路。

（2）若电路要求精度高、温漂小、噪声干扰小，则应选用高精度、低温漂、低噪声的集成运放。如微弱信号的检测与放大、高精度稳压电源电路中。常用的如 OPA27 系列。

（3）若电路中要求输入阻抗高、输入偏流小，则选用高输入阻抗的集成运放。比如峰值检波、采样、保持、积分器等电路中。常用的如 CF14753、CF155、CA3140 等。

（4）若系统对运放功耗有要求，则可选用低功耗的运放。常用的如 OPA2244 等。

（5）若电路的工作的频率高，则选择宽带、高速运放。

实际选择集成运放时，除优值系数要考虑之外，还应考虑其他因素。例如信号源的性质，是电压源还是电流源；负载的性质，集成运放输出电压和电流的是否满足要求；环境条件，集成运放允许工作范围、工作电压范围、功耗与体积等因素是否满足要求。

9.3　集成运放的使用注意事项

一、集成运放的电源供给方式

集成运放有两个电源接线端+V_{CC}和-V_{EE}，但有不同的电源供给方式。对于不同的电源供给方式，对输入信号的要求是不同的。

（1）对称双电源供电方式

运算放大器多采用这种方式供电。相对于公共端（地）的正电源与负电源分别接于运放的+V_{CC} 和-V_{EE} 管脚上。在这种方式下，可把信号源直接接到运放的输入脚上，而输出电压的振幅可达正负对称电源电压。如图 9-1 所示供电原理图。

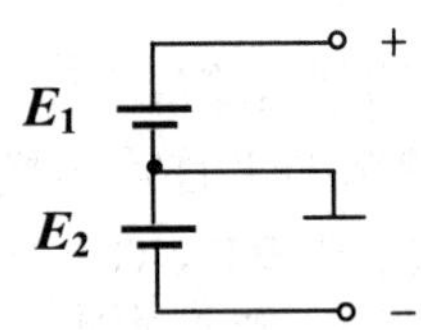

图 9-1　双电源供电电路

（2）单电源供电方式

在实际应用中，常常不希望使用双电源供电，特别是电池供电的场合。单电源供电是将运放的-V_{EE} 管脚连接到地上。此时为了保证运放内部单元电路具有合适的静态工作点，在运放输入端一定要加入一直流电位，如图 9-2 所示。此时运放的输出是在某一直流电位基础上随输入信号变化。对于图中交流放大器，静态时，运算放大器的输出电压近似为 $V_{CC}/2$，为了隔离掉输出中的直流成分接入电容 C3。

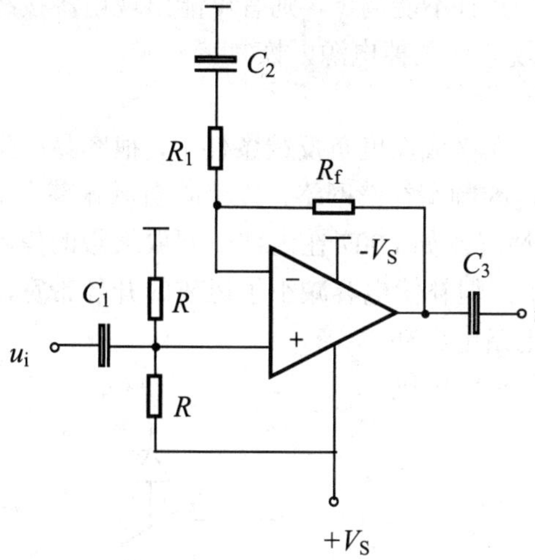

（a）同相单电源交流放大器

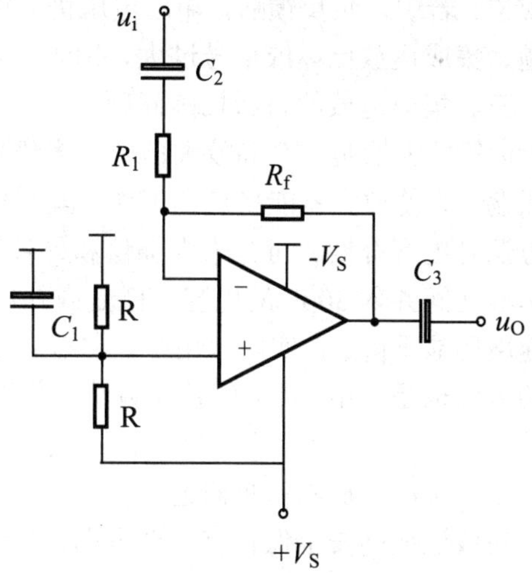

（b）相单电源交流放大器

图 9-2 运算放大器单电源供电电路

二、集成运放的调零问题

由于集成运放的输入失调电压和输入失调电流的影响，当运算放大器组成的线性电路输入信号为零时，输出往往不等于零。为了提高电路的运算精度，要求对失调电压和失调电流造成的误差进行补偿，这就是运算放大器的调零。常用的调零方法有内部调零和外部调零，而对于没有内部调零端子的集成运放，要采用外部调零方法。下面以 741 为例，图 9-3 给出了常用调零电路。图 9-3(a)所示的是内部调零电路；图 9-3(b)是外部调零电路。

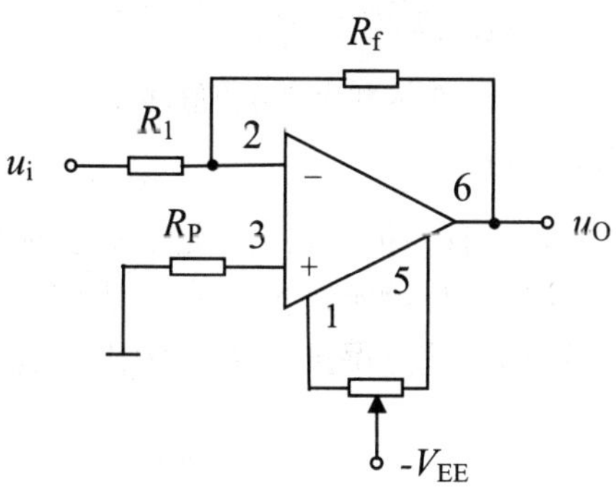

（a）内部调零电路

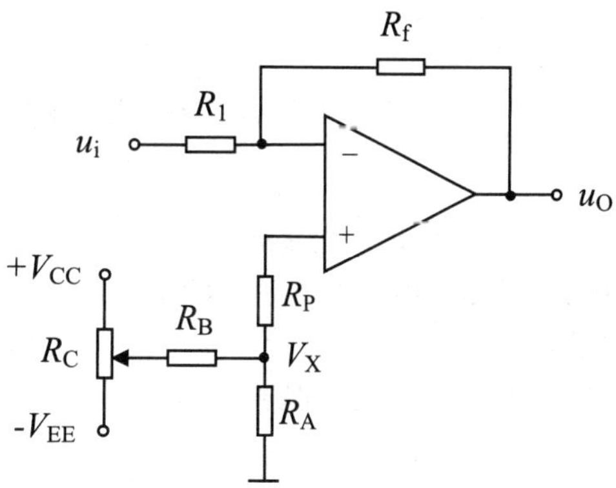

（b）外部调零电路

图 9-3 集成运算放大器的常用调零电路

图 b 中要令 R_B 远远大于 R_C，以避免臂上过度的负载效应；令 R_p 远远大于 R_A，以避免破坏原有的平衡。

若运放在开环或正反馈的条件下，出现输出电压在正、负饱和值之间随机切换，属于正常现象。若引入负反馈后，输出电压仍为饱和值，并且不能调零，则有可能出现电源接线有问题、集成运放已坏或信号过大，出现“堵塞”现象（关掉电源，恢复堵塞）。

三、集成运放的自激振荡问题

运算放大器是一个高放大倍数的多级放大器，在接成深度负反馈条件下，很容易产生自激振荡。为使放大器能稳定的工作，就需外加一定的频率补偿网络，以消除自激振荡。常用的方法是电容补偿。可分为内补偿和外补偿两种情况。如 F007 在内部中间放大级的集电极和基极之间并入 30pF 的电容，就是内补偿的例子；但补偿电容减小了运放的开环带宽，使其速度明显下降。在实际应用中，常用运放外部电路电容补偿的方法也是常用。具体的补偿方法一般要在具体电路中确定。

四、集成运放的保护问题

集成运放的安全保护有三个方面：电源保护、输入保护和输出保护。

（1）电源保护，电源的常见故障是电源极性接反和电压跳变。电源反接保护和电源电压突变保护电路见图 9-4 所示。

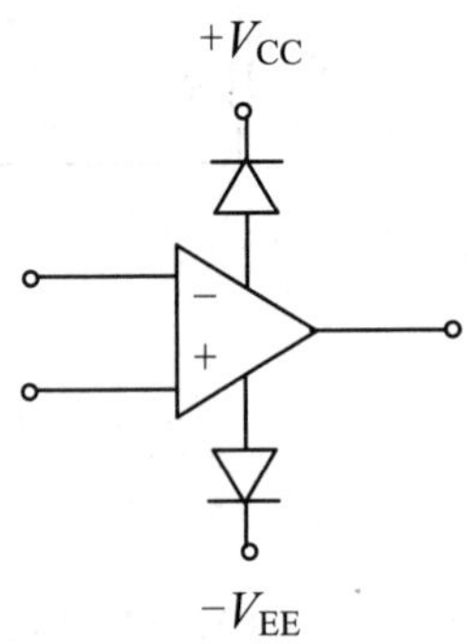

图 9-4　集成运放电源保护电路

（2）输入保护，集成运放的输入差模电压过高或者输入共模电压过高（超出该集成运放的极限参数范围），集成运放也会损坏。图 9-5 所示是典型的输入保护电路。

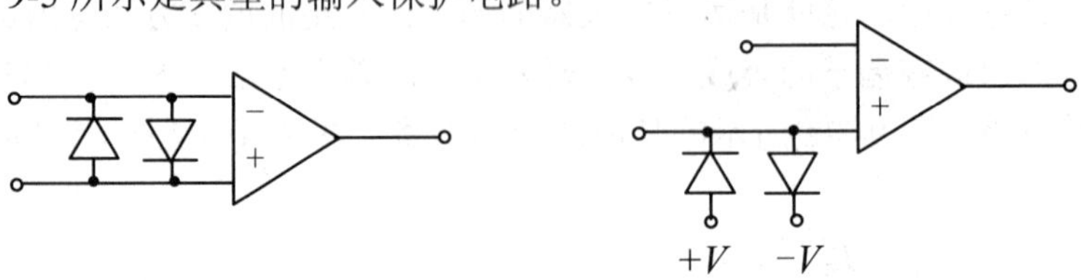

（a）防止输入差模信号幅值过大　　（b）防止输入共模信号幅值过大

图 9-5　集成运放的输入保护电路

（3）输出保护，当集成运放过载或输出端短路时，若没有保护电路，该运放就会损坏。但有些集成运放内部设置了限流保护或短路保护，使用这些器件就不需再加输出保护。对于内部没有限流或短路保护的集成运放，可以采用图 9-6 所示的输出保护电路。图中，当输出保护时，电阻 R 起限流保护作用。

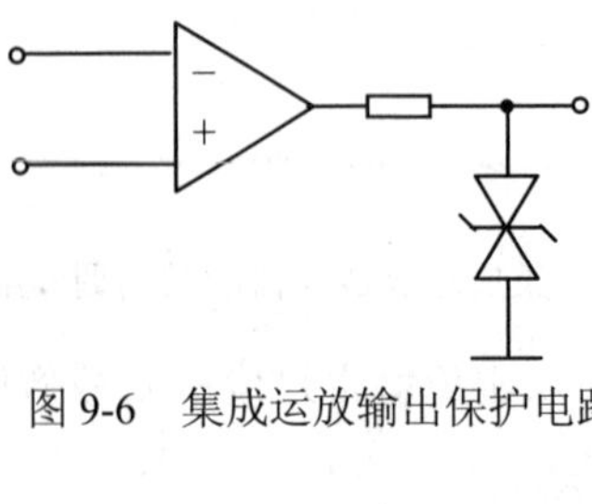

图 9-6　集成运放输出保护电路

第 10 章　基于运算放大器的简单信号源设计

第 7 章介绍了电源设计，在此基础上，本章利用前面设计的电源，用运算放大器设计一个简单的信号源。

10.1　运算放大器应用

（1）方波产生电路

方波发生器常在脉冲和数字系统中作为信号源，可实现的方法很多，如图 10-1 所示是其中的一种基本形式，由迟滞比较器、储能元件 *C*、限幅电路 D_{W_1} 和 D_{W_2} 组成。R_o 为限流电阻。假定两只稳压管的稳压电压均为 V_Z，正向压降为 V_D，则电路输出的高、低电压为：

$$V_{OH} = -V_{OL} = V_Z + V_D \tag{10-1}$$

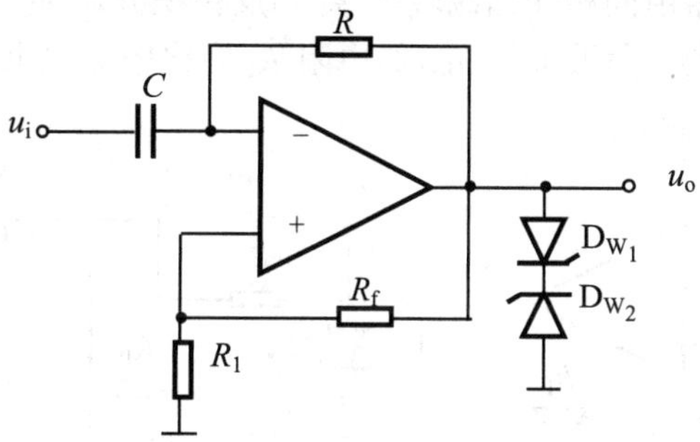

图 10-1　方波产生电路

该电路的工作原理是：当 $u_o = V_{OH}$ 时，同相端电位 $u_+ = V_{RH} = \dfrac{R_1}{R_1 + R_f} V_{OH}$，小于输出电压，因此通过电阻 *R* 对电容充电，使得 u_- 电压上升；当 $u_- = u_+$ 时，u_o 发生跳变，跳变成低电平 V_{OL}。同相端电位 $u_+ = V_{RL} = \dfrac{R_1}{R_1 + R_f} V_{OL}$，此时，输出比反相端电位高，电容通过电阻放电，反相端电压减小。当减小到 $u_- = u_+ = \dfrac{R_1}{R_1 + R_f} V_{OL}$ 时，输出再次发生跳变，跳变为高电平。如此周而复始，输出便得到一方波波形。

该方波的频率取决电路中电容 *C* 和电阻 *R* 的乘积。设电路中电容充电至输出翻转所需时间为 T_1，电容放电至输出翻转所需时间为 T_2，图 10-1 所示电路中，显然 $T_1 = T_2 = T_0$，因此方波输出的周期为 $T = 2T_0$。根据电路分析知识，电容的电压响应为：

$$u_C(t) = u_C(\infty) + [u_C(0) - u_C(\infty)]e^{\frac{-t}{\tau}} \tag{10-2}$$

此电路中，电容充电时的初始值为 V_{RL}，稳态值为 V_{OH}，时间常数 $\tau = RC$，代入式（10-2）

中可得：

$$u_C(t)=V_{OH}+[V_{RL}-V_{OH}]e^{\frac{-t}{RC}}$$

而经过 T_1 时间充电后，可充至 V_{RH}，因此：

$$V_{RH}=V_{OH}+[V_{RL}-V_{OH}]e^{\frac{-T_1}{RC}}$$

由此可以求出 T_1：

$$T_1=RC\ln(1+\frac{2R_1}{R_f})$$

方波信号输出的频率为：

$$f_o=\frac{1}{2RC\ln(1+\frac{2R_1}{R_f})} \tag{10-3}$$

因此，若改变电路中外围参数就可以改变电路的输出频率。输出的幅值取决于稳压管的稳压电压 V_Z。在实际应用中，方波的前后沿的陡峭程度取决于运算放大器的转换速率 SR，SR 越大前后沿越陡峭，方波波形愈好。

（2）三角波和方波产生电路

如图 10-2 所示，电路由同相滞回比较器 A_1 和反相积分器 A_2 构成。比较器 A_1 输出的方波经积分器 A_2 积分可得到三角波 u_{o2}。u_{o2} 经电阻 R_1 为比较器提供输入信号，形成正反馈，即构成三角波、方波发生器。

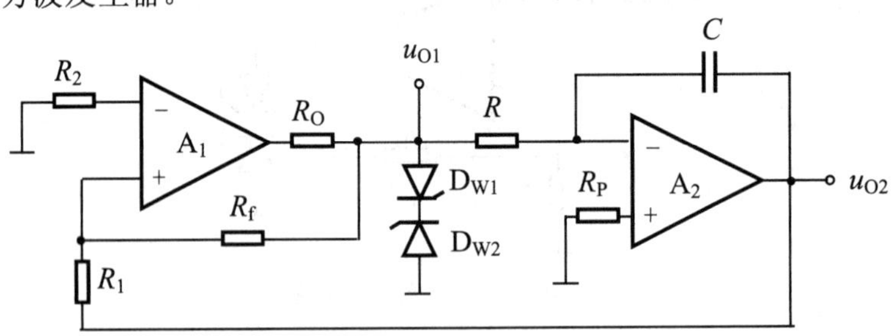

图 10-2　方波、三角波产生电路

该电路的工作原理是：若 u_{o1} 为高电平，则电容充电，u_{o2} 按线性规律逐渐下降，当 u_{o2} 下降到负的某一值时，使得第一级运放的 u_+比 u_-略小，即略小于零时，u_{o1} 发生跳变，跳变为低电平。之后电容开始放电，u_{o2} 按线性规律上升，上升至一定值时，使得第一级的 u_+略大于 u_-，即略大于零时，u_{o1} 跳变为高电平。如此周而复始，产生振荡。由于电容的充、放电电路相同，积分电路中输出电压上升和下降的时间相等，因此上升和下降的斜率绝对值相等，即输出为三角波。

第一级运放发生跳变的条件是 $u_+=u_-=0$，此时流过 R_f 和 R_1 的电流相等，即：

$$I_1=I_f=\frac{u_{o1}}{R_f} \tag{10-4}$$

因此：

$$u_{o2m}=R_1I_1=\frac{R_1}{R_2}u_{O1H}$$

根据积分电路的输入输出关系可得：

$$\frac{1}{C}\int_0^{T/2}\frac{u_{o1m}}{R}\mathrm{d}t=2u_{o2m}$$

可求出：

$$T=4RC\frac{u_{o2m}}{u_{o1m}} \tag{10-5}$$

将 $u_{o2m}=R_1I_1=\frac{R_1}{R_2}u_{O1H}$ 代入式(10-3)中可得：$T=4RC\frac{R_1}{R_f}$

因此该电路的振荡频率是：

$$f=\frac{1}{T}=\frac{R_f}{4RCR_1} \tag{10-6}$$

从以上分析表明，输出电压的峰值只与电阻 R_1、R_f 及稳压管的稳压值有关；而振荡频率和 R_1、R_f、R、C 均有关。

（3）正弦波振荡器

如图 10-3 所示为 RC 文氏桥振荡电路。其中 RC 串、并联电路构成正反馈支路，并起选频作用，R_1、R_2、R_W 及二极管等元件构成负反馈和稳幅环节。调解 R_W 可以改变负反馈深度，以满足振荡的振幅条件和改善波形。利用两个反向并联二极管 D_1、D_2 正向电阻的非线性特性来实现稳幅。D_1 和 D_2 要求特性匹配，以确保输出波形正、负半周期对称。R_3 的接入是为了削弱二极管死区的影响，改善波形失真。

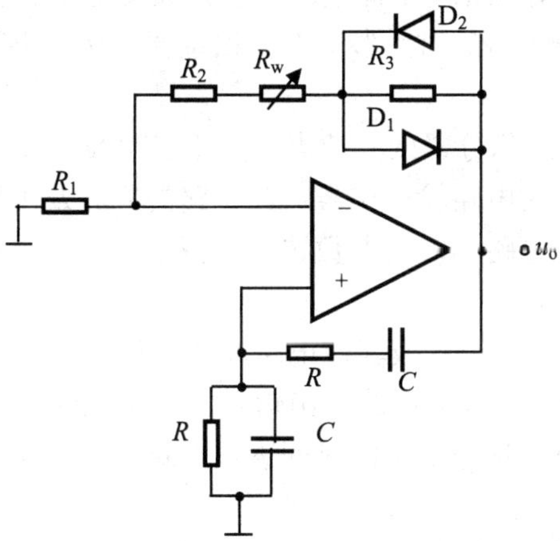

图 10-3 *RC* 文氏桥振荡器

电路的振荡频率：

$$f_0=\frac{1}{2\pi RC} \tag{10-7}$$

起振的幅值条件：

$$A_f=1+\frac{R_f}{R_1}\geqslant 3 \tag{10-8}$$

调整 R_W，使得电路起振且失真最小。改变选频网络的参数 C 或 R，即可调节振荡频率。

10.2 设 计 任 务

利用运算放大器设计具有三角波、方波和正弦波输出的简单信号源，可实现：

1. 基本部分：

①输出三角波，频率在 20Hz～20kHz 之间可调，输出幅度约为 ±7 V。

②输出与三角波同步的方波，频率在 20Hz～20kHz 可调。方波幅度约为 ±7 V。

2. 发挥部分：

输出与三角波同步的波形完整且不失真的正弦波，频率在 20Hz～20kHz 可调。

10.3 设计原理与方案

10.3.1 设计方案参考

分析以上设计任务可知，该设计可以有多种实现方案，下面给出四种方案供参考。

参考方案一：

先产生正弦波，而后比较器产生方波；再通过积分器或其他电路产生三角波；最后通过幅值控制和功率放大电路输出信号。此电路的正弦波发生器的设计要求频率连续可调，方波输出要有限幅环节，积分电路的时间参数选择很重要，保证电路不出现积分饱和失真。

参考方案二

先产生方波，而后通过积分器或其他电路产生三角波，再用有源滤波器产生正弦波；最后通过幅值控制和功率放大电路输出信号。此电路的方波发生器的设计要求频率连续可调，输出要有限幅环节，积分电路的时间参数选择保证电路不出现积分饱和失真。

参考方案三

先产生方波，而后通过积分器或其他电路产生三角波，再用折线法将三角波转换为正弦波；最后通过幅值控制和功率放大电路输出信号。此电路的方波发生器的设计要求频率连续可调，输出要有限幅环节，积分电路的时间参数选择保证电路不出现积分饱和失真。

参考方案四

先产生三角波，而后通过比较器产生方波，同时用折线法将三角波转换为正弦波输出。此电路的三角波发生器的设计要求频率连续可调，积分电路的时间参数选择保证电路不出现积分饱和失真。

10.3.2 设计方案实现举例

下面以方案四为例介绍电路实现的原理。

可产生三角波与方波的函数发生器的工作原理与 V/F 转换器相同。图 10-4 所示是一般称为函数发生器的振荡电路框图，基本上是运算放大器构成的积分器与比较器组成的电路。

图 10-4 所示电路中，控制电压 V_C 的极性切换电路产生 $\pm V_C$ 电压，V_C 的极性由电压比较器的输出状态进行控制。

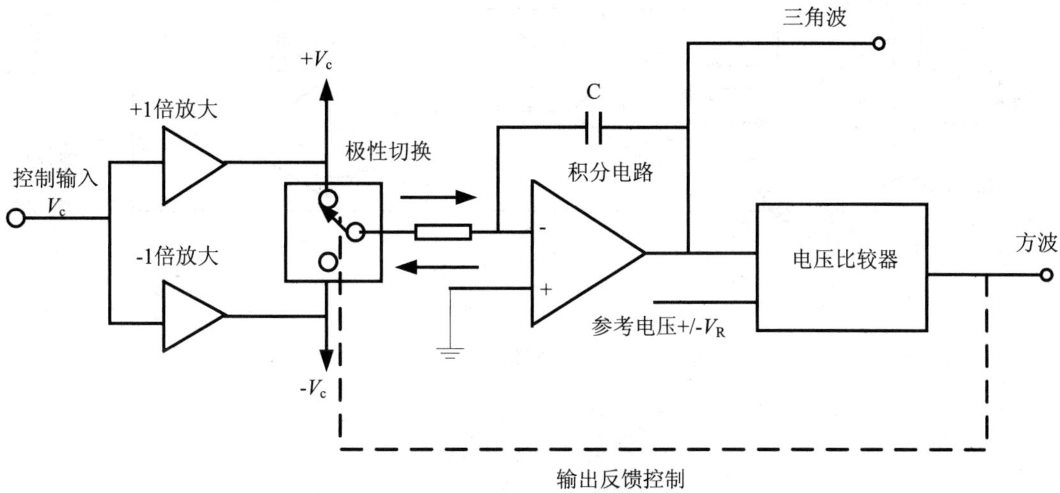

图 10-4　方波三角波函数发生器的工作原理图

积分电路与比较器是电路的主体，积分电路在极性切换电路作用下对积分器的输入电流方向进行切换，使积分器产生三角波，其频率与输入的控制电压大小成比例。比较器具有两个基准电压 $\pm V_R$，三角波通过比较器后产生方波输出。其工作过程如下：

首先，积分电路中运算放大器的输入电流 i 对电容 C 进行充电，这时积分器输出电压变化率（斜率）由式

$$e_o = -i / C(\text{V/s}) \tag{10-9}$$

决定。也就是说，输入电流 i 越大，则每单位时间的电压变化越大。这就是输出波形的斜率即三角波的频率应与 $\pm V_C$ 大小成比例。

然而，若电路按原样积分，不久三角波的输出电压就达到饱和并接近电源电压。所以应在饱和之前，积分电压达到某基准电压 $\pm V_R$ 时极性切换电路反转，积分输入电流方向也反转，进行这种工作的就是比较器。

在 $+V_R \sim -V_R$ 之间重复这种动作，由此持续进行三角波振荡。

比较器输出是与三角波同步的方波，但输出电压的振幅是由比较器输出的限幅电路特性决定的。

振荡频率由控制电压控制的积分常数（由输入电压 V_C 产生的电流 i）决定，转换成频率时要加上积分动作反转电压 $\pm V_R$。

图 10-5 是函数发生器的总电路图。图中，运算放大器 A_1 为极性切换电路，A_2 为反转积分电路，A_3 为电压比较器电路。

2SK30A 是 N 沟道的 JFET，该场效应管输入噪声低，输入阻抗高，抗干扰能力强。其外观与引脚如图 10-6 所示。

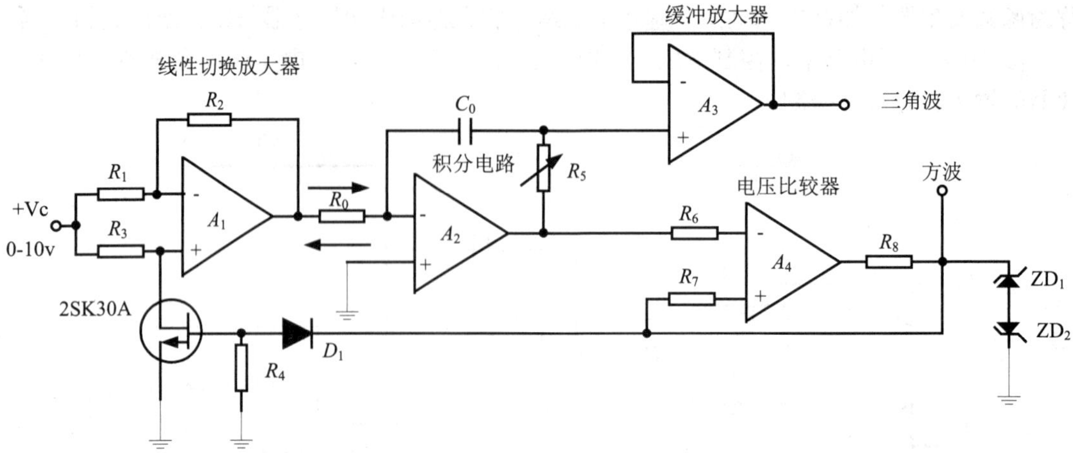

图 10-5　方波三角波函数发生器的总电路图

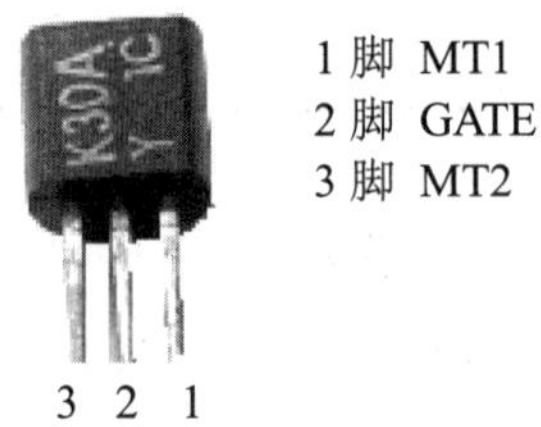

图 10-6　2SK30A 外观与引脚如图

FET 构成的开关，FET 导通时，R_3>>RON，此时运算放大器工作于反向放大器，R_1=R_2，则增益为-1。FET 截止时，R_1 到 R_2 无电流流通，此时运算放大器工作于缓冲放大器，则增益为+1。对于 FET，这里使用 N 沟道 FET，当偏置电压为其本身的夹断电压 V_P 以上时，FET 为截止状态（漏-源极间电阻值非常高），而零偏置时 FET 为导通状态，漏-源极间电阻值为数百欧，也就是说，FET 相当于开关作用。开关 FET 导通时该电路工作于反相放大器（若 R_1=R_2，则增益为−1，控制电压 V_C 极性反转为−V_C。而 FET 开关为截止状态时，运算放大器的同相输入端直接串联电阻 R_3，若运算放大器的输入电流为零（实际上为几纳安数量级的电流），则控制电压 V_C 原样呈现在输出端。而 FET 开关为截止状态时，若运算放大器不能正常工作时，要注意电阻 R_1 和 R_2 是否接好，当运算放大器正常反馈工作时两个输入端之间电位差应为零，因此，反相输入端电位为+V_C，电阻 R_1 中无电流流通。也就是说，该电路的工作状态相当于普通的电压跟随器，即增益为 1.0 的放大器。

D_1 为二极管，可选 1N4148。当 D_1 右边为负时，二极管 D_1 通，D_1 左边为负，2SK30A 截止。当 D_1 右边为正时，二极管 D_1 不通，D_1 左边为 0V，2SK30A 导通。

控制电压 V_C 为 0～±10V 的电压，可由可调电阻与固定电阻对直流电源分压得到，但需注意分压电阻的取值应适宜，否则会对运放电路的输入阻抗产生影响。

决定极性切换电路的电阻 R_1 和 R_2 阻值，即 R_1＝R_2 即可，其阻值根据反转时输入电阻的阻值来决定。运算放大器构成的低输出电阻的电路对该电路进行控制时，R_1 和 R_2 阻值可设定为数千欧以上，这里可选用 10k 电阻。电阻 R_3 与 FET 开关的通/断之比有关，FET 截止电阻与导通电阻 r_{on} 相比应足够大（r_{on} 约为 300 欧时 FET 截止电阻为数十千欧以上），R_3 阻值

过大时，若运算放大器 A 的输入电容与杂散电容设定的常数接近开关频率，则电路会出问题。（可选 R_3=10k）

使用运算放大器的积分电路高频特性不好，因此，对于标准的电路要接入一个与积分电容串联的电阻，从而改善振荡频率对于控制电压的线性关系，而 R_5 的阻值由实验确定。

为了改善与控制电压的线性，在积分电路中接入电阻 R_5，由此增大了阻抗，可用缓冲放大器进行补偿，为此目的而增加运算放大器 A_3。但对于数千赫以下的 VCO 电路，由于电阻 R_5 为零，因此，可不接 A_3。

电阻 R_0 与电容 C_0 的值由 VCO 的最高频率 f_{max} 决定，先决定容易得到的电容的值，再反过来计算 R_0 的阻值即可。控制电压 V_C 设定为+1V，振荡频率约为 2kHz（它为最高频率的 l/10）时振荡情况，即开始积分器的补偿电阻（V_R）设为 0，控制电压 V_C 设定为+1V，振荡频率约为 2kHz（它为最高频率的 l/10）时振荡情况。改变输入控制电压时，振荡频率也就跟着改变，若要频率准确一致，需要改变与固定电阻 R_0 串联的半固定电阻（阻值为 R_0 的 10%～20%）的电路。现施加+10V 的控制电压，本来应是理想的 20kHz 频率进行振荡，但由于运算放大器的响应时间的延迟，振荡频率变为 20kHz 以下。该电路约以 16kHz 频率进行振荡。调节与 C_0 串联的补偿电阻 R_5（VR），设定的振荡频率正好为 V_C=1V 时频率的 10 倍（要注意，V_R 阻值随电容 C_0 的值不同而异）。

参考电路中的运放可为 TL082，是通用的 J-FET 双运算放大器。其特点有：较低的输入偏置电压和偏移电流，输入级具有较高的输入电阻，内建频率补偿电路，具有较高的压摆率，最大工作电压为±18V。其引脚如图 10-7 所示。

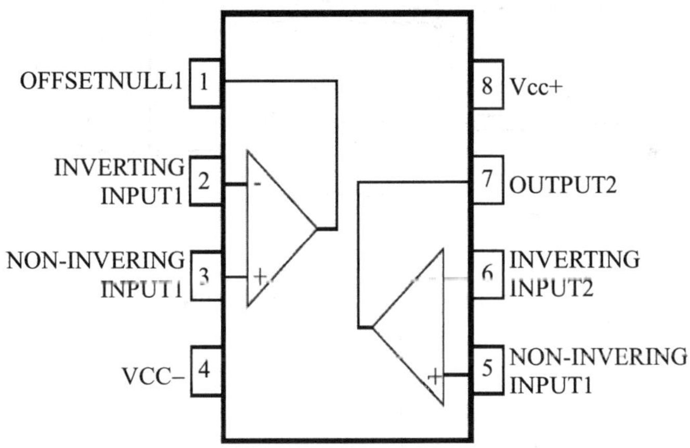

图 10-7　TLO82 引脚图

若用运放产生与三角波同步的正弦波，可采用折线法实现，其基本原理如下：

运算放大器电路的输出与输入是按一次函数（比例）的变化关系进行的。如需其他函数的变换关系，则可按图 10-8 所示的折线去近似。具有这种特性的电路称为折线电路。

使用二极管和运算放大器即可非常简单的实现折线电路。这种电路可分为振幅压缩、振幅伸长等电路。

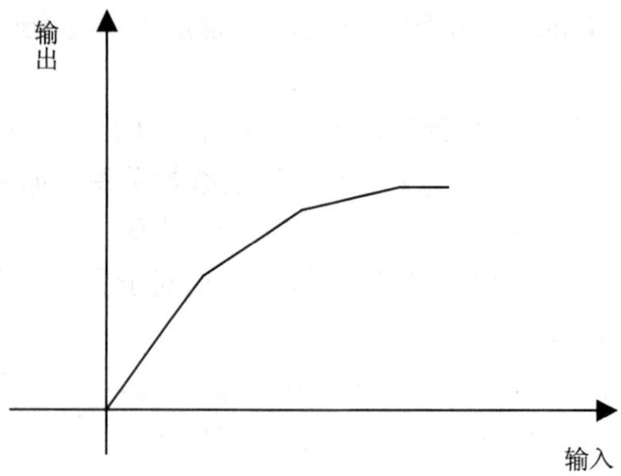

图 10-8　折线电路的特性

1．压缩电路

图 10-9 所示是最简单的一级压缩电路的原理图。在 0〈V_{IN}〈V_1 的区间内，二极管处于截止状态，这时运放为反相线性放大器，其特性如图 10-10 中的 *OA* 段所示。输入电压超过 V_1 时，二极管 *D* 处于导通状态，反馈电阻由 R_3 和 R_2 并联而成，其特性如 *AB* 段所示，增益下降。当 V_{IN} 为负时，二极管依然截止，电路依旧是反相线性放大器。如果将这个电路重复连接三、四次或更高次，可以得到精细的压缩特性。

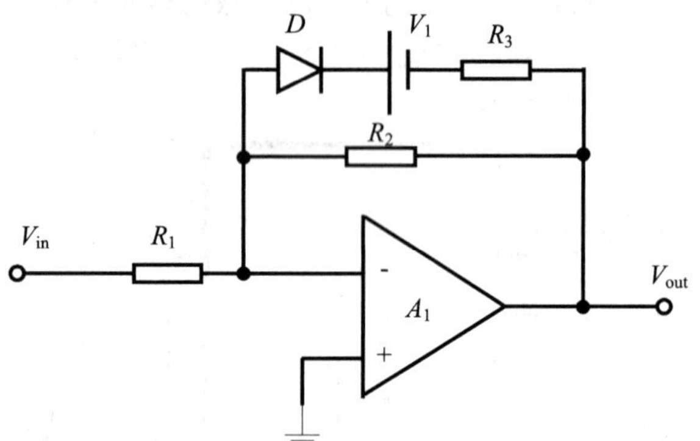

图 10-9　1 级压缩电路的原理图

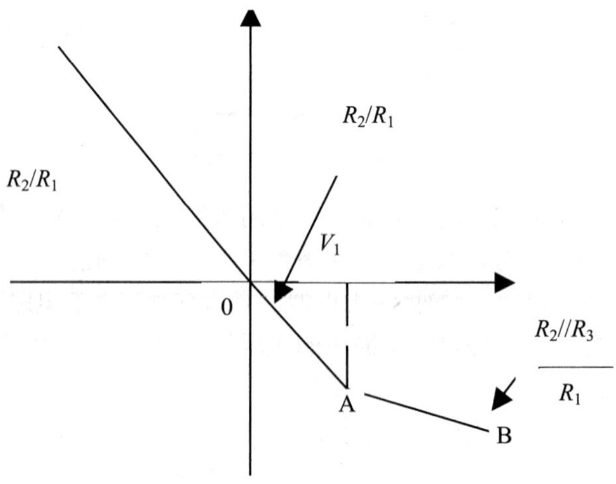

图 10-10　一级压缩电路的特性

2．伸长电路

图 10-11 所示是一个一级伸长电路的原理图。输入电压比电池电压小时，二极管 D 处于截止状态，由 R_1、R_2 组成反相放大器。输入 V_{IN} 达到 V 以上时，二极管处于导通状态，输入电阻由 R_1 和 R_3 并联而成，增益上升。电池部分可用齐纳二极管替代。

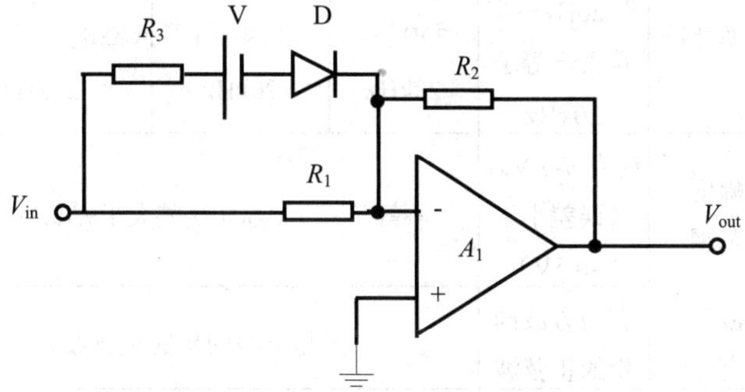

图 10-11　1 级伸长电路的原理图

利用折线电路，设计合适的反馈电阻与电压，可以实现三角波与正弦波的转换。

10.4　电路测试方法与指标

测试题目：简易信号源。

所用仪器：示波器、直流稳压电源、万用表。

设计与制作完成后，按照题目所给指标对所设计的电路进行测试。电路的正常工作离不开直流稳压电源，采用自制的电源或实验室的直流稳压电源供电，用双踪示波器同时观测方波与三角波，观察两波形的幅度以及频率变化范围，根据测试的各种情况（见表 10-1）进一步调节或改进电路。

表 10-1　“简易函数发生器”测试仪器与测试指标记录表

制作内容	参数及要求	实测	测试时的不同情况				测试仪器
1. 三角波发生器	频率范围 20Hz～20kHz	频率范围	低端小于等于 20Hz～高端大于等于 20kHz	低端大于 20Hz～20kHz	20Hz～高端小于 20kHz	低端大于 20Hz～高端小于等于 20kHz	示波器；电源
	幅度范围 +/-7 V_{P-P}	幅度范围	约为+/-7 V_{P-P}	小于+/-7 V_{P-P}			示波器；电源

（续表）

制作内容	参数及要求	实测	测试时的不同情况				测试仪器
2. 方波发生器	频率范围20Hz～20kHz	频率范围	低端小于等于20Hz～高端大于等于20kHz	低端大于20Hz～20kHz	20Hz～高端小于20kHz	低端大于20Hz～高端小于等于20kHz	示波器；电源
	幅度范围+/-7 $V_{P\text{-}P}$	幅度范围	约为+/-7 $V_{P\text{-}P}$（误差小于+/-0.5V）	不等于+/-7 $V_{P\text{-}P}$（误差大于+/-0.5V）			示波器；电源
3. 正弦波发生器	波形	波形有无	有与方波同步的正弦波	无与方波同步的正弦波			示波器；电源
	失真度	波形	肉眼观测失真小	失真明显			示波器测试并观测；电源

10.5 实训题目

1．设计、制作与调试函数发生器电路。要求先产生方波，而后通过积分器电路产生三角波，再用有源滤波器产生正弦波，最后通过幅值控制和功率放大电路输出信号的函数发生器电路。要求：输出方波与三角波同步，频率在 20Hz～10kHz 可调，输出信号幅度在 $0V_{PP}$～$10V_{PP}$ 可调。输出方波能转换为 TTL 电平输出。

2．使用集成芯片（如 MAX038）设计并制作函数发生器，要求可以输出正弦波、方波、三角波，频率幅度可调。输出频率在 0.1Hz～15MHz 可调，输出幅度 $0V_{PP}$～$10V_{PP}$ 可调。方波频率和占空比可分别调节。

3．设计与实现波形发生器，可以产生三角波、正弦波、方波，其频率和幅度任意可调，方波的占空比可调，并能转换为 TTL 电平输出。输出频率在 20Hz～1MHz 可调，输出幅度 $0V_{PP}$～$10V_{PP}$ 可调。

【方案提示】 用运放结合三极管构建的压控恒流源，对电容进行恒流充放电，产生三角波信号。改变压控恒流源的大小，从而改变电容的充放电速率来改变，也就改变三角波信号的振荡频率。再将此三角波信号经过二极管和电阻组成的无源变换网络，就可以得到正弦波信号。同时利用高速比较器将此三角波信号和一基准电压相比较，则高速比较器的输出端就会产生同频率的方波信号或 TTL 波信号等。

【参考文献】

[1] 稻叶保. 振荡电路的设计与应用. 北京：科学出版社，2004

[2] 内山明治，村野靖著，陈镜超译. 运算放大器电路. 北京：科学出版社，2009

第 11 章　电路安装与调试

11.1　安装前的准备

电路安装是将准备好的电子元器件插装到预先制作好的电路板上，再经过焊接、检验调试后，才能实现设计的功能和指标。电路在安装之前应对 PCB 和元器件进行仔细认真的检查，要保证在布线良好、正确、符合 EMC/EMI 性能的 PCB 板上，插上物理和电器性能良好的电子元器件，才可能制作出正确、可靠的功能电路或系统。

11.1.1　PCB 检查

1．电子工作台

（1）电子电路的制作需要一个良好的工作台，台上需要备齐安装工具（钳子、镊子、改刀、锯、钻、锤）、手工焊接工具、直流稳压电源、台式电脑、万用表、示波器、信号发生器。

（2）工作台上的仪器布置、摆放要稳当、安全，便于连接、操作和读数。

（3）工作台面应使用防静电、绝缘胶垫。在维修和调试“热底板”电路时，为了人和仪器的安全必须使用隔离变压器。

（4）交流配电。工作台上的用电仪器设备多，工作台配电比较简单、有效的方法，常常采用长线活动插板从墙上插座引到工作台上。值得注意的是，墙上的插座必须要有良好接地的三孔插座，延长插线板也必须用三芯线、三插头，只有规范正确的连接，才能确保工作台上的仪器有共同的参考地；否则，将因为仪器“不共地”引起很多麻烦，甚至造成屡屡烧坏小系统上的 CPU 却还不知道原因。如图 11-1 所示，详细介绍请参看 11.5 小节“接地与屏蔽”的相关内容。

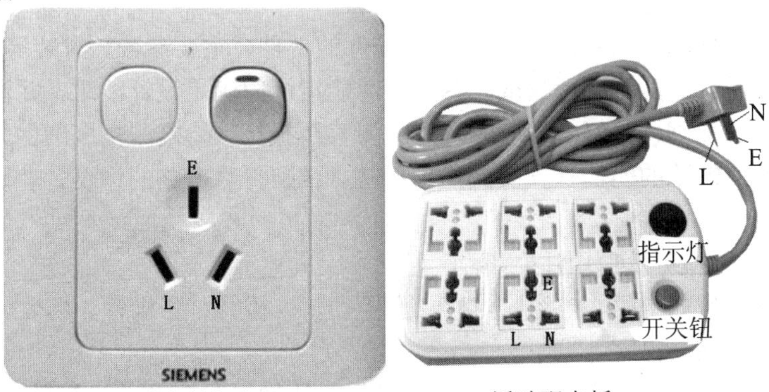

墙上的插座　　　　活动配电板

L-火线　N-零线　E-保护接地

图 11-1　单相三线制 220V 交流市电配电插座/插头引线图

2．准备原理图和安装图

PCB 板的检测除了前述的工具、材料外，还需要准备小刻刀、锥子、细砂纸、放大镜等。关于工具的使用参见第四章的相关内容。这里假设电路板已经焊接完好等待检查。

规范的电路原理图和安装结构图是非常必要的，在电路的安装和调试中都要用到，如图 11-2 所示。

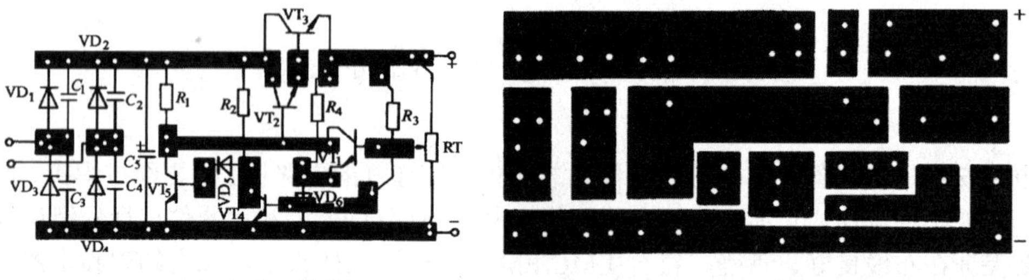

（a）元件安装图　　（b）PCB 板图

图　11-2

3．对焊接制作好的 PCB 应从以下几个方面进行检查

（1）外观检查

主要查看 PCB 板的布线是否有短、断、缺孔、毛刺、粘连等缺陷或瑕疵。察看是否有元件的封装尺寸、位置拥挤、孔位偏离、布线局部或全部镜像等错误。

（2）布线检查

用万用表检查高密、精细布线的质量，查看布线是否有断线（腐蚀过头，致使较小的布线被腐蚀断了），是否有连、碰线（腐蚀不彻底引起的），过孔没有沉铜、层间没有联通等。

（3）对 PCB 板的处理

对于手工刻制、热转印、自己腐蚀的 PCB 板，通过检查后，插装元器件前，还必须对铜面进行清洁处理，用精细的砂纸、纱布（一般是 0#砂纸）打磨掉铜板表面的氧化层和污渍，露出金属铜的光亮本色并在处理后清洁光亮的覆铜板上涂刷松香水，既能对焊点起到助焊的作用，又能对无需焊接的线路起到一定的保护作用。专业加工的 PCB 无需做此处理。

11.1.2　电子元器件检测

检测电子元器件的目的是：①核实元件/器件的备件、主要参数、封装等是否符合要求。安装之前，一定要对元器件进行测试，参数的性能指标应满足设计要求，并留有裕量；要准确识别各元器件的引脚，以免出错造成人为故障甚至损坏。②检测复核确保元器件完好。不能将任何有问题或缺陷的元器件安装到电路板上，否则将给电路的调试、检测和拆卸带来很多麻烦。

1．普通元器件检测及使用注意事项

对常规电子元件如电阻、电容、电感、变压器、二极管、三极管、场效应管的选用、测试方法参见第二章相关内容。

LCD 显示、话筒、扬声器、压电喇叭、耳机、压敏电阻、开关、按键、接/插件等元器件也是很常用的。

（1）话筒/喇叭：话筒常见的种类大致有电磁式或动圈式、压电陶瓷式、驻极体等。

动圈式话筒的结构原理与电动式扬声器相似，也是由磁钢、音圈和音膜等组成。电磁式或动圈式话筒等效为电感，用万用表的电阻挡检测其阻值很快可以判断其好坏；压电陶瓷式送话器等效为电容，可以按小电容来检测它的好坏；驻极体传声器是由驻极体振动膜(极薄的蒸镀金膜——电场驻极的塑料膜片)、金属极板、场效应管和外壳等组成。驻极体送话器本身也是电容，为了与电路实现阻抗匹配，往往加有场效应管放大器，与驻极体封装在一起，外形如图 11-3 所示。用万用表不能直接测量其质量好坏，表笔可以接入电路并通电后，将万用表打到交流或直流毫伏挡，接到话筒的输出端，对着话筒说话或轻轻吹气，电压随之有明显的变化，说明话筒工作正常。当然，话筒的灵敏度可以从相对变化幅度中反映出来。

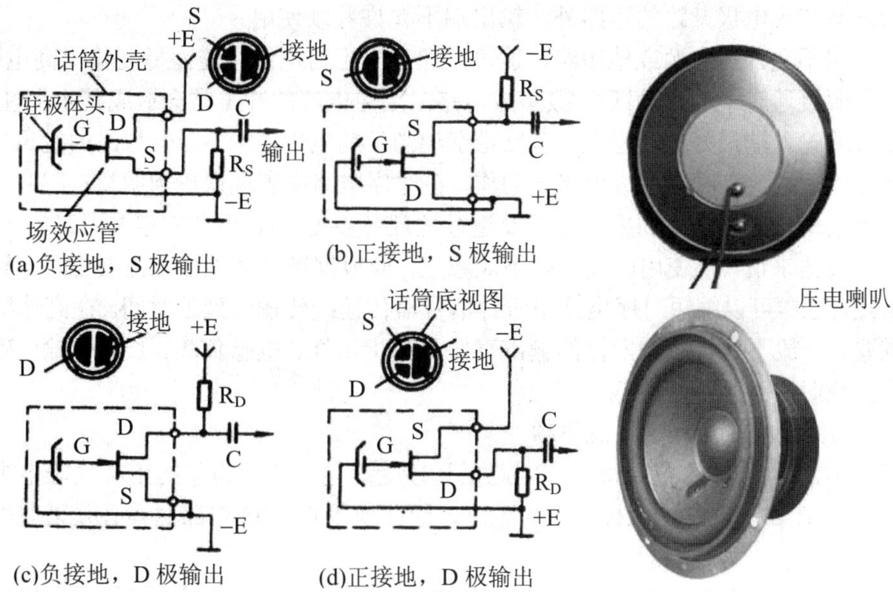

驻极体话筒接线图　　喇叭

图 11-3　驻极体话筒和压电陶瓷喇叭

常见的喇叭、耳机有动圈式、电磁式和压电陶瓷式等。动圈式、电磁式的原理及结构跟电动式扬声器相似，用万用表电阻 R×1 挡检测其阻值可以方便地判断好坏。压电陶瓷式喇叭、耳机的结构很像电容，很难用万用表检查其好坏，如图 11-3 所示。

普通的喇叭包括磁钢、线圈等部件。线圈电阻较小，通常有 4、8、16 欧姆几种，用万用表电阻 R×1 挡测量其阻值即可，在电阻挡测量时，完好的喇叭会有“咯咯”声。喇叭、耳机的故障主要是引线焊点脱落、音圈擦、碰到磁钢、压电陶瓷破碎等。

（2）开关、按键

开关、按钮、按键等可用可万用表检查其通断、接触是否良好等可靠性；按键是用导电橡胶与 PCB 铜箔组合，容易出现铜箔氧化、按键的橡胶老化引起按键失效或不可靠故障。可以更换橡胶触点、清洁 PCB 铜箔消除故障。

（3）其他

电路中还有压敏元件、接插、连接件等。为防止信号引线因意外事故产生的高压、大电流对电路的危害，在电路信号线（或电源）入口端使用了过压保护电路。正常的压敏元件用万用表检查电阻很大，但只能判断其是否短路，不能判断其标称保护电压值。接插、连接件可以进行肉眼检视和用万用表测量内部导线是否断线。

2．其他特殊元件使用注意事项

（1）TTL 集成电路使用注意事项

①TTL 电路的电源电压不能高于+5.5V。使用时，不能将电源与地颠倒错接造成器件损坏。

②电路的各输入端不能直接与高于+5.5V 和低于–0.5V 的低内阻电源连接，因为低内阻电源能提供大电流，会由于过热而烧坏器件。

③除三态和集电极开路的电路外，输出端不允许并联使用。

④输出端不允许与电源或地短路，但可以通过电阻与电源相连，提高输出高电平。

⑤在电源接通时不要移动或插/拔集成电路，因为电流的冲击常会造成其永久性损坏。

⑥多余的输入端最好不要悬空。虽然悬空相当于高电平，并不影响与门的逻辑功能，但悬空容易接受干扰，有时会造成电路误动作，在时序电路中表现得更为明显。因此，多余输入端一般不采用悬空办法，而要根据需要进行处理（参见 16.6 小节的相关内容）。

⑦对触发器来说，不使用的输入端不能悬空，应根据逻辑功能接入需要电平。输入端连线应尽量短，这样可以缩短时序电路中时钟信号沿传输线传输的延迟时间。在高速数字电路中尤为重要。一般不允许将触发器的输出直接驱动指示灯、电感负载、长线传输，确实需要驱动这些负载时，必须加缓冲门。

（2）使用 CMOS 电路的注意事项

CMOS 电路由于输入电阻很高，因此极易接受静电电荷。为了防止产生静电击穿，生产 CMOS 时，在输入端常加有标准保护电路，因此使用 CMOS 电路时，必须采取以下预防措施：

①放 CMOS 集成电路时要屏蔽，一般放在金属容器中，也可用金属箔或专用的金属短路夹子将引脚短路。

②CMOS 电路可在很宽的电源电压范围内提供正常的逻辑功能，但电源的上限电压（即使是瞬态电压）不得超过电路允许极限值 V_{max}，电源下限电压（即使是瞬态电压）不得低于系统工作所必需的电源电压最低值 V_{min}，更不得低于 V_{SS}。

③焊接 CMOS 电路时，一般用 20W 内热式电烙铁，而且烙铁要有良好的接地线。也可以利用电烙铁断电后的余热快速焊接。禁止在电路通电的情况下焊接电路板上集成电路、元件、导线等的金属焊点。

④为了防止输入端保护二极管因正向偏置而引起损坏，输入电压必须处在 V_{DD} 和 V_{SS} 之间，即 $V_{SS} \leqslant V_I \leqslant V_{DD}$。尤其值得注意的是，由于电源接反或其他原因使得输入端的电压低于地电位 0.5V 及以上，极其容易损坏 CMOS 电路的输入端保护二极管。

⑤调试 CMOS 电路时，如果信号电源和电路板用两组电源，则开机时应先接通电路板电源，后开信号源电源。关机时则应先关信号源电源，后断电路板电源。即在 CMOS 本身还没有接通电源的情况下，不允许有输入信号输入。

⑥多余输入端绝对不能悬空。否则不但容易接受外界噪声干扰，而且输入电位不定，破坏正常的逻辑关系，也消耗不少的功率。因此，应根据电路的逻辑功能需要按情况加以处置。

⑦CMOS 电路装在印刷电路板上时，印刷电路板上总有输入端。当电路从机器中拔出

时，输入端必然出现悬空，所以应在各输入端上接入限流保护电阻。如果要在印刷电路板上安装 CMOS 集成电路，则必须在与它有关的其他元件安装之后再装 CMOS 电路，避免 CMOS 器件输入端悬空。

⑧插拔电路板电源插头时，应该注意先切断电源，防止在插拔过程中烧坏 CMOS 集成电路的输入端保护二极管。

11.2　电 路 检 查

必须对焊接完的电路板进行全面的查验，包括不通电检查和通电检查。

11.2.1　不通电的检查要点

1．任何元件必须装在各自的位置。不能错位、张冠李戴插错了孔，不能插反极性（集成电路、二极管、三极管、电解电容、连接插座等元器件都有方向或极性）。

2．注意元器件的可靠接地。电源变压器屏蔽层、电源稳压芯片、石英晶体金属外壳、大功率器件的散热器、射频电路的屏蔽外壳、中周的金属外壳等处必须接地良好，否则，会使电路抗干扰性能大大下降，严重时电路甚至会自激，无法工作。

3．电路板总体质量检查评估。对引脚少、粗的贴片元件可以用肉眼检查是否存在虚、假、错、短、断、漏、碰、偏等不良焊接；对较小、引脚多的贴片元件，可以用高倍数的放大镜仔细观察，检查焊点是否存在焊接缺陷。如图 11-4 所示为带照明灯的放大镜。

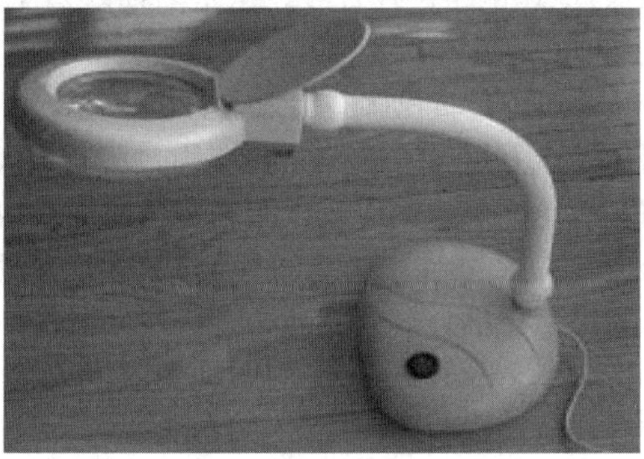

图 11-4　带灯的放大镜

若要查验引脚非常小、非常多的贴片元件，即使用放大镜也看不清楚或不便于在电路板上观察的时候，可以用 500 万以上像素的数码相机拍照后，在电脑上放大后观看，以查找焊点是否存在缺陷。

4．电路板和连接线。电路板必须牢固固定在底板或机壳里，不能松动；导线要可靠地焊接在电路板或接线柱上。不能随意用手拧一下或将两根导线的金属芯勾到一起，这样稍微震动一下导线就容易松脱。电路板之间或各电路板对外的信号线，要用完整的导线，不能将短线接长使用，即使接长，也要用烙铁焊接，包扎，中间不能有外露的金属。建议电源引线、信号线用专业的配套插头/插座，这样会使连接更牢固，既不会错插、错接，又能有一定的机械强度和抗干扰作用。

11.2.2 电路的调试

这里的电路调试或检查主要是指电路通电后，需要用仪表、仪器等对电路进行电、磁参数测量的检查。

由于元器件参数的离散性及装配工艺的影响，安装完毕的电子产品还不能达到设计要求的性能指标。刚安装好的电路，一般都必须经过调试，才能最大限度地发挥元器件的效能。需要通过实际运行和测试来发现电路的缺陷、故障与问题或程序的 Bug。

通过电路、程序的调整、维护、维修以纠正、弥补电路或程序的问题，使其实现预期的功能和达到设计的技术指标，这就是电子电路的调试。

1．调试流程

电路的检查、调试流程包括：外观检查、静态检测、动态检测和性能指标检测。

（1）检测之前

电路安装完毕，不要急于给电路板通电。测量电气参数和指标，先要认真检查电路接线是否正确，包括错线、少线、多线和碰线。观察电路有无明显的错误和异常，例如，有无元件、导线松动，连接不可靠、漏焊、搭桥短路等问题。通电前必须排除直观的错漏问题。

①连线是否正确。检查电路连线是否正确，包括错线（连线一端正确，另一端错误）、少线（安装时完全漏掉的线）和多线（连线的两端在电路图上都是不存在的）。

查线的方法通常有两种：

A. 按照电路图检查安装的线路。这种方法的特点是，根据电路图连线，按一定顺序逐一检查安装好的线路，由此可比较容易地查出错线和少线。

B. 按照实际线路来对照原理电路进行查线。这是一种以元件为中心进行查线的方法。把每个元件（包括器件）引脚的连线一次查清，检查每个去处在电路图上是否存在，这种方法不但可以查出错线和少线，还容易查出多线。为了防止出错，对于已查过的线通常应在电路图上做出标记，最好用指针式万用表“R×1”挡或用数字万用表的低阻蜂鸣器挡来测量，而且直接测量元、器件引脚，这样可以同时发现接触不良、导线内有断线的故障隐患。

②元、器件安装情况。检查元、器件引脚之间有无短路；连接处有无接触不良；二极管、三极管、电解电容、集成电路、接插件等有方向、有极性元器件引脚是否插反、插错。

③电源供电（包括极性）、信号源连线是否正确。通过直观检查也可以发现电源、地线、信号线、元器件引脚之间有无短路、断路；连接处有无松动、接触不良。

④电源负载支路检查。在通电前，断开一根电源线，用万用表测量电源端对地端的电阻，查看是否存在漏电或短路。

（2）静态调试

静态调试一般是指在不加输入信号或只加固定电平信号的条件下所进行的直流测试，可用万用表测出电路中各点的电位，通过和理论估算值比较，结合电路原理的分析，判断电路直流工作状态是否正常，及时发现电路中已损坏或处于临界工作状态的元器件。通过更换器件或调整电路参数，使电路直流工作状态符合设计要求。

（3）动态调试

动态调试是在静态调试的基础上进行的。在电路的输入端加入合适的信号，按信号的流向顺序检测各测试点的输出信号。若发现不正常现象，应分析其原因并排除故障，再进行调试，直到满足要求。

测试过程中不能凭感觉和印象，要始终借助仪表、仪器检测、观察。使用示波器时，最好把示波器的信号输入方式置于“DC”挡，通过直流耦合方式，可同时观察被测信号的交、直流成分。通过调试，最后检查功能块和整机的各项指标（如信号的幅值、波形形状、相位关系、增益、输入阻抗和输出阻抗等）是否满足设计要求，如有必要，再进一步对电路参数提出合理的修正。

（4）性能测试

电路主要表现为完成某特定的功能。功能往往是直观、定性的表象，对电路增益、频带宽、电压、电流、功率、运行速度、保护动作点和动作反应速度、抗干扰能力、稳定性等反映电路性能的主要指标，是对电路性能全面的表征。

不是所有电路都要测量所有参数，但是不同的电路，我们需要特别关注某些参量，需要准确的测量。测量时需要选用一定精度的仪器、仪表，按照正确的连接方法，设计合适的测量流程。在电路进入稳定运行后，对电路进行客观、真实、准确检测。

在测量时，请注意记录好测试环境、测试仪器、仪表生产厂家、型号，记录好测试时天气、电磁环境，记录好电路的电气运行条件（输入电压、负载及负载特性、输出功率）等，详细记录好电路运行时的测量数据。对数据做科学的分析处理，得出反映电路真实情况的参数、指标。

2．调试顺序

根据电子电路的复杂程度，调试可分步进行。对于较简单系统，调试步骤是：电源调试→单元电路调试→单板调试→联调；对于复杂的系统，调试步骤是：电源调试→单板调试→分机调试→主机调试→系统联调。

由此可明确三点：①不论简单系统还是复杂系统，调试都是从电源开始入手的；②调试方法一般是先局部（单元电路）后整体，先静态后动态，先功能后性能；③一般要经过测量——调整——再测量——再调整的反复过程；④对于复杂的电子系统，调试也是一个“系统集成”的过程。

在完成单元电路调试的基础上，可进行系统联调。例如，数据采集系统和控制系统一般由模拟电路、数字电路和微处理器电路构成，调试时常把这三部分电路分开调试，分别完成设计要求的功能、达到设计指标后，再加进接口电路进行总调。联调是对总电路的性能指标进行测试和调整，若不符合设计要求，应仔细分析原因，找出相应的单元进行调整。不排除要调整多个单元的参数或调整多次甚至要修正方案的可能。

3．调试工具

电路检查、调试的工具主要包括万用表、示波器、信号源、频率计等。

（1）万用表

万用表包括数字式和指针式，用万用表可以很方便地测量电路元件的电阻值、电容量、电感量、晶体管的β值、电导等参数；测量电路的电流、电压（交、直流电压，交、直流电流）和电平；测量 PN 结的结电压，二、三极管的击穿电压等。

如果使用指针式万用表，除了能测量基本的电磁参数外，指针的摆动幅度、摆动方向和摆动速度也可以反映电路参数的特征，在电路调测中应加以合理利用。

（2）信号发生器

为了测试、分析电路的放大性能、频谱性能、追踪信号流程等，经常要在电路的入端口加注信号，尤其在电路调试和故障诊断时，信号发生器非常有用。

信号发生器常是一种多功能的宽频带函数发生器，可产生频率、幅度连续可调的正弦波、方波、三角波。三角波和方波的对称性可调，高级的函数信号发生器可产生任意波形。当条件有限、没有现成的信号发生器，必要时，也可以自己用元器件制作简易的信号源。

人体本身就是一个复杂的信号源，通过金属镊子可以方便地将信号注如电路的输入端，通过倾听后级电路喇叭中的噪声及声音强弱，或通过观察显示屏中干扰信号，有经验的工作者可以方便、快速地判断出电路的工作状况。但是这种方法在维修底板带电的“热底板”电路和采用直接耦合的直流宽带放大电路时请千万小心，否则可能造成触电或因复杂的信号破坏电路的工作点造成电路元件损坏。

（3）示波器

用示波器可以直观地观看电路信号的波形，测量直流电位、正弦波、三角波和脉冲等波形的各种参数，观察、分析电路中杂散、干扰、寄生振荡等现象。用双踪示波器还可同时观察比对电路的输入/输出两个波形的频率、幅度、相位关系，快速观察两个波形的畸变等。这在数字系统中非常有用。注意：在调试中所用示波器频带一定要大于被测信号的频率。

以上三种仪器是调试和故障诊断时必不可少的，三种仪器配合使用，可以提高调试及故障诊断的速度和准确率，根据被测电路的实际需要和实验条件许可，还可选择其他电子测量仪器，比如逻辑分析仪、频率计、频谱分析仪、扫频仪、网络分析仪、Q表、晶体管图示仪等。

4．调试方法

调试包括测试和调整两个方面。测试是在安装后对电路的工作状态、电路的重要参数及反映电路性能的重要指标进行测量。调整是指在测试的基础上对电路的元器件参数进行修正，使之满足设计要求。

为了使调试顺利进行，设计的电路图上应当标出各点的电位值，相应的波形图以及其他数据。设计的电路印制板上应预留测试点或测试接线柱，便于仪器仪表连接、减少临时查找电路测试点的不便，减少反反复复翻转PCB时造成连接线折断等麻烦。

常用的调试方法有以下两种：

第一种是采用边安装边调试的方法。也就是把复杂的电路按原理框图上的功能分模块进行安装和调试，在分模块调试的基础上逐步扩大安装和调试的范围，最后完成整机调试。这种方法一般适用于结构简单、功能较单一电路的调、测。

另一种方法是整个电路安装完毕，实行一次性调试。这种方法一般适用于定型电子产品和需要相互配合才能运行的系统级电子产品。

如果电路中包括模拟电路、数字电路和微机系统，一般不允许直接连用。不但它们的输出电压和波形各异，而且对输入信号的要求也各不相同。如果盲目连接在一起，可能会使电路出现不应有的故障，甚至造成元器件大量被损坏。因此，一般情况下要求把这三部分分开，按设计指标对各部分分别加以调试，再经过信号及电平转换电路后实现整机联调。

5．调试过程

（1）通电观察

把经过准确测量的稳定电源加入电路。电源接通之后不要急于测量数据和观察结果，首先要调动你的眼、耳、鼻、手等身体感官，观察电路有无跳火、冒烟，倾听电路有无异常声响，闻电路有无异常焦煳气味等异常现象。用手触摸电路重要元件、芯片表面温度，感觉温升是否异常，正常工作的小功率元件、芯片表面温度微温，如果出现烫手、温度非常高等异常情况，应该立即关断电源，待查出原因、排除故障后方可重新通电。

（2）分块调试

分块调试是把电路按功能分成不同的部分，每部分作为一个功能模块，按电路系统设计，既具有完整的功能，又是相对独立的电路实体模块，在一定条件下，能脱离系统进行调试。在分块调试的过程中，可以逐个模块调试，并逐个级联逐渐扩大电路规模和调试范围，最后实现系统的整机调试。

比较理想的调试顺序是按照信号的流向进行，这样可以把前面调试过的作为后级的支持，同时，其输出信号也作为后一级的输入信号，为最后的联调创造条件。

（3）整机联调

这里的整机是指硬件电路在分块调试的过程中，因逐步扩大电路的规模和调试范围，实际上已经完成了某些局部联调工作。其实复杂电路系统的调试，最重要、最麻烦的是组合、级联模块间的接口电路的设计和调试，只要做好各功能块之间接口电路的调试工作，再把全部电路连通，实现系统整机联机、联调就十分简单了。整机联调只需观察动态结果，就是把各种测量仪器及系统本身显示部分提供的信息与设计指标逐一对比，找出问题，然后进一步修改电路的参数，直到完全符合设计要求为止。

（4）软件调试

软件调试原则是“先驱动后应用程序，再进行系统软、硬件统调”。

现在的电子电路设计、制作都包括微控制系统，一般包括输入模块、输出模块、显示模块、通讯模块、扩展模块等。接口底层调试方法是，针对不同的功能模块编写一段测试程序，借助仿真器、万用表、示波器、逻辑分析等仪器来检查，以确保系统资源的正确调用。

程序的调试一般借助开发软件平台，分别运行单步、跟踪、断点、连续四种方式，根据具体情况，合理选择不同的运行方式，对程序进行全面调试，找出程序 Bug。

（5）接下来是系统软、硬件综合调试。这一过程非常重要，切不可轻视，一方面可以排除软件错误，同时进一步解决硬件的部分遗留故障。

值得注意的是实际调试过程中，有时是很难将软件和硬件截然分开的，往往软中有硬、硬中有软，相辅相成。常常是程序的问题在硬件中排除，硬件的问题在运行中暴露。

（6）系统精度及可靠性测试

系统精度是设计电路时很重要的指标。若是物理量传感测量元件，应该是由精度高于传感元件的电路较准，然后才能作为标准元器件接入电路校准精度。如果是测量类仪器、仪表电路，应该是由精度高于被测量电路的仪表进行测试、调校、核准。系统的保护（如过压、过流、过热保护）不但要有整定值和动作功能的调校，还要有动作时间的调校。一般要求保护电路要 100%的可靠，还要有快速的反应动作。

6．调试平台

调试电路是严肃、科学、严密的过程，要有充分的准备，要有准确、可靠、完善的测试平台，电路的检测数据才有价值。

（1）根据待调系统的工作原理拟定调试步骤和测量方法，确定测试关键点，并在电路原理图纸上和电路板子上标出位置，设计调试数据记录表格等。

（2）搭建调试工作台，工作台配备所需的调试仪器。仪器的摆法应操作方便，便于观察。初学者往往不注意这个问题，在制作或调机时工作台很乱，工具、书本、衣物等与仪器混放在一起，这样会影响调试。

特别提示：在制作和调试时，一定要把工作台布置得干净、整洁，扫除所有的焊锡渣、剪下的元件引脚、导线头等金属，摒弃所有干扰和影响。特别是在电路制作时剪下的凌乱的元件引脚，不小心掉在调试的电路板下面的话，极易引起电路短路，损坏 CPU 或功率器件。

（3）对于硬件电路，应视被调系统选择测量仪表，测量仪表的精度应优于被测系统；对于软件调试，则应配备微机和开发装置。

（4）电子电路的调试顺序一般按电路信号流向进行，将前面调试过的电路输出信号作为后一级的输入信号，为最后统调创造条件。

（5）选用可编程逻辑器件实现的数字电路，应完成可编程逻辑器件源文件的输入、调试与下载，并将可编程逻辑器件和模拟电路连接成系统，进行总体调试和结果测试。

（6）在调试过程中，要认真观察和分析实验现象，不要放过任何细小可疑的现象和细小变化的数据，做好记录，保证实验数据的完整、真实和可靠。

7．调测电路的注意事项

（1）调试之前先要熟悉各种仪器的使用方法，并仔细加以检查，避免由于仪器使用不当或出现故障时，对电路做出错误判断。

（2）测量用的仪器的地线和被测电路的地线连在一起，只有使仪器和电路之间建立一个公共参考点，测量的结果才是正确的。

（3）调试过程中，发现元器件或接线有问题需要更换或修改时，必须先关断电源，待故障元器件更换完毕，联结好导线，经认真检查后才可重新通电继续进行试验或测量。

（4）调试过程中，不但要认真观察和测量，还要善于记录。包括记录观察的现象、测量的数据、波形及相位关系，必要时在记录中要附加说明，尤其是那些和设计不符的现象更是记录的重点。依据记录的数据才能把实际观察到的现象和理论预计的结果加以定量比较，从中发现电路设计和安装上的问题，加以改进，进一步完善设计方案。

（5）安装和调试中，自始至终要有严谨、科学的工作作风。出现故障时要求认真查找故障原因，仔细做出判断，切不可一遇故障解决不了就拆掉线路重新安装，甚至推翻整个设计方案。因为重新安装的线路仍然存在各种问题，况且原理上的问题不是重新安装就能解决的。

11.2.3　电路测量及数据处理

没有指标要求的电路设计，严格地讲，不算真正意义上的电路设计。电路的指标，往往指明电路设计“做到什么程度”。测试是电路设计质量的“量化过程”，是对电路系统设计的科学验证。

在测试中，一定要做好数据的记录和对数据的分析处理。在测试记录文件中应包括：测试方法、测试条件、测试设备等。

电子电路设计的优劣主要体现在电路系统的功能和性能指标上，而各种电路指标是由专用测量仪器、仪表，对系统电、磁或其他物理参量进行表征。电子产品必须使用指定精度的分析测试仪表、按科学的测试方法、正确的连接方式，方可获得可靠、有效的数据。

测试条件是指在测量电路参数时的测试环境情况，包括测试方法（特别是那些非常规测试方法）、使用仪器种类型号、测试环境（温度、湿度、电磁环境、噪声等）、电路运行条件（电压、电流负载大小功率大小）等。

设计制作的电路，通过实际运行和测试后，获得了一系列数据，还需要对测试数据进行分析、处理。常规的数据处理包括：有效数据表示、误差分析，实验数据绘制、最小二乘法、回归分析法、实验数据插值法等。测量误差分析是专门的学科，可以参见相关书籍。

11.3　电子电路的故障维修技术

在电子技术实践与训练中，出现故障是经常的事。学习获得电路、电子设备故障维修能力，是从事电路设计、电子产品开发人员的基本技能。通过查找和排除故障，对全面提高电子技术实践能力十分有益。但是，初学者往往在遇到故障后束手无策，因此，了解和掌握检查和排除故障的基本方法，是十分必要的。

11.3.1　电路故障分析

1．电路故障检修原则

电路维修技术非常复杂，需要维修人员有扎实的电路理论基础，有很强的动手能力，有很高的悟性；对电路的信号流程和逻辑控制关系了如指掌；对电路的整体、全局工作原理烂熟于胸；思路清晰、敏锐，对感官感知的现象、测量的数据、测试的波形非常敏感，能洞察细微的变化与联系，对电路抽丝剥茧，找到十分隐秘的故障。

维修能力的提高是需要艰苦的培养、训练、感悟和积累，虽然没有捷径可走，但是前人的经验还是非常有参考意义的。

通过大量的实践证明，对电路的故障维修按下述原则进行是非常有效的："先外头后里头，先无电后通电，先图纸后实体，先感官后仪器，先局部后整体，先模块后系统，先功能后性能，先模拟后数字，先硬件后软件"。

先外头后里头。维修电路或电子、电气设备时，应该首先查看机器或电路板外的连线、连接、电源、开关，各种操作、调节旋钮放到正确的位置状态，机外电源正常，连接可靠，确保机外没有问题而机器确实不能正常工作时。

先无电后通电。在通电前，可以查看保险丝是否烧断；电路板、元件是否明显的变色、烧焦；电路板是否有变形、变色、断裂痕迹；连接插头/插座、元件是否松动、松脱；等等，这些问题是无需通电就可以完成检查的。

先图纸后实体。修理机器和电路时，在没有搞清电路原理的情况下，切忌盲目乱动一气，盲目蛮干不但不能排除故障，往往使故障扩大化、问题复杂化。应该结合故障现象，通过望、闻、问、切，在原理图上仔细分析，通过必要的几个测量数据，帮助、印证分析判断结果，快速、准确的找到故障元件。

先感官后仪器。可以参见“先无电后通电”这一条原则和11.3.2的“直观检查法”相关内容。先经过感官，对机器、电路进行直观检查，可以有效地消除一些简单故障。特别对模块多、插头/插座多、连线多的系统很有用。

先局部后整体，先模块后系统。复杂电路往往由很多相对独立的电路、部件组成，各个部分在CPU的统一调度和协调下，完成数据的获取、处理、智能判断，完成数据的保存、结果显示、发出指令、执行动作等，完成一系列复杂的处理过程。任何复杂的系统，要实现系统功能，每个单元电路、每个局部电路的正常工作是首要条件。另外，电路的故障往往发生在较小的范围或局部，因此，根据故障现象，准确判断故障部位是非常有意义的。

先功能后性能。维修中，先应让电路实现某功能，再经过精心的调试，使电路达到最佳性能，达到很高的指标。

先模拟后数字，先硬件后软件。数字电路的信号，在时间上具有离散、随机性，难以捕捉；相反，模拟电路的信号却好捕捉得多。“先模拟后数字”符合华罗庚的优选法，能节约时间。电路硬件象“高速公路”，软件则像路上飞跑的“汽车”，路没修好是无法在上面跑车的。所以电路维修要讲究“先硬件后软件”的原则。

2．故障检测思路

对于有外壳的故障整机电子产品，检测思路是：首先确认机外电源正确和正确连接，信号和供电良好的情况，确保机壳外没有问题，将亮度、音量、功率、转速等置于最低，再通电开机维修。

确定机壳外一切正常，必须打开外壳对电路内部进行检测时，电路调试、检测的顺序是：电源→模拟→数字→硬件→软件→单元模块→系统。

其实，上述故障检测思路，对自己设计的电路进行测试、故障排除，也是实用的。

（1）电源是电子电路的能量源泉，工作的基础，首先必须保证稳压电源电压准确、性能良好、保护可靠，才能要求其他电路正常工作。

对电源模块的调试，必须带上额定的假负载，测定电源输出电压、纹波、电源稳定度、电压/电流调整率，试验各种保护电路，整定校准动作点参数：电压、电流、温度保护值调校，保护动作时间调校。

电源电路常见故障：①线性稳压电源4个环节和整体电路要烂熟于胸。

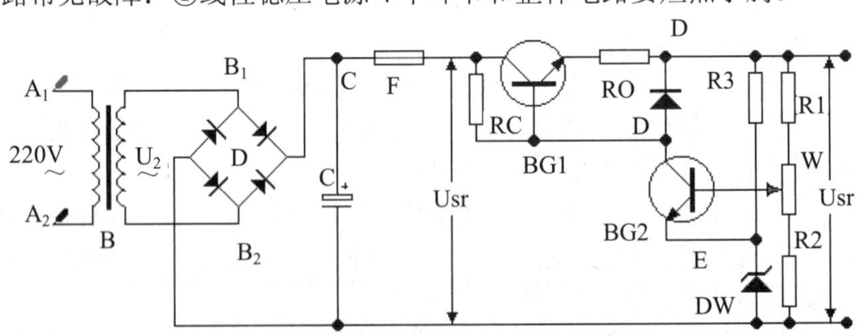

图11-5　典型的线性直流稳压电源电路

如图11-5所示为典型的线性直流稳压电源电路图，在检修这种线性稳压电源故障时，有几个关键点，只要简单的测量就可以快速判断故障元件，如开机无任何反应，首先就要检测图中D点对地电压，其电压若偏离稳压值太多（偏高、偏低、为0），说明稳压电路定有故障；图中 F 是保险丝，看它是否完好，可迅速判断故障在整流电路还是在直流稳压电路部分。调节 W 看输出电压是否变化，可以判断取样电路（R_1、R_2、W）、误差放大电路（R_3、BG_2、DW）是否存在问题。

②开关电源电路要比线性直流稳压电源电路复杂得多，当然故障现象也要复杂得多。在电路中要分清电路是自激还是他激，是调宽还是调频控制，熟悉取样、误差放大、调整等电路。

（2）模拟电路的检修思路

对模拟电路的检查、调试与维修，一定要仔细、有耐心，碰到问题要善于思考和总结，切忌马虎、浮躁和钻牛角尖。

电子电路中常见的模拟电路包括直流电源（线性和开管电源）电路，信号处理（放大、整形、波形变换、滤波、传感电路、信号调理）电路，调制/解调电路，频谱变换电路，RF 收/发电路，控制执行输出电路等。

模拟电路中常见的故障现象有波形失真、寄生振荡、干扰噪声、失谐、频率漂移、不同步、不锁定、效率低下等。

出现这些故障现象的原因和重点检查的部位如下：

①电路出现波形失真时，电路的电源电压、直流工作点和直流偏置电路是检查的重点。线性电路不管是分离元件还是集成电路组成的，直流工作是电路的基础，必须建立正确的工作点，才能保证电路具有良好的放大、处理功能。

如图 11-6 所示为手机中的高频放大器，电路中的 L_1、R_1、R_3、R_4 是 Q_1 的直流偏置电路，若偏置电路出现故障，放大器无法正常工作，将出现输出信号或输出波形畸变。

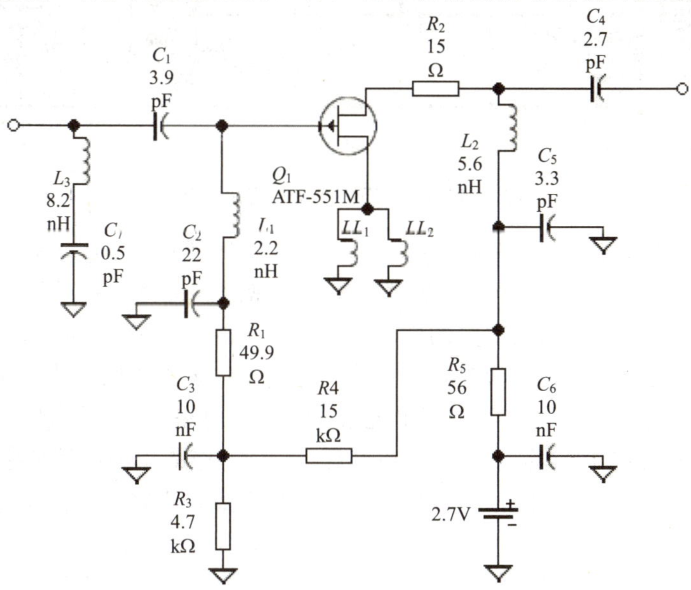

图 11-6　手机中的高频放大器

②当电路发生寄生振荡、干扰噪声大等故障时，重点检查电源滤波、退耦电路，检查电路的屏蔽、元件质量、元件虚焊。若都不是这些问题的话，对新设计的电路请再怀疑电路的布局和布线问题。

有增益的放大电路存在任何正反馈回路时，总是要产生自激振荡。退耦电路、中和电路、元件参数变质、性能劣化等均可能造成电路自激。电路自激振荡的频率随机性很强，从频率很低的“汽船声”到“尖利”的高频均有可能。

如图 11-6 所示，电路中的 C_6、R_5、C_5 是电源退耦电路，主要是减少 2.7V 电源的交流内阻，避免交流信号通过电源内阻耦合产生交流噪声。L_3、C_7 是陷波滤波电路以滤除加到电路输入端的干扰。退耦电路、滤波出现故障，放大器输出信号中噪声将增大，甚至影响电路的工作稳定性。

③电路出现失谐、频率漂移、不同步、不锁定故障时，重点检查谐振槽路元件是否变质（如 R、L、C、石英晶体、压电陶瓷、SAW 等元件）；锁相环路故障，工作点稳定电路元件变质、失效等（如温度补偿、中和电路、消振电路、直流负反馈电路开路、虚焊或元件变质等）。

如图 11-7 所示电路中有 5 个谐振回路。C_{1a}、C_2 和 L_1 组成输入选频回路，从磁性天线感应的调幅信号中选出与回路谐振频率相同的电台信号。L_2、C_7、C_5、C_{1b} 组成本振回路，其谐振频率始终比输入回路的频率低 465kHz。

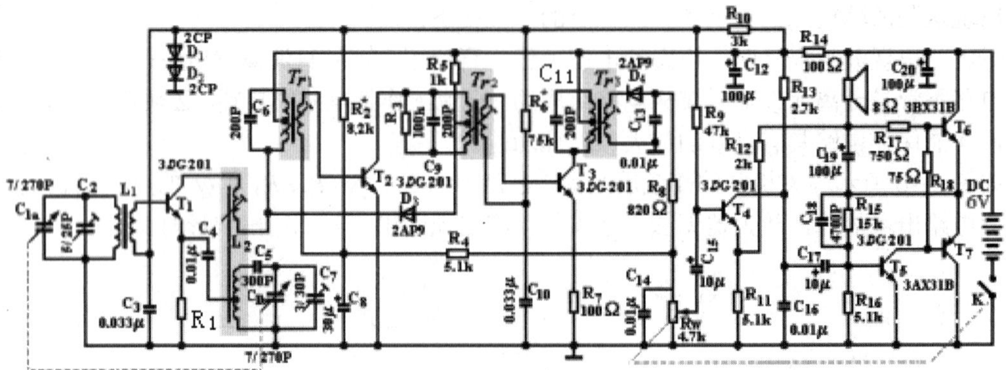

图 11-7　典型晶体管超外差收音机整机电路

中放级由 C_6、Tr_1，T_2，C_9、Tr_2，T_3、C_{11}、Tr_3 及其外围元件组成，3 个单调谐中频选频回路谐振在 465kHz 的中频频率上，以提高整机的灵敏度、选择性和减小失真。

谐振电路能尽量选出、放大需要的信号（某段频率的信号），抑制、滤除其他信号。谐振回路出现故障，收音机的选台和灵敏度均将大打折扣，表现出收台少、杂音增大等。

R_1、R_4、R_7、R_{11} 是负反馈电阻，其出现故障可能使电路工作不稳定。

④若遇到发射电路发射不远、接收电路收台少、功率电路出力小等效率低的问题时，请重点检查、调整天线的匹配电路，调谐放大电路的谐振点，电路的直流工作点等。

（3）数字电路的检修思路

数字电路的特点是：故障具有隐蔽性、随机性和突发性。数字电路故障维修方法不同于模拟电路。

数字电路主要包含电源、单片机、嵌入式主控系统，I/O 接口，A/D、D/A，传感器，开关量输出，按键、键盘等电路。

①数字电路出现不能工作、程序错乱时，调试、检查的重点是：芯片供电、时钟、复位、

键盘、中断等电路；②电路出现工作不稳定、误动作、有干扰时，调试、检查的重点是：退耦、信号线的共模滤波，输入输出插口、隔离、布线等部位。

提高数字电路系统可靠性的措施（软/硬兼施）：

1）硬件。硬件措施包括：①改善电路退耦，与模拟系统的地线严格隔离、分区。②合理布线（科学、合理选择地线、分区、隔离、接地方式）。③使电路输入、输出匹配，保证信号完整性，在 PCB 走线端点端接电阻，可以降低控制信号在线上的上升沿、下降沿跳变速度，减小信号过冲、振铃的产生，减小控制信号畸变，这在高速电路中是很有效的。④做好时钟信号隔离，信号屏蔽、MCU 或其他芯片不用的引脚不能悬空等措施。

2）软件。软件方面可以使用按键防抖技术、设置合适的检测阈值，设置合适的延迟时间，设置看门狗电路。这些软/硬兼施的措施有利于提高数字系统的抗干扰能力，增强电路系统的工作稳定性。

11.3.2 故障电路常用检查方法

在实验室条件下，对电子电路中的故障进行检查和诊断的基本方法很多，许多方法都是非常有效的，很难将全部方法进行穷举。下面选择有代表性的、通用性的给以讨论，期望对读者更有帮助。

1．直观检查法

直接观察法是指不用任何仪器，利用“人”这台高度发达、最为先进的“仪器”通过视觉、听觉、嗅觉、触觉来寻找、发现故障部位，这是一种非常简便、经济有效的方法。通过日积月累，大量的经验会使你练就一双“金睛火眼”，许多看似古怪的现象，通过简单的“审视”，即可迎刃而解。直观检查法可作初步检查时用，但对比较隐蔽的故障无能为力。

（1）通电前查验

直观检查，包括不通电观察和通电观察。

对新设计制作的电路，通电前的查验主要包括：检查仪器的选用和使用是否正确；电源电压的等级和极性是否符合要求；电解电容的极性、二极管和三极管的管脚、集成电路的引脚有无错接、漏接、互碰等情况；布线是否合理；印刷板有无断线；电阻、电容等所有元件有无烧焦和炸裂痕迹；检查电路板的接线，是否有错。实践证明，在面包板上接插、搭建的电路，因接错线引起的故障要占很大比例，有时还会损坏器件。如发现电路有故障时，应对照安装接线图检查电路的接线有无漏线、断线和错线，特别要注意检查电源线和地线的接线是否正确。

为了避免和减少接线错误，应在电路安装前画出正确的电路原理图、电路安装接线图。在所有的接线焊点、接线柱子旁用不容易擦掉的记号笔做上标记，这对避免因插错、接错线引起故障、损坏元件非常有效。

对成品电子设备和电路故障进行维修时，通电前的直观检查包括：查看机器或电路板外的连线、连接、电源、开关、各种操作、调节旋钮是否放到正确的位置和状态。在确定机外一切正常，电路仍不能正常工作后，才考虑机器或电路是否有问题。

（2）通电后查验

通过未加电的初步检查后，需要进一步通电检查。电路接通电源后，应集中精力，通过

“眼”“耳”“鼻”“手”等感官，“观察”电路是否有跳火、炸裂、冒烟；“闻听”电路是否有震动、尖叫、机械运行卡阻、报警声响或异常声音；“嗅出”电路是否有烧焦、过热而散发怪味等异常情况发生。

电路发生任何“跳火、炸裂、冒烟、震动、焦煳气味”等异常情况，均应立即断电，等待细查，排除电路的缺陷或故障后，方可再次通电检查。

没有任何剧烈情况发生时，可静静地观察通电运行的电路，过一段时间后，用手“触摸”电路元器件外壳，感觉其外壳是否冰凉或烫手。小信号、小功率电路中的三极管和集成电路等正常工作时摸上去会有温热的感觉，若是凉的或很烫手都不正常；大功率的元件，如功放大功率三极管、集成运放、稳压芯片，正常工作时温度高达 70℃，都是正常的。电路中电解电容器质量衰退漏电增大或极性接反时，因介质损耗增大，也会使温度上升，有时甚至使电容器鼓包、胀裂、爆炸、失效。

2．电阻法

电阻法就是用万用表测量电路电阻和元件电阻来发现和寻找故障部位及故障元件，值得注意的是，电阻测量法务必在电路断电条件下进行。

（1）通断法

通断检测法用于检查电路中连线、单元电路间的电源线、信号引线、接插件的插头/插座等是否有断路、接触不良，元器件引脚是否虚连等。还要注意检查是否有不允许悬空的输入端未接入电路，尤其是 CMOS 电路的任何输入端都不能悬空。既可采用机械万用表电阻挡“R×1”或“R×10”挡进行测量，也可采用数字万用表有蜂鸣音报警的低阻“200”挡检测。当被测线路的阻值低于 40Ω 时，可显示被测部位的电阻值，蜂鸣器还会发音频响声。采用机械表好还是采用数字表更好，看使用者的爱好，有些人喜欢机械表，有些人喜欢数字表，确实都可以，没有硬性的要求。

（2）电阻值测量法

电阻值测量法用于检查电路中电阻元件的阻值是否正确；检查电容器是否断线、击穿和漏电；检查半导体器件是否击穿、开路及各 PN 结是否正常；检测电感、线圈、变压器绕组是否有短路、断路故障等。检查二极管和三极管时，一般用机械万用表的“R×100”或“R×1K”挡进行测量。用数字万用表可用 PN 结电压测量挡检测。在检查大容量电容器（如容量为几百上万 μF 的电源滤波电解电容器）时，应先用导线将电解电容的两端短路，泄放掉电容器中的存储电荷后，再检查电容有没有被击穿或漏电，大电容的电荷，可能会损坏万用表。

在测量电阻值时，如果是在线测试，还应考虑到被测元器件与电路中其他元器件的等效并联关系，需要准确测量时，二端元器件的一端必须与电路断开。

3．电压测量法

电压测量法是用电压表直流挡检查电源、各级电路静态工作点电压、集成电路引脚的对地电压是否正确，以判断电路是否存在故障的方法。也可用交流电压挡检查有关交流电压值。测量电压时，应当注意电压表内阻及电容对被测电路的影响。

电压测量法在实际应用中，首先要确认的是电路供电电路的电压、各芯片电源引脚的电压是否正常；其次，检查各种参考电压是否正常、电路各关键点的工作电压是否正常等。

例如，一般的硅三极管，导通时，BE 结电压在 0.7V 左右，而 CE 间电压则在 0.3V 左右或者更小。如果一个三极管的 BE 结电压大于 0.7V（特殊三极管除外，例如达林顿管等），可能就是 BE 结开路。

如图 11-8 所示为一个放大器的第一级，以此为例，介绍利用电压测量方法、分析、判断、查找电路元件故障的应用。

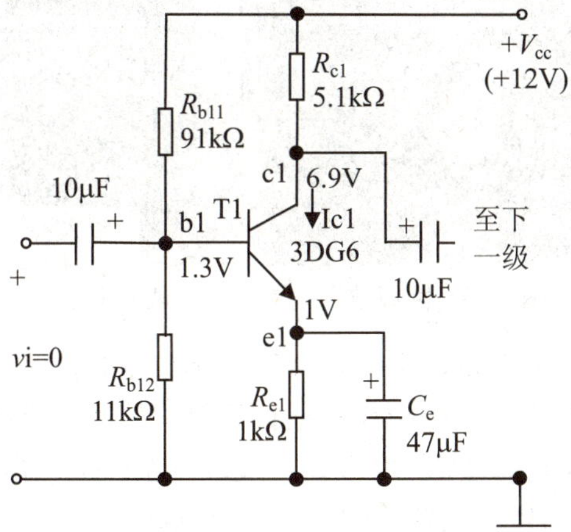

图 11-8　放大电路故障测试分析案例

在静态（V_i=0），电路通电，测得 V_{B1}=0.14V，$V_{C1}≈V_{CE1}≈V_{CC}$＝12V。从模拟电子线路的基础知识可知，放大器正常工作时，硅管的 V_{BE} 为 0.5～0.7V；从测得的电压数据显示 T_1 处于截止状态，实测 $V_{C1}≈V_{CC}$ 也证明 T_1 确实处于截止状态（或损坏）。T_1 为什么截止呢？这要从影响 V_{B1} 的 R_{b11} 和 R_{b12} 及三极管 T_1 本身去寻找。进一步检查发现，R_{b12} 本应为 11kΩ，但电路板上安装的却是 1.1kΩ 的电阻，将 R_{b12} 换上 11kΩ 的电阻，故障即消失，电路恢复正常工作。再测各参数为：V_{B1}＝1.3V，V_{C1}＝6.9V，V_{E1}=1V。

静态工作点也可以用示波器“DC”输入方式测定。用示波器的优点是，内阻高，能同时看到直流工作状态和被测点上的信号波形以及可能存在的干扰信号及噪声电压等，更有利于分析故障。

4．波形图示法

波形图示法是在电路输入信号的前提下进行的检测，这是一种动态测试法。对于较复杂的电路，通常是在输入端接入 f＝1000 Hz 的正弦信号，用示波器由前级到后级（或者相反），观察电路有关节点的信号波形，以及信号各级的耦合、传输是否正常来判断故障所在部位。如哪一级异常，则故障就在该级。这是深入检查电路的方法。信号寻迹，当然是在电路静态工作点处于正常条件下进行的检查。其实注入的信号可以是直流、交流、脉冲、干扰信号等。

如图 11-9 所示，当在处于截止状态的三极管 T_1 基极加入正弦波信号时，放大电路没有正常的放大能力，同时在其输出端输出失真的波形。换句话说，若用示波器观察注入正常信号，却在输出端观测到失真的波形，说明放大器有故障，并迅速判断放大器处于截止状态。通过分析和进一步测试很容易找到故障（错误装接的）元件。

5．电流法

用万用表测量晶体管和集成电路的工作电流、各部分电路的分支电流及电路的整机总负载电流，以判断电路及元件正常工作与否。

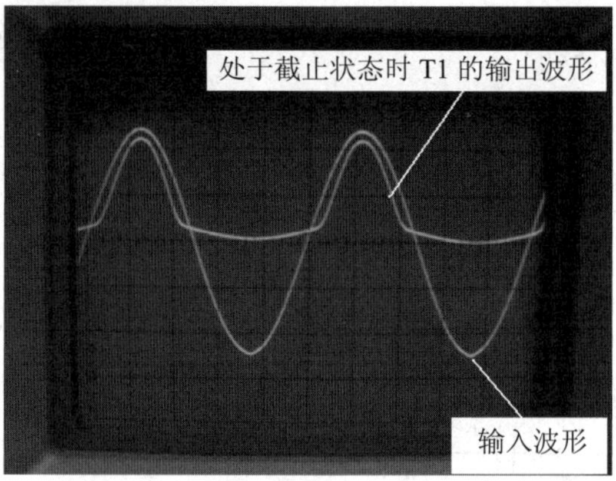

图 11-9 两级放大电路故障测试分析案例

测量某支路的电流，必须将该支路断开，串入电流表才能实现，这在实际测量中是非常麻烦的。可以采用测量已知阻值电阻电压，通过换算间接测量支路电流。如图 11-8 所示，用万用表测量 R_{e1} 两端电压 V_{Re1}=1V，因为 R_{e1}=1kΩ，马上就知道 I_{c1}=1mA（$I_{c1} \approx I_{e1}$）。

如图 11-7 所示的典型晶体管超外差收音机整机电路，在开关 K 断开时，将打到电流挡的万用表接到 K 的两端，可以测量收音机的整机电流。通过测量 R_1 两端的电压，同样可以测量第一级的工作电流，结合交流短路法，观察 R_1 两端电压变化，还可以判断第一级是否起振。

6．元器件替代法

有时电路的故障比较隐蔽或无法简单测定元件的好坏，不能准确判断故障部位或故障元件，只是对某元件、模块或部件有所怀疑（怀疑其可能有问题），最简单快捷的办法是用一个确认为完好的元件、模块、组件（比如在工作正常的机器上拆下同型号元器件、模块、组件）替换被怀疑有故障的部分，若置换后电路工作正常，则说明原有元器件或插件板存在故障，可作进一步检查测定确诊故障元件。对于有多余未用单元的集成电路，可用同一芯片上的相同电路来替代被怀疑有故障的电路。有多个“与”输入端的数字门电路集成器件，如在实际使用中有多余输入端时，则可换用其余输入端进行试验，以判断原输入端是否有问题。

这种方法在故障诊断、维修中，如果配件丰富时，是快捷、有效的方法。对配件缺乏或根本没有配件、对连接线层次较多、功率大的元器件及成本高昂的部件不宜采用此法。

7．断路法

断路法又叫分隔法，用于检查短路故障支路最有效。为了准确地找出故障发生的部位，可通过拔去某些部分的插件和切断部分电路之间的联系来缩小故障范围，分隔出故障部分。

此法在维修多路输出的电源故障中十分有效，如发现电源负载过载或短路可分区切断负载，隔离出过载或短路的负载部分，有效缩小故障范围，便于维修；或通过对关键点的测试，把故障范围分为两个部分或多个部分，通过检测排除或缩小故障范围的可能，找出故障点。

如图 11-10 所示为 TCL2502D 彩电电源电路，电源有 8V、12V、13V、33V、24V、135V 六组输出，若发现电源有过载或短路性故障，又不能确定是哪路输出有故障时，就可以采用上述方法，逐渐断开被怀疑有故障的支路。当断开某支路后电路恢复正常，说明故障就在刚断开的那条支路上，这就快速压缩了维修故障范围，节省了时间、提高了效率。

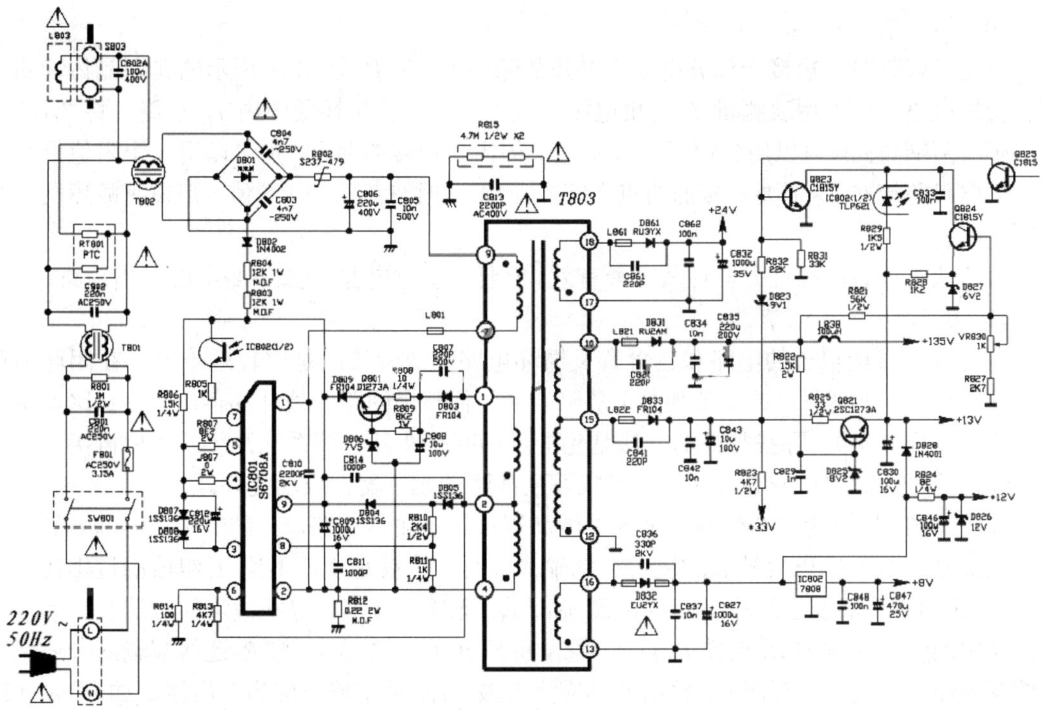

图 11-10 TCL2502d 彩电电源电路

应用“开路法”维修电路时应注意：①应保证拔去或断开部分电路不至于造成关联部分的工作异常及损坏。如图 11-10 所示，在断开负载支路时，必须在反馈（取样）控制电路之后，否则电路失去闭锁控制，电路可能会因失控产生异常高压而烧毁更多电路，使故障扩大。②有些开关电路的主要负载不能空载，断开时，需要接上假负载；否则，同样要损坏电源电路。如图 11-10 所示电路中的 135V 就是主电源，最好在断开其负载时，在电源的输出端接上相近的假负载。

8．对比法

怀疑某一电路存在问题时，可将此电路的参数与工作状态和其他同学制作的相同的正常电路的参数（或理论分析的电流、电压、波形等）进行一一对比，从中找出电路中的不正常情况，进而分析故障原因、判断故障点。

9．旁路法

当模拟电路存在寄生振荡现象时，可以利用适当容量的电容器，选择适当的电路节点，将电容临时跨接在检查点与参考点之间，破坏电路的自激反馈条件。如果振荡消失，就表明振荡是产生在此附近或前级电路中；否则，就在后面；再移动检查点继续寻找。

如图 11-7 所示的典型晶体管超外差收音机电路，电路在中频和低频回路均可能发生自激振荡，通过喇叭的自激声调容易区分是中频还是低频产生了自激。尖利的自激声说明自激在中频回路，像“汽船”一样低沉的自激声说明自激在低频回路。当确定了是中频还是低频自激后，就可以用电容旁路的方法进一步确定具体是哪个元件故障引起了自激。注意：旁路电容要适当，不宜过大，只要能较好地消除有害信号即可。

10．短路法

就是采取临时性短接一部分电路来寻找故障的方法。如图 11-7 所示的典型晶体管超外差收音机电路，用万用表测量 T_2 的集电极对地无电压。初步怀疑中周 T_{r2} 断路，将 T_{r2} 的中间引脚对两端短路（可以用尖镊子直接跨在中周需要短接的两点，也可以用一个阻值只有几欧姆的电阻跨接在 T_{r2} 需要短接的两点之间），如果此时有正常的 V_{C2} 值，则说明故障发生在中周 T_{r2} 上。

短路法对检查断路性元器件故障最有效。但要注意对电源（电路）是不能采用短路法的。

11．开环法

对包含有直接耦合的电路和包含有反馈环电路的故障诊断是比较困难的，在闭环回路中，只要有一个元器件（或功能块）出故障，则往往整个回路中处处都存在故障（比如各点的工作电压均异常）。寻找故障的方法是先把反馈回路断开，使系统开环，然后再接入一适当的输入信号，利用信号寻迹法逐一寻找发生故障的元、器件或功能块。

如图 11-11 所示为一个带有反馈的方波和锯齿波产生器电路，A_1 的输出信号 v_{O1} 作为 A_2 的输入信号，A_2 的输出信号 v_{O2} 作为 A_1 的输入信号，也就是说，不论 A_1 组成的过零比较器或 A_2 组成的积分器发生故障，都将导致 v_{O1}、v_{O2} 无输出波形。寻找故障的方法是，断开反馈回路中的一点（例如 B_1 点或 B_2 点），假设断开 B_2 点，并从 B_2 与 R_7 连线端输入一适当幅值的锯齿波，用示波器观测 v_{O1} 输出波形应为方波，v_{O2} 输出波形应为锯齿波。如果 v_{O1}（或 v_{O2}）没有波形或波形出现异常，则故障就发生在 A_1 组成的过零比较器（或 A_2 组成的积分器）电路上。

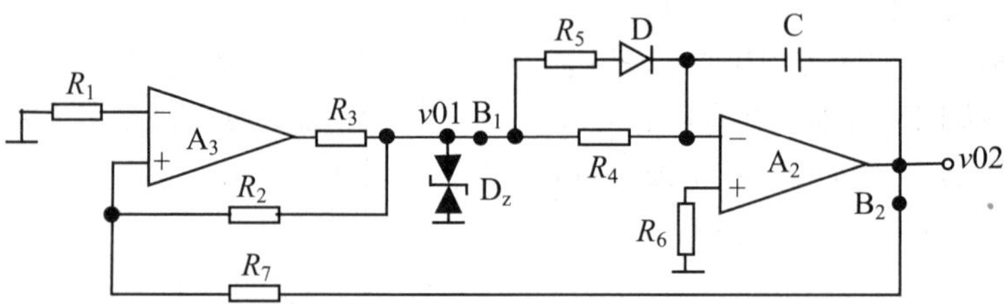

图 11-11 有反馈环路故障测试分析案例

12．综合法

实际调试过程中，寻找故障原因的方法多种多样，以上仅列举了几种常用的方法。这些方法的使用可根据设备条件、维修者的习惯、故障情况灵活使用，对于简单的故障用一种方法即可查找出故障点，但对于较复杂的故障则须采取多种方法互相补充、互相配合、互相印证才能确诊故障点。在一般情况下，寻找故障的常规做法是：①先用直接观察法，排除明显的故障；②再用万用表（或示波器）检查静态工作点；③信号寻迹法是对各种电路普遍适用而且简单直观的方法，在动态调试中广为应用。

11.3.3 电路故障分析与排除方法

1．判断故障大致范围

在判断故障大致范围时，可采用以下几种方式：

1）对分法

所谓对分法，是在有故障电路的中间级直接测量工作状态或输出信号，由此判断故障是在前半部分还是在后半部分，这样一次测量可排除一半电路的故障无需怀疑，迅速压缩电路故障范围。然后再对怀疑有故障的另一半电路又从中间切断测量，如此反复“对分”可使查找、孤立故障的速度大大加快。此种方法对于多级放大电路尤为有效。

2）信号注入法

在电路的第一级注入信号，按照信号流程逐级检测、跟踪信号，根据逐级检测的数据或观察到的波形分析判断故障的方法。实际使用时又分为前向寻迹法和后向寻迹法。

①后向寻迹法。由前向后逐级推进，寻找故障级。这时从第一级输入信号，用示波器或电压表逐级测试其后各级输出端信号，如发现某一级的输出波形不正确或没有输出时，则故障就发生在该级或下级电路，这时可将级间连线或耦合电路断开，进行单独测试，即可判断故障级。模拟电路一般加正弦波，数字电路可根据功能的不同输入方波、单脉冲或高、低电平。

②前向寻迹法。由后向前逐级推进寻找故障级。可在某级输入端加信号，测试其后各级输出信号是否正常，无故障则往前级推进。若在某级输出信号不正常时，处理方法与①相同。

③人体感应信号。在无需观察波形的信号注入方法中，有时我们也会用更简单的办法，例如用手握一个金属镊子，去碰触各级的输入端，看输出端是否有反应（喇叭里有声响或屏幕上有干扰跳动），这在检查音频、视频等处理电路中常使用。如果碰前一级没有反应，而碰后一级有反应，则说明问题出在前一级，应重点检查。

但是，千万要注意，维修中，遇到底板带电的“热底板”电路或者含有高电压的电路以及全直耦的高保真音频放大电路等，不能使用此法；否则，很可能导致触电和发生过大的注入信号损坏电路等。

2．寻找故障的具体部位或元器件

故障大致范围确定后，还必须寻找故障的具体部位或具体的元件。可按以下几步进行：

（1）静态工作点检查

半导体器件是非线性元件，只有建立了正常的直流工作点，才能有正常的工作能力（如放大、振荡、开、关等）。所以在静态时，测量电路的工作点可以迅速判断电路的直流偏置、半导体元件失效故障。在具体测量电路时，可按电路原理图（或自行设计时，由公式计算）所给定静态工作点进行对照测试，也可根据电路元件参数值进行估算后测试。

实际工程中，有许多经验是可以利用的。以晶体管为例，对线性放大电路，可根据：U_C=（1/3～1/2）V_{CC}，U_E=（1/6～1/4）V_{CC}，U_{BE}（硅）=（0.5～0.7）V，U_{BE}（锗）=（0.2～0.3）V 的经验值来估算和粗略判断电路工作状态是否正常。

对于开关电路，如果三极管应处于截止状态，则根据 U_{BE} 电压加以判断，它应略微处于正偏或处于反偏；如果三极管应处于饱和状态，则 U_{CE} 小于 U_{BE}。若工作点电压测量值不正常，可检查该级电路的接线点以及电阻、三极管是否完好以查出故障所在点。若仍不能找出故障，应作动态检查。

对于数字电路，如果无论输入信号如何变化，输出一直保持高电平不变时，这可能是被测集成电路的地线接触不良或未接地线（集成电路没有信号工作回路，无法完成正常的逻辑运算）。如输出信号的变化规律和输入的相同，则可能是集成电路未加上电源电压或电源接触不良所致。

（2）动态检查

要求输入端加标准信号，用示波器（或示波表）观察测试各级测试点波形，并与正常波形对照，根据电路工作原理判断故障所在点。

（3）更换元器件

元器件拆下后，应先测试其损坏程度，并分析故障原因，同时检查相邻的元器件是否也有故障。在所有变质、故障元器件均被确认后，再动手更换元器件（包括变质、损坏的全部元器件）。千万不能在电路维修中找到一个故障元件并更换后，不对更大范围内的元件检查确认就通电试机。

更换元器件的注意事项：①更换电阻应采用同类型、同规格（同阻值和同功率级）的电阻，一般不可用大功率等级代用，以免电路失去保护功能。②对于一般退耦、滤波电容器，可用同容量、同耐压或高容量、高耐压电容器代用；对高、中频回路的电容器，一定要用同型号瓷介电容器或高频介质损耗及分布电感相近的其他的电容器代换。③集成电路应采用同型号（同后缀）、同规格的芯片替换。对于型号相同但前缀或后缀字母、数字不同的集成电路，应查找有关资料，弄明白其意义方可使用。④晶体管的代换尽量采用同型号、参数相近的。当使用不同型号的晶体管代用时，应使其主要参数满足电路要求，并适当调整电路相应元件的参数，使电路恢复正常工作状态。

11.3.4　电路故障维修注意事项

1．安全

在电路维修时，安全是首要的。无论在什么时候，首先都必须保证人员的安全、设备的安全。为了保证人员的安全，一定不能带电操作，不能在高空、危险（易燃易爆的环境）、低矮、狭窄和潮湿的地方开展维修操作。受条件限制而非开展维修不可的话，必须有安全保护措施、有助手协助等。维修中，除了必须保证人员安全外，也必须保证维修电子设备、测量仪表、仪器的安全，不能有任何损坏电路、测量仪器仪表的因素存在，不能有任何扩大、加重故障的危险操作。

2．多动脑

维修工作是精细活儿，一定要先想清楚了再动手，切不可管他三七二十一，不问青红皂白，无论故障大小，先将电路乱拆一气。这样乱来的结果很可能是没问题整得有问题，将小问题变成大问题，将故障范围扩大，将可以维修变得不可维修（如精密电路部件损坏、彩色电视机的显像管损坏等）。

所以，维修要养成“先图纸后板子，先动脑后动手，多动脑少动手”的习惯。有经验的维修高手常常先观察故障现象，仔细研究分析图纸，初步确定故障大致范围和部位。开机后通过直观检查，先找寻松动、变色、发黑、烧焦、鼓包、变形、爆裂等有显著问题的元件。将明显的故障元件更换，不通电检查损坏元件周边电路，将暗藏的变质、损坏元件再找出来加以维修、更换。之后再通电、开机测量关键点的电压数据，结合所得数据，再研究图纸，印证或调整初步的故障判断，最后确诊故障，往往是信手拈来。

3．全局观

遇到疑难故障，不可急躁，要有全局观念。对成品电子产品的故障，不要轻易更改元器件参数，特别是保险电阻的阻值、功率，保险的电流容量不可变动。

11.4　电路元件拆卸方法

电子元件的拆卸是基本的操作和技能，普通穿孔元件的拆卸方法参见第 5 章相关内容。下面介绍对一些特殊的电子元件、器件的拆卸方法。

1．大面积焊盘元件的拆卸方法

拆电源变压器、大电解电容、行输出变压器、接地脚、焊盘面积大、散热快的金属屏蔽壳等元器件：可以用大功率或快速烙铁，百分之几秒将烙铁头加热到 300℃以上，可快速拆下。

2．DIP 封装 IC 元件拆卸方法

一般采用吸锡器、医用不锈钢注射针头、编织细铜带等方法，将 IC 各个引脚的焊锡吸干净，就可以将需要拆的 IC 取下来；若吸完焊锡后仍拿不下来，可再用热风枪吹，或再用合适的 U 字形烙铁头对 DIG 封装 IC 引脚同时加热，即可方便地将 IC 从电路板上拿下。DIP 封装 IC 元件的拆卸工具如图 11-12 和图 11-13 所示。

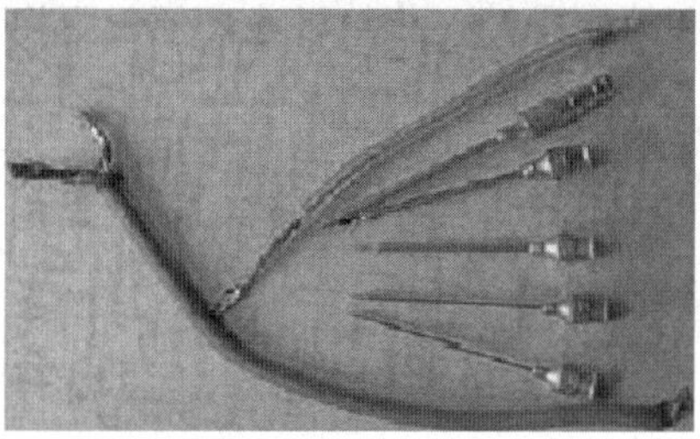

图 11-12　细铜丝吸锡带、不锈钢针头

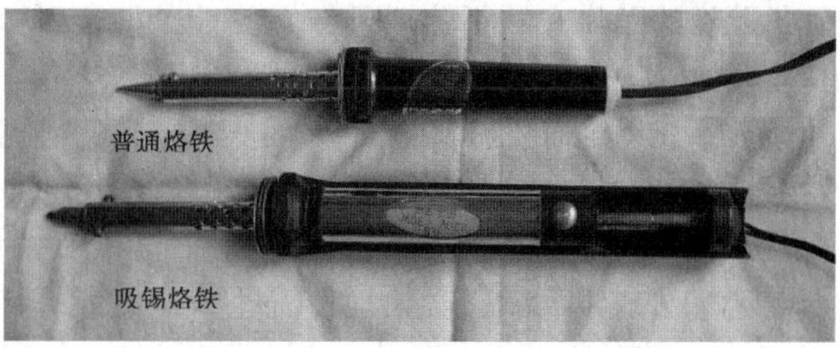

图 11-13　普通烙铁和吸锡烙铁

3．PLCC 封装、QFP 封装贴片元件的拆卸方法

（1）吸锡器

使用吸锡器拆卸集成块，这是一种常用的专业方法，使用工具为普通吸、焊两用烙铁，功率在 35W 以上。拆卸集成块时，只要将加热后的两用电烙铁头放在要拆卸的集成电路引脚上，待焊点的焊锡熔化后吸入吸锡器内，反复几次可将引脚的焊锡吸得干干净净；待全部引脚都吸干净后，将一把小的一字改刀插入 IC 与 PCB 之间的缝隙，稍稍用力一撬就能将 IC 拆除。

（2）医用空心针头

选择几个医用 8～12 号空心不锈钢注射针头，如图 11-11 所示。使用针头的内径正好套住集成块引脚为宜。拆卸时用烙铁将引脚焊锡熔化，及时用针头套住引脚，然后拿开烙铁并将针头左右旋转几下，等焊锡稍冷后拔出针头，即可将 PCB 与元件引脚间的焊料分开。照此法将 IC 所有引脚都做一遍后，集成块便可轻易被拿掉。

（3）使用热风枪

用热风枪拆卸 PLCC 封装、QFP 封装、BGA 封装等集成 IC 块是很好的方法，一般不会损坏 PCB 和焊盘。如图 11-14 所示，用金属镊子夹住芯片，热风枪调到 300℃和合适的风量，风枪出风口贴近 IC 引脚旋转均匀加热，同时镊子要稍稍用点力，待 IC 的引脚焊锡全部熔化后可轻易将 IC 从 PCB 板上拆除。

图 11-14　热风枪拆卸 QFP 元件的操作要领

（4）其他方法

没有热风枪也是可以拆除 IC 的，具体方法如下：

①当判定 IC 损坏的情况下，可用锋利的刀片沿该 IC 的塑体齐根刮断所有的引脚，可以快速拆除坏的贴片 IC。拆除后再将 PCB 上的残留引脚和焊锡去掉，收拾干净，便于更换新的 IC，这种方法方便快捷，不损坏线路。

②若不能确定需要拆卸的 IC 是否真有损坏的情况下，可用一段较细的漆包线，沿脚下空隙穿绕，一端系牢在固定元件上，一端用食指缠住，在用 35W 尖头烙铁加热管脚的同时轻轻拉动漆包线，可轻易将贴片元件的引脚与 PCB 的焊盘分离。如此重复，可将 IC 的全部引脚与 PCB 的焊盘分离，轻松地使需拆卸的 IC 从印制电路板上拆下。实际使用时，选择漆包线应与 IC 脚的粗细相吻合，不能过粗或过细。如图 11-15 所示。

图 11-15　细丝套拉法拆卸 QFP 元件的操作要领

③对于“J”形、“翼型”管脚的 IC，可将软导线内的裸铜线抽出来按照 IC 形状做个框，套在 IC 上，用 60W 的尖头烙铁把线框加热，并加满焊锡。动作要快，并四周拉动，使四周的锡全部熔化，这样用镊子即可取下 IC。实际上，用这种方法拆卸时，动作要慢、用力要轻柔，不可莽撞、蛮干。

④LQFP 贴片 IC 堆锡拆卸法

不用热风枪，用堆锡法也可以拆卸贴片 IC。首先在待拆 IC 的四周涂上松香酒精液，如图 11-16 所示。

图 11-16　用堆焊法拆卸 LQFP 元件的操作要领

接着就是给引脚上锡。堆锡量的多少对快速、安全拆卸 IC 有一定的影响。量少了，和烙铁头的接触面太小，烙铁头的温度不容易传递到焊锡上。同时，积聚的热量相对较少，焊锡容易凝固；但是太多了，烙铁的功率又不足了。

烙铁头顺着四边引脚转圈加热。刚开始每边的加热时间须长一些，一边的焊锡熔化后立刻换到另一边。等到焊锡温度、电路板温度和 IC 温度都上来以后，就要沿着 IC 的四边快速转动烙铁了。这时主要看手法的熟练程度，一是要每边都加热到，二是不要让其他三边的焊锡凝固，还要注意烙铁头避开周围的小贴片。注意观察焊锡的状态，焊锡表面光滑看上去亮晶晶的，而且烙铁头一碰上去就熔化，这时候就可以用尖镊子从一侧轻轻推一推，可以顺利地把 IC 推离焊盘。拆除 IC 后将多余的焊锡去掉，清理焊盘，并用无水酒精或香蕉水清洗 PCB 板，为更换 IC 做好准备，如图 11-17 所示。

⑤用吸锡带拆卸小的贴片元件

通孔元件、引脚不是很多的 DIP IC、小的贴片元件、比如 2～3 个焊点的（电阻、电容、三极管等），均可用吸锡带把焊点焊锡粘（或吸）走，用镊子一夹就可拔下拆卸的元件，如图 11-18 所示。

图 11-17　清理拆除 LQFP 后的 PCB 焊盘

图 11-18　吸锡带拆除 QFP 的操作要领

11.5 接地与屏蔽

接地技术是任何电子、电气设备都必须采用的重要技术，是电子、电气工程中普遍采用的、十分经济有效的抗干扰技术。它不仅是保护设施和人身安全的必要手段，也是抑制电磁噪声、控制电磁干扰、保证设备可靠性的重要措施之一。在电子、电气工程中，若能将接地和屏蔽技术准确地配合使用，对实现电子电路、电子设备的防干扰达到事半功倍的效果。

11.5.1 接地技术

1．接地类型

接地技术应用非常普遍也非常复杂，有多种类型和多种应用，但是，电路和用电设备的接地按其功能通常可以简单地将其概括成两大类：信号接地和安全接地。

①信号接地。在弱电的电子系统中，选择一个公共的参考点（或参考面，或参考体）作为零电位，人们常把这个参考点叫做“地”，虽然大多数时候这一参考“地”与我们站立的大地毫无关系。

电子系统和设备的信号接地，采用低阻抗的导体（导线）为各种电路提供具有参考电位的信号返回通路，使流经地线系统的各支路信号电流互不影响。由电磁干扰抑制的基本原理可知，当返回地回路的宽度远远大于传输信号线，将信号传输线“包容”在地中，就可以有效地控制辐射电磁能量，可以有效地隔离、抑制干扰电磁信号。

②安全接地。安全接地就是通过粗壮的低阻值金属导体（或导线），将用电设备的外壳与人们站立的大地良好连接（所谓良好接地是指接地电阻≤4Ω）。由于大地具有巨大的电容特性，是理想的零电位参考体。无论向大地注入多大的电荷或电流，在稳态时其电位保持为零。因此，通过安全接地，即使系统内部电路有漏电、相线碰壳等异常情况发生，人体接触这样的机壳也是安全的，不会对人体造成危害。

另外，安全接地还包括建筑物、输电线路的铁架、高大电力设备的接地，目的是为了防止雷击放电造成设施的破坏和操作人员伤亡。

我们比较熟悉的使用安全接地技术的用电设施领域有：在强电系统中，常常用到的电机、三相电源、变压器、复杂的控制柜；在科研、实验系统中要用到大量的测量仪器和电子设备（如直流稳压电源、示波器、频谱分析仪、失真度分析仪、扫频仪、PC 机、数据采集、控制系统等）；在家用电器中很多有金属外壳的用电器（如洗衣机、电风扇、电冰箱、空调、微波炉、电磁灶、抽油烟机等）；在这些系统中，为了操作使用者的安全，常将人体容易接触的金属（包括金属机壳、设备的机箱机架、电机外壳、铁壳开关、电机的启动器外壳等）通过专用的接地体接地。

2．单相三线制供电系统

本节不对接地技术做全面详细的讲述，关于接地技术原理及其应用的详情，请参看参考文献[2]。在此，只重点讲解一下实验室的单相三线制供电系统及其与实验仪器的正确连接。

单相三线制供电系统是实验室、普通住户常用的，其结构如图 11-19 所示。图中 L 为相线，是三相供电系统中任一相，电工用验电笔接触时氖管会发光，站在地上的人体触及会引起触电事故，又称为火线。N 为零线，是三相供电系统 Y 型连接的中线，与大地相连，电工用验电笔接触氖管不会发光，站在地上的人体触及也是安全的，又称为中线或地线。中线在非对称三相供电系统中非常重要，能平衡各相电源的相电压，确保三相相电压都为平衡的 220V，有电流通过。E 为保护接零线，电源端（配电房里）与 N 中线连接在一起，也与大地相通，用电端与用电设备的金属底座、机架、机箱、外壳相连，系统正常时是没有电流的，当系统有漏电、电荷泄漏、雷电感应浪涌电流时，可以确保系统参考地与大地等电位，保护设备和操作人员人身安全。

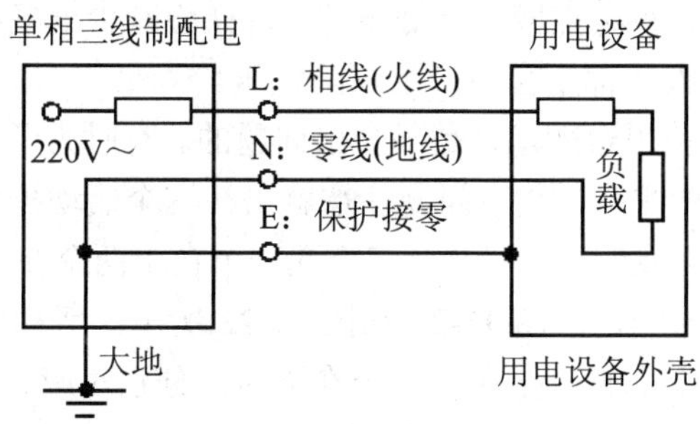

图 11-19　单相三线制供电系统

在现代电子设备中，由于电源电路常采用开关电源，电路含有 EMI 双向滤波器，如图 11-20 所示。其中电容 C_1、C_2 及共模扼流圈 L_1，构成共模滤波电路。对于共模干扰信号有良好的抑制作用。差模抑制电感 L_2 与电容器 C_4 又组成低通滤波器，用来抑制电源线上存在的差模干扰信号。

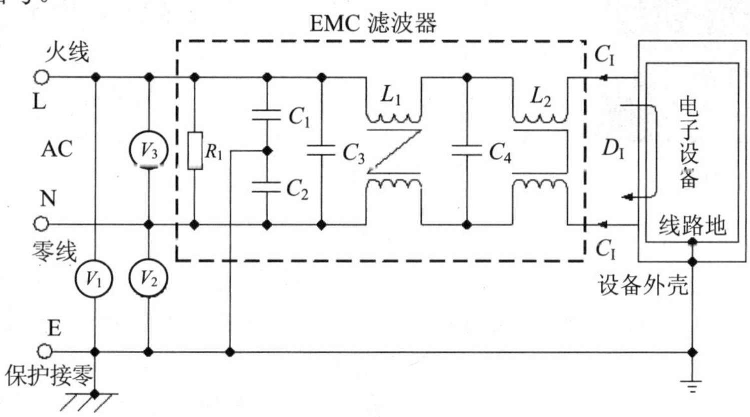

图 11-20　开关电源系统的配电连线

电子设计制作调试过程中，需要同时使用很多电子仪器，这时就有一个共同的电位参考点，这点该选在哪里？如果选择不当，会对实验设备和人员造成一定的危险。

3．实验室中的不共地问题

如果在电路的调试、测量或给小系统烧写程序时，使用的示波器或 PC 机的电源插头使用了实验室的多个配电插座，而这些插座有的是按单项三线制配电系统正常连接的，有些按单项两线制配电，只接了 L 和 N 两根线各自单独运行时，都没有问题，能正常运行。但是按单项两线制配电的系统，用电设备只接了 L 和 N 两根线与插座相连，滤波器 C_1、C_2 的中间连接点在机器内部已经与电路板的地、机壳等连在一起了却悬空，没有与配电系统的保护接零 E 连通，机壳和电路板的参考“地”处于悬浮状态全部带电，对大地为交流 110V，站在地上的人体触摸机壳、电路板会有麻手的触电感。如果用正常配电的仪器与非正常配电仪器或电路板相连进行测量，用带电的 PC 机给有单独供电的嵌入式、单片机、FPGA、DSP、CPLD 等开发系统烧写程序，由于两个设备的参考“地”不等电位，会造成严重问题：危及人身安全、烧毁仪器设备、屡屡烧毁烧写程序的芯片。

4．单相三线制系统不共地分析

搭建实验平台时，所有参考点应与地等电位，这样会减少很多不必要的干扰信号，同时所有的仪器之间、仪器对人体都不会生产生危险电压。

按照单相三线制给实验平台配电，是不会出问题的。有时为了省时、省钱，最常使用的办法是，用活动插板给实验平台配电，问题往往就出在这个活动插板上。单相三线制配电安装在墙上的是三孔插座，当我们正对插座，三个孔一个在上两个在下时，分别对应“左零 N、右火 L、中保护 E”三根导线，如图 11-21 和图 11-22 所示。活动插板也必须用三脚插头，将插头引脚正对我们，三个引脚一个在上两个在下时，分别对应“左火 L、右零 N、中保护 E”，三根电源芯线分别与活动插板内部的金属簧片相连，仍然对应“左零 N、右火 L、中保护 E”三个孔。这应该与墙壁上的固定插座完全一样，不同的是增加了一节导线和一个插头。

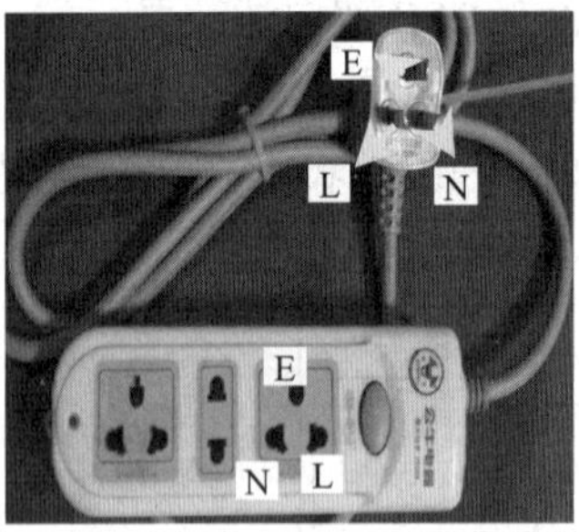

图 11-21　活动配电板

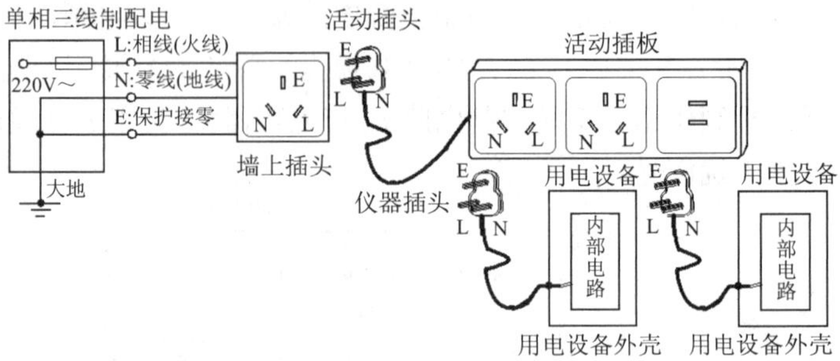

图 11-22　活动板配电示意图

在实际使用中可能有：①墙壁上的固定插座是选用三孔的，安装时只接了 L 和 N 两根电源线，压根儿就没有连接 E。②活动插板是选用三脚的插头，但是已将插头中间脚的金属掰掉。③选用的是三脚插头，但是在活动插板内没有将中间的保护接地线与金属簧片焊接，直接悬空不用。④选用的是三脚插头，一切都是正常的，但是由于某种原因，如插头氧化、松动，插座内中间簧片变形、失去弹性等，造成中间的插脚接触不良，保护接地线等于悬空没有用。⑤活动插板的插头根本就不是选用三个脚而是两脚的，活动插板只有 L 和 N 两根线连接到墙上的插座，保护接地线悬空。插在这样的活动插板上的电器（电源电路有无源滤波器的用电设备），其外壳必然带电。

如果实验平台的用电仪器设备插在不同的活动插板上，活动插板有些是正常的单相三线制，有的具有上述任何一种甚至几种问题的活动插板，那么，仪器、设备将出现不共地，这样的测试平台将会有严重安全隐患，会危及人身和设备安全。

5．单相三线制系统共地检查方法

①万用表置于交流 500V 以上的电压挡，手执万用表的一根表笔，另一根表笔接触各仪器外壳、PC 机机箱等金属，检测到的电压应该接近 0V。②对自己设计、制作的电路系统的接地或公共参考端，也要用上述方法进行测量。如发现有几十伏特的电压，说明电源的保护接地有问题，必须查找消除问题后再测量，确认系统确实是等电位才能进行联机测试。

11.5.2　屏蔽技术

屏蔽是阻断外界电磁干扰影响所设计的印制电路板上的元件和电路。同样，印制板上的元件也不要干扰到外部电源或电路，甚至同一电路板上弱电部分还会受到其他部分电路的电磁辐射干扰，这就需要相互隔离。这样的抗干扰措施主要有两种：第一种措施是电源的隔离，一般利用变压器隔离，再加上高频抑制电路；另一种措施就是利用金属外壳进行空间屏蔽。现在可以利用空间屏蔽塑料，加工切割方便，贴在机器外壳内层表面就能吸收外来的或内部电路板上辐射的电磁波能量。

动手训练题

1．参考 11-2 所示装配图，整理出稳压电源的原理图。

2．查找相关书籍和网站资料，分析整理出来的稳压电源的原理图的工作原理；设计表格详细分析稳压过程和每一个元件的作用。

3．参考 11-2 所示 PCB 布线图，找一块合适尺寸的覆铜板，用刀刻制一块稳压电源的电路板。

4．要求电源输出为 8V、5W 功率，参看“动手训练题附图”所示电路，对照自己整理稳压电源原理图，确定元件清单，并按相应元器件型号、参数（有些参数需要自己确定，如变压器的结构体积、电阻的功率、电容的耐压、散热器的尺寸等）购买元件，安装焊接稳压电源。思考：若要求输出为 10W 功率，其他条件不变，哪些元件是关键，必须重新选择。

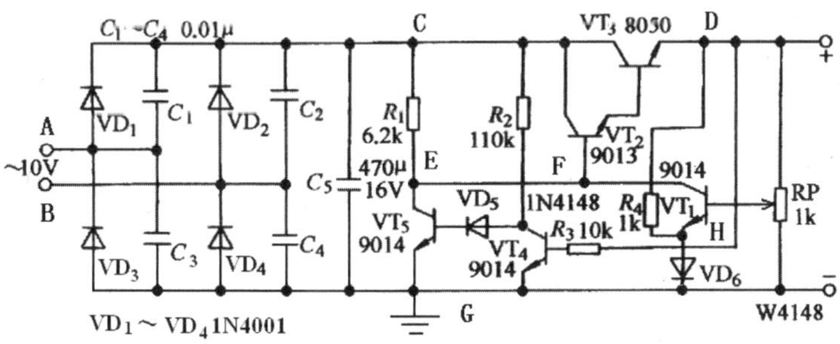

动手训练题附图

5．按本章相关知识内容，检查、调试稳压电源。注意：做好检测、记录。

6．稳压电源带上额定负载，稳定、正常工作后，通过测量填写下表。

注意：（1）设计测试方案；（2）选择合适的测试、测量仪器和设备；（3）搭建测试平台。

测试参量	效率						电压调整率						负载调整率						纹波电压					
测量次数	1	2	3	4	5	6	1	2	3	4	5	6	1	2	3	4	5	6	1	2	3	4	5	6
测量值																								
测量各点电压	C						D						E						F					
测量次数	1	2	3	4	5	6	1	2	3	4	5	6	1	2	3	4	5	6	1	2	3	4	5	6
测量值																								

【参考文献】

[1] (美)汤姆•彼得鲁德利斯，张宝玲等译. 电子技术完全实践. 北京：科学出版社，2006
[2] 谢自美. 电子线路设计・实验・测试. 武汉：华中科技大学出版社，2003
[3] 周旭. 电子设备防干扰原理与技术. 北京：国防工业出版社，2005
[4] 适用于全双工蜂窝手机的 GPS LNA. 网址：www.eepw.com.cn
[5] 如何设计和刀刻制作印制电路板 网址：www.dzsc.com
[6] “电路调试技术总结”. 网址： clumsy-wj.blog.163.com
[7] 河泊. “晶体管推挽功率放大器的交越失真”. 网址：www.crystalradio.cn

第 12 章　常用传感器

为了从外界获取信息，人类需要借助感觉器官，也是我们常说的“五官”。随着社现代文明的发展，单靠人类自身的感觉器官，功能已远远不够了。特别是电子技术的发展，极大地延伸了人类获取、传输及处理信息的能力。

传感器是一种检测装置，可感受到被测物理量的信息，并将检测接收到的信息，按一定规律转换成电信号形式输出。比如，声电转换的麦克风、光电转换的光敏管、压电转换的压电陶瓷等。

电子技术已被广泛应用到很多领域，如自动控制系统，主要包含电子部分和机械部分，电子系统与机械系统之间的联系，通过传感器来转换信息，形成闭合系统；又如，通信系统，语音声学信号通过麦克风转换为电信号，在电子系统完成传输和处理后，再通过扬声器还原为语音声学信号。

传感器早已渗透到工业生产、宇宙开发、海洋探测、环境保护、资源调查、医学诊断、生物工程甚至文物保护等广泛的领域。伴随着传感器技术的不断发展，电子系统技术扩展的领域也不断得到了发展。

传感器的种类很多，分为：

①物理类，基于力、热、光、电、磁和声等物理效应；

②化学类，基于化学反应的原理；

③生物类，基于酶、抗体和激素等分子识别功能。

通常，据其基本感知功能划分，传感器可分为热敏元件、光敏元件、气敏元件、力敏元件、磁敏元件、湿敏元件、声敏元件、放射线敏感元件等。

本章只介绍我们电子设计中常用的几种简单的传感器。

12.1　声 电 转 换

声音是一种机械振动，在空气(或其他介质)中传播，形成一定的能量波动。通过一定的装置，可以将这种声能转换成电能形式（电信号），从而实现声电转换，这就是麦克风。反之亦然，电信号可以将电能转换为声能，这就是扬声器或耳机。声音信号转换为电信号后，就可以十分方便地利用电子技术处理语音信号。大自然的声音信号很宽，人的耳朵能够接收的声音信号频率在 20Hz～20kHz 范围之内。当声音频率超过人类听觉感受时，可以借助传感器来获取和转换这类声波。

12.1.1　麦克风

传声器是将声音信号转换为电信号的能量转换器件。微型传声器简称为麦克风，由

Microphone 翻译而来，也称为话筒、微音器。麦克风的电路符号如图 12-1 所示，在分析计算时，可以应用戴维宁等效，将其等效为一个电压信号源与电阻串联。

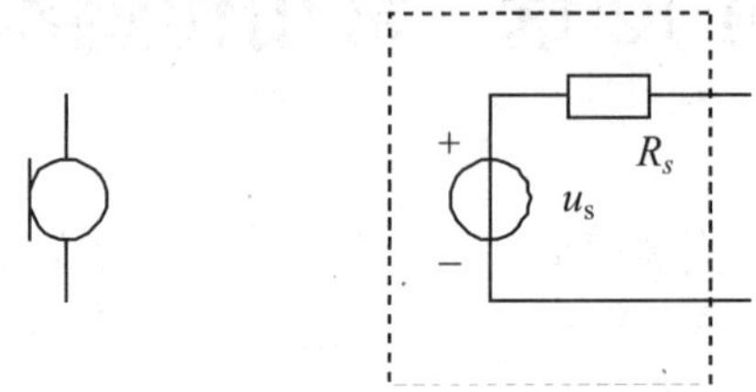

图 12-1　麦克风电路符号及等效电路模型

麦克风本身有多种类型，按换能原理分为：电动式、电容式、压电式、电磁式等。

按声场作用力分为：压强式、压差式、组合式、线列式等。

按电信号的传输方式分为：有线、无线。

按用途分为：测量话筒、人声话筒、乐器话筒、录音话筒等。

图 12-2 所示为一个简单的音响系统原理图。我们讲话的声音通过麦克风，被转换为电信号。由于麦克风获得的电信号能量很小，需要放大。放大分多级，小信号放大、功率放大，再通过扬声器输出放大了的声音。

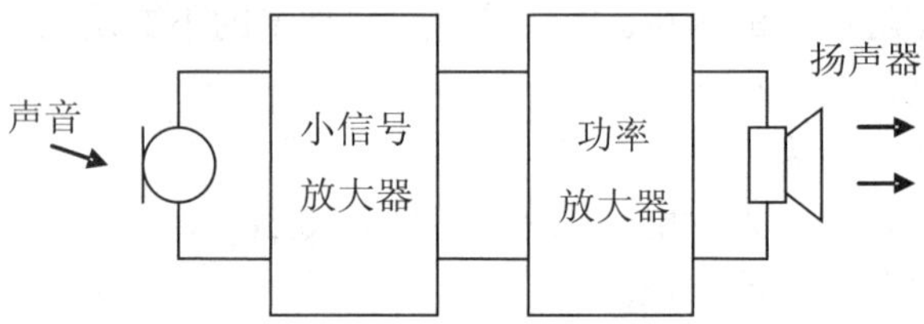

图 12-2　扩音器原理图

麦克风的工作原理有很多种，在此简要介绍两种麦克风的工作原理：

1．动圈式

它是利用电磁感应现象制成的。当声波使金属膜片振动时，连接在膜片上的线圈（叫做音圈）随着一起振动，音圈在永久磁铁的磁场里振动，其中就产生感应电流（电信号）。感应电流的大小和方向都有变化，变化的振幅和频率由声波决定。如图 12-3 所示。

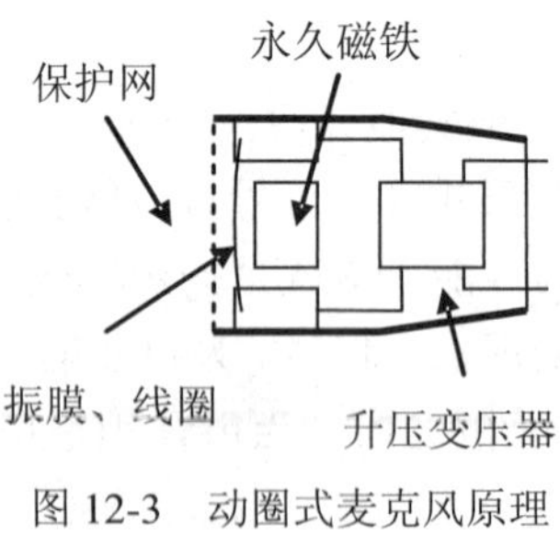

图 12-3　动圈式麦克风原理

声音信号电压幅度小。设计一个升压变压器，可以提高电压信号。这种声音信号就已经是电流形式，可以被送到电子电路中完成各种处理（放大、滤波、存储等）。在需要还原声音信号时，信号被送到扩音器放大（功率放大器），再通过扬声器，从扬声器中发出声音。

2．电容式麦克风

电容式麦克风设有两块金属极板，其中一块表面涂有驻极体薄膜（一般为聚全氟乙丙烯），另一极板接在场效应晶体管的栅极上，栅极与源极之间接有一个二极管。图 12-4 所示为其基本原理图。

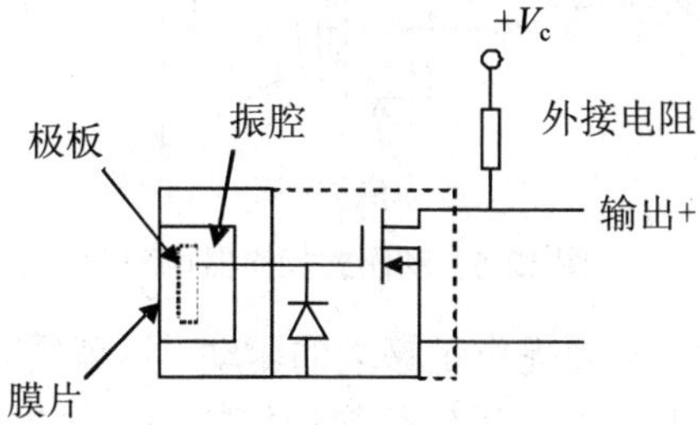

图 12-4　电容式麦克风原理图

驻极体膜片本身带有电荷，表面电荷的电量为 Q，板极间地电容量为 C，则在极头上产生地电压 $U=Q/C$。当受到振动或受到气流的摩擦时，由于振动使两极板间的距离改变，即电容 C 改变，而电量 Q 不变，就会引起电压的变化。电压变化的大小，反映了外界声压的强弱，这种电压变化频率反映了外界声音的频率，这就是驻极体传声器的工作原理。

电容式麦克风膜片的湿度性能好，产生的表面电荷多，受湿度影响小。由于这种传声器也是电容式结构，信号内阻很大，为了将声音产生的电压信号引出来并加以放大，其输出端也必须使用场效应晶体管。

电容式麦克风的体积可以做到很小，型号、种类也很多，已被广泛使用。在电子设计中，可以根据需要，十分方便地选择到需要的型号。

在实际应用中，初学者要特别注意一点：电容式麦克风，必须外接一个上拉电阻。因为其原理是声音的振动，并没有直接转换为电信号，而是引起两片金属距离的波动，从而改变电容值，电容变化引起场效应管栅极电压信号的变化，再经过场效应管的放大作用，输出声波电信号，这就要求外接上拉电阻提供电源。

12.1.2　扬声器

耳机和扬声器都是将电信号转换为声音信号。扬声器也称为喇叭，广泛应用在实际生活中。扬声器的电路符号如图 12-5 所示，分析时等效为一个电阻负载。

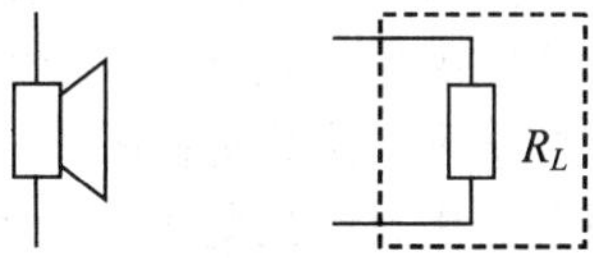

图 12-5　扬声器及电路模型

扬声器的种类也很多，在此仅介绍动圈式扬声器。

其原理是：通电线圈在磁场中受到力的作用，产生与电流频率相同的机械振动，从而发出声音。如图 12-6 所示，音频电流通过扬声器的线圈产生了相应的磁场，这个磁场与扬声器上自带的永磁体产生的磁场产生相互作用力，这个力就使线圈随着音频电流振动起来，扬声器的振膜和音圈是连在一起的，所以振膜也振动起来，振动就产生了与原音频信号波形相同的声音。

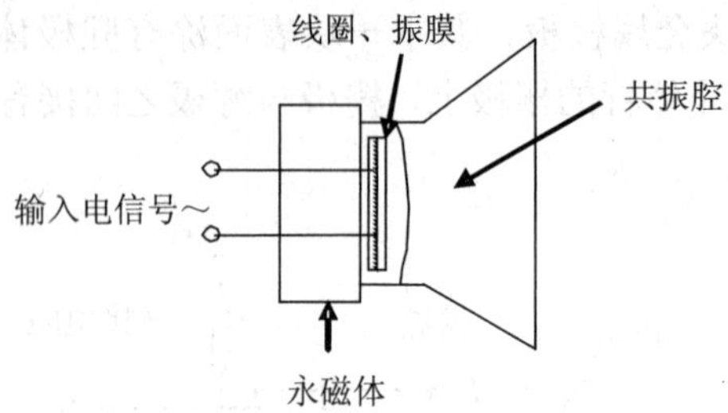

图 12-6　动圈式扬声器原理图

扬声器功率相对比较大，必须提供足够大的驱动，这就需要音频功率放大器。功率放大器与扬声器连接必须考虑匹配问题，以便获得最佳的输出效果。如图 12-7 所示，功率放大器的输出端可以作戴维宁等效，一个电源与电阻串联，扬声器可以用一个负载电阻等效。设计功率放大器的等效电阻与扬声器的等效电阻匹配，可以获得高效性能。

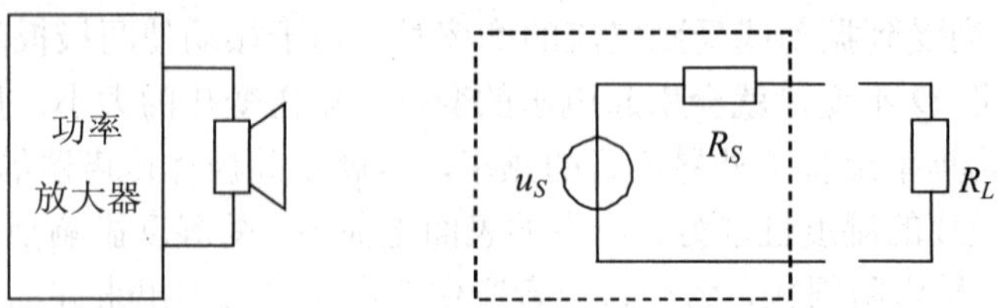

图 12-7　音频功率放大器及等效电路模型

在实际应用中，声音信号的频率是波动的，扬声器等效的负载电阻是变化的，要想宽范围都达到匹配也是困难的。因此，为了得到高保真音效，往往采用不同的扬声器，如高频扬声器、中频扬声器等组合音响。利用不同的功率放大器驱动不同的扬声器，以得到更好的音质效果。

扬声器的型号很多，可以很方便地从市场上找到各种不同的扬声器。使用中，注意其功率、阻抗、频率范围等指标。

12.1.3　超声波换能器

人耳能够听到的声音频率在 20Hz～20kHz 之间，我们把这种信号机械波称为声波。人耳听不到的机械波中，频率高于 20kHz 的称为超声波，频率低于 20Hz 的称为次声波。

超声波具有频率高、波长短、绕射现象小、方向性好的特点，能够设计成为射线而定向传播。超声波对液体、固体的穿透性很强，尤其是在阳光不透明的固体中，它可穿透几十米的深度。超声波碰到杂质或分界面会产生显著反射形成反射回波，碰到活动物体能产生多普勒效应。因此，超声波常被应用到信息探测领域。

习惯上我们称超声波传感器为超声换能器，又叫超声探头。超声波传感器是利用超声波的特性研制而成的传感器。如图 12-8 所示，从原理上说，与麦克风和扬声器一样，也是将声音信号转换为电信号，再由电信号转换为声音信号。

超声波探头主要由压电晶片组成，既可以发射超声波，也可以接收超声波。小功率超声探头多作探测用。它有许多不同的结构，可分为直探头（纵波）、斜探头（横波）、表面波探头（表面波）、兰姆波探头（兰姆波）、双探头（一个探头反射、一个探头接收）等。

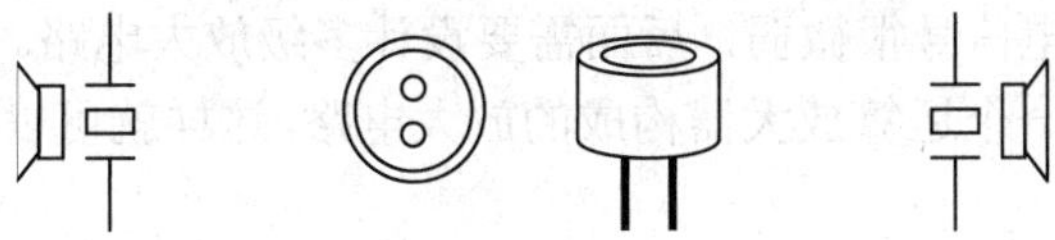

（1）接收探头　（2）探头外形尺寸　（3）发射探头

图 12-8　超声波电路符号及外形尺寸

超声波探头的核心是其塑料外套或者金属外套中的一块压电晶片。构成晶片的材料有许多种，晶片的大小，如直径和厚度也各不相同。因此，每个探头的性能是不同的，使用前必须预先了解它的性能。

超声波传感器的主要性能指标包括：

①工作频率：工作频率就是压电晶片的共振频率。当加到它两端的交流电压的频率和晶片的共振频率相等时，输出的能量最大，灵敏度也最高。

②工作温度：由于压电材料的居里点一般比较高，特别是诊断用超声波探头，超声波传感器功率较小，所以工作温度比较低，可以长时间工作而不致失效。医用超声探头的温度比较高，需要单独的制冷设备。

③灵敏度：灵敏度主要取决于晶片本身。机电耦合系数大，灵敏度高；反之，灵敏度低。

超声波传感器的主要材料有压电晶体（电致伸缩）及镍铁铝合金（磁致伸缩）两类。电致伸缩的材料有锆钛酸铅（PZT）等。压电晶体组成的超声波传感器是一种可逆传感器，它可以将电能转变成机械振荡而产生超声波；同时它接收到超声波时，也能转变成电能，所以它可以分成发送器或接收器。有的超声波传感器既作发送，也作接收。

这里介绍小型超声波传感器，发送与接收略有差别，它适用于在空气中传播，工作频率一般为 23～25kHz 及 40～45kHz。这类传感器适用于测距、遥超声波传感器控、防盗等用途。有 T/R-40-16，T/R-40-12 等（其中 T 表示发送，R 表示接收，40 表示频率为 40kHz，16 及 12 表示其外径尺寸，以毫米计）。

图 12-9 所示为一个简单的超声波发射电路，由 LM555 组成一个 40kHz 的振荡电路，驱动超声波探头。超声波传送距离约 10 米。

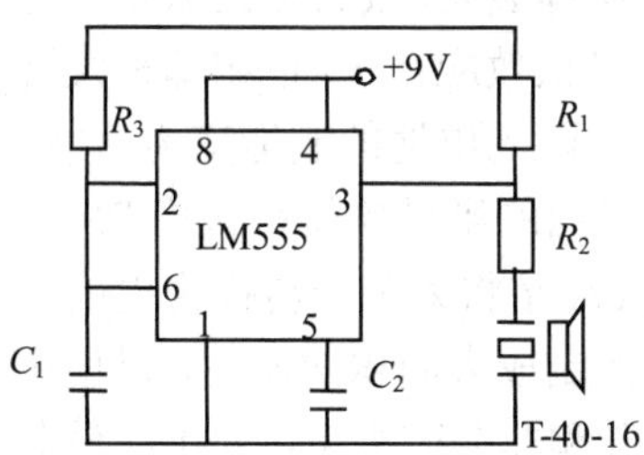

图 12-9　一种简单的超声波发射电路图

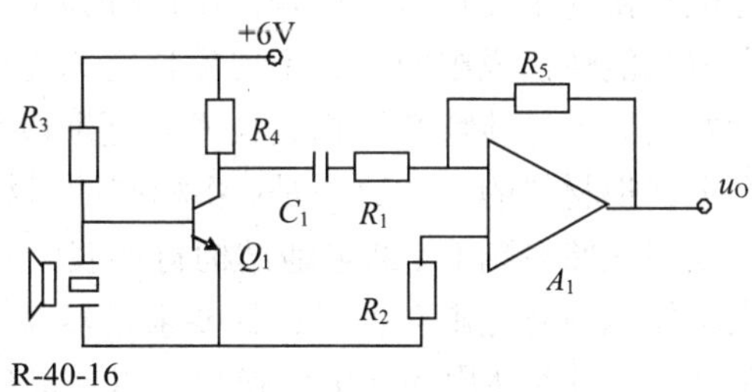

图 12-10　一种简单的超声波接收电路图

也可以由其他形式的波形发生器产生 40kHz 的电流波形，驱动超声波探头。在设计中，要求其驱动电流在 8～10mA 范围内。

图 12-9 所示中只提供了一个发射参考电路。如果设计上控制部分，就主要对发送器发出的脉冲链频率、占空比及稀疏调制和计数及探测距离等进行控制。

图 12-10 所示为一个简单的超声波接收电路。R-40-16 超声波接收探头将接收到的超声波转换为电信号，由于电信号很微弱，后面需要设计多级放大电路。图 12-10 所示，是由一个晶体管放大电路加上一个运算放大器构成的放大电路。这样就可以得到超声波信号容易检测的强度。

如图 12-11 所示，是一个超声波倒车“雷达”原理框图。其发射电路发出超声波，探测倒车路径上或附近存在的任何障碍物，反射超声波信号；接收电路收到并放大反射回来的信号，可检测出超声波返回的延时时间，计算来回路径距离，并及时发出警告。

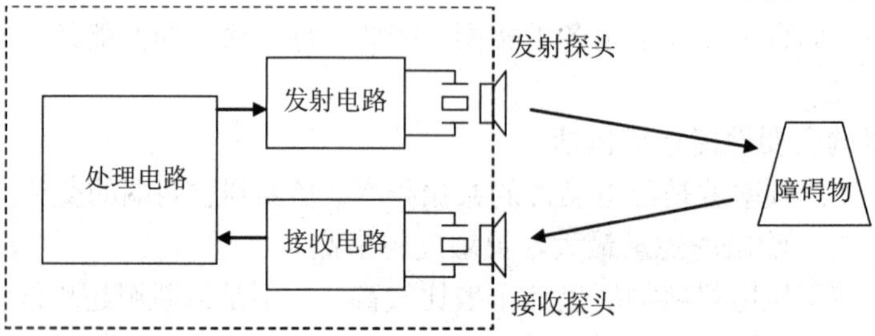

图 12-11　超声波倒车探测器

检测系统可以提供听觉和视觉警告，其警告表示的是探测到了在盲区内障碍物的距离和方向。这样，在狭窄的地方泊车，借助倒车障碍报警检测系统，驾驶员心理压力就会减小，更能游刃有余地采取必要的动作。

超声波技术在生活中已经被广泛应用。比如，医疗中的超声波检测仪、工业中的超声波金属探伤仪等。

12.2　光 电 转 换

光电转换过程的原理是光子将能量传递给电子使其运动从而形成电流。反之，电子运动产生光的方式很多，如热光、电子撞击荧光粉产生二次发光、LED 发光等。

光电转换的主要技术途径是使用以硅为主要材料的固体装置。较普遍的太阳光电池主要功能在将光能转换成电能，这个现象称之为光伏效应。光伏效应在 19 世纪即被发现，直到晶体管发明后半导体特性及相关技术才逐渐成熟，才使太阳光电池的制造变为可能。

光电转换材料的工作原理是：将相同的材料或两种不同的半导体材料做成 PN 结电池结构，当太阳光照射到 PN 结电池结构材料表面时，通过 PN 结将太阳能转换为电能。

太阳能电池对光电转换材料的要求是转换效率高、能制成大面积的器件，以便更好地吸收太阳光。已投入使用的光电转换材料以单晶硅、多晶硅和非晶硅为主，用单晶硅制作的太阳能电池，转换效率高达 20%。

当电子从外界获得能量时将会跳到较高的能阶，获得的能量越多跳的能阶也越高，电子处在较高的能阶时并不稳定，很快就会把获得的能量释放回到原来的能阶。如果电子获得的能量够高就摆脱原子核的束缚成为自由电子，电子空出来的位置则称为空穴。自由电子可能会因为摩擦或碰撞等因素损失能量，最后受到空穴的吸引而复合。

例如，硅的最外层电子要成为自由电子需要吸收 1.1ev 的能量，当硅最外层子吸收到的光能量超过 1.1ev 时将会产生自由电子及空穴。电子空穴对的数目越多导电的效果也越好，因为光使得导电效果变好的现象我们称之为光导效应。

然而，如果只是自由电子与空穴，就会因为摩擦及碰撞等因素失去能量，最后自由电子会与空穴复合而无法利用。为更有效地利用电子与空穴来产生电流，因此必须加入电场使自由电子与空穴分离进而产生电流。产生电场最常用的方式为 PN 结，其工作原理如图 12-12 所示。当光子照射禁带，电子到 N 区，空穴到 P 区，如果外加负载，可形成电流回路。电流流经回路，电子回到 P 区，与空穴复合，能量消耗到负载电阻上。这样就完成了光能到电能的转换。

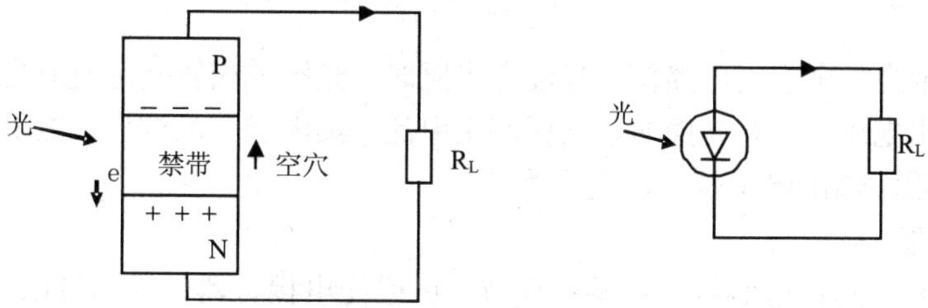

图 12-12　光电转换原理和等效电路图

12.2.1　光敏管

1．光敏二极管

光敏二极管，也叫光电二极管。光敏二极管与半导体二极管在结构上是类似的，其管芯是一个具有光敏特征的 PN 结，具有单向导电性。光敏管的应用不是直接利用光能，而是利用光信号改变元件的导电性能，从而感受传递的信息。

如图 12-13 所示为光敏二极管应用实例。无光照时，有很小的饱和反向漏电流，此时光敏二极管截止；当受到光照时，PN 结受到光子轰击，吸收能量，产生电子空穴对，使 P 区和 N 区的少数载流子浓度大大增加，在外加反向偏压和内场的作用下，饱和反向漏电流大大增加，形成光电流，它随入射光强度的变化而变化。因此光照越强，电路中的电流越大；反之，光照越弱，电流越小。

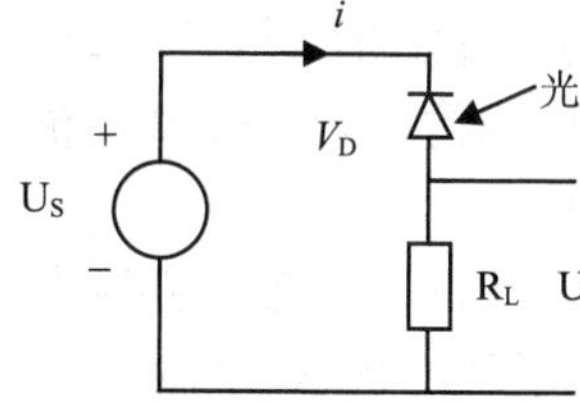

图 12-13　光敏二极管应用电路

2．光敏三极管

光敏三极管与普通三极管相似，有电流放大作用，只是它的集电极电流受光辐射的控制。基极通常不引出，但一些光敏三极管的基极也有引出的，用于温度补偿和附加控制等。光敏三极管也分 NPN 和 PNP。如图 12-14 所示为一个 NPN 型光敏三极管模型。

当具有光敏特性的 PN 结受到光辐射时，形成光电流，由此产生的光生电流由基极进入发射极，从而在集电极回路中得到一个放大了相当于β倍的信号电流。不同材料制成的光敏三极管具有不同的光谱特性，与光敏二极管相比，具有很大的光电流放大作用，即很高的灵敏度。

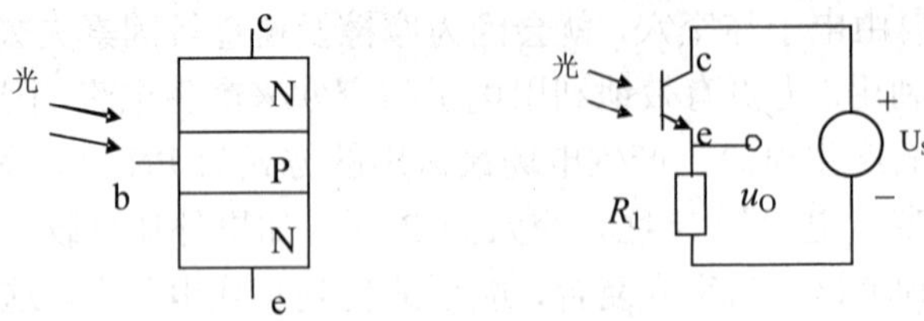

图 12-14　光敏三极管及应用电路

图 12-14 所示为一个应用电路图，当没有光照时，光敏三极管基区没有电流，光敏管截止，电阻上无输出电压；当有光照时，基极产生电流，集电极电流放大，电阻上获得输出电压，而且光照越强，输出电压越大，直到饱和。

3. 光电耦合器

光电耦合器利用光传递信号。在某些环节，应用光电耦合器传递信号以实现电路隔离。光电耦合器由一个发光二极管和光敏三极管组成，如图 12-15 所示。当输入端电流为 0 时，光敏三极管截止，无输出；当输入端电流增加，光敏三极管接收发光二极管产生的光信号，光敏三极管集电极电流增加，输出电压也随之增加。它实现了电信号——光信号——电信号的转换。输入端和输出端没有金属导线连接，实现隔离，减少输入输出电路之间的干扰。光电耦合器密封，不受外界光信号的影响。

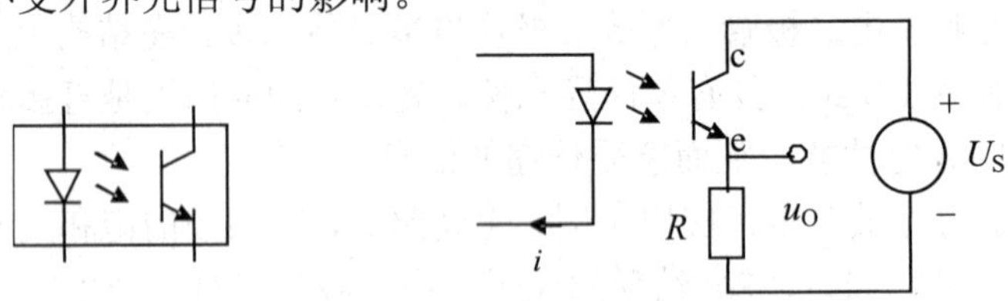

图 12-15　光电耦合器及应用电路

12.2.2　红外管

红外线是一种不可见光。常用的红外发光二极管（如 SE303、PH303），其外形和发光二极管 LED 相似，发出红外光。管压降约 1.4V，工作电流一般小于 20mA。为了适应不同的工作电压，回路中常常串有限流电阻。

发射红外线去控制相应的受控装置时，其控制的距离与发射功率成正比。为了增加红外线的控制距离，红外发光二极管工作于脉冲状态，因为脉动光（调制光）的有效传送距离与脉冲的峰值电流成正比，只需尽量提高峰值 I_p，就能增加红外光的发射距离。提高 I_p 的方法是减小脉冲占空比，即压缩脉冲的宽度 T。一些彩电红外遥控器，其红外发光管的工作脉冲占空比约为 1/3～1/4；一些电器产品红外遥控器，其占空比是 1/10。减小脉冲占空比还可大大增加小功率红外发光二极管的发射距离。

用红外发光二极管发射红外线去控制受控装置时，受控装置中均有相应的红外光电转换元件，如红外接收二极管、光电三极管等。实用中已有红外发射和接收配对的二极管。如图

12-16 所示。

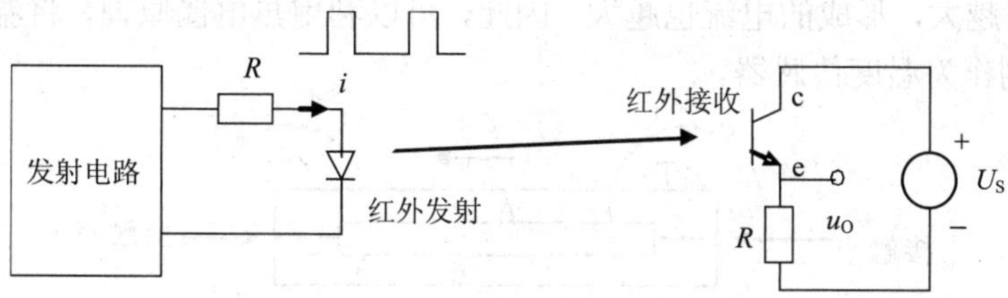

图 12-16　红外二极管及应用电路

红外传感器已经广泛应用到生活中，比如，红外遥控器，其工作原理是通过发射红外线来传输数据。红外遥控器通过内部电路产生编码脉冲，再把编码脉冲调制到 38kHz 的高频波上，利用红外发射二极管（IRLED）将红外线发射到空间中。这样信息就传出去了。

同样，在接收端，利用红外光敏感元件可以接收到红外光信号。经过解调，可以感知红外遥控器发送的指令。

12.2.3　CCD

CCD，英文全称为 Charge-coupled Device，中文全称为电荷耦合元件，又称为 CCD 图像传感器。CCD 是一种半导体器件，能够把光学影像转化为数字信号。CCD 上植入的微小光敏物质称作像素（Pixel）。一块 CCD 上包含的像素数越多，其提供的画面分辨率也就越高。CCD 的作用就像胶片一样，但它是把图像像素转换成数字信号。CCD 上有许多排列整齐的电容，能感应光线，并将影像转变成数字信号，如图 12-17 所示。

CCD 图像传感器可直接将光学信号转换为数字电信号，实现图像的获取、存储、传输、处理和复现。

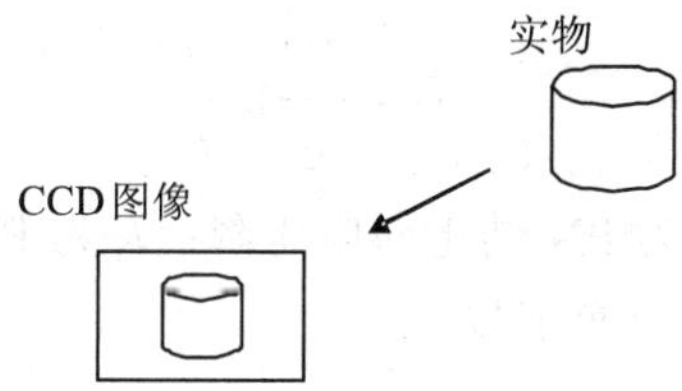

图 12-17　利用 CCD 传感器采集图像信号

12.3　温度传感器

温度计可以表达温度的高低。水银温度计利用水银的热胀冷缩原理，反应温度的物理量。温度传感器能够感受到温度的物理量，不同温度对应不同的电信号。只有当温度转换为电信号，才可以借助电子电路处理温度信号，并做出相应的对策。

温度传感器的工作原理有多种，在此做简要介绍。

1．热电偶原理

它由两种不同的导体和半导体 A 和 B 组成一个回路，如图 12-18 所示。其两端相互连接时，只要两结点处的温度不同，一端温度为 T，称为工作端或热端；另一端温度为 T_0，称为自由端（也称参考端）或冷端，则回路中就有电流产生，即回路中存在的电动势称为热电动势。其温度差越大，形成的电流也越大。因此，可以利用热电偶原理，将温度信息转换为电信号，设计制作为温度传感器。

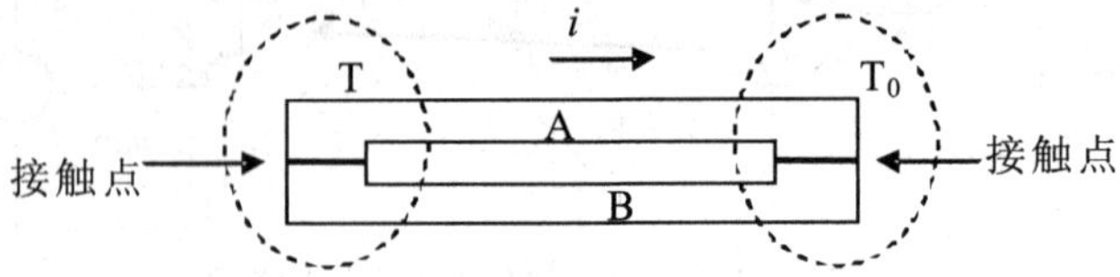

图 12-18　热电偶原理图

2．热电阻原理

大多数金属导体的电阻都具有随温度变化的特性。原因是当温度升高时，金属导体内部原子晶格的振动加剧，从而使金属内部的自由电子通过金属导体时的阻碍增大，宏观上表现出电阻率变大。随着温度的增加，导体电阻值增加，称为正温度系数效应。

导体的电阻值随温度变化而改变，可以通过测量其阻值推算出被测物体的温度，利用此原理构成的传感器就是电阻温度传感器。

热敏电阻可以设计为温度传感器，热敏电阻有温度系数（PTC）和负温度系数（NTC）。图 12-19 所示为热敏电阻电路中的符号。

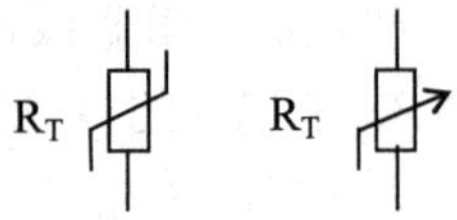

图 12-19　热敏电阻在电路中的符号

3．半导体 PN 结热效应

PN 结的伏安特性为：

$$U = \frac{kT}{q} \ln \frac{I}{I_S} \tag{12-1}$$

式中，I 为 PN 结正向电流；U 为 PN 结正向电压降；I_S 为 PN 结反向饱和电流；q 为电子电荷量；T 为绝对温度；k 为波尔兹曼常数。

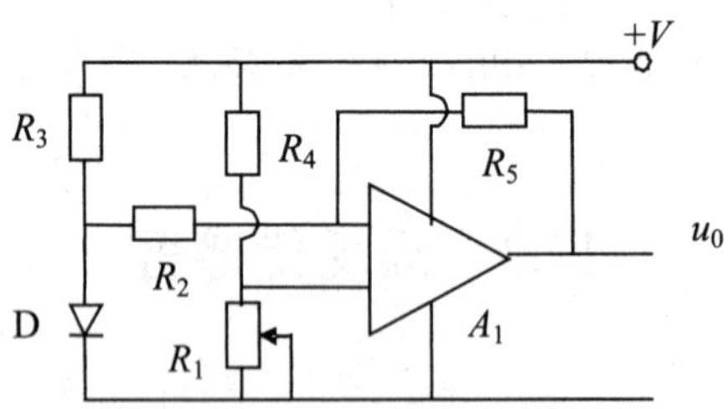

图 12-20　利用 PN 结设计温度传感器电路

只要保持 PN 结正向电流 I 恒定，PN 结反向饱和电流 I_S 是缓变函数，在一定的温度范围内近似常数。因此，正向电压 U 与温度 T 呈线性关系。

例如，硅管的 PN 结的结电压在温度每升高 1℃时，下降 2mV。利用这个特性，可以用二极管 PN 结制成温度传感器。如图 12-20 所示为利用 PN 结的温度特性设计制作温度信息采集电路。

4．集成模拟温度传感器

集成模拟温度传感器具有灵敏度高、线性度好、响应速度快等优点，而且它还将驱动电路、信号处理电路以及必要的逻辑控制电路集成在单片 IC 上，尺寸小、使用方便。

常见的模拟温度传感器有 LM3911、LM335、LM45、AD22103 电压输出型和 AD590 电流输出型。

AD590 是一款典型的二端口电流型集成电路温度传感器，供电电压范围为 3～30V，输出电流为 223μA（-50℃）～423μA（+150℃），灵敏度为 1μA/℃。如图 12-21 所示。

当在电路中串接采样电阻 *R* 时，*R* 两端的电压可作为输出电压。注意 *R* 的阻值不能取得太大，以保证 AD590 两端电压不低于 3V。

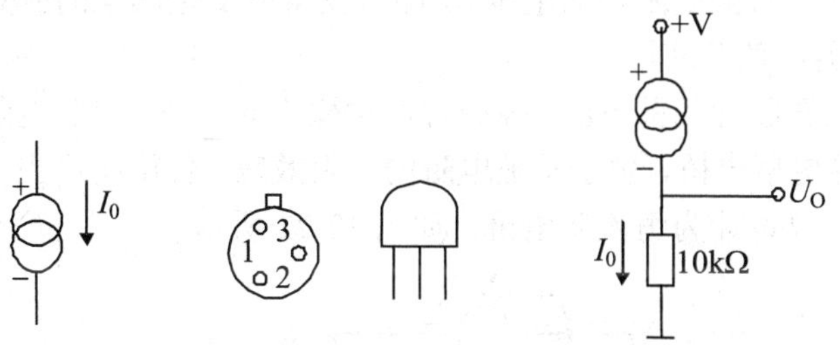

（1）电路符号　（2）外形尺寸　（3）AD590 基本电路

图 12-21　集成电路温度传感器及应用电路

LM135/235/335 温度传感器系列是美国国家半导体公司（NS）生产的一种高精度易校正的集成温度传感器，工作特性类似于齐纳稳压管。该系列器件灵敏度为 10mV/K，具有小于 1Ω 的动态阻抗，工作电流范围从 400μA 到 5mA，精度为 1℃；LM135 的温度范围为–55～+150℃，LM235 的温度范围为–40～+125℃，LM335 为–40～+100℃。封装形式有 TO-46、TO-92、SO-8 三种。该系列器件广泛应用于温度测量、温差测量及温度补偿系统中。

12.4　力学传感器

力学传感器的种类繁多，如电阻应变片压力传感器、半导体应变片压力传感器、压阻式压力传感器、电感式压力传感器、电容式压力传感器、谐振式压力传感器及电容式加速度传感器等。但应用最为广泛的是压阻式压力传感器，它具有极低的价格和较高的精度以及较好的线性特性。

12.4.1　压力

电阻应变片是一种将被测件上的应变变化转换成为一种电信号的敏感器件。它是压阻式应变传感器的主要组成部分之一。电阻应变片应用最多的是金属电阻应变片和半导体应变片两种。金属电阻应变片又有丝状应变片和金属箔状应变片两种。通常是将应变片通过特殊的黏合剂紧密地黏合在产生力学应变的基体上，当基体受力发生应力变化时，电阻应变片也一起产生形变，使应变片的阻值发生改变，从而使加在电阻上的电压发生变化。这种应变片在受力时产生的阻值变化通常较小，这种应变片一般都组成应变电桥，并通过后续的仪表放大器进行放大，再传输给处理电路显示或执行。

1．电阻应变片的工作原理

金属电阻应变片的工作原理是吸附在基体材料上应变电阻随机械形变而产生阻值变化的现象，又称为电阻应变效应。金属导体的电阻值可用下式表示：

$$R = \rho \frac{S}{L} \tag{12-2}$$

式中：ρ为金属导体的电阻率；S为导体的截面积；L为导体的长度。

从式（12-2）中容易看出，假如金属丝受外力作用而伸长时，其长度增加，而截面积减少，电阻值便会增大。金属丝受外力作用而压缩时，长度减小而截面增加，电阻值则会减小。只要测出电阻的变化（通常测电阻两端电压），即可获得应变金属丝的应变情。

2. 陶瓷压力传感器原理及应用

压力直接作用在陶瓷膜片的前表面，使膜片产生微小的形变，厚膜电阻印刷在陶瓷膜片的背面，连接成一个惠更斯电桥，由于压敏电阻的压阻效应，使电桥产生一个与压力成正比的电压信号。由此，可以设计为恒流源电桥，如图 12-22 所示。

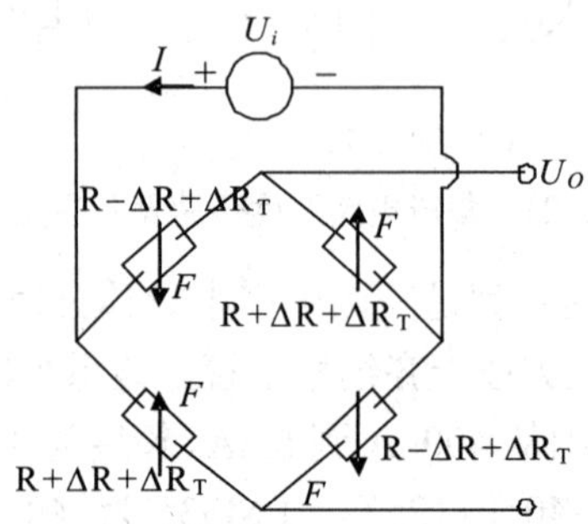

图 12-22　利用惠更斯电桥将压力转换为电压信号

在压电传感器基片上设计 4 个电阻结成惠更斯电桥。考虑温度变化，每个电阻温度变化同为ΔR_T，对角线上的电阻受同一方向压力。如果采用恒压源供电，输出为：

$$U_o = \frac{\Delta R}{R + 2\Delta R_T} U_i \tag{12-3}$$

如果采用恒流源供电，电桥的输出为：

$$U_o = \frac{1}{2} I(R + \Delta R + R_T) - \frac{1}{2} I(R - \Delta R + R_T) = I\Delta R \tag{12-4}$$

电桥输出与电阻变化量成正比，不受温度变化的影响。所以，压阻式传感器一般采用恒流源供电。

陶瓷的热稳定特性及它的厚膜电阻可以使它的工作温度范围达–40～135℃，而且具有测量的高精度、高稳定性。电气绝缘程度>2kV，输出信号强，长期稳定性好。

3．压电压力传感器原理与应用

压电传感器中主要使用的压电材料包括有石英、酒石酸钾钠和磷酸二氢铵。其中石英（二氧化硅）是一种天然晶体，压电效应就是在这种晶体中发现的，在一定的温度范围之内，压电性质一直存在，但温度超过这个范围之后，压电性质完全消失（这个高温就是所谓的“居里点”）。

酒石酸钾钠具有很大的压电灵敏度和压电系数，但是它只能在室温和湿度比较低的环境下才能够应用。

磷酸二氢铵属于人造晶体，能够承受高温和相当高的湿度，所以已经得到了广泛的应用。现在压电效应也应用在多晶体上，比如压电陶瓷，包括钛酸钡压电陶瓷、PZT、铌酸盐系压电陶瓷、铌镁酸铅压电陶瓷等。

压电效应是压电传感器的主要工作原理，压电传感器不能用于静态测量，因为经过外力作用后的电荷，只有在回路具有无限大的输入阻抗时才得到保存。实际的情况不是这样的，所以这决定了压电传感器只能够测量动态的应力。

压电传感器主要应用在加速度、压力和力等的测量中。压电式加速度传感器是一种常用的加速度计。它具有结构简单、体积小、重量轻、使用寿命长等优异的特点。

压电式加速度传感器在飞机、汽车、船舶、桥梁和建筑的振动和冲击测量中已经得到了广泛的应用。

12.4.2　速度

目前广泛使用的速度传感器是直流测速发电机，可以将旋转速度转变成电信号。测速机要求输出电压与转速间保持线性关系，要求输出电压陡度大，时间及温度稳定性好。

测速机一般可分为直流式和交流式两种。直流式测速机的励磁方式可分为他励式和永磁式两种。传统的测速大多以旋转式运动速度测量和直线运动速度测量，现实工业自动化中有不少非规律性的测速，比如运动员运动测速、交通车辆测速、高尔夫球球速测量。

1．接触式

旋转式速度传感器与运动物体直接接触。当运动物体与旋转式速度传感器接触时，摩擦力带动传感器的滚轮转动。装在滚轮上的转动脉冲传感器，发送出一连串的脉冲。每个脉冲代表着一定的距离值，从而测出线速度。

接触式旋转速度传感器结构简单，使用方便。但是接触滚轮的直径是与运动物体始终接触着，滚轮的外周会磨损，从而影响滚轮的周长。而脉冲数对每个传感器又是固定的，影响传感器的测量精度，要提高测量精度必须在二次仪表中增加补偿电路。另外，接触式难免产生滑差，滑差的存在也会影响测量的正确性。因此，传感器使用中必须施加一定的正压力或在滚轮表面采用摩擦系数大的材料，尽可能减小滑差。

2．非接触式

旋转式速度传感器与运动物体无直接接触，非接触式测量原理很多，以下仅介绍两点。

（1）光电流速传感器：光电流速传感器叶轮的叶片边缘贴有反射膜，流体流动时带动叶轮旋转，叶轮每转动一周光纤传输反光一次，产生一个电脉冲信号。可由检测到的脉冲数计算出流速。

（2）光电风速传感器：风带动风速计旋转，经齿轮传动后带动凸轮成比例旋转。光纤被凸轮轮番遮断形成一串光脉冲，经光电管转换成电信号，经计算可检测出风速。

非接触式旋转速度传感器寿命长，无需增加补偿电路。但脉冲当量不是距离整数倍，因此速度运算相对比较复杂。

12.5 天　　线

天线是电子信息系统的一个重要部分。在无线通信系统中，各种天线广泛应用。天线本身就是电子运动的一个载体，可以看成是一个特殊的电路，也可以看成是一种传感器。

发射天线将电能信号转换为电磁波信号；接收天线将电磁波信号转换为电能信号。其能量和信号传送在自由空间。

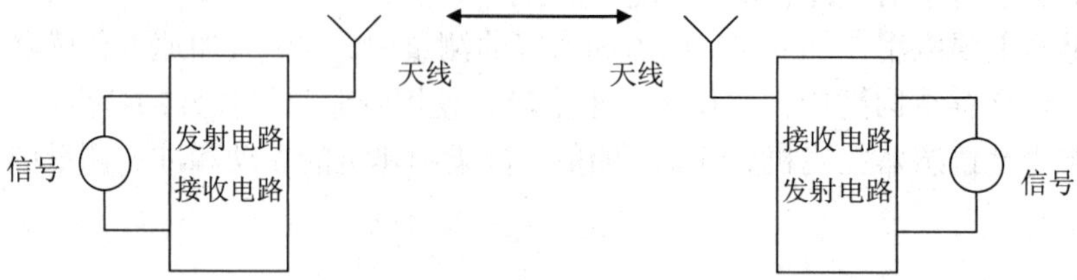

图 12-23　无线收发系统原理图

天线的电路符号如图 12-23 所示。无线通信系统一般设计为双向信息交流，因此，接收天线和发射天线往往被设计在同一个天线中。利用滤波器，将上下频率通道分开。

天线的种类有很多，是一个专门的研究方向，在以后的学习中，会进一步学习相关知识，在此，不深入介绍。

练　习　题

习题 1. 超声波倒车雷达

利用超声波探头设计一个简单的发射和接收电路。主要要求和技术指标：

声波频率：40kHz；

发射探测距离：5 米；

探测精度：0.1 米；

有一定抗干扰能力。

习题 2. 红外数据传送系统

设计一个红外线发射和接收电路，完成简单的数据传输。主要要求和技术指标：

传输距离：10 米；

传输率：100Kbps；

具有一定的抗干扰能力。

习题 3. 静态磁场检测电路

设计一个检测静态磁场的电路，将磁场信号转换为电信号，并显示表达出来。主要要求及技术指标：

检测精度：10 高斯；

显示：数字显示大小，指针显示方向。

【参考文献】

赵燕. 传感器原理及应用. 北京：北京大学出版社，2010

第 13 章 放大器设计

放大器是电子电路最经典的应用之一，它能够将小信号真实地放大，才使得我们可以接收遥远以及微弱的信号。

从数学理论上讲，信号放大就是对信号按比例乘上一个大于 1 的系数。但是实际工程上，要完成这样一个任务，还是一个比较复杂的过程。我们知道，输入一个小功率信号，输出一个同样的大功率信号，显然，功率增加了，根据能量守恒定律，一个无源电路不可能完成功率增加的任务，所以，放大器必然是一个有源电路。输入小信号，输出大信号，提供工作的直流电源，实际上是直流转换成为输出信号，转换的过程中其波形随输入小信号而变化。

放大电路是模拟电子技术中应用最为广泛的一类电子线路，在通信、自动控制、电子测量、广播电视以及电子设备等领域中是必不可少的组成部分。

本章将以下面的放大器设计指标为例来介绍放大器的基本原理和设计流程。

设计一个共射放大器，已知条件：$V_{CC}=12V$，$R_L=3k\Omega$，$v_i=10mV$，$R_S=50\Omega$；性能指标要求：$A_v>100$，$R_i>1k\Omega$，$R_o<3k\Omega$，$f_L<100Hz$，$f_H>100kHz$。

13.1 晶体三极管放大电路

为了正常放大信号，BJT（Bipolar Junction Transistor，双极型晶体管）应首先建立合适的放大偏置工作点。放大器工作时，BJT 的电流电压均是在直流工作点上叠加一个交流信号成分。信号在一个周期内，BJT 始终处于发射结正偏、集电结反偏状态。

直流通路：当放大器未加输入信号（v_i=0），即电路处于静态时，直流电流流经的电路称为放大器的直流通路。直流通路其实就是建立放大器工作点的电路。画直流通路时应将电容开路、电感短路。

交流通路：信号输入放大器以后，晶体管和一些元件上的电流电压会在直流电流电压上叠加交流电流电压成分（即信号成分），故可以画出一个只反映放大器交流电流和交流电压之间关系的电路，这称为交流通路或交流电路。画交流通路时，恒压源、耦合电容以及旁路电容应该短路，而恒流源以及高频扼流圈应该开路。

13.1.1 BJT 偏置电路

1．固定基流偏置电路

固定基流偏置电路如图 13-1 所示。静态工作点估算式为：

$$\begin{cases} I_B = (V_{CC} - V_{BE}) / R_B \\ I_C \approx \beta I_B \\ V_{CE} = V_{CC} - R_C I_C \end{cases} \tag{13-1}$$

对于硅 BJT，可取 $V_{BE} = 0.7\text{ V}$；对于锗 BJT，可取 $V_{BE} = 0.3\text{ V}$。

缺点：固定基流电路虽然简单，但是当温度、电源电压变化或更换参数不同的 BJT 时，工作点（I_C，V_{CE}）会明显变化。工作点电流电压的改变会使 BJT 小信号参数改变，从而使放大器的性能指标变得不稳定。严重时甚至会使放大器进入饱和区而无法正常放大信号。

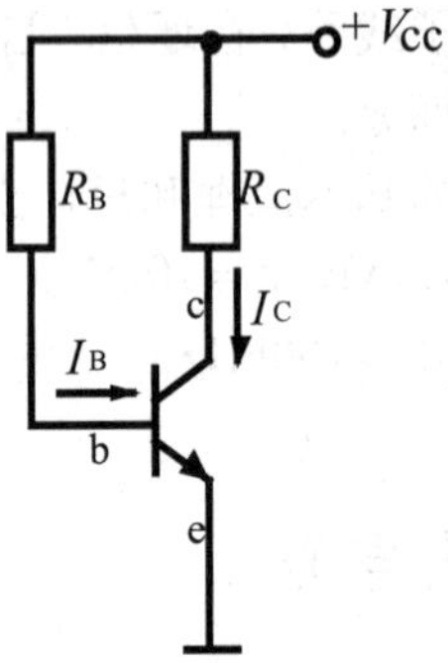

图 13-1　固定基流偏置电路

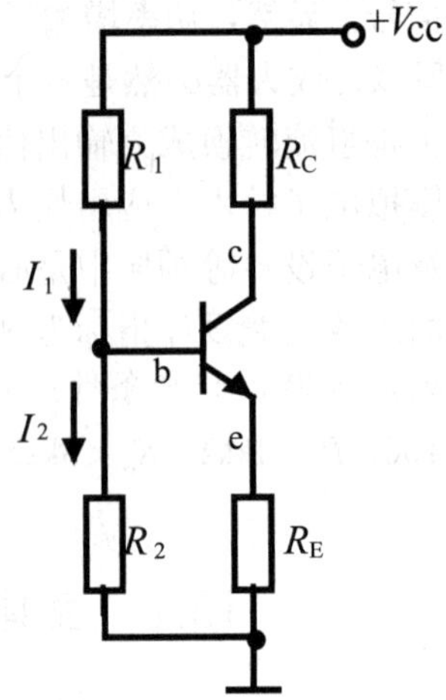

图 13-2　基极分压射极偏置电路

2. 基极分压射极偏置电路

图 13-2 所示的偏置电路称为基极分压射极偏置电路，是一种可以稳定工作点的电路。

该电路满足 I_1，$I_2 >> I_B$ 时，基极电位 V_B 只由 V_{CC}、R_1 和 R_2 决定，与 BJT 参数无关。由于 V_{CC}、R_1 和 R_2 对温度均不敏感，所以 V_B 稳定。

当某种原因（如温度增加、电源电压增加或更换 $\overline{\beta}$ 更大的 BJT）使得工作点的 I_C 增加时，则电路依靠直流负反馈的作用，可以抑制 I_C 的增加，使得工作点稳定。这一稳定过程如下：

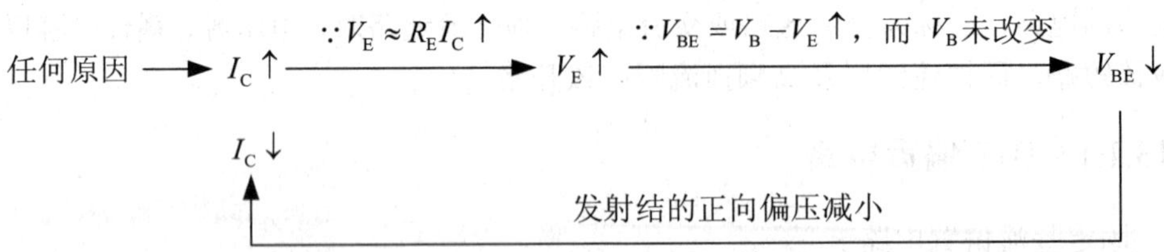

上述过程是当集电极直流电流变化时，依靠图示反馈环的自动调节作用抑制集电极电流的变化。由稳 Q 过程可知：满足 I_1，$I_2 >> I_B$，使得基极电位 V_B 稳定是基极分压射极偏置电路能够稳定工作点的条件。

其静态工作点估算公式为：

$$\begin{cases} V_{\mathrm{B}} \approx \dfrac{V_{\mathrm{CC}}}{R_1 + R_2} R_2 \\ I_{\mathrm{E}} = \dfrac{V_{\mathrm{B}} - V_{\mathrm{BE}}}{R_{\mathrm{E}}} \\ V_{\mathrm{CE}} \approx V_{\mathrm{CC}} - \left(R_{\mathrm{C}} + R_{\mathrm{E}}\right) I_{\mathrm{C}} \end{cases} \tag{13-2}$$

13.1.2　三种基本组态放大器

三极管在应用中，往往将一个电极作输入端，另一个电极作输出端，第三个电极作公共端，即将其作为双口器件来使用。BJT 作为双口器件有实用意义的使用方法有以基极作输入端、集电极作输出端的共射（CE）接法，以发射极作输入端、集电极作输出端的共基（CB）接法和以基极作输入端、发射极作输出端的共集（CC）接法。

1．共射极放大器

共射极放大器是晶体管放大电路中常用的一种基本电路，它能把频率为几十赫兹到几百千赫兹的信号进行不失真放大。采用射级偏置电路的共射放大器如图 13-3 所示。

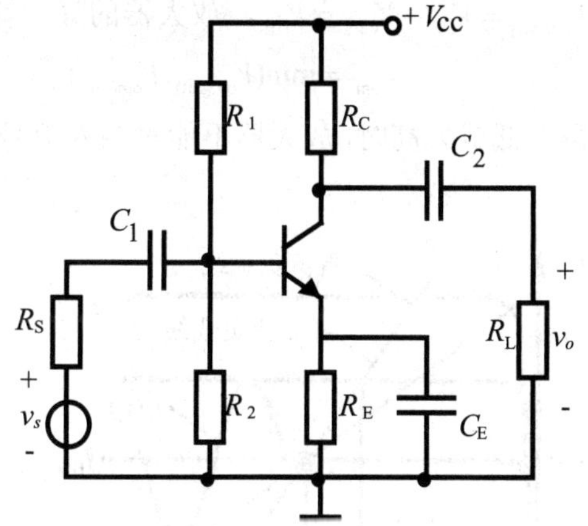

图 13-3　阻容耦合共射极放大器

其交流小信号等效电路如图 13-4 所示，由交流小信号等效电路可以得到图 13-3 所示共射放大器的交流指标计算公式。

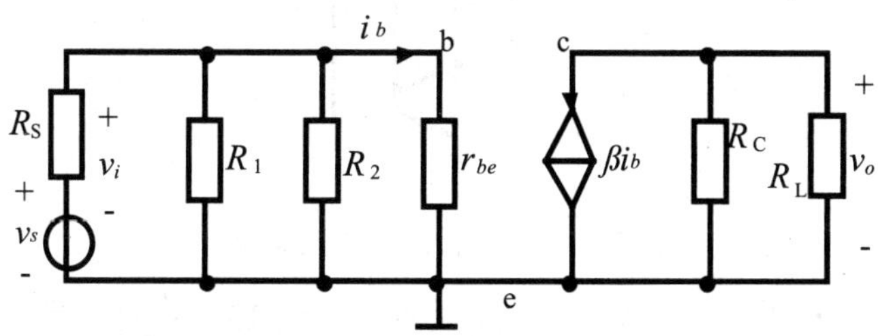

图 13-4　共射放大器交流小信号等效电路

电压增益 A_{v} 为：

$$A_v = \frac{v_o}{v_i} \approx \frac{-\beta(R_C // R_L)}{r_{be}} \qquad (13\text{-}3)$$

输入电阻 R_i 为：

$$R_i = R_1 // R_2 // r_{be} \qquad (13\text{-}4)$$

其中，$r_{be} = r_{bb'} + (1+\beta)\frac{V_T}{I_{EQ}}$，室温（300K）时，$V_T \approx 26\text{mV}$。

输出电阻 R_o 为：

$$R_o \approx R_C \qquad (13\text{-}5)$$

动态范围分析：当输入信号的振幅不断增大时，BJT 会进入截止区或饱和区。BJT 不会进入截止区或饱和区的最大输出电压即放大器的动态范围可以借助负载线来分析。

直流负载线就是放大器静态时由 V_{CE} 和 I_C 满足的直流方程，即：$V_{CE} \approx V_{CC} - (R_C + R_E)I_C$ 确定的直线。

交流负载线是放大器工作时动点 (v_{CE}, i_C) 的运动轨迹，交流负载线画法是经过 Q 点，斜率为 $-\frac{1}{R_C // R_L}$ 的直线。由图 13-5 可知：最大不截止失真的输出电压 $V_{om(cut)} = (R_C // R_L)I_C$，最大不饱和失真的输出电压 $V_{om(sat)} = V_{CE} - V_{CES} \approx V_{CE}$，放大器的最大输出电压即动态范围为：

$$V_{om} = \min(V_{om(cut)}, V_{om(sat)}) \qquad (13\text{-}6)$$

当放大器的工作点选得太低或太高时，放大器不能对输入信号实施正常的放大而产生失真。

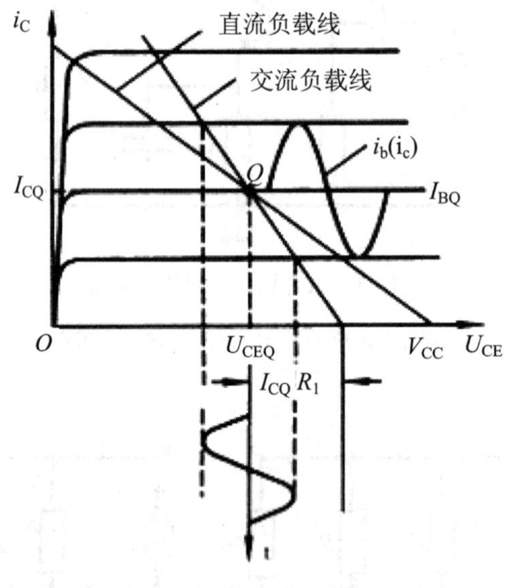

图 13-5 负载线法放大器动态分析

截止失真：图 13-6 所示为工作点太低的情况。由图 13-6 可见，当工作点太低时，放大器能对输入的正半周信号实施正常的放大，而当输入信号为负半周时，v_{BE} 将小于三极管的开启电压，三极管将进入截止区，输出电压将不随输入信号而变化，产生输出波形的失真。这种失真是因工作点取得太低，输入负半周信号时，三极管进入截止区而产生的失真，所以称为截止失真。

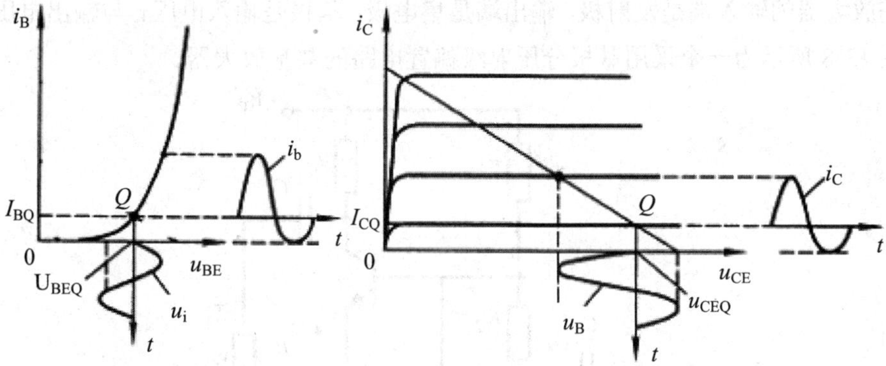

图 13-6 截止失真

饱和失真：图 13-7 所示为工作点太高的情况。由图 13-7 可见，当工作点太高时，放大器能对输入的负半周信号实施正常的放大；而当输入信号为正半周时，因 v_{BE} 太大了，使三极管进入饱和区，$i_c \approx \beta i_b$ 的关系将不成立，输出电流将不随输入电流而变化，输出电压也不随输入信号而变化，产生输出波形的失真。

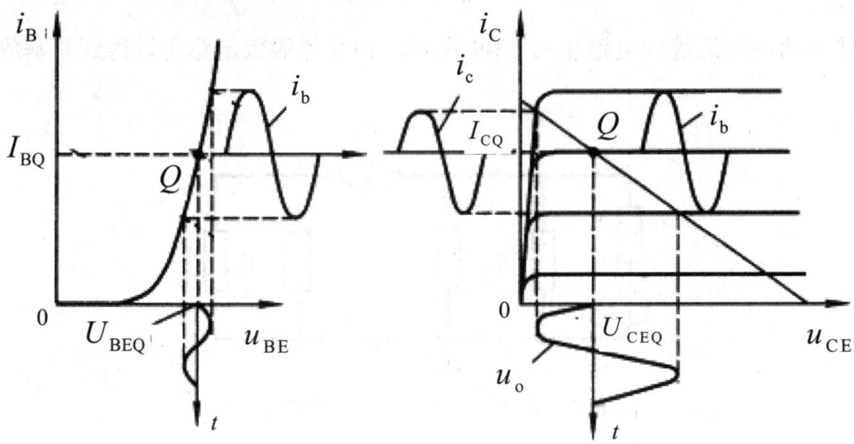

图 13-7 饱和失真

这种失真是因工作点取得太高，输入正半周信号时，三极管进入饱和区而产生的失真，所以称为饱和失真。

电压放大器工作时应防止饱和失真和截止失真的现象，当饱和失真或截止失真出现时，应消除它，改变工作点的设置即可。

在消除失真之前必须从输出信号来判断放大器产生了什么类型的失真。判断的方法是：对由 NPN 管子组成的电压放大器，当输出信号的负半周产生失真时，因共发射极电压放大器的输出和输入倒相，说明是输入信号为正半周时电路产生了失真。输入的正半周信号与静态工作点电压相加，将使放大器的工作点进入饱和区，所以，这种情况的失真为饱和失真，消除的办法是降低静态工作点。当输出信号的正半周产生失真时，说明输入信号为负半周时电路产生了失真，输入负半周信号与静态工作点电压相减，将使放大器的工作点进入截止区，所以，这种情况的失真为截止失真，消除的办法是提高电路静态工作点的数值。

2．共基放大器

共基放大器的输入端是发射极，输出端是集电极，基极是输入电压 v_i 与输出电压 v_o 的公共端。图 13-8 所示为一个采用基极分压射级偏置电路的共基放大器。

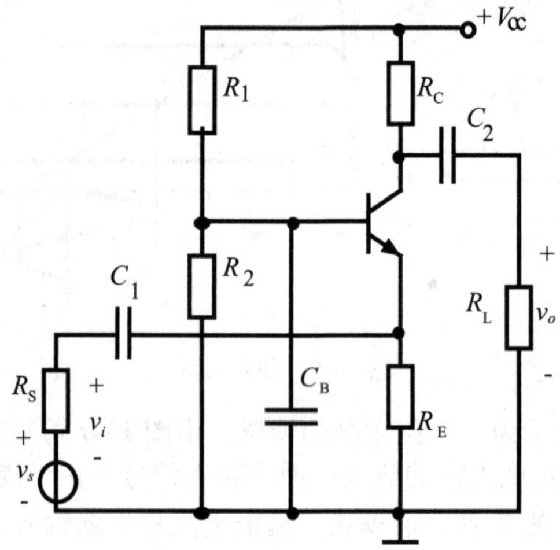

图 13-8　共基放大器

共基放大器的交流等效电路如图 13-9 所示，由交流等效电路可以得到共基放大器的交流指标。

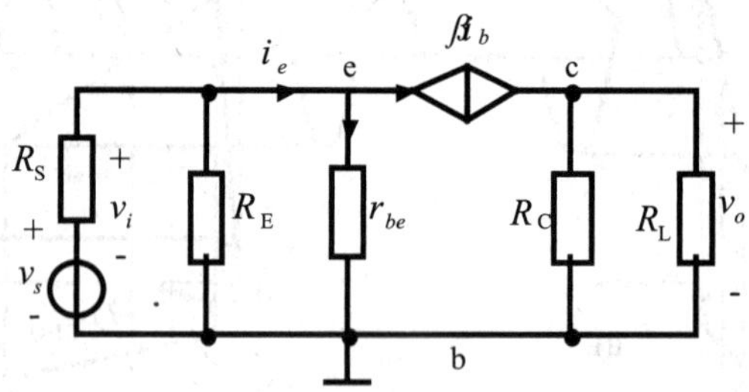

图 13-9　共基放大器交流小信号等效电路

电压增益 A_v：

$$A_v = \frac{v_o}{v_i} \approx \frac{\beta\left(R_C // R_L\right)}{r_{be}} \tag{13-7}$$

输入电阻 R_i：

$$R_i = \frac{v_o}{v_i} = \frac{r_{be}}{1+\beta} // R_E \tag{13-8}$$

输出电阻 R_o：

$$R_o \approx R_C \tag{13-9}$$

3．共集放大器

共集放大器从基极输入信号，发射极输出信号，故又称为射极输出器，图 13-10 给出了采用稳 Q 偏置电路的射极输出器。

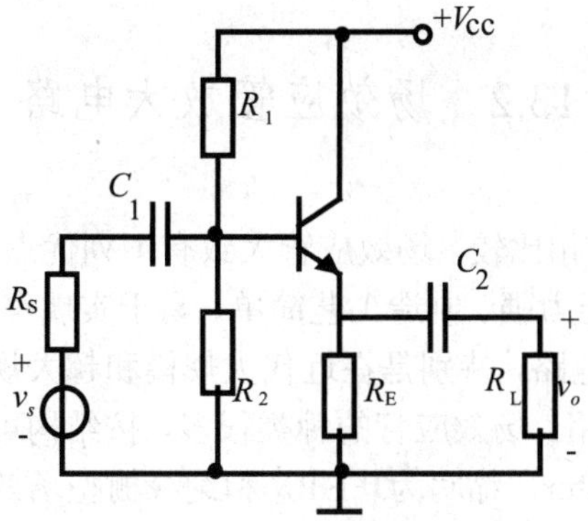

图 13-10　共集放大器

电压增益 A_v：

$$A_v = \frac{v_o}{v_i} = \frac{(1+\beta)(R_E /\!/ R_L)}{r_{be} + (1+\beta)(R_E /\!/ R_L)} \tag{13-10}$$

输入电阻 R_i：

$$R_i = \frac{v_o}{v_i} = R_B /\!/ \left[r_{be} + (1+\beta)(R_E /\!/ R_L)\right] \tag{13-11}$$

输出电阻 R_o：

$$R_o = R_E /\!/ \frac{r_{be} + (R_S /\!/ R_B)}{1+\beta} \tag{13-12}$$

通常，由于 $(1+\beta)(R_E /\!/ R_L) >> r_{be}$，故 $A_v \approx 1$，这表明射级输出器的输出电压总是跟随输入电压，所以射级输出器又称为射级跟随器，简称射随器。

射极输出器的输出电阻很小，因此，射极输出器对于负载而言，等效为一个内阻很小的信号源。这使得射极输出器可以向负载提供稳定的输出电压以及大的信号电流和功率，也即射极输出器带负载的能力很强，适合作输出级。

射极输出器的输入电阻很大，如果 R_i 远大于信号的内阻 R_S，则射随器向信号源索取的功率很小。因此，射随器作输入级时，对信号源的功率输出要求很小。另外，由于 $R_i >> R_S$，使输入电压接近信号源的源电压，即射随器作输入级时，对信号源的电压利用率最高。

将射极输出器接在电子设备与负载之间，由于射随器的输入电阻很大，对设备输出端而言近似于开路，负载变化就不会影响设备的工作状态，这就是射随器的隔离级和缓冲级作用。

4．应用特点

共射放大器：功率增益最大，R_i、R_o 适中，易于与前后级接口，使用广泛；

共基放大器：高频放大时性能好，常与 CE 和 CC 组态结合使用。如 CE-CB 组态、CC-CB 组态；

共集放大器：R_i 大而 R_o 小，可作高阻抗输入级和低阻抗输出极、隔离级和功率输出级。

13.2 场效应管放大电路

与双极型晶体管（BJT）相比较，场效应管大致有下列优点：输入电阻高、内部噪声小、耗电省、热稳定好、抗辐射能力强、制造工艺简单、易于实现集成化、工作频率高等。因此，场效应管在电子电路、逻辑电路，特别是在近代大规模和超大规模集成电路以及微波、毫米波电路中得到极其广泛的应用。场效应管的种类很多，按结构可分成两大类：结型场效应管（Junction field Effect Transistor，缩写为JFET）和绝缘栅型场效应管（Insulated Gate FET，缩写成IGFET）。结型场效应管又可分N沟道和P沟道两种。绝缘栅型场效应管主要指金属-氧化物-半导体（Metal Oxide Semiconductor，缩写为MOS）场效应管。MOS管又分“耗尽型”和“增强型”两种，而每一种也分N沟道和P沟道。

13.2.1 FET 偏置电路

在放大电路应用中，FET和BJT一样，必须用合适的偏置电路将其工作点（V_{DS},I_D）偏置在FET静态输出特性曲线放大区并使工作点稳定。从FET工作原理的分析中知，无论哪种类型的FET，其栅极电流$i_G=0$，即FET只要求偏压V_{GS}，不需要偏流I_G。偏置在放大区的FET，漏极电流i_D只受栅源电压v_{GS}的控制，而漏源电压v_{DS}几乎对放大电路i_D没有影响。这正是放大管所需要的工作特性。

FET的种类的沟道类型的不同，所需的偏压极性和放大区偏压的条件也不同。目前，常用的两种FET偏置电路：自给偏压偏置电路和混合偏压偏置电路，都具有稳定工作点的特性，但后者优于前者。

1．自给偏压电路

图13-11（a）所示的自给偏压电路在FET的源极串联一个电阻R_S，当漏极电流I_D流过R_S时，在它的两端将产生压降。栅极接有电阻R_G，其作用是提供FET栅极和源极间的直流通路，同时可以泄放栅极感生电荷以免管子电击穿。其静态工作点的估算式为：

$$\begin{cases} V_{GS}=V_G-V_S=-I_DR_S \\ I_D=I_{DSS}(1-\dfrac{V_{GS}}{V_P})^2 \\ V_{DS}=V_{DD}-\left(R_S+R_D\right)I_D \end{cases} \tag{13-13}$$

式中，V_P是场效应管的夹断电压；I_{DSS}是场效应管的饱和漏极电流。

求解过程中，会遇到求解关于V_{GS}（或I_D）的一元二次方程的问题，因此方程的解有两个值，应根据V_P的大小对V_{GS}的两个值进行取舍，保留一个合理的值。自给偏压电路产生的V_{GS}的极性与V_{DS}的极性相反，所以，自给偏压电路只适用于JFET和耗尽型MOSFET。由于增强型MOSFET要求V_{GS}与V_{DS}同极性，故自给偏压电路不适用于增强型管。

2．混合偏压电路

在自给偏压电路中，为了使工作点Q稳定，可以增大R_S，但R_S的增大使I_D减小，将使场效应管的跨导过小，影响场效应管的放大性能。解决这个矛盾的办法是：在栅极G上附加一个偏压，这就是混合偏压电路，如图13-11（b）所示，为了减小分压电阻 R_1 和 R_2 对输入电阻的影响，图中在 R_1 和 R_2 的分压点接入了一个大电阻 R_G 。

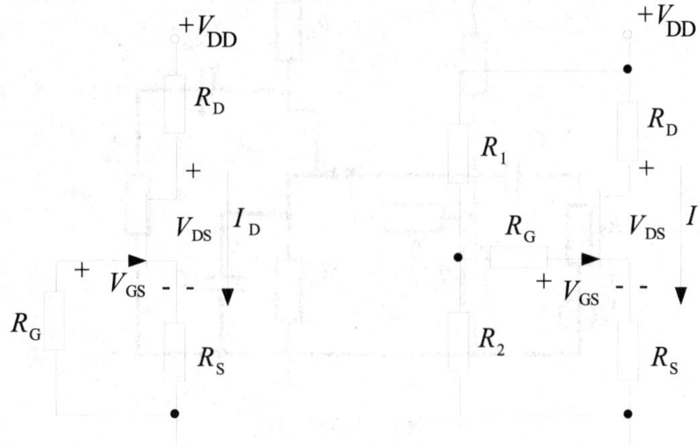

(a) 自给偏压电路　　(a) 混合偏压电路

图 13-11　常用的两种 FET 偏置电路

对JFET和耗尽型MOSFET，工作点可由式（13-14）确定；对增强型MOSFET，工作点可由式（13-15）确定。

$$\begin{cases} V_{GS}=V_G-V_S=\dfrac{V_{DD}}{R_1+R_2}R_2-I_DR_S \\ I_D=I_{DSS}(1-\dfrac{V_{GS}}{V_P})^2 \\ V_{DS}=V_{DD}-\left(R_S+R_D\right)I_D \end{cases} \tag{13-14}$$

$$\begin{cases} V_{GS}=V_G-V_S=\dfrac{V_{DD}}{R_1+R_2}R_2-I_DR_S \\ I_D=k(V_{GS}-V_T)^2 \\ V_{DS}=V_{DD}-\left(R_S+R_D\right)I_D \end{cases} \tag{13-15}$$

对工作点的稳定性和对跨导的要求，两者都能够兼顾，这是混合偏压电路的优点。

13.2.2　基本场效应管放大电路及其交流指标

由FET构成的基本放大电路的分析可知，与BJT类似，FET也有三种组态的放大电路，即共源（CS）组态、共漏（CD）组态、共栅（CG）组态。

1. 共源放大器

典型的共源放大器电路如图13-12所示，它采用混合偏压电路提供直流偏置，R_3 的作用是提高电路的输入电阻。将FET用其等效小信号模型替换，便得到共源放大器的中频段小信号等效电路，就可分析出共源放大器的主要性能指标。

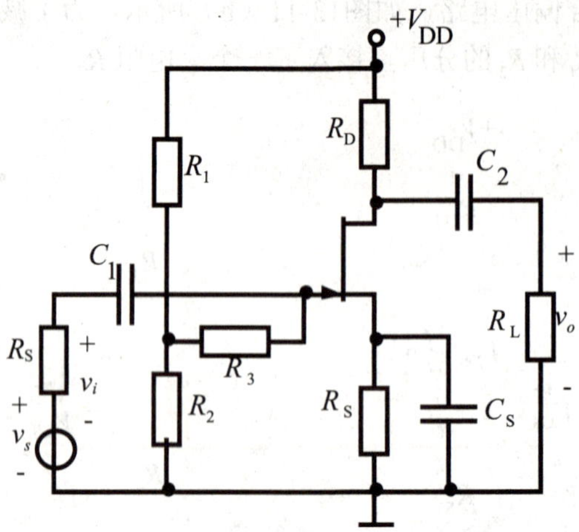

图 13-12　共源放大器

共源放大器的简化交流等效电路如图 13-13 所示，由交流等效电路可以得到共源放大器的交流指标。

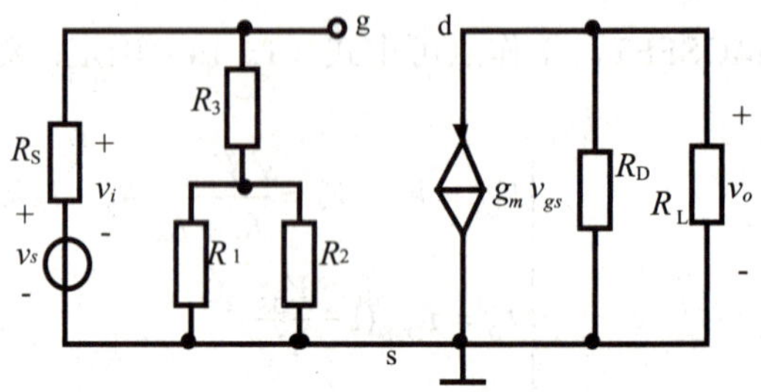

图 13-13　共源放大器简化交流等效电路

电压增益：

$$A_v = \frac{v_o}{v_i} = -g_m(R_D // R_L) \tag{13-16}$$

输入电阻：

$$R_i = R_3 + R_1 // R_2 \tag{13-17}$$

输出电阻：

$$R_o \approx R_D \tag{13-18}$$

2．共漏放大器

共漏放大器的基本电路如图13-14所示。共漏放大器的输入电压从FET的栅极加入，输出电压从源极输出，故又称为源极输出器。

共漏放大器的简化交流等效电路如图 13-15 所示，由交流等效电路可以得到共漏放大器的交流指标。

电压增益：

$$A_v = \frac{v_o}{v_i} \approx \frac{g_m(R_S // R_L)}{1 + g_m(R_S // R_L)} \tag{13-19}$$

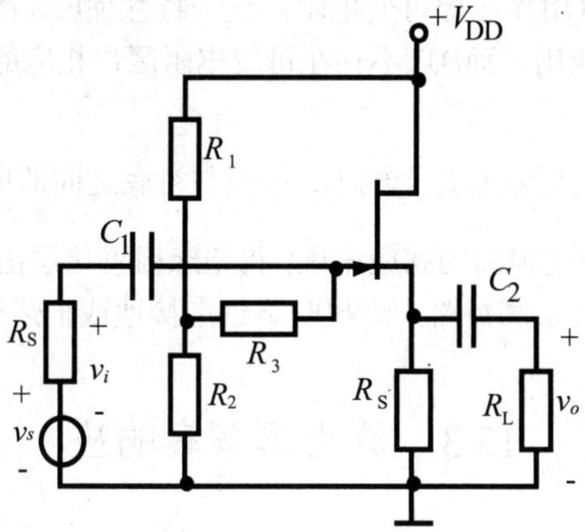

图 13-14　共漏放大器

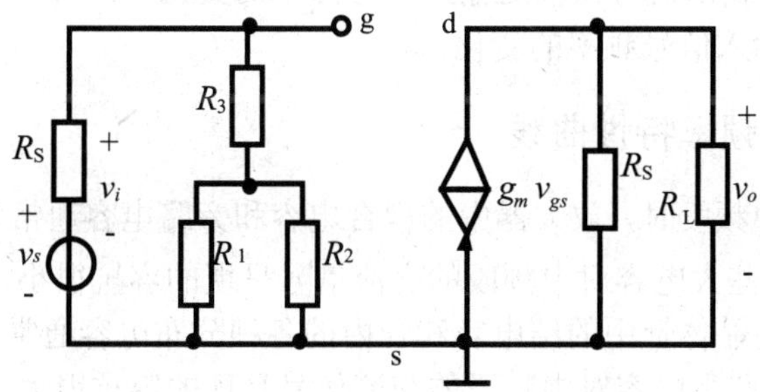

图 13-15　共漏放大器简化交流等效电路

输入电阻：

$$R_i = R_3 + R_1 // R_2 \tag{13-20}$$

输出电阻：

$$R_o \approx \frac{1}{g_m} // R_S \tag{13-21}$$

源极输出器电压增益小于1，在中频段输出电压与输入电压同相，源极输出器还具有输入电阻高而输出电阻低的特点。因此，源极输出器与射极输出器相似，通常用作多级放大器的输入级和输出极。

3．共栅放大器

FET放大电路还有共栅接法。共栅放大器的电压增益与共源放大器基本相同，但在中频段是同相放大器。共栅放大器还具有管端输入电阻最小而管端输出电阻最大的特点。因此，它与共基放大器相似。由于共栅放大器应用相对较少，所以在此不讨论。

13.2.3　FET 与 BJT 比较

FET是一种电压控制器件，其栅极电流极小，故栅源端输入电阻很大（JFET可达$1\times10^9\Omega$以上，MOSFET可达$1\times10^{14}\Omega$以上）。FET特别适合作高输入阻抗放大器的输入级。BJT工作时基极需要一定的激励电流，故基极射极端口的输入电阻只有数千至数十千欧姆。BJT是一种电流控制器件。

FET在沟道未夹断时可用作压控可变电阻，这一特性使FET在一些控制电路（如自动增益控制电路）中得到广泛应用。而BJT不存在可变电阻区，相应的区是饱和区，饱和压降取决于外电路，且变化很小。

MOSFET的绝缘栅氧化层只有几十纳米，栅极与衬底之间的电容只有pF量级，由$V=\dfrac{Q}{C}$知，很少的感应电荷就会产生很高的感应电压，将绝缘栅氧化层击穿，导致管子永久性损坏。所以保存MOSFET时应将其管脚短路，焊接时烙铁应接地或把烙铁临时拔下来。

13.3 放大器频率响应

放大器的频率响应就是其输出信号（如输出电压）随输入信号频率变化的响应，这种响应又分为幅频响应（指输出信号振幅随输入信号频率的变化）和相频响应（指输出信号相对于输入信号的相移随输入信号频率的变化）。

13.3.1 放大器频率特性曲线

当放大器工作在中频段时，放大器中的耦合电容和旁路电容通常为微法（μF）数量级，可称为“大电容”，这些大电容对中频段的交流信号呈现的容抗很小，可以认为对中频段的交流电流呈现短路。而晶体管中的结电容和管内的各种分布电容通常为皮法（pF）数量级，可称为“小电容”。这些小电容对中频段的交流信号呈现的容抗很大，可以视为对交流电流开路。因此，在中频段，放大器信号模型实际是一个阻性网络，因此其增益是与频率无关的常数。

随着输入信号频率的降低，放大器中那些大电容呈现的容抗随之增大，不能再视为短路（此时，小电容更能视为开路）。因此，放大器的低频增益与大电容的容抗有关，是频率的函数，而且频率越低，大电容的容抗越大，增益会越小。

在高频段，小电容呈现的容抗不能再视为开路（此时，大电容更能视为短路），使放大器的高频增益与小电容的容抗有关，是频率的函数。分析表明，频率越高增益就越小。

根据前面的分析可知，电容耦合放大器的幅频特性曲线将呈现一个带通特性，如图13-16所示。

由图13-16可知，除中频段以外，无论频率升高或下降，受大电容和小电容的影响，$A(\omega)$均下降。工程上规定：当信号频率降低或升高到使得增益A_o的$1/\sqrt{2}$倍或即A_o的0.707倍时，所对应的频率分别称为增益的低端截止频率f_L和高频截止频率f_H。在f_H与f_L之间的频率范围则称为放大器的通频带，用$\Delta f_{0.7}$表示，即：

$$\Delta f_{0.7}=f_H-f_L \tag{13-22}$$

幅频失真：对放大器的输入信号作频谱分析，则输入信号往往是由许多不同频率的正弦分量组成的具有一定频带的信号。如果放大器通频带不够宽，甚至较输入信号的带宽窄，则放大器对输入信号的高频分量或低频分量的放大就不是相同倍数，输出波形就会发生畸变，这种输出失真称为幅频失真。放大器的通频带是保证不产生幅频失真所容许信号占有的最大频谱宽度，是放大器的一项非常重要的性能指标。

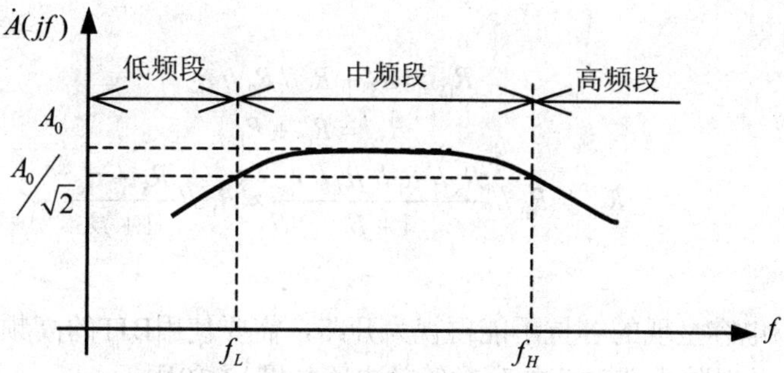

图 13-16 电容耦合放大器的幅频特性曲线

13.3.2 放大器通频带的估算

1．估算 ω_L

放大器中的耦合电容和旁路电容影响放大器的 ω_L，一个工程上常用的估算式如下：

$$1.15\omega_L = \sum_j \frac{1}{\tau_{jS}} = \sum_j \frac{1}{R_{jS}C_j} \tag{13-23}$$

式中，τ_{js} 称为模型中电容 C_j 的短路时间常数；τ_{jS} 的求法是：令模型中除 C_j 以外的其他电容短路，再求从 C_j 端口视入的戴维南等效支路的电阻 R_{jS}，则 $\tau_{jS}=R_{jS}C_j$。

对于图13-3所示的电容耦合共射放大器，C_1、C_2、C_E 分别对应求 R_{jS} 的等效电路如图13-17所示。

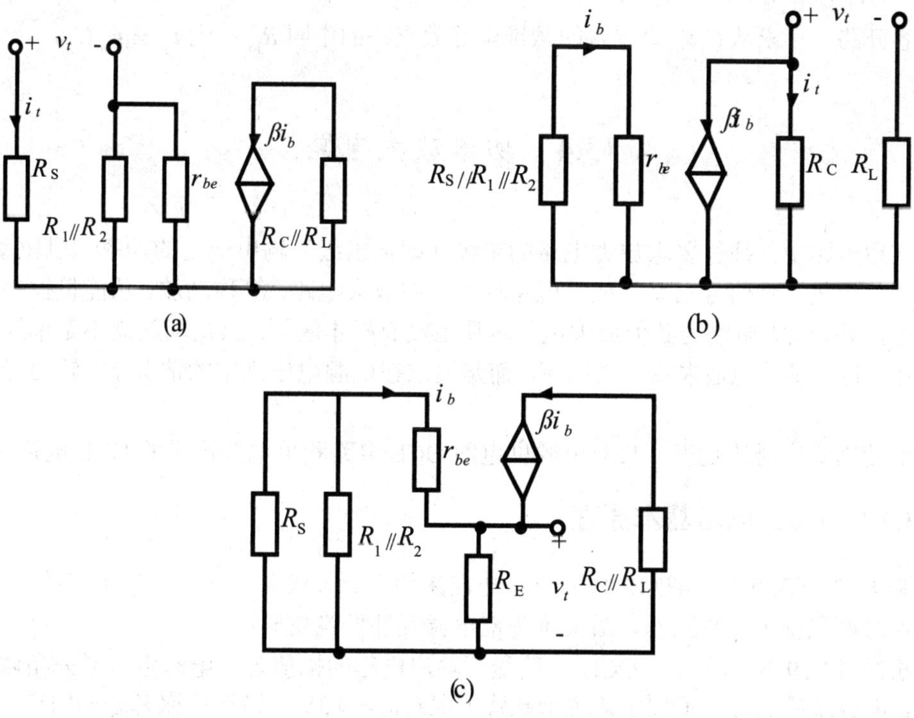

图 13-17 计算 R_{js} 的等效电路

由图13-17可得

$$R_{1S} = R_S + R_1 // R_2 // r_{be} \tag{13-24}$$

$$R_{2S} = R_C + R_L \tag{13-25}$$

$$R_{3S} = R_E // \frac{R_S // R_1 // R_2 // r_{be}}{1+\beta} \approx R_E // \frac{R_S + r_{be}}{1+\beta} \tag{13-26}$$

2．估算 ω_H

在高频段，小电容呈现的容抗不能再视为开路，需要使用BJT的高频模型来分析。对于图13-3的电容耦合共射放大器对应的高频等效电路如图13-18所示。

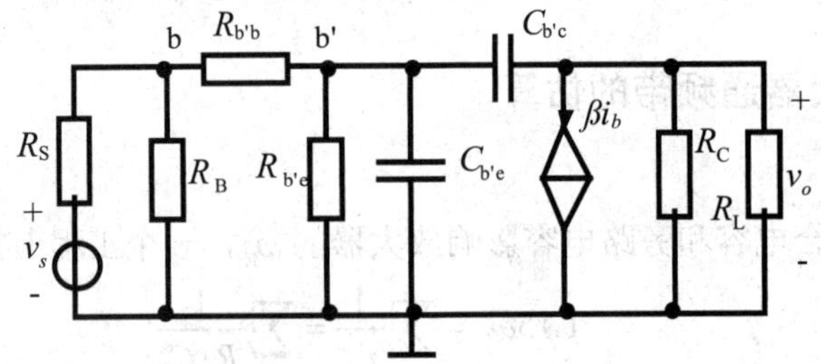

图 13-18 高频等效模型

一个工程上常用的估算式如下：

$$\frac{\omega_H}{1.15} \approx \frac{1}{\sum_j \tau_{jO}} = \frac{1}{\sum_j R_{jo} C_j} \tag{13-27}$$

式中，τ_{jo} 称为高频模型中的电容 C_j 的开路时间常数；τ_{jo} 的求法是：令模型中除 C_j 以外的其他电容开路，再求从 C_j 端口视入的戴维南等效支路的电阻 R_{jo}，则 $\tau_{jo} = R_{jo} C_j$。

13.4　功率放大电路

在实用电路中，往往要求放大电路的末级（即输出级）输出一定的功率，以驱动负载。能够向负载提供足够信号功率的放大电路称为功率放大电路，简称功放。从能量控制和转换的角度看，功率放大电路与其他放大电路本质上没有根本区别；只是功放既不是单纯追求输出高电压，也不是单纯追求输出大电流，而是追求在电源电压确定的情况下，输出尽可能大的功率。

目前使用最广泛的是正、负双电源供电的 OCL 电路和单电源供电的 OTL 电路。

13.4.1　OCL 电路基本原理

最基本的 OCL 电路如图 13-19 所示，电路采用正、负双电源供电，T_1 和 T_2 管子互补对称，工作时两只管子交替工作，故又称为双电源互补推挽功放。

分析图 13-19 所示可知，OCL 电路最大输出电压的幅值等于电源电压减去晶体管的饱和压降，即 $(V_{CC} - V_{CES})$。工程中，对于硅管可取 $V_{CES} = 0.3\text{V}$，锗管可取 $V_{CES} = 0.1\text{V}$。因此可得最大输出功率为

$$P_{\text{Omax}}=\frac{V_{\text{Om}}^2}{R_{\text{L}}}=\frac{(V_{\text{CC}}-V_{\text{CES}})^2}{2R_{\text{L}}} \tag{13-28}$$

在忽略基极回路电流的情况下，可得电源在负载获得最大交流功率时所消耗的平均功率等于其平均电流与电源电压之积，表达式为

$$P_{\text{CCmax}}=\frac{2}{\pi}\cdot\frac{V_{\text{CC}}(V_{\text{CC}}-V_{\text{CES}})}{R_{\text{L}}} \tag{13-29}$$

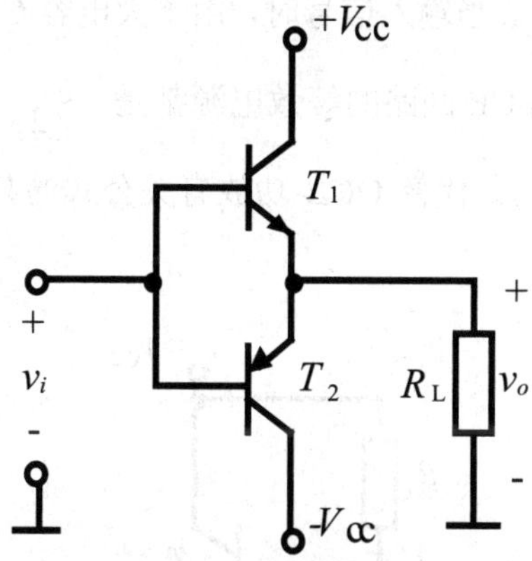

图 13-19　OCL 电路

因此，效率为

$$\eta=\frac{P_{\text{Omax}}}{P_{\text{CCmax}}}=\frac{\pi}{4}\cdot\frac{(V_{\text{CC}}-V_{\text{CES}})}{V_{\text{CC}}} \tag{13-30}$$

由式(13-30)可知，理想情况下，忽略晶体管的饱和压降，此类功放效率最大可达 78.5%。图 13-19 所示电路存在交越失真，可以消除交越失真的 OCL 电路如图 13-20 所示。

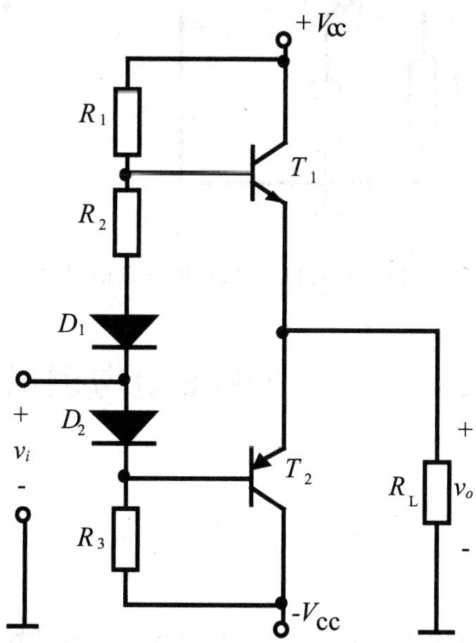

图 13-20　能克服交越失真的 OCL 电路

在图中，静态时，从 $+V_{CC}$ 经过 R_1、R_2、D_1、D_1、R_3 到 $-V_{CC}$ 有一个直流电流，它在 T_1 和 T_2 管两个基极之间产生的电压可使两只管子均处于微导通状态，从而消除交越失真。

13.4.2 OTL 电路基本原理

OTL 电路采用单电源供电，典型电路如图 13-21 所示。图中，与负载 R_L 串联的大电容 C 对信号频率呈交流短路。静态时，T_2 和 T_3 管的发射极节点 A 被调整到电源电压的一半，即 $V_{CC}/2$，故 C 也被充至 $V_{CC}/2$。当输入信号时，由于大电容 C 上的电压维持 $V_{CC}/2$ 不变，可视为恒压源。这使得 T_2 和 T_3 的 CE 回路的等效电源都是 $V_{CC}/2$。OTL 功放的工作原理与 OCL 功放原理并无不同，只要用 $V_{CC}/2$ 代替 OCL 功放有关公式的 V_{CC}，就可以获得 OTL 功放的指标。

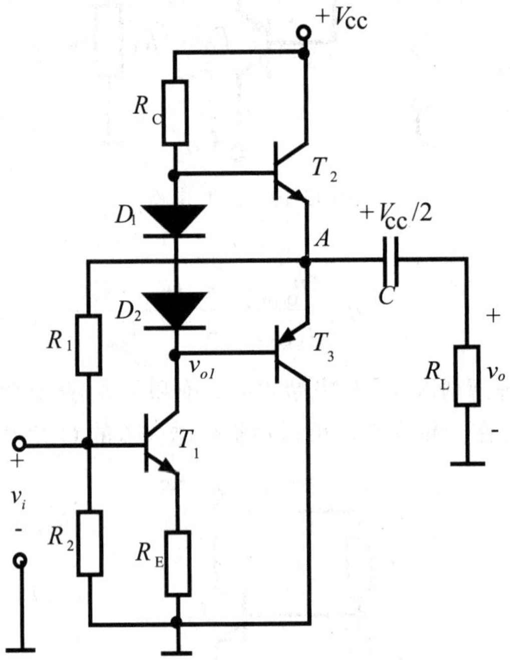

图 13-21　OTL 功放电路（含前级电路）

13.5 放大电路设计与测试

13.5.1 设计实例

1．设计任务

用给定的三极管（2SC1008）设计一共射放大器，三极管参数由图示仪测定。

已知条件：$V_{CC}=12\text{V}$，$R_L=3\text{k}\Omega$，$V_i=10\text{mV}$，$R_S=50\Omega$

性能指标要求：$A_v > 100$，$R_i > 1k\Omega$，$R_o < 3k\Omega$，$f_L < 100Hz$，$f_H > 100kHz$

2．电路设计过程

图 13-22 所示的偏置电路称为基极分压射极偏置电路，是一种可以稳定工作点的电路。

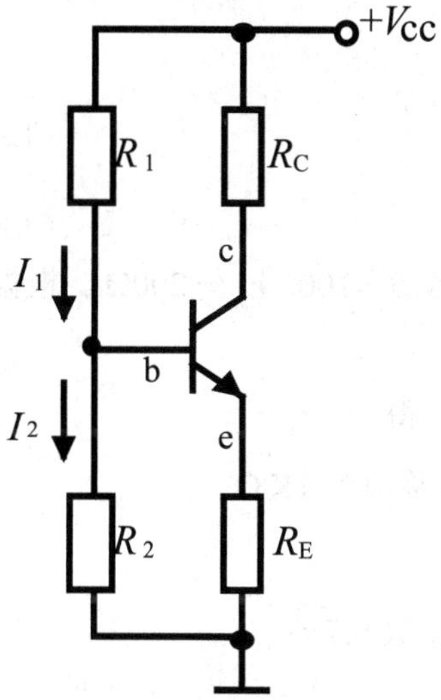

图 13-22　基极分压射极偏置电路

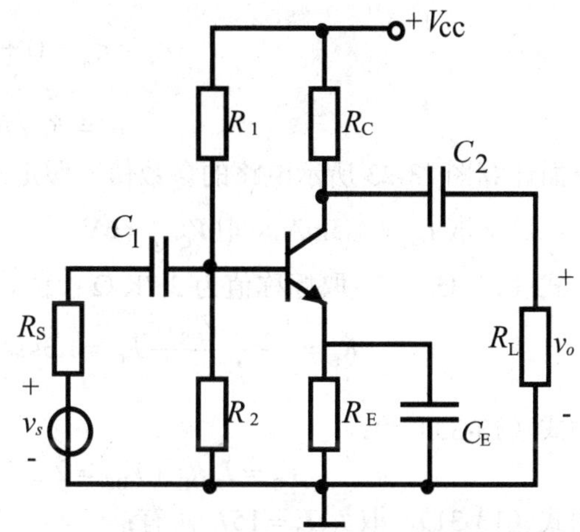

图 13-23　阻容耦合共射极放大器

采用射级偏置电路的共射放大器如图 13-23 所示。

（1）设置放大器的静态工作点并计算、确定电阻元件的参数

发射结正偏、极电结反偏是三极管构成放大电路的前提条件，因此必须首先设置好电路的直流工作状态，即静态工作点 Q。在计算出图 13-22 所示电路的下列元件参数后，电路的静态工作点就可以被确定，由模拟电子电路知识可知，基极分压射极偏置电路的稳 Q 条件为：

$$I_1, I_2 >> I_B \text{ 或 } (1+\beta)R_E >> R_B \tag{13-31}$$

工程上，将 $\beta R_E > 10R_B$ 或者 $I_1, I_2 > 10I_B$ 作为基极分压射极偏置电路的稳定偏置条件，并按此条件来选取基极偏置电阻 R_1、R_2 和射极偏置电阻 R_E 的值，估算公式分别为：

$$V_B \approx \frac{V_{CC}}{R_1 + R_2} R_2 \tag{13-32}$$

$$I_E = \frac{V_B - V_{BE}}{R_E} \tag{13-33}$$

$$V_{CE} \approx V_{CC} - \left(R_C + R_E\right) I_C \tag{13-34}$$

在设计小信号放大电路时，一般取 I_C=0.5mA～2mA，将 Q 点设置在交流负载线的中间位置是最为理想的。实际工作中，也经常取 $V_{CE}=0.5V_{CC}$，将 Q 点设置在直流负载线的中间，根据 $V_{CE} \approx V_{CC} - \left(R_C + R_E\right) I_C$ 初步确定 R_C 及电路其他参数后，再根据动态性能指标的要求，对 Q 点进行一些调整。由于共射放大器输出电阻的公式为：

$$R_o \approx R_C \tag{13-35}$$

所以 R_C 的值受到 R_o 的限制，一般 R_C 要比 R_o 稍微小一些。又根据增益公式：

$$A_v \approx \frac{-\beta\left(R_C // R_L\right)}{r_{be}} \tag{13-36}$$

R_C 还要根据电路的增益 A_v 进行调整，以满足设计的各项动态性能指标。室温（300K）时，$V_T \approx 26\text{mV}$。

$$r_{be} = r_{bb'} + (1+\beta)\frac{V_T}{I_{EQ}} \tag{13-37}$$

$$R_i = R_1 // R_2 // r_{be} \tag{13-38}$$

下面计算图 13-23 所示电路的参数值。假定三极管参数 $\beta = 100$，$r_{bb'} = 200\Omega$。根据上面的分析，这里取 $I_{CQ} = 1.5\text{mA}$，取 $V_{CEQ} = 6\text{V}$。

由式（13-35），R_C 取标称值为 2.7K Ω；由式（13-34）得：

$$R_E = \frac{V_{CC} - V_{CE}}{I_C} - R_C = 1.3\text{k}\Omega$$，R_E 取标称值为 1K Ω；

由式（13-33）得：

$$V_B = I_E R_E + V_{BE} = 2.2\text{V}$$，S_i 管 V_{BE} 取 0.7V；

由式（13-31），取 $I_1, I_2 = 15I_B$，有：

$$R_2 = \frac{V_B}{15I_C}\beta = \frac{2.2}{15 \times 1.5\text{mA}} \times 100 = 9.7\text{k}\Omega$$，R_2 取标称值 9.1K Ω

由式（13-32）有：

$$R_1 = \frac{V_{CC}R_2}{V_B} - R_2 = \frac{12 \times 9.1}{2.2} - 9.1 = 40.5\text{k}\Omega$$

为使静态工作点调整方便，R_1 可以由 27 kΩ 固定电阻与 100 kΩ 电位器 R_w 相串联而成。

上述元件参数的确定没有考虑到 A_v，R_i 指标的约束，这里须验证；若不满足指标要求，需要调整元件参数。由式（13-37）得：

$$r_{be} \approx 200 + (1+100)\frac{26\text{mV}}{1.5\text{mA}} \approx 1933(\Omega)$$

由式（13-35）得：

$$R_i \approx 1.5(\text{k}\Omega)$$

由式（13-38）得：

$$A_v \approx -\frac{100(2.7//3)}{1.9} \approx -75$$

可见 A_v，R_i 满足理论上设计要求。

（2）根据设计要求的下限频率 f_L，确定电路中的耦合电容及旁路电容的参数

工程上常用的估算式为：

$$1.15\omega_L \approx \sum_j \frac{1}{\tau_{js}} = \sum_j \frac{1}{R_{js}C_j} \tag{13-39}$$

R_{js} 表示模型中除 C_j 以外的其他电容短路，再从 C_j 端口输入戴维南等效支路的电阻。电容 C_1、C_2 及 C_E 单独存在时所对应的等效电阻求解如图 13-24 所示。

由图 13-24（a）有：

$$R_{1s} = R_s + R_1 // R_2 // r_{be} \tag{13-40}$$

由图 13-24（b）有：

$$R_{2s} = R_C + R_L \tag{13-41}$$

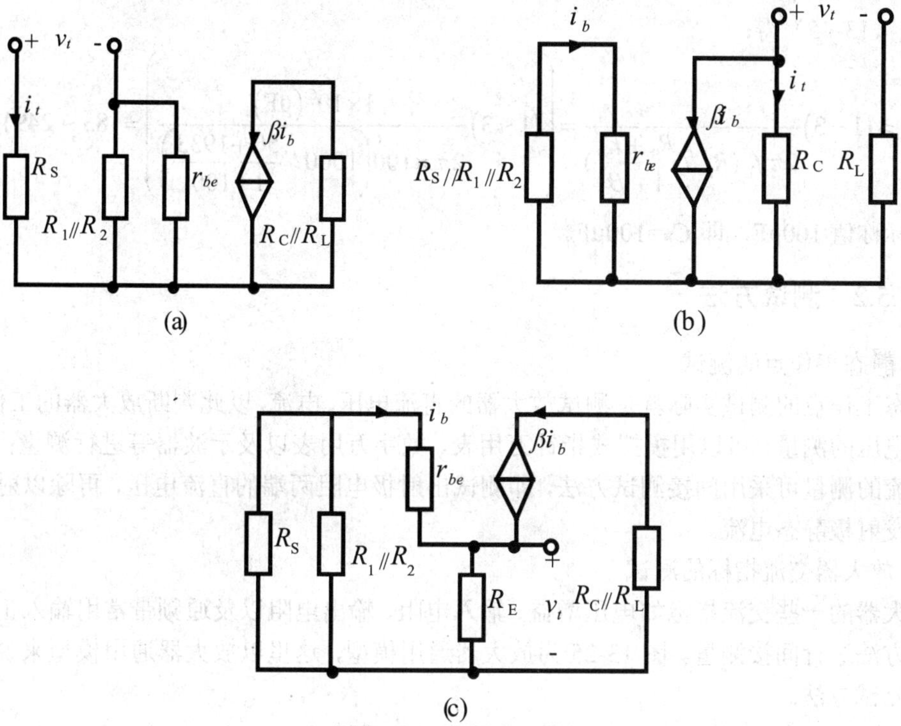

图 13-24　电容 C_1、C_2、C_E 对应的求 R_{js} 等效电路

由图 13-24（c）有：

$$R_{3s} = R_E // \frac{R_S // R_1 // R_2 + r_{be}}{1+\beta} \approx R_E // \frac{R_S + r_{be}}{1+\beta} \tag{13-42}$$

要严格计算电容 C_1、C_2 及 C_E 同时存在时对放大器低频特性 f_L 的影响，较为复杂。在工程设计中，为了简化计算，通常以每个电容单独存在时的转折频率为基本频率，再降低若干倍作为下限频率。如果放大器的下限频率 f_L 已知，则可按下列表达式估算：

$$C_1 \geqslant (3\sim10)\frac{1}{2\pi f_L\left(R_S + R_1 // R_2 // r_{be}\right)} \tag{13-43}$$

$$C_2 \geqslant (3\sim10)\frac{1}{2\pi f_L(R_C + R_L)} \tag{13-44}$$

$$C_E \geqslant (1\sim3)\frac{1}{2\pi f_L(R_E // \dfrac{R_S + r_{be}}{1+\beta})} \tag{13-45}$$

通常取 C_1=C_2，可在式（13-43）与式（13-44）中选电阻最小的一式求 C_1 或 C_2。

比较式（13-43）与式（13-44），由于 $R_S + R_1 // R_2 // r_{be} < R_C + R_L$，故由式（13-43）计算

C_1，即：

$$C_1 \geqslant (3\sim10)\frac{1}{2\pi f_L\left(R_S+R_1//R_2//r_{be}\right)}=(3\sim10)\frac{1\times10^6\left(\mu F\right)}{2\pi\times100(50+1500)}=(3.1\sim10.1)\mu F$$

取标称值 10μF，即取 $C_1=C_2=10\mu F$。

由式（13-45）得：

$$C_E \geqslant (1\sim3)\frac{1}{2\pi f_L(R_E//\frac{R_S+r_{be}}{1+\beta})}=\left((1\sim3)\frac{1\times10^6\left(\mu F\right)}{2\pi\times100\left(1000//\frac{50+1933}{1+100}\right)}\right)=(83\sim249)\mu F$$

取标称值 100μF，即 $C_E=100\mu F$。

13.5.2 测试方法

1．静态工作点的测试

静态工作点的测试实际就是测试放大器的直流电压、电流，以此判断放大器的工作状态。对直流电压的测量，可以用模拟式指针万用表、数字万用表以及示波器等进行测量；对射极直流电流的测量可采用间接测试方法，即测试出射极电阻两端的直流电压，再除以射极电阻可得到发射极静态电流。

2．放大器交流指标的测试

放大器的一些交流指标如电压增益、输入电阻、输出电阻以及通频带常用输入正弦交流信号的方法进行间接测量。图 13-25 为放大器通用模型，这里以放大器通用模型来说明这些指标的测试方法。

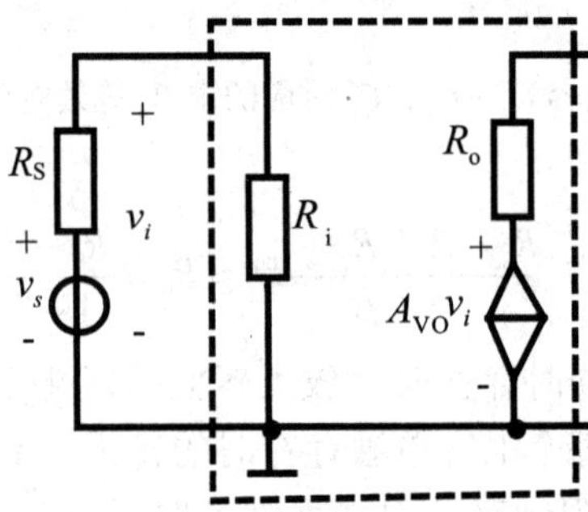

图 13-25　放大器通用模型

（1）电压增益的测试

电压增益的测试比较简单，只须用晶体管毫伏表或者示波器直接测量放大器的输入、输出电压，用 $A_v={v_o}/{v_i}$ 即可得到。

（2）输入电阻的测试

输入电阻是从放大器的输入口输入放大器的等效交流电阻，输入电阻要向信号源吸收信号功率，因此，输入电阻是在放大器输入口的信号源负载。输入电阻越大，则放大器向信号源索取的功率就小，对信号源的电压利用率就越高。

当被测电路的输入电阻不太高时，可以采用如图 13-26 所示的方法进行测量。在信号发生器与放大器的输入端之间接入一已知电阻（取样电阻）R，用交流电压表分别测出取样电阻 R 两端对地的电压 u'_s 和 u_i 的值，则可由下式计算出输入电阻 R_i 的值

$$R_{\mathrm{i}}=\frac{u_{\mathrm{i}}}{\dfrac{u_{\mathrm{s}}'-u_{\mathrm{i}}}{R}}=\frac{u_{\mathrm{i}}}{u_{\mathrm{s}}'-u_{\mathrm{i}}}R \tag{13-46}$$

注意：取样电阻 R 的选择应与 R_i 为同一数量级，过小或过大都会使测量误差增大。

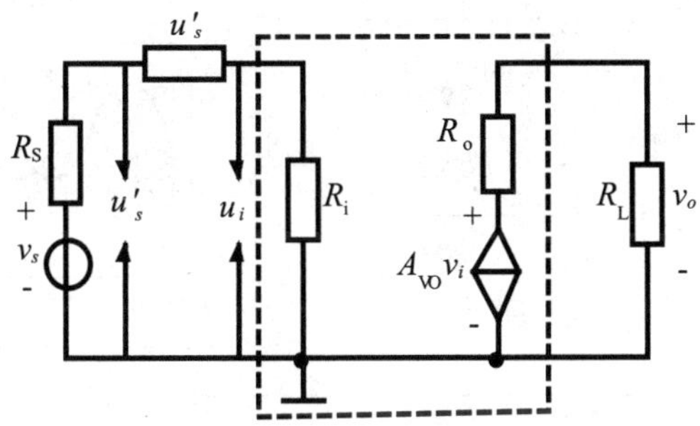

图 13-26　输入电阻的测量原理

（3）输出电阻的测量

放大器要向负载提供信号功率，因此，放大器在输出口对负载而言，等效一个新的信号源，该信号源的内阻就是输出电阻。因此，输出电阻是衡量放大器驱动负载能力大小的一个指标，输出电阻越小，则放大器驱动负载的能力就越高。

输出电阻仍然采用间接测量的“两次电压法”测量，测量原理如图 13-27 所示。根据戴维南定理，放大器的输出端可等效为一个电压源与一内阻的串联，等效电压源 u_o 即为空载（$R_L=\infty$）时的输出电压，等效内阻 R_o 即为放大器的输出电阻。因此，分别测出放大器空载（负载 R_L 断开）时的输出电压 u_o 和接入负载时的输出电压 u'_o，即可计算出输出电阻值。

$$R_{\mathrm{o}}=\frac{u_0-u_0'}{I_L}=\frac{u_0-u_0'}{\dfrac{U_0'}{R_L}}=\left(\frac{u_0}{u_0'}-1\right)R_L \tag{13-47}$$

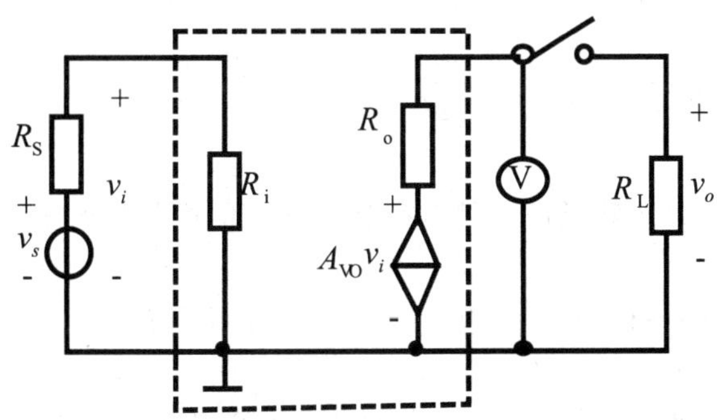

图 13-27　输出电阻测量原理

（4）通频带的测量

由通频带的定义可知，测量放大器的通频带，只须测试其低端截止频率 f_L 和高频截止

频率 f_H 即可。根据 f_H 与 f_L 的定义，测试 f_H、f_L 时，保持输入信号大小不变，改变输入信号的频率，测量输出电压为中频的 0.707 倍时所对应的频率即为截止频率。在测试过程中通常用毫伏表或示波器监测输入信号，并保持输入信号不变，如果改变频率后输入信号有所变化，必须调节信号发生器使输入信号维持原来的大小。

输出电压的测试可以采用晶体管毫伏表直接读数，也可以采用示波器，通过观察示波器输入、输出波形来测试。示波器波形测试如图 13-28 所示。

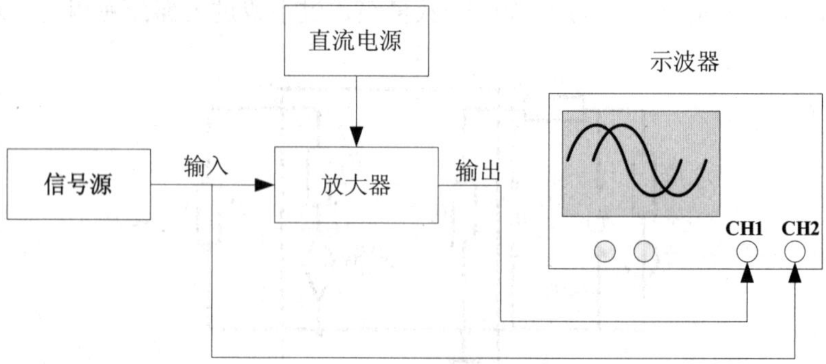

图 13-28　示波器波形测试示意图

13.6　音频功放设计

13.6.1 设计任务与要求

采用分离元件设计一音频功放，要求达到以下技术指标：

①话筒输入：驻极体话筒（约 5mV）；

②额定输出功率：P_o≥0.5W；

③负载阻抗：R_L=8Ω（扬声器）；

④上、下限频率：f_L≤20Hz，f_H≥20kHz；

⑤用 MIC 输入声音，听音应无明显失真。

13.6.2 简单解析

1．设计框图

本课题要求采用分离元件设计一种具有话筒输入的简易扩音机，设计的整体方案如图 13-29 所示。

电压放大单元电路将 MIC 的输出信号（约 5mV）进行放大，为功率放大器提供足够大的激励信号，可采用 BJT 的共射放大器实现。

功率放大单元电路将电压放大的输出信号进行功率放大，为扬声器发声提供足够的输出功率。当负载一定时，希望输出的功率尽可能大，输出信号的非线性失真尽可能小，效率尽可能高。可以采用常见的单电源供电的 OTL 电路或正、负双电源供电的 OCL 电路。

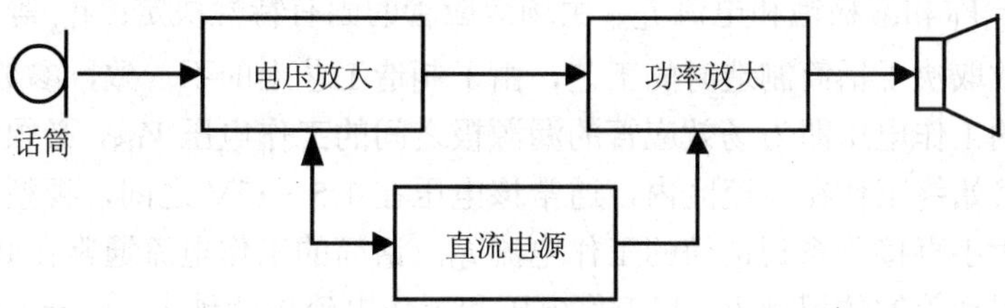

图 13-29 设计框图

直流电源部分是为电压放大器和功率放大器提供所需的直流偏置电压。如果扩音机输出功率较大，一般采用结构相对复杂的分立式直流稳压电源，并采用多个电源调整管并联的电路形式；而此处的扩音机输出功率较小，可以采用结构相对简单三端集成稳压电路，即采用二极管构成的桥式整流电路、电容滤波电路以及三端稳压集成器来实现。

2．话筒输入电路设计

驻极体话筒以其体积小、结构简单、电声性能好等特点广泛应用于录音机、电话机、对讲机、扩音机等电路中。本设计可以采用两端输出方式的驻极体话筒，封装结构如图 13-30 所示。二端式输出方式是将场效应管接成漏极输出电路，类似晶体管三极管的共发射极放大电路只需两根引出线，其内部电路原理如图 13-30 所示。

图 13-30 驻极体话筒常用封装

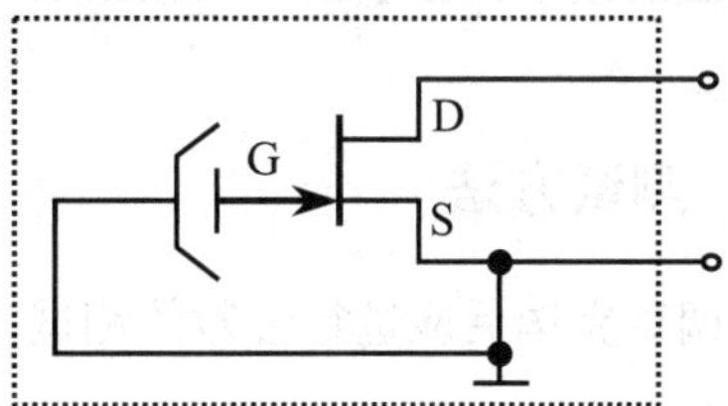

图 13-31 驻极体话筒内部结构原理

由图 13-31 可知，驻极体话筒必须满足一定的偏置条件才能正常工作，实际上就是保证内置场效应管始终处于放大状态，即漏极与电源正极间必须接一漏极电阻。这样，信号由漏极输出就有一定的电压增益，因而话筒灵敏度比较高，但电路动态范围略小。目前市售的驻极体话筒大多是这种方式连接，其话筒连接电路如图 13-32 所示。

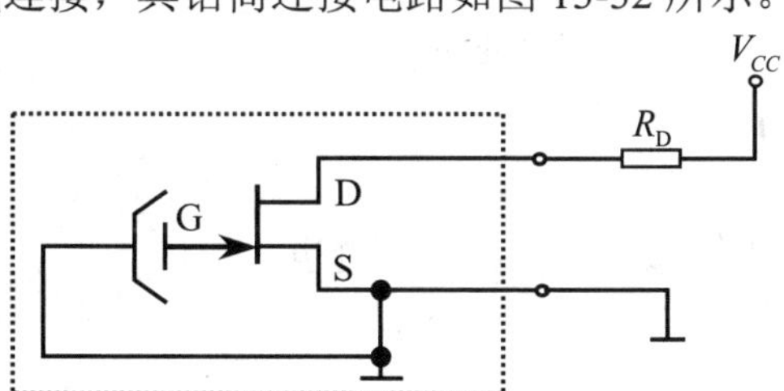

图 13-32 驻极体话筒连接电路

由场效应管的转移特性可知，通过场效应管的电流为:

$$i_D = I_{DSS}(1-\frac{v_{GS}}{V_P})^2 \tag{13-48}$$

式中，夹断电压 V_P 和漏极饱和电流 I_{DSS} 由场效应管的固有特性决定；v_{GS} 等于驻头电容两端电压。这些参数取决于话筒制造时的工艺，由于制造工艺上的不一致，参数离散性较大。

话筒两端的工作电压即为场效应管的漏源极之间的工作电压 V_{DS}，必须保证该电压的大小能使场效应管始终工作在恒流区内，通常该电压在 1.5～12V 之间，视型号不同而定。漏极饱和电流的大小直接关系到话筒的工作电流 i_D，话筒的工作电流通常在 0.1～1mA 之间。实际使用中发现话筒的体积越小，其工作电压和工作电流也就越小，这一点可作为选用话筒时的一个参考。

场效应管的电路状态取决于负载电阻 R_D 和电源电压 V_{CC} 的大小。因此电阻 R_D 的取值是至关重要的。R_D 的大小可由下式算得：

$$R_D = \frac{V_{CC} - V_{DS}}{I_D} \tag{13-49}$$

V_{DS} 必须大于话筒的工作电压，小于最大工作电压。V_{DS} 太小时将影响话筒的动态范围，一般应取电源电压的一半较为合适。I_D 为话筒的工作电流，可依不同型号的话筒而定。R_D 不仅是场效应管的负载电阻，在电路中与后续放大电路输入电阻并联后共同构成话筒的负载电阻 R_L，应保证 R_L 的阻值要始终大于话筒输出阻抗的 3～5 倍才能使话筒处于良好的匹配状态。R_L 阻值过小常常会引起放大电路输入阻抗降低，从而破坏了前后级之间的阻抗匹配，降低了放大器的效率。由于话筒的输出阻抗在 2KΩ左右，因此 R_L 至少要在 10KΩ以上才能满足要求。

13.6.3 测试方法

扩音机调试完毕后应进行参数的测试，衡量其是否合格。本节主要描述功放几个主要指标的测试方法。

1．最大不失真输出功率的测试

用信号发生器输出频率为 1kHz、峰峰值为 10mV 的正弦信号，送到扩音机电路的输入端，用大功率的负载电阻代替扬声器。加大输入信号幅度，直到示波器观察到的输出波形即将出现但还未出现削波失真，此时对应的输出电压为最大不失真输出电压，再利用 $P_O = V_O^2 / R_L$ 即可得到最大输出功率。测试框图如图 13-33 所示。

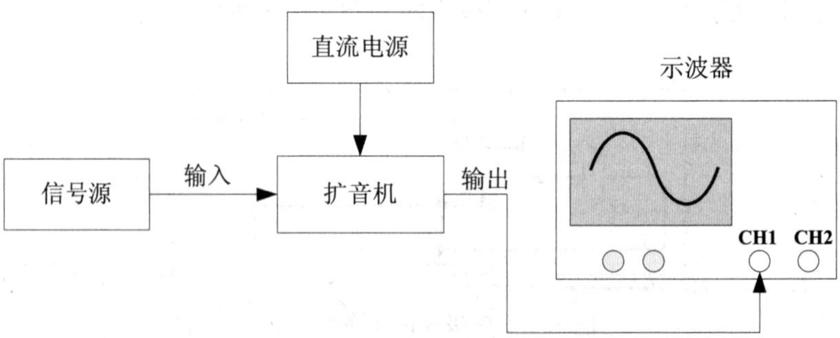

图 13-33　最大不失真输出功率测试框图

2．效率的测试

在测试最大输出功率的基础上，测试此时电源电压提供的电流 I_{CC}（可用直流稳压电源的电流表直接读数），对于双电源供电的 OCL 电路，利用 $P_{CC}=2V_{CC}I_{CC}$ 计算出直流电源提供的功率；对于单电源供电的 OTL 电路，利用 $P_{CC}=V_{CC}I_{CC}$ 计算出直流电源提供的功率；最后再利用公式（13-50）可计算出最大效率。

$$\eta = {}^{P_O}\!/_{P_{CC}} \tag{13-50}$$

3．听音实验

对准 MIC 说话或将声音信号送入扩音机电路，试听喇叭发音情况，应无明显失真。

练　习　题

1．基本题

采用分离元件设计一扩音装置，要求达到以下技术指标：

①话筒输入约 10mV；

②额定输出功率：$P_o \geqslant 1W$；

③负载阻抗：$R_L=8\,\Omega$（扬声器）；

④上、下限频率：$f_L \leqslant 60Hz$，$f_H \geqslant 10kHz$。

2．提高题

满足基本要求的条件下，设计具有音调控制功能的音调控制电路，在 1kHz 时为 0dB；在 100Hz 和 10kHz 处有±12dB 的调节范围（可以采用集成电路）。

【参考文献】

[1] 童诗白，华成英. 模拟电子技术基础. 北京：高等教育出版社，2009

[2] 陈先荣. 电子技术基础实验. 北京：国防工业出版社，2006

第 14 章 滤波器设计

在实际电子系统中，往往包含有一些不需要的信号成分，应设法将这些不需要的信号成分衰减到足够小的程度，或者把有用的信号挑选出来，常用的方法是使用滤波器对信号进行滤波。滤波器是对信号的频率具有选择性的设备，其功能是使特定频率范围内的信号顺利通过，而阻止其他频率的信号通过。

14.1 滤波器的基础知识

14.1.1 滤波器的种类

按照允许通过的信号频率范围，滤波器分为低通滤波器（Low Pass Filter，LPF）、高通滤波器（High Pass Filter，HPF）、带通滤波器（Band Pass Filter，BPF）及带阻滤波器（Band Elimination Filter，BEF）。

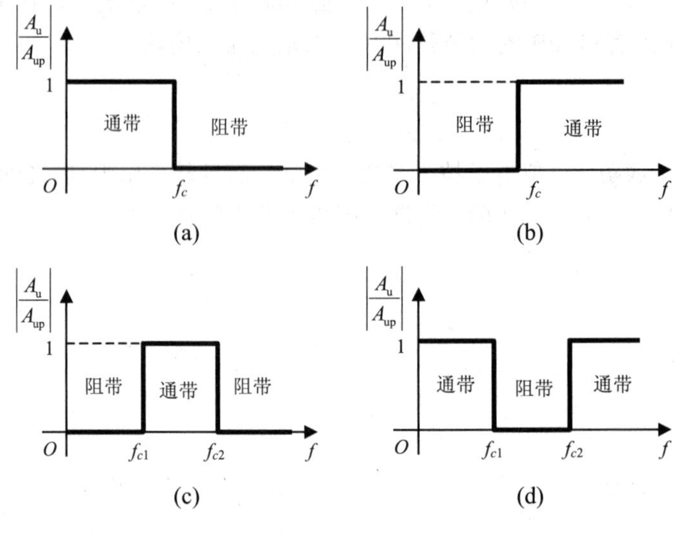

（a）LPF 的幅频特性 （b）HPF 的幅频特性

（c）BPF 的幅频特性 （d）BEF 的幅频特性

图 14-1 理想滤波电路的幅频特性

阻止高频段信号，允许低频段信号通过的滤波器称为低通滤波器；反之，阻止低频段信号，允许高频段信号通过的滤波器称为高通滤波器。低通滤波器可以用于去除信号中的高频噪声，或者作为直流电源整流后的滤波电路，以便得到平滑的直流电压；高通滤波器可以隔离信号的直流成分，或削弱系统中的低频干扰。

设 $f_{c1} < f_{c2}$，允许频率在 f_{c1} 到 f_{c2} 之间的信号通过，而阻止频率低于 f_{c1} 或高于 f_{c2} 的信号通过的滤波器称为带通滤波器；反之，阻止频率在 f_{c1} 到 f_{c2} 之间信号，而允许频率低于 f_{c1} 或高于 f_{c2} 的信号通过的滤波器称为带阻滤波器，阻止一个狭窄频率范围信号通过的特殊带阻滤波器称为陷波滤波器。带通滤波器常用于载波通信或弱信号提取等场合，以提高信噪比；带阻滤波器用于在已知干扰或噪声的频率的情况下，阻止其通过。

滤波器允许信号通过的频段称为通带，而阻止信号通过的频段称为阻带。在通频带内滤波器的电压放大倍数，称为通带增益。性能良好的滤波器其幅频特性在通带内的增益应基本保持不变，而阻带内的电压放大倍数应接近于零。理想的滤波器幅频特性如图 14-1 所示。

也有些滤波器不是为了阻止任何频率通过，而是为了在不同频率稍微调整幅度响应。预加重滤波器、音调控制或者均衡器等等都是这些滤波器的例子。

按信号处理的方式分类，滤波器的实现可分为两种：1）滤波器电路实现：以电子元件构成滤波器电路，输入信号经过该滤波器电路后，无用成分被滤除或得到部分抑制，在电路的输出端获得去除无用成分后的有用信号；滤波器电路也称为模拟滤波器。2）数字滤波器实现：将输入信号进行采样获得离散信号，利用一定的滤波算法，编制滤波程序，对信号进行滤波运算，无用的成分在滤波运算中被滤除或得到部分抑制，从而得到有用信号成分的离散信号；若需要，还可以进一步将滤波后的离散信号恢复成为模拟信号。

按滤波器的逼近函数分类，滤波器可分为：贝塞尔滤波器、巴特沃兹滤波器、切比雪夫滤波器和椭圆函数滤波器等。

按构成滤波器的元件分类，滤波器可分为：有源滤波器、无源滤波器、陶瓷滤波器、晶体滤波器、机械滤波器、开关电容滤波器、锁相环滤波器等。

若滤波电路仅由无源元件（电阻、电容、电感）组成，则称为无源滤波电路。若滤波电路不仅由无源元件，还由有源元件（双极型管、单极型管、集成运放）组成，则称为有源滤波电路。本章仅对无源和有源的模拟滤波电路做简单的介绍。

14.1.2　滤波器的幅频特性

图 14-1 所示的理想滤波器在通带内增益为常数，阻带内信号被衰减到零，通带与阻带之间没有过渡。这种理想的滤波器是不可能物理实现的。

以低通滤波器为例，实际的幅频特性可能如图 14-2 所示。

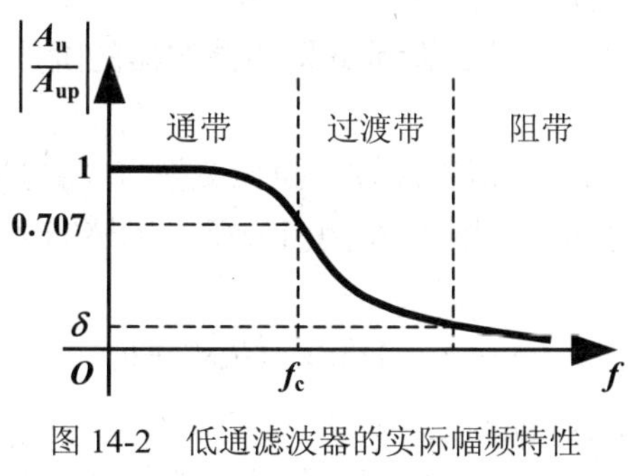

图 14-2　低通滤波器的实际幅频特性

频率等于零时，LPF 输出电压与输入电压之比即为其通带增益 A_{up}，随着信号频率 f 增加，LPF 对信号的衰减将加大，其增益 A_u 的幅值会趋近于零。使增益幅值为通带增益幅值的 0.707 倍时，对应的频率称为通带截止频率 f_c，频率小于通带截止频率的频带为通带，使增益幅值趋近于零、衰减达到要求的频带为阻带，通带与阻带之间的频带称为过渡带。

事实上，任何实际滤波器的幅频特性在通带和阻带之间必然存在着过渡带。过渡带愈窄，电路的选择性愈好，滤波特性愈理想。

工程上，滤波器的频率响应通常用波特图表示。例如，一阶低通滤波器的归一化幅频特性的波特图如图 14-3 所示，其在截止频率以下的幅度是一条水平线，在截止频率以上则是一条斜线，斜率为频率增加一倍时信号强度将减弱一半（大约-6dB），两者的边界处还有一个称为“膝弯”的转折在两条直线区域之间平缓转换。

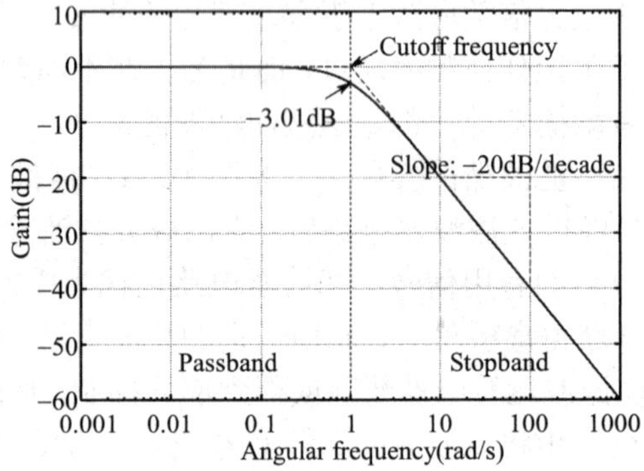

图 14-3　一阶低通滤波器幅频特性的波特图

分析滤波电路，就是求解电路的频率特性。对于 LPF、HPF、BPF 和 BEF，就是求解出通带增益、截止频率、过渡带斜率和阻带衰减量。

反之，设计滤波器，就是根据期望的频率特性找出符合要求的电路。对于 LPF、HPF、BPF 和 BEF，就是根据期望的通带增益、截止频率、过渡带斜率和阻带衰减量找出其实现电路。

14.1.3　滤波电路的传递函数

实现滤波器的电路一般是由电阻、电容、电感以及有源元件（运算放大器）等构成的线性时不变电路，其输入和输出之间的关系可以用常系数线性微分方程表达。即

$$a_n \frac{d^n y}{dt^n} + a_{n-1} \frac{d^{n-1} y}{dt^{n-1}} + \cdots + a_0 y = b_m \frac{d^m w}{dt^m} + b_{m-1} \frac{d^{m-1} w}{dt^{m-1}} + \cdots + b_0 w \qquad (14\text{-}1)$$

式中 y 表示输出，w 表示输入。方程的阶数 n 即为滤波器的阶数，阶数愈高，滤波器的过渡带将愈窄。

在分析和设计滤波电路时，一般都通过“拉氏变换”，将电压与电流变换成“象函数” $U(s)$和 $I(s)$，因而电阻的 $R(s)=R$，电容的 $Z_C(s)=1/(sC)$，电感的 $Z_L(s)=sL$；在变换域，输出量与输入量之间的关系则为

$$\left(a_n s^n + a_{n-1} s^{n-1} + \cdots + a_0\right) Y(s) = \left(b_m s^m + b_{m-1} s^{m-1} + \cdots + b_0\right) W(s) \qquad (14\text{-}2)$$

输出量与输入量之比称为传递函数，即

$$H(s) = \frac{Y(s)}{W(s)} = \frac{b_m s^m + b_{m-1} s^{m-1} + \cdots + b_0}{a_n s^n + a_{n-1} s^{n-1} + \cdots + a_0} \qquad (14\text{-}3)$$

如果滤波器的输入量与输出量都是电压，则其传递函数为

$$A_u(s)=\frac{U_o(s)}{U_i(s)} \tag{14-4}$$

将传递函数中的 s 换成 $j\omega$，便可得到滤波器的频率特性。设计滤波器的过程是：先采用某种逼近函数获得期望的频率特性，然后用某种拓扑结构的电路来实现该逼近函数。

14.2　无源 RC 滤波电路

无源滤波电路是仅由无源元件（电阻、电容、电感）组成的滤波电路，常见的无源滤波电路有 RC 滤波器和 LC 滤波器。在低频应用中，由于 LC 滤波器过于笨重，所以很少采用。无源 RC 滤波电路因其结构简单，使用方便，可以用于对信号处理要求不高的场合。

14.2.1　RC 低通滤波器

图 14-4 所示为一阶 RC 低通滤波器，当信号频率 f 趋于零时，电容的容抗趋于无穷大，故通带增益 $A_{up}=1$；f 增加时，电容的容抗减小，增益的幅值 $|A_u|$ 下降；f 趋于无穷大时，增益的幅值 $|A_u|$ 趋于 0。

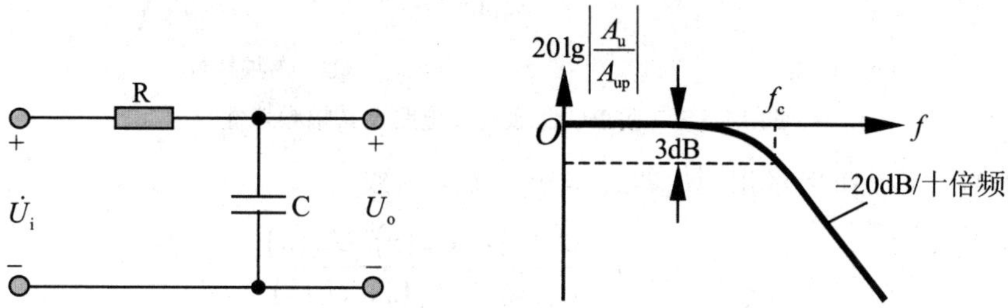

（a）电路　　（b）幅频特性

图 14-4　一阶 RC 低通滤波器及其幅频特性

频率 f 从零到无穷大时，电路的增益

$$A_u=\frac{\dot{U}_o}{\dot{U}_i}=\frac{\frac{1}{j\omega C}}{R+\frac{1}{j\omega C}}=\frac{1}{1+j\omega RC}$$

令 $\omega_0=2\pi f_0=\frac{1}{\tau}=\frac{1}{RC}$，有

$$A_u=\frac{1}{1+\frac{j\omega}{\omega_0}}=\frac{1}{1+j\frac{f}{f_0}}=A_{up}\cdot\frac{1}{1+j\frac{f}{f_0}} \tag{14-5}$$

其模为

$$|A_u|=\frac{|A_{up}|}{\sqrt{1+\left(\frac{f}{f_0}\right)^2}} \tag{14-6}$$

令上式的分母等于 $\sqrt{2}$，可解得通带截止频率

$$f_c = f_0 \tag{14-7}$$

电路的幅频特性如图 14-4（b）所示。当 $f=0$ 时，有 $A_u = A_{up} = 1$，当 $f = f_c$ 时，有 $|A_u| = \frac{|A_{up}|}{\sqrt{2}} \approx 0.707|A_{up}|$，当 $f >> f_c$ 时，有 $|A_u| \approx \frac{f_c}{f}|A_{up}|$，频率每升高 10 倍，$|A_u|$ 下降 10 倍，即过渡带的斜率为−20dB/十倍频。

一阶电路的过渡带较宽，幅频特性的最大衰减斜率仅为−20dB/十倍频。增加 RC 环节，可加大衰减斜率。

图 14-5 所示为二阶 RC 低通滤波电路。

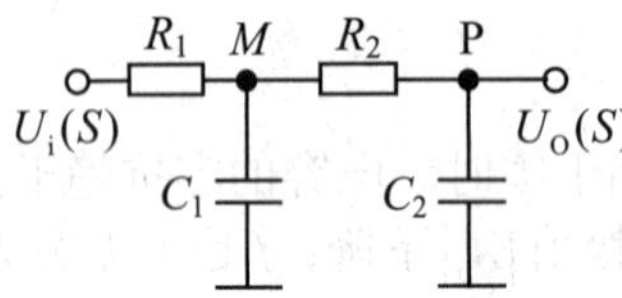

（a）电路

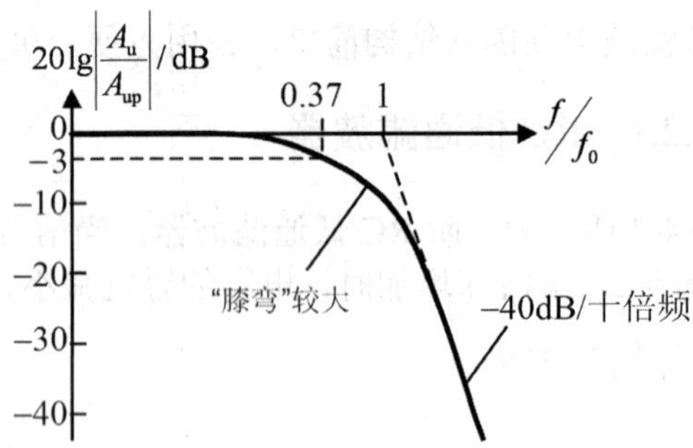

（b）幅频特性

图 14-5　二阶 RC 低通滤波电路及其幅频特性

其通带增益与一阶电路相同，即 $A_{up} = 1$。传递函数

$$A_u(s) = \frac{U_o(s)}{U_i(s)} = \frac{U_P(s)}{U_M(s)} \cdot \frac{U_M(s)}{U_i(s)} \tag{14-8}$$

其中

$$\frac{U_P(s)}{U_M(s)} = \frac{1}{1+sR_2C_2} \quad 以及 \quad \frac{U_M(s)}{U_i(s)} = \frac{\frac{1}{sC_1} // (R_2 + \frac{1}{sC_2})}{R_1 + \left[\frac{1}{sC_1} // (R_2 + \frac{1}{sC_2})\right]}$$

当 $R_1 = R_2 = R$ 且 $C_1 = C_2 = C$ 时，整理可得

$$A_u(s) = \frac{U_o(s)}{U_i(s)} = \frac{1}{1 + 3sCR + (sCR)^2} \tag{14-9}$$

把 s 换成 $j\omega$，且令 $f_0 = \frac{1}{2\pi RC}$，得出增益的表达式为

$$A_u = \frac{1}{1 + j3\frac{f}{f_0} - \left(\frac{f}{f_0}\right)^2} \tag{14-10}$$

令上式分母的模等于 $\sqrt{2}$，可解出通带截止频率

$$f_c \approx 0.37 f_0 \tag{14-11}$$

幅频特性如图 14-5（b）所示。虽然衰减斜率达−40dB/十倍频，但是 f_c 远离 f_0，且其"膝

弯”较大。

14.2.2 RC 高通滤波电路

图 14-6 为一阶 RC 高通滤波电路。

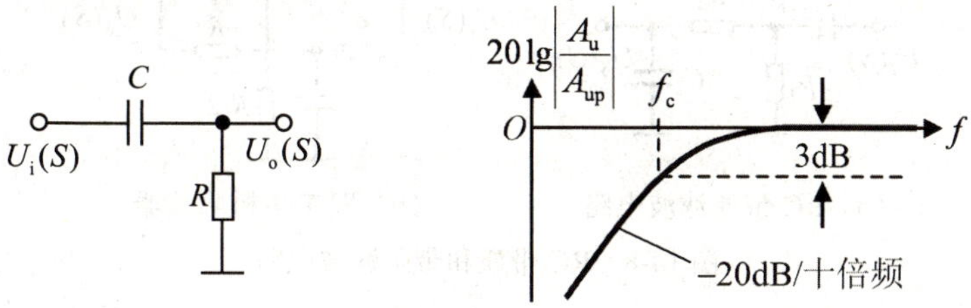

图 14-6 一阶 RC 高通滤波器及其幅频特性

当信号频率趋于无穷大时，电容的容抗趋于零，故通带增益 $A_{up}=1$，传递函数

$$A_u(s)=\frac{U_o(s)}{U_i(s)}=\frac{R}{\frac{1}{sC}+R}=\frac{sRC}{1+sRC} \tag{14-12}$$

把 s 换成 $j\omega$，且令 $\omega_0=2\pi f_0=\frac{1}{RC}$，得出电压放大倍数的表达式为

$$A_u=\frac{j\omega RC}{1+j\omega RC}=\frac{j\frac{\omega}{\omega_0}}{1+j\frac{\omega}{\omega_0}}=\frac{j\frac{f}{f_0}}{1+j\frac{f}{f_0}}=A_{up}\cdot\frac{j\frac{f}{f_0}}{1+j\frac{f}{f_0}} \tag{14-13}$$

其模为

$$|A_u|=|A_{up}|\cdot\frac{\frac{f}{f_0}}{\sqrt{1+\left(\frac{f}{f_0}\right)^2}} \tag{14-14}$$

令上式的分母等于 $\sqrt{2}$，可知通带截止频率

$$f_c=f_0 \tag{14-15}$$

电路的幅频持性如图 14-6（b）所示。当 $f=f_c$ 时，有 $|A_u|\approx 0.707|A_{up}|$，当 $f<<f_c$ 时，有 $|A_u|\approx\frac{f}{f_0}|A_{up}|$，频率每下降 10 倍，$|A_u|$ 下降 10 倍，即过渡带的斜率为−20dB/十倍频。

图 14-7 为二阶 RC 高通滤波电路，通带增益 $A_{up}=1$，若令 $f_0=\frac{1}{2\pi RC}$，则其通带截止频率 $f_c\approx 2.7f_0$，虽然过渡带的斜率为−40dB/十倍频，但其幅频特性在 $f=f_0$ 附近的“膝弯”较大。

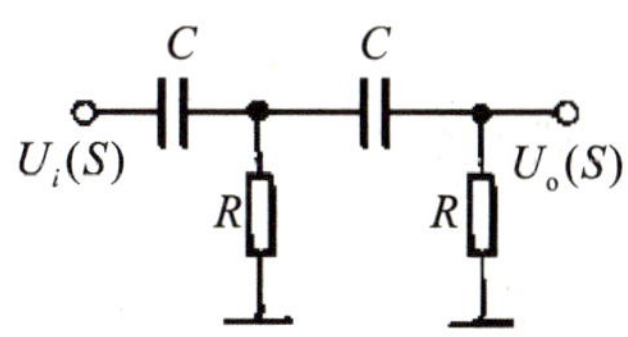

图 14-7 二阶 RC 高通滤波器

14.2.3 RC 带通和带阻滤波电路

图 14-8（a）为 RC 带通滤波电路，可以看作为低通滤波器和高通滤波器的串联。

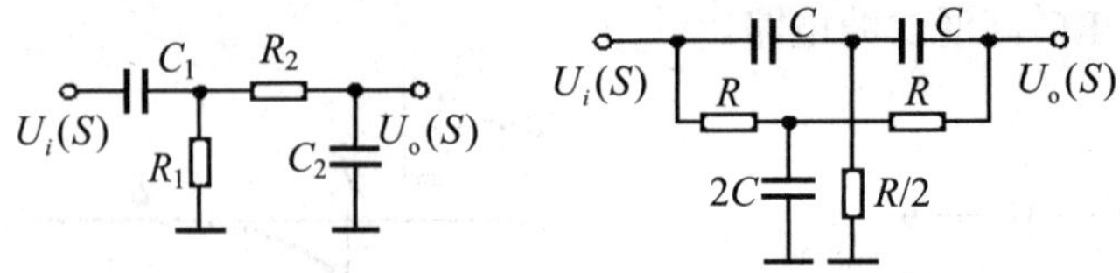

（a）RC 带通滤波电路　　（b）双 T 电桥陷波器

图 14-8　RC 带通和带阻滤波电路

图 14-8（b）为 RC 带阻滤波电路，是利用低通滤波器和高通滤波器并联构成的，由于低通和高通的电路均由三个元件构成英文字母 T，故称之为双 T 网络。

无源 RC 滤波电路的结构简单，易于使用，但滤波效果较差，因而不适用于信号处理要求高的场合。

14.3 有源滤波电路

无源 RC 滤波器虽然可以通过增加 RC 环节使过渡带的衰减速度加大，但转折处的“膝弯”也会随之增大，所以滤波效果差；LC 电路的滤波效果虽然较好但低频应用时品质因数低且太笨重；另外，无源滤波电路的通带增益及截止频率都随负载而变化。这些缺点常常不符合信号处理的要求。因而产生有源滤波电路。有源滤波电路一般由 RC 网络和集成运放组成，因而必须在合适的直流电源供电的情况下才能起滤波作用，同时还可以进行放大。组成电路时应选用带宽合适的集成运放。有源滤波电路不适于高电压大电流的负载，只适用于信号处理。有源滤波电路因其具有体积小，效率高，频率特性好等优点，在很多应用场合，无源滤波器都被有源滤波器取代。

14.3.1 有源低通滤波电路

一、一阶有源低通滤波电路

图 14-9（a）所示为同相输入的一阶有源低通滤波电路，由一阶无源 RC 低通滤波器加上同相比例放大器组成。其通带增益

$$A_{up}=1+\frac{R_2}{R_1} \tag{14-16}$$

截止频率

$$f_c=\frac{1}{2\pi RC} \tag{14-17}$$

图 14-9（b）所示为反相输入的一阶有源低通滤波电路。其通带增益

$$A_{up}=-\frac{R_2}{R_1} \tag{14-18}$$

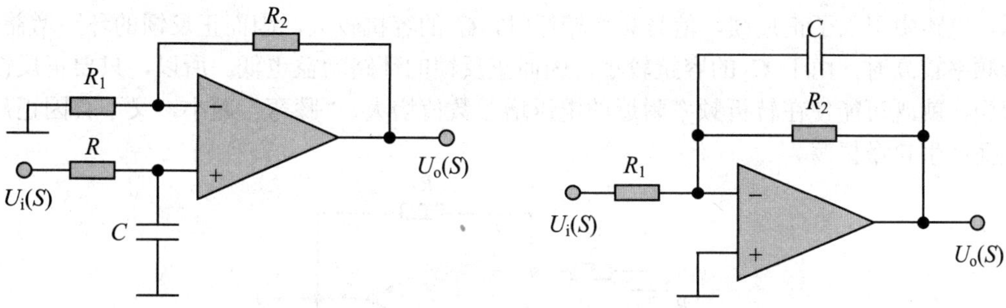

（a）同相输入电路　　　　（b）反相输入电路

图 14-9　一阶有源低通滤波器

截止频率

$$f_c = \frac{1}{2\pi R_2 C} \tag{14-19}$$

一阶有源滤波电路的频率特性与无源电路相同，其衰减斜率都是–20dB/十倍频，但重要的是，由于使用了运算放大器，有源滤波电路的通带增益及截止频率不再随负载而变化。

二、二阶有源低通滤波电路

在一阶电路的基础上增加 RC 环节可以构成图 14-10 所示的简单二阶低通滤波电路。

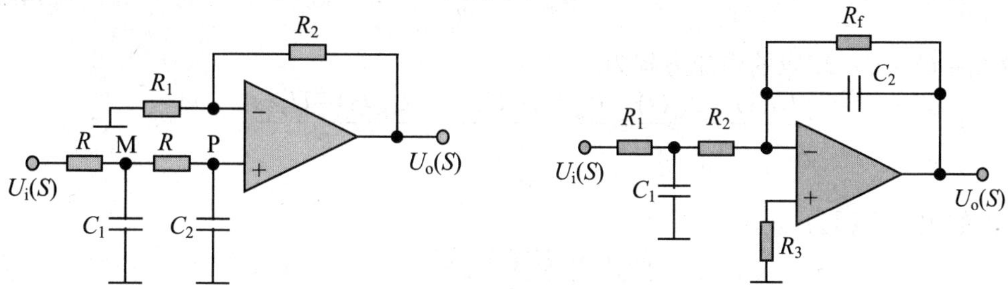

（a）同相输入　　　　（b）反相输入

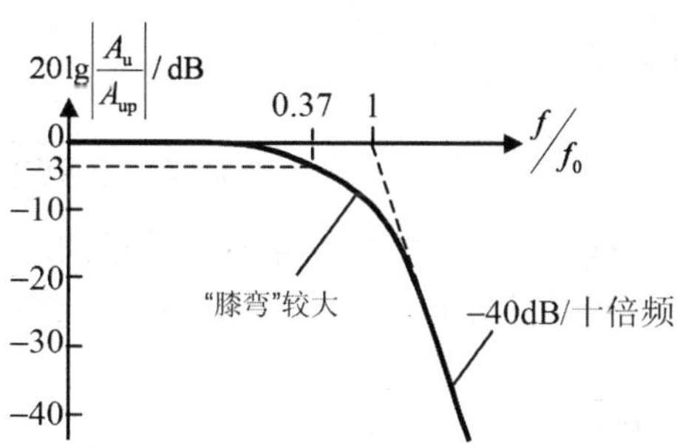

（c）幅频特性

图 14-10　简单二阶有源低通滤波电路

由于增加了 RC 环节，滤波器的过渡带变窄，衰减斜率加大。虽然简单二阶低通滤波电路的衰减斜率达-40dB/十倍频，但这种电路在转折处的"膝弯"较大，滤波效果不好。若适当地引人正反馈，或采用多路反馈，则可使"膝弯"减小，滤波特性更加理想。

1．压控电压源二阶低通滤波电路

对于图 14-10（a）所示电路，将其中 C_1 的接地端改接到集成运放的输出端，如图 14-11

所示。电路中引入了正反馈。信号频率较低时，C_1的容抗较大，因而正反馈的环路增益低；信号频率较高时，由于C_2的容抗较小，因而正反馈的环路增益也低。所以，只要正反馈引入得当，就既可能使在转折频率附近的电压增益数值增大、“膝弯”减小，又不会因正反馈过强而产生自激振荡。

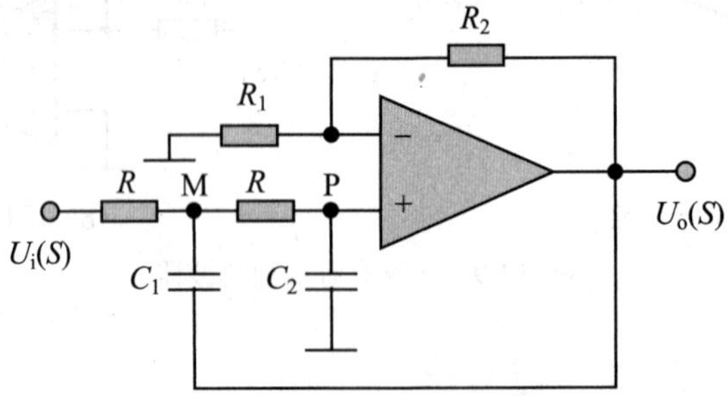

图 14-11　压控电压源二阶低通滤波电路

因为集成运放和R_1、R_2组成了受控电压源，使 RC 网络输出端 P 点的电位控制了反馈到C_1下端的电位，故这种电路称为压控电压源滤波电路，也称为 Sallen-Key 电路。

电路的通带增益

$$A_{up}=1+\frac{R_2}{R_1} \tag{14-20}$$

设$C_1=C_2=C$，M点的电流方程为

$$\frac{U_i(s)-U_M(s)}{R}=\frac{U_M(s)-U_o(s)}{\frac{1}{sC}}+\frac{U_M(s)-U_P(s)}{R}$$

P点的电流方程为

$$\frac{U_M(s)-U_P(s)}{R}=\frac{U_P(s)}{\frac{1}{sC}}$$

上两式联立，解出传递函数

$$A_u(s)=A_{up}\cdot\frac{1}{1+(3-A_{up})sRC+(sRC)^2} \tag{14-21}$$

在 RC 环节中的两个电阻都等于R，两个电容都等于C的时，只有当A_{up}小于 3 时，即分母中的一次项系数大于零，电路才能稳定工作，而不产生自激振荡。

若令$Q=\frac{1}{3-A_{up}}$，$\omega_0=\frac{1}{RC}$，并令$s_L=\frac{s}{\omega_0}$，则

$$A_u(s_L)=A_{up}\cdot\frac{1}{s_L^2+\frac{1}{Q}s_L+1}\quad 或\quad A_u(s)=A_{up}\cdot\frac{\omega_0^2}{s^2+\frac{\omega_0}{Q}s+\omega_0^2} \tag{14-22}$$

若令$s=j\omega$，$f_0=\frac{\omega_0}{2\pi}=\frac{1}{2\pi RC}$，则电路的增益为

$$A_u = A_{up} \cdot \frac{\omega_0^2}{(j\omega)^2 + \frac{1}{Q}(j\omega) + \omega_0^2} = A_{up} \cdot \frac{1}{\left(j\frac{f}{f_0}\right)^2 + \frac{1}{Q}\left(j\frac{f}{f_0}\right) + 1} \tag{14-23}$$

ω_0 称为特征角频率，f_0 称为特征频率。当 $f = f_0$ 时，$|A_u| = |QA_{up}|$。Q 称为品质因数，其物理意义是 $f = f_0$ 时的电压放大倍数与通带放大倍数之比，Q 值的大小影响着转折处“膝弯”的形状。图 14-12 所示为 Q 值不同时电路的幅频特性，当 $f \gg f_0$ 时，曲线按–40dB/十倍频下降。

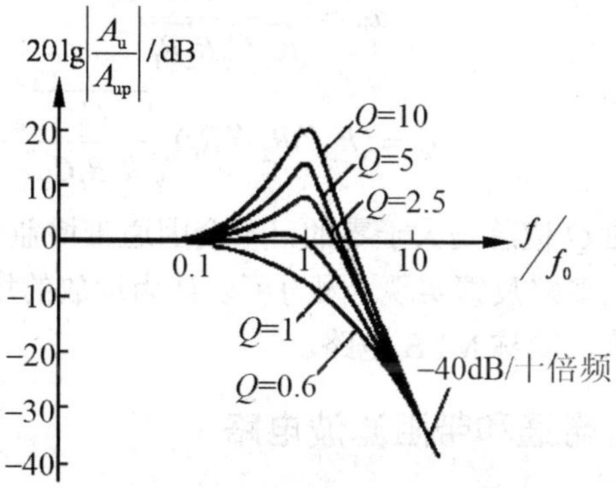

图 14-12 二阶低通滤波器的幅频特性

2．无限增益多路反馈二阶低通滤波电路

对于图 14-10（b）所示电路，为了改善转折处附近的频率特性，可以采用多路反馈的方法，即改变图中 R_f 的连接，如图 14-13 所示。

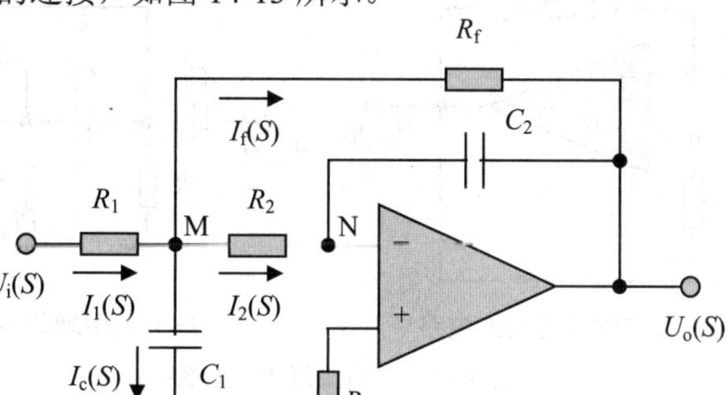

图 14-13 无限增益多路反馈二阶低通滤波器

当 f=0 时，C_1 和 C_2 均开路，故通带增益

$$A_{up} = -\frac{R_f}{R_1} \tag{14-24}$$

M 点的电流方程为

$$I_1(s) = I_f(s) + I_2(s) + I_C(s)$$

即 $$\frac{U_i(s) - U_M(s)}{R_1} = \frac{U_M(s) - U_o(s)}{R_f} + \frac{U_M(s)}{R_2} + U_M(s)sC_1$$

其中 $U_o(s)=-\dfrac{U_M(s)}{sR_2C_2}$

两式联立，可解出传递函数

$$A_u(s)=\frac{A_{up}}{s^2C_1C_2R_2R_f+sC_2R_2R_f\left(\dfrac{1}{R_1}+\dfrac{1}{R_2}+\dfrac{1}{R_f}\right)+1}=A_{up}\cdot\frac{\omega_0^2}{s^2+\dfrac{\omega_0}{Q}s+\omega_0^2} \tag{14-25}$$

其中

$$\omega_0=\frac{1}{\sqrt{C_1C_2R_2R_f}} \tag{14-26}$$

$$Q=(R_1/\!/R_2/\!/R_f)\sqrt{\frac{C_1}{R_2R_fC_2}} \tag{14-27}$$

可以看出，该滤波器的 Q 值总是大于零的，不会因通带增益数值过大而产生自激振荡。这种滤波器电路由运放加上多路反馈实现，因为可以认为运放的增益为无穷，故称该电路为无限增益多路反馈滤波电路，简称 MFB 电路。

14.3.2　有源高通、带通和带阻滤波电路

一、有源高通滤波电路

高通滤波电路与低通滤波电路具有对偶性。如果将前述低通电路中滤波环节的电容替换成电阻，电阻替换成电容，就可以得到相应的一阶和二阶高通滤波器。

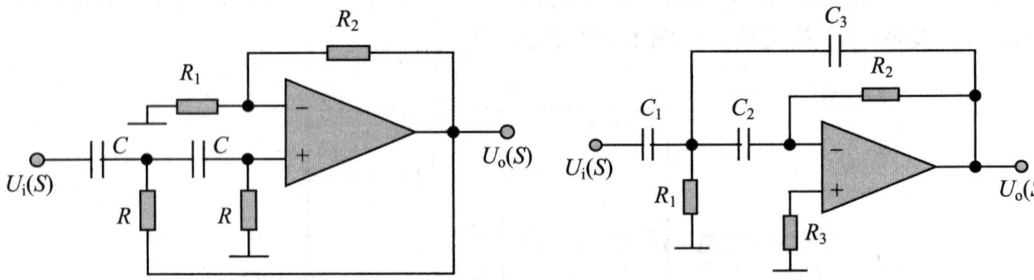

（a）压控电压源二阶高通滤波电路　　（b）无限增益多路反馈高通滤波电路

图 14-14　二阶高通滤波电路

图 14-14（a）所示为压控电压源二阶高通滤波电路，其传递函数、通带增益、特征频率和品质因数分别为

$$A_u(s)=A_{up}\cdot\frac{(sRC)^2}{(sRC)^2+(3-A_{up})sRC+1}=A_{up}\cdot\frac{s^2}{s^2+\dfrac{\omega_0}{Q}s+\omega_0^2} \tag{14-28}$$

$$A_{up}=1+\frac{R_f}{R_1} \tag{14-29}$$

$$\omega_0=\frac{1}{RC},\quad f_0=\frac{1}{2\pi RC} \tag{14-30}$$

$$Q=\frac{1}{3-A_{\mathrm{up}}} \tag{14-31}$$

图 14-14（b）所示为无限增益多路反馈二阶高通滤波电路，其传递函数、通带增益、特征频率和品质因数分别为

$$A_{\mathrm{u}}(s)=A_{\mathrm{up}}\cdot\frac{s^2R_1R_2C_2C_3}{s^2R_1R_2C_2C_3+s\dfrac{R_2}{C_2C_3}(C_1+C_2+C_3)+1} \tag{14-32}$$

$$A_{\mathrm{up}}=-\frac{C_1}{C_3} \tag{14-33}$$

$$f_0=\frac{1}{2\pi\sqrt{R_1R_2C_2C_3}} \tag{14-34}$$

$$Q=(C_1+C_2+C_3)\sqrt{\frac{R_1}{R_2C_2C_3}} \tag{14-35}$$

二、有源带通滤波电路

将低通滤波器和高通滤波器级联，就可得到带通滤波器。如图 14-15 所示，设低通滤波器的截止频率为 f_{c1}，高通滤波器的截止频率为 f_{c2}，f_{c2} 应小于 f_{c1}，则通频带为（$f_{c1}-f_{c2}$）。

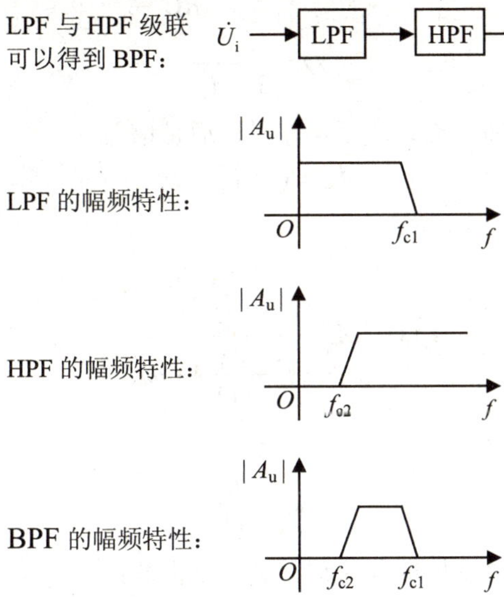

图 14-15　由低通滤波器和高通滤波器级联组成带通滤波器

将一阶 RC 无源 LPF 与一阶 RC 无源 HPF 串联就得到 RC 无源 BPF，在其后接上同相比例运算电路，就构成了简单的有源 BPF，再以适当的方式引入反馈，还可以进一步改善滤波器的性能。

如图 14-16 所示，就是实用电路中常采用的由单个集成运放构成的压控电压源二阶带通滤波器电路。

电路中同相比例运算电路的增益

$$A_{\mathrm{uf}}=1+\frac{R_{\mathrm{f}}}{R_1} \tag{14-36}$$

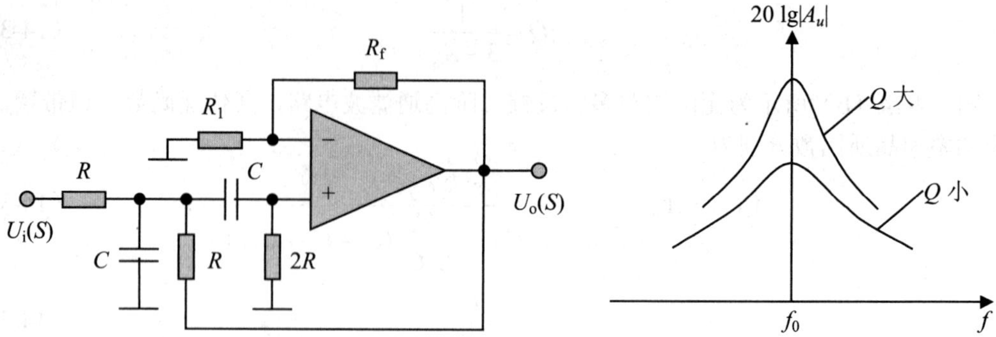

（a）电路　　（b）幅频特性

图 14-16　压控电压源二阶带通滤波电路

电路的传递函数

$$A_u(s) = A_{uf} \cdot \frac{sRC}{(sRC)^2 + (3 - A_{uf})sRC + 1} = A_{uf} \cdot \frac{s\omega_0}{s^2 + \dfrac{\omega_0}{Q}s + \omega_0^2} \tag{14-37}$$

其中，特征角频率、品质因数分别为

$$\omega_0 = 2\pi f_0 = \frac{1}{RC} \tag{14-38}$$

$$Q = \frac{1}{3 - A_{uf}} \tag{14-39}$$

滤波器的通带中心频率等于 f_0，当 $f = f_0$ 时，通带增益

$$A_{up} = Q \cdot A_{uf} \tag{14-40}$$

传递函数可以改写为

$$A_u(s) = A_{up} \cdot \frac{\dfrac{\omega_0}{Q}s}{s^2 + \dfrac{\omega_0}{Q}s + \omega_0^2} \tag{14-41}$$

可以求出滤波器的通频带

$$f_{BW} = \frac{f_0}{Q} \tag{14-42}$$

可以看出滤波器的通带增益与带宽的乘积是一个常数：

$$|A_{up}| \cdot f_{bw} = |A_{uf}| \cdot f_0$$

电路的幅频特性如图 14-16（b）所示。Q 值愈大，通带增益愈大，频带愈窄，选频特性愈好。调整电路的 A_{uf} 能够改变频带宽度。

三、有源带阻滤波电路

将输入电压同时作用于低通滤波器和高通滤波器，再将两个电路的输出电压求和，就可以得到带阻滤波器，如图 14-17 所示。其中低通滤波器的截止频率 f_{c1} 应小于高通滤波器的截止频率 f_{c2}，这样电路的阻带则为（$f_{c2} - f_{c1}$）。

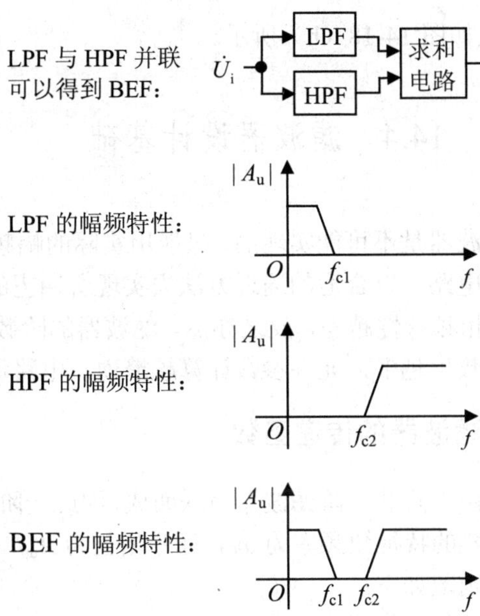

图 14-17　带阻滤波器的方框图

实用电路常利用无源 LPF 和 HPF 并联构成无源带阻滤波电路，如图 14-8（b）所示的双 T 电桥陷波电路。在无源带阻滤波电路之后接上同相比例运算电路，就构成了有源带阻滤波电路，以适当的方式引入反馈，还可以进一步改善滤波器的性能。

常用的有源陷波电路如图 14-18 所示。

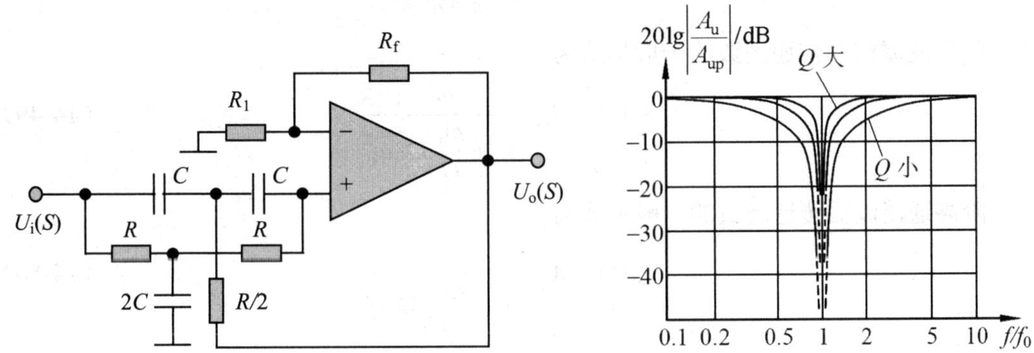

（a）电路　　（b）幅频特性

图 14-18　常用的有源陷波器

其通带增益、陷波点中心频率、Q 值以及阻带宽度分别为

$$A_{up} = 1 + \frac{R_f}{R_1} \tag{14-43}$$

$$f_0 = \frac{1}{2\pi RC} \tag{14-44}$$

$$Q = \frac{1}{2(2 - A_{up})} \tag{14-45}$$

$$BW = \frac{f_0}{Q} \tag{14-46}$$

不同 Q 值时的幅频特性如图 14-18（b）所示。

14.4 滤波器设计基础

具有理想幅频特性的滤波器是不可能实现的，只能用实际的幅频特性去逼近。设计滤波器就是选取某种拓扑结构的电路，以合适的逼近方法去实现所期望的频率特性。一般来说，滤波器的幅频特性越好，其相频特性越差，反之亦然。滤波器的阶数越高，阻带的幅频特性衰减速率越快，但电路的节数也越多，元件参数计算越繁琐，电路调试越困难。

14.4.1 一阶和二阶滤波器的传递函数

任何高阶的滤波器均可由一阶和二阶滤波器级联而成，因此一阶滤波器和二阶滤波器是高阶滤波器的基础。令滤波器的特征角频率为 ω_0，通带增益为 A_{up}，品质因数为 Q，可以写出一阶和二阶滤波器的传递函数如下：

一阶低通滤波器传递函数的一般形式为

$$A_u(s) = A_{up} \cdot \frac{\omega_0}{s + \omega_0} \tag{14-47}$$

一阶高通滤波器传递函数的一般形式为

$$A_u(s) = A_{up} \cdot \frac{s}{s + \omega_0} \tag{14-48}$$

二阶低通滤波器传递函数的一般形式为

$$A_u(s) = A_{up} \cdot \frac{\omega_0^2}{s^2 + \frac{\omega_0}{Q}s + \omega_0^2} \tag{14-49}$$

二阶高通滤波器传递函数的一般形式为

$$A_u(s) = A_{up} \cdot \frac{s^2}{s^2 + \frac{\omega_0}{Q}s + \omega_0^2} \tag{14-50}$$

二阶带通滤波器传递函数的一般形式为

$$A_u(s) = A_{up} \cdot \frac{\frac{\omega_0}{Q}s}{s^2 + \frac{\omega_0}{Q}s + \omega_0^2} \tag{14-51}$$

二阶带阻滤波器传递函数的一般形式为

$$A_u(s) = A_{up} \cdot \frac{s^2 + \omega_0^2}{s^2 + \frac{\omega_0}{Q}s + \omega_0^2} \tag{14-52}$$

14.4.2　滤波器的逼近函数

由于理想滤波器的特性不可能实现，因而在实际滤波器的设计中通常采用某个函数来逼近。根据逼近函数的不同，这些滤波器分为以下的类型：

- 巴特沃兹滤波器（Butterworth filter）
- 切比雪夫滤波器（Chebyshev filter）
- 椭圆函数滤波器（elliptic filter）
- 贝塞尔滤波器（Bessel filter）

由这些函数所决定的实际滤波器特性各有其突出特点，有的衰减特性在过渡区很陡峭，有的相位特性（即延时特性）较为规律，应用中要根据实际需要来选用。

一、巴特沃兹滤波器

巴特沃兹滤波器的特点是通带内的频率响应曲线最大限度平坦，没有起伏，而在阻带则逐渐下降为零。巴特沃兹滤波器的时域特性也比较好，其脉冲响应具有适当的过冲及振铃。

一阶巴特沃兹滤波器的衰减率为每倍频 6 分贝，每十倍频 20 分贝。二阶巴特沃兹滤波器的衰减率为每倍频 12 分贝，三阶巴特沃兹滤波器的衰减率为每倍频 18 分贝，如此类推。

图 14-19 是一阶巴特沃兹低通滤波器的波特图。图 14-20 是一阶至五阶巴特沃兹低通滤波器的幅频特性。

由图可见，巴特沃兹滤波器的振幅对角频率单调下降，并且也是唯一的无论阶数，幅频特性曲线都保持同样的形状的滤波器，当然滤波器阶数越高，在阻带振幅衰减的速度就越快。

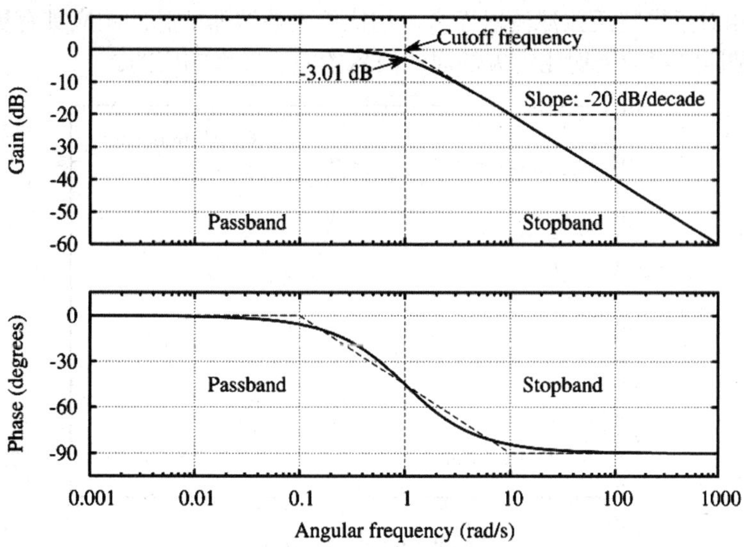

图 14-19　一阶巴特沃兹低通滤波器的波特图

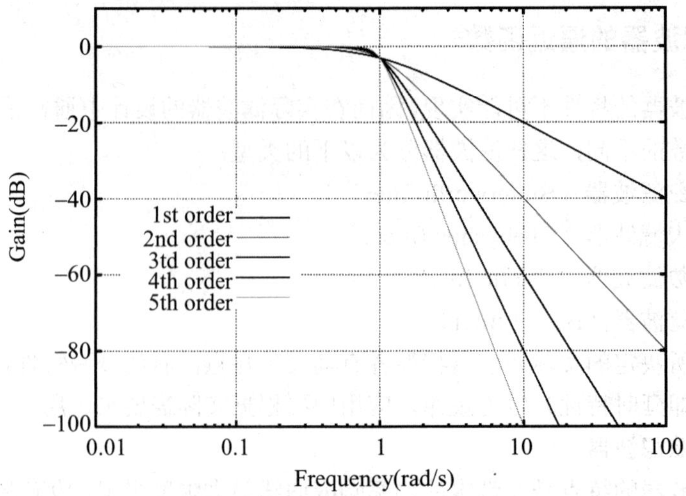

图 14-20　一阶至五阶巴特沃兹低通滤波器

二、切比雪夫滤波器

在巴特沃兹滤波器中，幅度响应在通带内是最平坦且没有起伏的，在阻带内是单调下降的，然而衰减速度相对较为缓慢。如果选择一种在通带或阻带允许等纹波起伏的特性而不是单调特性的逼近方法，可以加快过渡带幅度衰减的速度，从而降低所要求的滤波器阶次。

切比雪夫滤波器就是在通带或者阻带上幅度频率响应等波纹波动的滤波器。在通带波动的为“I 型切比雪夫滤波器”，在阻带波动的为“II 型切比雪夫滤波器”。切比雪夫滤波器在过渡带比相同阶数的巴特沃兹滤波器衰减得更快，但频率响应的幅频特性不如巴特沃兹滤波器平坦，另外相对于巴特沃兹滤波器而言，切比雪夫滤波器的脉冲响应具有更大的振铃。

图 14-21 是四阶第一类切比雪夫低通滤波器的幅度频率响应图。

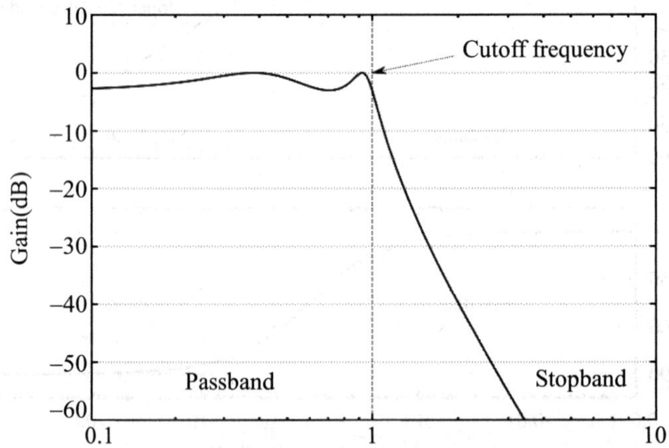

图 14-21　四阶 I 型切比雪夫低通滤波器的幅频特性

如果需要快速衰减而允许通带存在少许幅度波动，可用第一类切比雪夫滤波器；如果需要快速衰减而不允许通带存在幅度波动，可用第二类切比雪夫滤波器。

三、椭圆函数滤波器

如果在通带和阻带的幅频响应都允许有波动，就可以在过渡带获得更快的滚降速度。

椭圆函数滤波器（Elliptic filter）又称考尔滤波器（Cauer filter），是在通带和阻带都有等波纹起伏的一种滤波器。图 14-22 是四阶低通椭圆滤波器的频率响应。

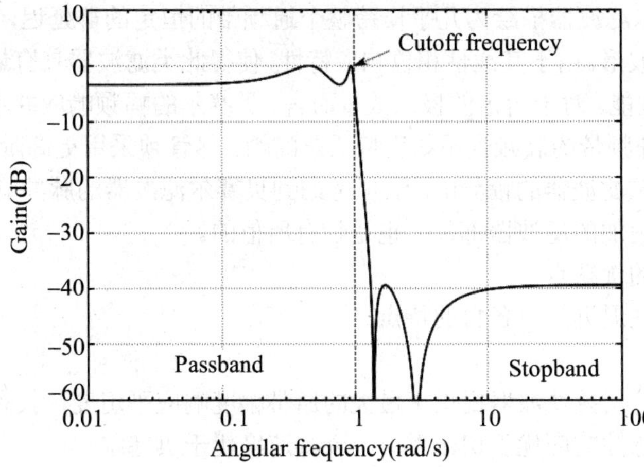

图 14-22　四阶椭圆函数低通滤波器的幅频特性

椭圆滤波器相比其他类型的滤波器，在阶数相同的条件下有着最陡峭的过渡带。因此在选择滤波器的时候，椭圆滤波器能够以较低的阶数获得较窄的过渡带，但是它在通带和阻带上都有波动。

图 14-23 比较四种同阶低通滤波器。

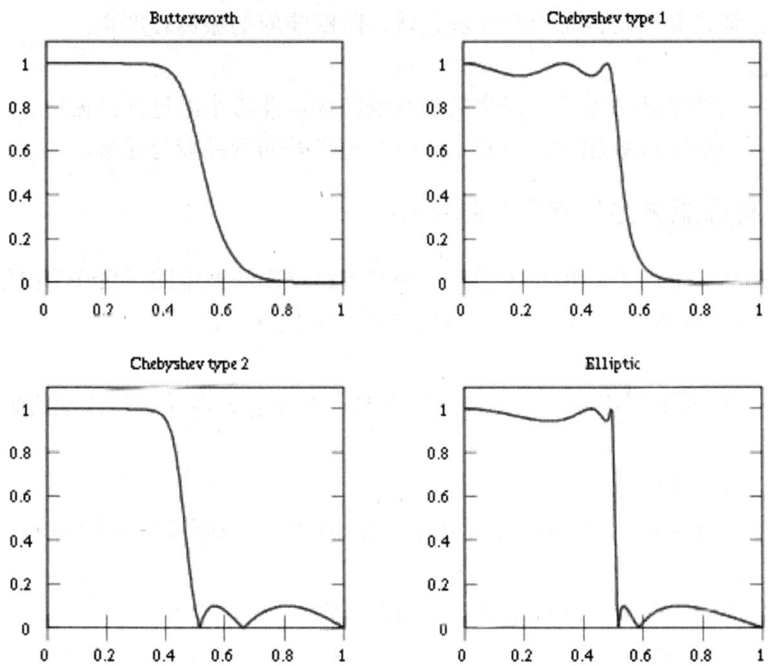

（左上）巴特沃兹滤波器　　（右上）I 型切比雪夫滤波器

（左下）II 型切比雪夫滤波器　　（右下）椭圆函数滤波器

图 14-23　四种同阶低通滤波器

四、贝塞尔滤波器

电子学和信号处理中，贝赛尔滤波器是具有最大平坦的群延迟（线性相位响应）的线性过滤器。模拟贝赛尔滤波器描绘为几乎横跨整个通频带的恒定的群延迟，因而在通频带上保持了被过滤的信号波形。由于其线性相位响应特性，使得此类滤波器具有最优的脉冲响应（最小化过冲及振铃）性能。对于给定的极点数量而言，贝赛尔的幅频响应并不如巴特沃兹平坦，-3 dB 截止频率以外频带的衰减也不如巴特沃兹陡峭。尽管须采用更高阶的贝赛尔滤波器来逼近给定的巴特沃兹滤波器的幅频响应，但考虑到贝赛尔滤波器的脉冲响应保真度，增加一定的复杂性（源于附加的滤波器部件）也是物有所值的。

五、几种逼近的优缺点

综上所述，这些逼近具有各自的特点：

巴特沃兹响应

优点：巴特沃兹滤波器提供了最大的通带幅度响应平坦度，具有良好的综合性能，其脉冲响应优于切比雪夫，衰减速度优于贝塞尔。

缺点：阶跃响应存在一定的过冲及振荡。

切比雪夫响应

优点：与巴特沃兹相比，切比雪夫滤波器具有更良好的通带外衰减。

缺点：通带内纹波令人不满，阶跃响应的振铃较严重。

椭圆函数响应

优点：最好的通带外衰减，能够以较低的阶数获得较窄的过渡带。

缺点：通带和阻带内都有等纹波起伏，阶跃响应的振铃较严重。

贝赛尔响应

优点：贝赛尔滤波器具有最优的阶跃响应——非常小的过冲及振铃。

缺点：与巴特沃兹相比，贝赛尔滤波器通带外的衰减较为缓慢。

14.4.3　有源滤波器的常见电路拓扑

最常见有源滤波器的电路拓扑包括无限增益多路反馈滤波电路（MFB 电路）和压控电压源滤波电路（Sallen-Key 电路），这两种电路各有其优缺点。

1）MFB 拓扑

MFB 拓扑（即无限增益拓扑，有时也称为 Rauch 拓扑）对元件值改变的敏感度较低，因此较为常用。

2）Sallen-Key 拓扑

在某些例子中，Sallen-Key 拓扑证明更为优秀。就经验法则而言，下列情况时，Sallen-Key 拓扑更佳。

- 增益精度较为重要或采用了单位增益滤波器
- 极点对 Q 值较低（例如，$Q<3$）

在单位增益时，由于运算放大器被用作单位增益缓冲器，使得 Sallen -Key 拓扑具有了与生俱来的卓越增益精度。对 MFB 拓扑而言，增益则取决于电阻的比值。单位增益 Sallen-key 拓扑还具有元件需求较少的优势（仅需两个电阻，MFB 需三个电阻）。

在应用于高 Q 值高频率滤波器时，Sallen-Key 拓扑也是可取的。对这类滤波器，若采用 MFB 设计，可能需要很低电容的值以得到合理的电阻值，然而由于寄生电容的干扰使得低电容值将导致极大的误差。

应按照实际需求选用 MFB 拓扑或 Sallen-Key 拓扑，也许最佳的滤波器设计将是 MFB 及 Sallen-Key 部件的结合。

14.4.4 应用 FilterPro™ 软件设计有源滤波器

滤波器的设计计算十分麻烦，幸运的是现在我们可以借助于计算机辅助设计软件。FilterPro™ 是德州仪器（TI）推出的普及型有源滤波器设计工具，最新的版本是 FilterPro™ v3.1，现在可通过 TI 的网站免费下载。

FilterPro™ 可以采用 MFB、Sallen-Key 拓扑结构设计不同类型和响应的有源滤波器。这些滤波器类型有低通、高通、陷波/带阻、带通以及全通相移/时间延迟，响应包括 Bessell、Butterworth、Chebychev、Gaussian 以及线性相位。可用来设计 1 至 10 个极点的滤波器。

使用 FilterPro™ 设计有源滤波器的步骤如下：

一、打开 FilterPro™

打开 FilterPro™ 以后显示的界面如图 14-24 所示。

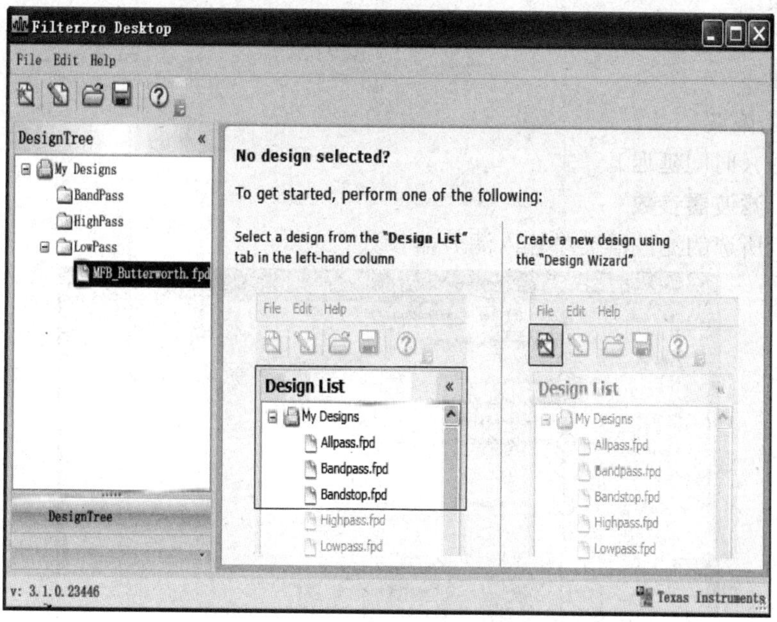

图 14-24 FilterPro™ 的开始界面

提示你有两个选择：

- 创建一个新设计
- 选择一个已有的设计

单击图标可以通过向导创建新设计。

二、使用滤波器设计向导

第一步：滤波器类型

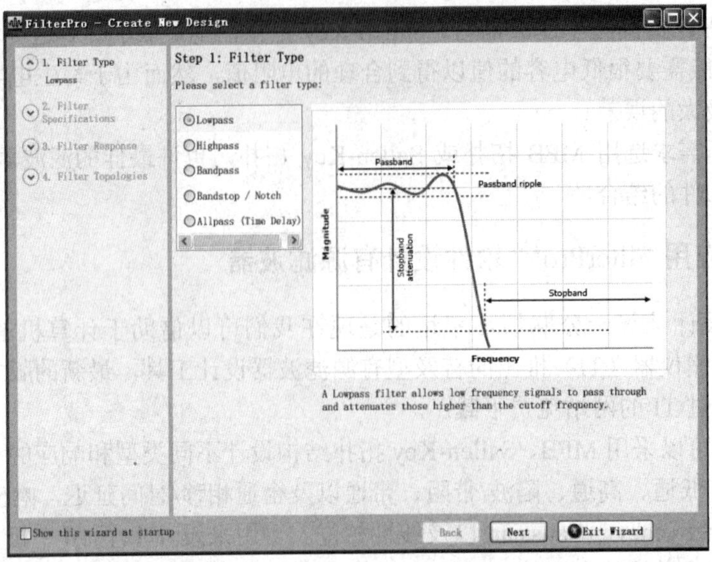

图 14-25　设计向导：滤波器类型

根据需要选择滤波器类型。该向导允许的滤波器类型有：

- 低通
- 高通
- 带通
- 带阻/陷波
- 全通（时间延迟）

第二步：滤波器参数

为第一步所选的滤波器类型输入滤波器参数。

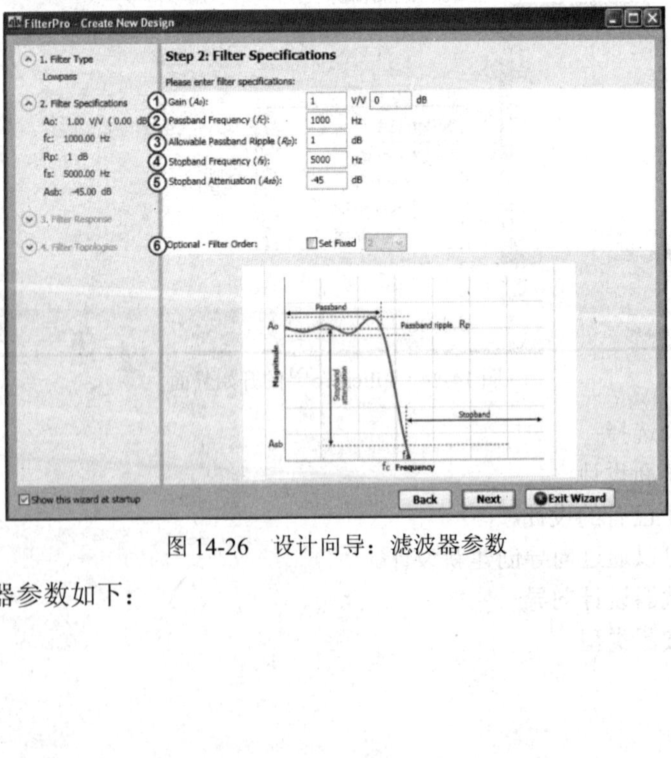

图 14-26　设计向导：滤波器参数

允许的滤波器参数如下：

◆ **低通**

- Gain(Ao)：按伏每伏(V/V)或分贝(dB)输入滤波器所需的总增益。增益值会自动转换为未输入的其他单位。例如，若在 V/V 框中输入 1，则 0dB 将由应用程序自动输入，反之亦然。
- Passband Frequency(fc)：按 Hz 输入所选滤波器的通带频率
- Allowable Passband Ripple(Rp)：按 dB 输入最大允许的通带纹波
- Stopband Frequency(Fs)：按 Hz 输入所选滤波器的阻带频率
- Stopband Attenuation(Asb)：按 dB 输入所选滤波器的阻带衰减
- Filter Order：如果想强制滤波器的阶数(最大到 10)，勾选 set Fixed?框

◆ **高通**

- Gain(Ao)：按伏每伏(V/V)或分贝(dB)输入滤波器所需的总增益。增益值会自动转换为未输入的其他单位。例如，若在 V/V 框中输入 1，则 0dB 将由应用程序自动输入，反之亦然。
- Passband Frequency(fc)：按 Hz 输入所选滤波器的通带频率
- Allowable Passband Ripple(Rp)：按 dB 输入最大允许的通带纹波
- Stopband Frequency(Fs)：按 Hz 输入所选滤波器的阻带频率
- Stopband Attenuation(Asb)：按 dB 输入所选滤波器的阻带衰减
- Filter Order：如果想强制滤波器的阶数(最大到 10)，勾选 set Fixed?框

◆ **带通**

- Gain(Ao)：按伏每伏(V/V)或分贝(dB)输入滤波器所需的总增益。增益值会自动转换为未输入的其他单位。例如，若在 V/V 框中输入 1，则 0dB 将由应用程序自动输入，反之亦然。
- Center Frequency(fo)：输入所选滤波器的中心频率
- Allowable Passband Ripple(Rp)：按 dB 输入最大允许的通带纹波
- Passband Bandwidth(BWp)：输入所选滤波器的通带带宽
- Stopband Bandwidth(BWs)：输入所选滤波器的阻带带宽。
- Stopband Attenuation(Asb)：按 dB 输入所选滤波器的阻带衰减
- Filter Order：如果想强制滤波器的阶数(最大到 10)，勾选 set Fixed?框

◆ **带阻/陷波**

- Gain(Ao)：按伏每伏(V/V)或分贝(dB)输入滤波器所需的总增益。增益值会自动转换为未输入的其他单位。例如，若在 V/V 框中输入 1，则 0dB 将由应用程序自动输入，反之亦然。
- Center Frequency(fo)：输入所选滤波器的中心频率
- Allowable Passband Ripple(Rp)：按 dB 输入最大允许的通带纹波
- Passband Bandwidth(BWp)：输入所选滤波器的通带带宽
- Stopband Bandwidth(BWs)：输入所选滤波器的阻带带宽
- Stopband Attenuation(Asb)：按 dB 输入所选滤波器的阻带衰减
- Filter Order：如果想强制滤波器的阶数(最大到 10)，勾选 set Fixed?框

◆ **全通（时间延迟）**

- Gain(Ao)：按伏每伏(V/V)或分贝(dB)输入滤波器所需的总增益。增益值会自动转换

换为未输入的其他单位。例如，若在 V/V 框中输入 1，则 0dB 将由应用程序自动输入，反之亦然。

- Passband Frequency(fc)：按 Hz 输入所选滤波器的通带频率
- Time Delay at fc(To)：输入所选滤波器的时间延迟
- Approx. Phase Shift at fc(Øs)：显示所选滤波器的近似移相延迟
- Filter Order：如果想强制滤波器的阶数(最大到 10)，勾选 set Fixed?框

第三步：滤波器响应

这一步允许为第一步所选滤波器选择响应，FilterPro™ 允许：

- Bessel（贝塞尔）
- Linear Phase 0.05 degrees（线性相位 0.05 度）
- Butterworth（巴特沃兹）
- Gaussian to 6dB（高斯 6dB）
- Linear Phase 0.5 degrees（线性相位 0.5 度）
- Gaussian to 12dB（高斯 12dB）
- Chebyshev with Arbitrary Ripple（任意纹波的切比雪夫）

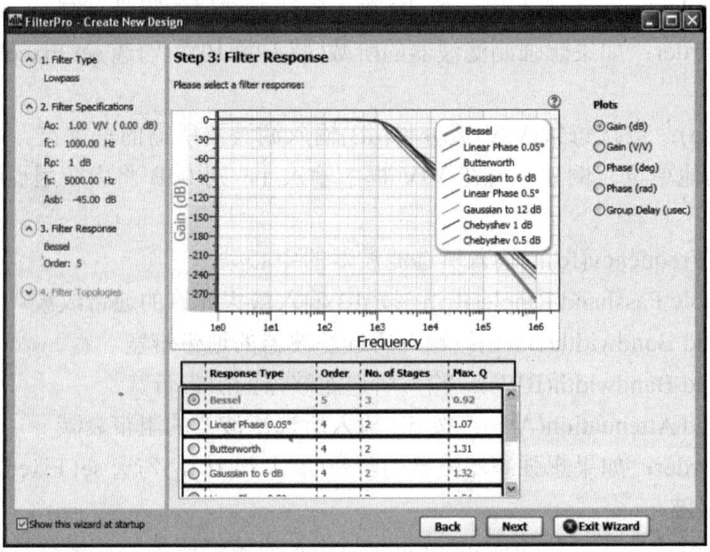

图 14-27　设计向导：滤波器响应

第四步：滤波器拓扑

从可用的拓扑中选择，它们是：

- Sallen-Key，即压控电压源型
- Multiple-Feedback（Single-Ended），即多路反馈型（单端）
- Multiple-Feedback（Fully Differential），即多路反馈型（全差分）

  选择你想用的拓扑单选框，将显示出拓扑的预览。

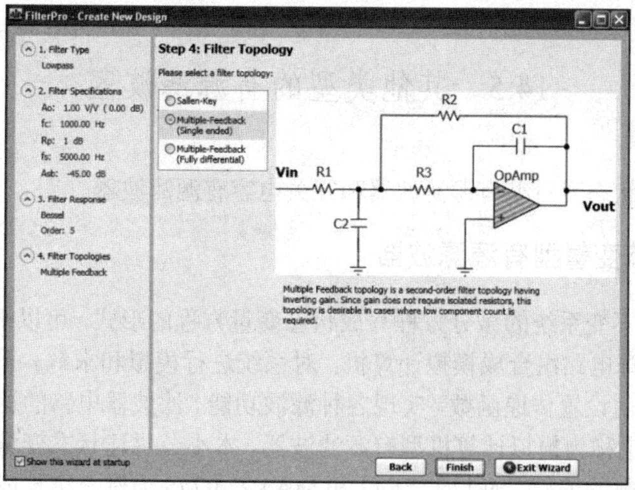

图 14-28　设计向导：滤波器拓扑

单击“Finish”完成创建新设计，稍候设计将出现在屏幕上。

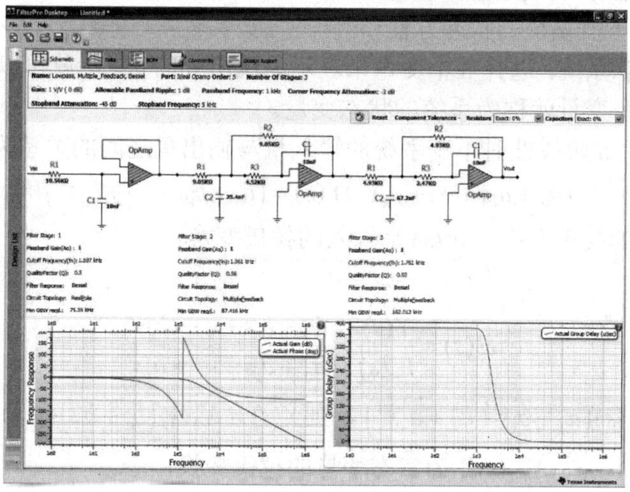

图 14-29　设计结果

如果你对设计满意以及在做任何更改之前，请保存设计，以防止丢失所做的工作。

三、在电路图上修改元件值

更改元件值是在 FilterPro™中修订设计的一种强大方法。

设计是使用一般信息建立的，因此用户可以根据需要修订设计。

FilterPro™允许电阻和电容从 E6 到 E192 的系列标准中任意选择。

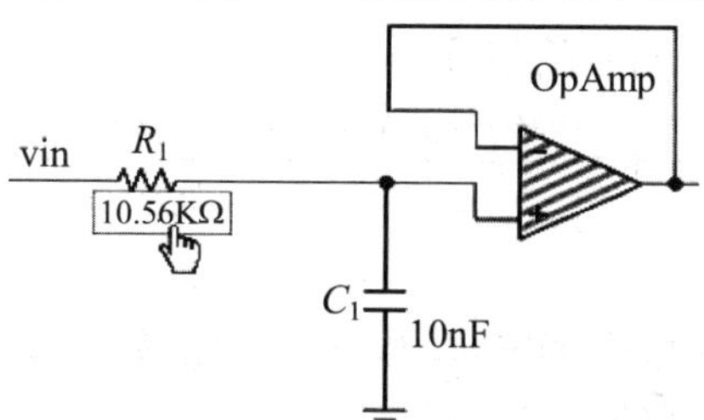

图 14-30　在电路图上修改元件值

14.5 其他类型的有源滤波器

本节简单介绍状态变量型有源滤波器和开关电容有源滤波器。

14.5.1 状态变量型有源滤波器

将表示线性时不变系统的微分方程写成状态变量方程的形式，可以很方便地由比例、积分、求和等基本运算电路组合成模拟计算机，对系统进行模拟和求解。采用这种方式所构成的运算电路能够自由设置传递函数，实现各种滤波功能。滤波器电路的这种实现称为状态变量型有源滤波器，也称为模拟计算机型有源滤波器。本小节讲述状态变量型有源滤波电路的组成原理及传递函数的编程，并以 UAF42 和 MAX274/275 为例介绍集成型状态变量滤波电路的特点及应用。

一、状态变量型有源滤波电路的组成原理

1．n 阶线性时不变系统的状态方程

对于 n 阶的动态系统，选择 n 个变量来表示系统所处的状态，就可以用状态方程来描述该动态系统，这 n 个变量就称为系统的状态变量。

在拉氏变换域，n 阶线性时不变系统的输入量与输出量之间的关系为

$$\left(a_0+a_1s+\cdots+a_ns^n\right)Y(s)=\left(b_0+b_1s+\cdots+b_ns^n\right)W(s) \tag{14-53}$$

式中，$Y(s)$ 是输出的拉氏变换，$W(s)$ 是输入的拉氏变换。

传递函数

$$H(s)=\frac{Y(s)}{W(s)}=\frac{b_0+b_1s+\cdots+b_ns^n}{a_0+a_1s+\cdots+a_ns^n} \tag{14-54}$$

如果 $W(s)=X_0(s)\left(a_0+a_1s+\cdots+a_ns^n\right)$，则 $Y(s)=X_0(s)\left(b_0+b_1s+\cdots+b_ns^n\right)$。

取 $X_0(s)$、$X_1(s)$、…、$X_{n-1}(s)$作为状态变量的拉氏变换，令

$$sX_0(s)=X_1(s)，\ sX_1(s)=X_2(s)，\ \cdots，\ sX_{n-2}(s)=X_{n-1}(s)$$

可以写出系统的状态方程

$$\begin{cases} sX_0(s)=X_1(s) \\ sX_1(s)=X_2(s) \\ \vdots \\ \vdots \\ sX_{n-2}(s)=X_{n-1}(s) \\ sX_{n-1}(s)=\dfrac{W(s)-a_0X_0(s)-a_1X_1(s)-\cdots-a_{n-1}X_{n-1}(s)}{a_n} \end{cases} \tag{14-55}$$

以及出输出方程

$$Y(s)=b_0X_0(s)+b_1X_1(s)+\cdots+b_{n-1}X_{n-1}(s)+b_nsX_{n-1}(s) \tag{14-56}$$

2．状态变量型有源滤波器的电路组成

根据（14-55）式和（14-56）式，利用积分、比例与求和三种基本运算电路可以构造出

n 阶线性时不变系统的电路模拟，如图 14-31 所示。

这种电路能够很方便地改变电路参数，通过选择 a_0、a_1、…、a_n 以及 b_0、b_1、…、b_n 的数值（称为编程），可以自由设置电路的传递函数，实现各种滤波功能。滤波器的这种实现就是状态变量滤波器。

3．状态变量滤波器的编程

以二阶滤波器为例，其传递函数的一般形式为

$$H(s)=\frac{b_2s^2+b_1s+b_0}{a_2s^2+a_1s+a_0} \tag{14-57}$$

将（14-57）式与（14-49）、（14-50）、（14-51）以及（14-52）式相比较，可知，合理选择 a_2、a_1、a_0 以及 b_2、b_1、b_0 的数值（编程），可实现任意的二阶滤波器：

1）当 $b_2=0$ 且 $b_1=0$ 时，就实现了二阶低通滤波的传递函数；

2）当 $b_1=0$ 且 $b_0=0$ 时，就实现了二阶高通滤波的传递函数；

3）当 $b_2=0$ 且 $b_0=0$ 时，就实现了二阶带通滤波的传递函数；

4）当 $b_1=0$ 时，就实现了二阶带阻滤波的传递函数；

5）改变 a_0/a_2 的比值可以改变滤波器的特征频率，等等。

可见，根据一般形式的二阶传递函数，如果使用如图 14-31 所示的状态变量型滤波器电路，可以很容易地改变 a_2、a_1、a_0 以及 b_2、b_1、b_0 的数值，从而改变滤波的类型，而且可以获得不同的通带增益和通带截止频率。

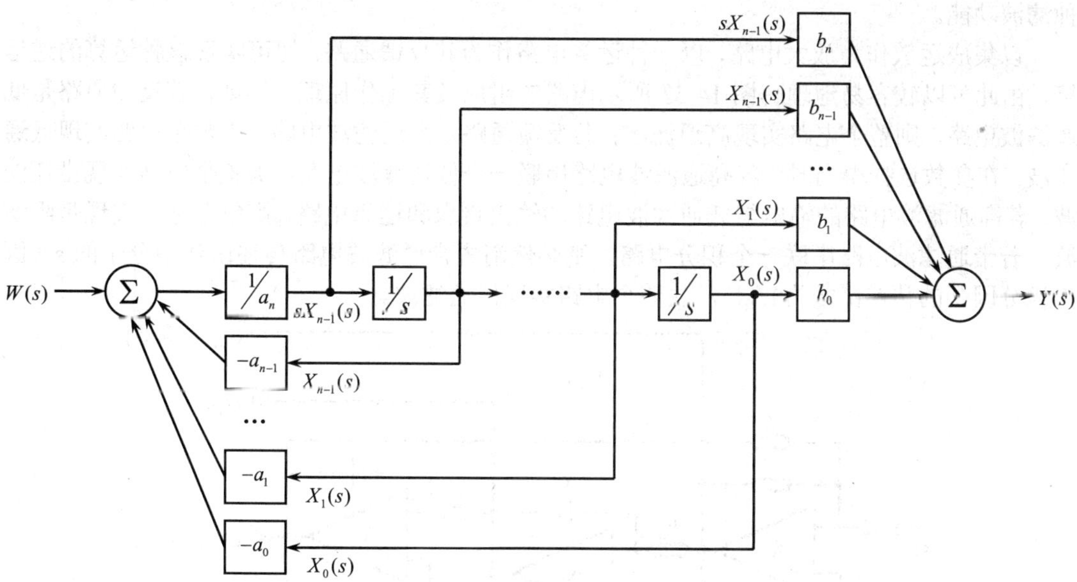

图 14-31　状态变量型有源滤波电路方框图

二、集成状态变量型滤波电路

集成状态变量型滤波电路由若干基本运算电路组合而成，仅需外接几个电阻，就可得到低通、高通、带通和带阻滤波电路，因此也被称为通用有源滤波器（Universal Active Filter，UAF）。

1．UAF42 通用有源滤波器

德州仪器（TI）旗下的 Burr-Brown 公司推出的集成通用有源滤波器 UAF42 是采用了典型的二阶状态变量模拟结构，可以广泛用于高通、低通和带通滤波器设计。

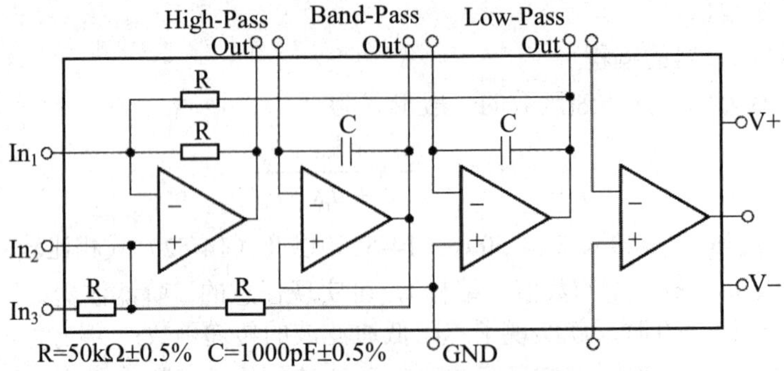

图 14-32　UAF42 的内部原理电路

UAF42 的电路如图 14-32 所示，其内部集成了一个反向放大器和两个积分器。集成于片内的精度±0.5%的 1000pF 电容，较有效地解决了有源滤波器设计中最困难的问题之一：获得紧公差、低损耗的电容。独立的第四个运算放大器可以用做附加级，或者用于诸如带阻或逆切比雪夫等特殊滤波器。

UAF42 的典型接法之一如图 14-33 所示，R^*为内部电阻。四个集成运放的输出实现四种滤波功能。

以集成运放作为放大电路，以一种运算电路作为其反馈通路，便可实现该种运算的逆运算，由此可以较容易地理解图 14-33 所示电路的组成及其工作原理。例如，若反馈通路是低通滤波电路，则整个电路实现高通滤波；若反馈通路是高通滤波电路，则整个电路实现低通滤波。在参数选择得当时，若高通滤波电路串联一个低通滤波电路，则整个电路实现带通滤波；若高通滤波电路的输出与低通滤波电路的输出接求和运算电路，则整个电路实现带阻滤波；若带通滤波电路串联一个积分电路，则必然消去带通滤波电路传递函数中分子的 s（因为积分因子的传递函数为$1/s$），故整个电路实现低通滤波。

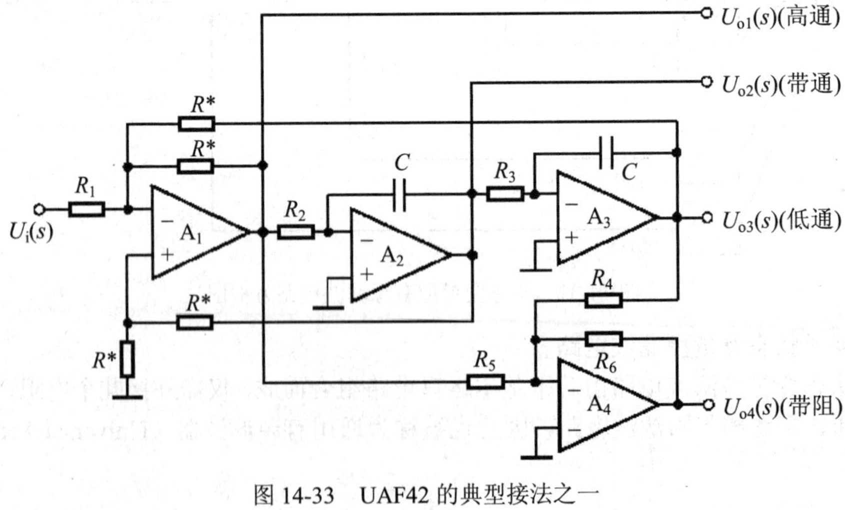

图 14-33　UAF42 的典型接法之一

根据上述原则可知，在 U_i（s）作用下，若以 U_{o1}（s）为输出，则因其反馈通路为串接的两个积分运算电路，即二阶低通滤波电路，故实现的是二阶高通滤波。若以 U_{o2}（s）为输出，则因高通滤波的输出 U_{o1}（s）又经低通滤波，故实现带通滤波。若以 U_{o3}（s）为输出，则因带通滤波的输出 U_{o2}（s）又经积分电路，故实现低通滤波。若以 U_{o4}（s）为输出，则因高通滤波的输出 U_{o1}（s）和低通滤波的输出 U_{o3}（s）经求和运算，故必然实现带阻滤波。因此，整个电路从不同的输出端得到四种不同的滤波功能。电路具体的分析计算如下：

A_1 同相输入端

$$U_P(s)=0.5U_{o2}(s)$$

若取 R_1=R*，第一级求和电路以 U_i（s）、U_{o2}（s）和 U_{o3}（s）为输入，根据叠加定理，其输出

$$U_{o1}(s)=-U_i(s)+3U_P(s)-U_{o3}(s)=-U_i(s)+1.5U_{o2}(s)-U_{o3}(s)$$

即

$$U_i(s)=-U_{o1}(s)+1.5U_{o2}(s)-U_{o3}(s)$$

若取 R_2=R_3=R，则 U_{o2}（s）、U_{o3}（s）与 U_{o1}（s）之间关系为

$$U_{o2}(s)=-\frac{U_{o1}(s)}{sRC}$$

$$U_{o3}(s)=-\frac{U_{o2}(s)}{sRC}=\frac{U_{o1}(s)}{(sRC)^2}$$

有

$$U_i(s)=-U_{o1}(s)-\frac{1.5}{sRC}U_{o1}(s)-\frac{1}{(sRC)^2}U_{o1}(s)$$

整理可得 U_{o1}（s）、U_{o2}（s）、U_{o3}（s）与 U_i（s）的传递函数

$$A_{o1}(s)=\frac{U_{o1}(s)}{U_i(s)}=-\frac{(sRC)^2}{(sRC)^2+1.5sRC+1}$$

$$A_{o2}(s)=\frac{U_{o2}(s)}{U_i(s)}=\frac{sRC}{(sRC)^2+1.5sRC+1}$$

$$A_{o3}(s)=\frac{U_{o3}(s)}{U_i(s)}=-\frac{1}{(sRC)^2+1.5sRC+1}$$

若取 R_4 =R_5 =R_6，则 $U_{o4}(s)=-\left[U_{o1}(s)+U_{o3}(s)\right]$，所以

$$A_{o4}(s)=\frac{U_{o4}(s)}{U_i(s)}=\frac{(sRC)^2+1}{(sRC)^2+1.5sRC+1}$$

可以看出，A_{o1}（s）、A_{o2}（s）、A_{o3}（s）和 A_{o4}（s）分别实现了二阶高通、带通、低通和带阻滤波器的传递函数。

使用 UAF42 还可以很方便地实现可数字编程的滤波器，如图 14-34 所示。该方案把 DAC7541 数模转换器作为可变电阻使用，也可以采用美信的 DS3903 数字电位器实现相同的功能。

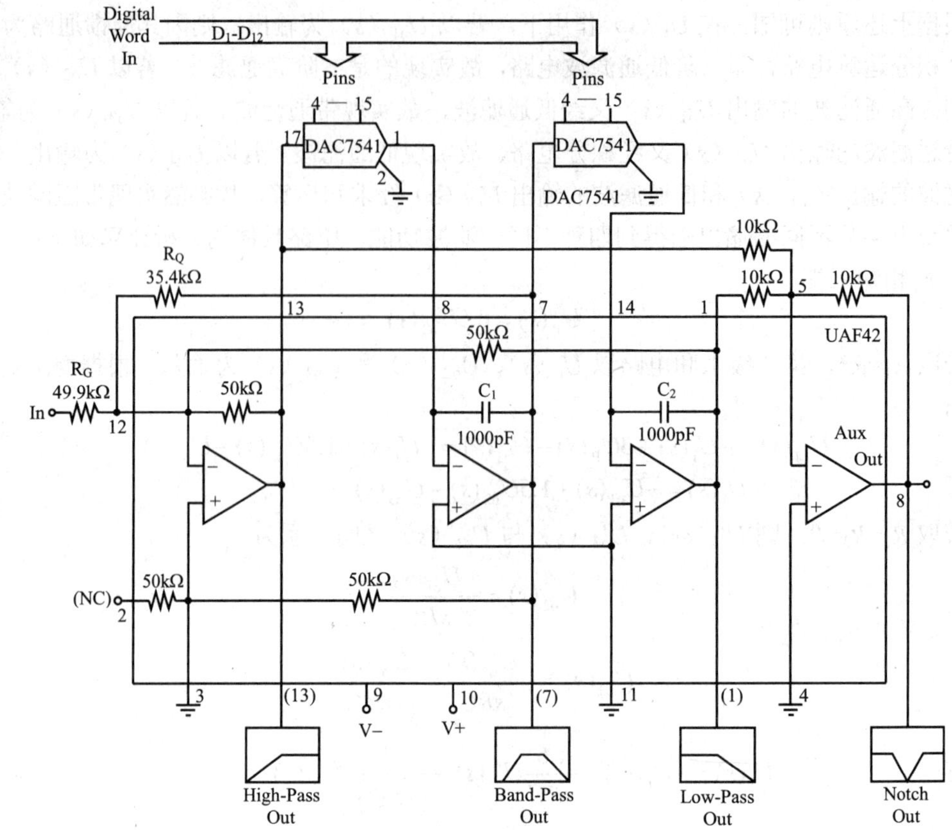

图 14-34　可数字编程的滤波器原理框图

2．MAX274/MAX275 通用有源滤波器

美信（MAXIM）公司生产的 MAX274 和 MAX275 是由可级联的独立二阶节组成的连续时间有源滤波器。其中的每个节都是一个二阶状态变量电路，如图 14-35 所示，都可以实现和全极点带通或低通滤波器响应，如巴特沃兹、贝塞尔或切比雪夫，由四个外部电阻编程。

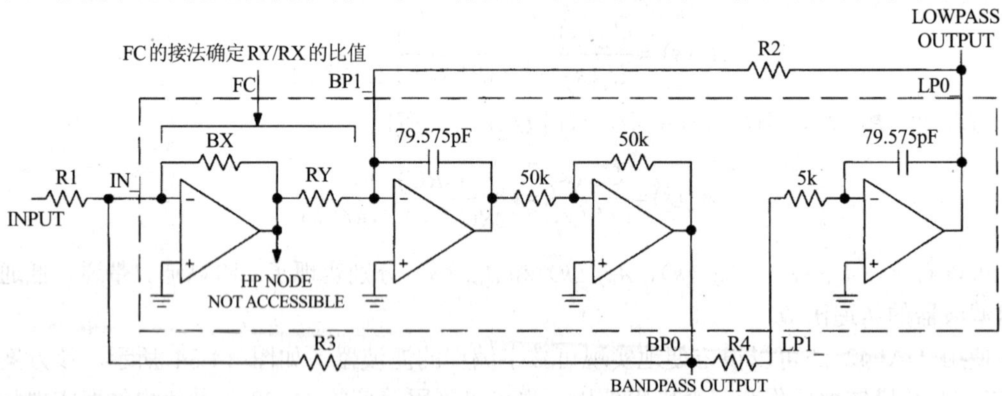

图 14-35　MAX274/MAX275 的一个二阶节

在 MAX274 包括四个二阶节，允许 8 阶滤波器的实现。在 MAX275 包括两个二阶节，允许 4 阶滤波器的实现。图 14-36 是用 MAX274 实现了一个 8 阶巴特沃兹低通滤波器，其

截止频率为 10kHz。

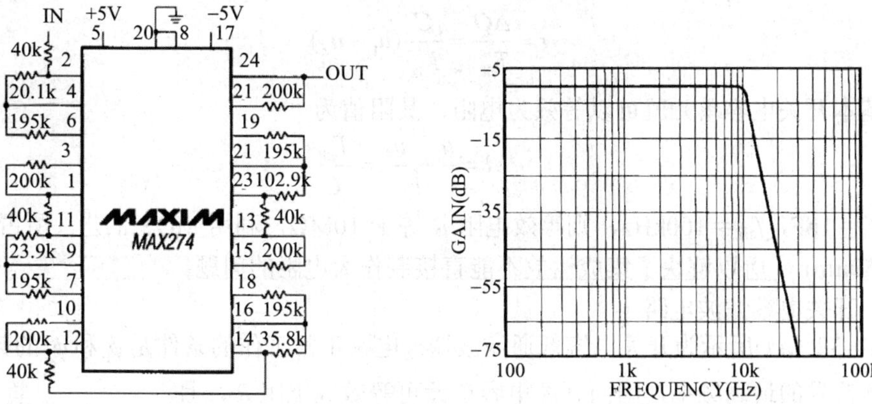

（a）电路　　　　（b）幅频特性

图 14-36　用 MAX274 实现的 8 阶巴特沃兹低通滤波器

14.5.2　开关电容滤波器

开关电容电路由受时钟脉冲信号控制的 MOS 模拟开关、MOS 电容器和运算放大器三部分组成。开关电容电路应用 MOS 工艺，元件尺寸小、功耗低、工艺过程较简单，易于制成大规模集成电路；开关电容电路的特性与电容器的精度无关，而仅与各电容器电容量之比的准确性有关，在集成电路中容易获得准确性很高的电容比，故开关电容电路的性能较好。自 20 世纪 80 年代以来，开关电容电路广泛地应用于滤波器、振荡器、平衡调制器和自适应均衡器等各种模拟信号处理电路之中。

一、基本开关电容单元

图 14-37 所示为基本开关电容单元电路，两相时钟脉冲 ϕ_1 和 ϕ_2 分别控制 MOS 电子开关 S_1 和 S_2 的通断。由于 ϕ_1 和 ϕ_2 反相，即 ϕ_1 为高电平时 ϕ_2 为低电平，ϕ_1 为低电平时 ϕ_2 为高电平，因此两个开关不可能同时闭合或断开。

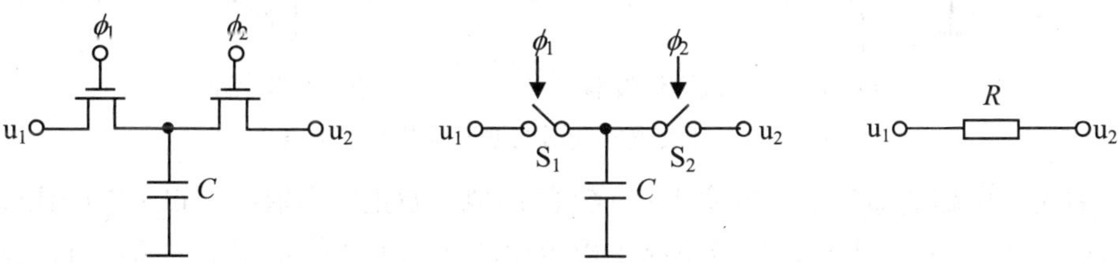

（a）MOS 开关电容单元　　（b）等效的开关电容电路　　（c）等效电阻

图 14-37　基本开关电容单元电路

当 S_1 闭合时，S_2 必然断开，电容 C 被充电至 u_1，C 上的电荷量为 $Q_1 = Cu_1$；而 S_1 断开时，S_2 必然闭合，则 C 被放电至 u_2，C 上的电荷量为 $Q_2 = Cu_2$。设开关的周期为 T_{clk}，在一个周期内，节点从左到右传输的总电荷量

$$\Delta Q = C\Delta u = C(u_1 - u_2)$$

如果时钟脉冲的频率 f_{clk} 足够高，以至于可以认为在一个时钟周期内两个端口的电压 u_1

和 u_2 基本不变，等效电流

$$i=\frac{\Delta Q}{T_{\mathrm{clk}}}=\frac{C}{T_{\mathrm{clk}}}(u_1-u_2)$$

则基本开关电容单元就可以等效为电阻，其阻值为

$$R=\frac{u_1-u_2}{i}=\frac{T_{\mathrm{clk}}}{C} \tag{14-58}$$

若 C＝1pF，f_{clk}＝100kHz，则等效电阻 R 等于 10MΩ，利用 MOS 工艺，所占的芯片面积只是$(50\mu\mathrm{m})^2$，所以解决了集成运放不能直接制作大电阻的问题。

二、开关电容滤波电路

图 14-38（a）所示为开关电容低通滤波器。电路正常工作的条件是 ϕ_1 和 ϕ_2 的频率 f_{clk} 远大于输入信号的最高频率，因而开关电容单元可等效成电阻 R，且

$$R_1=\frac{T_{\mathrm{clk}}}{C_1}，\ R_{\mathrm{f}}=\frac{T_{\mathrm{clk}}}{C_2}$$

滤波器的等效电路如图（b），其通带增益

$$A_{\mathrm{up}}=-\frac{R_{\mathrm{f}}}{R_1}=-\frac{C_1}{C_2} \tag{14-59}$$

截止频率

$$f_{\mathrm{c}}=\frac{1}{2\pi R_{\mathrm{f}}C_{\mathrm{f}}}=\frac{1}{2\pi\dfrac{T_{\mathrm{clk}}}{C_2}C_{\mathrm{f}}}=\frac{f_{\mathrm{clk}}}{2\pi}\cdot\frac{C_2}{C_{\mathrm{f}}} \tag{14-60}$$

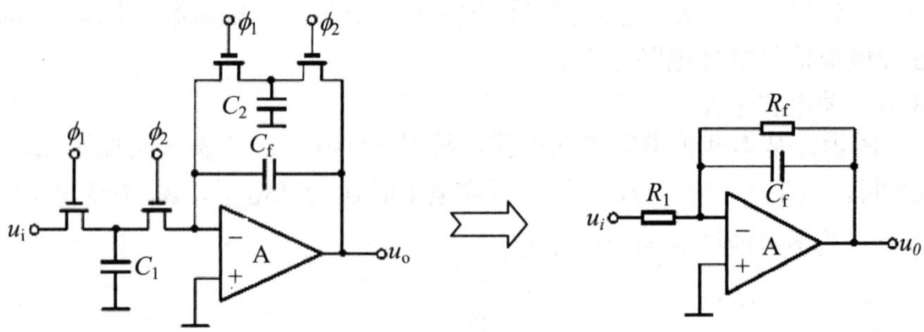

（a）开关电容低通滤波器　　（b）原型电路

图 14-38　开关电容低通滤波器及其原型电路

可以看出，电路的通带增益取决于 C_1/C_2 的比值；截止频率取决于 C_2/C_{f} 的比值，而且可以通过时钟 f_{clk} 编程。由于在集成电路中电容比的准确度和稳定度都很高，且由晶体时钟发生器产生的时钟频率 f_{clk} 准确且稳定，所以开关电容滤波器的参数准确且稳定。

三、MAXIM 的系列开关电容滤波器

表 14-1 是 MAXIM 公司提供的系列开关电容滤波器，包含了低通、带通以及通用滤波器，可以通过微处理器、引脚、电阻或时钟进行编程。可以广泛应用于抗混迭滤波及 DAC 后置滤波以改善系统性能或用于信号调理。

表 14-1 MAXIM 公司的系列开关电容滤波器

型号	类型	阶数	响应	编程方法
MAX260/261/262	通用	2	可编程	微处理器
MAX263/264	通用	2	可编程	引脚
MAX265/266	通用	2	可编程	电阻/引脚
MAX267/268	带通	2	可编程	引脚
MAX280	低通	5	巴特沃兹	时钟
MAX281	低通	5	贝塞尔	时钟
MAX291/295	低通	8	巴特沃兹	时钟
MAX292/296	低通	8	贝塞尔	时钟
MAX293/294/297	低通	8	椭圆函数	时钟
MAX7400/7403/7404/7407	低通	8	椭圆函数	时钟
MAX7401/7405	低通	8	贝塞尔	时钟
MAX7408/7411/7412/7415	低通	5	椭圆函数	时钟
MAX7418/7421/7422/7425	低通	5	椭圆函数	时钟
MAX7426/7227	低通	5	椭圆函数	时钟
MAX7409/7413	低通	5	贝塞尔	时钟
MAX7419/7423	低通	5	贝塞尔	时钟
MAX7410/7414	低通	5	巴特沃兹	时钟
MAX7420/7424	低通	5	巴特沃兹	时钟
MAX7490/7491	通用	2	可编程	时钟

图 14-39 是 MAX7400/7403/7404/7407 低通滤波器典型连接图及其幅频特性。

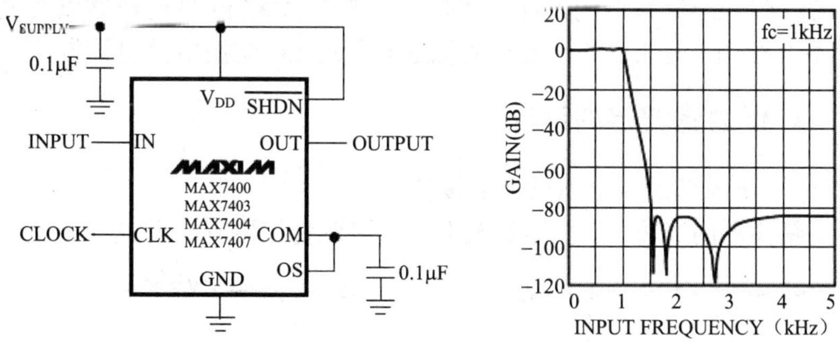

（a）典型连接图　　（b）幅频特性

图 14-39 MAXIM 的 8 阶椭圆函数低通滤波器

14.6 LC 滤波器设计简介

无源滤波器在很多场合，都可以被有源滤波器取代，但是由于受有源器件本身带宽的限制，在更高频率范围内使用的滤波器，几乎都是由 L、C 构成的无源滤波器。LC 滤波电路也经常用在功率电路中，比如直流电源整流后的滤波，或者大电流负载时就需采用 LC 电路来滤波。

LC 滤波电路由电感 L 和电容 C 所组成，图 14-40 所示为 2 阶的低通和高通 LC 滤波器。由于感抗随频率增加而增加，而容抗随频率增加而减小，因此 LC 低通滤波器的串联臂接电感，并联臂接电容；高通滤波器的 L 和 C 的位置则与之相反。

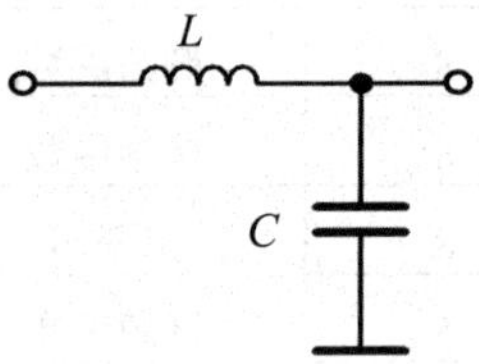

（a）低通

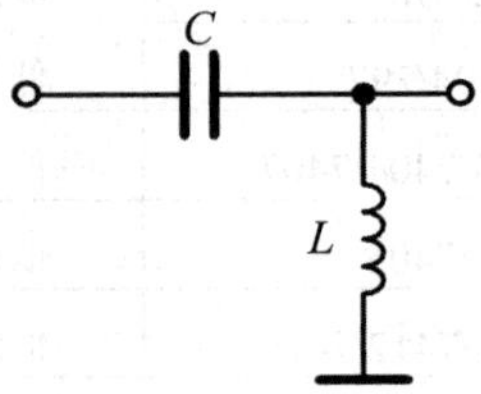

（b）高通

图 14-40　二阶 LC 滤波器

LC 滤波器的经典设计方法是 1923 年以后由贝尔实验室的 O.J.查贝尔提出的映像参数设计方法，包括定 K 型和 m 推演型滤波器。与基于现代电路网络理论的滤波器相比，这些映像参数滤波器存在着截止频率不准确、性能较差等问题。但这种滤波器的构成元件种类少，滤波器的级数（即阶数）易于增加，因而设计简单，易于掌握。基于现代电路网络理论的滤波器设计方法称为工作参数分析法（又称综合法），这种方法以网络综合理论为基础，先找出逼近理想滤波特性的网络函数，然后根据综合方法实现该网络函数。由这种方法设计出来的滤波器，其实测的滤波特性与理论预定特性更接近，所以适合于精度要求高的滤波器设计。

本节先介绍 LC 低通滤波器的设计，包括经典的 K 型和 m 型滤波器以及现代的巴特沃兹滤波器，然后介绍由低通 LC 滤波器得到高通和带通 LC 滤波器的设计方法。

14.6.1 LC 低通滤波器的设计

一、定 K 型与 m 推演型低通滤波器的设计

图 14-41 是最简单的二阶 LC 低通滤波器，其串联臂接电感，并联臂接电容。

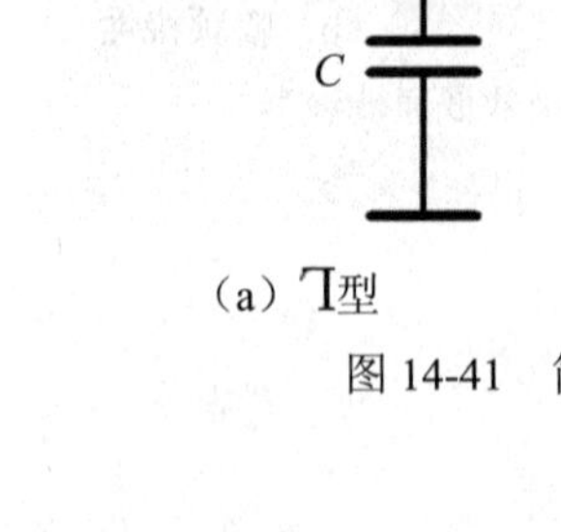

（a）Ꞁ型

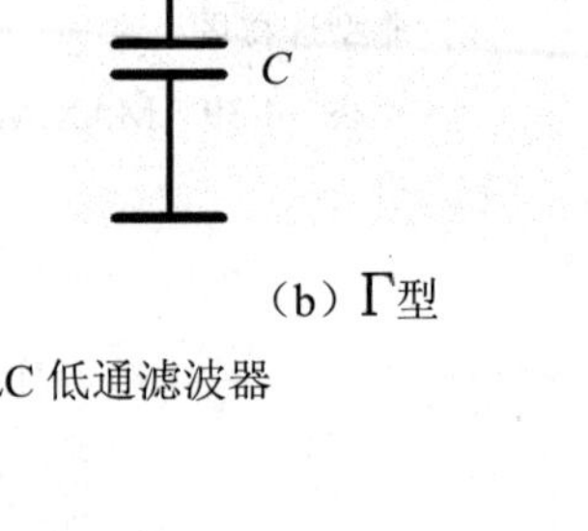

（b）Γ型

图 14-41　简单的二阶 LC 低通滤波器

可以根据其特征阻抗 Z_0 与特征频率 f_0 计算二阶 LC 低通滤波器电路中的元件值。

$$L=\frac{Z_0}{\omega_0}=\frac{Z_0}{2\pi f_0} \tag{14-61}$$

$$C=\frac{1}{\omega_0 Z_0}=\frac{1}{2\pi f_0 Z_0} \tag{14-62}$$

二阶 LC 滤波器的滤波效果较差，增加 LC 环节可以加大衰减斜率，使滤波器的过渡带变窄。LC 滤波器的经典设计方法是映像参数法，采用经典方法设计的滤波器包括定 K 型滤波器和 m 推演型滤波器。采用经典滤波器的好处是，把低阶数的滤波器直接级联起来，就可以获得高阶数的滤波器。

1．定 K 型低通滤波器

所谓定 K 型滤波器，是指滤波器的串臂总阻抗 $Z_{串}$和并臂总阻抗 $Z_{并}$的乘积是一个不随率变化的常数 K^2，由于 K 的量纲为电阻，所以可以写成

$$K^2=R^2=Z_{串}\times Z_{并} \tag{14-63}$$

在所设计的滤波器为定 K 型 LPF 的情况下，把图 14-41 所示的二阶 LPF 作为一个基本节，把他们级联起来就可以得到更高阶的 LPF，电路的级数每增加一级，滤波器的阶数就增加一阶，如图 14-42 所示。

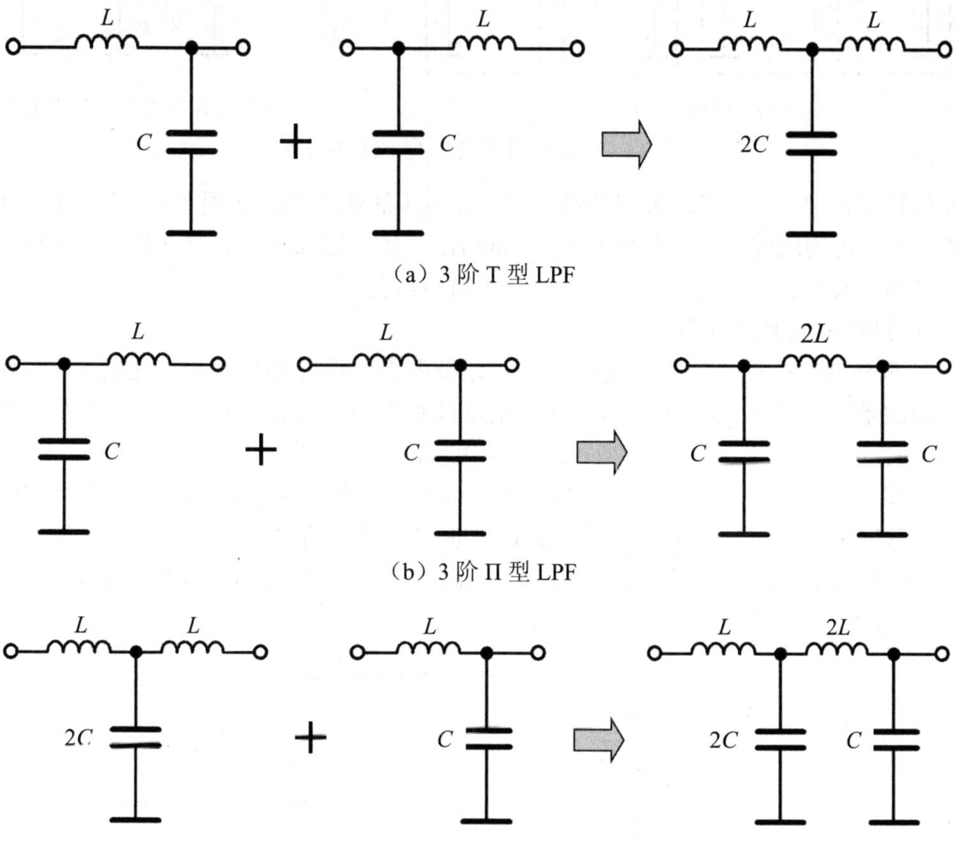

（a）3 阶 T 型 LPF

（b）3 阶 Π 型 LPF

（c）4 阶 T 型 LPF

图 14-42　3 阶与 4 阶的定 K 型 LPF

级联时应注意，˥型和Π型滤波器之后只能接Γ型和Π型滤波器，Γ型和T型滤波器之后只能接˥型和T型滤波器；即，串联臂应该和串联臂相串联，并联臂应该和并联臂相并联。这样才能保证定K型滤波器串臂总阻抗 $Z_{串}$ 和并臂总阻抗 $Z_{并}$ 的乘积为常数的要求。下面举例说明定K型LPF的设计过程。

例1：设计一个截止频率 f_c=160kHz，特征阻抗 Z_0=600Ω 的2阶LPF。电路如图14-41所示，假定滤波器的截止频率 f_c 等于滤波器的特征频率 f_0，则电路元件值为：

$$L=\frac{Z_0}{\omega_0}=\frac{Z_0}{2\pi f_0}=\frac{600}{2\times 3.1415926\times 160\times 10^3}\approx 0.6(\text{mH})$$

$$C=\frac{1}{\omega_0 Z_0}=\frac{1}{2\pi f_0 Z_0}=\frac{1}{2\times 3.1415926\times 160\times 10^3\times 600}\approx 1.66(\text{nF})$$

例2：设计一个截止频率 f_c=160kHz，特征阻抗 Z_0=600Ω 的定K型5阶Π型LPF。把在例1中设计出来的2阶LPF级联起来，如图14-43所示，就可以得到所要设计的定K型5阶Π型LPF。

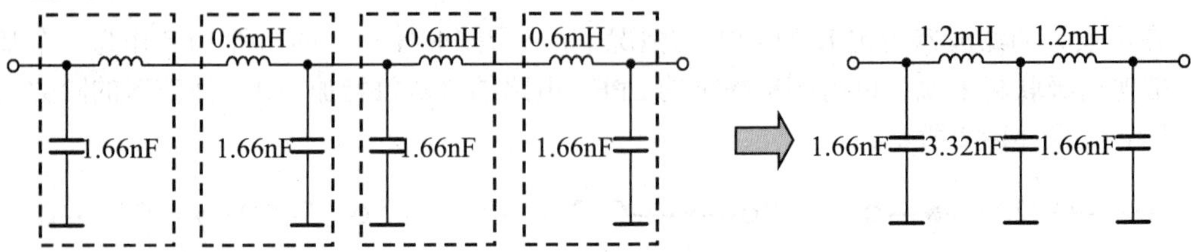

（a）级联的LPF　　（b）设计出的5阶Π型LPF

图14-43　5阶Π型定K型LPF的设计

在设计过程中，假定了滤波器的截止频率 f_c 等于滤波器的特征频率 f_0。实际上，通过仿真可知，设计出的滤波器截止频率并不是160kHz，而是132kHz，只是接近了设计值，这也可以说是用经典设计法所设计的滤波器的一个特点或问题。

2．m推演型低通滤波器

定K型滤波器存在两个主要缺点：1）在通带内影像阻抗 Z_c 随频率变化较大，从而造成阻抗匹配困难；2）截止频率附近过渡带上的滤波特性不够陡直。要克服这些缺陷，就要采用m推演型滤波器或采用m推演型和定K型组成的混合滤波器。

m推演型滤波器是从定K型滤波器演变过来的。如图14-44所示，在定K型LPF基本单元的并联臂中串入一只电感，就得到了m推演型LPF的基本单元。在并联臂中串入的电感，可以使滤波器在截止频率附近出现串联谐振，由于谐振点处的衰减量趋向无限大，从而使截止频率附近的滤波特性变得更加陡直。

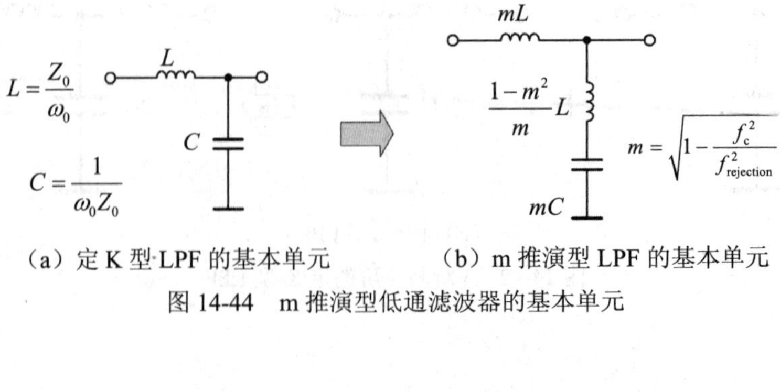

（a）定K型LPF的基本单元　　（b）m推演型LPF的基本单元

图14-44　m推演型低通滤波器的基本单元

如果f_0是 m 推演型 LPF 的特征频率，$f_{rejection}$是陷波点频率（或零点频率），利用图 14-44 中的公式就可以设计 m 推演型 LPF。参数 m 为 1 时，即为原来的定 K 型滤波器。

例 3：设计一个截止频率为 100MHz，陷波频率为 130MHz，特征阻抗为 50Ω 的 m 推演型 LPF。设计过程如下：

基本的定 K 型 LPF：

$$L=\frac{Z_0}{2\pi f_0}=\frac{50}{2\times\pi\times100\times10^6}\approx79.6(\text{nH})$$

$$C=\frac{1}{2\pi f_0 Z_0}=\frac{1}{2\times\pi\times100\times10^6\times50}\approx31.8(\text{pF})$$

基本的 m 推演型 LPF：

$$m=\sqrt{1-\left(\frac{f_c}{f_{rejection}}\right)^2}=\sqrt{1-\left(\frac{100\times10^6}{130\times10^6}\right)^2}\approx0.639$$

$$L_1=mL\approx0.639\times79.6(\text{nH})\approx50.9(\text{nH})$$

$$L_2=\frac{1-m^2}{m}L\approx\frac{1-0.639^2}{0.639}\times79.6(\text{nH})\approx73.7(\text{nH})$$

$$C_1=mC\approx0.639\times31.8(\text{pF})\approx20.3(\text{pF})$$

图 14-45 给出了所设计的 m 推演型 LPF 及其仿真结果。可以看出，当超过截止频率以后滤波器幅频特性下降很快，且在 130MHz 处有陷波点，但在超过 130MHz 以后的较高频率，滤波器的衰减作用不大。

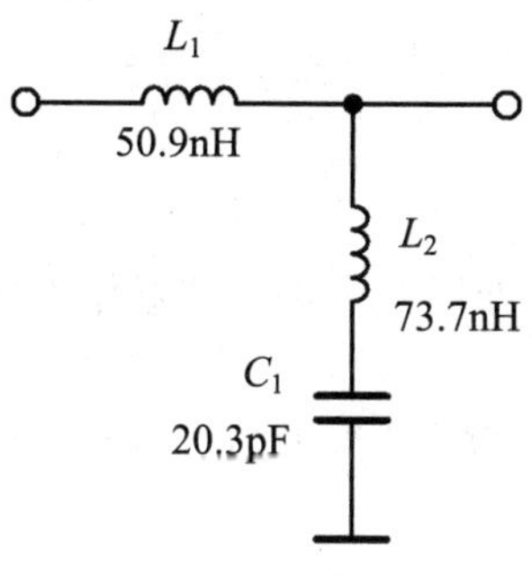

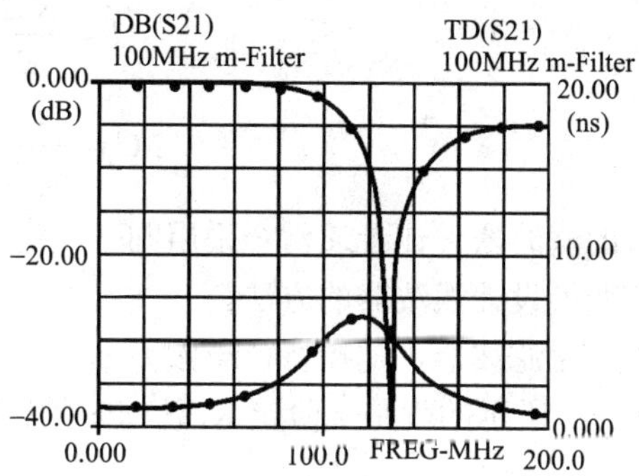

图 14-45 m 推演型 LPF（截止频率 100MHz，陷波频率 130MHz）

m 推演型滤波器也可以通过级联得到更高阶的滤波器，如图 14-46 所示。

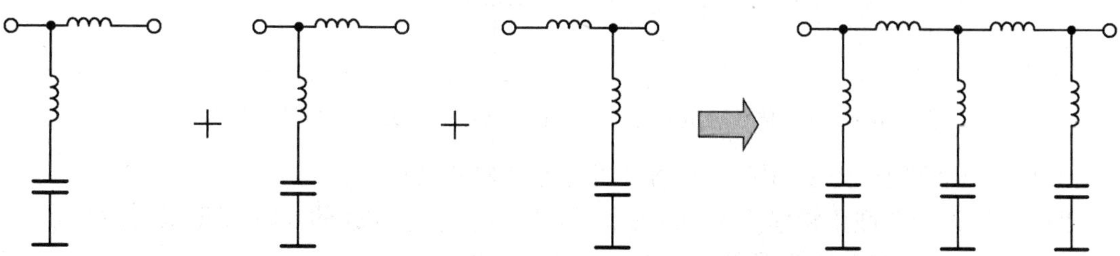

图 14-46 级联的 m 推演型 LPF

m 推演型滤波器在截止频率附近幅频特性滚降很快，但对离截止频率较远的信号衰减作用不大；另外当 m=0.6 时，可以使 m 推演型滤波器与信号源及负载得到良好的阻抗匹配。与之相反，定 K 型滤波器的匹配性能不好，在截止频率附近幅频特性滚降慢，但对阻带中离截止频率较远的信号却有较强的衰减作用。若将 m 推演型滤波器与定 K 型滤波器级联使用，取长补短就能就能得到更佳的滤波特性。

二、归一化设计方法

电阻 R、电感 L 和电容 C 的阻抗分别为

$$Z_R = R \tag{14-64}$$

$$Z_L = j\omega L \tag{14-65}$$

$$Z_C = \frac{1}{j\omega C} \tag{14-66}$$

因此，以一个原型滤波器作为基准，就可以通过阻抗变换和频率变换设计出相应的滤波器。设待设计滤波器的特征阻抗为 Z_0，特征角频率为 ω_0；其基准滤波器的特征阻抗为 $Z_{0(\text{基准})}$，特征角频率为 $\omega_{0(\text{基准})}$，分别定义阻抗变换系数 K_Z 和频率变换系数 K_Ω 如下：

$$K_Z = \frac{Z_0}{Z_{0(\text{基准})}} \tag{14-67}$$

$$K_\Omega = \frac{\omega_0}{\omega_{0(\text{基准})}} \tag{14-68}$$

于是，如果基准滤波器中元件值分别 R_0、L_0 和 C_0，相应的待求元件值则为：

$$R = K_Z R_0 \tag{14-69}$$

$$L = \frac{K_Z L_0}{K_\Omega} \tag{14-70}$$

$$C = \frac{C_0}{K_Z K_\Omega} \tag{14-71}$$

有经验的滤波器设计者通常会采用归一化的方法，即以归一化滤波器作为基准通过阻抗变换和频率变换设计滤波器的方法。

所谓归一化滤波器，是指特征角频率 ω_0=1（即特征频率 f_0=1/2π）、特征阻抗 Z_0=1 的滤波器。图 14-47 所示的就是 2 阶定 K 型 LPF 的归一化原型。

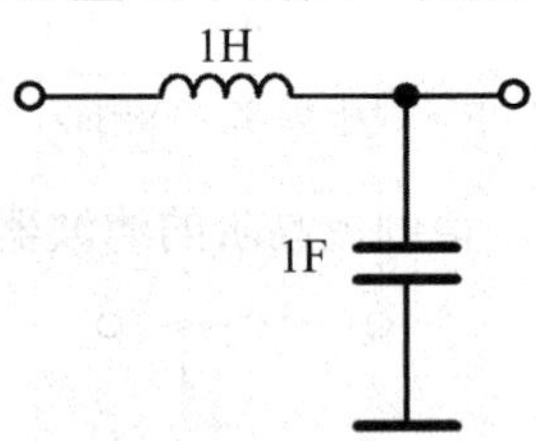

图 14-47　归一化 2 阶定 K 型 LPF（特征频率为 1/2π，特征阻抗为 1）

下面以一个例子说明采用归一化方法设计滤波器的具体过程。

例 4：设计一个截止频率 f_0 为 50MHz，特征阻抗 Z_0 为 50Ω 的 5 阶 Π 型低通滤波器。

归一化的定 K 型 5 阶 Π 型低通滤波器如图 14-48（a）所示。

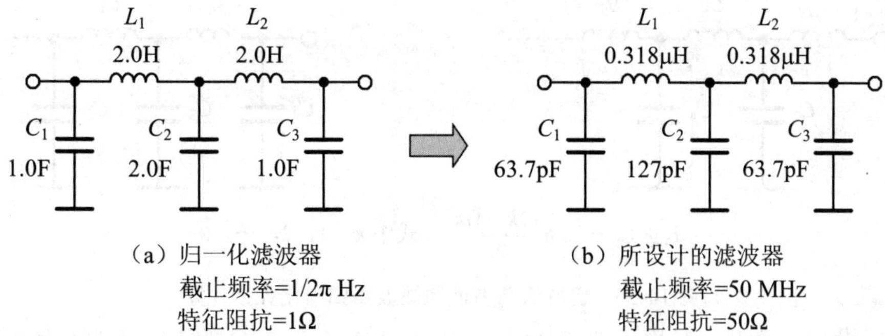

图 14-48　5 阶 Π 型定 K 型 LPF 的设计

对所设计滤波器，阻抗归一化系数

$$K_Z = Z_0 = 50$$

频率归一化系数

$$K_\Omega = 2\pi f_0 = 314159265$$

故，所设计的滤波器元件参数

$$L_1 = L_2 = 2\times50\div314159265 \approx 0.318\ (\mu H)$$

$$C_1 = C_3 = 1\div50\div314159265 \approx 63.7\ (pF),\ C_2 \approx 127\ (pF)$$

设计出的 5 阶 Π 型定 K 型 LPF 滤波器如图 14-48（b）所示，图 14-49 是仿真结果。

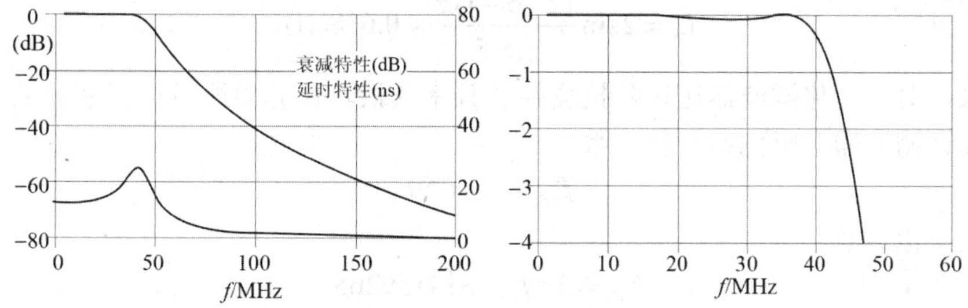

图 14-49　5 阶 Π 型定 K 型 LPF 的仿真结果（截止频率 50MHz，特征阻抗 50Ω）

三、巴特沃兹型低通滤波器的设计

与经典方法设计出来的滤波器相比，用现代设计方法设计的滤波器设计精度更高，性能更好。其中巴特沃兹滤波器最为著名。由于它设计简单，性能方面又没有明显的缺点，因而得到广泛的应用。另外，由于它对构成滤波器的元件 Q 值要求低，因而容易制作和达到设计性能。

在所设计的滤波器为巴特沃兹型滤波器的情况下，同样可以用所谓“归一化”的巴特沃兹滤波器作为基准滤波器，经由频率变换和特性阻抗变换来求得待设计滤波器的元件参数。

用现代设计方法设计的滤波器不能直接通过级联提高滤波器的阶数。任意 n 阶巴特沃兹型低通滤波器的归一化数据，可以用图 14-50 中的公式计算。

$$L_k\text{或}C_k = 2\sin\frac{(2k-1)\pi}{2n}\text{，式中 } k=1，2，\cdots，n$$

图 14-50　巴特沃兹型低通滤波器归一化数据计算

例 5：设计一个截止频率 f_0 为 50MHz，特征阻抗 Z_0 为 50Ω 的 5 阶 T 型巴特沃兹 LPF。

首先，用图 14-50 中的公式计算 5 阶 T 型巴特沃兹 LPF 的归一化元件参数。5 阶 T 型巴特沃兹 LPF 的归一化原型如图 14-51（a）所示，其元件参数按公式计算如下：

$$L_1 = 2\sin\frac{(2\times1-1)\pi}{2\times5} \approx 0.618(\mathrm{H})$$

$$C_2 = 2\sin\frac{(2\times2-1)\pi}{2\times5} \approx 1.618(\mathrm{F})$$

$$L_3 = 2\sin\frac{(2\times3-1)\pi}{2\times5} = 2(\mathrm{H})$$

$$C_4 = 2\sin\frac{(2\times4-1)\pi}{2\times5} \approx 1.618(\mathrm{F})$$

$$L_5 = 2\sin\frac{(2\times5-1)\pi}{2\times5} \approx 0.618(\mathrm{H})$$

接下来，对归一化滤波器进行阻抗变换和频率变换，计算出所设计滤波器的元件参数。

对所设计滤波器，阻抗归一化系数

$$K_Z = Z_0 = 50$$

频率归一化系数

$$K_\Omega = 2\pi f_0 = 314159265$$

故，所设计的滤波器元件参数

$$L_1 = L_5 \approx 0.618\times50\div314159265 \approx 98.4(\mathrm{nH})$$

$$C_2 = C_4 \approx 1.618\div50\div314159265 \approx 103(\mathrm{pF})$$

$$L_3 = 2\times50\div314159265 \approx 318(\mathrm{nH})$$

最终设计出来的滤波器的电路和元件参数如图 14-51（b）所示。

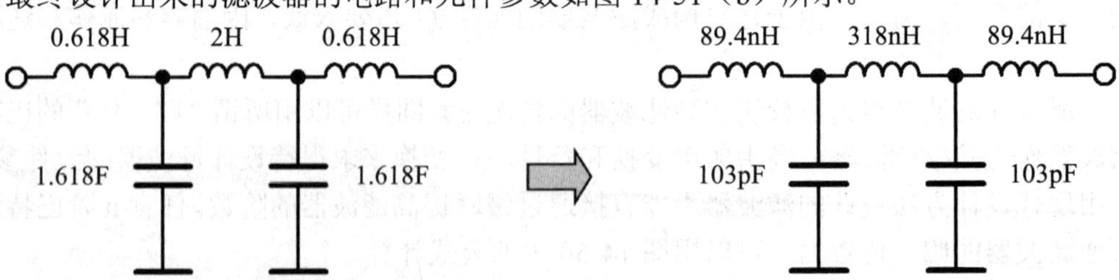

（a）归一化滤波器
截止频率=1/2π Hz
特征阻抗=1Ω

（b）所设计的滤波器
截止频率=50 MHz
特征阻抗=50Ω

图 14-51　5 阶 T 型巴特沃兹 LPF

用现代设计方法设计滤波器时，为了在过渡带获得更陡峭的滚降速度，可以采用切比雪夫滤波器或椭圆函数滤波器。切比雪夫滤波器或椭圆函数的 LC 滤波器的设计十分麻烦，需要时可借助于工程计算曲线或有关计算机辅助设计软件。

14.6.2 高通及带通 LC 滤波器的设计

在 LC 滤波器设计中，一般只设计低通滤波器，而高通、带通和带阻滤波器则可以用低通滤波器为原型，借助频率变换原理，通过网络转换而得到。下面简单介绍以低通 LC 滤波器为原型得到高通和带通 LC 滤波器的方法。

一、LC 高通滤波器的设计

由于高通滤波器与低通滤波器有对偶性，设计 HPF 时，可以先由归一化 LPF 通过网络转换得到归一化的 HPF；然后对归一化的 HPF 通过截止频率变换和特征电阻变换，从而得到待设计 HPF 构成元件的参数值。

由归一化 LC 低通滤波器转换为归一化 LC 高通滤波器的方法非常简单：

（1）把低通滤波器原型中的各个电感换成电容，元件值取倒数；

（2）把低通滤波器原型中的各个电容换成电感，元件值取倒数。

例 6：设计一个截止频率为 190MHz、特征电阻为 50Ω 的 5 阶 T 型巴特沃兹 HPF，其过程如图 14-52 所示。

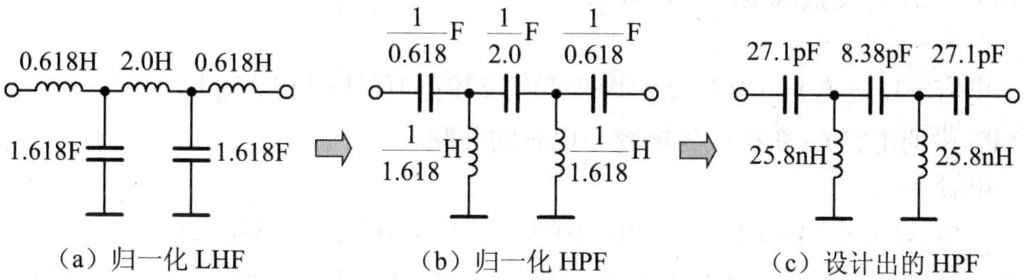

图 14-52 由 LPF 设计 HPF 的过程

二、LC 带通滤波器的设计

LC 带通滤波器是电子设备中应用最广泛的一种滤波器。在对数坐标下，其响应曲线是以中心频率对称的。设带通滤波器的下限截止频率为 f_L，上限截止频率为 f_H，带通滤波器将允许频率为 f_L 到 f_H 之间的信号通过，而衰减频率低于 f_L 或高于 f_H 的信号。

若已知 f_L 和 f_H，则滤波器的中心频率

$$f_0 = \sqrt{f_L \cdot f_H} \tag{14-72}$$

通带宽度（简称带宽）

$$f_{BW} = f_H - f_L \tag{14-73}$$

若已知 f_0 和 f_{BW}，则滤波器的上限截止频率 f_H 和下限截止频率为 f_L 为

$$f_H = P \cdot f_0 \tag{14-74}$$

$$f_L = f_0 / P \tag{14-75}$$

其中

$$P=\frac{f_{\rm BW}+\sqrt{f_{\rm BW}^2+4f_0^2}}{2f_0} \tag{14-76}$$

LC 带通滤波器的设计同样可以用 LC 低通滤波器为原型，其方法可以是：先设计带宽与 BPF 相同的 LPF，然后通过网络转换得到所要设计的 BPF。进行网络转换的方法如下：

（1）在低通滤波器原型的每个电感上串联一个电容，使它们串联谐振于中心频率 f_0，即，在原来的电感 L 上串联一个电容量为 $1/(\omega_0^2 L)$ 的电容；

（2）在低通滤波器原型的每个电容上并联一个电感，使它们并联谐振于中心频率 f_0，即，在原来的电容 C 上并联一个电感量为 $1/(\omega_0^2 C)$ 的电感。

例 7：设计一个 m 推演型 BPF，中心频率 10MHz，带宽 1MHz，特征阻抗 50Ω，在上、下限截止频率附近有陷波点，两个陷波点频率相隔 2MHz。设计过程如下：

首先，设计出一个截止频率 f_c 为 1MHz，2 倍截止频率处有陷波点，特征阻抗 Z_0 为 50Ω 的 m 推演型 LPF，如图 14-53（a）所示。

然后，对图 14-53（a）的 LPF 电路进行网络转换：

把 LPF 中的 L_1 变换成电感与电容的串联

$$电感=L_1$$

$$电容=1/(\omega_0^2 L_1)=1/[(2\times\pi\times10\times10^6)^2\times6892\times10^{-9}]\approx36.75(\text{pF})$$

把 LPF 中的 L_2 变换成电感与电容的串联

$$电感=L_2$$

$$电容=1/(\omega_0^2 L_2)=1/[(2\times\pi\times10\times10^6)^2\times2297\times10^{-9}]\approx110.27(\text{pF})$$

把 LPF 中的电容 C_1 变换成为电容与电感的并联

$$电容=C_1$$

$$电感=1/(\omega_0^2 C_1)=1/[(2\times\pi\times10\times10^6)^2\times2757\times10^{-12}]\approx91.88(\text{nH})$$

这样就得到了符合设计要求的 BPF，如图 14-53（b）所示，图 14-53（c）是仿真结果。

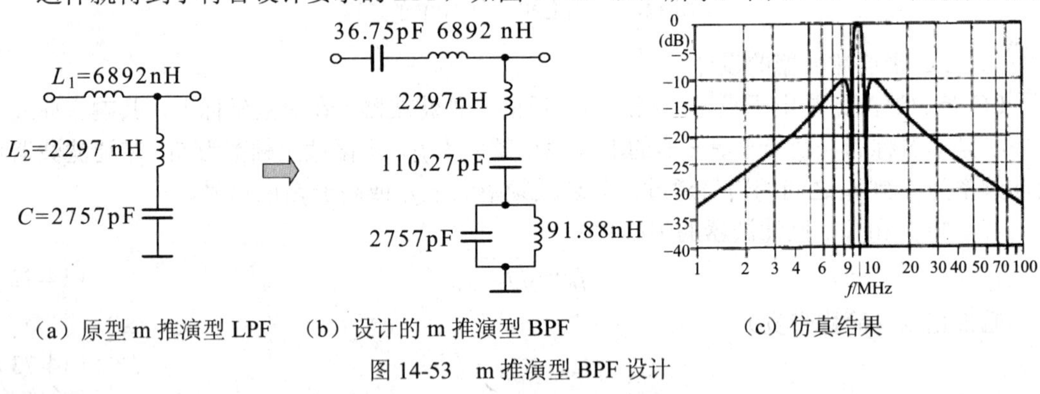

（a）原型 m 推演型 LPF （b）设计的 m 推演型 BPF （c）仿真结果

图 14-53 m 推演型 BPF 设计

14.7 练　习　题

题一：使用 FilterPro™ 设计带通滤波器

设计一个带通滤波器，参数如下：

1．通带内有最平坦的幅度响应，通带电压增益 A_{up} 为 10 倍；

2．低端截止频率 f_{c1}=9.5kHz，高端截止频率 f_{c2}=10.5kHz；

3．频率低于 9kHz 或频率高于 11kHz 时，电压增益 A_u 下降到 2.5 倍以下。

要求：

1．计算出滤波器的中心频率 f_0 和带宽 f_{BW}；

2．使用 FilterPro™ 设计软件，选择合适的滤波器响应完成滤波器设计；

3．使用精度为 5%的电阻和电容完成滤波器仿真；

4．选择合适的运放，使用精度为 5%的电阻和电容完成滤波器制作；

5．测试所制作的滤波器，对测试结果和仿真结果进行比较。

题二：程控滤波器的设计与制作

设计并制作程控滤波器，要求如下：

1．滤波器可设置为低通滤波器，通带电压增益为 12dB，其-3dB 截止频率 f_c 在 1～20kHz 范围内可调，频率调节的步进为小于 1kHz，频率在 $2f_c$ 处滤波器的电压增益不大于 2dB；

2．滤波器可设置为高通滤波器，通带电压增益为 12dB，其-3dB 截止频率 f_c 在 1～20kHz 范围内可调，频率调节的步进为小于 1kHz，频率在 $0.5f_c$ 处滤波器的电压增益不大于 2dB；

3．滤波器可设置为带通滤波器，通带中心频率 f_0 在 1～20kHz 范围内可调，频率调节的步进为小于 1kHz。

4．使用 8 位拨码开关通过 DAC0832 设置滤波器的截止频率 f_c 或中心频率 f_0。

5．预留可以连接到单片机的程控接口插座。要求：如果连接了单片机，则 8 位拨码开关不再起作用，而由单片机来设置滤波器的频率。

题三：LC 滤波器的设计与制作

设计并制作一个 LC 低通滤波器，要求如下：

1．3dB 通频带 0～10MHz；

2．在 0～9MHz 通频带内幅度起伏≤1dB；

3．20MHz 时衰减超过 26dB；

4．信号源内阻 50±2Ω，负载电阻 50±2Ω。

第 15 章　频谱分析仪原理及应用简介

对于信号的时域分析，示波器是一种极为重要且有效的测量仪器。它能直接显示信号波幅、频率、周期、波形与相位的相应变化。而频谱分析仪则可同时将一含有许多频率成分的信号用频域方式来显示，以呈现该信号在频域里的特性。就高频信号领域来看，频谱分析仪是电子工程技术人员不可或缺的测量设备，对频谱分析仪工作原理的了解将有助于信号测试系统的建立，并为充分扩展其应用范畴打下基础。

本章内容主要为简介频谱分析仪的工作原理、基本使用方法及简单测量应用。

15.1　频谱分析仪基本原理及技术指标

对一个信号选择在时域或频域上来观察，取决于测量的类型。例如，数字数据传输抖动的测量，就需要一个示波器，为了确定谐波，则在频域内检验信号会更加有用。图 15-1 所示的信号看起来是个 20MHz 频率的纯正弦信号，基于以上的考虑，应该期望频谱是由单一的 20MHz 的成分组成。

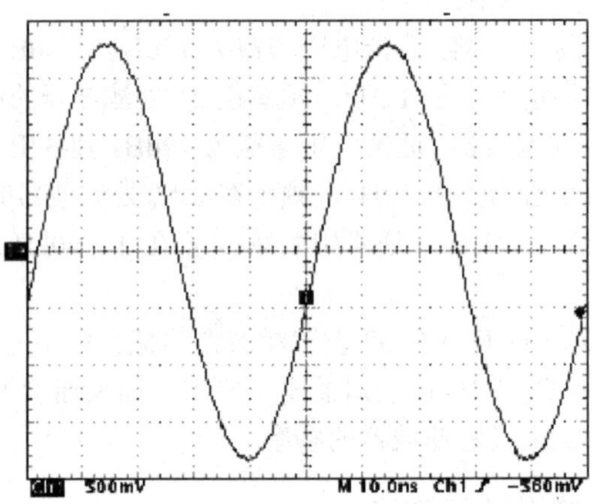

图 15-1　示波器显示的 20MHz 正弦波信号

然而，借用于频谱分析仪在频域上检验信号时，可很明显地观察到，基波（1 次谐波）上叠加了许多高次谐波（图 15-2），而这样的信息是不能简单地通过时域观察得到的。此外，与时域中相比，在频域中检验一个正弦信号的短期频率稳定度和振幅要容易得多。

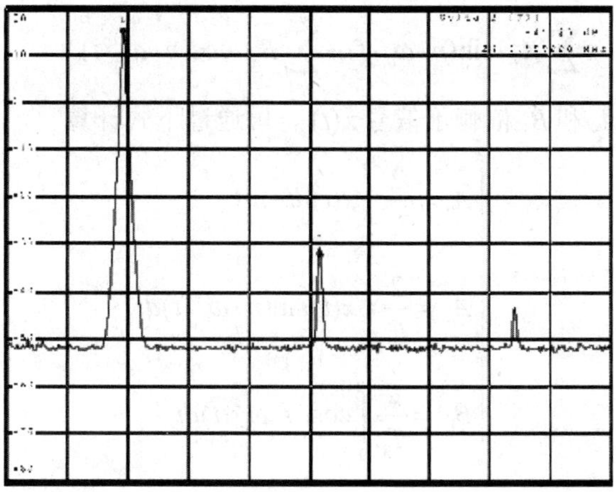

图 15-2　频谱仪显示的 20MHz 正弦波及其谐波

15.1.1　信号的频域分析

在时域中，电信号的振幅是相对于时间来定的。这些信号波形还可以用矢量图来表示。图 15-3 通过简单正弦信号的时域表示及其在矢量图上的表示来说明这两种模式的关系。

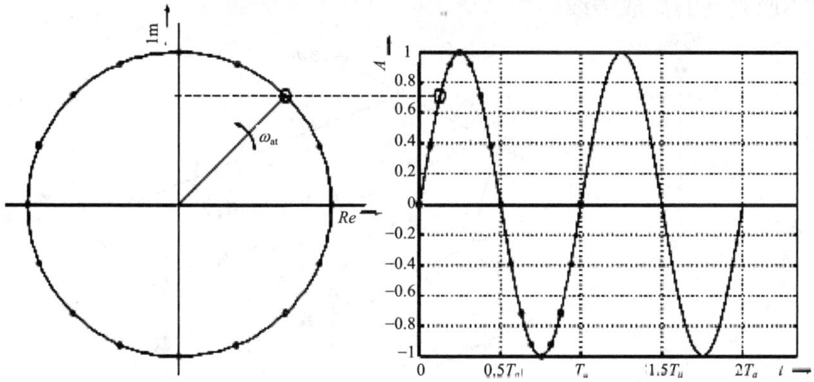

图 15-3　正弦信号显示为复旋转向量在虚轴上的投影

时间轴上的振幅对应于向量在虚轴（$j\,\mathrm{Im}$）上的投影，向量的角频率由式 $\omega_0 = 2\cdot\pi\cdot f_0$ 得到。其中角频率 ω_0 的单位是 S^{-1}，f_0 为信号频率，单位是 Hz。用 $x(t) = A\cdot\sin(2\cdot\pi\cdot f_0\cdot t)$ 表示信号也可用 $x(t) = A\cdot\mathrm{Im}\{e^{j-2\cdot\pi\cdot f_0\cdot t}\}$ 表示。

1．傅氏理论

傅氏理论描述了信号时域和频域间的相互关系，它包括傅立叶级数和傅立叶变换。傅立叶级数应用于周期信号的频域变换，周期信号通过傅立叶级数变换，在频域中表现为离散的谱线；非周期信号通过傅立叶变换，在频域中表现为一条连续的谱线。为了阐明这些关系，先对周期性的时域信号进行说明。

（1）周期信号

根据傅立叶理论，任何时域中周期性的信号都可以表达为不同频率和振幅的正弦和余弦信号的和。该求和式表示为傅立叶级数，如下所述：

$$x(t)=\frac{A_0}{2}+\sum_{n=1}^{\infty}A_n\cdot\sin(n\cdot\omega_0\cdot t)+\sum_{n=1}^{\infty}B_n\cdot\cos(n\cdot\omega_0\cdot t) \tag{15-1}$$

傅立叶系数 A_0、 A_n 和 B_n 依赖于信号 $x(t)$。可通过下式计算

$$\begin{cases} A_0=\dfrac{2}{T_0}\displaystyle\int_0^{T_0}x(t)dt \\ A_n=\dfrac{2}{T_0}\displaystyle\int_0^{T_0}x(t)\sin(n\cdot\omega_0\cdot t)dt \\ B_n=\dfrac{2}{T_0}\displaystyle\int_0^{T_0}\cos(n\cdot\omega_0\cdot t)dt \end{cases} \tag{15-2}$$

其中 $\frac{A_0}{2}$ 代表直流成分，$x(t)$ 为时域信号，n 为谐波次数，T_0 为周期，ω_0 代表角频率。

当一个矩形信号用傅立叶级数近似表示，其表现为多个基本波和多个奇次谐波的和。这些单个成分的数量越多，信号就越接近理想矩形脉冲。图 15-4 以该方波信号为例说明信号在时域与频域的表示关系。该立体坐标轴分别代表时间、频率与振幅。信号的各组成部分在该立体坐标中对应显示出来——时间轴上不同频率和幅度的正弦波分别经傅里叶级数变换为频率轴上相应幅度的离散谱线。

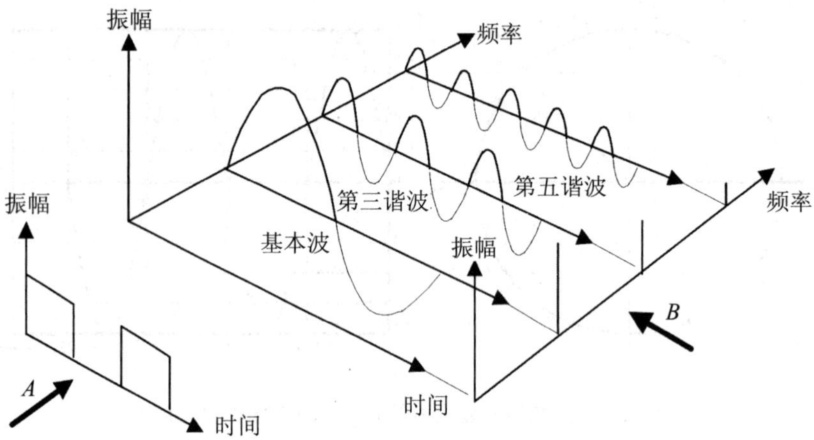

图 15-4 方波时域与频域表示的立体坐标关系

（2）非周期信号

时域中非周期特性的信号不能用傅里叶级数所表达，因此这种信号的频谱不是由离散频谱成分组成。非周期性信号显示的是连续谱。时域变化的信号都有相应的频谱特性，频域的信号可以用傅立叶变换公式 来计算。

$$X_f(f)=F[x(t)]=\int_{-\infty}^{+\infty}x(t)\cdot e^{-j2\pi ft}dt$$

$$x(t)=F^{-1}[X_f(f)]=\int_{-\infty}^{+\infty}X_f(f)\cdot e^{j2\pi ft}df \tag{15-3}$$

式中 $F[x(t)]$ 为 $x(t)$ 的傅立叶变换，$F^{-1}[X_f(f)]$ 为 $X(f)$ 的傅立叶反变换，$x(t)$ 代表时域信号，$X_f(f)$ 为频域中的复信号。

类似于正弦和余弦信号，也可用式（15-3）来近似解决很多信号的问题。对于那些在时域中有随机特性的信号，例如噪声或随机比特序列，很难找到好的解决方法，这种情况下使用式（15-3）的数值解决方法更容易。图 15-5 示的是调幅信号在时域和频域内的表示。

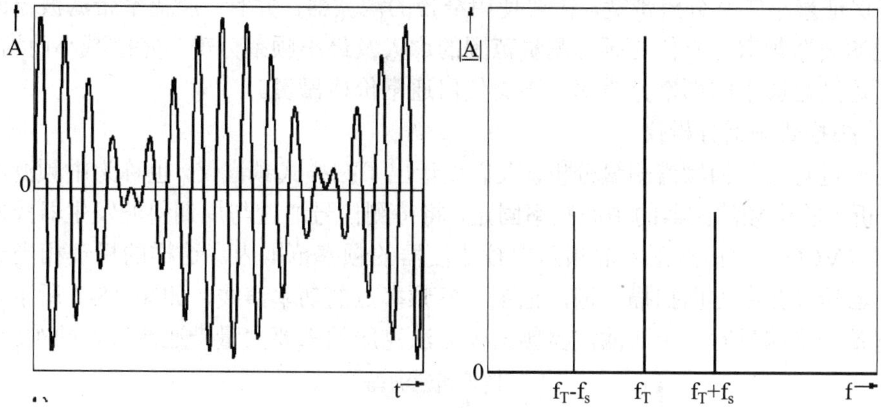

图 15-5　时频域表示的调幅信号

通过对信号进行傅立叶变换，我们知道信号可以分解为许多不同频率、幅度和相位的正弦波。频谱分析仪就是利用离散傅立叶变换来得到频域测量参数的。

15.1.2　频谱分析仪工作原理

频谱分析仪按工作原理不同可作如下分类。

（1）实时频谱分析仪

实时频谱分析仪也称为带通滤波器频谱分析仪，是为实现频谱分析仪的早期方法。其原理就是将待测信号同时引入一系列带宽相同，但中心频率以带宽为步进等差递增的带通滤波器，再分别通过各频率检波器检波，得出各频率点功率的大小，最后再经由同步的多任务扫描器将信号传送到屏幕上显示出来。其基本原理如图 15-6 所示。

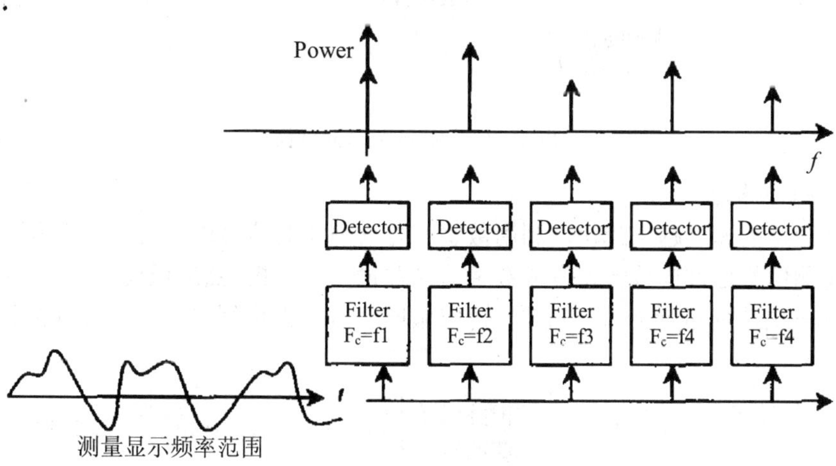

图 15-6　实时频谱分析仪基本原理图

该方法的最大优点是能迅速跟踪信号频谱随时间的变化，能显示周期性杂散信号的瞬时反应。而它的最大弱点在于，带通滤波器频谱分析仪的最小频率分辨带宽是由带通滤波器的带宽决定的。假设带通滤波器的带宽是 100kHz，那么带通滤波器频谱分析仪的频率分辨只有 100 kHz，因此，对于紧密相邻的频谱分量，其最小频率分辨带宽受制于带通滤波器的带宽。为了保证最小频率分辨带宽，需要使用窄带的滤波器。并且，所需窄带滤波器的数量随着该带通滤波器频谱分析仪的频率测量范围的增大及最小频率分辨带宽的减小而增加。相应的，为了达到足够小的频率分辨率，该类仪器通常价格昂贵。

（2）扫描式频谱分析仪

为适应进行宽带的频谱测量分析，人们设计出了扫描式频谱仪，也称为中频滤波器频谱仪。该分析仪将中频滤波器的中心频率固定，将待测信号通过与周期斜波发生器控制下的压控振荡器（VCO）的输出频率混频到中频滤波器的频率范围内。这样的机理相当于用一只带通滤波器沿着频率方向扫描一遍，记录下各频率点的功率谱线，如图 15-7 所示。这样就解决了宽带频谱测量时，带通滤波器频谱仪无法克服的需要大量带通滤波器的难题。

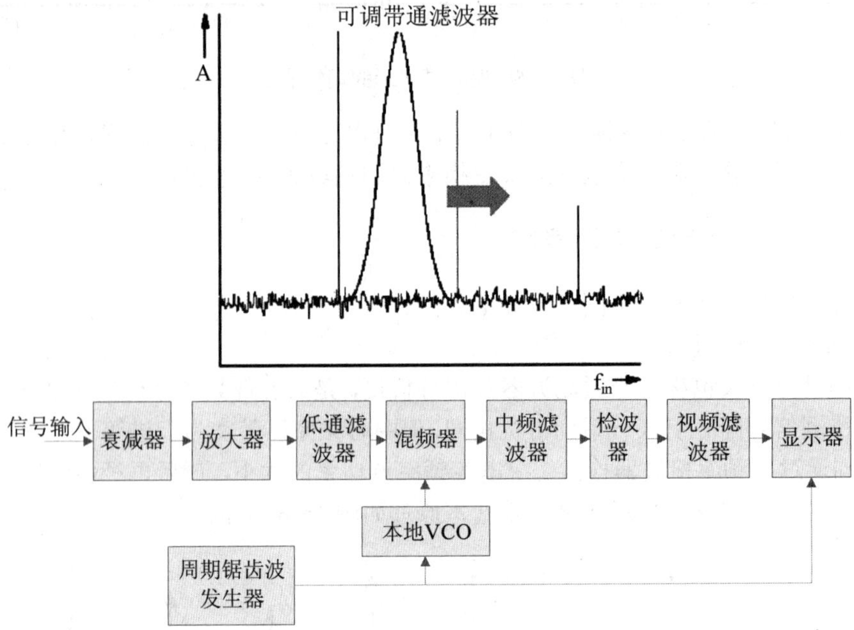

图 15-7　扫描式频谱分析仪

（3）FFT 分析仪

随着处理器的速度越来越快，利用数字信号处理器对信号进行处理已成为通用的方法。该方法将待测信号通过模数转换变成数字信号并输入计算机，然后通过离散傅立叶变换及其快速算法——快速傅里叶变换（FFT）转成频域信号，再进行显示。其处理流程如图 15-8 所示。

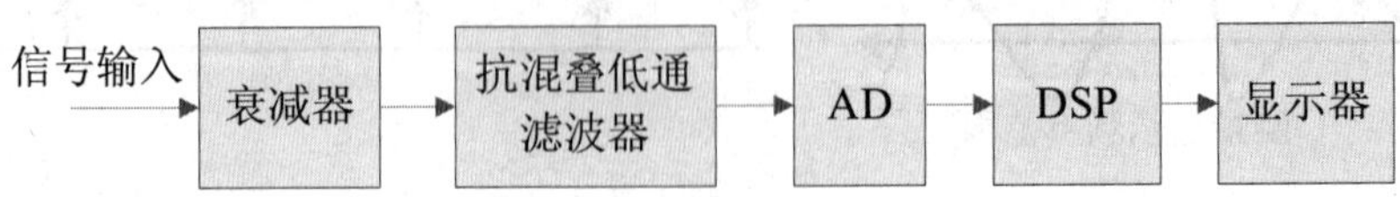

图 15-8　FFT 分析仪流程处理框图

FFT 频谱分析仪的理论根据为均匀采样定理和傅里叶变换。在满足香农采样定理的条件下，输入被测信号的带宽被 A/D 转换器前的模拟低通滤波器所限制。在 DSP 模块中，采样值通常先被保存在一个存储器中，然后分批进行信号的频域计算和分析，最后的结果频谱被显示出来。只要时间序列足够长，采样点足够密，频域采样就能较好地反映信号的频谱特性，因此 FFT 可以用来进行连续信号的频谱分析。

FFT 频谱分析仪的主要缺点在于以下方面。采样量化引起的量化噪声决定了动态范围的下限。A/D 转换器使用越高的分辨率（AD 位数），量化噪声越低。受实际可用的高分辨率 A/D 转换器的限制，较高的带宽将不可避免地导致较低的动态范围。FFT 分析仪必须折中考虑动态范围和最大输入信号频率。此外，FFT 分析仪并不适合脉冲信号的分析。如图 15-9 所示，对于触发测量的特定位置的不同，FFT 的结果是完全不同的。

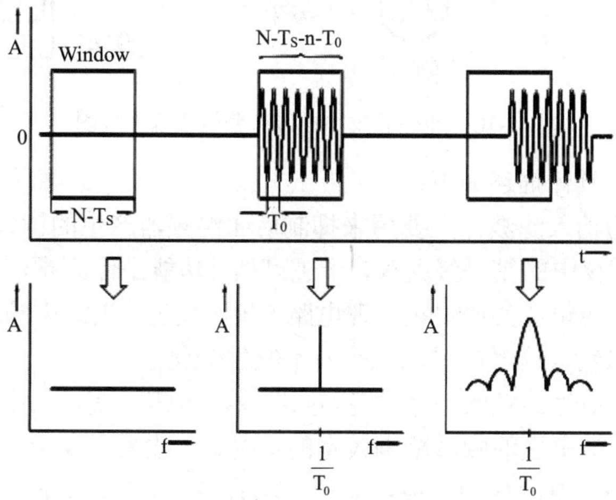

图 15-9　脉冲信号作 FFT 的结果示意图

（4）超外差式扫描调谐分析仪

当前，典型的频谱分析仪并不是改变滤波器的中心频率，而是用外差的方法，借助于改变本机振荡器的频率，选出所需信号频率，滤波器的中心频率是不改变的。其原理框图如图15-10所示。输入信号经衰减器直接外加到混波器，在锯齿波发生器的控制下，同步的扫描信号分两路，一路控制可调变的本地振荡器产生随时间作线性变化的振荡频率加到混频器，另一路经一定延迟后接CRT的水平方向板。输入信号经混频器降频为中频信号（IF）再放大、滤波与检波传送到CRT的垂直方向板。因此在CRT 的纵轴显示信号振幅与频率的对应关系。

该原理中，采用的是输入信号扫过固定调谐滤波器的方式。被转换的信号在进入中频滤波器前被放大，该滤波器决定了分辨率带宽。该中频滤波器有一个固定的中频，因此与可调滤波器相关的难题可被避免。为了允许一个宽电平范围的信号可同时在屏幕上显示，中频信号被用对数放大器来压缩，然后进行包络检波，所得信号称为视频信号。该信号可被称作视频滤波器的可调低通滤波器来平均化，从而不受噪声影响并且可平滑显示。视频信号被用于阴极射线管的垂直偏移，因为它是作为频率的函数来显示的。一个锯齿信号被用于电子束的水平偏转及调节本振。由于中频和本振的频率都是已知的，因而输入信号的频谱可被清楚地显示。

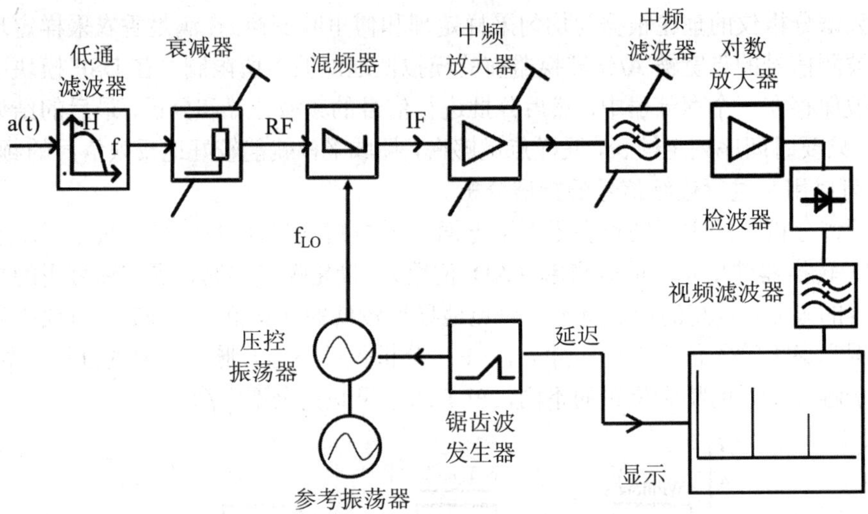

图 15-10　超外差式扫描调谐分析仪基本框图

各模块功能及特点具体描述如下：

低通滤波器：作为输入滤波，主要用来抑制后面混频器产生的镜像频率成分。

输入衰减器：频谱仪中的第一级处理，步进可调。功能是保证频谱仪在宽频范围内保持良好匹配特性，并保护混频及其他中频处理电路。频谱仪工作时，中频放大器增益和衰减器设定值连动工作，所以输入信号的显示电平并不发生变化。

混频器：用于完成信号的频谱搬移，将不同频率输入信号变换到中频的相应频率，满足中频处理的要求。对于被变换的频谱范围较宽的情况，一般采用高中频（中频频率大于被测信号频率）的方式可获得更简化的实现，如图 15-11。在这种配置下，镜像频率位于输入频率范围之上，由于两个频率范围不会重叠，镜像频率可以通过简单的低通滤波器被抑制掉。

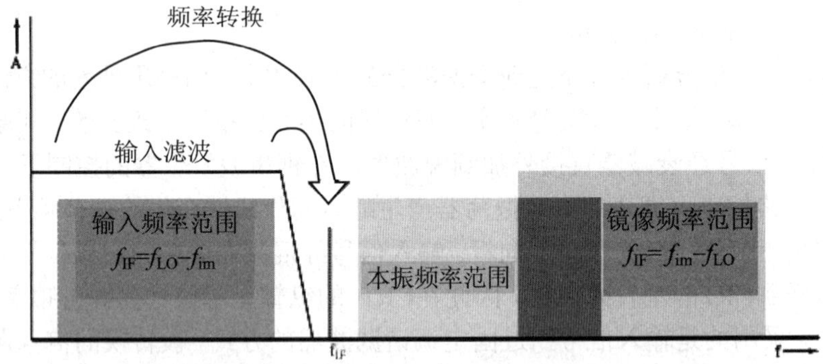

图 15-11　高中频原理示意图

中频放大器：一般采用步进增益放大，主要用于在参考电平和衰减器变化时，对整机增益的调整。

中频滤波器：这是频谱分析仪中的关键部分，可以提供多种不同的分辨率带宽。其功能是分辨不同频率信号。中频滤波器的带宽和形状将影响频谱仪的许多关键指标，例如测量分辨率、测量灵敏度、测量速度以及测量精度等。

对数放大器：将信号作对数处理，用以扩大测量显示的动态范围。

检波器：检波器的功能是将输入信号转换为视频电压，该电压值对应输入信号功率。不同特性的输入信号（例如正弦信号、噪音信号、随机调制信号等）需采用不同检波方式才能准确测出该信号功率。

视频滤波器：视频滤波器对检波器输出视频信号进行低通滤波处理。减小视频带宽可对频谱显示中的噪声抖动进行平滑，从而减小显示噪声的抖动范围。这有利于频谱仪在测试过程中发现被噪声淹没的小功率连续信号，还可提高测量的可重复性。

15.1.3　频谱分析仪基本性能指标

频谱分析仪的基本性能指标主要包括以下几方面：

（1）频率指标

测量频率范围：反映频谱仪测量信号范围能力，频谱分析仪的测量频率范围由其本振范围决定。

频率分辨率：反映频谱分析仪分辨两个频率间隔信号的能力，频谱分析仪的频率分辨率与其内部的中频滤波器和本振性能有关。

（2）幅度指标

灵敏度：频谱分析仪发现小信号的能力。频谱分析仪的灵敏度定义为在一定分辨带宽下所显示的平均噪声电平。频谱分析仪灵敏度与中频带宽即分辨率带宽（RBW）、视频带宽（VBW）、衰减器设值有关。

内部失真：反映频谱分析仪测量大信号的能力。频谱分析仪的内部失真是由频谱仪的混频电路和其他处理过程的非线性作用引起的。

动态范围：频谱分析仪同时分析大信号和小信号的能力，例如当频谱分析仪在测量一个10dBm 的大信号时，其灵敏度和失真指标能否保证频谱分析仪还可测试一 100dBm 的杂散信号。要保证频谱分析仪具有最大的动态测试范围，需要设定最佳混频器工作电平，此时仪器内部产生的任何失真产物低于噪声电平，将不被显示出来。

（3）分析精度

包括频率测量精度和幅度测量精度。频率测量精度与本振信号频率和中频滤波器相关；幅度测量精度则会受到设备的每个环节精度的影响。

（4）测量速度

频谱分析仪的测量速度与扫宽、中频滤波器带宽值、视频滤波器带宽值相关。

15.2　频谱分析仪应用及基本操作

频谱分析仪的应用领域相当广泛，诸如卫星接收系统、无线电通信系统、移动电话系统基站辐射场强的测量、电磁干扰等高频信号的侦测与分析。同时也是研究信号成分、信号失真度、信号衰减量、电子组件增益等特性的基本测量工具。在此列举几项作为参考：

（1）放大器增益、频率响应与无源组件特性的量测

通信系统使用大量的放大器与分路/合路器、接头、同轴电缆等无源组件，组件的质量

严重影响信号的特性，因此事先的筛选有助于保证信号的质量。

（2）测量放大器的自激信号

放大器的输入端不加信号，对地接一个负载，输出端接频谱分析仪，把频谱分析仪的输入灵敏度调高。观察屏幕上是否有非噪声的信号谱线存在，如果有，那就是自激信号。

（3）测量振荡器、混频器

测量振荡器、混频器的谐波或杂波抑制。测量振荡器、混频器的单边带相位噪声（SSB）。

（4）测量信号的调制度。调幅、调频信号以及其它复杂的调制信号都可以测量。

（5）噪声频谱的观测与分析。

（6）测量滤波器的通带、阻带及过度带特性及参数。

15.2.1 操作界面

本节以安捷伦公司的ESA-E系列频谱分析仪为例，说明频谱分析仪的基本界面与简单操作。如图15-12，为典型的频谱分析仪前面板示意图。前面板各功能按键介绍如表15-1所示。

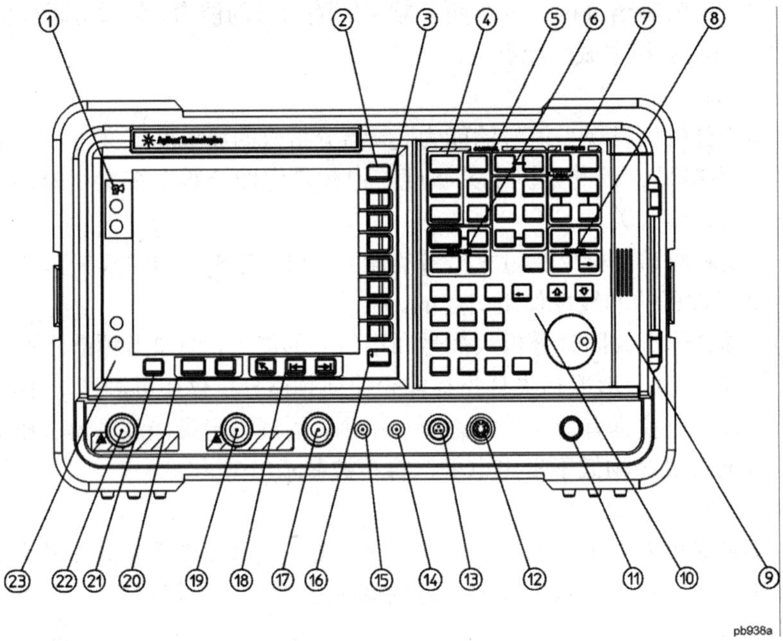

图15-12 典型频谱分析仪前面板示意图

表15-1 典型频谱分析仪前面板功能简介

序号	标志	说明
1	Viewing Angle	观察视角调整
2	Esc	取消一个输入过程
3	Menu keys	无标志的菜单按键（选择菜单在显示屏内）
4	FREQUENCY Channel SPAN X Scale AMPLITUDE Y Scale	主要的分析仪功能键

（续表）

序号	标志	说明
5	CONTROL	控制访问键，调节分辨率带宽、扫描时间等
6	MEASURE	分析仪测量键
7	SYSTEM	系统设置与功能键，如文件保存、打印
8	MARKER	屏幕光标功能键
9	Media Door	磁盘接口
10	Data Control Keys	数字输入键和调节旋钮
11	VOLUME	内部扬声器音量调节
12	EXT KEYBOARD	外接键盘
13	PROBE POWER	外供电源
14	LO OUTPUT	本振输出
15	IF INPUT	中频输出
16	Return	菜单返回键
17	AMPTD REF OUT	50 MHz 幅度参考信号 –20 dBm
18	Tab Keys	切换键
19	INPUT 50Ω	信号输入接口
20	Next Window	分屏显示时换下一窗口
21	Help	帮助信息
22	RF OUT 50Ω	内置扫频信号源（选件）
23	开关	

频谱分析仪的屏幕显示如图 15-13 所示，其对应各种指示的说明见表 15-2。

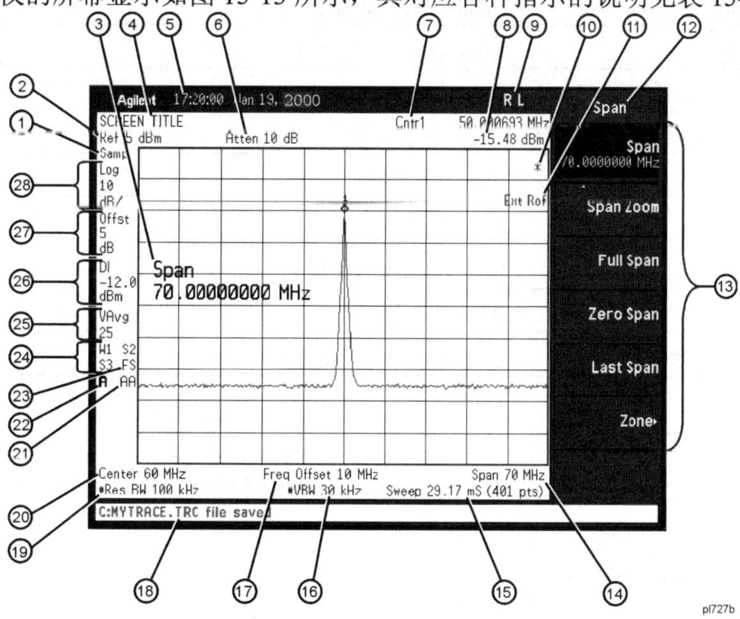

图 15-13 屏幕显示示意图

表 15-2　屏幕显示说明简表

序号	说明	涉及的功能键
1	检波模式	Detector
2	参考电平	Ref Level
3	活动功能显示块	根据活动的功能而不同
4	屏幕标题	Change Title
5	时间日期显示	Time/Date On Off
6	射频衰减	Attenuation Auto Man
7	光标频率	Marker Count On Off
8	光标幅度	Marker
9	GBIP 指示	GBIP 接口
10	数据无效指示	Sweep（Single）或 View/Trace
11	状态信息	
12	按键菜单名	和所选按键相关
13	按键菜单	和所选按键相关
14	频率跨度或截止频率	Span 或 Stop Freq
15	扫描时间或点数	Sweep Time Auto Man，Sweep Points
16	视频带宽	Video BW Auto Man
17	频率偏移	Freq Offset
18	仪器状态显示行	显示仪器状态和错误信息
19	分辨率带宽	Resolution BW Auto Man
20	中心频率或起始频率	Center Freq 或 Start Freq
21	自动对齐	Auto Align
22	幅度校正开指示	Correction On Off
23	触发/扫描	Trig，Sweep
24	轨迹模式	Trace
25	取平均值	Average On Off
26	显示线	Display Line On Off
27	幅度偏置	Ref Lvl Offst
28	幅度显示比例	Scale Type Log Lin

15.2.2　基本操作示例

本小节以测量 50MHz 的幅度参考信号为例，介绍频谱分析仪的基本操作。操作步骤如下：

1．按 on 键，开启频谱仪；

2．按 System，Power On/Preset，Preset（Factory）；

3．按 Preset 键；打开内置信号源，按键 Input，Amptd Ref Out（f=50 MHz）（On）；

连接电缆从 AMPTD REF OUT 到 INPUT 50Ω。

4．设置频率

按 FREQUENCY Channel，Center Freq 键，Center 将出现在屏幕左侧的活动显示块，屏幕右侧的 Center Freq 菜单将高亮指示激活状态。这时可通过旋钮、步进键、数字键盘（Data Control Keys）输入 50 和 MHz。

5．设置频跨。按 SPAN X Scale，Span 将显示于活动功能块，Span 菜单键标志将高亮。这时可通过旋钮、步进键、数字键盘（Data Control Keys）输入 20 和 MHz。

6．设置幅度。如果信号的峰值点没有出现在屏幕上，这时需调节参考电平幅度。参考电平指屏幕最高一条格子横线所代表的电平值。按 AMPLITUDE Y Scale，Ref Level 0.0 dBm 将出现在活动功能块，Ref Level 菜单键标志将高亮。这时可通过旋钮、步进键、数字键盘（Data Control Keys）调节参考电平从而改变信号在屏幕显示的上下位置。

7．设置光标。光标功能用于测量信号的频率和幅度。可以通过放置一个菱形的光标于信号的峰值处，来指示该信号的频率和幅度。按 Marker 键，Normal 将高亮以指示激活状态。调节旋钮可以把光标移动到信号峰值上，也可按 Peak Search 键，自动放置光标到屏幕上信号点迹的最高值点处。光标处的频率和幅度值可从屏幕右上角读出。

最后的测量结果显示如图 15-14 所示。

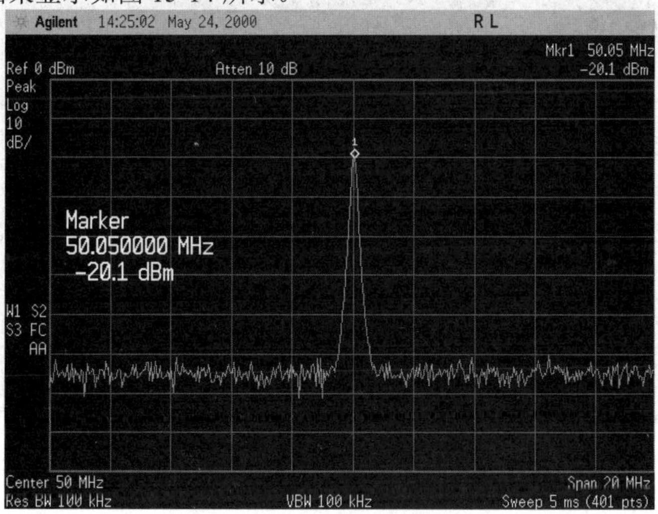

图 15-14　单频测量结果示意图

15.2.3　幅频特性测量

这里通过对某电子模块的带通滤波特性测量的例子，说明频谱分析仪的幅频特性测量过程。

如图 15-15 连接跟踪发生器输出 RF Out 到被测模块（DUT）的输入，DUT 的输出连接频谱分析仪输入 INPUT 50Ω。

1．打开跟踪发生器，按 Source-Amplitude，根据被测模块输入要求设置输出幅度；

2．调节频谱分析仪的控制设置（如频率、分辨率带宽、扫描时间、输入阻抗），为归一化测试数据，建立一个 0dB 参考线；

3．从测试回路中移开被测模块，按 View/Trace-More-Normalize-Store Ref（1 - 3）；

4．开始测试，接入被测模块，如图 15-15。观察测量值，并可用 Marker 标出相关具体位置的值。如图 15-16 为一个带通滤波器的幅频特性测量结果。

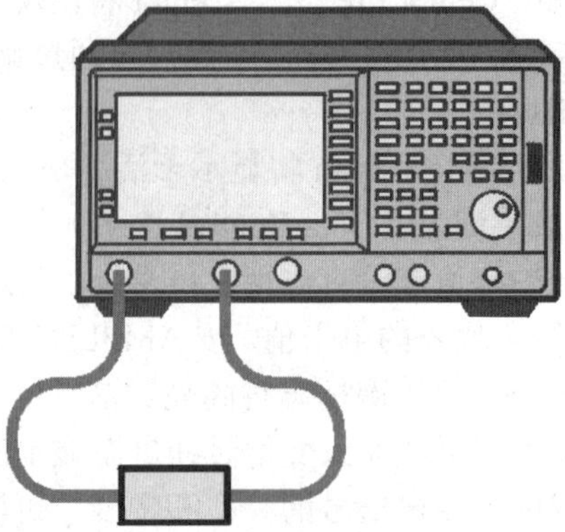

图 15-15　增益/衰减测量的连接关系图

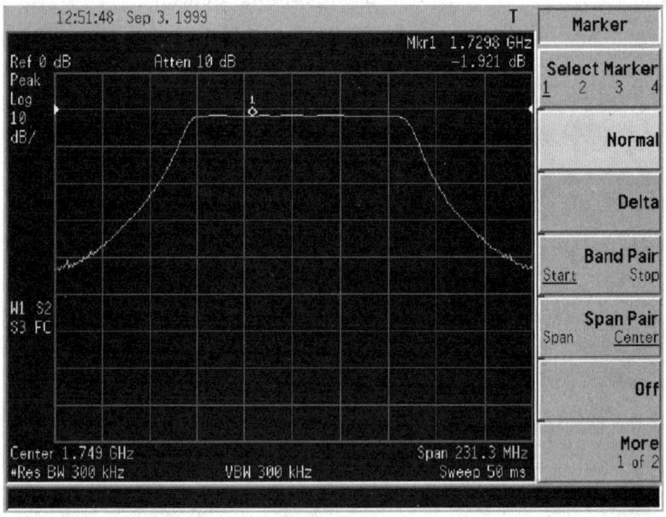

图 15-16　带通滤波器特性测量结果图

15.2.4　使用频谱分析仪的注意事项

1．安全使用注意

使用任何信号测量设备都应以保护设备为优先考虑，频谱分析仪也不例外。同时，为了获得准确可信的测试结果，必须严格遵守相关的操作要求和注意事项，具体举例如下：

（1）使用前，了解所使用的频谱分析仪的特点（包括基本模块和扩展模块），使得能够充分利用该频谱分析仪自身的功能来构建测量环境；

（2）保证设备和被测量件接地良好；

（3）开机后，首先设定与量测相关的极限参数范围，包括频率、幅度等；

（4）降低输入信号强度，避免测量值在频谱分析仪产生饱和的现象，更要避免信号损毁频谱分析仪的输入前端；

（5）注意输入阻抗的匹配，并校正量测线及接头的误差；如利用输入阻抗为 50Ω的频谱分析仪量测 75Ω待测件而加入匹配器时，实际的信号振幅必须考虑匹配器的插入损失（Insertion Loss）才能真正反应信号的振幅。

2．合理使用输入衰减器

各种不同型号、不同类型的频谱分析仪，为了防止高电平输入信号对混频器产生非线性失真，在仪器内部都设有输入衰减器，以此来选择最佳的混频电平。混频器是频谱分析仪的前端电路，如果工作不正常，频谱分析仪自身就会产生多种频率成分，导致测量不准确。所以合理使用输入衰减器是正确使用频谱分析仪的前提。为了满足大的动态范围和最好的信噪比，会希望混频器的驱动电平尽可能大。而为了减少的非线性失真，又希望加到混频器的电平尽可能低。究竟混频器的电平取多大呢？多数使用说明书建议最佳的混频电平在–30～–40dBm 之间。这时混频器内部产生的失真电平低于显示的平均噪声电平，也就是说混频器产生的失真电平观察不到，可以忽略。对于现代的频谱分析仪，一般情况下都可简单地将输入衰减器设置在自动（Auto）位，由系统自身来调节。

3．选择适当的扫频宽度、分辨带宽和扫描时间

选择适当的扫频宽度（Span）分辨带宽（RBW）和扫描时间（Sweep）是正确使用频谱仪的关键。频谱分析仪的一个基本特性——扫频特性是用扫频宽度和扫描时间来表示的。扫频宽度是指频谱分析仪在一次分析过程中所显示的频率范围。在观察信号的谐波、杂散辐射、测量电磁环境、监测无线电频谱的使用情况时，需要选择较宽的 Span，以便很快地观测到频段内无线电频谱的密集程度与强度。而在观察被测信号频谱的细节，如测量邻频道功率、占用带宽时，Span 选择要窄。与扫频宽度相对应的是扫描时间（Sweep)，即完成一次频谱分析所用的时间。分辨率带宽越窄，扫描周期越长，使测量速度变慢。例如 Span 选择 1MHz，RBW 选择 100Hz 所用的扫描周期将需要 100 秒。为了提高测量速度，希望扫描时间尽量短。可是当扫描速度太快时，如果频谱分析仪的分辨带宽滤波器不能充分响应，就会导致频谱仪频率和幅度的显示值发生偏差，一般表现为频率上移，幅度下降。出现上述情况时，一般的频谱分析仪会在显示屏中自动出现*号，提醒操作人员注意。进一步从实现角度讨论，扫描速度会受到中频和视频滤波器的瞬态响应时间所限。若 VSW＞RBW，则视频滤波器的瞬态时间没有影响。在这种情况下，为了保持正确的读数，应该遵循 $Sweep>k\times Span/RBW^2$。该式表明，在扫频宽度一定的情况下，扫描时间与分辨率带宽的平方成反比。比例系数 k 取决于滤波器的类型和允许的瞬态响应误差。对于由 4～5 个单独电路组成的模拟滤波器，比例系数 k=2.5（最大的瞬态响应误差约为 0.15dB）。

而对于中频滤波采用了数字高斯滤波器的情况，其瞬态响应是可知的，并能够精确再现。相比于模拟滤波器，可以通过适当的与信号类型无关的修正系数来获得更高的扫描速度。特别的，当使用 FFT 滤波器时，观测时间取代瞬态时间。和模拟与数字滤波器的扫描时间相反，观测时间独立于频跨，即使频宽增加，只要分辨率不变，时间就不会增加。使用 FFT 滤波器，在大的频宽/RBW 比情况下可以大大减小扫描时间，特别是对于 RBW 很小的情况。

若 VBW＜RBW，则所需的最小的扫描时间受视频滤波器瞬态时间的影响。和中频滤波器相似，减小带宽使瞬态时间增加。如果采用模拟技术，视频滤波器经常是一阶低通或简单的 RC 电路，因此在 VBW 与扫描时间之间存在一个线性关系。以系数 n 减小视频带宽来扫描时间的 n 倍延长。

要提高测量速度，就要减小扫频宽度/或者增加分辨率带宽。所以，选择适当扫频宽度、分辨带宽、和扫描时间的基本思路是：在满足扫频宽度、分辨带宽要求的前提下，选择最快的扫描时间。

在现代频谱分析仪正常的工作模式下，RBW、VBW 和扫描时间通常是连动的。RBW 自动适应于频跨，这样可避免由于过大的频跨于过小的 RBW 而造成过长的扫描时间，或过小的频跨与过大的 RBW 造成的低分辨率。频宽与 RBW 的比值，可由用户自己设定。这时，仪器根据选择的扫频宽度和分辨带宽能自动地选择最快可允许的扫描时间。采用部分连动也是可能的，当人工设置 RBW 与 VBW 时，扫描时间将自动进行调整。也可人工调整扫描时间，当扫描时间不合适时，仪器屏幕会显示相应的警告。

4．选择最佳显示检波方式

频谱分析仪通常具有两种或三种检波方式，它们对输入信号处理和显示会产生很大影响。在利用数字技术进行数据采集和处理时，频谱仪输入的模拟信号被分隔成若干“区段”进行数字取样，供进一步数据处理和显示。峰值检测方式（Peak）是对每个区段中的最高功率电平检波，峰值检测方式适合于分析连续波，是常用的检测方式。负峰值检测方式（Negative Peak）显示每个区段中的最低功率电平。适合于调幅/调频信号的解调和对脉冲噪声与随机噪声之间的鉴别。取样检测方式（Sample）显示每个区段最后一个点，而不管功率的大小。适合于噪声测量，能精确指示噪声的真随机性。然而，取样检测对测量分辨带宽窄的连续波信号则不太精确。现代频谱分析仪都可更多可选的检波方式以应对不同的测试情况。

5．测量小信号

频谱分析仪测量小信号的能力受仪器内部产生噪声的限制。输入衰减器和分辨带宽的选择与仪器内部产生的噪声有直接影响，因此输入衰减器和分辨带宽的正确选择是决定频谱分析仪可以测量多小信号的关键因素。为了达到最高灵敏度，必须将输入衰减器和分辨带宽都设置到最低值。前文已经提到，输入衰减器工作时会降低混频器输入信号电平，混频器输出端的放大器又重新放大被衰减的信号，使频谱分析仪显示的信号维持在相同位置。这样一来除放大信号外，仪器内部产生的噪声也被放大了。

分辨率是指频谱分析仪对频率的分辨能力。分辨率高，能够分辨出的两个频率分量的间隔就小，将相近频率的信号区分出的能力就强。频谱分析仪观测的信号谱线实际上是中频滤波器的动态幅频特性曲线，因此分辨率取决于幅频特性的带宽。该滤波器的特性为高斯滤波器，通常把其幅频特性的 3dB 带宽定义为频谱分析仪的分辨率带宽（RBW）。RBW 代表两个不同频率信号能够被清楚分辨的最小频宽差异，若两个不同频率的信号频宽低于频谱分析仪的 RBW，此时该两信号将重叠，难以分辨。较低的 RBW 固然有助于不同频率信号的分辨与测量，但将滤除较高频率的信号成分，导致信号显示时产生失真。失真程度与所设定的 RBW 密切相关。频谱仪的灵敏度与分辨率带宽的选择有直接关系。这是因为频谱仪的噪声大部分来自中频放大，中频滤波器带宽增加，噪声电平也相应增大，中频滤波器带宽减小，噪声电平也随之减少。因此，合理选择分辨率带宽 RBW 是至关重要的。在调节输入衰减器和分辨率带宽之后，若信号仍然接近噪声，则可通过改变视频滤波器带宽 VBW 来改善显示效果。

第 16 章　数字电路基础

随着电子技术的发展，数字化技术得到广泛应用。所谓数字化技术实际上就是利用数字电路处理数字信号的技术，数字信号与模拟信号具备对应关系，利用数模转换可以实现数字信号与模拟信号之间的转换。

对于初学者来说，了解数字电路的基本概念很有必要。本章简单介绍数字电路的基础。

16.1　基 本 概 念

1．信号和电路类型

电子电路中的信号按其特征可以分为两大类：模拟信号和数字信号。

模拟信号：某一物理变量，其时间和数值都连续的信号叫模拟信号。如图 16-1（a）所示的 *u*（t）。自然界中许多物理量均是模拟量，如：我们说话的声音、大气的温度、电视的图像和伴音信号等。尽管某些物理量不是电信号，总是可以通过传感器转化成电信号的。一般来说，对模拟信号进行传输、处理的电子线路称为模拟电路，如整流电路、放大电路等。模拟电路注重研究的是输入和输出信号间的大小及相位关系。

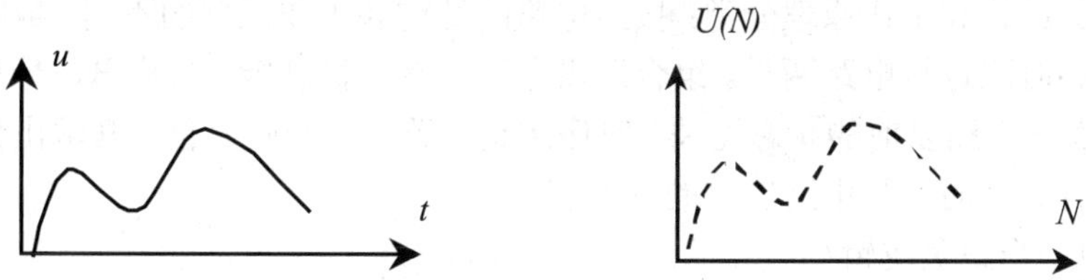

（a）典型的模拟信号　　（b）对应的离散信号

图 16-1　信号分类示意

数字信号：时间和数值均是离散的信号叫数字信号。如：电子表的秒信号、由计算机键盘输入到计算机的信号、生产中自动记录零件个数的计数信号等。数字信号一般根据需要精度的要求进行量化。在我们日常生活中，对某些统计也习惯于取整数，采用“四舍五入”规则，比如，我们报某学生的年龄 19 岁，并不要精确到天，这就是一种量化的规则。

一般来说，对数字信号进行传输、处理的电子线路称为数字电路。数字信号可以用“二进制”表达，因此，人们设计了基于“二进制”的数字信号。因此，这样的数字信号在电路中可以表现为脉冲信号。这些信号的变化、发生在一系列离散的时间，其值也是离散的。以矩形波为例，数字信号只有两个离散值，常用数字“0”和“1”来表示。这里的“0”和“1”没有大小之分，只代表两种对立的状态，称为逻辑“0”和逻辑“1”，也称为二值数字逻辑。如图 16-2（a）所示。

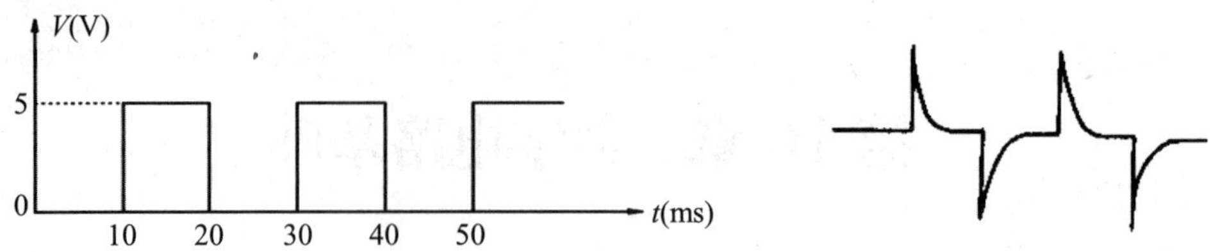

（a）矩形波　　（b）尖顶波

图 16-2　数字信号

“二进制”数字信号的特点：

①信号只有两个电压值，比如，5V 和 0V。我们可以用 5V 来表示逻辑 1，用 0V 来表示逻辑 0；当然也可以用 0V 来表示逻辑 1，用 5V 来表示逻辑 0。因此这两个电压值又常被称为逻辑电平，5V 为高电平，0V 为低电平。

②信号从高电平变为低电平，或者从低电平变为高电平是一个突然变化的过程，这种信号又称为脉冲信号。

2．数字电路种类

按电路结构分类：按电路结构的不同，数字电路可分为分立元件电路和集成电路两大类。根据集成密度的不同，数字集成电路可分为小规模（SSI，每片数十器件）、中规模（MSI，每片数百器件）、大规模（LSI，每片数千器件）和超大规模（VLSI，每片器件数目大于 1 万）数字集成电路。集成电路从应用的角度又可分为通用型和专用型两大类型。

按所用器件制作工艺分类：按所用器件制作工艺的不同，数字电路可分为双极型（TTL 型）和单极型（MOS 型）两类。

按照电路的结构和工作原理分类：按照电路的结构和工作原理的不同，数字电路可分为组合逻辑电路和时序逻辑电路两类。组合逻辑电路没有记忆功能，其输出信号只与当时的输入信号有关，而与电路以前的状态无关。时序逻辑电路具有记忆功能，其输出信号不仅和当时的输入信号有关，而且与电路以前的状态有关。

3．逻辑电平与正负逻辑

逻辑电路，包括各种逻辑门，为了能演示二值逻辑的各种运算（功能），其输入及输出变量（信号）也必然是二值的，可以用电压 V 的高低、电流 I 的大小来表示。实际上，用电压表征逻辑变量的居多数，通常用较高电平 V_H 代表逻辑 1，较低电平 V_L 代表逻辑 0，这和人们的习惯比较符合，便于测试和观察。至于这高、低电平是正、是负，具体为何值，这要由使用的集成电路品种和所加电源电压而定。

通常，将高电平 V_H（简写 H）代表逻辑 1，V_L 低电平（简写 L）代表逻辑 0 的约定，简称正逻辑。一般的与、或、非、与非及或非等基本门电路的命名，都是在正逻辑约定下的结果。也可以用相反的约定，即电路的高电平 H 代表逻辑 0，低电平 L 代表逻辑 1，这称为负逻辑约定，简称负逻辑。

在讨论逻辑单元框内的功能时，只有逻辑状态的概念，而且数字电路中没有脉冲信号时的状态称为静态，静态时的电压值可以为正、为负或为零（一般在 0V 左右）。脉冲出现时电压大于静态电压值称正脉冲，小于静态电压值则称为负脉冲，如图 16-3 所示。

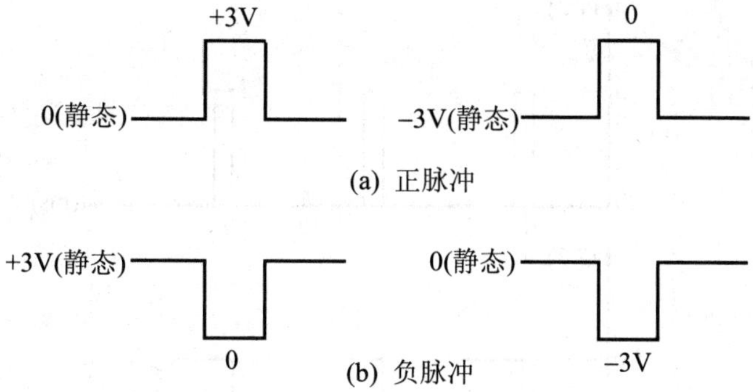

图 16-3　正脉冲与负脉冲

数字信号是一种二值信号，用两个电平（高电平和低电平）分别表示两个逻辑值（逻辑 1 和逻辑 0）。那么，究竟用哪个来表示哪个逻辑值呢？

（1）正逻辑体制规定：高电平为逻辑 1，低电平为逻辑 0；

（2）负逻辑体制规定：低电平为逻辑 1，高电平为逻辑 0。

如果采用正逻辑，图 16-2 所示的数字电压信号就成为如图 16-4 所示的逻辑信号。

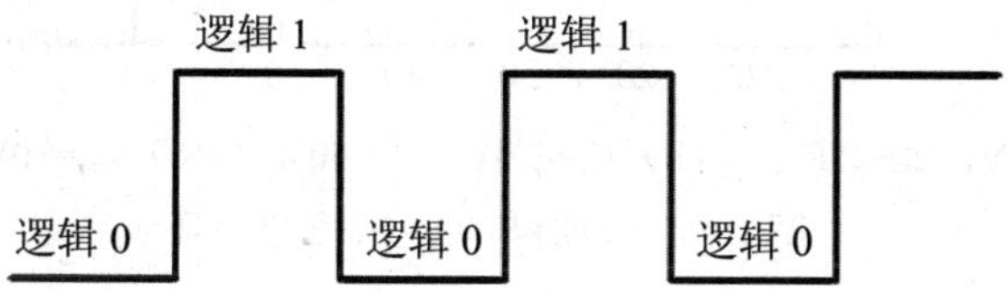

图 16-4　逻辑信号波形

4．数字信号的主要参数

一个理想的周期性数字信号，可用以下几个参数来描绘，如图 16-5（a）所示。

（1）V_m：信号幅度。它表示电压波形变化的最大值。

（2）T：信号的重复周期。信号的重复频率为 $1/T$。

（3）t_W：脉冲宽度。它表示脉冲的作用时间。

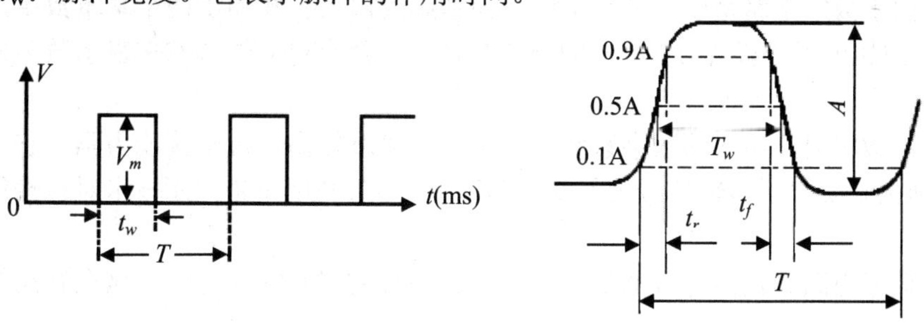

（a）理想的周期性数字信号　　（b）实际的周期性数字信号

图　16-5

（4）τ：占空比。它表示脉冲宽度 t_W 占整个周期 T 的百分比，其定义为：$\tau=\frac{t_w}{T}\times100\%$。

图 16-6 所示为三个周期相同（T=20ms），但幅度、脉冲宽度及占空比各不相同的数字信号。

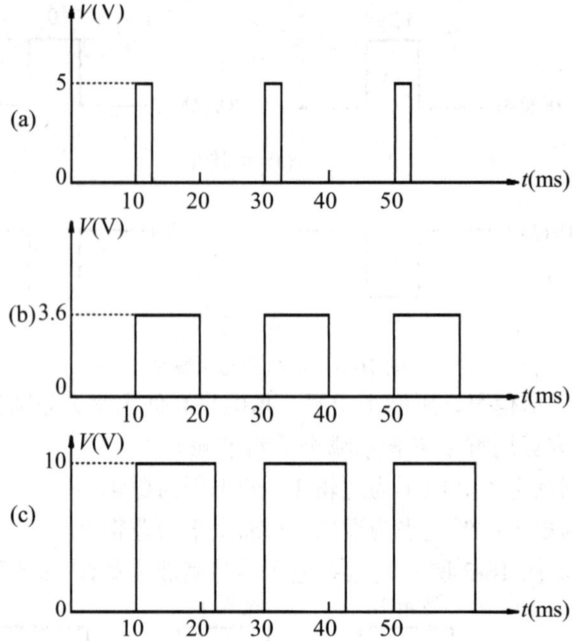

（a）V_m=5V，τ <50%　（b）V_m=3.6V，τ =50%　（c）V_m=10V，τ >50%

图 16-6　周期相同的三个数字信号

实际的数字信号波形并不是那么理想，如图 16-5（b）所示为实际的矩形波。因此描述实际数字信号波形的参数还要增加两个。

（5）脉冲上升时间 t_r：从脉冲 10%的幅度上升到 90%所需的时间。

（6）脉冲下降时间 t_f：从脉冲 90%的幅度下降到 10%所需的时间。

5．数字电路的特点

数字电路与模拟电路相比主要有下列优点：

（1）由于数字电路是以二值数字逻辑为基础的，只有 0 和 1 两个基本数字，易于用电路来实现，比如可用二极管、三极管的导通与截止这两个对立的状态来表示数字信号的逻辑 0 和逻辑 1。

（2）由数字电路组成的数字系统工作可靠、精度较高、抗干扰能力强。它可以通过整形很方便地去除叠加于传输信号上的噪声与干扰，还可利用差错控制技术对传输信号进行查错和纠错。

（3）数字电路不仅能完成数值运算，还能进行逻辑判断和记忆。这在智能控制系统中是不可缺少的。

（4）数字信息便于长期保存。比如可将数字信息存入磁盘、光盘等长期保存。

（5）数字集成电路产品系列多、通用性强、成本低。

（6）虽然数字信号的处理电路比较复杂，但因信号本身波形十分简单（它只有两种状态：有或无），在电路中具体表现为高电位和低电位（通常用 1 和 0 表示），所以，用于数字电路的晶体管不是工作在放大状态而是工作在开关状态，要么饱和导通，要么截止。因此制作时要求低、功耗小，易于集成化。

由于具有一系列优点，数字电路在电子设备或电子系统中得到了越来越广泛的应用，计算机、计算器、电视机、音响系统、视频记录设备、光碟、长途电信及卫星系统等，无一不采用了数字系统。

16.2 数制与编码

1．数制

表示数值大小的各种计数方法称为计数体制，简称数制。按进位的原则进行计数称为进位计数制。常用的数制有：（1）十进制（Decimal）；（2）二进制（Binary）；（3）十六进制（Hexadecimal）；（4）八进制（Octal）等。数制所使用的数码的个数称为基，数制的每一位所具有的值称为权。

（1）十进制

十进制是人们最常用的一种数制，它的特点如下：

①采用10个计数符号（也称数码）：0，1，2，3，4，5，6，7，8，9。就是说，十进制数中的任一位，只可能出现这十个符号中的某一个。

②十进制数的进位规则是“逢十进一”。即个位计满十就向高位进一，进位基数为十。所谓“基数”，它表示该数制所采用的计数符号的个数及其进位的规则。因此，同一个符号写在一个十进制数中的不同位置时，它所代表的数值是不同的。

例如，十进制数1999.5可写为：$1999.5=1\times10^3+9\times10^2+9\times10^1+9\times10^0+5\times10^{-1}$。

我们把一种数制中各位计数符号为1时所代表的数值称为该数位的“权”。十进制数中各位的权是基数10的整数次幂。

③根据上述特点，任何进一个十进制数可表示为：

$$(N)_{10}=\sum_{i=-m}^{n-1}a_i\times10^i \qquad (16\text{-}1)$$

式中，a_i为基数10的i次幂的系数，它可以是0～9中的任一个计数符号；n为（N）$_{10}$。的整数位个数；m为（N）$_{10}$的小数位个数；下标10为十进制的进位基数；10^i为a_i所在位的权。通常把式（16-1）的表示形式称为按权展开式或多项式表示法。

从计数电路的角度来看，采用十进制是不方便的。因为要构成计数电路，必须把电路的状态跟计数符号对应起来，十进制有十个符号，电路就必须有十个能严格区别的状态与之对应，这在技术上带来许多困难，而且也不经济，因此在计数电路中一般不直接采用十进制。

（2）二进制

二进制的特点如下：

①采用两个符号0和1。

②二进制的进位规则为“逢二进一”，即1+1=10（读为“壹零”）。必须注意，这里的“10”和十进制中的“10”是完全不同的，它实际上等值于十进制数的“2”。

③根据上述特点，任何具有n位整数、m位小数的二进制数，按权展开式可表示为：

$$(N)_2=\sum_{i=-m}^{n-1}a_i\times2^i \qquad (16\text{-}2)$$

式中，系数 a_i 可以是 0 或 1，下标 2 表示为二进制。例如，

$$(101.11)_2=1\times2^2+0\times2^1+1\times2^0+1\times2^{-1}+1\times2^{-2}$$

根据二进制的上述特点，目前数字电路普遍采用二进制，其原因为：

①二进制的数字装置简单可靠，所用元件少。二进制只有两个计数符号 0 和 1，因此它的每一位都可以用任何具有两个不同稳定状态的元件来实现。例如，继电器的闭合和断开，晶体管的饱和与截止等。只要规定一种状态代表“1”，另一种状态代表“0”，就可以表示二进制数。这样使数码的存储和传送变得简单而可靠。

②二进制的基本运算规则简单。例如，加法运算：0+0=0；1+0=0+1=1；1+1=10；

乘法运算：0×0=0；0×1=1×0=0；1×1=1。因此二进制数的运算操作简便。

（3）十六进制和八进制

十六进制中，采用 16 个计数符号：0，1，2，3，4，5，6，7，8，9，A，B，C，D，E，F。符号 A～F 分别对应于十进制数的 10～15。进位规则是“逢十六进一”，进位基数是 16，十六进制数中各位的权是 16 的整数次幂，任何一个十六进制数，按权展开式为：

$$(N)_{16}=\sum_{i=-m}^{n-1}a_i\times16^i \tag{16-3}$$

【例】

$$\begin{aligned}(6D.4B)_{16}&=6\times16^1+D\times16^0+4\times16^{-1}+B\times16^{-2}\\&=6\times16^1+13\times16^0+4\times16^{-1}+11\times16^{-2}\end{aligned}$$

八进制中，采用 8 个计数符号：0，1，2，3，4，5，6，7，进位规则是“逢八进一”，进位基数是 8，八进制数中各位的权是 8 的整数次幂，任何一个八进制数，按权展开式为：

$$(N)_8=\sum_{i=-m}^{n-1}a^i\times8^i \tag{16-4}$$

【例】

$$(374.6)_8=3\times8^2+7\times8^1+4\times8^0+6\times8^{-1}$$

用二进制表示一个数，所用的数位要比十进制多，例如，表示一个十进制数 $(255)_{10}$，只需三位，而用二进制表示该数，却需八位，即 $(11111111)_2$，不便于书写和记忆，为此常采用十六进制和八进制来表示二进制。十六进制和八进制与二进制之间的转换比较方便，即四位二进制数对应一位十六进制数，三位二进制数对应一位八进制数。

2．不同数制间的相互转换

日常生活中，人们习惯使用的是十进制数。十进制数可以和二进制数按数值的大小相互等值转换。

（1）二进制数转换成十进制数

将二进制数转换为等值的十进制数，常用按权展开法，这种方法是将二进制数按式（16-2）展开，然后按十进制的运算规则求和，即得等值的十进制数。

【例】把 $(1011.11)_B$ 转换成 10 进制数（保留两位小数）。

解：

$$\begin{aligned}(1011.11)_B&=1\times2^3+0\times2^2+1\times2^1+1\times2^0+1\times2^{-1}+1\times2^{-2}\\&=8+2+1+0.5+0.25\\&=(11.75)_D\end{aligned}$$

简化此法，只要将二进制数中数码为 1 的那些位的权值相加即可，而数码为 0 的那些位可以不去管它。

【例】将二进制数（101101.01）转换为等值的十进制数。

解：（101101.01）$_2$=$2^5+2^3+2^2+2^0+2^{-2}$=32+8+4+1+0.25=（45.25）$_{10}$。

这种方法要求对 2 的各次幂值比较熟悉，才能较快地实现转换。

（2）十进制整数转换为二进制数

将二进制数转换为十进制数的运算过程反过来，就可以实现十进制数到二进制数的转换。相应的方法为：提取 2 的幂。

这种方法是前述用按权展开法将二进制数转换为十进制数运算过程的逆过程，即将十进制数分解为 2 的幂之和，然后从该和式求得对应的一进制数。

【例】将十进制数（45）$_{10}$ 转换为等值的二进制数。

解：（45）$_{10}$=32+8+4+1=$2^5+2^3+2^2+2^0$

$=1\times2^5+0\times2^4+1\times2^3+1\times2^2+0\times2^1+1\times2^0$=（101101）$_2$

这种方法的关键是要熟悉 2 的各次幂值。

（3）二进制转换成十六进制

由于十六进制基数为 16，而 $16=2^4$，因此，4 位二进制数就相当于 1 位十六进制数。因此，可用“4 位分组”法将二进制数化为十六进制数。

【例】将二进制数 1001101.100111 转换成十六进制数

解：（1001101.100111）$_B$=（0100 1101.1001 1100）$_B$=（4D.9C）$_H$

同理，若将二进制数转换为八进制数，可将二进制数分为 3 位一组，再将每组的 3 位二进制数转换成一位 8 进制即可。

（4）十六进制转换成二进制

由于每位十六进制数对应于 4 位二进制数，因此，十六进制数转换成二进制数，只要将每一位变成 4 位二进制数，按位的高低依次排列即可。

【例】将十六进制数 6E.3A5 转换成二进制数。

解：（6E.3A5）$_H$=（0110 1110.0011 1010 0101）$_B$

同理，若将八进制数转换为二进制数，只须将每一位变成 3 位二进制数，按位的高低依次排列即可。

（5）十六进制转换成十进制

可由“按权相加”法将十六进制数转换为十进制数。

【例】将十六进制数 7A.58 转换成十进制数。

解：（7A.58）$_H$=$7\times16^1+10\times16^0+5\times16^{-1}+8\times16^{-2}$

=112+10+0.3125+0.03125

=（122.34375）$_D$

3．二进制的算术运算

二进制数的加、减、乘、除四则运算，在数字系统中是经常遇到的，他们的运算规则与十进制数相似。加法运算是最基本的一种运算，利用它的运算规则可以实现其他三种运算。例如，加法运算可以借助改变减数的符号再与被减数相加，乘法运算可以视为被乘数的连加，而除法运算则可视为被除数重复地减去除数。

（1）二进制加法与减法

加法运算的规则是逢 2 进 1，具体的运算规则如表 16-1 所示。无符号数的减法，其规则是向高位借 1 当 2，运算的规则如表 16-2 所示。

表 16-1　加法运算规则

	无进位	无进位	无进位	有进位 1
被加数	0	0	1	1
+ 加数	+ 1	+ 1	+ 1	+ 1
和	1	1	10	11

表 16-2　无符号数的减法运算规则

	无借位	无借位	无借位	有借位
被减数	0	1	1	10
- 减数	- 0	- 0	- 1	- 1
差	0	1	0	1

（2）二进制乘法与除法

二进制乘法、除法与十进制乘法、除法相同，下面列出了四条具体的乘法、除法的规则：0×0=0；0×1=0；1×0=0；1×1=1。0÷0=0，0÷1=0，1÷0=0（无意义），1÷1=1；

4．二进制代码

数字系统只能识别 0 和 1，怎样才能表示更多的数码、字母、文字、符号和各种对象、信号呢？用编码可以解决此问题。所谓编码就是用一定规则组合而成的若干位二进制码来表示数或字符（字母或符号）。用以表示十进制数码、字母、符号等信息的一定位数的二进制数称为二进制代码。

（1）码的基本概念

①数位与比特

码的位叫做数位，对于十进制码叫做十进制数位，对于二进制码叫做二进制数位，二进制数位一般叫做 bite，中文读作比特。例如，某个二进制码是 100101，该码共六数位，所以称为 6 比特。

②字

用二进制数表示某一个数值或字符时，该二进制数称为字，英文是 Word。在数字系统电路中，所有的信息，包括数据、字母、符号、代表机器操作的指令或数据，以及指令在存储器的存放地址等，都是以二进制代码表示的。作为一个整体来处理或运算的一组二进制代码，称为一个字。字是二进制的基本单位，是数据总线宽度。

③字长

在微控制器中，一个字的二进制位数称为字长。微控制器的字长有 4 位、8 位、16 位、32 位和 64 位等。

④字节

字节是由一组二进制位形成的计算机的一种储存单位，它可以表示一个字符，通常一个字节为 8 个二进制位。

⑤字内位的名称

字内各个位的名称是有规定的，具体规定如下：最高一位叫做 MSB（Most Significant Bit，意为最高有效位），次高位叫做 2SB，第三位叫做 3SB，最后一位就叫做 LSB（Least Significant Bit，意为最低有效位）。

（2）二—十进制码

由于数字系统是以二值数字逻辑为基础的，因此数字系统中的信息（包括数值、文字、控制命令等）都是用一定位数的二进制码表示的，这个二进制码称为代码。

二进制编码方式有多种，二—十进制码，又称 BCD 码（Binary-Coded-Decimal），就是用二进制代码来表示十进制的 0～9 十个数，是其中一种常用的码。

要用二进制代码来表示十进制的 0～9 十个数，至少要用 4 位二进制数。4 位二进制数有 16 种组合，可从这 16 种组合中选择 10 种组合来分别表示十进制的 0～9 十个数。选哪 10 种组合，有多种方案，这就形成了不同的 BCD 码。具有一定规律的常用的 BCD 码见表 16-3 所示。

表 16-3　常用 BCD 码

十进制数	8421 BCD 码	2421 BCD 码	5121 BCD 码	余 3 码	余 3 循环码
0	0000	0000	0000	0011	0010
1	0001	0001	0001	0100	0110
2	0010	0010	0010	0101	0111
3	0011	0011	0110	0110	0101
4	0100	0100	0111	0111	0100
5	0101	1011	1000	1000	1100
6	0110	1100	1001	1001	1101
7	0111	1101	1010	1010	1111
8	1000	1110	1011	1011	1110
9	1001	1111	1111	1100	1010
位权	8421 $b_3b_2b_1b_0$	2421 $b_3b_2b_1b_0$	5121 $b_3b_2b_1b_0$	无权	无权

①8421 码是 BCD 代码中最常用的一种。若把每一个代码都看成是一个四位二进制数，各位的权依次为 8，4，2，1。另外，每个代码的数值恰好等于它所表示的十进制数的大小。

②2421BCD 码也是一种有权码，它的另两个特点是：编码方案不唯一（如十进制数“5”可以编码为“1011”或“0101”）；0－9，1－8，2－7，3－6，4－5 数字编码互为按位取反结果，这有助于十进制的运算简化。

③余 3 码被看成 4 位二进制数时，则它的数值要比它所表示的十进制数码多 3。如果将两个余 3 码相加，所得的和将比十进制数和所对应的二进制数多 6。因此，在用余 3 码作十进制加法运算时，若两数之和为 10，正好等于二进制数的 16，于是从高位自动产生进位信号。

④余 3 循环码是一种无权码，其特点是：每两个相邻编码之间只一位码元不同。这一特点使数据在形成和传输时不易出现错误。

（3）组合 BCD 码与非组合 BCD 码

上述编码方式是针对“一位”十进制数字而言的，一个多位的十进制数与相应的 8421BCD 码之间的转换关系如图 16-7 所示。

这样得到的BCD码在存放或处理时有两种格式：

组合BCD码格式：每位十进制数字对应的BCD编码以四个二进制位来存放；

$$(3091)_{10}=(0011\ 0000\ 1001\ 0001)_{BCD}$$

十进制数：	3	0	9	1
	↕	↕	↕	↕
对应的8421BCD码：	0011	0000	1001	0001

图 16-7　十进制数与 8421BCD 码

非组合BCD码格式：每位十进制数字对应的BCD编码以八个二进制位来存放，其中低四位存放真正的BCD码，高四位根据具体应用的不同定义为不同的值——如无特殊要求，高四位通常为全0；

$$(3091)_{10}=(00000011\ 00000000\ 00001001\ 00000001)_{BCD}$$

【例】将十进制数 83 分别用 8421 码、2421 码和余 3 码表示。

解：由表 16-3 可得：$(83)_D=(1000\ 0011)_{8421}$；

$(83)_D=(1110\ 0011)_{2421}$；

$(83)_D=(1011\ 0110)_{余3}$。

还有一种常用的四位无权码叫格雷码（Gray），其编码如表 16-4 所示。这种码看似无规律，它是按照“相邻性”编码的，即相邻两码之间只有一位数字不同。

表 16-4　格雷码

十进制数	G_3 G_2 G_1 G_0
0	0 0 0 0
1	0 0 0 1
2	0 0 1 1
3	0 0 1 0
4	0 1 1 0
5	0 1 1 1
6	0 1 0 1
7	0 1 0 0
8	1 1 0 0
9	1 1 0 1
10	1 1 1 1
11	1 1 1 0
12	1 0 1 0
13	1 0 1 1
14	1 0 0 1
15	1 0 0 0

格雷码常用于模拟量的转换中，当模拟量发生微小变化而可能引起数字量发生变化时，格雷码仅改变 1 位，这样与其他码同时改变两位或多位的情况相比更为可靠，可减少出错的可能性。

（4）字符码

目前广泛应用的表示字母、符号的二进制代码是 ASCII 码（American Standard Code for

Information Interchange 美国信息交换标准代码），请参看计算机方面的书籍。

ASCII 码采用 7 位二进制数编码，可以表示 128 个字符。扩展 ASCII 码采用 8 位二进制数编码，可以表示 256 个字符。

在汉字系统中，由于中文文字较多，需用 16 位二进制数编码。中文繁体字（正体字）的数量，根据《康熙字典》来看，约有 47 035 字，若以 Big-5 的计算机来看，则为 13 060 字左右，现今的 Big-5E 则使得繁体字（正体字）增至 17 266 字喔！简体字不多，约有 2 236 字而已。

（5）其他代码

在数字系统中，任何信息包括各种特定的对象、信号等都要转化为二进制代码来处理。

例如：在计算机的 VGA/TVGA 显示系统中，标准彩色字符的颜色与 3 位二进制代码对应，红色对应 $(100)_2$，而 $(010)_2$ 则代表绿色。

又如：现代汽车上都配备自诊断系统，汽车的电子控制单元（ECU）能够自动检测汽车本身的故障，而各种故障在 ECU 中是以代码形式存储、处理的，这些代码称为故障码。

16.3　基本逻辑运算

数字电路无论多么复杂，它们都是由若干种简单的基本电路组成的。这些基本电路的工作特点：从电路内部看，电子器件（如晶体管）不是工作在导通状态，就是工作在截止状态，即电路工作在开关状态，故也称为开关电路；从电路的输入和输出来看，或是电平的高低，或是脉冲的有无，就整体而言，输入和输出量之间的关系是一种因果关系，所以也将数字电路称为逻辑电路。

逻辑代数是研究逻辑电路的数学工具。它的基本概念是由英国数学家乔治·布尔（George Boole）在 1847 年提出的，故也称为布尔代数。

16.3.1　基本逻辑运算

逻辑代数和普通代数有相同的地方，例如，也用字母 A、B、C、…、x、y 等表示变量，但变量的含义及取值范围是不同的。逻辑代数中的变量不表示数值，只表示两种对立的状态，如脉冲的有无，开关的接通和断开，命题的正确和错误等。因此，这些变量的取值只能是 0 或 1，这种变量称为逻辑变量。

此外，逻辑代数中对变量的运算和普通代数也有不同的地方。在逻辑代数中只有三种基本的逻辑运算，即“与”、“或”、“非”，下面分别予以介绍。

1．与

只有当决定一件事情的条件全部具备之后，这件事情才会发生。我们把这种因果关系称为与逻辑。

（1）可以用列表的方式表示上述逻辑关系，这个表称为真值表。

（2）如果用二值逻辑 0 和 1 来表示，并设 1 表示开关闭合或灯亮；0 表示开关断开或灯不亮，如图 16-8（a）所示的电路，当开关 A、B 都闭合时，灯才亮，A、B 为其他任何情况时，灯都不会亮。将开关和灯亮、灯灭的各种组合情况列成表格，则如图 16-8（c）所示，称为逻辑真值表。

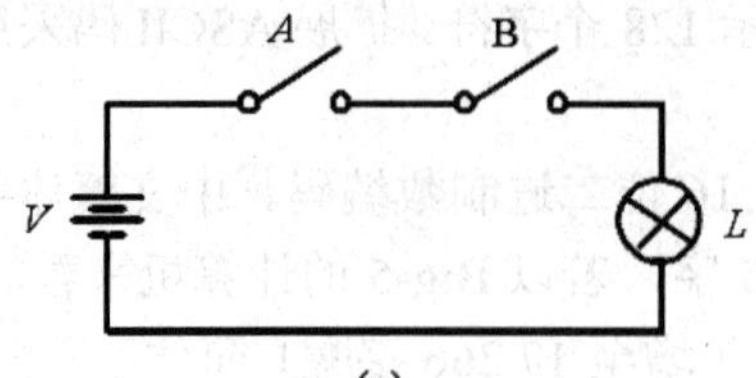

(a)

A　B	灯L
不闭合　不闭合	不亮
不闭合　闭合	不亮
闭合　不闭合	不亮
闭合　闭合	亮

(b)

A　B	$L=A\cdot B$
0　0	0
0　1	0
1　0	0
1　1	1

(c)

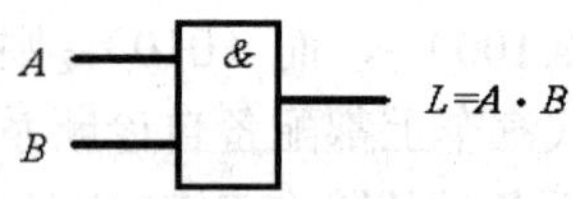

(d)

（a）电路图；（b）真值表；（c）逻辑真值表；（d）逻辑符号

图 16-8　与逻辑运算

（3）若用逻辑表达式来描述，则可写为：$L=A\cdot B$。

与运算的规则可概括为口诀："见 0 为 0；全 1 为 1"。

（4）在数字电路中能实现与运算的电路称为与门电路，其逻辑符号如图 16-8（d）所示。

与运算可以推广到多变量：$L=A\cdot B\cdot C\cdots$

2．或

当决定一件事情的几个条件中，只要有一个或一个以上条件具备，这件事情就会发生。我们把这种因果关系称为或逻辑。如图 16-9（a）所示的电路，当开关 A、B 任一个闭合时，灯都会亮；而当 A、B 都断开时，灯才不亮。

将开关和灯亮、灭的各种组合情况列成表格，或运算的真值表和逻辑真值表如图 16-9（b）和图 16-9（c）所示。若用逻辑表达式来描述，则可写为：$L=A+B$。

或运算的规则可概括为口诀："见 1 为 1；全 0 为 0"。在数字电路中能实现或运算的电路称为或门电路，其逻辑符号如图 16-9（d）所示。

或运算也可以推广到多变量：$L=A+B+C+\cdots$。

3．非

某事情发生与否，仅取决于一个条件，而且是对该条件的否定。即条件具备时事情不发生；条件不具备时事情才发生。

如图 16-10（a）所示的电路，当开关 A 闭合时，灯不亮；而当 A 不闭合时，灯亮。其真值表如图 16-10（b）所示，逻辑真值表如图 16-10（c）所示。若用逻辑表达式来描述，则可写为：$L=\overline{A}$。

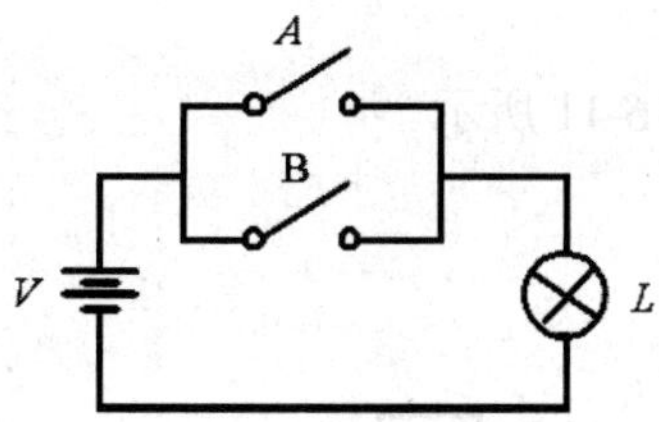

(a)

A　　B	灯L
不闭合　不闭合	不亮
不闭合　闭合	亮
闭合　不闭合	亮
闭合　闭合	亮

(b)

A　　B	L=A+B
0　0	0
0　1	1
1　0	1
1　1	1

(c)

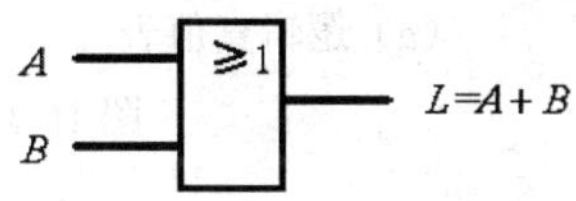

(d)

（a）电路图；（b）真值表；（c）逻辑真值表；（d）逻辑符号

图 16-9　或逻辑运算

非运算的规则可概括为口诀：“是 0 为 1；是 1 为 0”。在数字电路中实现非运算的电路称为非门电路，其逻辑符号如图 16-10（d）所示。

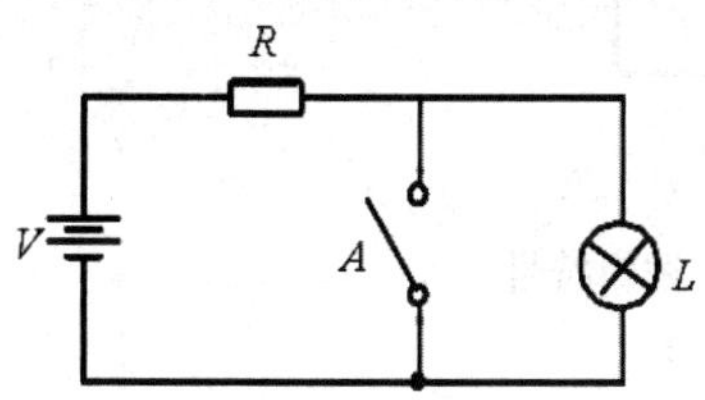

(a)

开关 A	灯 L
不闭合	亮
闭合	不亮

(b)

A	$L=\bar{A}$
0	1
1	0

(c)

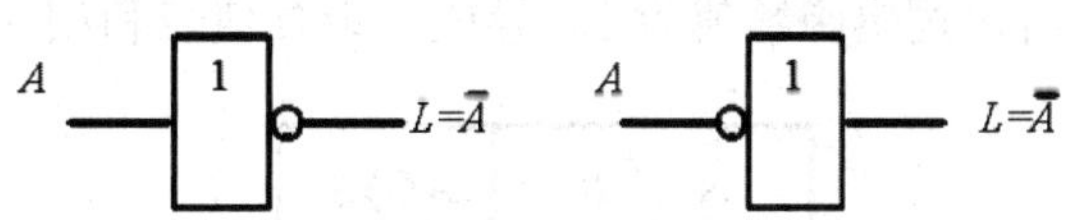

(d)

（a）电路图；（b）真值表；（c）逻辑真值表；（d）逻辑符号

图 16-10　非逻辑运算

4．其他常用逻辑运算

任何复杂的逻辑运算都可以由这三种基本逻辑运算组合而成。在实际应用中，为了减少逻辑门的数目，使数字电路的设计更方便，还常常使用其他几种常用逻辑运算。

（1）与非

与非是由与运算和非运算组合而成，如图 16-11 所示。

A	B	$L=\overline{A\cdot B}$
0	0	1
0	1	1
1	0	1
1	1	0

（a）逻辑真值表

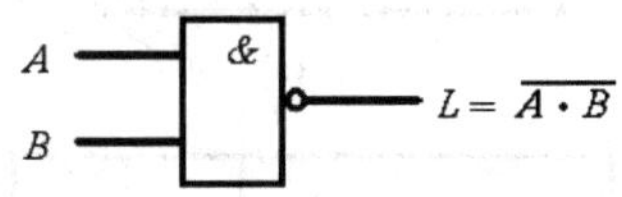

（b）逻辑符号

图 16-11　与非逻辑运算

（2）或非

或非是由或运算和非运算组合而成，如图 16-12 所示。

A	B	$L=\overline{A+B}$
0	0	1
0	1	0
1	0	0
1	1	0

（a）逻辑真值表

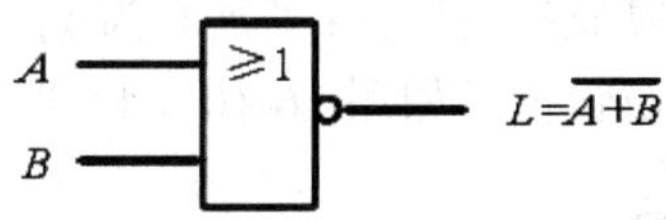

（b）逻辑符号

图 16-12　或非逻辑运算

（3）异或

异或是一种二变量逻辑运算，当两个变量取值相同时，逻辑函数值为 0；当两个变量取值不同时，逻辑函数值为 1。异或逻辑真值表和相应逻辑门的符号如图 16-13 所示。

A	B	$A\oplus B$
0	0	0
0	1	1
1	0	1
1	1	0

（a）逻辑真值表

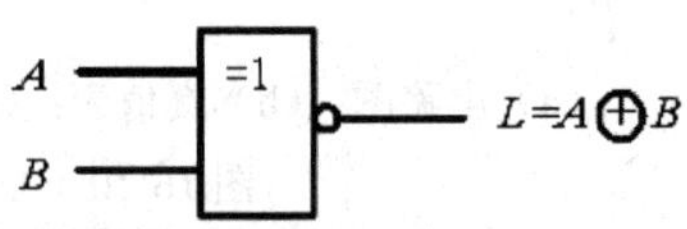

（b）逻辑符号

图 16-13　异或逻辑运算

16.3.2 逻辑函数及其表示方法

描述逻辑关系的函数称为逻辑函数，前面讨论的与、或、非、与非、或非、异或都是逻辑函数。逻辑函数是从生活和生产实践中抽象出来的，但是只有那些能明确地用"是"或"否"做出回答的事物，才能定义为逻辑函数。

1．逻辑函数的建立

下面从一个事例的"因果关系"为例，引出逻辑函数的建立思路与步骤。

【例】三个人表决一件事情，结果按"少数服从多数"的原则决定，试建立该逻辑函数。

解：第一步：设置自变量和因变量。将三人的意见设置为自变量 A、B、C，并规定只能有同意或不同意两种意见。将表决结果设置为因变量 L，显然也只有两个情况。

第二步：状态赋值。对于自变量 A、B、C，设：同意为逻辑"1"，不同意为逻辑"0"。对于因变量 L 设：事情通过为逻辑"1"，没通过为逻辑"0"。

第三步：根据题义及上述规定列出函数的真值表，如表 16-5 所示。

表 16-5 表决真值表

A	B	C	L
0	0	0	0
0	0	1	0
0	1	0	0
0	1	1	1
1	0	0	0
1	0	1	1
1	1	0	1
1	1	1	1

由真值表可以看出，当自变量 A、B、C 取确定值后，因变量 L 的值就完全确定了。所以，L 就是 A、B、C 的函数。A、B、C 常称为输入逻辑变量，L 称为输出逻辑变量。一般说来，若输入逻辑变量 A、B、C、…的取值确定以后，输出逻辑变量 L 的值也唯一地确定了，就称 L 是 A、B、C、…的逻辑函数，写作：$L=f$（A，B，C，…）。

逻辑函数与普通代数中的函数相比较，有两个突出的特点：

（1）逻辑变量和逻辑函数只能取两个值，即 0 和 1。

（2）函数和变量之间的关系是由"与"、"或"、"非"三种基本运算决定的。

2．逻辑函数的表示方法

一个逻辑函数有四种表示方法，即真值表、函数表达式、逻辑图和卡诺图。这里先介绍前三种。

（1）真值表

真值表是将输入逻辑变量的各种可能取值和相应的函数值排列在一起而组成的表格。为避免遗漏，各变量的取值组合按照二进制递增的次序排列。

真值表的特点：直观明了。输入变量取值一旦确定后，即可在真值表中查出相应的函数值。

把一个实际的逻辑问题抽象成一个逻辑函数时，使用真值表是最方便的。所以，在设计逻辑电路时，总是先根据设计要求列出真值表。

真值表的缺点是：当变量比较多时，表比较大，显得过于繁琐。

（2）函数表达式

函数表达式就是由逻辑变量和“与”、“或”、“非”三种运算符所构成的表达式。

由真值表可以转换为函数表达式，方法为：在真值表中依次找出函数值等于 1 的变量组合，变量值为 1 的写成原变量，变量值为 0 的写成反变量，把组合中各个变量相乘。这样，对应于函数值为 1 的每一个变量组合就可以写成一个乘积项。然后，把这些乘积项相加，就得到相应的函数表达式了。

例如，用此方法可以直接由表 16-5 写出“三人表决”函数的逻辑表达式为：

$$L=\overline{A}BC+A\overline{B}C+AB\overline{C}+ABC\text{。}$$

【例】列出函数 $L=A\cdot B+\overline{A}\cdot\overline{B}$ 的真值表。

解：该函数有两个变量，有 4 种取值的可能组合，将他们按顺序排列起来即得真值表，如表 16-6 所示。

表 16-6　$L=A\cdot B+\overline{A}\cdot\overline{B}$ 的真值表

A	B	L
0	0	1
0	1	0
1	0	0
1	1	1

3．逻辑图

逻辑图就是由逻辑符号及它们之间的连线而构成的图形。由函数表达式可以画出其相应的逻辑图。

【例】画出逻辑函数 $L=A\cdot B+\overline{A}\cdot\overline{B}$ 的逻辑图。

解：$L=A\cdot B+\overline{A}\cdot\overline{B}$ 的逻辑图如图 16-14 所示。

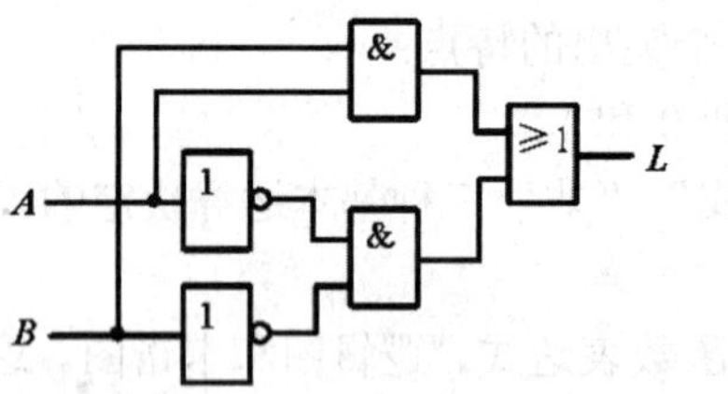

图 16-14　对应逻辑图

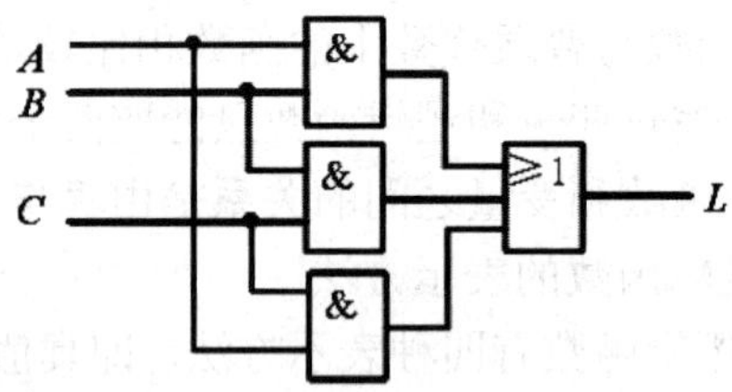

图 16-15　逻辑图

由逻辑图也可以写出其相应的函数表达式。

【例】写出如图 16-15 所示逻辑图的函数表达式。

解：该逻辑图是由基本的“与”、“或”逻辑符号组成的，可由输入至输出逐步写出逻辑表达式：$L=AB+BC+AC$。

16.3.3　逻辑函数的基本定律及定理

与普通代数相似，逻辑代数中的运算也有一定的定律和规则可依。下面，介绍逻辑代数的基本定律和几条常有的规则，熟悉这些内容，对数字电路的分析和设计是非常有用的。

1．逻辑函数的相等

逻辑函数和普通代数一样，也有相等的问题。判断两个函数相等，可依照下面的规则：

设有两个函数 $F_1=f_1$（A_1，A_2，…，A_n）和 $F_2=f_2$（A_1，A_2，…，A_n）如果对于 A_1，A_2，…，A_n 的任何一组取值(共 2^n 组)，F_1 和 F_2 的值均相等，则我们说函数 F_1 和 F_2 相等，记作 $F_1=F_2$。换言之，如果 F_1 和 F_2 两函数的真值表相同，则 $F_1=F_2$。反之，如果 F_1 和 F_2 相等，那么这两个函数的真值表一定相同。

【例】设有两个函数：$F_1=A+BC$，$F_2=(A+B)(A+C)$，求证：$F_1=F_2$。

解：这两个函数都具有三个变量，有 $2^3=8$ 组逻辑取值，可以列出 F_1 和 F_2 的真值表，如表 16-7 所示。由表可见：对应于 A，B，C 的每组取值，函数 F_1 值和 F_2 的值均相等，所以 $F_1=F_2$。

表 16-7　F_1 和 F_2 的真值表

A	B	C	F_1	F_2
0	0	0	0	0
0	0	1	0	0
0	1	0	0	0
0	1	1	1	1
1	0	0	1	1
1	0	1	1	1
1	1	0	1	1
1	1	1	1	1

2．定律

①0—1 律：

$$A\cdot 0=0\text{；}\quad A+1=1\text{。}$$

②自等律：

$$A\cdot 1=A\text{；}\quad A+A=A\text{。}$$

③重叠律：

$$A\cdot A=A\text{；}\quad A+A=A\text{。}$$

④互补律：

$$A\cdot \overline{A}=0\text{；}\quad A+\overline{A}=1\text{。}$$

⑤交换律：

$$A\cdot B=B\cdot A\text{；}\quad A+B=B+A\text{。}$$

⑥结合律：

$$A(BC)=(AB)C\text{；}\quad A+(B+C)=(A+B)+C\text{。}$$

⑦分配律：

$$A(B+C)=AB+AC\text{；}\quad A+(B+C)=(A+B)\cdot(A+C)\text{。}$$

⑧反演律：

$$\overline{A+B}=\overline{A}\cdot\overline{B}\;;\quad \overline{AB}=\overline{A}+\overline{B}\;。$$

反演律也叫德·摩根（De·Morgan）定理，是一个非常有用的定律。

⑨还原律：

$$\overline{\overline{A}}=A\;。$$

以上逻辑代数的基本定律的正确性，可由前述的三种基本逻辑运算规则推得，也可用真值表加以验证。以基本定律为基础，可以推导出逻辑代数的其他公式。

3．逻辑代数的三条定理

逻辑代数有三条重要定理，即代入定理、反演定理和对偶定理。

（1）代入定理

任何一个含有变量 x 的等式，如果将所有出现 x 的位置，都代之以一个逻辑函数式 F，则等式仍然成立，这个规则称为代入规则。由于任何一个逻辑函数和任何一个变量一样，只有 0 和 1 两种取值，显然，以上规则是成立的。

【例】已知等式 $\overline{A+B}=\overline{A}\cdot\overline{B}$，有函数 F=B+C，若用 F 代入此等式中的 B，则有：$\overline{A+(B+C)}=\overline{A}\cdot\overline{B+C}$；$\overline{A+B+C}=\overline{A}\cdot\overline{B}\cdot\overline{C}$。

（2）反演定理

设 F 为任意的逻辑表达式，若将 F 中所有的运算符、常量及变量作如图 16-16 所示的变换，则所得新的逻辑表达式，即为 F 的反函数，记为 $\overline{\mathrm{F}}$。这个规律称为反演定理。

反演定理（又称为香农定理）实际上是前述反演律的推广，这里不加严格证明了。反演定理为直接求取 $\overline{\mathrm{F}}$ 提供了方便。

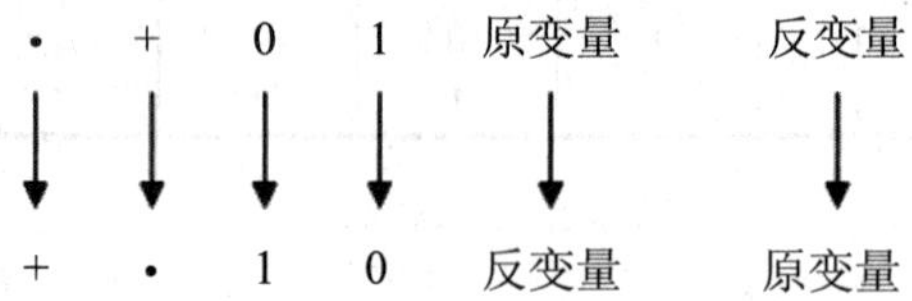

图 16-16　反演定理的函数变换示意图

【例】已知 $F=A\overline{B}+\overline{A}B$，求 $\overline{\mathrm{F}}$。用反演定理易得：$\overline{F}=(\overline{A}+B)(A+\overline{B})$ 成立。

注意：反演定理可用于证明同或等于异或。若两函数相等，其反演式也相等。在应用反演定理时，应注意原式的运算优先级次序是先与后或，因此，把 F 中的与项变成 $\overline{F}$ 中的或项时应加括号。如果写成 $\overline{F}=\overline{A}+B\cdot A+\overline{B}$ 这显然是错误的。

【例】已知 $F=A+\overline{B+\overline{C}+\overline{\overline{D+\overline{E}}}}+\overline{A}B$，求 $\overline{F}$。

解：直接应用反演定理可得：$\overline{F}=\overline{A}\cdot\overline{\overline{B}\cdot C\cdot\overline{\overline{\overline{D}\cdot E}}}\cdot(A+\overline{B})$。

此例是有多层“非”号的情况，在直接运用反演定理求 $\overline{F}$ 时，注意对不属于单个变量的“非”号保留不变。

据此可以证明 n 变量的德·摩根定理的成立。

（3）对偶定理

首先了解一下对偶式的概念。

定义：对任一逻辑式 F，将其中的“•”换成“＋”，“＋”换成“•”，“ 0 ”换成“ 1 ”，

“1”换成“0”，则所得新的逻辑表达式即为 F 的对偶式，记为 F'。

【例】若 $F = A\overline{B} + C\overline{D}$，其对偶式 $F' = (A+\overline{B})(C+\overline{D})$；若 $\mathrm{F} = \mathrm{A} + \overline{\mathrm{B} + \mathrm{C} + \overline{\mathrm{D}} + \overline{\overline{\mathrm{E}}}} + \overline{\mathrm{A}}\mathrm{B}$，其对偶式 $F' = A \cdot \overline{B \cdot C \cdot \overline{D} \cdot \overline{\overline{E}}} \cdot (\overline{A} + B)$。

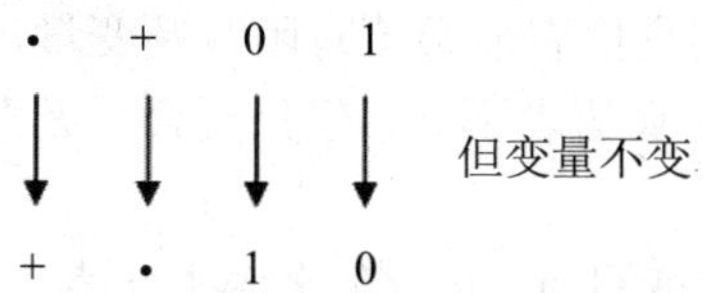

图 16-17　对偶定理的函数演变示意图

实际上对偶是相互的，即 F 和 F' 互为对偶式。求对偶式时需要注意：

①保持原式运算的优先次序；

②原式中的长短“非”号一律不变；

③单变量的对偶式，仍为其自身，如 F=A，$F' = A$；

④一般情况下，$F' \neq \overline{F}$，例如异或表达式 $F = A\overline{B} + \overline{A}B$，$F' = (A+\overline{B})(\overline{A}+B)$，而 $\overline{F} = (\overline{A}+B)(A+\overline{B})$，故 $F' = \overline{F}$。

对偶定理：（1）若一个定理是正确的，则其对偶式也一定正确；（2）若两个逻辑式相等，则它们的对偶式也相等；（3）对对偶式再求对偶得原函数本身。

对偶定理实际上是反演定理和代入定理的应用。因为 F=G，所以 $\overline{F} = \overline{G}$。而 $\overline{F}$ 和 F' 及 $\overline{G}$ 和 G' 的区别仅在于，求反函数时要改变变量，而求对偶式时，变量不动。

若分别将 $\overline{F}$ 和 $\overline{G}$ 中所有的变量都代之以它们的“非”，则得 F' 和 G'。根据代入定理，既然 F=G，则有 $F' = G'$。

回顾前述的基本定律，可以发现，每个定律的两个等式都是互为对偶式。所以有了对偶定理，使得要证明和记忆的公式数目就减少了一半。有时为了证明两个逻辑表达式相等，也可以通过证明它们的对偶式相等来完成。因为在有些情况下，证明它们的对偶式相等更加容易。

【例】已知，$A(BC) = AB + AC$，则根据对偶定理必有：$A + B + C = (A+B)(A+C)$。

16.4　数字组合逻辑电路设计实例

在理想情况下，输入信号存在输出信号也存在，输入信号撤销，输出信号也随之消失。因此，没有记忆或存储功能的电路，称为组合逻辑电路。

逻辑分析，就是根据给定的组合电路逻辑图，确定其逻辑功能，即找出输出与输入之间的逻辑关系。例如，在推敲某个逻辑电路的设计思想，或者评价某个逻辑电路技术指标的合理性，或者进行产品仿制、维修和改进时，分析的过程是很重要的。

逻辑设计（或称逻辑综合），是逻辑分析的逆过程，即根据给定的逻辑功能要求确定一个能实现这种功能的最简逻辑电路。

尽管目前中规模集成电路和大规模集成电路已经普遍应用，但由基本逻辑门组成的组合电路的分析和设计方法仍是研究数字电路的重要基础。

【实例 1】

设计一个含 3 台设备工作的故障显示器。

要求如下：3 台设备都正常工作时，绿灯亮；仅一台设备发生故障时，黄灯亮；两台或两台以上设备同时发生故障时，红灯亮。

解：第一步，列真值表。列真值表前必须对函数及变量进行定义，且加以详细说明。若对变量的定义不同，则所列出的真值表不同，但只要合乎题意都是正确的。例如，此题列真值表有以下两种方法。

方法 1：设 3 台设备分别为变量 A，B，C；设绿灯、黄灯、红灯分别为函数 Y_1，Y_2，Y_3。且令设备出现故障时，变量为 1，反之为 0；令灯亮时函数为 1，反之为 0。所列真值表如表 16-8 所示。

方法 2：与方法 1 一样，设 3 台设备分别为变量 A，B，C；设绿灯、黄灯、红灯分别为函数 Y_1，Y_2，Y_3。令灯亮时函数为 1，反之为 0。与方法 1 不同的是，令设备正常工作时变量为 1，反之为 0。所列真值表如表 16-9 所示。

表 16-8　方法 1 真值表

A B C	Y_1 Y_2 Y_3
0 0 0	1 0 0
0 0 1	0 1 0
0 1 0	0 1 0
0 1 1	0 0 1
1 0 0	0 1 0
1 0 1	0 0 1
1 1 0	0 0 1
1 1 1	0 0 1

表 16-9　方法 2 真值表

A B C	Y_1 Y_2 Y_3
0 0 0	0 0 1
0 0 1	0 0 1
0 1 0	0 0 1
0 1 1	0 1 0
1 0 0	0 0 1
1 0 1	0 1 0
1 1 0	0 1 0
1 1 1	1 0 0

根据两个不同的真值表，得到不同的逻辑式与电路图。在两种不同方法的定义中，第 2 种方法对变量的定义比较符合实际情况，因为设备正常工作时易提供高电平（变量为 1）。因此在下面的讨论过程中根据方法 2 的真值表进行。

第二步，画函数卡诺图，得简化的逻辑式。

根据表 16-9 所示的真值表，分别画 Y_1，Y_2，Y_3 的卡诺图如图 16-18（a）、图 16-18（b）、图 16-18（c）所示（关于卡诺图的画法将在数字电路课程中详细介绍）。

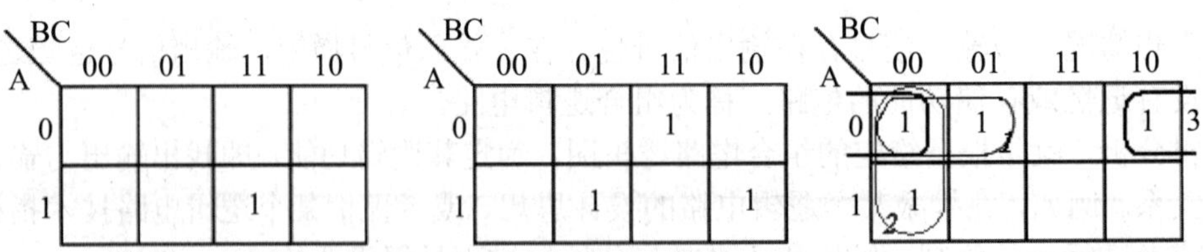

(a)Y_1 卡诺图　(b)Y_2 卡诺图　(c)Y_3 卡诺图

图 16-18　函数 Y_1、Y_2、Y_3 的卡诺图

从 Y_1，Y_2 卡诺图（见图 16-18（a）、图（b））中，可知每个“1”方格没有相邻的“1”格，故不能简化，可直接根据表 16-9 真值表写出 Y_1，Y_2 的“与或”式为：$Y_1=ABC$，

$Y_2=\overline{A}BC+A\overline{B}C+AB\overline{C}$。在卡诺图（见图 16-18（c））中，可对相邻的“1”方格画卡诺圈，经简化后的 Y_3 为：$Y_3=\overline{AB}+\overline{BC}+\overline{AC}$。

第三步，根据函数表达式画逻辑电路图。

由于命题中没有限制门电路器件的种类，也没有限制提供变量的极性，所以直接根据函数表达式使用原变量、反变量作为输入，使用与门、或门完成电路图。如图 16-19 所示。

提示：仿照前述步骤，试画出方法一介绍的逻辑电路图。

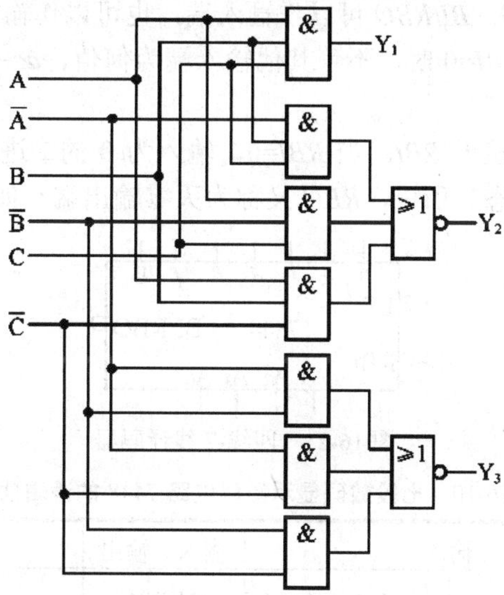

图 16-19　功能的逻辑电路图

【实例 2】七段数字显示器原理

1．七段 LED 数码管

半导体数码管简称 LED，即发光二极管数码管。由七只二极管集成组合而成一位数码，称为七段数字显示器，按内部连接方式不同，有共阴极和共阳极两类，如图 16-20 所示。

七段 LED 数码管配 4 线—7 线译码器，将 8421 BCD 码译成 a～g 7 个发光二极管的输入信号。对共阴极数码管，译码器输出应为高电平有效；对共阳极数码管，译码器输出应为低电平有效。

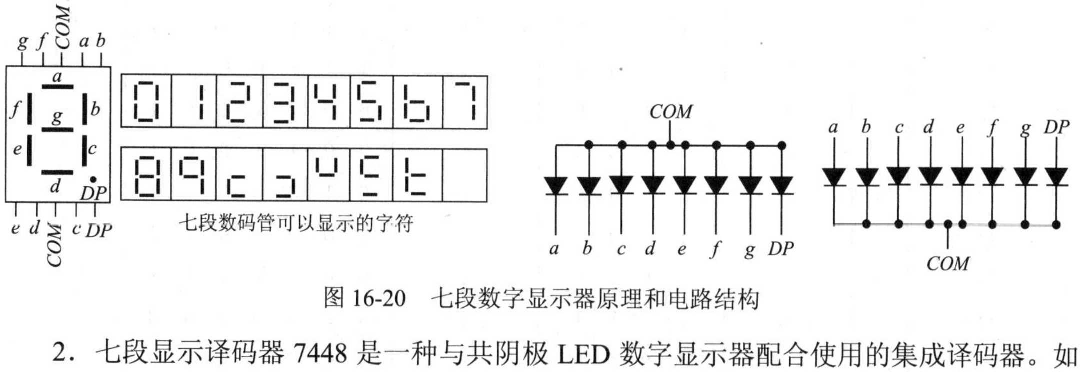

图 16-20　七段数字显示器原理和电路结构

2．七段显示译码器 7448 是一种与共阴极 LED 数字显示器配合使用的集成译码器。如图 16-21 所示。

①正常译码显示。LT=1，BI/RBO=1 时，对输入为十进制数 1～15 的二进制码（0001～

1111）进行译码，产生对应的七段显示码。

②灭零。当 *LT*=1，而输入为 0 的二进制码 0000 时，只有当 *RBI*=1 时，才产生 0 的七段显示码，如果此时输入 *RBI*=0，则译码器的 *a*～*g* 输出全 0，使显示器全灭；所以 *RBI* 称为灭零输入端。

③试灯。当 *LT*=0 时，无论输入怎样，*a*～*g* 输出全 1，数码管七段全亮。由此可以检测显示器七个发光段的好坏。*LT* 称为试灯输入端。

④特殊控制端 *BI*/*RBO*。*BI*/*RBO* 可以作输入端，也可以作输出端。

作输入使用时，如果 *BI*=0 时，不管其他输入端为何值，*a*～*g* 均输出 0，显示器全灭。因此 *BI* 称为灭灯输入端。

作输出端使用时，受控于 *RBI*。当 *RBI*=0，输入为 0 的二进制码 0000 时，*RBO*=0，用以指示该片正处于灭零状态。所以，*RBO* 又称为灭零输出端。如图 16-21 所示。

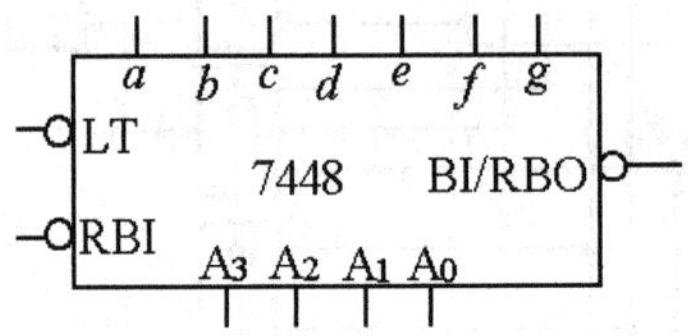

图 16-21　四线-7 线译码器

表 16-10　七段数码显示译码电路 7448 的逻辑功能表

功能（输入）	输入		输入、输出	输出	显示字形
	LT RBI	$A_3A_2A_1A_0$	*BJIRBO*	*a b c d e f g*	
0	1 1	0 0 0 0	1	1 1 1 1 1 1 0	
1	1 ×	0 0 0 1	1	0 1 1 0 0 0 0	
2	1 ×	0 0 1 0	1	1 1 0 1 1 0 1	
3	1 ×	0 0 1 1	1	1 1 1 1 0 0 1	
4	1 ×	0 1 0 0	1	0 1 1 0 0 1 1	
5	1 ×	0 1 0 1	1	1 0 1 1 0 1 1	
6	1 ×	0 1 1 0	1	0 0 1 1 1 1 1	
7	1 ×	0 1 1 1	1	1 1 1 0 0 0 0	
8	1 ×	1 0 0 0	1	1 1 1 1 1 1 1	
9	1 ×	1 0 0 1	1	1 1 1 0 0 1 1	
10	1 ×	1 0 1 0	1	0 0 0 1 1 0 1	
11	1 ×	1 1 0 1	1	0 0 1 1 0 0 1	
12	1 ×	1 1 0 0	1	0 1 0 0 0 1 1	
13	1 ×	1 1 0 1	1	1 0 0 1 0 1 1	
14	1 ×	1 1 1 0	1	0 0 0 1 1 1 1	
15	1 ×	1 1 1 1	1	0 0 0 0 0 0 0	
灭灯	× ×	× × × ×	1	0 0 0 0 0 0 0	
灭零	1 0	0 0 0 0	1	0 0 0 0 0 0 0	
试灯	0 ×	× × × ×	1	1 1 1 1 1 1 1	

将 *BI*/*RBO* 和 *RBI* 配合使用，可以实现多位数显示时的“无效 0 消隐”功能。图 16-22 所示是 8 位七段数字显示器原理结构图。

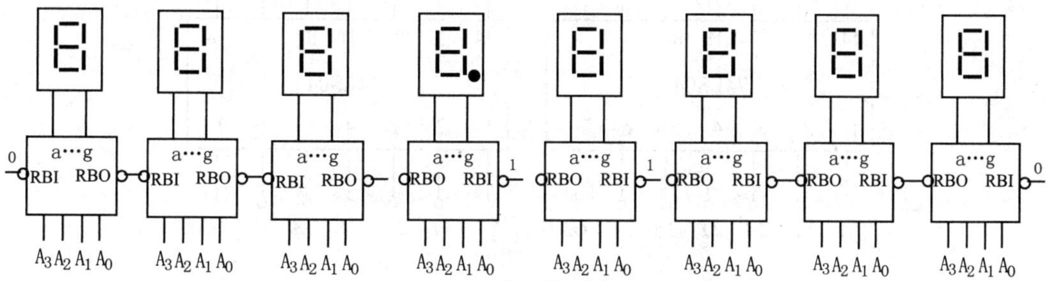

图 16-22　8 位七段数字显示器原理结构图

16.5　常用门电路简介

（1）与非门电路

74LS00：2 输入四与非门，集成电路内部有四个独立的 2 输入与非门电路；74LS20：4 输入二与非门，集成电路内部有两个独立的 4 输入与非门电路。电路的管脚排列和结构图如图 16-23 所示。

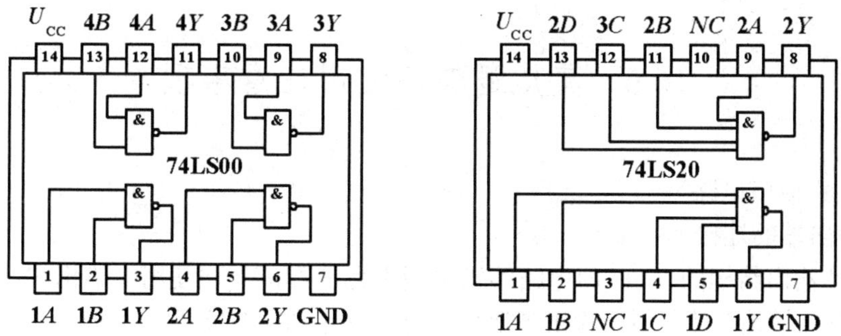

（a）74LS00　　（b）74LS20 内部结构框图

图　16-23

（2）TTL 非门

①如图 16-25 所示，A=0 时，T_2、T_5 截止，T_3、T_4 导通，Y=1。②A=1 时，T_2、T_5 导通，T_3、T_4 截止，Y=0。综上所述，可实现 $Y=\overline{A}$ 的逻辑运算关系。

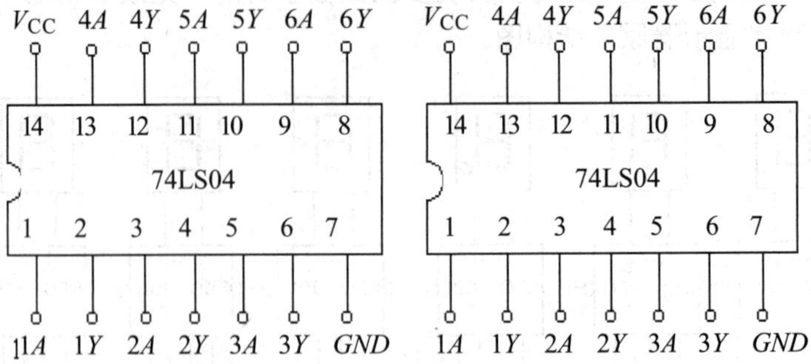

图 16-24　74LS00 74LS20 引脚排列图

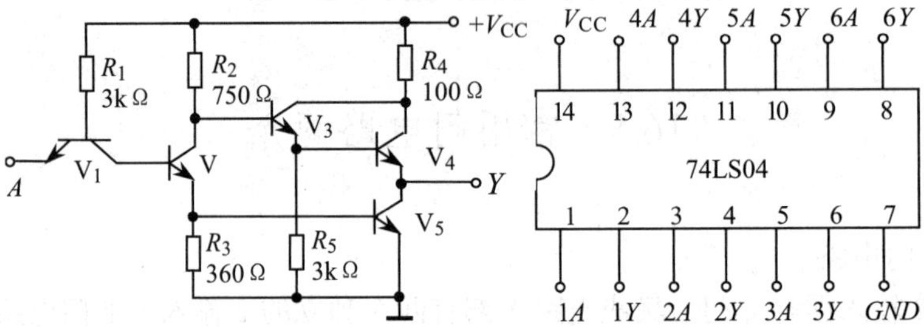

（a）TTL 非门电路　　（b）74 LS04 六反相器引脚排列图

图　16-25

16.6　集成逻辑门使用注意事项

1．TTL 集成门电路

（1）输出端的连接

具有推拉输出结构的 TTL 门电路的输出端不允许直接并联使用。输出端不允许直接接电源 V_{CC} 或直接接地。使用时，输出电流应小于产品手册上规定的最大值。三态输出门的输出端可并联使用，但在同一时刻只能有一个门工作，其他门输出都处于高阻状态。集电极开路（OC）门输出端可并联使用，但公共输出端和电源 V_{CC} 之间应外接负载电阻 R。

（2）闲置输入端的处理

TTL 集成门电路使用时，对于闲置输入端（不用的输入端）一般不悬空，主要是防止干扰信号从悬空输入端上引入电路。对于闲置输入端的处理以不改变电路逻辑状态及工作稳定性为原则。

常用的处理方法有以下几种:

①对于与非门的闲置输入端可直接接电源电压 V_{CC} 或通过 1～10kΩ 的电阻接电源 V_{CC} 如图 16-26（a）、图 16-26（b）所示。

②如果前级驱动能力允许，可将闲置输入端与有用输入端并联使用，如图 16-26（c）所示。

③在外界干扰很小时，与非门的闲置输入端可以剪断或悬空引脚，如图 16-26（d）所

示。但不允许接开路长线（线路板上长的布线或通过接口连接外引线），以免引入干扰而产生逻辑错误。

④或非门不使用的闲置输入端应接地，对与或非门中不使用的与门至少有一个输入端接地，如图 16-26（e）、图 16-26（f）所示。

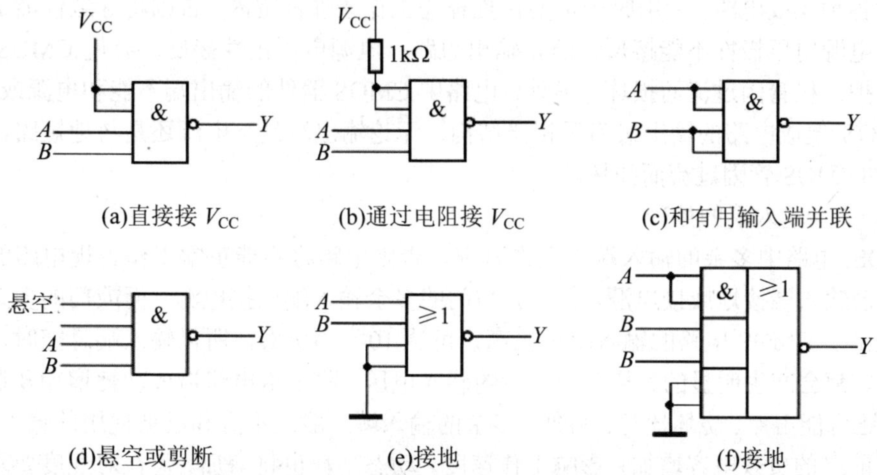

图 16-26　TTL 与非门和或非门多余输入脚的处理

（3）电源电压及电源干扰的消除

对于 54 系列集成电路的电源电压取 V_{CC}=5V±10%，对 74 系列电源电压取 V_{CC}=5V±5%（即 4.75～5.25V），不允许超出这个范围。

为防止动态尖峰电流或脉冲电流通过公共电源内阻耦合到逻辑电路造成干扰，须对电源进行滤波，通常在印刷电路板的电源端对地接入 10～100μF 的电容对低频进行滤波。由于大电容存在一定的电感，它不能滤除高频干扰，在印刷电路板上，每隔 6～8 个门电路需在电源端对地加接一个 0.01～0.1μF 的电容（瓷片、独石或钽电容都可以）对高频进行滤波。

（4）电路安装接线和焊接应注意的问题

①单元电路板之间的连线要尽量短，最好用绞合线。

②电路板或系统整体接地要好，地线要粗而短。

③焊接用的电烙铁不大于 25W，焊接时间要短。使用中性焊剂，如松香酒精溶液，不可使用焊油或焊膏。

④印刷电路板焊接完毕后，不得浸泡在有机溶液中清洗，只能用少量酒精擦去外引线焊接点上的焊剂和污垢。

⑤只有在非用座子不可的地方使用，一般不用集成电路插座，特别在高速电路中慎用或不用。可以提高电路的高速性能。

2．MOS 门电路

用 MOS 场效应管作为基本开关元件构成的集成门电路，称为 MOS 门电路。MOS 门电路具有制造工艺简单、集成度高、功耗低、体积小、成品率高等优点。特别适合于中、大规模集成电路的制造，在目前数字集成电路产品中占据了相当大的比例。

最早投放市场的 CMOS 集成电路是 4000 系列，有较宽的工作电压范围（3～18V），传输延迟时间 100nS 左右；HC/HCT 是高速 CMOS 逻辑系列的简称，传输延迟时间 10nS 左右，带负载能力 4mA 左右；AHC（Advanced High-Speed CMOS）/AHCT（Advanced High-Speed CMOS，TTL Compatible）逻辑系列是改进的高速 COMS 逻辑系列的简称。

（1）电源

对于各种集成电路，使用时一定要在推荐的工作条件范围内，否则将导致性能下降或损坏器件。电源电压极性不能接反，防止输出短路。电源电压极性接反，会使 CMOS 电路输入端的保护二极管因过流而损坏。另外，电路中 CMOS 器件的输出端不能和电源或地短路。由于 CMOS 集成电路的输出级为反相器结构，无论输出端是与电源还是与地短路，都可能使输出级的 MOS 管因过流而损坏。

（2）多余输入端的处理

CMOS 电路中多余的输入端不允许悬空，否则电路将不能正常工作。视电路的功能要求，将多余输入端接地或接电源。例如，与门的多余输入端应接电源，而或门的多余输入端应接地。由于 CMOS 电路的输入阻抗极高，可达 10^{10}～$10^{12}\Omega$，所以输入端悬空时，微量的感应电荷，都会产生明显的、甚至是危险的感应电压，除了给电路造成功耗增加及逻辑关系紊乱外，还可能击穿、烧坏器件。另外，多余的输入端一般也不宜和已被使用的输入端并联，并联将使前级的负载电容增加，影响工作速度，动态功耗也将增加。但在对速度要求不高的场合，有时也可将输入端并联使用。

（3）输出端

输出端不允许直接与电源 V_{DD} 端或与地（V_{SS}）端相连。

（4）输入电路的过流保护

CMOS 电路的输入端有保护电路，保护二极管的电流容限一般为 1mA，在可能出现过大瞬态输入电流的情况下，要串接输入保护电阻。

3．TTL 与 COMS 逻辑电路接口

（1）各种门电路之间的接口问题

在数字电路或系统的设计中，往往由于工作速度或者功耗指标的要求，需要采用多种逻辑器件混合使用，例如，TTL 和 CMOS 两种器件都要使用。由于每种器件的电压和电流参数各不相同，因而需要采用接口电路，一般需要考虑下面三个条件：

①驱动器件必须能对负载器件提供灌电流最大值。

②驱动器件必须对负载器件提供足够大的拉电流。

③驱动器件的输出电压必须处在负载器件所要求的输入电压范围，包括高、低电压值。

其中，条件①和②属于门电路的扇出数问题，在其他课程中做了详细分析。条件③属于电压兼容性的问题。其余如噪声容限、输入和输出电容以及开关速度等参数在某些设计中也必须予以考虑。

（TTL 或 CMOS）作具体的设计时，还应当注意下列几个实际问题。

（2）多余输入端的处理措施

集成逻辑门电路在使用时，一般不让多余的输入端悬空，以防止干扰信号引入。对多余输入端的处理以不改变电路工作状态及稳定可靠为原则。对于 TTL 与非门，一般可将多余的输入端通过上拉电阻（1～3kΩ）接电源正端，也可利用一反相器将其输入端接地，其输出高电位可接多余的输入端。对于 CMOS 电路，多余输入端可根据需要使之接地（或非门）

或直接接 V_{DD}（与非门）。

（3）去耦合滤波器

数字电路或系统往往是由多片逻辑门电路构成，它们由一公共的直流电源供电。由于电源是非理想的，一般是由整流稳压电路供电，具有一定的内阻抗。当数字电路运行时，产生较大的脉冲电流或尖峰电流，当它们流经公共的内阻抗时，必将产生相互的影响，甚至使逻辑功能发生紊乱。①一种常用的处理方法是采用去耦合滤波器，通常是用 10～100μF 的大电容器与直流电源并联以滤除不需要的低频率成分。②除此之外，对于每一集成芯片还应加接 0.1μF 的电容器以滤除开关噪声。

（4）接地和安装工艺

正确的接地对于降低电路噪声是非常有效的技术，所以接地是很重要的技术。①在电路系统中，常见数字/模拟混合电路，高速/低速混合电路，弱信号处理/强信号处理混合电路，高频率/低频率混合电路，小信号处理/高功率信号处理混合电路等，在电路设计时，布线按照 EMC/EMI 原理布局、布线，否则系统的性能难以保障。②可将电源地与信号地分开，先将信号地汇集在一点，然后将二者用最短的导线连在一起，以避免含有多种脉冲波形（含尖峰电流）的大电流引到某数字器件的输入端而导致系统正常的逻辑功能失效。③当系统中兼有模拟和数字两种器件时，同样需将二者的地分开，然后再选用一个合适共同点接地，以免除二者之间的影响。必要时，也可设计模拟和数字两块电路板，各备直流电源，然后将二者恰当地连接在一起。④在印刷电路板的设计或安装中，要注意连线尽可能短，以减少接线电容而导致寄生反馈有可能引起寄生振荡。

此外，CMOS 器件在使用和储藏过程中要注意静电感应导致损伤的问题。静电屏蔽是常用的防护措施（参见 11.2 小节的相关内容）。

动手训练题

参考图 16-22 所示，选用 LED 七段译码器和 10 位数码管，查阅相关资料，选择基本的 TTL 芯片，如 74 系列，自行设计计数器和控制电路；选用“洞洞板”搭接电路，要求给出电路原理图，元件清单和电路实物。

要求实现以下功能：

①上电，10 位数码管全显示数字“8”，闪亮三次后，自动全显示“0”。

②按一次计数按钮，左边第一位数码管显示“1”，其余 9 位数码管全显示数字“0”。

③第二次按计数按钮，左边第一位数码管显示“2”，左边第二位数码管显示“1”，其余 8 位数码管全显示数字“0”。

④如此循环，第九次按计数按钮时，从左边第一位开始，10 位数码管分别显示“9”“8”“7”“6”“5”“4”“3”“2”“1”“0”。

⑤再按一次计数按钮，10 位数码管全部显示“0”，再按重复步骤①～④。

【参考文献】

[1] 阎石. 数字电子技术基本教程. 北京：清华大学出版社，2007
[2] 刘培植. 数字电路与逻辑设计. 北京：北京邮电大学出版社，2009
[3] 张洪润，廖勇明，王德超. 模拟电路与数字电路. 北京：清华大学出版社，2009

第 17 章　综 合 设 计

在通过对元器件识别选用、焊接技术、模拟和数字电路设计等基础知识的学习与掌握，读者亲自动手制作了一些单元电路。本章将介绍三个典型系统的设计和实现过程，通过了解和实践这一过程，有助于锻炼个人的设计和动手能力。

17.1　简易无线光通信系统

光通信分为有线光通信和无线光通信两种。有线光通信即光纤通信，它已成为广域网、城域网的主要传输方式之一。

无线光通信又被称为自由空间光通信(FSO，Free Space Optical communication)。近年来，随着“最后一公里”对高带宽、低成本接入技术的迫切需求，FSO 在视距传输、宽带接入中有了新的发展机遇，同时由于光通信器件制造技术的飞速发展，无线光通信设备的制造成本大幅下降，FSO 得到越来越多的应用。

采用红外光进行语音信号无线传输的简单系统，即是一种简单的、实验性的无线光通信系统它是真实无线光通信系统的简化，其组成如图 17-1 所示。

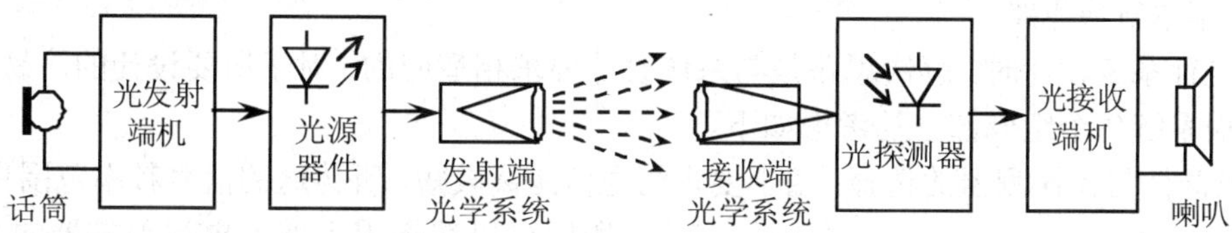

图 17-1　简易的光无线语音传输系统

在一个系统项目开始设计时，首先要确定实现系统功能的方法原理，并根据项目要求确定系统的需求并发展出一个针对这些需求的计划，即确定系统包括的组成部分、各部分的性能指标以及它们与系统性能之间的关系。然后根据各个组成部分的指标进行单元电路设计。

通过对简易的光无线语音传输系统设计、制作与调试，目的是：1）了解分析设计的系统需求并发展出解决方案的过程；2）学习单元电路的设计、测试与调整的方法，特别是模拟电路的设计与调试。

17.1.1　系统功能要求及基本解决思路

一、系统功能要求

1．基本要求

（1）设计制作一个可以传送语音信号的无线光通信设备；

（2）语音信号频率范围：300～3400Hz；

（3）通信距离不小于 10m；

（4）发送端用驻极体话筒拾取语音；

（5）接收端输出到喇叭的最大功率 0.5W。

2．扩展要求

（1）减小环境光对通信的影响；

（2）拓展通信距离（不小于 100m）；

（3）收发两端均采用单电源供电。

二、系统组成及基本解决思路

1．系统组成

简易的光无线语音传输系统包括发射机系统与接收机系统两个部分组成，如图 17-1 所示。系统所用的基本技术是光-电和电-光转换。光发射机中的光源受到电信号的调制，通过作为天线的发射光学系统，将光信号通过大气信道传送到接收机的望远镜；接收机望远镜收集接收光信号并将它聚焦在光电检测器上，光电检测器将光信号转换成电信号。

发射机部分由光发射端机、光源器件和发射端光学天线组成。光发射端机通过调制器将输入信号转换成适合驱动光源器件的电流信号并用来驱动光源器件，对光源器件进行强度调制，完成电/光变换的功能，光源器件发出的光由光学装置汇聚后经一定长度的空间传输送达接收端。

接收机部分由接收端光学天线、光探测器件和光接收端机组成。光信号经光学系统汇聚后，由光电检测器对输入的光信号进行检波，将光信号转换成相应的电信号，再经过放大恢复等电处理过程，以弥补传输过程中带来的信号损伤（如损耗、波形畸变），最后输出和原始输入信号相一致的电信号，从而完成整个接收过程。

2．基本解决思路

在进行系统设计时，解决思路是与系统设计要求相适应的。对于所要设计的简易光无线语音传输系统各个组成部分的考虑如下。

光源器件与光探测器的选择：由于要求的通信距离较短，所传送的信号频率范围也很窄，所以可以选择用于普通电视遥控器的 940nm 红外 LED 作为光源器件，同时也选择普通的硅光敏二极管作为光探测器。图 17-2 是红外 LED 和硅光敏二极管的照片。

图17-2　红外发光二极管与硅光敏二极管

光学系统：对于近距离通信的基本要求，收发两端都不需要光学透镜。但是对于扩展要求，由于通信距离较远，在发端的 LED 和收端的光敏二极管前都应该加上凸透镜。特别是发端，用于遥控器的红外 LED 指向性很宽，射出光的强度随距离增加衰减得极快。为了提高透镜的聚光效果，按图 17-3 所示的方法，把 LED 的前端去掉并用磨石仔细磨平磨光。

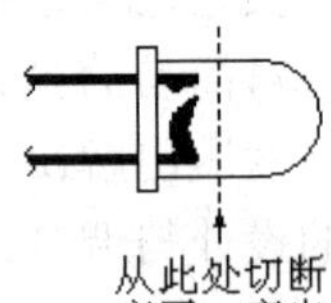

图 17-3　切割 LED 的方法

光发射端机：光发射端机电路的任务是对要传送的信号进行处理，通过调制器产生适合驱动光源器件的电流信号并用来驱动光源器件。对于基本要求，可以将放大了的语音信号直接转换成驱动 LED 的电流，对 LED 发出的光进行直接光强度调制。然而采用这种方式，难以去除环境光以及其它干扰的影响。所以，对于扩展要求，为了获得更大的通信距离，把要传送的语音信号通过 FM 的方式调制在 50kHz 信号上，再用调频信号去调制光的强度。

光接收端机：如果发端采用放大了的语音信号对 LED 直接进行光强度控制，在接收端就可以直接将光敏二极管输出的光电流转换为电压，放大以后去推动喇叭发声。如果采用了调频方式，那么接收机应该对光敏二极管的输出信号放大后进行 FM 解调，然后对解调以后的信号滤波和放大。为了更好地滤除干扰，在 FM 解调以前需要对信号进行滤波处理。

通过上述讨论，对于简易的光无线语音传输系统的基本要求和扩展要求，就有两种不同的实现方案：第一种采用很简单的直接光强调制方式进行通信，另一种采用相对简单的调频无线光通信方式。

有了解决方案，接下来必须确定系统需求的各个组成部分及其性能指标，然后再进行单元电路设计。下面分别讨论这两种实现方案的设计过程，在讨论中尽可能采用本书前面介绍过的基本电路完成设计。

17.1.2　简单的语音无线光通信系统

一、光发射端机

对于所要设计的这种简单的语音无线光通信系统，发射端机的任务是将驻极体话筒拾取的语音信号进行放大，然后直接通过调制器驱动光源器件发光。所以，要根据选定的光源器件和驻极体话筒的要求进行发射端机设计。要设计的发射端机如图 17-4 所示。

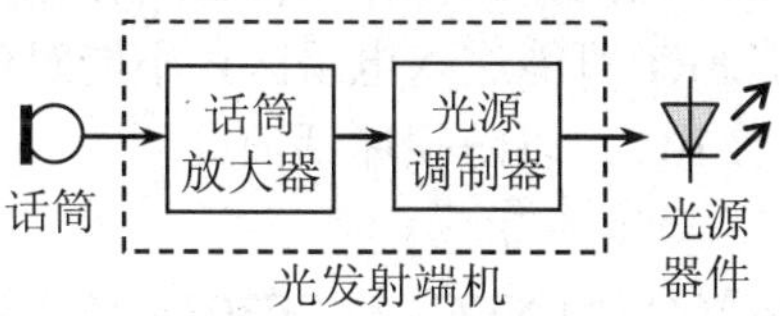

图 17-4　采用直接强度调制的光发射端机框图

1．半导体光源器件

常用的半导体光源器件是半导体激光器，即激光二极管（LD）。半导体激光器非常适合于作高速、长距离光纤通信系统的光源；在真实的自由空间光通信系统中，也采用半导体激光器作光源。对于要设计的简单的、实验性的语音无线光通信系统，因为要求的传输速率低、通信距离也较短，所以选择了用于遥控器的红外 LED 作为光源器件，其发出的红外光波长一般为 940nm，正向压降约 1.4V，允许的最大连续正向电流 I_{MAX} 一般为 50mA，有些管子要更大些。用于遥控器的红外 LED 指向性很宽，所以不需要特别对准。

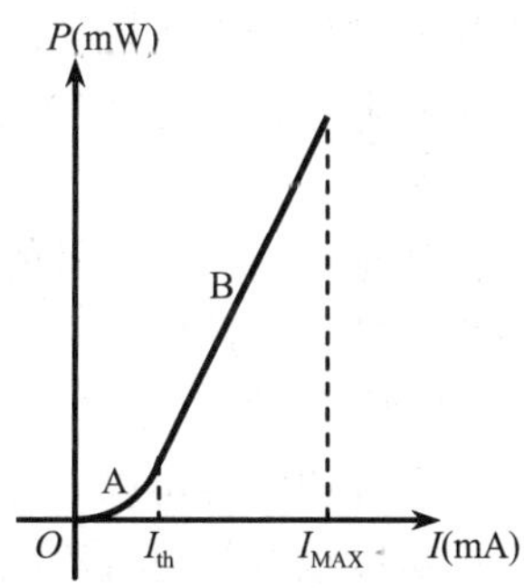

图 17-5　半导体光源的 P-I 特性

用于光通信中的半导体光源器件，其最重要的特性是输出光的功率与电流的关系，即所谓的 P-I 特性。LD 和 LED 的 P-I 特性如图 17-5 所示，曲线分为 A、B 两段，在驱动电流 I 大于阈值电流 I_{th} 的 B 段直线性较好。驱动光源器件的平均电流不可超过允许的最大连续正向电流 I_{MAX}。

2．驻极体话筒

驻极体电容式话筒具有体积小、结构简单、电声性能好、价格低廉的特点，广泛用于盒式录音机、无线话筒及声控等电路中。因其壳内设置有一个作为阻抗转换器的场效应管，故驻极体话筒在工作时需要直流工作电压。驻极体话筒的引出端以两个脚的居多，也有三个脚的。图 17-6 是两脚驻极体话筒的照片和使用方法。

（a）话筒照片

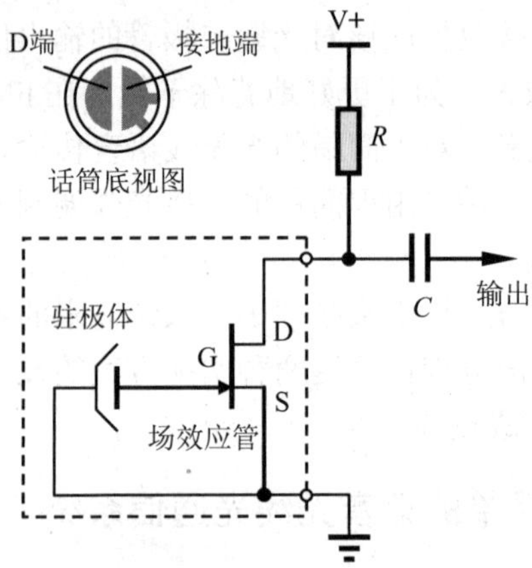

（b）使用方法

图 17-6　驻极体话筒

使用驻极体话筒时，接线方法参见图 17-6（b），要注意其引脚的极性。驻极体话筒的工作电流 I_{DS} 一般在 0.15～0.5mA 之间。驻极体话筒的工作电压 U_{DS} 可以在 1.5～6V 之间选择。如果 U_{DS} 小于 1V，其内部 FET 可能进入电阻区，不能对信号进行有效放大，从而使话筒灵敏度降低。U_{DS} 也不要大于 10V，以防损坏话筒。

3．确定电路参数

红外发射 LED 选用日本电气公司（NEC）的 SE303A 或者中国台湾亿光电子（Everlight）的 IR333C。为了使语音信号尽可能不失真地通过光进行传输，就要求信号线性地控制光源器件输出的光功率。由图 17-5 可以看出，在 LED 的 P-I 特性 B 段光功率的增量与驱动电流的增量成正比，只要为 LED 选择一个合适的静态工作点电流，就可以在一定范围内通过电流的变化线性地控制光源器件输出光功率的变化。由于话筒输出电压设计信号，因此需设计光源调制器将信号电压转换成适合驱动 LED 的电流并用来驱动 LED。光源调制器的参数确定为：静态输出电流大约 20mA，在振幅为 10V 的信号电压控制下输出电流交流分量的振幅大约 16mA。

驻极体话筒的输出信号的幅度一般为数 mV，为了使光源调制器的输入信号幅度为数 V，话筒放大器的总增益应大于 60dB。

4．光源调制器电路

通过运算放大器可以设计出把电压转换成电流的电路，参考电路如图 17-7 所示，这是一个反馈深度很深的电流串联负反馈电路。采样电阻 R_S 对输出电流采样，因负反馈深度很深，故 R_S 上的电压等于输入电压为 u_A，驱动 LED 的输出电流

$$i_O \approx i_E = \frac{u_A}{R_S} \tag{17-1}$$

为了给 LED 提供合适的静态工作点电流 I_O，需要为电路输入一个合适的直流电压 U_A。同时，为了使语音信号控制驱动 LED 的电流 i_O 在其静态值 I_O 的基础上变化，语音信号就应该控制 u_A 在其静态值 U_A 的基础上变化线性地变化。为此，进一步改变电路如图 17-8 所示，

就得到了光源调制器的完整电路。

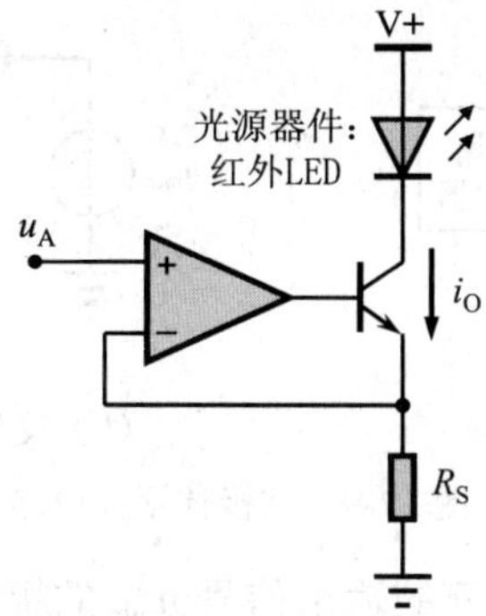

图 17-7　电流输出电路

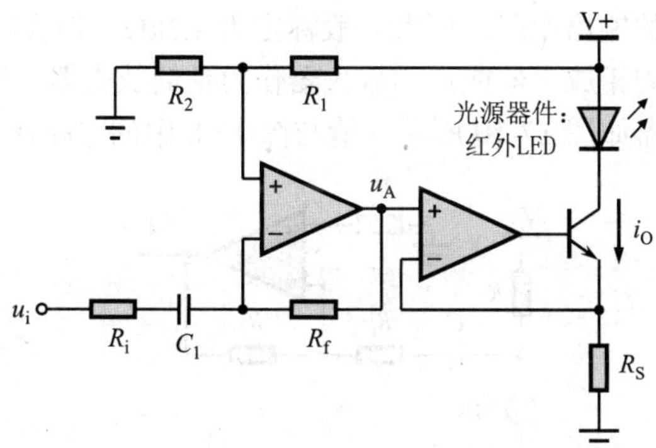

图 17-8　光源调制器的完整电路

R_1 和 R_2 对正电源电压 V+分压，通过电压跟随器使 u_A 的直流分量

$$U_A = \frac{R_2}{R_1 + R_2} \cdot V_+ \tag{17-2}$$

流过 LED 的静态偏置电流

$$I_O \approx \frac{U_A}{R_S} = \frac{R_2}{R_S(R_1 + R_2)} \cdot V_+ \tag{17-3}$$

电容 C_1 起隔直流作用，输入信号为 u_i 时，u_A 的直流分量 U_A 与静态值相同，而 u_A 的交流分量 u_a 受输入信号 u_i 控制（即，由 u_i 放大得到 u_a）。

$$u_a = -\frac{R_f}{R_i} \cdot u_i \tag{17-4}$$

所以，驱动 LED 的电流 i_O 受输入信号 u_i 控制在静态值 I_O 的基础上线性变化，变化量

$$i_o \approx \frac{u_a}{R_S} = -\frac{R_f}{R_i R_S} \cdot u_i \tag{17-5}$$

5．话筒放大器电路

两脚驻极体话筒的使用方法如图 17-6（b）所示，其电路如图 17-9 所示。图中的电容 C 是话筒输出信号的耦合电容（隔直流电容）。电阻 R 是话筒的直流偏置电阻，即话筒内部场效应管的外部负载电阻。R 的大小不但决定话筒的静态工作点，也影响话筒的灵敏度。

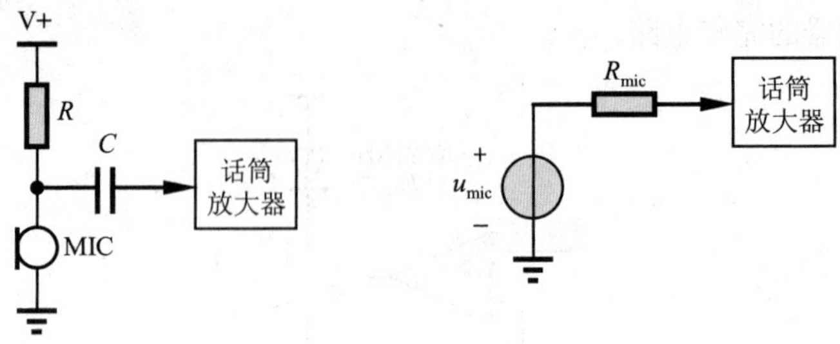

（a）电路　　　　（b）交流等效（戴维南）

图 17-9　驻极体话筒电路

根据灵敏度的不同，驻极体话筒的输出信号 u_{mic} 的幅度为数 mV 到数十 mV，需要放大。从放大器的角度看，话筒可以被等效成戴维南等效电路或诺顿等效电路，如图 17-9（b）所示，图中的 R_{mic} 是话筒的输出电阻，厂家一般标定为 2.2kΩ，但实际上与偏置有关。

可以使用运放构成同相放大器或反相放大器作为话筒放大器，参见第 9 章。由反相比例放大器构成的话筒放大器如图 17-10 所示（请与图 17-8 中的电路比较）。

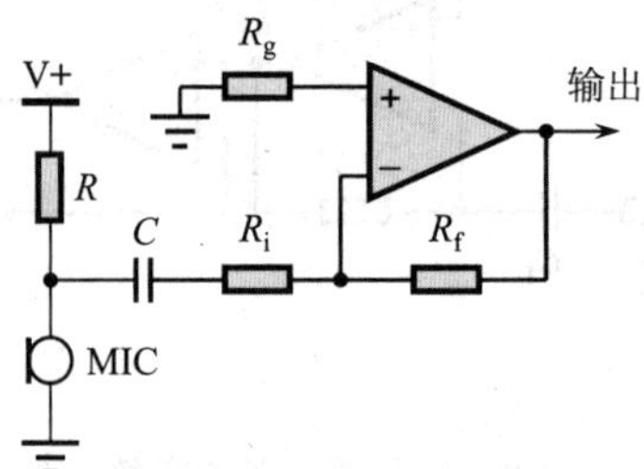

图 17-10　使用反相放大器的话筒放大器

也可以由晶体管构成话筒放大器，常见的电路如图 17-11 所示。

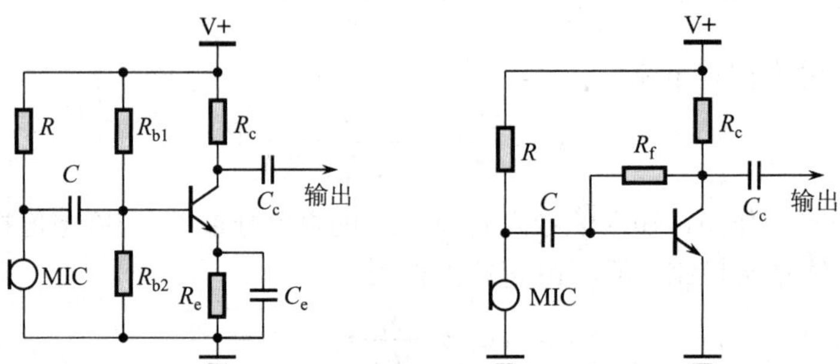

（a）电路一　　　　（b）电路二

图 17-11　晶体管话筒放大器

电路是最常用的单管放大器。参见第 13 章。因为电路一中的 R_e 会分走一部分直流电压，如果使用的电源电压较低，可以采用电路二。电路二中的 R_f 是反馈电阻，目的是稳定工作点。R_f 既引入了直流负反馈又引入了交流负反馈，所以 R_f 和 R_c 对工作点和增益都有影响。实践中常通过 R_f 调节工作点，通过 R_c 调节增益。

6．简单光发射端机的参考设计

图 17-12 是光发射端机的完整电路，通过三芯插座 J3 接入±12V 电源，两芯插座 J1、J2

分别接驻极体话筒和红外发射 LED。

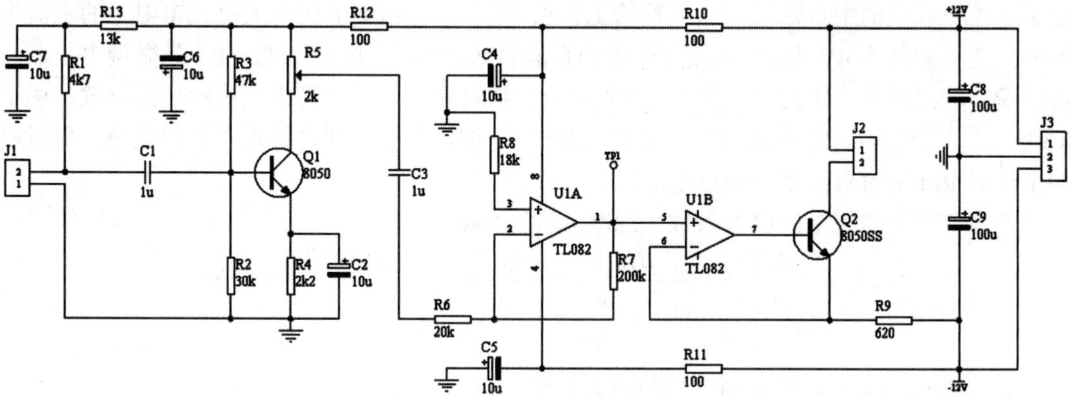

图 17-12 直接光强调制的发射端机电路图

驱动 LED 的三极管选用江苏长江电子的 8050SS，其 β 值一般在 200 左右（在集电极电流 I_C=800mA 时，β 最小为 40），极限参数 P_{CM}=1W，I_{CM}=1.5A，$V_{(BR)CEO}$=40V。运算放大器选用德州仪器（TI）的 TL082 双运放。

在电路中，运放 U1A 的同相输入端通过 R8 接地（这一点与图 17-8 中 R1、R2 对 V+分压不同），静态时 TP1 点的直流电压等于 0V，故 Q2 发射极的直流电压为 0V，即：静态时输出电流的取样电阻 R9 两端的直流电压为 12V。为了使静态时驱动 LED 的直流电流大约等于 20mA，R9 的阻值被选择为 620Ω，这样，流过 LED 的直流电流

$$I_O \approx \frac{12}{0.62} \approx 19.4(\text{mA})$$

在输入信号的作用下，TP1 点的电压就会在静态值的基础上变化，如果 TP1 点的电压从 0V 变化到−10V，流过 LED 的电流

$$i_O \approx 19.4 - \frac{10}{0.62} \approx 3.3(\text{mA})$$

TP1 点的电压变化到+10V，则流过 LED 的电流

$$i_O \approx 19.4 + \frac{10}{0.62} \approx 35.5(\text{mA})$$

取样电阻 R9 同时也是限流电阻，即使 Q2 完全饱和，流过 LED 的电流最大也不会超过 40mA。如果要使 LED 的静态电流为 10mA，最大电流不超过 20mA，可以把 R9 改为 1.2kΩ。

正电源电压为 12V。如果驻极体话筒的工作电流是 0.5mA，为了使话筒的工作电压在 1V 以上，则话筒的直流偏置电阻不能大于 22 kΩ。如果话筒的工作电流是 0.15mA，为了使话筒的工作电压小于 10V，则话筒的直流偏置电阻不能小于 13.3kΩ。话筒直流偏置电阻的实际取值约为 18kΩ，包括 R1 和 R13，其中 R1 既是话筒直流偏置的一部分也是交流负载的一部分，而 R13 与 C7 起退耦作用，目的是防止后级的信号通过电源串回前级。

话筒放大器分为两级，第一级是晶体管 Q1 构成的单管放大器，第二级是 U1A 构成的反相比例电路。

对于第一级的小信号放大器，晶体管静态工作点电流 I_{CQ} 可以选 1～2mA。如果 I_{CQ} 取为 1.8mA，晶体管发射极电阻 R4 取为 2.2kΩ，则发射极的静态电压 V_{EQ} 约 4V，基极的静态

电压 V_{BQ} 就应该是 4.7V 左右，为此，R2 和 R3 分别选为 30kΩ 和 47kΩ。为了使静态工作点位于直流负载线的中点附近，晶体管的工作点电压 V_{CEQ} 和集电极直流负载电阻上的直流电压应接近（即都为 4V 左右），故集电极的直流负载电阻 R5 取为 2kΩ。R5 是微调电位器，可以调节输出给下一级的信号大小。R5 与 R6 共同构成了晶体管集电极的交流负载，由于 R6 比 R5 大了很多，即使 R5 的中心抽头调到最下端，交流负载也接近于直流负载，所以静态工作点也在交流负载线的中点附近。

晶体管放大器的电压放大倍数（忽略 $r_{bb'}$的影响）

$$A_{u1}=-\frac{\beta R'_L}{r_{be}}\approx-\frac{\beta R'_L}{(1+\beta)\dfrac{V_T}{I_{EQ}}}=-\frac{I_{CQ}R'_L}{V_T}=-\frac{I_{CQ}(R_5//R_6)}{V_T}\approx-125$$

U1A 构成的反相比例电路的电压放大倍数

$$A_{u2}=-\frac{R_7}{R_6}=-10$$

所以整个话筒放大器的总电压放大倍数为 1250，符合话筒放大器总增益大于 60 dB 的设计要求。

电路中加强了退耦。R10 和 C4、R11 和 C5 防止 Q2 的输出（输出电流较大）通过电源耦合到运放。R12 和 C6、R13 和 C7 起类似的作用，其目的都是防止后级的信号通过电源耦合回前级。C8 和 C9 对电源退耦。

二、光接收端机

对于采用直接强度调制的简单无线光通信系统，接收端机的任务是：通过作为光探测器的光敏二极管接收来自发射端的光信号，根据光强的变化尽可能不失真地恢复出原始的语音信号，然后放大到一定的功率去推动喇叭发声。要设计的接收端机如图 17-13 所示。

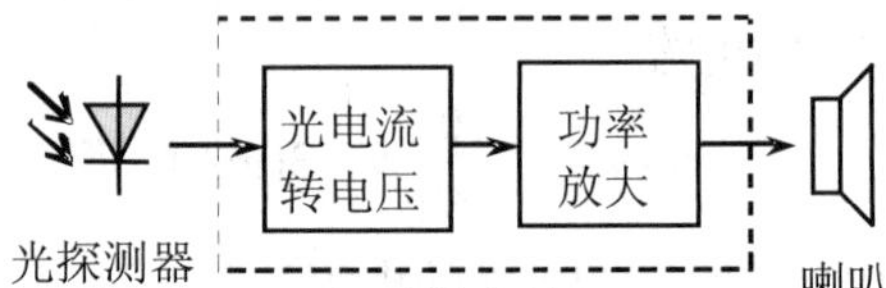

图 17-13　简单的光接收端机框图

1．光敏二极管及电流-电压变换电路

光敏二极管也叫光电二极管（Photo Diode，PD），由半导体 PN 结构成（分为平面型、PIN 型和雪崩型），是利用光电效应中的光生伏特效应工作的光传感器。当光敏二极管受到光照时，由于光量子的作用，半导体内部会激发产生大量的自由电子-空穴对。这时，如果结两端是开路的，会产生电压，此电压叫做开路电压；如果结两端是短路的，会产生电流，此电流叫做短路电流。光敏二极管不只输出光电流，在光通量为零时反偏的光敏二极管仍然有很小的电流流过，这个电流叫做光敏二极管的暗电流。反偏越大暗电流越大。

光敏二极管的特点是：

- 入射光的能量与输出电流之间的线性良好；
- 响应速度快；
- 输出的分散性小；

- 输出电流的大小随温度的变化小。

虽然光敏二极管在光照下既可以输出电压又可以输出电流，但是其开路电压的线性和温度特性都较差，所以光敏二极管一般使用的是零偏或反偏条件下的输出电流。图 17-14 是在不同强度光照时光敏二极管的电压电流关系以及负载特性。

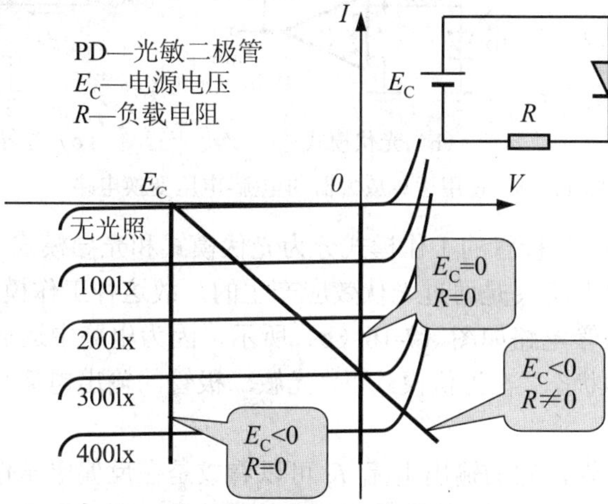

图 17-14 光敏二极管的负载特性

为了将光敏二极管输出的电流转换为电压，需要电流-电压变换电路。最简单的办法是使用电阻作为负载把光敏二极管输出的电流 I_S 转换为电压，如图 17-15（a）所示。

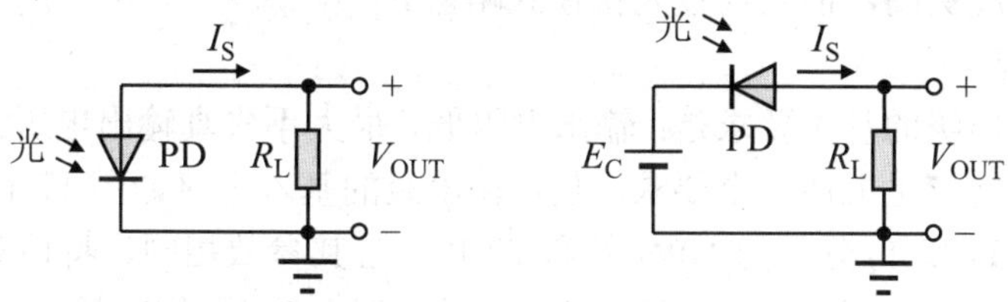

（a）仅使用负载电阻　　（b）使用电阻并增加反偏

图 17-15 使用电阻的电流-电压变换电路

在负载电阻为 R_L 时，输出电压

$$V_{OUT} = I_S \cdot R_L \tag{17-6}$$

这种电路的优点是简单，缺点是动态范围小。这是因为在光电流 I_S 的作用下，光敏二极管的偏置会变为正偏，其输出电流与输出电压线性变差，当正偏到一定程度时其输出电压就不能正确反映光照的情况了。如果需要大的输出电压与宽的动态范围，可以采用对光敏二极管施加反向偏置的办法来解决，如图 17-15（b）所示。施加反向偏置的另一个好处是可以减小 PN 结的电容，从而可以提高光敏二极管的响应速度。

图 17-16 给出的是使用运算放大器的电流-电压变换电路，这种电路采用了反馈深度很深的电压并联负反馈，也称为互阻放大器。因负反馈深度很深，故输入电阻为零（运算放大器反相输入端的电压为零），流过反馈电阻 R_f 电流等于输入电流 I_S，输出电压

$$V_{OUT} = -I_S R_f \tag{17-7}$$

这种电路中反馈电阻 R_f 的阻值一般都选取得很大，因此，当运算放大器和光敏二极管的分布电容也比较大时，电路就容易自激振荡。为避免这种情况的发生，需在 R_f 上并联一

个消振电容 C_f。

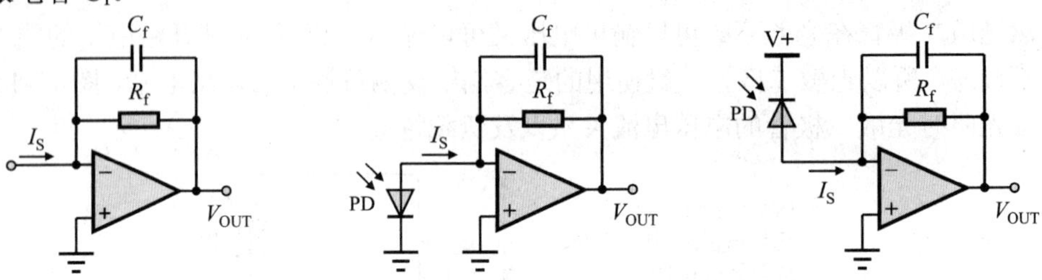

（a）互阻放大器　（b）光伏模式　（c）光导模式

图 17-16　使用运算放大器的电流-电压变换电路

根据偏置的不同，光敏二极管的工作模式分为光伏模式和光导模式。如果光敏二极管在零偏状态下工作，其输出电流 I_S 是通过光伏效应产生的，故这种工作模式是称为光伏模式。光伏模式工作的光敏二极管电路如图 17-16（b）所示，因为电路中运放的输入电压为零，所以光敏二极管处于零偏状态。在光伏模式下，光敏二极管的输出电流与光通量的关系呈现非常好的线性。

对于反偏的光敏二极管，它的输出电流 I_S 可以看成是在反偏电压作用下产生的，因为光照改变了光敏二极管的导电情况，从而改变了其输出电流，所以光敏二极管的反偏工作模式称为光导模式。光导模式工作的光敏二极管电路如图 17-16（c）所示，因为电路中运放的输入电压为零，所以光敏二极管处于反偏状态，且其反偏电压始终等于 V+。在光导模式下，光敏二极管响应速度更高，但线性较光伏模式略差。

2．输出放大器

对放大电路输出级的基本要求是：输出电阻低，最大不失真输出电压大。采用双向跟随的互补输出电路就能满足上述两个要求。互补输出级的基本电路如图 17-17（a）所示。电路采用双电源供电，T_1 和 T_2 分别为 NPN 管和 PNP 管且其参数相同、特性对称。在输入电压为零的静态时，其输出电压为零。当输入电压 $v_I > 0$ 时，T_1 导通 T_2 截止，正电源通过 T_1 在 v_I 控制下向负载 R_L 提供输出电压，电路为射随形式，输出电压 $v_O \approx v_I$；当输入电压 $v_I < 0$ 时，T_2 导通 T_1 截止，负电源供电，电路还是射随形式，输出电压 $v_O \approx v_I$。可见，电路中 T_1、T_2 交替工作，正、负电源交替供电，实现了输出对输入的双向跟随。不同类型的两只晶体管互补地以射极输出器的形式交替工作（这种工作方式称为“互补”工作方式或“推挽”工作方式），所以这种电路称为互补输出级。

但是，图 17-17（a）所示的基本互补输出电路存在一个问题：即输入电压小于晶体管 B、E 间的开启电压 U_{on} 时，T_1 和 T_2 均处于截止状态；只有输入电压满足 $|v_I| > U_{on}$ 时，输出电压 v_O 才会随输入电压 v_I 变化。因此，在 v_I 过零附近输出电压将产生失真，这种失真称为交越失真。

可以利用二极管正向导通时的压降来克服交越失真，电路如图 17-17（b）所示。正电源 V+经过 R_{b1}、D_1、D_2 和 R_{b2} 到负电源 $V-$ 形成了电流通路，所以，D_1 和 D_2 正向导通，导通压降为 U_D，晶体管 T_1 和 T_2 的基极电压分别为 $v_{B1} = v_I + U_D$ 和 $v_{B2} = v_I - U_D$。如果二极管和晶体管采用相同的材料，在静态时 T_1 和 T_2 就处于微导通状态；在 v_I 变化时，由于二极管的动态电阻很小，T_1 和 T_2 发射极的输出就跟随 v_I 变化。

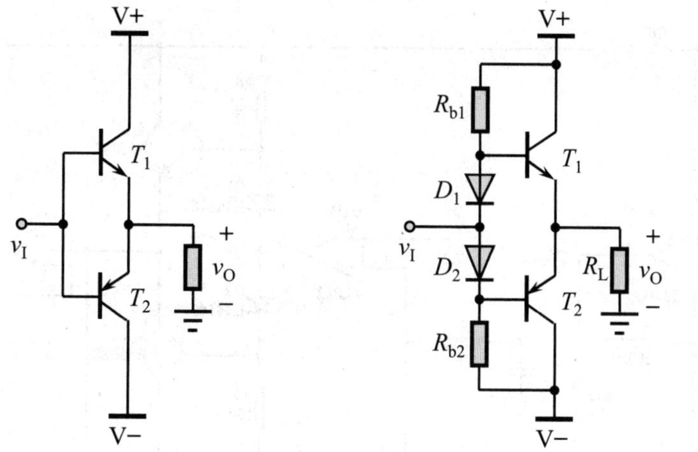

（a）基本电路　　　　（b）用二极管消除交越失真的电路

图 17-17　互补输出级

当互补输出级作为功率放大电路时，应根据晶体管承受的最大管压降、集电极最大电流和最大功耗来选择晶体管。

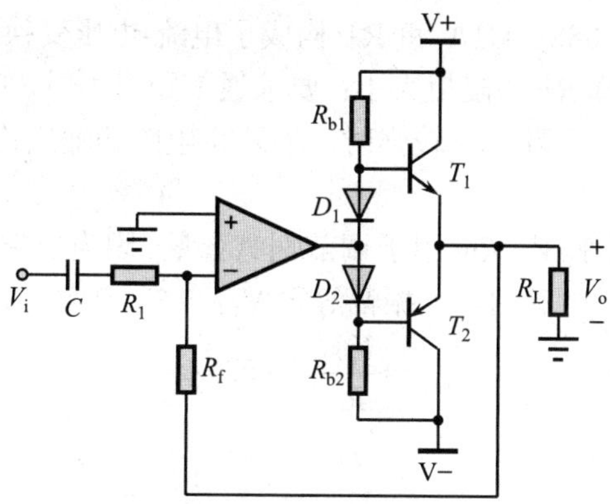

图 17 18　由运算放大器和互补输出级构成的功率放大器

互补输出级可以用来扩展运算放大器的输出电流。由运算放大器和互补输出级构成的功率放大器如图 17-18 所示，运放用来放大电压，互补输出级用来放大电流。电路中采用了大环负反馈，即反馈没有从运放的输出端引到运放的反相输入端，而是从整个电路的输出端通过 R_f 引到运放的反相输入端。电路的电压放大倍数

$$A_u = -\frac{R_f}{R_1} \tag{17-8}$$

3．简单光接收端机的参考设计

图 17-19 是光接收端机的完整电路，±5V 的电源通过三芯插座 J3 接入，两芯插座 J1 接光敏二极管，两芯插座 J2 接小喇叭。

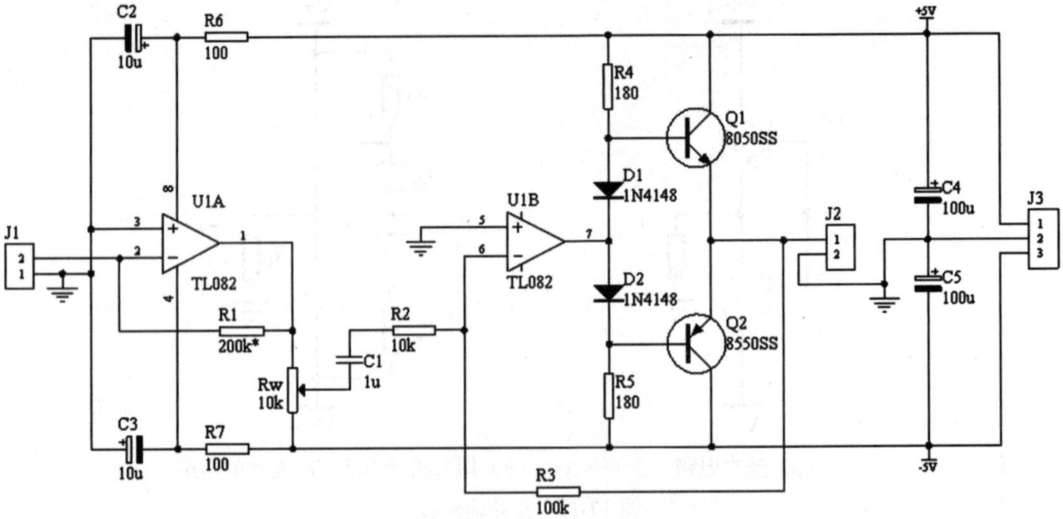

图 17-19　简单的光接收端机

红外接收光敏二极管选用 NEC 的 PH302B 或亿光电子的 PD333-3B，采用线性最好的光伏模式工作。运放采用 TL082。U1A 和 R1 构成了电流-电压变换电路。应根据所需的通信距离以及环境光的强弱选择 $R1$ 的阻值大小：要求通信距离大时，R1 应选择高阻值，以使光电流转换成电压时增益大；当环境光较强时，为防止电路的输出饱和，应限制 R1 的阻值不能太高。

电路的负载是 8Ω 的小喇叭，Rw 用于调节喇叭音量。因为要求的最大输出功率为 0.5W，故电源选择为±5V，按输出电压的最大振幅等于 V_{CC} = 5V 计算，晶体管集电极最大电流

$$I_{\text{Cmax}} = \frac{V_{\text{CC}}}{R_{\text{L}}} = 0.625\text{A} \tag{17-9}$$

输出电压的最大有效值

$$U_{\text{om}} = \frac{V_{\text{CC}}}{\sqrt{2}} \approx 3.54\text{V} \tag{17-10}$$

最大输出功率

$$P_{\text{om}} = \frac{U_{\text{om}}^2}{R_{\text{L}}} = \frac{V_{\text{CC}}^2}{2R_{\text{L}}} \approx 1.56\text{W} \tag{17-11}$$

最大管耗

$$P_{\text{Tmax}} = \frac{V_{\text{CC}}^2}{\pi^2 R_{\text{L}}} = \frac{2}{\pi^2} P_{\text{om}} \approx 0.2 P_{\text{om}} \approx 0.32\text{W} \tag{17-12}$$

输出管 Q1 和 Q2 可以选江苏长江电子的 8050SS（NPN）和 8550SS（PNP）。8050SS 和 8550SS 的参数都是β 值一般在 200 左右（在集电极电流 I_C = 800mA 时，β 最小为 40），P_{CM} = 1W，I_{CM} = 1.5A，$V_{(BR)CEO}$ = 40V。

因为受运放输出幅度的限制、以及受晶体管的管压降限制，电路实际的最大输出电压、电流和功率都小于前面计算的值。如果运放 U1B 的输出电压振幅最大为 3V 时，则电路输出电压振幅最大约为 3V，输出电流振幅最大为 375mA，实际的输出功率最大为 0.56W。

当输出电压的瞬时值为 3V 时，若晶体管发射结压降为 0.75V，则要求 Q1 基极的瞬时电位为 3.75V，即 R4 两端的电压为 1.25V。此时，输出电流的瞬时值为 375mA，若晶体管的 β 为 60，则要求通过 R4 提供给 Q1 基极的电流为 6.25mA。所以，R4 的阻值不能大于 200Ω。电阻 R4 和 R5 的实际取值为 180Ω。

因为电路中输出级的电流较大，为防止后级的信号通过电源耦合回前级，R6 和 C2、R7 和 C3 对电源进行退耦。

三、测试与调整

1．直流测试

发射端机焊接制作完毕后，先不接话筒，将±12V 电源和 LED 分别连接到 J3 和 J2（请注意极性），用万用表测量电路中各点的直流工作点电压。Q1 基极直流电压 V_{B1} 大约为 4.7V，发射极直流电压 V_{E1} 大约为 4V，集电极直流电压 V_{C1} 大约为 8V。运放 Q1A 的输出 TP1 点的直流电压为 0V，Q2 基极直流电压（即 U1B 输出的直流电压）V_{B2} 大约为 0.7V，Q2 发射极直流电压 V_{E2} 为 0V，Q2 集电极直流电压 V_{C2} 大约为 10.6V。

接收端机焊接制作完毕后，先不接光敏二极管和小喇叭，将±5V 电源连接 J3（请注意极性），用万用表测量电路中各点的直流工作点电压。U1A 输出的直流电压为 0V，U1B 输出的直流电压大约为 0V，Q1 和 Q2 的基极直流电压分别大约为+0.7V 和−0.7V，Q1 和 Q2 发射极输出的直流电压为 0V。如果将光敏二极管用屏蔽线或双绞线连接到 J1，这时 U1A 输出的直流电压会随环境光强弱的变化而变化，如果在环境光的作用下 U1A 输出的直流电压低于−2.5V 或高于+2.5V 时，就应该减小 R1 的阻值。

2．收发联调

发射端机的直流测试如果如果没有问题，将话筒用屏蔽线或双绞线连接到 J1。嘴巴距离话筒大约 10～15cm，大声说话，用示波器观测 TP1 点的波形，调节微调电位器 R5，使波形的峰峰值为几伏到十几伏。若波形幅度太小，可加大 R7 的阻值；若波形的峰峰值接近 20V 并出现了削底或削顶的失真时，则需要减小 R7 的阻值。

如果没有示波器，可以利用接收端机通过有线的方式对发射端机进行调整。按图 17-20 的方式用屏蔽线或双绞线将发射端机与接收端机连接起来，图中的 R 为阻值为 33kΩ 的外接电阻。在有线连接的情况下，嘴巴距离话筒大约 10～15cm，大声说话，调节微调电位器 R5，使小喇叭的声音在不失真（即感觉不到所谓的“破声”现象）的基础上尽可能大。这时，接收端输出给喇叭的信号电压峰峰值小于并接近于 6V，因为接收端电路中 R3 是外接电阻 R 的三倍，所以此时从发射端 R5 中心抽头得到的信号电压峰峰值应该小于并接近于 2V，即发射端 TP1 处信号电压的峰峰值小于并接近于 20V。测试时要注意，发端的话筒和收端的喇叭的距离不能太近，否则会发生啸叫现象。测试完成后去掉连接收发两端的连线。

发射端调节完成以后，就可以进行语音的无线红外光通信了。使接收端与发射端有一定的距离，把话筒用屏蔽线或双绞线连接到发射端的 J1 插座，把光敏二极管通过屏蔽线或双绞线连接到接收端的 J1 插座并与发射端的 LED 对准，嘴巴在距离话筒大约 10～15cm 处说话，调节接收电路中的电位器 Rw，正常情况下就可以听到小喇叭发出声音。

如果小喇叭的声音始终很小，说明接收端离发射端的距离太远或者接收电路中的 R1 阻值太低；如果小喇叭发出的声音有“破声”现象，说明接收端离发射端的距离太近或者接收电路中的 R1 阻值太高。

由语音信号直接对光强进行调制的这种简单的光通信系统可以进行语音传输，但有明显的缺点：通信距离小，传输质量受环境光的影响大；而且改变距离会大大改变接收到的光的强度。所以必须根据所需的通信距离来确定接收机的灵敏度或发射机的发射强度。

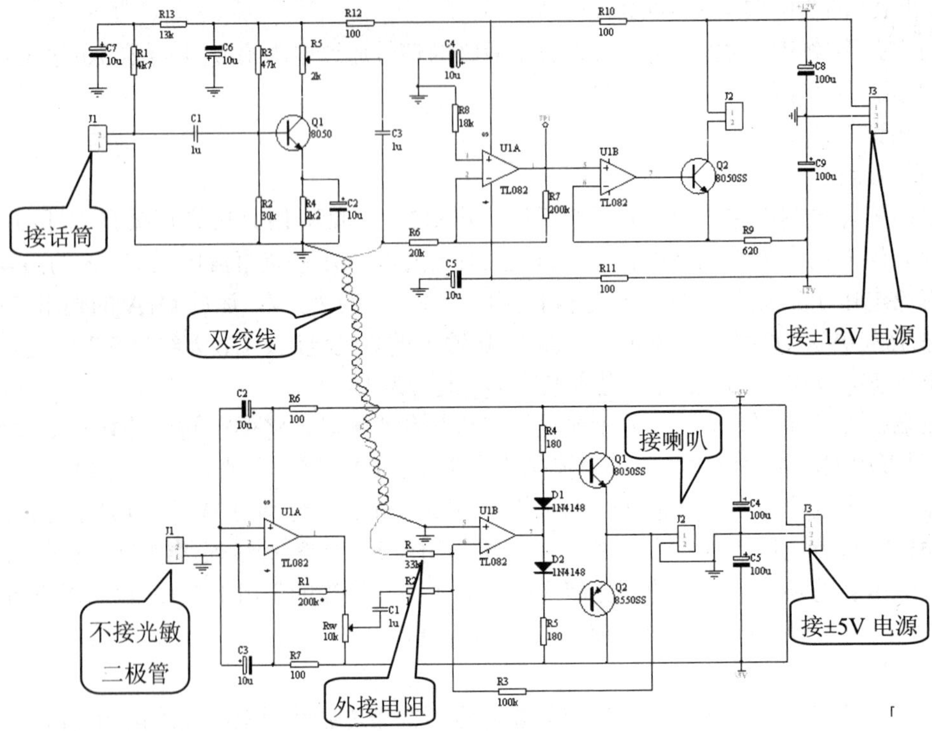

图 17-20　收发两端有线连接

17.1.3　能进行长距离通讯的 FM 无线光通信机

一、调频的概念

1．调制与解调

在通信中为了更有利于信号的传送，并且使频谱资源得到充分利用，需要通过调制过程将信号的频谱搬移到较高的频率范围。所谓调制是指：用需要传送的低频原始信号控制高频信号的某些参数，使原始信号搭载在高频信号上的过程。需要传送的低频原始信号称为调制信号，被调制的高频信号称为载波信号，调制以后的高频信号称为已调（波）信号。调制的种类很多，按调制信号的形式可分为模拟调制和数字调制；按所控制的载波参数可分为幅度调制（AM）、频率调制（FM）和相位调制（PM）等等。从已调信号中恢复出原调制信号的过程称为解调。解调是调制的逆过程，调制方式不同，解调方法也不一样。

2．频率调制

频率调制（FM）是载波的瞬时频率受调制信号的瞬时值控制而变化的调制，简称调频。频率调制以及与之密切相关的相位调制（PM）统称为角度调制。

频率调制的已调信号称为调频（波）信号。理想的频率调制是：调频信号 $u_{FM}(t)$的瞬时频率 f 的变化量与调制信号瞬时值 $u_S(t)$成线性关系，而 $u_{FM}(t)$的振幅 U_C 不变。设载波频率

为 f_C，调制信号为 $u_S(t)$，则调频信号的瞬时频率

$$f = f_C + k_f \cdot u_S(t) \tag{17-13}$$

瞬时相位

$$\theta(t) = 2\pi f_C t + 2\pi k_f \int_0^t u_S(\tau)\mathrm{d}\tau \tag{17-14}$$

则调频信号为

$$u_{FM}(t) = U_C \cos\left[2\pi f_C t + 2\pi k_f \int_0^t u_S(\tau)\mathrm{d}\tau\right] \tag{17-15}$$

当调制信号为单音信号 $u_S(t) = U_S\cos(2\pi f_S t)$ 时，调频信号的瞬时频率为

$$f = f_C + k_f U_S \cos(2\pi f_S t) = f_C + \Delta f \cos(2\pi f_S t) \tag{17-16}$$

此时的单音调频信号为

$$u_{FM}(t) = U_C \cos\left[2\pi f_C t + \frac{k_f U_S}{f_S}\sin(2\pi f_S t)\right] \tag{17-17a}$$

$$= U_C \cos\left[2\pi f_C t + \frac{\Delta f}{f_S}\sin(2\pi f_S t)\right] \tag{17-17b}$$

$$= U_C \cos\left[2\pi f_C t + m_f \sin(2\pi f_S t)\right] \tag{17-17c}$$

式中的 Δf 是调频信号的瞬时频率 f 与中心频率 f_C 之间的最大偏移量，称为最大瞬时频率偏移，简称频偏。m_f 是最大瞬时频偏 Δf 与调制信号频率 f_S 之比，定义为调频信号的调制指数，简称调制度。

图 17-21 是单音调频信号的波形。

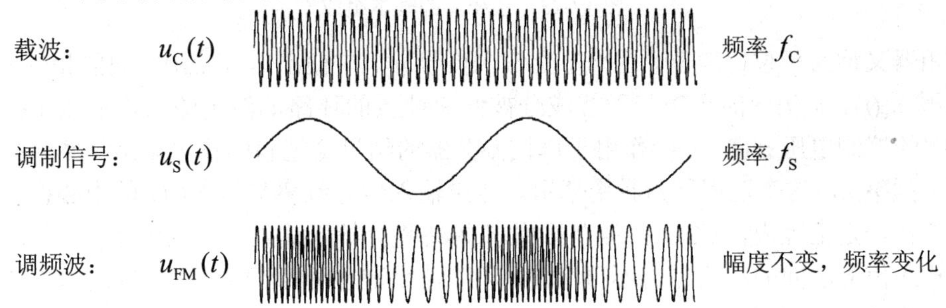

图 17-21 单音信号调频

一般干扰总是与信号相叠加，改变信号的幅值，对信号的瞬时频率影响较小，所以调频信号的抗干扰性很好。

3．调频波的带宽

由于调频信号 $u_{FM}(t)$非线性地依赖于调制信号 $u_S(t)$，这使得调频信号的分析很困难。在估计调频信号的带宽时，会以单音调频信号为基础。即使是单音调频信号也较复杂，其频谱的谱线数取决于调频指数 m_f，带宽等于离散的谱线数乘以由调制信号频率 f_S 所确定的谱线的频率间隔。一般来说，随着 m_f 的增加，谱线数和带宽都将增加；但是，如果 m_f 是因为调制信号频率下降而增加的，调频信号的带宽不见得会变大。

对于较复杂的调制信号，调频信号的带宽可以用所谓的“卡森”方法估计：若调制信号

的最高频率为 f_{Smax}，调频信号的最大瞬时频偏为 Δf，则调频信号的带宽

$$BW \approx 2\left(\Delta f + f_{Smax}\right) \tag{17-18}$$

4．调频的实现

产生调频信号最简单的方法是采用压控振荡器（VCO）。所谓压控振荡器就是由输入电压控制振荡频率的振荡器。

如图 17-22 所示，把调制信号直接加到 VCO 的电压控制输入端，当调制信号为零时，振荡器输出的中心频率 f_0 即为载波频率 f_C；当有调制信号时，振荡器输出信号的瞬时频率将会在调制信号的控制下变化，这样就得到了调频波信号。这种由调制信号直接控制压控振荡器振荡频率的调频方法称为直接调频。

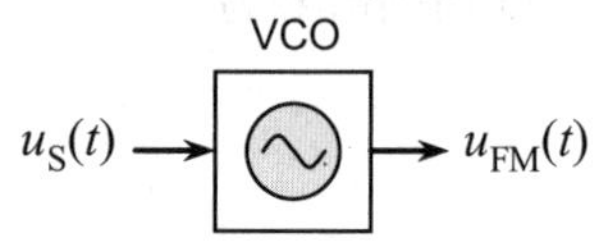

图 17-22　采用 VCO 直接调频

二、锁相环简介

锁相技术是被控振荡器输出相位受外来信号相位控制，使之随外来信号相位同步变化的技术。锁相技术是通信技术中最重要的技术之一。

1．锁相环的基本组成

锁相环（Phase Locked Loop，PLL）实质上是一个相位差自动调节系统，由鉴相器 PD、环路滤波器 LPF 和压控振荡器 VCO 组成，如图 17-23 所示。

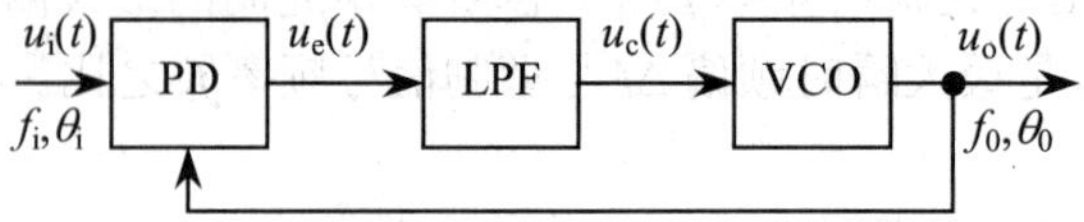

图 17-23　锁相环的基本组成

鉴相器又称为相位比较器，用来鉴别输入信号 $u_i(t)$与输出信号 $u_o(t)$之间的相位差，输出误差电压 $u_e(t)$。$u_e(t)$中的噪声和干扰成分被低通性质的环路滤波器滤除，形成压控振荡器（VCO）的控制电压 $u_c(t)$。$u_c(t)$作用于压控振荡器的结果是把它的输出振荡频率 f_o 拉向环路输入信号频率 f_i，这个过程称为频率牵引。如果输入信号频率 f_i 与 VCO 的中心振荡频率之间的频差在一定范围内，VCO 的振荡频率 f_o 最终将会等于输入信号的频率 f_i，这时，输出信号与输入信号之间的相位差将不再变化，环路被锁定。锁相环能够进入锁定状态的频率范围称为锁相环的捕捉带。

锁相环一旦进入锁定状态，VCO 的输出信号 $u_o(t)$与环路的输入信号（参考信号）$u_i(t)$就保持一个固定的稳态相位差，而不存在频率差；若输入信号的频率 f_i 和相位 θ_i 在一定范围变化，锁相环能使压控振荡器输出信号的频率 f_o 和相位 θ_o 不断地跟踪输入信号的频率 f_i 和相位 θ_i 变化并保持同步。锁相环能够跟踪输入信号频率变化并保持锁定的频率范围称为锁相环的跟踪带。

由于锁相环在锁定状态不但可以使输出信号的频率与输入信号（参考信号）的频率严格相等，而且还具有频率的跟踪同步特性，所以锁相环技术在通信、雷达、导航、自动控制、空间技术、广播电视、原子能和激光技术等许多领域中都有着广泛的应用。

2．锁相环在调频（或调相）信号解调中的应用

利用锁相环具有频率跟踪的特性可以对调频（或调相）信号进行解调。

无论输入锁相环路的信号 $u_i(t)$是已调制或未调制的，只要信号频谱中包含有载波频率成分，就可将环路设计成一个窄带跟踪滤波器，使 VCO 输出信号 $u_o(t)$跟踪输入信号 $u_i(t)$载波成分的频率与相位变化，这就是环路的载波跟踪特性。载波跟踪环常用于从已调波中提取（或复制）出载波。

当环路锁定在输入信号 $u_i(t)$的载频上时，鉴相器输出的误差信号 $u_e(t)$的变化就反映了输入信号 $u_i(t)$相位变化的情况。因此，利用载波跟踪环的窄带特性，在鉴相器输出端可以解调调频（或调相）信号。如图 17-24 所示，鉴相器输出接输出滤波器即可获得解调信号输出。

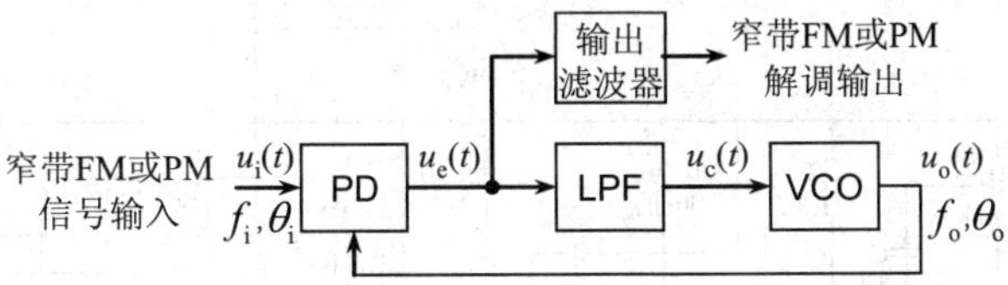

图 17-24 载波跟踪环解调器

载波跟踪环用于调频（或调相）信号的解调时，适用于 1 弧度以下的调制，调制大于 1 弧度后，其鉴相器输出的解调信号将会产生一些失真。载波跟踪环解调器的主要优点是解调门限低，但设计制作较复杂。

在宽带调频（或调相）信号的频谱中，其载频成分较弱，锁相环路难以对载波进行跟踪，再加上宽带调频（或调相）信号的调制指数偏大，载波跟踪环的解调会产生失真。

如果让环路有适当宽度的低频通带，压控振荡器输出信号的频率与相位就能跟踪输入调频（或调相）信号的变化，即得到输入角度调制信号的复制品，这就是环路的调制跟踪特性。

利用调制跟踪特性，可以制成角度调制信号的调制器与解调器。调制跟踪环解调器如图 17-25 所示，当 VCO 的输出 $u_o(t)$跟踪输入信号 $u_i(t)$的频率与相位变化成为输入调频（或调相）信号的复制品时，环路滤波器的输出信号（即 VCO 的输入信号）$u_c(t)$的变化就反映了输入信号 $u_i(t)$频率变化的情况。

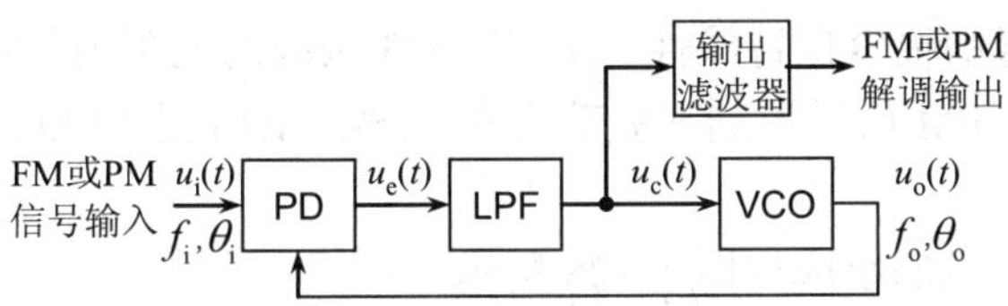

图 17-25 调制跟踪环解调器

三、简单调频无线光通信系统的参考设计

采用调频信号进行通信可以增强抗干扰能力。下面给出简单调频无线光通信系统的参考设计。考虑到可能会在室外通过红外光进行语音信号的无线传输，在收、发两端均采用了电池进行供电，所以采用晶体管或可单电源工作的集成电路完成电路设计。

1．光发射端机

调频光通信的发射端机组成如图 17-26 所示。话筒放大器对驻极体话筒拾取的语音信号进行放大，放大以后的信号控制 FM 调制器的振荡频率产生调频信号，再由调频信号通过光

源调制器驱动 LED 发光。

图 17-27 是调频光通信发射端机的参考设计电路图，6V 的直流电源通过两芯插座 J3 接入，插座 J1 接话筒，J2 接红外 LED。

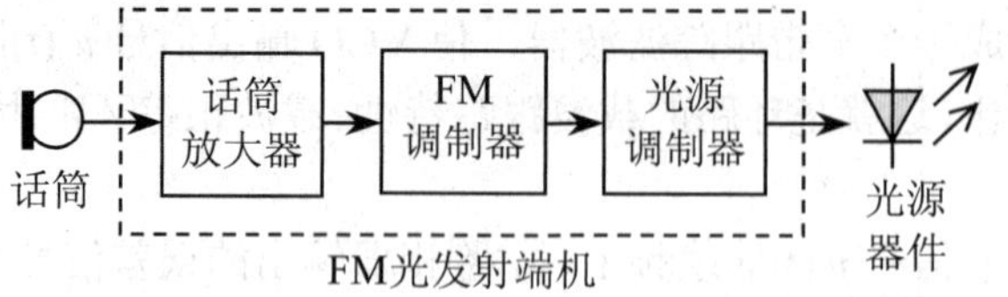

图 17-26 调频光通信发射端机框图

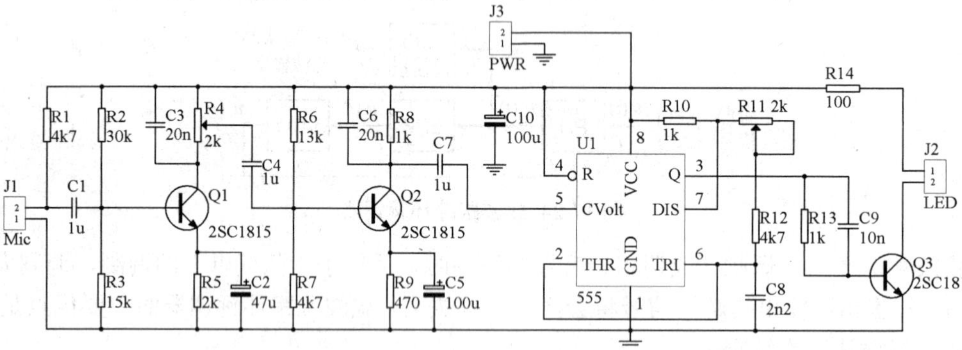

图 17-27 调频光通信发射端机参考电路

Q1 和 Q2 组成了电容耦合的两级晶体管放大电路，为了限制调频信号的带宽，电容 C3 和 C6 把放大器的上限截止频率限制在 5kHz 左右。

FM 调制器由 555 定时器构成的多谐振荡器构成，其振荡频率主要由 R10、R11、R12 和 C8 确定，放大器输出的语音信号电压通过 5 脚对 555 输出的频率进行 FM 调制。调节微调电位器 R11 可以使 555 振荡的中心频率为 50kHz，调节微调电位器 R4 可以改变放大器输出信号的幅度，从而调节 555 输出的 FM 信号的最大频偏。

由于 FM 信号是通过瞬时频率而不是幅度来反映调制信号的，驱动 LED 时并不要求 LED 输出的光强与 FM 信号的幅度保持线性，所以由 Q3 构成的光源调制器工作在开关状态，在 555 定时器 3 脚输出的 FM 信号控制下驱动 LED 发光，R14 是 LED 的限流电阻。

2．光接收端机

调频光通信接收端机的组成如图 17-28 所示。

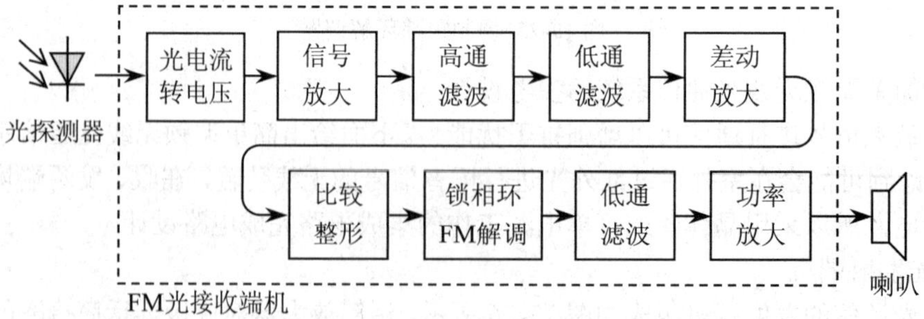

图 17-28 调频光通信接收端机框图

来自发射端的光信号由光敏二极管接收并转换为电压号，经过放大和滤波后，整形成方波，送锁相环电路进行 FM 解调，再通过低通滤波器滤除载波及其它高频的干扰，由功放推动喇叭发声。

参考设计的接收机采用 9 伏直流供电，整个电路分为光信号放大器和 FM 解调器两大部分组成。光信号放大器电路如图 17-29 所示。

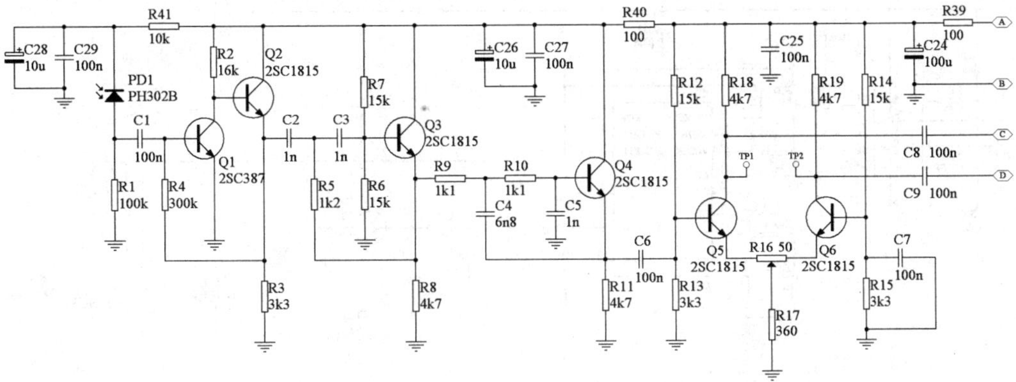

图 17-29　光信号放大器电路图

光敏二极管 PH302B 将接收到的光信号转换成电信号，经 C1 交流耦合到晶体管 Q1 和 Q2 构成的放大电路。电阻 R1 和 R41 是光敏二极管的偏置电阻。为防止强光射入时二极管出现直流饱和，应限制 R1 的阻值。在工作过程中，若 R1 上的直流电压超过 3V，就需要减小 R1 的阻值。

Q1 和 Q2 构成的是电流-电压变换放大器（互阻放大器），其中 Q1 为共射放大器， Q2 是共集放大器（射随器），R4 引入了电压并联负反馈。利用 R4 可以改变放大器的增益，增大 R4 可以增大放大器的增益，但放大器的带宽将相应地减小。为了得到足够的放大量和带宽，Q1 选择了高频晶体管。

电流-电压变换放大器输出的 FM 信号的中心频率是 50kHz，被送到中心频率为 50kHz 的带通滤波器以滤除其中的干扰。为减小放大器的输出电阻对滤波器的影响，放大器的输出采用射随器并引入了电压取样的负反馈以减小输出电阻。

带通滤波器的通频带为 40kHz～60kHz，由高通滤波器和低通滤波器级联而成。滤波器的设计参见第 14 章有关内容。

高通滤波器的截止频率为 40kHz，可以滤除室内照明中的工频干扰，由晶体管 Q3 及其周围的电阻电容组成。电路中的 C2、C3、R5、R6、R7 构成了二阶 RC 高通滤波器，Q3 是射随器，隔离了负载对滤波器的影响，Q3 的输出连接到 R5 的下端引入适量的正反馈以改善滤波器的幅频特性在转折处的形状。这是一个压控电压源型的二阶高通有源滤波器。

低通滤波器的截止频率为 60kHz，可以滤除 AM 收音机产生的干扰，由晶体管 Q4 及其周围的电阻电容组成。电路中的 R9、R10、C4、C5 构成了二阶 RC 低通滤波器，Q4 是射随器，隔离了负载对滤波器的影响，Q4 的输出连接到 C4 的下端引入适量的正反馈以改善滤波器的幅频特性在转折处的形状。这是一个压控电压源型的二阶低通有源滤波器。

晶体管 Q5 和 Q6 组成差动放大器。要求两管的特性尽可能相同，所以需要配对使用。

FM 解调及低频放大部分的电路如图 17-30 所示。U1 是 LM311 电压比较器，将来自差动放大器的模拟信号变换成数字 IC 的动作电平。R20、R21、R22、R23 为 LM311 提供输入直流偏置，由于 C8、C9 的隔直流作用，LM311 同相和反相输入端的直流电位相同，都等于电源电压的一半。差动放大器在 TP1 和 TP2 输出反相的信号，通过 C8、C9 耦合到 LM311 的同相和反相输入端，在其输出端就得到方波信号。

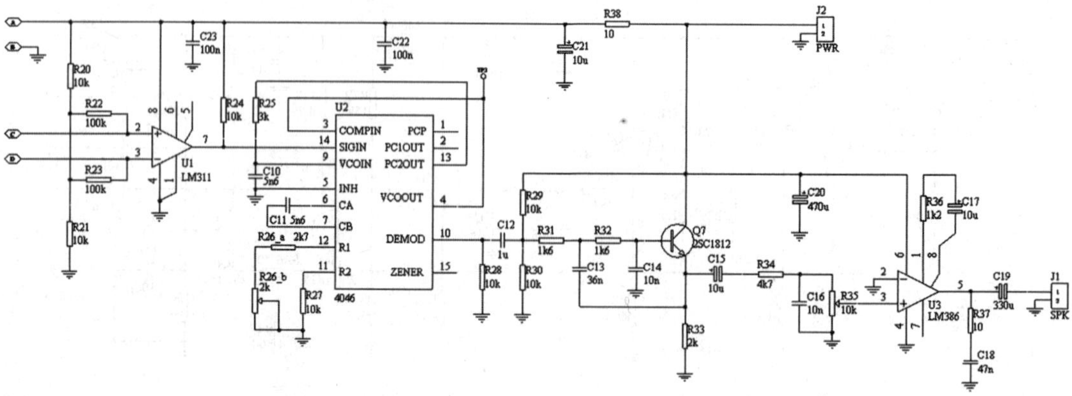

图 17-30　FM 解调器电路图

U2 是 CD4046 集成锁相环，构成了 FM 解调器。压控振荡器的最低振荡频率由 C11、R27 确定，振荡频率的变化范围由 R26（包括 R26_a 和 R26_b）与 R27 的比值确定。压控振荡器的输出 VCOOUT 连接到鉴相器的比较输入端 COMPIN，来自 LM311 的 FM 信号方波连接到鉴相器的信号输入端 SIGIN，通过内部的异或门鉴相器对相位进行比较，从 PC2OUT 输出相位误差信号。R25 和 C10 构成环路滤波器，其输出接 VCOIN 去调节压控振荡器的振荡频率，同时通过内部的缓冲器在 DEMOD 端输出解调信号。

晶体管 Q7 及其周围电阻构成了压控电压源型的二阶低通有源滤波器，滤除解调后信号中的载波及其它高频干扰。其输出经 R34 和 R35 分压后送低频功放电路，R35 用于调节喇叭音量。C16 的作用是进一步去除载波。

U3 是低频功率放大器 LM386，R36 用于调节其电压放大倍数。

3．电路调整

发射机先不连接话筒，在没有语音信号输入时，用频率计测量 555 的 3 脚输出，调节微调电阻 R11，使频率为 50kHz。话筒通过屏蔽线或双绞线连接到发射机。调节 R4 进行 FM 调制度的设定。

接收机部分的调整按如下方法进行：在无输入信号时，在 CD4046 的 9 脚输入 4.5V（电源电压的一半）的直流电压，用频率计测量 TP3，调节 R26_b，使频率为 50kHz。调节 R16 使 TP1、TP2 的直流工作点电压尽可能相等。

在进行短距离的无线光通信实验时，将发射端的发光二极管对着接收端的光敏二极管，不必对得很准，对着话筒反复说话的同时调节发射电路中的 R4，使喇叭中发出声音的音量适中且不失真为止。这样电路就全部调整好了。

为了扩展通信距离，可以按照前面讨论过的方法对发光二极管进行打磨并在收、发两端都增加光学透镜。为了使收、发两端对准，可以利用照相机的三脚架进行水平方向和垂直方向的调节。这样，实际的通信距离可以很容易地达到数百米。

17.2　基于单片机的简易计算器设计与实现

计算器是人们在日常生活中，经常会用到的计算工具，通常要求能够完成四则运算和部分函数计算功能，数值运算范围一般是有限的范围。虽然现在已经有了集成函数运算功能的集成电路芯片，但选用单片机来实现该系统，仍然可以很好的训练自己模块电路设计和程序设计的能力。

1．实现功能

（1）一定数值范围内的加减乘除运算。

（2）时钟功能，能直接用键盘上的数字键设置时间，一定时间内无操作能自动显示时间。

（3）闹铃功能及可控制的按键声音。

2．基本思路

每按一个按键，单片机显示出相应的数字或计算符号，然后完成计算，显示结果的过程实际上就是对以下对象进行操作：

运算数1（Obj1）　运算符号（OP）　运算数2（Obj2）　=　运算结果（Result)

计算过程要考虑单次运算和多次连续计算的不同情况。在单次运算时，分别用变量 x_1，x_2，x_3，x_4 分别存放 Obj_1、OP、Obj_2、Result。刚开始输入时是对 x_1 进行操作，将输入的数存入 x_1 内，当按下一个“+”，用 x_2 存放“+”代表的符号，再次输入数字时就是对 x_3 进行操作，最后按下等号就是将 x_1+x_3 的值赋给 x_4，并清空 x_1、x_2、x_3，这就完成了一次单次运算。

如果最后不是按下的等号，而是又按下了一个运算符号？这里就需要考虑多次连续计算的过程了。在将上一次的运算结果接着用在下一次运算时，需要考虑下一个运算符号的类型。假设又一次按下的是“-”或者“+”，判断 x_2 的值，得知前一次按下的是加号，此时不再将 x_1+x_3 赋给 x_4 了，而是赋给 x_1，于是执行 $x_1=x_1+x_3$，并将这次按下的减号存入 x_2。于是就构成了“上次运算结果（x_1）”减（x_2）是“接下来输入的数（x_3）”，此时又处于上面第一次运算按下“+”时的状态了。假设又一次按下的“×”或者“÷”，考虑到运算优先级，需要定义两个新的变量 x_5、x_6，将此次输入的“×”符号存入 x_5，输入的运算数存入 x_6，然后先计算 $x_3=x_3\times x_6$，将结果存入 x_3，清除 x_5、x_6，又回到等待判断输入符号的状态。像这样就可以无限计算下去，直到按下等号，将最终结果存入 x_4，整个计算结束。

3．硬件电路方框图

电路结构如图 17-31 所示。数码管用的是两个共阳极的四连体，通过 74LS138 实现位选。S8550 为 PNP 型三极管，发射极接 V_{CC}，集电极接数码管公共端，基极接 74LS138 输出端，其输出低电平时导通，选中相应位。

单片机电路如图 17-33 给出，P2 通过电阻连接数码管段选线，P2 口与数码管之间的电阻，需选用 510kΩ的阻值。

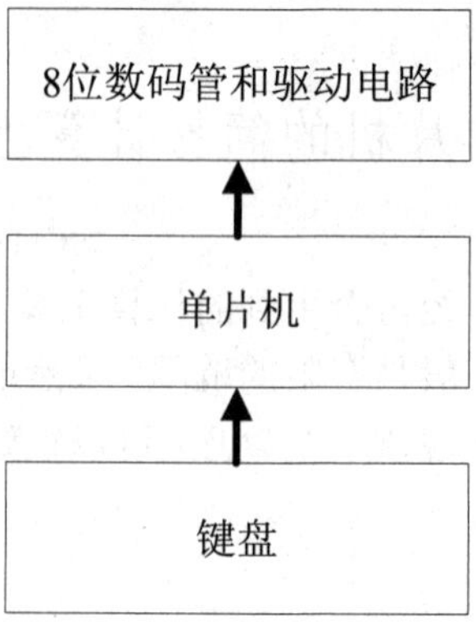

图 17-31　硬件组成框图

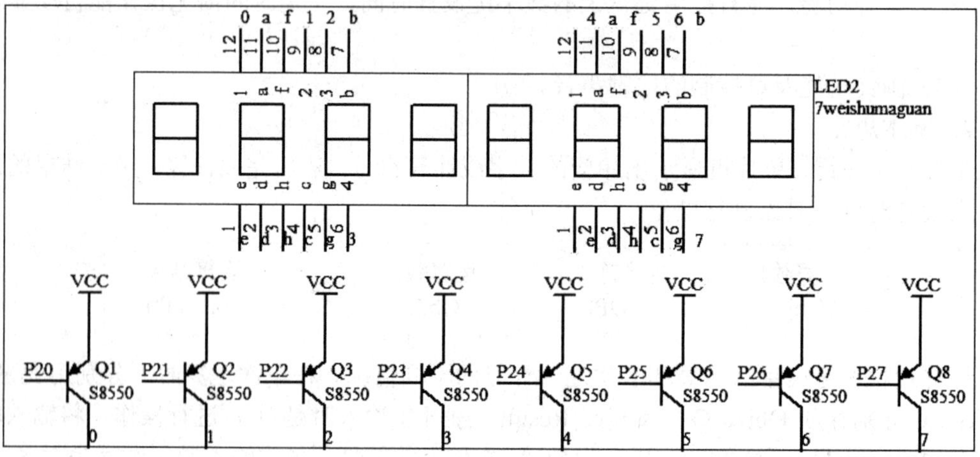

图 17-32　数码管及驱动电路原理图

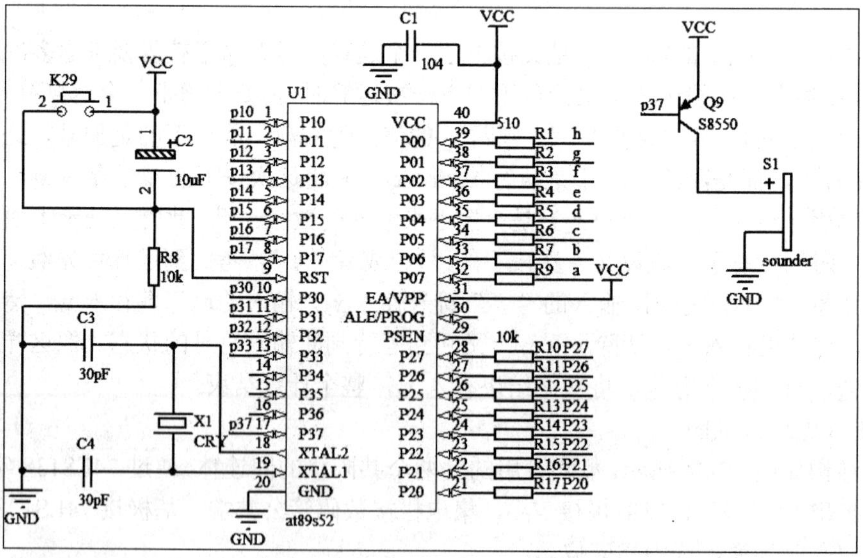

图 17-33　单片机组成电路原理图

键盘是普通的矩阵按键，如图 17-34 所示。

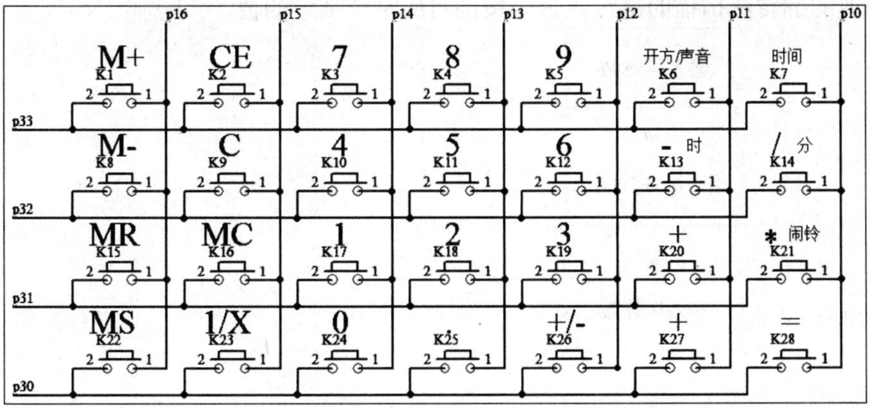

图 17-34 矩阵按键原理图

图中各键的功能按行列分布如表 17-1 所示。

表 17-1 数控电位器识别码

0	1	0	1	A3	A2	A1	A0
器件类型识别码				器件地址			

4．程序设计

（1）计算部分：

计算流程图如图 17-35 所示。

图中的流程说明了完成单次计算和连续计算时需进行的逻辑判断。在理解上面的流程图时，不妨参考自己使用计算器时的运算顺序。

讨论一下数码管的显示方法，定义一个有 8 个值的数组，如 x[8]，这八个数分别对应每个数码管，扫描中就是让 P0 口分别等于这 8 个数，这样改变 x[8]中的值就能改变数码管显示。显示一个数是通过一个函数实现，这个函数根据传入的数值改变 x[8]中各成员的值达到显示目的。

（2）时间部分

与普通数字钟设计相似，这里只说明下时间设置部分。通过一个 bit 变量 sjsz 的值 0 与 1，判断是否进入了时间设置模式，长按“时间”可让 sjsz=1，为 1 时让数码管闪烁显示时间，用另一个 bit 型变量 sjszdx 判断调整的对象及闪烁的对象。通过按键“时”、“分”改变 sjszdx 的值。

处于时间调整模式时，再按数字键，是将输入的数存入调整的对象里，用判断语句可以实现。

短按时间让 sjsz=0，退出时间调整模式。

闹钟调整与时间调整类似，另设一组变量存放闹钟时间，判断当闹钟时间与时间相等时让定时器 1 开始工作（TR=1;），同时有一个变量从 0 开始每分钟加 1，达到 30 后让定时器 1 停止。定时器 1 内就是让蜂鸣器按自己设定的规律响起的代码。

（3）按键与按键声音部分

用普通的翻转法扫描的键盘，每个按键对应一个唯一的值。

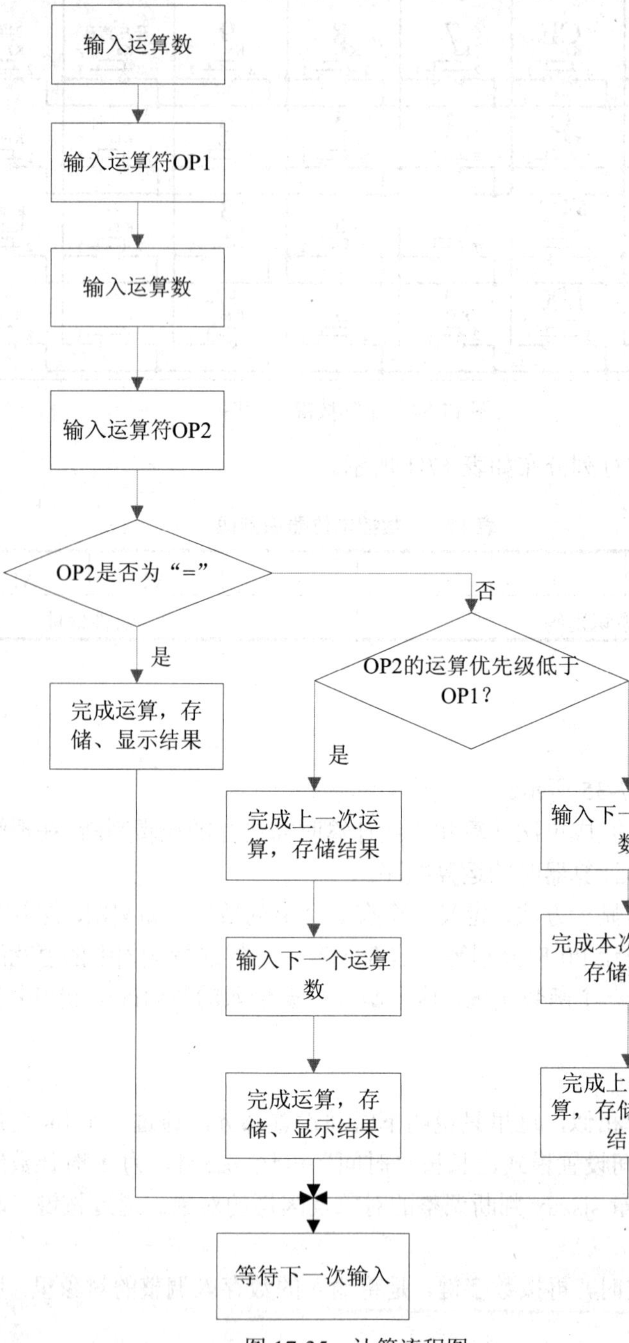

图 17-35　计算流程图

长按、短按的实现很简单，用一个变量来作为计时，大于某个计数值（本例取 100）就认为是长按，否则就是短按，执行不同状态对应的指令，思路可参考如图 17-36 所示的流程图。

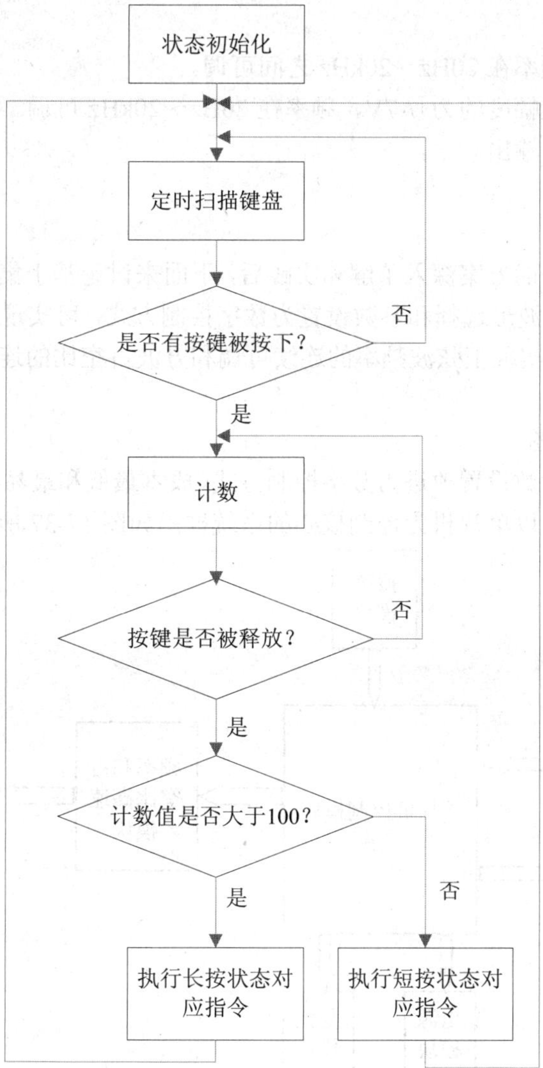

图 17-36 按键处理流程图

17.3 简易函数发生器设计与实现

随着电子技术的发展，函数信号发生器在教学、试验、测控、通信等各个领域都有着十分广泛的应用，其输出信号的频率范围从低频到高频，覆盖了各个频段，产生的波形也从传统的正弦波和脉冲波形，发展到现在能产生各种任意波形。

在前面的制作中，已经讨论了基于运放搭建简易函数发生器的实现过程，本小节将讨论基于集成函数芯片的另一种实现方式，通过不同的电路设计和调试过程，可以更好地理解掌握单元电路的工作原理和调试过程，单片机控制电路的加入进一步锻炼了单片机软硬件设计和调试能力。

1．实现功能

可输出三角波，频率在 20Hz～20kHz 之间可调。

可输出方波，方波幅度约为+/-7V，频率在 20Hz～20kHz 可调。

方波与三角波同步输出。

可输出正弦波。

2．实现方案

在对基于运放实现的方案深入了解和实践后，下面来讨论基于集成芯片的实现方案，该方案可将功能扩充到：波形选择和参数设置为数字控制方式，可实现正弦波、方波及三角波的信号扫频功能，同时实现正弦波频率的连续可调和方波占空比的连续可调，占空比的可调节范围为 2%～98%。

（1）系统原理框图

要将波形选择和参数设置改进为数字控制方式，成本最低和最易实现的控制方式就是基于单片机的控制方式。以单片机为控制核心的系统框图如图 17-37 所示。

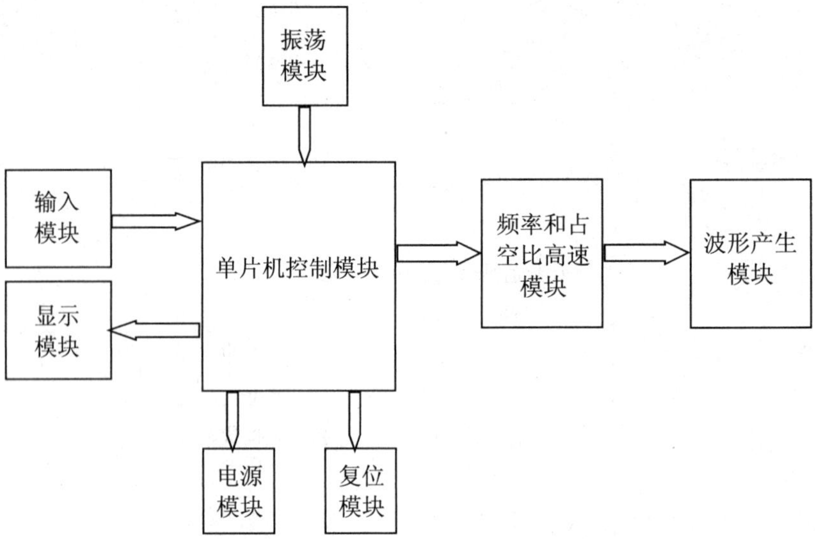

图 17-37　基于单片机和集成芯片实现波形产生原理图

下面，我们对该系统中的主要模块逐一进行分析，以详细了解系统的实现原理。

（2）波形发生模块

ICL8038 是 Intersil 公司生产的精密集成函数发生器。它是采用肖特基势垒二极管等先进工艺制成的单片集成电路芯片，具有电源电压范围宽、稳定度高、精度高、易于使用等优点，可同时产生方波、三角波和正弦波，正弦波输出的失真度低于 1%，三角波输出的线性度为 0.1%，频率输出范围为 0.001Hz～300kHz，工作变化周期宽，2%～98%之间任意可调，因此可以很好地满足功能要求。且 ICL8038 外部只需接入很少的元件即可工作，电路实现相对简单，调试相对容易，也容易购买。

函数发生器 ICL8038 的电路结构如图 17-38 所示，共有 5 个组成部分。2 个电流源的电流分别为 IS1 和 IS2，且 IS1=I，IS2=2I，2 个电压比较器 I 和 II 的阈值电压分别为 $V_{CC}/3$ 和 $V_{EE}/3$，他们的输入电压等于电容两端的电压 Uc，输出电压分别控制 RS 触发器的 S 端和 R

端；RS 触发器的输出端 Q 和控制电子开关 S，实现对电容 C 的充放电，2 个缓冲放大器用于隔离波形发生电路和负载，使三角波和矩形波输出端的输出电阻足够小，以增强带负载能力；三角波变正弦波电路用于获得正弦波信号。

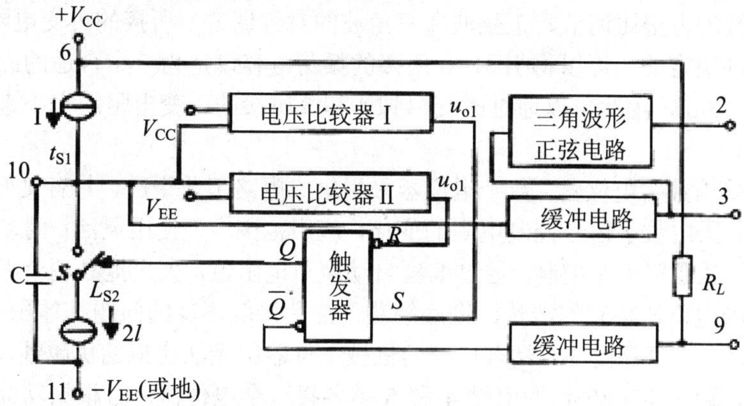

图 17-38 ICL8038 原理框图

当给函数发生器 ICL8038 接通电源时，电容 C 的电压为 0V，电压比较器 I 和 II 的输出电压均为低电平；因而 RS 触发器的输出 Q 为低电平，Q’为高电平；使电子开关 S 断开，电流源 IS1 对电容充电，充电电流时间的增长而线性上升。Uc 的上升使 RS 触发器的 R 端从低电平跃变为高电平，但其输出不变，一直到 Uc 上升到 $V_{CC}/3$ 时，电压比较器 I 的输出电压跃变为高电平，Q 才变为高电平（Q’同时变为低电平），导致电子开关 S 闭合，电容 C 开始放电，放电电流为 IS2－IS1=I，因放电电流是恒流，所以，电容上电压 Uc 随时间的增长而线性下降。起初，Uc 的下降虽然使 RS 触发器的 S 端从高电平跃变为低电平，但其输出不变。一直到 Uc 下降到 $V_{EE}/3$，使电压比较器 II 的输出电压跃变为低电平，Q 才变为低电平（Q’同时为高电平），使得电子开关 S 断开，电容 C 又开始充电。重复上述过程，周而复始，电路产生了自激振荡。在以上基本电路中很容易获得 3 种函数信号，假如电容器在充电过程和在放电过程的时间常数相等，而且在电容器充放电时，电容电压就是三角波函数，二角波信号由此获得。由丁触发器的工作状态变化时间也是由电容电压的充放电过程决定的，所以，触发器的状态翻转，就能产生方波函数信号，在芯片内部，这两种函数信号经缓冲器功率放大，并从管脚 3 和管脚 9 输出。

适当选择外部的电阻 R_A 和 R_B 以及外接电容 C 可以满足方波函数等信号在频率、占空比调节的全部范围。因此，对两个恒流源在 I 和 2I 电流不对称的情况下，可以循环调节，从最小到最大，任意选择调整，所以，只要调节电容器充放电时间不相等，就可获得锯齿波等函数信号。

正弦函数信号由三角波函数信号经过非线性变换而获得。利用二极管的非线性特性，可以将三角波信号的上升或下降斜率逐次逼近正弦波的斜率。ICL8038 中的非线性网络是由 4 级击穿点的非线性逼近网络构成。一般说来，逼近点越多得到的正弦波效果越好，失真度也越小，在本芯片中 N=4，失真度可以小于 1。在实测中得到正弦信号的失真度可达 0.5 左右。其精度效果相当满意。ICL8038 是性能优良的集成函数发生器。可用单电源供电，也可双电源供电，他们的值为±5～±15V，设计中取±5V，频率的可调范围为 1～40kHz，输出矩形波的占空比可调范围为 5%～90%。

（3）频率和占空比调整模块

此波形发生器产生的正弦波和三角波的频率，及方波占空比的大小是由 ICL8038 的引脚 4 和 5（方波的占空比调节、正弦波和三角波的对称调节）所接的可变电阻及引脚 10 所接的振荡电容的决定的，可以将引脚 10 所接的振荡电容设定为一个合适的固定值，为计算方便通常设为 3.3nF，因此可以通过改变引脚 4 和 5 所接的可变电阻的大小来实现对频率和占空比的调节。

可变电阻采用数字电位器。数字电位器采用集成电路工艺生产，具有良好的线性、精度和温度稳定性；采用数字信号控制电阻的变化，应用范围广，使用灵活；滑动端位置易于由单片机、计算机或逻辑电路控制，通过编程自动调节电阻值，大大提高调节精度和自动控制能力；没有机械电位器特有的滑片，彻底解决了滑片接触不良的问题；体积小，节省空间，易于装配；寿命长，可靠性高，具有传统的机械电位器所无法比拟的优越性。数字电位器的种类极其繁多，由于 ICL8038 的引脚 4 和 5 须各接一个电位器，且根据功能要求的频率调节范围，选择双数字电位器 X9221 比较合适，其最大阻值为 50kΩ，64 抽头，接口方式为 I^2C 方式。

由于 ICL8038 单片函数发生器有两种工作方式，即输出函数信号的频率调节电压可以由内部供给，也可以由外部供给。图 17-39 的左图为基本接法，中图和右图可调节占空比。

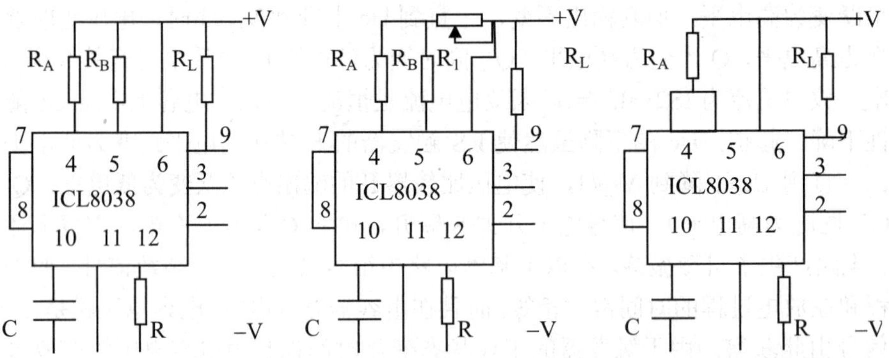

图 17-39　ICL8038 参考接法

在以上应用中，由于第 7 脚频率调节电压偏置一定，所以函数信号的频率和占空比由 R_A、R_B 和 C 决定，其频率为 F，周期 T，t_1 为振荡电容充电时间，t_2 为放电时间。

$$T=t_1+t_2$$

$$f=1/T$$

由于三角函数信号在电容充电时，电容电压上升到比较器规定输入电压的 1/3 倍，分得的时间为：

$$t_1=CV/I=(C+1/3\cdot V_{cc}\cdot R_A)/(1/5\cdot V_{cc})=5R_A\cdot C/3$$

在电容放电时，电压降到比较器输入电压的 1/3 时，分得的时间为：

$$t_2=CV/I=(C+1/3\cdot V_{CC})/(2/5\cdot V_{CC}\cdot R_B-1/5\cdot V_{CC}/R_A)$$

$$=(3/5\cdot R_A\cdot R_B\cdot C)/(2R_A-R_B)$$

$$f=1/(t_1+t_2)=3/\{5R_AC\,[1+R_B/(2R_A-R)]\}$$

对左图中，如果 $R_A=R_B$，就可以获得占空比为 50%的方波信号。其频率 $f=3/(10R_A\cdot C)$。

针对以上电路失真无法调节的缺点，在实际设计中改进方案，实现正弦波正负失真的可调和占空比可调。由于该芯片所产生的正弦波是由三角波经非线性网络变换而获得。该芯片的第 1 脚和第 12 脚就是为调节输出正弦波失真度而设置的。图 17-40 所示为一个调节输出正弦波失真度的典型应用，其中第 1 脚调节振荡电容充电时间过程中的非线性逼近点，第 12 脚调节振荡电容在放电时间过程中的非线性逼近点，在安装调试中，选用两只 100 kΩ 的多圈精密电位器，反复调节，达到了很好效果的方波占空比调节、正弦波和三角波的对称调节。

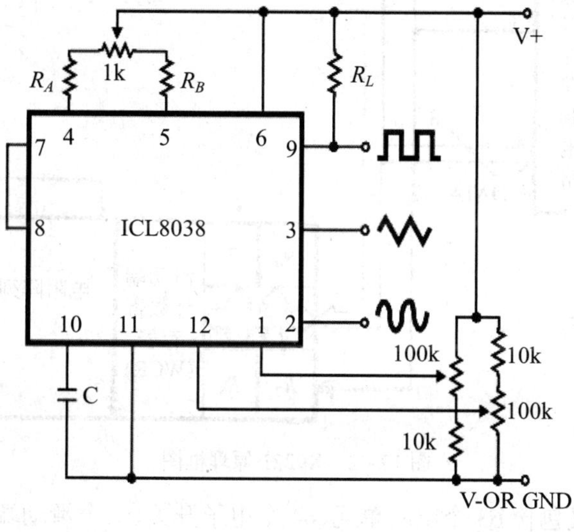

图 17-40　正弦波失真度调节方法

为调节输出频率，我们采用外部供给频率调节电压的方式实现频率的可调，通过 10 kΩ 电位器，我们可以控制 8 端电压的调节范围 2/3 Vcc 到 Vcc。如图 17-41 所示。

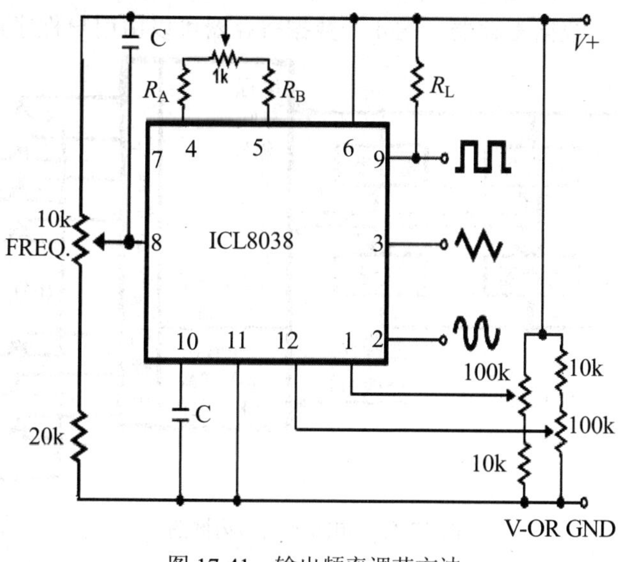

图 17-41　输出频率调节方法

图 17-41 中的电位器选用 X9221，片内包含两个电阻阵列（或称电位器或 E2POT）和 I^2C 接口电路。X9221 的功能方框图如图 17-42 所示。

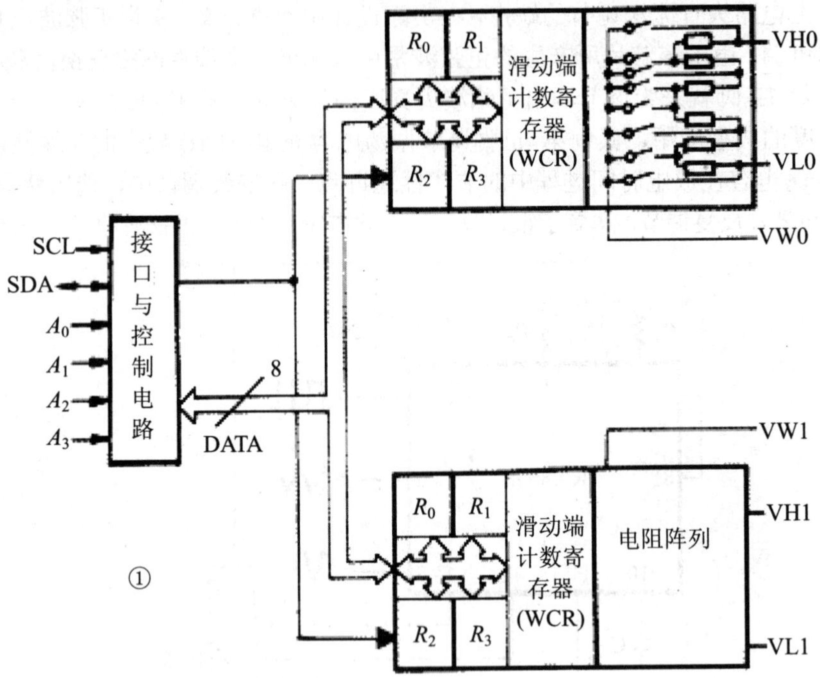

图 17-42　X9221 原理框图

每个电阻阵列内又包含 63 个电阻单元、64 个电子开关、一个滑动端计数寄存器（WCR）、4 个 8 位数据寄存器（R_0～R_3）、递增/递减逻辑电路、级联控制逻辑电路以及 64 选 1 译码电路。单个电阻阵列的结构框图如图 17-43 所示。

在相邻的两个电阻单元之间以及两个端点处共设 64 个可以被滑动端访问的抽头。滑动端在阵列中的位置可由用户通过二线串行总线（I^2C）接口控制。每个电阻阵列配置一个滑动端计数寄存器和 4 个数据寄存器，这 4 个数据寄存器可以由用户程序直接写入和读出。

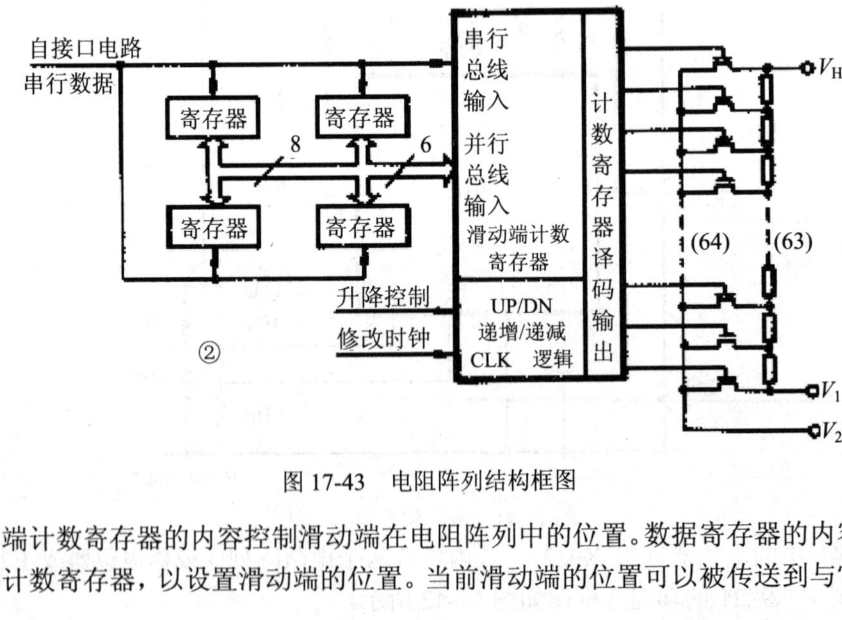

图 17-43　电阻阵列结构框图

滑动端计数寄存器的内容控制滑动端在电阻阵列中的位置。数据寄存器的内容可以传送到滑动端计数寄存器，以设置滑动端的位置。当前滑动端的位置可以被传送到与它相关联的

4 个数据寄存器中的任何一个之中。也就是说，WCR 可以直接被写入，或者也可以把起辅助作用的 4 个数据寄存器之一的内容转移到 WCR 中来改变其内容。这些数据寄存器和 WCR 都可以由微电脑来读出或写入。

X9221 中的每一个电阻阵列的主体部分是 63 只串联连接的集成电阻器。电阻串联支路的两端 VH 和 VL 就相当于一个机械电位器的两个固定端；串联支路中的电阻器之间的连接点以及两个端点，都可以经过场效应管开关连通到滑动端 VW 上。在同一时刻只能有一只开关闭合，究竟哪一只闭合由滑动端计数寄存器 WCR 内容确定。只有 WCR 中的低 6 位被译码，才能选择和使能 64 选 1 的开关接通。

X9221 的控制通过 I^2C 串行总线，该协议是由飞利浦公司开发的。X9221 兼容该协议。该协议规定任何器件在它把数据送至总线时为“发送器”，而当它从总线接收数据时为“接收器”。一个控制总线传送的器件为“主机或主器件”，而被总线控制的器件为“从机或从器件”。主机总是负责启动数据的传送，并为发送和接收操作提供时钟。X9221 在所有的应用场合下均被作为一个从属器件（从机）使用。

在 I^2C 串行总线中包括两条线，即串行数据线 SDA 和串行时钟线 SCL。在数据线 SDA 上的数据只能在时钟线 SCL 为低电平期间才能改变状态。把在 SCL 为高电平期间改变 SDA 的状态保留用来表示一次传输的“开始条件”和“终止条件”。

送给 X9221 的所有指令都是由开始条件引导的。这个条件就是，当 SCL 为高电平时 SDA 由高电平到低电平的跳变。X9221 不停地监视 SDA 和 SCL 线上的开始条件，在遇到这个条件之前不响应任何指令。

所有的通信过程过程必须由一个终止条件来结束，这个条件就是，当 SCL 为高电平时 SDA 由低电平到高电平的跳变。

应答也是一个软件规约，这个规约用来在主/从器件的总线之间提供一个握手信号，以表示数据接收成功。发送器件（不论是主机还是从机）在发送 8 位数据之后将释放 SDA 总线。主器件将产生第 9 个时钟周期，而在这个周期内接收器件把 SDA 线拉低，作为成功地接收了前 8 位数据的响应。作为接收器件，X9221 在识别出开始条件和自己的从地址以后，将给出一个应答作为响应，而成功地接收指令字节后再一次应答。如果指令字节后面跟着一个数据字节，则 X9221 还将最终响应一次应答。

在开始条件的后面，主器件必须输出它所要访问的从器件的地址。从器件的高 4 位地址是器件类型识别码，器件的类型不同，识别码也就不同，并且识别码是固定不变的。对于数控电位器 X9221 来说，这个识别码固定为 0101。格式如表 17-2 所示。

表 17-2　数控电位器识别码

0	1	0	1	A3	A2	A1	A0
器件类型识别码				器件地址			

从器件的低 4 位是该器件的编程地址，该地址由 A0～A3 引脚的连接状态来定义。借助于器件的编程地址，主机可以识别一个系统中类型相同的多个器件（在此可以识别 16 片 X9221）。每次通信的开始，X9221 都把接收到的地址与自己的地址（含识别码和编程地址）相比较。如果是所有的 8 位地址都相符，则 X9221 做出一个应答响应。

X9221 共有 9 条指令，指令的长度为两个字节或三个字节不等。每条指令的第一个字节为地址字节，第二个字节为指令字节。在指令字节中又包含指令码和寄存器指针信息，即 4 个高位 I0～I3 是指令码；紧接着的两位 0 和 P0 选择 2 个电位器中的哪一个，最后两位 R1 和 R0 选择 4 个寄存器中的哪一个。其格式如图 17-44 所示。

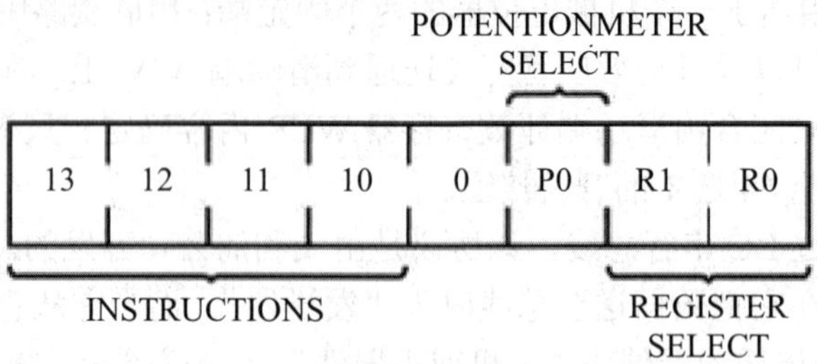

图 17-44

9 条指令中有 4 条是二字节指令，它们是以发送指令字节作结束的。这些二字节指令实现在 WCR 与数据寄存器中的一个之间传送数据。从一个数据寄存器到 WCR 的传输，实质上是对一个静态 RAM 的一次写操作。滑动端对这些操作的响应将延迟一段时间 T_{STPWV}。记录当前滑动端位置的数据从 WCR 到一个数据寄存器的传输，实质上是对非易失性存储器的一次“烧”写操作，至少需要一个 T_{WR} 时间才能完成。这种传输操作可以发生在某一个电位器的 WCR 与一个相关数据寄存器之间，也可以发生在所有 2 个电位器的 WCR 与相应的一个数据寄存器之间。

9 条指令中还有 4 条是三字节指令。这些指令用于主机与 X9221 之间的数据传送。数据可由主机传送到某一数据寄存器，也可直接传送到 WCR 中。这些指令是：读 WCR，即读出选定电位器的当前滑动端的位置；写 WCR，即改变选定电位器的当前滑动端的位置；读数据寄存器，即读出选定的非易失性存储器的内容；写数据寄存器，即写一个新的值到选定的数据寄存器中。三字节指令的最后一个字节均为数据字节。

9 条指令中只有 1 条指令与众不同，称为递增/递减指令。一旦该条指令被发送给 X9221 并且得到 X9221 用一个应答做出响应时，主机才能够以时钟来触发选定电位器的滑动端向上或者向下移动。这样就为主机提供了一条精细调节电位器的途径。当 SDA 为高电平时，每一个 SCL 时钟脉冲将使滑动端向高端 V_H 移动一步；而当 SDA 为低电平时，每一个 SCL 时钟脉冲将使滑动端向低端 V_L 移动一步。各条指令格式及操作响应如表 17-3 所示。

表 17-3　各条指令格式及操作响应表

指令	指令格式								操　作
	I_3	I_2	I_1	I_0	0	P_0	R_1	R_0	
Read WCR	1	0	0	1	0	1/0	N/A(7)	N/A	读出由 P_0 指定的滑动端计数寄存器的内容
Write WCR	1	0	1	0	0	1/0	N/A	N/A	写入新的值到 P_0 指定的滑动端计数寄存器中
Read Data Register	1	0	1	1	0	1/0	1/0	1/0	读出由 P_0 和 R_1、R_0 指定的寄存器的内容
Write Data Register	1	1	0	0	0	1/0	1/0	1/0	写入新的值到由 P_0 和 R_1、R_0 指定的寄存器中的内容至与它相关的 WCR

（续表）

指令	指令格式								操作
	I_3	I_2	I_1	I_0	0	P_0	R_1	R_0	
XFR Data Register to WCR	1	1	0	1	0	1/0	1/0	1/0	传输由 P_0 和 R1、R_0 指定的寄存器中的内容至与它相关的 WCR
XFR WCR to Data Register	1	1	1	0	0	1/0	1/0	1/0	传输由 P0 指定的 WCR 中的内容至由 R_1、R_0 指定的寄存器中
Global XFR Data Register to WCR	0	0	0	1	N/A	N/A	1/0	1/0	传输由 R_1、R_0 指定的所有的四个数据寄存器的内容至与它们相应的 WCR 中
Global XFR WCR to Data Register	1	0	0	0	N/A	N/A	1/0	1/0	传输所有 WCR 中的内容至与它们相应的由 R_1、R_0 指定的数据寄存器中
Increment/Decrement Wiper	0	0	1	0	0	1/0	N/A	N/A	使能增加/减小由 P_0 指定的 WCR

注：1/0 表示数据 1 或 0；N/A 表示没有使用。

设计 2 个 E2POT 电位器共享一个串行接口。对每个电位器所包含的一个电阻阵列、一个滑动端计数寄存器和 4 个数据寄存器的操作，均通过该串口进行。

滑动端计数寄存器：X9221 片内共包含 2 个滑动端计数寄存器 WCR，即每个电位器各有一个。WCR 可以看成是一个 6 位宽的、既能并行装载又能串行装载的、带有输出译码电路的计数器，用来控制与电阻阵列相连的 64 只电子开关。WCR 内容的改变有四种方法：由主机通过写 WCR 指令直接写入（串行加载）；通过传送指令把 4 个数据寄存器之一的内容直接写入（并行加载）；通过递增/递减指令一步一步地改变；在初加电时自动装载相关数据寄存器 R0 的值。

WCR 是一个掉电丢失的存储单元 RAM。虽然，该寄存器在上电时自动复制 R0 的值，但必须注意这个值可能与断电时刻的值不同。

数据寄存器：每个电位器配备的 4 个数据寄存器，是采用 E^2PROM 制造工艺集成的非易失性存储单元。这些寄存器可以由主机直接读出或写入，而且数据可以在 4 个数据寄存器中的任一个和 WCR 之间传送。必须注意的是，对这 4 个寄存器中内容的修改操作，都是非易失性的写（或称烧写）操作，要花费最多 10ms 的时间。

由于写入过程较长，一般采用“应答轮询”方式。当对非易失性存储单元 E^2PROM 进行写操作时，表示指令传送结束的停止条件一旦出现，则 X9221 开始内部的写周期。写周期的典型时间为 5ms。此后应答轮询立即启动。这包含发送开始条件，并且后跟器件的从地址。如果 X9221 仍然忙于写操作，则没有应答返回；如果 X9221 已经完成了一个写操作，将有一个应答返回，主机才可以继续下面的操作。

单片机控制模块：考虑到控制核心的功能要求和易于调试，单片机采用 8051 系列高性能 8 位单片机 AT89s52。AT89s52 是一个低功耗，高性能 CMOS 8 位单片机，片内含 8k Bytes ISP（In-system programmable）的可反复擦写 1000 次的 Flash 只读程序存储器，器件采用 ATMEL 公司的高密度、非易失性存储技术制造，兼容标准 MCS-51 指令系统及 80C51 引脚结构，芯片内集成了通用 8 位中央处理器和 ISP Flash 存储单元。该单片机很常见，应用比较广泛，价格也很便宜。

系统原理图：由以上的分析可以最终确定系统原理图的详细设计。

具体如下：将函数发生器 ICL8038 的引脚 4 和 5（方波的占空比调节、正弦波和三角波的对称调节）分别和 X9221 的引脚 2（V_{L0}），引脚 7（V_{L1}）相接，且中间分别连有 750Ω 的电阻，X9221 的引脚 1（V_{W0}），引脚 3（V_{H0}），引脚 6（V_{W1}），引脚 8（V_{H1}）全部连到正电源 V_{CC} 上，X9221 的引脚 9（SDA）和引脚 14（SCL）分别和 AT89S52 的 10 脚（RXD），11 脚（TXD）连接，且 SDA 和 SCL 分别接 10 kΩ 的上拉电阻到正电源 V_{CC}，按键 S1，S2，S3，S4 分别连到 AT89S52 的 P2 口的 P2.0，P2.1，P2.2，P2.3 上，且分别接 10 kΩ 的上拉电阻到正电源 V_{CC}。ICL8038 采用正负 5 伏电压供电。

系统原理图的具体设计如图 17-45 所示。

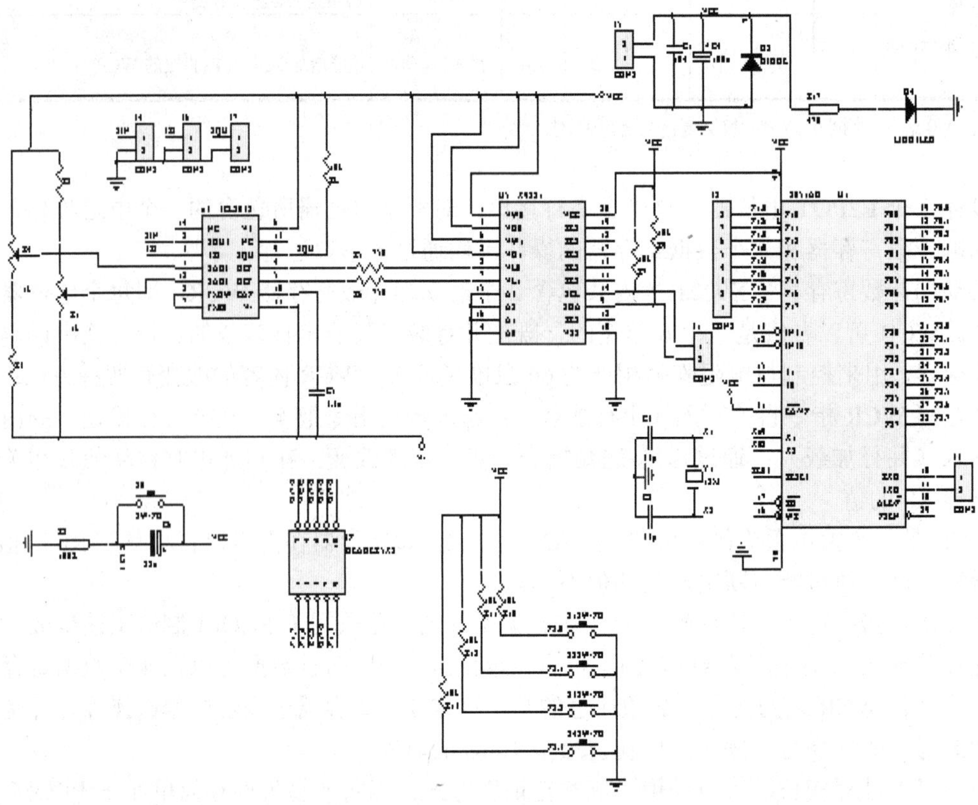

图 17-45　系统原理图

软件设计：

电路板上共有 5 个按键 S_0，S_1，S_2，S_3，S_4，分别对应电路复位子程序，频率控制子程序，占空比调整子程序，方向增子程序，方向减子程序。并设置了 3 个发光二极管作为指示灯，分别代表频率，占空比，功能按键。程序首先初始化，然后检测 3 个发光二极管是否工作正常，然后实现信号的扫频功能，然后读取按键值，并判断键值是否为 0，如果为 0，则继续返回读取键值，若键值不为 0，则判断是键值 S_0，S_1，S_2，S_3，S_4 中的哪一个，也即判断按键 S_0，S_1，S_2，S_3，S_4 哪个被按下去，就执行其相对应的子程序。具体程序流程图如图

17-46 所示。

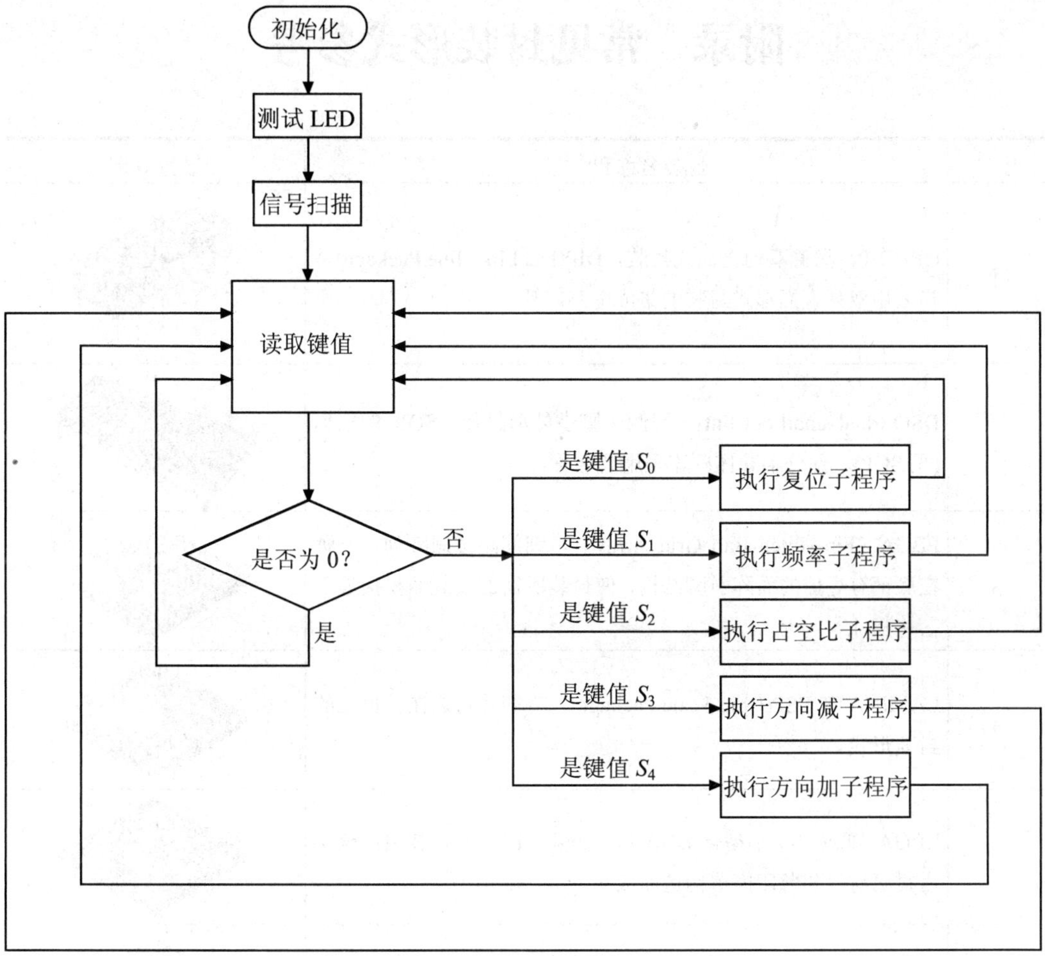

图 17-46 单片机控制程序流程图

通过本章三个具体系统的方案讨论、关键模块分析和动手实践，可以掌握怎样设计和调试电路系统，提高自己的动手能力。在具体电路的设计和调试过程中，一定要先搞懂电路的基本原理，再把电路分为几个功能模块，一个模块一个模块的设计调试，采用化整为零的方法。这样会大大提高工作的效率。

附录　常见封装形式参考

序号	封装名称和缩写	封装形式图片
1	CERDIP，陶瓷双列直插式封装，DIP(Dual In－line Package)是指采用双列直插形式封装的集成电路芯片	
2	DSO (dual small out-lint)，双侧引脚小外形封装。SOP 的别称(见 SOP)。部分半导体厂家采用此名称。	
3	FBGA（Fine-Pitch Ball Grid Array），细间距球栅阵列，一种在底部有焊球的面阵引脚结构，使封装所需的安装面积接近于芯片尺寸	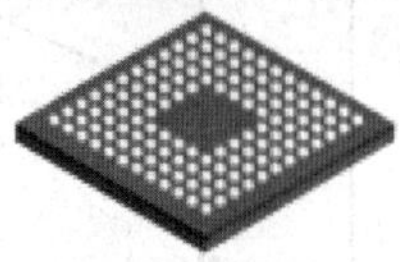
4	LAMINATE CSP(Chip Scale Package)，将芯片封装在基板上的封装形式。	
5	LBGA，低成本、小型化 BGA 封装方案，LBGA 封装由薄核层压衬底材料和薄印模罩构造而成	
6	LCC (Leadless chip carrier)，无引脚芯片载体。指陶瓷基板的四个侧面只有电极接触而无引脚的表面贴装型封装。是高速和高频 IC 用封装。	
7	LLP（Leadless Lead frame Package），无引线框架封装，是一种采用引线框架的 CSP 芯片封装，体积极为小巧，最适合高密度印刷电路板采用	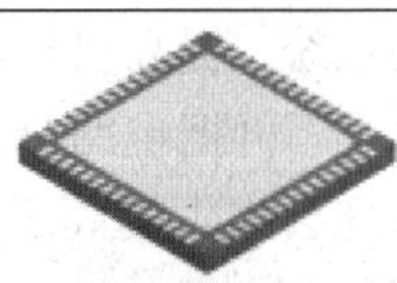
8	LQFP(low profile quad flat PACkage)，薄型 QFP。指封装本体厚度为 1.4mm 的 QFP	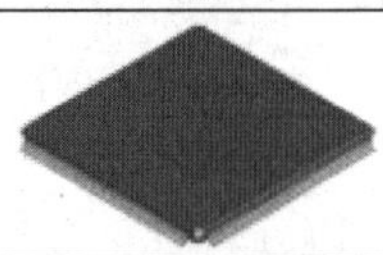
9	MINI SOIC (Small Out-line Integrated Circuit)，小型 SOIC，SOIC 是 SOP 的别称，指外引线数不超过 28 条的小外形集成电路。SOIC 是表面贴装集成电路封装形式中的一种，它比同等的 DIP 封装减少约 30%～50%的空间，厚度方面减少约 70%。与对应的 DIP 封装有相同的插脚引线。	

（续表）

序号	封装名称和缩写	封装形式图片
10	PDIP，DIP(Dual In－line Package)是指采用双列直插形式封装的集成电路芯片，P 表示 Plastic，指塑料封装	
11	PGA(Pin Grid Array Package)，插针网格阵列封装，芯片封装形式在芯片的内外有多个方阵形的插针，每个方阵形插针沿芯片的四周间隔一定距离排列。根据引脚数目的多少，可以围成 2～5 圈	
12	PLCC(Plastic Leaded Chip Carrier) ，带引线的塑料芯片载体。表面贴装型封装之一。引脚从封装的四个侧面引出，呈丁字形，是塑料制品	
13	PQFP (Plastic Quad Flat Package)，塑料四侧引脚扁平封装。表面贴装型封装之一，引脚从四个侧面引出呈海鸥翼(L)型。	
14	PSOP（Plastic Small Outline Package），塑料小型外引脚封装，引脚从封装两侧引出呈海鸥翼状(L 字形)。材料有塑料和陶瓷两种。SOP 也叫 SOL 和 DFP。	
15	SIP (single in-line package)，单列直插式封装。引脚从封装一个侧面引出，排列成一条直线。当装配到印刷基板上时 封装呈侧立状，引脚数从 2～23。	
16	SOIC NARROW，窄型 SOIC(small out line integrated circuit)，SOIC 是 SOP 的别称，指外引线数不超过 28 条的小外形集成电路。SOIC 是表面贴装集成电路封装形式中的一种，它比同等的 DIP 封装减少约 30%～50%的空间，厚度方面减少约 70%。与对应的 DIP 封装有相同的插脚引线。	
17	SOIC WIDE，宽型 SOIC(small out-line integrated circuit)，SOIC 是 SOP 的别称，指外引线数不超过 28 条的小外形集成电路。SOIC 是表面贴装集成电路封装形式中的一种，它比同等的 DIP 封装减少约 30%～50%的空间，厚度方面减少约 70%。与对应的 DIP 封装有相同的插脚引线。	

（续表）

序号	封装名称和缩写	封装形式图片
18	SOT-223 (Small Outline Transistor)，小外形晶体管，后跟的数字代表具体封装形式	
19	SOT-23(Small Outline Transistor)，小外形晶体管，后跟的数字代表具体封装形式。	
20	SSOP(Shrink Small Outline Package) ，收缩型小外形封装，与 SOP 的区别：近似小外形封装，但宽度要比小外形封装更窄，可节省组装面积的新型封装	
21	TO-220 (Transistor Outline)，晶体管封装，有 3 脚、5 脚 、7 脚、9 脚、11 脚、15 脚、27 脚等各种形式	
22	TO-247 SINGLE GAUGE (Transistor Outline)，晶体管封装	
23	TO-252 (Transistor Outline)，晶体管封装	
24	TO-263 (Transistor Outline)，晶体管封装，有 3 脚、5 脚、7 脚、9 脚等形式	
25	TO-92 (Transistor Outline)，晶体管封装	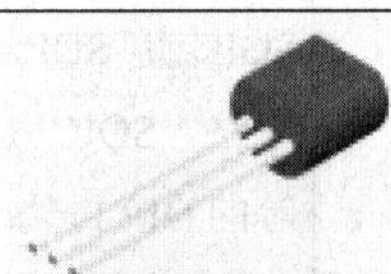
26	TSSOP (Thin Shrink Small Outline Package) 薄型收缩型小外形封装